Smart Fibers and Textiles Based on Triboelectric Nanogenerators

基于摩擦纳米发电机的智能纤维与纺织

王中林　董　凯　等　著

科学出版社

北　京

内 容 简 介

本书比较全面地介绍了有关摩擦纳米发电机在智能纤维和智能纺织品中的基础应用。内容包括纺织基摩擦纳米发电机的基本理论、材料选择、结构设计和性能优化，以及在微纳能源收集、复合能量回收、自供电电源、智慧医疗、智慧体育、智能家居、安防监测、人机交互、生物医学等相关领域的应用研究，并对其未来发展前景与潜在挑战作了系统归纳。

本书的主要适用对象包括从事材料物理、材料化学及高分子科学专业，尤其是纺织科学与技术专业的学生，以及从事智能纺织品和摩擦纳米发电机相关方向的科研工作者和产业开发人员。

图书在版编目（CIP）数据

基于摩擦纳米发电机的智能纤维与纺织 / 王中林等著. -- 北京 : 科学出版社, 2025. 6. -- ISBN 978-7-03-081899-7

Ⅰ. TQ34; TS1

中国国家版本馆 CIP 数据核字第 202545BG67 号

责任编辑：李明楠　高　微 / 责任校对：杜子昂
责任印制：徐晓晨 / 封面设计：润一文化

科学出版社 出版
北京东黄城根北街 16 号
邮政编码：100717
http://www.sciencep.com
北京中科印刷有限公司印刷
科学出版社发行　各地新华书店经销
*
2025 年 6 月第　一　版　开本：787×1092　1/16
2025 年 6 月第一次印刷　印张：22
字数：519 000

定价：238.00 元

（如有印装质量问题，我社负责调换）

序

Foreword

纤维及纺织品是人们生活的必需品之一，已经伴随着人类经历了几千年发展历史。随着物联网、可穿戴电子和人工智能等技术的快速推进，纤维及纺织品逐渐被赋予了新的智能化属性，已经从传统的保暖、防护、美观、舒适等需求向感知、交互、反馈、显示等功能转变。由此，一类能够感知环境变化或外部刺激的新型纤维材料或纺织品，即智能纤维与智能纺织品应运而生，不仅保留了纤维或纺织品原有风格和技术特征，而且能够根据热、光、电、湿、机械和化学物质等因素变化对颜色、震动、能量等外界刺激做出响应。目前，各种各样的智能纤维和智能纺织品已经被广泛报道和研究，包括能量收集、电能存储、信息交互、数据传输、发光变色、形状记忆、温度调节、自我修复等，深刻影响并改变着人们的生活或工作方式，彰显出巨大的研究意义和应用价值。

在众多智能纺织技术中，纺织基摩擦纳米发电机（textile-based triboelectric nanogenerator，简称 Tex-TENG）是一类将具有接触/摩擦起电和静电感应耦合效应的新兴机械能-电能转换技术与可穿戴智能纤维材料或传统纺织结构相结合的具有自主式供能或自驱动传感的新型智能纤维或纺织品。Tex-TENG 能够方便地收集人体运动能量并高效地转化为电能，从而将日常忽略或废弃的丰富运动能量转化为清洁电能，以满足人体自身能源或传感需求。Tex-TENG 实现了机电转化技术和可穿戴纺织品两者之间的无缝融合与优势互补。一方面，纤维材料或纺织器件具有高柔性、穿戴舒适、高机械强度等特点，适合低成本制备和大规模生产，为机电转化技术在人体中的应用提供了一个稳定可靠的实施载体和广阔的应用平台。另一方面，机电转化技术也赋予了传统纺织品以机械能量采集、电能供应和自驱动电响应等能力，使其能够作为穿戴式微纳电源和主动式自驱动传感器，极大拓展了纺织品的应用范围并深化了其使用价值。考虑到人体既是机械能的无限来源又是可穿戴电子产品的应用终端，Tex-TENG 能够将人体表面的能量供给和能量需求无缝结合在一起，在无任何负担情况下实现人体自身能源或传感需求的自给自足。由于具有材料来源广泛、结构设计简单、低频下转换效率高等优点，Tex-TENG 在微纳能源、柔性电子、健康医疗、安防监测、人工智能等领域具有巨大的应用前景。

Tex-TENG 的研究内容涉及凝聚态物理、能量转化与存储化学、高分子材料设计、材料多功能集成、穿戴式柔性传感器、生物医学应用等相关学科，是多学科高度交叉融合的新型研究课题。随着该领域研究的深入、研究队伍的壮大以及工业化进程的加快，对于 Tex-TENG 研究领域的及时回顾、现状分析和未来展望显得尤为重要。为此，在国际知名纳米能源专家王中林院士的领衔下，汇聚了来自智能纺织和纳米能源相关领域的众多知名专家学者，包括俞建勇院士、徐卫林院士（排名不分先后）和多位来自国内纺织行业高校的专家的大力支持和参与，一起撰写首次针对 Tex-TENG 的全面系统性学习、研究和产业指导用书。本书包括十四章，内容涵盖 Tex-TENG 的基础理论、材料选择、结构设计、性能优化等基本知识，以及在微纳能源收集、复合能源回收、自供电电源、智慧医疗、智慧体育、智能家居、安防监测、人机交互、生物医学等相关应用领域研究。本书旨在作为本领域教科书式指导用书，对当前大学本科生、研究生教学具有极大参考价值，帮助从事该方向科研人员快速掌握 Tex-TENG 的主要内容，辅助指导教学工作者开展相关课程教学，以及协助工程技术人员开展商品开发和应用示范。

感谢所有为基于摩擦纳米发电机的智能纤维和智能纺织领域发展做出贡献的科学研究人员、知识传播人员、产业化推广人员！

王中林

中国科学院北京纳米能源与系统研究所

2025 年 1 月

前　言

Preface

基于摩擦纳米发电机的智能纤维与纺织是利用接触起电和静电感应耦合效应与现代纤维和传统可穿戴纺织加工工艺相结合而开发的一种具有自供电或自驱动传感功能的新型智能纺织技术。仅仅历经十余年的发展，基于摩擦纳米发电机的智能纤维与纺织品备受关注，呈现出迅猛发展的强劲势头。然而，我们发现关于摩擦纳米发电机智能纤维与纺织品的相关知识获取途径仍然是零散的期刊文献，缺乏系统性和规范性的教学资源和研究指导，这给新入门的学生以及热衷于推进其商业化的产业人员带来了极大的不便。为此，在微纳能源和智能纺织研究领域众多知名学者的努力推动下，首次针对摩擦纳米发电机的智能纤维与纺织技术进行全面而深入的知识整合与系统梳理，共同撰写了本书。本书内容不仅涵盖基于摩擦纳米发电机智能纤维与纺织的基础理论、材料选择、结构设计和性能优化策略等基本知识架构，而且展示了其在微纳能源收集、复合能量回收、自供能电源、智慧医疗、智慧体育、智能家居、安防监测、人机交互、生物医学等相关领域的应用进展，对了解这种新型智能纺织品的发展现状以及未来趋势具有重要意义。

本书汇聚了对摩擦纳米发电机智能纤维与纺织做出重要贡献的众多知名学者的智慧撰写而成，逻辑较为缜密、内容翔实、写作清晰，便于读者理解和思考。本书是对智能纺织领域未来发展方向的一次深刻洞察与前瞻布局。我们希望本书对于相关专业的教学和科研有一定的帮助，既可以作为学生的教学参考书，又可作为科研人员、工程师以及相关行业从业者的宝贵参考资料，同时也是广大科技爱好者了解并参与这场科技革命的重要窗口。

我们衷心感谢共同参与本书撰写的所有作者，是他们的积极参与与贡献才使得本书能够及时和读者见面，包括但不局限于俞建勇、徐卫林、丁彬、李召岭、蒋高明、马丕波、陈超余、钟俊文、胡彬、秦勇、杨如森、田明伟、曲丽君、蒲雄、翟俊宜、兰春桃、杨进、陈俊、范兴、陶光明、孙竞波、郑子剑、胡又凡、夏治刚、王宏志、侯成义、隋坤艳、逄尧堃（排名不分先后）。由于水平有限，我们诚恳地希望读者提出批评和建议，以便今后有可能把书修订得更为完整。让我们携手并进，共同探索智能纺织品的无限可能，开创一个更加智能、绿色、美好的未来！

王中林
中国科学院北京纳米能源与系统研究所

董　凯
中国科学院北京纳米能源与系统研究所
2025 年 1 月

目 录

Contents

第 1 章

纺织基摩擦纳米发电机的基础理论

摘　要

纺织基摩擦纳米发电机（Tex-TENG）是基于接触起电和静电感应的耦合效应将机械能直接转化为电能的一种具有自主式供电和自驱动传感功能的新型智能纺织品。由于具有机械能量收集、电能供应、自驱动信号响应等特殊功能，Tex-TENG 在可穿戴能源器件和无源柔性传感器方面具有十分广阔的应用前景。在 Tex-TENG 的知识体系中，起电理论是正确理解这种新型智能纺织器件，以及实现其性能提升和集成应用的基础。目前已经有多种相关理论用来解释并逐步完善接触起电的本质。如图 1.1 所示，当两种

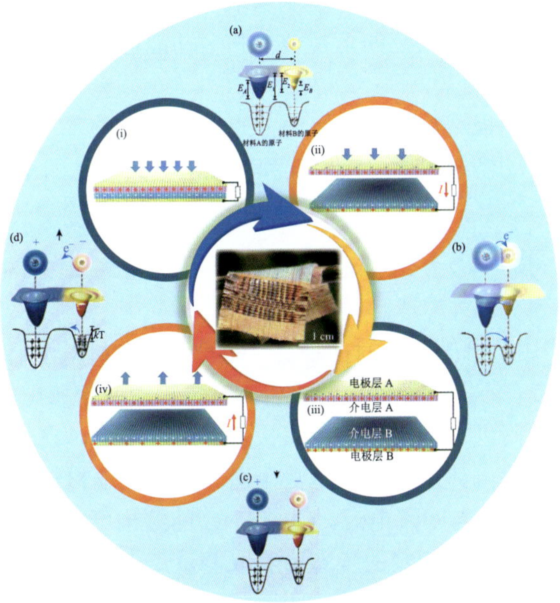

图 1.1　Tex-TENG 的基本工作机制示意图[1]。(i～iv) 完整接触和分离循环中的经典电荷转移过程。(a～d) 电子云-电势阱模型，用于解释完整接触和分离循环中不同摩擦电材料之间的电子-电荷转移过程

材料发生周期性接触分离运动时，由于接触起电和静电感应的作用，电荷会在两界面间发生来回转移，进而形成交流电流输出。为了更加深刻全面理解这种新型的机电转化纺织技术，并为 Tex-TENG 的电输出/电响应性能优化和智能化应用提供坚实的理论指导，本章从基本工作模式、等效理论模型、接触起电机制、性能评价标准等方面详细论述 Tex-TENG 近年来的研究进展，为其奠定坚实的理论基础，提供明确的方法论指导。

1.1 基本工作模式

摩擦纳米发电机（triboelectric nanogenerator，TENG）的工作原理是利用接触起电（CE）和静电感应将两种电子亲缘性不同的材料摩擦时产生的动能转化为电能，即通过两种不同材料的接触和分离来产生电荷。当两个具有不同摩擦电性能的材料相互摩擦时，由于电子结构不同，电子会在接触界面发生转移，使电负性不同的材料表面带有等量相反的电荷，其中电子亲和力较高的材料表面带负电荷，另一个则带正电荷。这种现象导致电子的流动，从而在两个材料之间形成电势差。进而实现机械能-电能的直接转换。

自 2012 年以来，TENG 的峰值功率密度已从几 $\mu W/cm^2$ 提高到 $50mW/cm^2$，可以通过摩擦等低频机械能实现持续自供能，从而大幅提高了其适用性。研究表明，打字 1min 可产生 0.3～1.44J 能量，正常身材男子跑步 1min 可以产生 300～510J 能量，而智能手机一天消耗的电能约为 60J，所以采集人体日常运动的机械能可以满足绝大部分智能设备的能源供给。TENG 能够从人体和周围环境中获取低频机械能并转化为持续稳定能源，而且它们还具有极佳的柔韧性、出色的可拉伸性和多功能性，是一种可靠的替代能源供给选择。

根据摩擦电材料、电极结构及相对运动方式，TENG 的基本工作模型可以分为垂直接触分离模式、水平滑动模式、单电极模式和独立层模式，见图 1.2。

1.1.1 垂直接触分离（CS）模式

CS-TENG 的结构由两摩擦层面对面堆叠，两种摩擦电材料电荷极性不同，产生电荷转移，使得各自表面带有不同的摩擦电负性，此时电极在两摩擦电材料背面，产生电场，出现电势差。正极表面附近电势大于靠近负极表面附近电势，自由电子从低电势电极流向高电势电极，从而消除电势差，实现电势平衡。当摩擦电材料做回归原位的运动时，电子回流，在外电路形成反向回流电流。CS-TENG 的结构可以设计成多层织物或纱线等形式，集成在鞋垫内部从人类行走的步态中获取能量，也可以嵌入织物内部通过挤压或拉伸织物来产生能量，实现系统自供电。

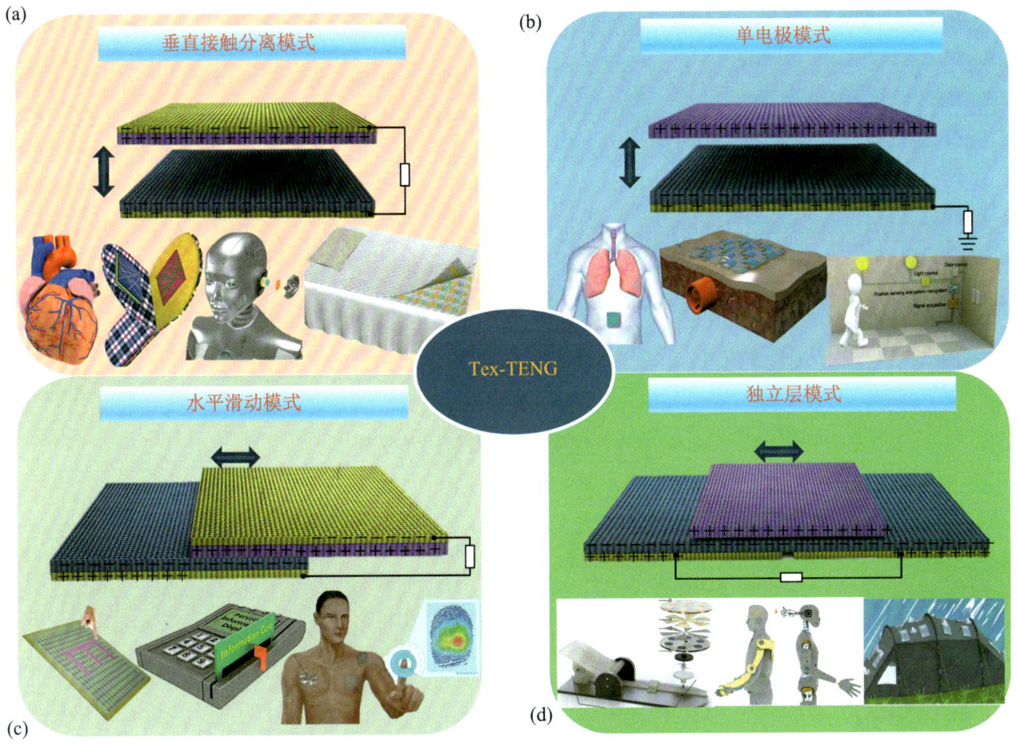

图 1.2　TENG 的四种基本工作模式[1]。（a）垂直接触分离模式；（b）单电极模式；（c）水平滑动模式；（d）独立层模式

1.1.2　单电极（SE）模式

SE-TENG 只需要一个电极与摩擦层直接作用，摩擦电材料不需要外部电负载。当接触发生之后，两摩擦电材料处于分离状态，从而产生电荷转移；当重新接触，电荷经由底部电极转移以平衡电势分布，使电子在电极之间流动，重复该动作模式，即可输出交流电。这一模式中介质不需要电连接或电极，并且可以实现无障碍自由移动，宜用于收集作用方向与方式具有随意性的机械能。在实际使用中限制条件最少，但因电势变化均发生于一个电极上，所以该模式输出功率低于其他模式，并且电极与介质材料过于接近时，电场被主电极屏蔽会导致电容减小，输出功率进一步下降。

1.1.3　水平滑动（LS）模式

LS-TENG 和 CS-TENG 相似，它们的区别在于一个是上下方向的接触，另一个是水平方向的滑动。一旦两摩擦电材料出现非重叠的部分，这一部分的表面就会出现电势差，并因此产生外电流。当整个器件做往复运动时，在外电路产生反向电流，即电流输出由摩擦电材料之间周期性滑动实现。LS-TENG 的设计模式可以由平面滑动、轴心旋转等多种途径获取机械能，可用性较大。该模式下摩擦面积更大，供能效率更高。但摩擦力越大会导致材料磨损越快，使得系统使用寿命较短。滑动相较于接触摩擦等所需作用空间更大，系统体积较其他模式大。

1.1.4 独立层（FT）模式

FT-TENG 中摩擦层是独立的，不与电极接触，通过静电感应产生的电势差驱使电子流动。与 SE 模式相比，FT 模式两个电极都有电势变化，没有屏蔽效应，因此输出性能更好。由于摩擦层不直接与电极发生接触，该模式能源转换效率高、输出性能稳定、使用寿命长。它可与 CS-TENG 结合，收集人步行和汽车行驶的能量。

1.2 等效理论模型

TENG 在工作时通过摩擦产生电荷，这些电荷在电极间积累，形成类似电容的电荷存储效应。当外界条件（如摩擦运动）变化时，电荷重新分布，产生电流，类似于电容的充放电过程，所以 TENG 的理论架构可用其等效理论模型来阐述。使用介电常数 ε_1 和 ε_2 以及厚度分别为 d_1 和 d_2 的两种电介质［图 1.3（a）］，当两个电介质发生物理接触时，由于接触起电效应，静电电荷被转移到两者的表面，表面被部分充电，电荷是非移动静电荷［图 1.3（b）］，表面电荷密度 σ_c 随着两个电介质之间的接触次数增加而增加，并最终达到饱和。由摩擦电荷建立的静电场会驱动电子通过外部负载流动,导致电极中自由电子 $\sigma_{\mathrm{I}}(z, t)$的积累，该电荷量是两介电材料间间隙距离 $z(t)$的函数。这一过程实现了机械能向电能的转换。如图 1.3（c）所示，电介质 1 和电介质 2 中的电场分别为 $E_z=\sigma_{\mathrm{I}}(z,t)/\varepsilon_1$ 和 $E_z=\sigma_{\mathrm{I}}(z,t)/\varepsilon_2$，间隙区域中的电场为 $E_z=[\sigma_{\mathrm{I}}(z,t)-\sigma_c]/\varepsilon_0$，$\varepsilon_0$ 为真空介电常数。两个电极之间的相对电压差为

$$V=\sigma_{\mathrm{I}}(z,t)(d_1/\varepsilon_1+d_2/\varepsilon_2)+z[\sigma_{\mathrm{I}}(z,t)-\sigma_c]/\varepsilon_0 \tag{1.1}$$

在短路条件下，$V=0$，则

$$\sigma_{\mathrm{I}}(z,t)=\frac{z\sigma_c}{d_1\varepsilon_0/\varepsilon_1+d_2\varepsilon_0/\varepsilon_2+z} \tag{1.2}$$

从式（1.2）中，在材料内部的位移电流密度是

$$J_D=\frac{\partial D_z}{\partial t}=\frac{\partial\sigma_{\mathrm{I}}(z,t)}{\partial t}=\sigma_c\frac{\mathrm{d}z}{\mathrm{d}t}\frac{d_1\varepsilon_0/\varepsilon_1+d_2\varepsilon_0/\varepsilon_2}{(d_1\varepsilon_0/\varepsilon_1+d_2\varepsilon_0/\varepsilon_0+z)^2}+\frac{\mathrm{d}\sigma_c}{\mathrm{d}t}\frac{z}{d_1\varepsilon_0/\varepsilon_1+d_2\varepsilon_0/\varepsilon_2+z} \tag{1.3}$$

式（1.3）的第一项表示位移电流密度与电介质表面上的电荷密度和两个电介质分离或接触的速率成正比，第二项表示位移电流密度和表面电荷密度变化的速率之间的关系。根据欧姆定律，TENG 的电流输出方程为

$$RA\frac{\mathrm{d}\sigma_{\mathrm{I}}(z,t)}{\mathrm{d}t}=z\sigma_c/\varepsilon_0-\sigma_{\mathrm{I}}(z,t)(d_1/\varepsilon_1+d_2/\varepsilon_2+z/\varepsilon_0) \tag{1.4}$$

式中，z 是取决于施加力动态过程的时间 t 的函数。从式（1.4）开始，TENG 四种模式的输出特性都可以推导而得。

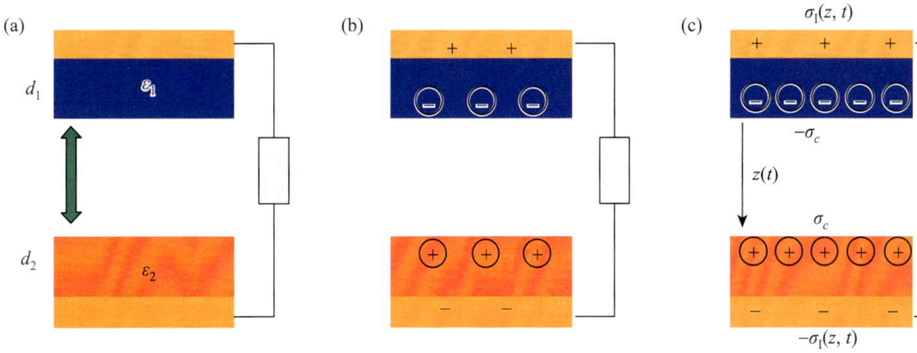

图 1.3　TENG 接触起电模型[2]。(a～c) 随接触循环次数增加的工作机制示意图

1.2.1　固有电容模型和控制方程

在 TENG 工作原理的静电感应效应中，任意的 TENG 都有一对朝向相对的材料（称为摩擦对），摩擦对之间的距离（ x ）可以在机械力作用下变化。在相互接触以后，两个摩擦对的接触表面将带有符号相反的静电荷。此外，背电极保证了电荷只能通过外部电路在两电极间转移。TENG 两电极间的电势差主要由两部分构成，一部分是来自极化摩擦电荷，它们对电压的贡献是 $V_{OC}(x)$，是分离距离 x 的函数；另一部分是转移电荷量 Q，Q 对两电极间的电势差也有贡献，假设该结构中没有摩擦电荷，这个结构与一个典型电容没有任何区别，所以已转移电荷对两极间电势差的贡献是 $-Q/C(x)$，其中 C 是两电极间的电容。根据电势叠加原理，两电极间的总电势差由式（1.5）给出：

$$V = -\frac{1}{C(x)}Q + V_{OC}(x) \tag{1.5}$$

式（1.5）（称为 V-Q-x 关系）是任意 TENG 的控制方程，表明了固有电容属性。在短路条件下，转移电荷（ Q_{SC} ）将完全消除极化摩擦电荷产生的电势差。所以，对于短路条件下的 TENG，容易得出下面的方程：

$$0 = -\frac{1}{C(x)}Q_{SC}(x) + V_{OC}(x) \tag{1.6}$$

Q_{SC}、C 和 V_{OC} 之间的基本关系可以由下式给出：

$$Q_{SC}(x) = C(x)V_{OC}(x) \tag{1.7}$$

下面从动力学角度探讨不同工作模式 TENG 的静电感应的基本过程。

1. CS 模式

对于电介质-电介质型的 CS-TENG［图 1.4（a)］，两个摩擦表面之间的距离（x ）可随外力触发的情况发生变化，当两个材料接触后，其内表面会带上符号相反、电荷量密度均为 σ 的静电荷。类似地，图 1.4（b）表示导体-电介质型的物理模型。在这个结构中，没有电介质 1，金属 1 同时起到上电极和摩擦电材料的双重作用。金属 1 表面的净电荷由两部分构成：一部分是接触起电产生的电量（$S\sigma$），另一部分是静电感应过程中两个电极之间转移的电荷量（$-Q$），所以金属 1 中的总电荷为（$S\sigma-Q$）。

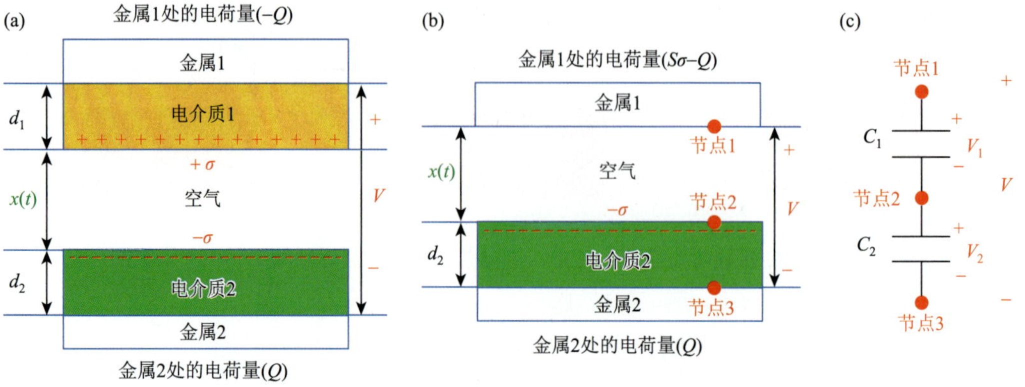

图 1.4 CS-TENG 的理论模型[3]。（a）电介质-电介质型 CS-TENG 的理论模型；（b）导体-电介质型 CS-TENG 的理论模型；（c）导体-电介质型附着电极 CS-TENG 的等效电路图

由于在实验中，金属的面积大小（S）比两个材料的分离距离（d_1+d_2+x）要大几个数量级，所以假设两个电极是无限大的面积。根据上述物理模型和动力学理论可以推导出 CS-TENG 的 V-Q-x 关系和本征输出特性（V_{OC}、Q_{SC} 和 C）：

$$V=-\frac{Q}{S\varepsilon_0}\left[d_0+x(t)\right]+\frac{\sigma x(t)}{\varepsilon_0} \tag{1.8}$$

$$V_{OC}=\frac{\sigma x(t)}{\varepsilon_0} \tag{1.9}$$

$$Q_{SC}=\frac{S\sigma x(t)}{d_0+x(t)} \tag{1.10}$$

$$C=\frac{\varepsilon_0 S}{d_0+x(t)} \tag{1.11}$$

此外，当 x 足够大时，我们定义的电荷转移效率 η_{CT}（即转移电荷量与摩擦电荷总量的比值）可以表示为

$$\eta_{CT}=\frac{Q_{SC,Final}}{\sigma S}=\frac{1}{1+\dfrac{C_1(x=x_{max})}{C_2(x=x_{max})}}-\frac{1}{1+\dfrac{C_1(x=0)}{C_2(x=0)}} \tag{1.12}$$

对于 CS-TENG，当 $x=0$ 时，$C_1(\varepsilon_0 S/x)$ 接近于无穷大，而 C_2 是一个有限数值（$\varepsilon_0 S/d_0$），保证此时节点 3 上的电荷量为 0。当 x 足够大时（大于 $10d_0$），$C_1(\varepsilon_0 S/x)$ 接近于 0，而 C_2 仍然是 $\varepsilon_0 S/d_0$，此时节点 3 上的电荷量为 σS。因此 CS-TENG 理论上的最大电荷转移效率可以达到 100%。

2. LS 模式

LS-TENG 的基本结构如图 1.5 所示，一般情况下，无法推导出 LS-TENG 的解析方程，

只能基于数值计算法进行严格的理论分析。在实际应用中，考虑到两种电介质在长度方向的几何尺寸 l 总是比厚度方向 d_1 和 d_2 大很多，且由于将两种电介质完全分离后很难再次精确地对准两种电介质的表面，所以实际应用中会保持横向分离距离 x 总是小于 $0.9l$。在上述条件下，边缘效应可以忽略，进而可以推导出 V-Q-x 的近似关系：

$$V = -\frac{1}{C}Q + V_{OC} = -\frac{d_0}{w\varepsilon_0(l-x)}Q + \frac{\sigma d_0 x}{\varepsilon_0(l-x)} \tag{1.13}$$

导体-电介质型 LS-TENG 也可以通过类似的分析来得到相同的结果。

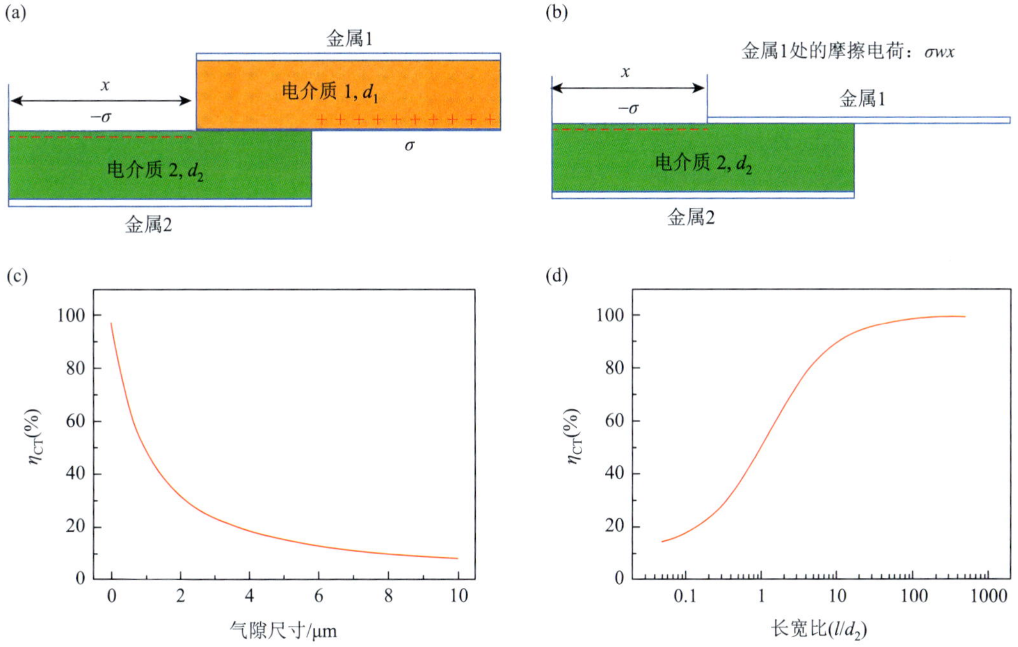

图 1.5　LS-TENG 的理论模型[4]。（a）电介质-电介质型 LS-TENG 的理论模型；（b）导体-电介质型 LS-TENG 的理论模型；（c，d）当两平板达到完全分离时，气隙尺寸 d_0（c）和电介质长宽比（d）对导体-电介质型 LS-TENG 的电荷转移效率的影响

对于 LS-TENG，在设计时需要考虑的一个重要因素是其两个摩擦层表面之间的间隔。例如，假设间隔的厚度与 d_0 相等，当 $x=0$ 时，接触起电的电介质表面和顶电极之间的电容值与其他电容值相等。这样，当 x 从 0 变为 x_{max} 时，相应的电容比值只能从 1 变化到 0。电荷转移效率将显著降低，仅能达到大约 50%的水平。

3. SE 模式

对于 SE-TENG，只需要一个电极连接到 TENG 的一个起电面上（称为主电极）。而另一个电极作为电势参考电极（称为参考电极），可以任意放置（图 1.6）。它由一个电介质和一个金属板面对面堆叠在一起，由于接触起电，电介质 1 带负电，电荷密度为 σ。此外，其输出性能的衰减主要是由主电极的静电屏蔽效应导致的。在开路条件下，电介质 1 整个底层的电势将会基本保持恒定。整个表面可以视作节点 1，主电极和参考电极也可以视作节点 2 和节点 3。由于任何两个节点之间都有电场线连接，进而电容 C_1、C_2 和 C_3 代表每两个节点之间的电容特性。

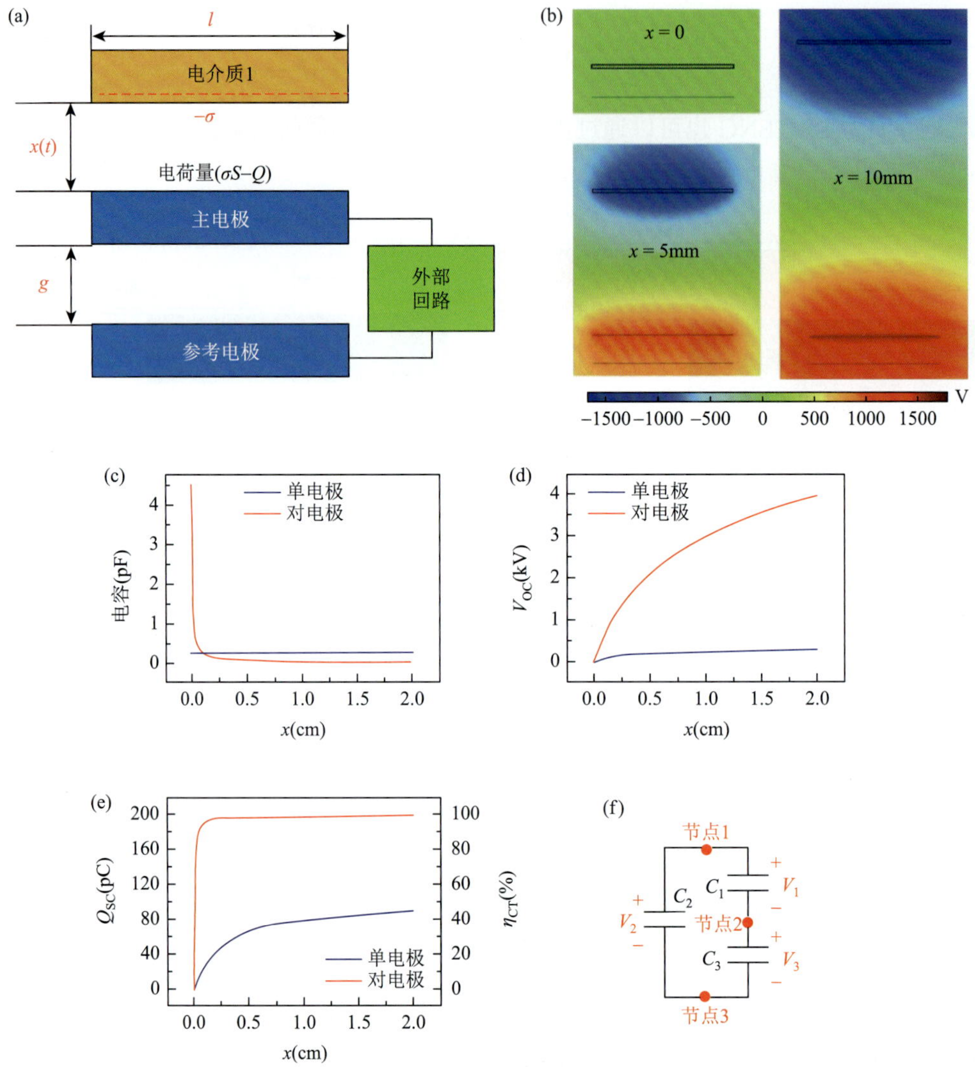

图 1.6 SE-TENG 的电学输出特征[5]。（a）有限元模型的结构；（b）在不同移动距离 x 处计算的电势分布；（c～e）计算的（c）两个电极之间的电容、（d）开路电压、（e）不同 x 下 SE-TENG 在短路条件下的转移电荷，以及与成对电极 TENG 的结果的比较；（f）电介质型 SE-TENG 静电系统等效电路模型

作为一个两类电容之间关系的定量研究，真正的电容是这三种电容之间的叠加效应。例如，节点 1 和节点 3 之间的实际电容（C_b）包含两个部分（C_2 和 C_1、C_3 之间串联）：

$$C_b = C_2 + \frac{C_1 C_3}{C_1 + C_3} \tag{1.14}$$

类似地，节点 1 与节点 2 之间的实际电容（C_a）以及节点 2 与节点 3 之间的实际电容（C_0）也可以表示为

$$C_a = C_1 + \frac{C_2 C_3}{C_2 + C_3} \tag{1.15}$$

$$C_0 = C_3 + \frac{C_1 C_2}{C_1 + C_2} \tag{1.16}$$

SE-TENG 电容的变化规律与前两种的工作模式不同，当 $x = 0$ 时，C_a 趋于无穷大，C_b 和 C_0 相等。从式（1.14）～式（1.16）可以看出，C_1 趋于无穷大，而 C_2 和 C_3 等于 $C_0 / 2$，因此 C_1 / C_2 的比值是无穷大的。当 x 趋于无穷大时，C_a、C_b 和 C_1、C_2 都趋于 0，而 C_1 / C_2 将趋近于 1。在此条件下，转移的电荷量仅为总的电荷量的一半，并且理论的最大电荷转移效率也只有 50%。

4. FT 模式

对于独立层式 TENG（CF-TENG）（图 1.7）。当电介质 1 与两个金属板接触后，电介质 1 的上下表面产生电荷。此外，任意两个不相邻节点（如节点 1 和节点 3）之间的电场线连接都被中间的节点 2 完全屏蔽。在等效电路模型中只存在三个电容器。两个电极（节点 1 和节点 4）间的总电容是 C_1、C_2 和 C_3 的串联，可以用以下公式表示：

$$C = \frac{1}{1/C_1 + 1/C_2 + 1/C_3} = \frac{\varepsilon_0 S}{d_0 + g} \tag{1.17}$$

在实际应用中，电介质的有效电介质厚度 d_1 / ε_{r1} 与空气间隙相比总是可以忽略的，C_2 可以看作是无限大的。因此，可以推导得到金属 1 和金属 2 上的总电荷量：

$$Q_1 \approx \sigma S \frac{2/C_3}{1/C_1 + 1/C_3} = \frac{2\sigma S}{1 + C_3 / C_1} \tag{1.18}$$

$$Q_2 \approx \frac{2\sigma S}{1 + C_1 / C_3} \tag{1.19}$$

根据式（1.18）和式（1.19），可以得到 CF-TENG 的基本工作原理。当 $x = 0$ 时，C_3 无穷大，Q_1 接近于 0，Q_2 大约等于 $2\sigma S$。在此状况下，所有摩擦正电荷都被电介质 1 表面的负电荷吸引到下电极上。同样，当 $x = g$ 时，C_1 无穷大，所有正电荷都被吸引到金属 1 上。如果电介质 1 在空气间隙中振动，由于 C_1 / C_3 的改变，电荷将会在金属 1 和金属 2 之间反复流动，形成交流电流。与之前的所有 TENG 相同，电介质 1 位置的改变可以引起电容比值的变化，在短路情况下驱动电子在两电极间流动。

除了电介质型 CF-TENG 外，另外一种类型是金属型 CF-TENG［图 1.7（c）］。其电容分为两个电极间的寄生电容及金属 1 与金属 3（C_{f1}）、金属 3 与金属 2（C_{f2}）之间电容的串联两个部分。当电介质厚度和独立层高度相对较小时，这种串联对总电容的影响显著。在两端时，由于金属型 CF-TENG 仅与一个电极重合，C_{f1} 或 C_{f2} 中总会有一个接近于 0，因此它们串联后的总电容为 0，金属型 CF-TENG 的总电容接近于电介质型 CF-TENG。当 $x = (g + l) / 2$ 时，C_{f1} 和 C_{f2} 相等，它们串联后的电容达到最大值，同时总电容也达到最大值，金属型 CF-TENG 的金属内表面出现很强的电荷再分布特性。

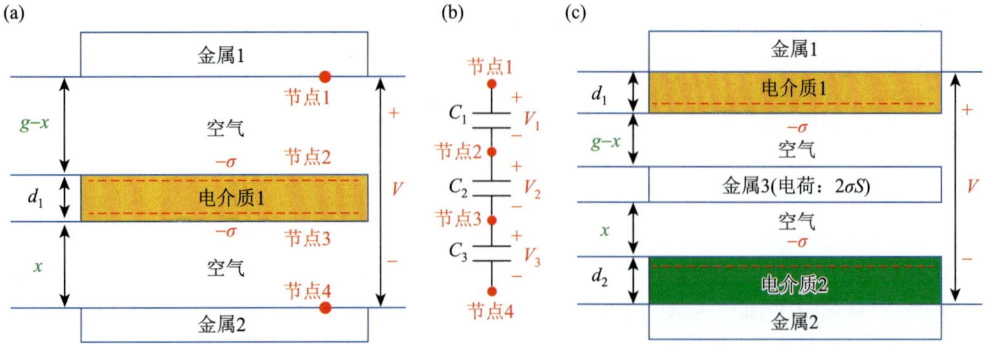

图 1.7　CF-TENG 的理论模型[6]。（a）典型电介质型 CF-TENG 的理论模型；（b）电介质型 CF-TENG 静电系统等效电路模型；（c）典型金属型 CF-TENG 的理论模型

综上所述，电容式 TENG 具有高电压（kV 量级）和低电流（μA 量级）的输出特性，使其具有极高的内阻（数百 MΩ）。在短路条件下，电介质位置的改变引起两电容的比值变化为电子在金属电极之间的转移提供动力。因此不同的电容变化行为导致不同的基本 TENG 模式。

1.2.2　拓展的麦克斯韦方程组

从经典的麦克斯韦理论出发，纳米发电机（NG）的基本理论架构逐渐被建立起来。如图 1.8 所示，比较了电磁发电机和纳米发电机的原理[7, 8]。电磁发电机工作原理的基础是法拉第电磁感应定律，在机械力作用下导体切割磁感线，由于电荷受到洛伦兹力作用在导线内部产生定向流动的传导电流。而纳米发电机则是基于压电/热电和摩擦电/静电/驻极体效应，并采用麦克斯韦位移电流机制。因此，纳米发电机可以代表一种以位移电流为驱动力的场，有效地将机械能转化为电信号。麦克斯韦方程组的基本形式如下：

$$\nabla \times \boldsymbol{D} = \rho \tag{1.20a}$$

$$\nabla \times \boldsymbol{B} = 0 \tag{1.20b}$$

$$\nabla \times \boldsymbol{E} = -\frac{\partial \boldsymbol{B}}{\partial t} \tag{1.20c}$$

$$\nabla \times \boldsymbol{H} = \boldsymbol{J} + \frac{\partial \boldsymbol{D}}{\partial t} \tag{1.20d}$$

式中，位移电流 $\partial \boldsymbol{D}/\partial t$ 是麦克斯韦于 1861 年首次提出以满足电荷的连续性方程。电位移 $\boldsymbol{D}$ 的计算公式为 $\boldsymbol{D} = \varepsilon_0 \boldsymbol{E} + \boldsymbol{P}$，其中极化矢量 $\boldsymbol{P}$ 是由于外部电场 $\boldsymbol{E}$ 的存在而产生的。然而，在 TENG 中，介质在机械触发下是运动的，因此应引入极化项来解释介质运动产生的极化，特别是考虑到介质表面由于接触起电效应而带电。为了考虑麦克斯韦方程中接触电化引起的静电荷的贡献，在位移矢量 $\boldsymbol{D}$ 中加入了一个附加项 $\boldsymbol{P}_s$，即 $\boldsymbol{D} = \varepsilon_0 \boldsymbol{E} + \boldsymbol{P} + \boldsymbol{P}_s$，即可以得到位移电流密度，其位移电流密度的计算公式为

$$\boldsymbol{J}_D = \frac{\partial \boldsymbol{D}}{\partial t} = \varepsilon \frac{\partial \boldsymbol{E}}{\partial t} + \frac{\partial \boldsymbol{P}_s}{\partial t} \tag{1.21}$$

需要注意的是，新的附加项 $\boldsymbol{P}_s$ 项，是由于机械触发产生的静电表面电荷而产生的极化，用于描述纳米发电机的能量转换特性。不同于电场诱导的介质极化 $\boldsymbol{P}$，麦克斯韦方程被改写为

$$\varepsilon\nabla\times\boldsymbol{E}=\rho-\nabla\cdot\boldsymbol{P}_s \tag{1.22a}$$

$$\nabla\times\boldsymbol{B}=0 \tag{1.22b}$$

$$\nabla\times\boldsymbol{E}=-\frac{\partial\boldsymbol{B}}{\partial t} \tag{1.22c}$$

$$\nabla\times\boldsymbol{H}=\boldsymbol{J}+\frac{\partial\boldsymbol{E}}{\partial t}+\frac{\partial\boldsymbol{P}_s}{\partial t} \tag{1.22d}$$

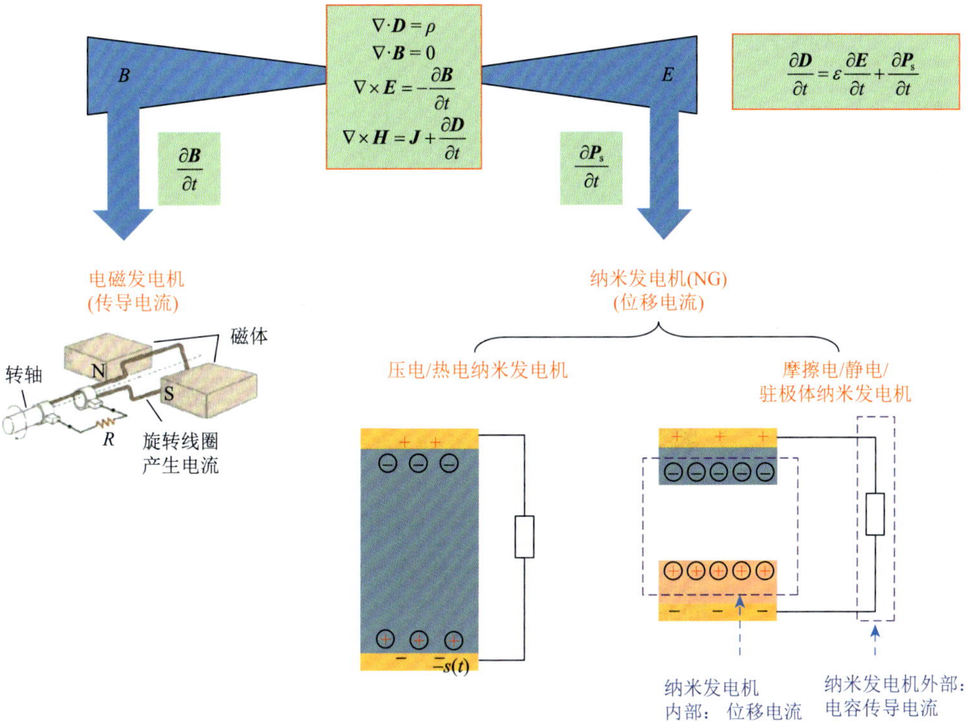

图 1.8　电磁发电机和纳米发电机之间基本物理机制的比较示意图[8]。电磁发电机是由传导电流主导的，而纳米发电机是由麦克斯韦位移电流产生的。在纳米发电机内部，基于压电/热电和摩擦电/静电/驻极体效应，电路由位移电流主导，但在纳米发电机外部观察到的电流是电容传导电流

对于一般的 TENG 设备，带电介质可以在机械激励下以任意速度分布运动[9]。对于如图 1.9 所示，具有随时间变化的体积、形状和表面的介质，以非均质速度 $\boldsymbol{v}_r$ 沿任意轨迹分布运动，由此可推出在低速运动介质系统中的麦克斯韦方程[8]：

$$\nabla\times\boldsymbol{D}=\rho \tag{1.23a}$$

$$\nabla\times\boldsymbol{B}=0 \tag{1.23b}$$

$$\nabla\times(\boldsymbol{E}+\boldsymbol{v}_r\times\boldsymbol{B})=-\frac{\partial}{\partial t}\boldsymbol{B} \tag{1.23c}$$

$$\nabla \times (\boldsymbol{H} - \boldsymbol{v}_{\mathrm{r}} \times \boldsymbol{D}) = \boldsymbol{J} + \rho \boldsymbol{v} + \frac{\partial}{\partial t} \boldsymbol{D} \tag{1.23d}$$

其中，单位电荷的运动速度可分为两个分量：一个是运动参考系的运动速度 $\boldsymbol{v}$ ，另一个是点电荷相对于运动参考系的相对运动速度（ $\boldsymbol{v}_{\mathrm{r}}$ ）。需要注意的是，运动可能会有加速度，并且这里假设存在一个惯性参考系，只要运动速度远小于光速即可。对于自由空间中的电磁波传播由经典的麦克斯韦方程进行描述。

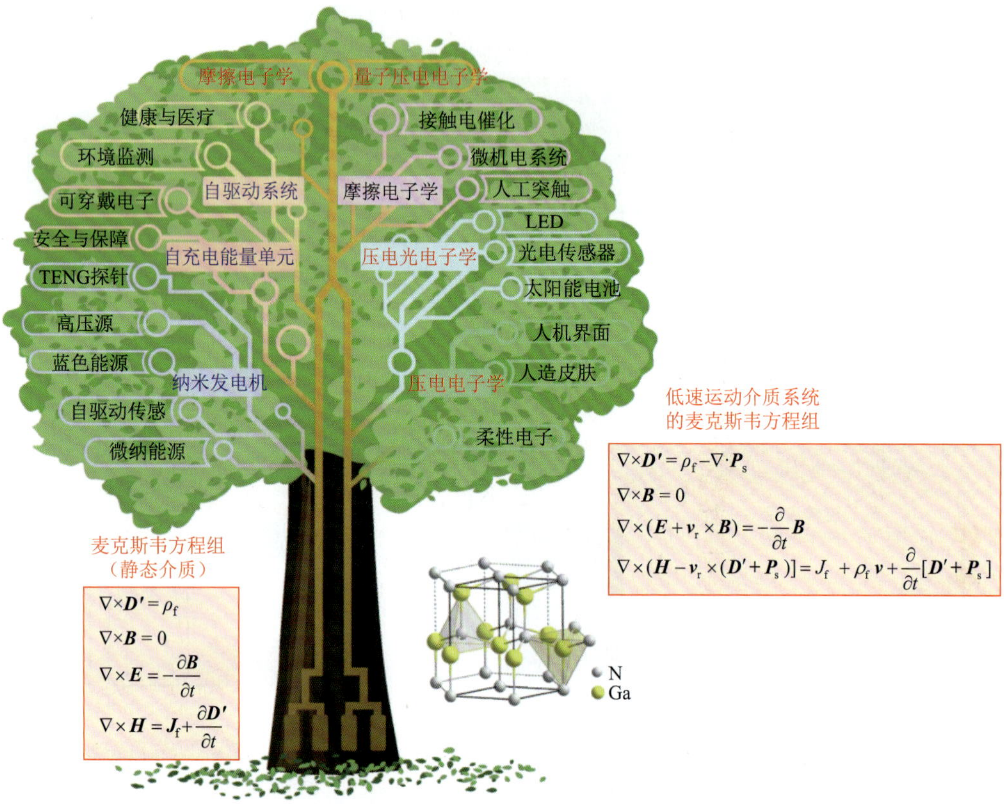

图 1.9　低速运动介质系统的麦克斯韦方程[8, 9]

1.3　接触起电机制

接触起电是指一个物体与另一个物体发生相互接触或者摩擦，在两者界面处产生电荷转移，使物体表面带电的现象。长期以来，接触起电转移电荷的载体到底是电子、是离子还是材料碎屑一直是学术界争论的热点[10]。观察到的第一个有据可查的接触起电效应是雷暴期间的闪电［图 1.10（a）］。第二个是动物皮毛与塑料棒摩擦［图 1.10（b）］，棒子会带负电，而动物皮毛会带正电。但到目前为止，还没有很好的理论来解释这种现象。

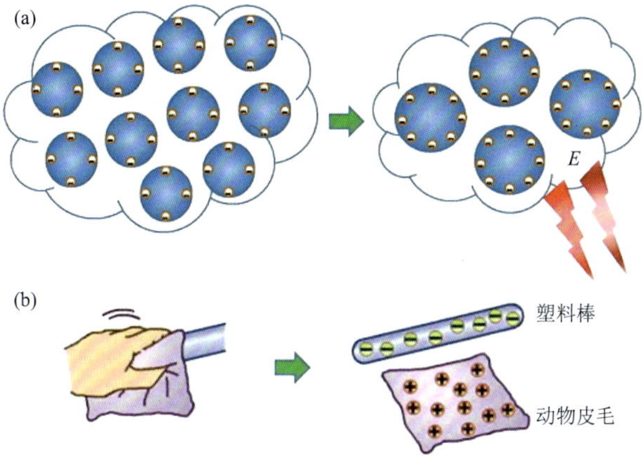

图 1.10　关于物理科学教科书中出现的雷暴（a）和塑料棒摩擦（b）等基本接触起电示例形成的示意图[10]

1.3.1　接触起电研究方法

通过宏观与微观的测量和表征方式来诠释电子转移产生的过程和条件。如图 1.11 所示，两个原子之间存在一个平衡位置，当两个原子之间的距离大于平衡距离时，它们会相互吸引；反之，两个原子的电子云会发生重叠，并相互排斥。接触起电中的电子转移只有在两个原子的电子云重叠时才会发生。假设原子 A 的最高能级占有态高于原子 B，如果两个原子没有亲密接触，原子的电子云不重叠。在这种情况下，电子不会从 A 原子转移到 B 原子，因为它们之间存在较高的势垒。当两个原子紧密接触时，A 原子和 B 原子的电子云重叠，势垒降低，电子将从 A 原子转移到 B 原子，并释放出光子。

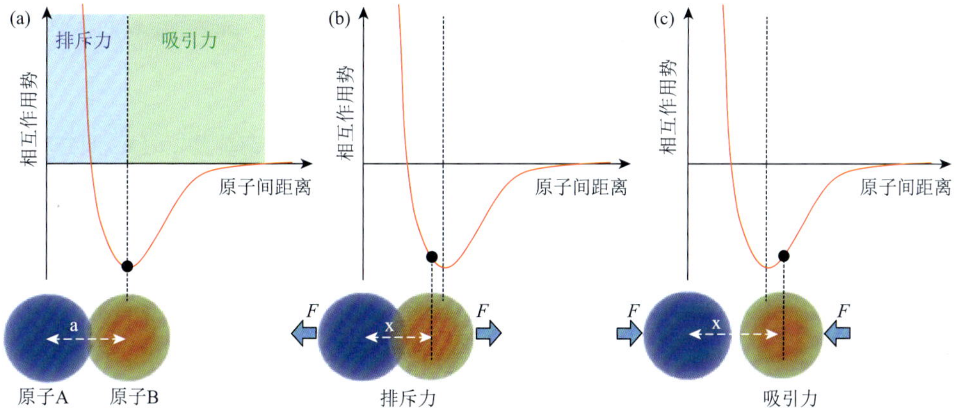

图 1.11　两个原子之间的原子间相互作用势和两者之间的力示意图[10]。当两个原子（a）处于平衡位置，（b）在排斥区具有强电子云/波函数重叠，以及（c）在吸引区具有小电子云/波函数重叠

1. 宏观真空接触分离测试

长期以来，研究人员基本上都是通过接触分离运动在宏观尺度上利用静电感应原理研究接触起电机制。Xu 等[11]提出一种基于 TENG 的方法来实现电荷的定量与实时测量，

揭示了接触起电的主导机制源为电子转移而非离子转移。此外，对于不同种类的 TENG，高温下电荷随时间的变化均遵循指数衰减规律，符合热电子发射理论［图 1.12（a）］。接触起电电荷密度和能量密度是评价其介质材料输出性能的两个关键参数，但它仍然缺乏定量材料数据库来系统地了解其科学机制。因此，Zou 等[12]为了避免环境因素、击穿效应和结构参数对电荷损失的影响，通过在真空条件下采用接触分离模式来评估不同材料的电荷极性和电荷转移量［图 1.12（b）］。

此外，为了进一步解释接触起电机制。Wang 等[13]采用滑动模式研究了摩擦层表面之间的电荷转移和热电子发射过程，研究表明 TENG 的总表面电荷输出合理化为热电子发射速率、接触起电的电荷转移速率和两种材料之间接触面积变化率耦合的直接结果［图 1.12（c）］。这些研究验证了不同的环境条件和接触模式都通过静电感应原理揭示接触起电的机制。

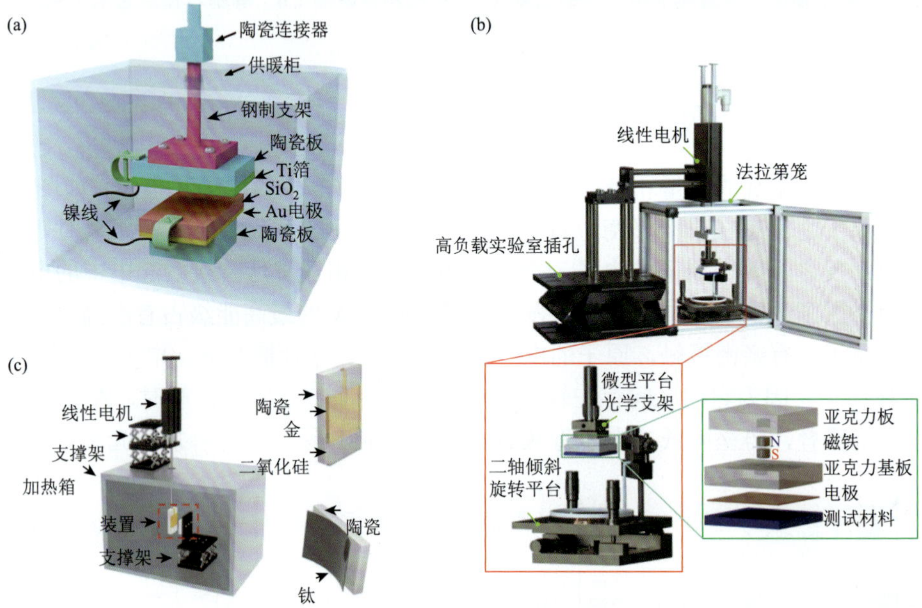

图 1.12　宏观摩擦纳米发电机的接触分离装置。（a）常规温度可调接触分离装置[10]；（b）真空环境接触分离式测量装置[12]；（c）水平滑动式测量装置[13]

2. 静电伏特计测量表面电势

在运动过程中人与物、物与物的快速接触分离，会使静电荷不断累积，表现为表面静电势的升高。例如，我们每个人都体验过冬天伸手接触金属门把手以及穿脱衣服等过程中的静电带电和放电现象。特别在干燥环境中，静电势能够达到几千甚至几万伏。当静电势超过周围介质（如空气）的击穿电压时，就会发生静电放电现象。静电能量在几纳秒的时间内迅速释放，形成高电压、瞬态大电流并伴随强电磁辐射，会对微电子器件、易燃易爆危险品等静电敏感物质造成严重危害[13, 14]。因此，在电子工业、能源化工、航天工程和智慧城市等领域中，常采用静电伏特计来测量非接触表面电势。

Kikunaga 等[14]开发了一种带有振动阵列传感器的系统，以非接触和非破坏性的方式，快速测量物体表面电势分布，精度达到 3%，空间分辨率高达 1mm［图 1.13（a）］。

Fatihou 等[15]通过使用静电感应探针进行了非接触式的测量，模拟了恒定电荷绝缘体的表面电势不均匀性。通过检查所研究的每种情况获得不同表面电势分布曲线，从而估计探针的分辨率［图 1.13（b）］。表面电势和电场测量技术已广泛用于研究工业应用中电介质表面的电晕充电。Antoniu 等[16]研究了探针位置相对于样品可变性的影响，通过使用电荷密度测量装置可以监测出非织造介质的充电状态［图 1.13（c）］。此外，Qin 等[17]还通过静电伏特计测量了液-固界面的电荷转移，通过在水环境中挤压和释放介电表面上的油滴，可在背电极中观察到电荷转移［图 1.13（e）］。

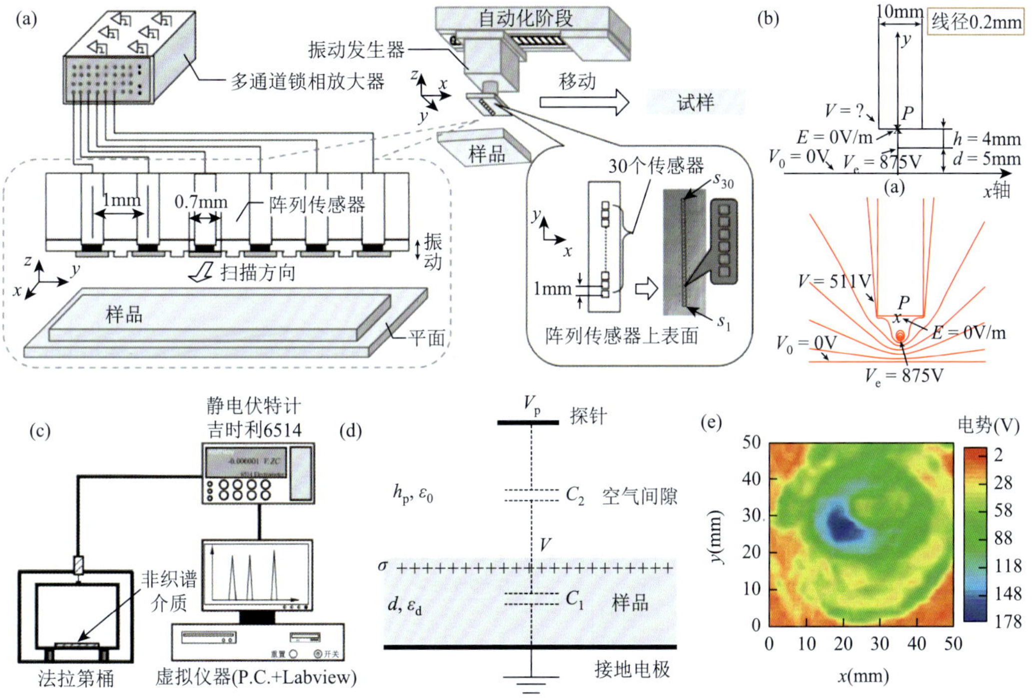

图 1.13　静电伏特计测量表面电势。（a）多通道表面电荷测量装置[14]；（b）在静电探针位于电极系统的轴向垂直平面的情况下，线-板电极系统产生的电场的二维模型[15]①；（c）织物表面电荷密度测量装置[16]；（d）表面电势 V 和电场 E 测量的模型；（e）电介质表面的表面电势分布[17]

3. 开尔文探针力显微镜

为进一步提高 TENG 的性能，通过采用原子力显微镜（atomic force microscope，AFM）发展而来的开尔文探针力显微镜（Kelvin probe force microscope，KPFM）对接触起电机制进行深入研究。图 1.14 中，Zhou 等[18]使用 AFM 的金属探针多次重复性扫过 SiO_2 表面以后，KPFM 可以清晰呈现出 SiO_2 表面的电势分布图。当 8 次摩擦后，绝缘体表面累积的静电荷达到饱和。

Li 等[19]通过调控 AFM 探针的振幅（A_0），得到探针和样品的间距（A_{sp}）与表面电势差（ΔV）之间的关系，发现只有在排斥区才有接触起电现象（图 1.15）。这意味着，只有

① 图中 V = ? 表示探头的电位值，该值需要通过迭代方法计算得出，当导线施加 875V 高压时，探头的电位值 V = 511V。

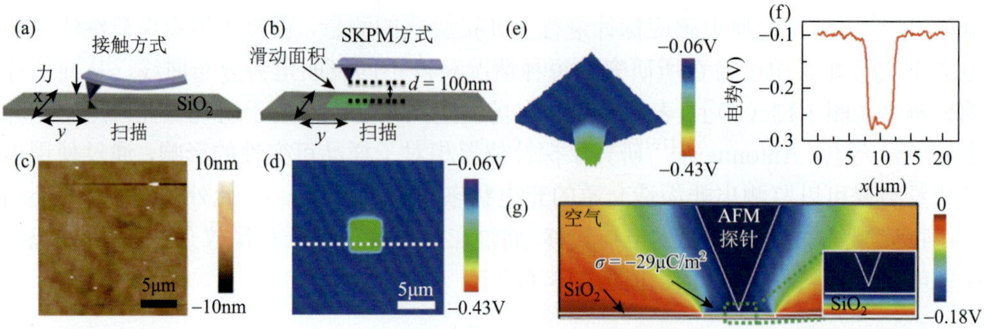

图 1.14 基于 AFM 的实验示意图[18]。(a)通过 AFM 探针与 SiO_2 摩擦产生摩擦电荷;(b)在 SKPM 模式下的表面电势表征;(c)SKPM 表面电势图像的 AFM 形貌;(d)SiO_2 的表面电势的 AFM 形貌图,虚线对应图(f)中的剖面图;(e)测量的表面电势剖面的 3D 图像;(f)潜在分布的横截面轮廓;(g)在 SKPM 中测量表面电势的条件下,模拟垂直方向上的电势分布。模拟中使用的参数:AFM 探针的顶角设置为 35°,尖端半径为 10nm,电势为−0.168V;SiO_2 顶表面中心 4μm 区域表面电荷密度为 −29μC/m²,SiO_2 底表面接地。插图是尖端区域的放大图片

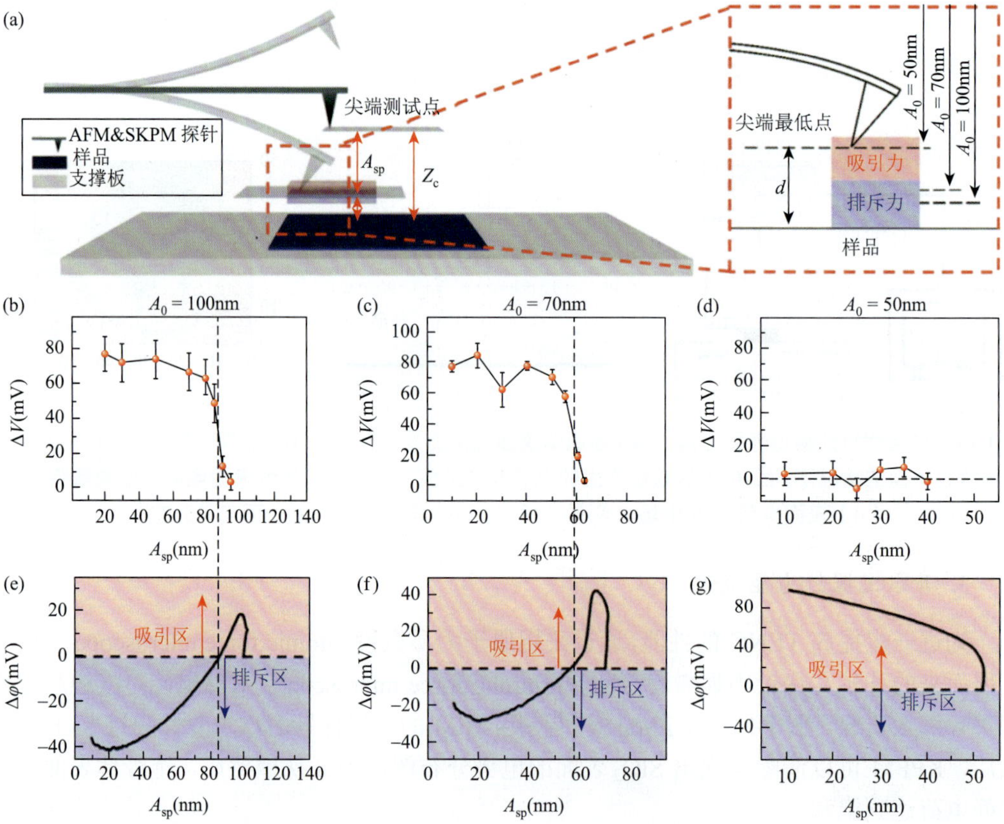

图 1.15 实验探讨了接触起电与相移之间的关系[19]。(a)不同扫描参数(A_0 和 A_{sp})下轻敲扫描的尖端-样品相互作用力示意图;(b～g)$A_0 = 100nm$、70nm 和 50nm 条件下的 ΔV-A_{sp} 和 $\Delta\varphi$-A_{sp} 曲线,$\Delta\varphi$ 是轻敲振动模式下相位差,用于判定针尖在样品表面上方处于吸引区间还是排斥区间,从而预判接触起电现象是否发生

当两个归属于不同材料的原子之间的距离小于平衡距离（或称键长），电子云发生交叠，才会发生电荷转移。采用 AFM 和 KPFM 等研究手段都说明了接触起电机制，两种不同材料接触引起的电子转移可能以光子发射、等离振子激发或者光激发的形式释放能量。

1.3.2　固体与固体之间的电子转移

电子转移模型提出电子是在接触起电过程中从一个表面转移到另一个表面的电荷载流子，从而为两个表面充电。对于两种材料的接触起电，在以往的研究中已有大量有力证据表明电子转移是表面充电的基本机制。

1. 金属与金属

当不同金属的表面接触时，表面上的电子首先与对面的电子和离子发生相互作用。功函数通常被用来表征金属中电子与离子之间的相互关系。以 Al/Ag 和 Al/Au 为例，测出 Al、Au 和 Ag 表面的功函数分别约为 4.0eV、5.24eV 和 4.4eV，这归因于不同材料对电子的不同亲和力[20]。Al 和 Ag 表面的功函数差值约为 0.4eV，远小于 Al 和 Au 表面的功函数差值（1.24eV），这意味着 Al/Au 的电荷转移量大于 Al/Ag 的电荷转移量。更深层次的解释是，当两个表面接触时两种金属表面上原子的最外层电子首先相互连接并相互作用。对于 Al 原子，最外层电子来自 p 原子轨道。p 原子轨道存在 p_x、p_y 和 p_z 亚轨道，它们表现出不同的空间构型。p_z 轨道垂直于原子的表面层，因此 p_z 轨道的电子在接触过程中首先会与来自对方的电子相互作用。而对于 Ag 和 Au 原子，主要来自最外层 s 轨道上的电子，而次外层 d 轨道上的电子由于与最外层 s 轨道上的电子能量相差不大，也会参与其他原子的电子和离子的相互作用。最终只有表层原子的电子受到显著影响，并在界面处重新分布，电子转移到 Ag 或 Au 表面一侧形成负电荷，并集中在 Ag 或 Au 原子周围。

总体而言，接触起电产生的电荷量与接触金属的功函数之差成正比，且具有较低功函数的表面带正电荷，具有较高功函数的表面带负电荷。功函数是从固体表面去除电子所需的最小能量。因此，这些结果表明，电子从具有较低功函数的表面转移到具有较高功函数的表面。

2. 金属与介电体

对于金属和介电材料的接触起电，电子转移的基本机制很可能也是表面充电，类似于金属-金属接触的情况。但金属和介电材料接触起电产生的电荷量与电子转移除了与功函数相关以外，还与介电材料的性质存在相关性。这些性质包括电子性质［如最低未占分子轨道（LUMO）能级］和电子亲和力（即芳香族化合物的取代基常数）。以典型的 Al-PTFE（铝-聚四氟乙烯）为例，电荷转移主要发生在两种材料的最外层原子层之间，且电子受体是 PTFE 表面的 LUMO 能级[21]。此外，还发现电荷转移的驱动力是电子受体产生的静电引力，这直接证明了接触起电不仅是基于隧穿效应。因此，可以推断，这种缺电子结构不仅通过降低材料的LUMO能级来增加电荷转移量，还通过对外部电子形成强大的静电吸引力来增加电荷转移的驱动力。

3. 介电体与介电体

介电体与介电体之间的接触起电机制相对比较复杂，对于两个介电体表面的接触起电，研究人员通过 SiO_2 和 Al_2O_3 之间的相互接触来监测 Al_2O_3 的电荷耗散[11]。发现 Al_2O_3 的电荷在较高温度下衰减更快，这与热电子发射理论的预测一致。因此，接触起电中电荷载流子是由电子的转移引起。此外，最近一项有趣的研究也表明两种介电材料（如聚全氟乙丙烯和丙烯酸）在低压环境（即 10～1000Pa）接触起电引起了光发射，获得的发射光谱也表明电子是接触起电过程中电荷的载流子。

众所周知，接触起电通常发生在两种不同的材料之间，可以通过不同的模型来解释。但是相同材料之间的接触也可能导致静电荷，且对于相同材料之间存在的接触起电现象可能归因于表面曲率的差异。Cheng 等[22]利用两片相同材料通过接触分离模式研究了接触起电过程中电荷转移方向对样品表面曲率的依赖性。结果表明对于聚四氟乙烯、聚全氟乙丙烯、聚酰亚胺、聚酯和尼龙等材料，具有正曲率的凸面容易带负电，而具有负曲率的凹面倾向于带正电。

基于上述实验结果，对其电子转移机制进行了详细的分析，如图 1.16（a）所示，当由相同的材料 A 和材料 B 组成的两个理想平面相互接触时，其表面态（E_n）是等效的。而图 1.16（b）～（d）显示了两种具有不同表面曲率的相同材料 A 和材料 B 在接触之前、接触中和接触后的电荷转移，其中材料 A（较大的曲率）和材料 B（较小的曲率）的曲率差会导致不同的表面能，进而导致 E_n 的偏移。当凸面和凹面相互接触时，位于材料 B 中高能态的电子将转移到材料 A 中的低能态。这是由于大曲率表面上的接触位置在接触时可以容纳比小曲率表面上更多的电子，从而导致电子从后者流向前者。值得注意的是，上述模型的前提是使用接触分离模式并施加温和的力，因为增加力可能会导致不规则的表面变形和表面损坏，甚至由于相对滑动而导致材料转移。所有这些都使电荷转移方向的可预测性复杂化，因此仍需要进一步研究。

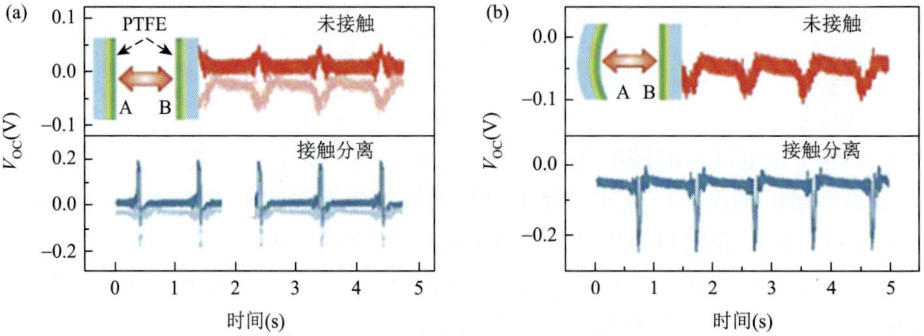

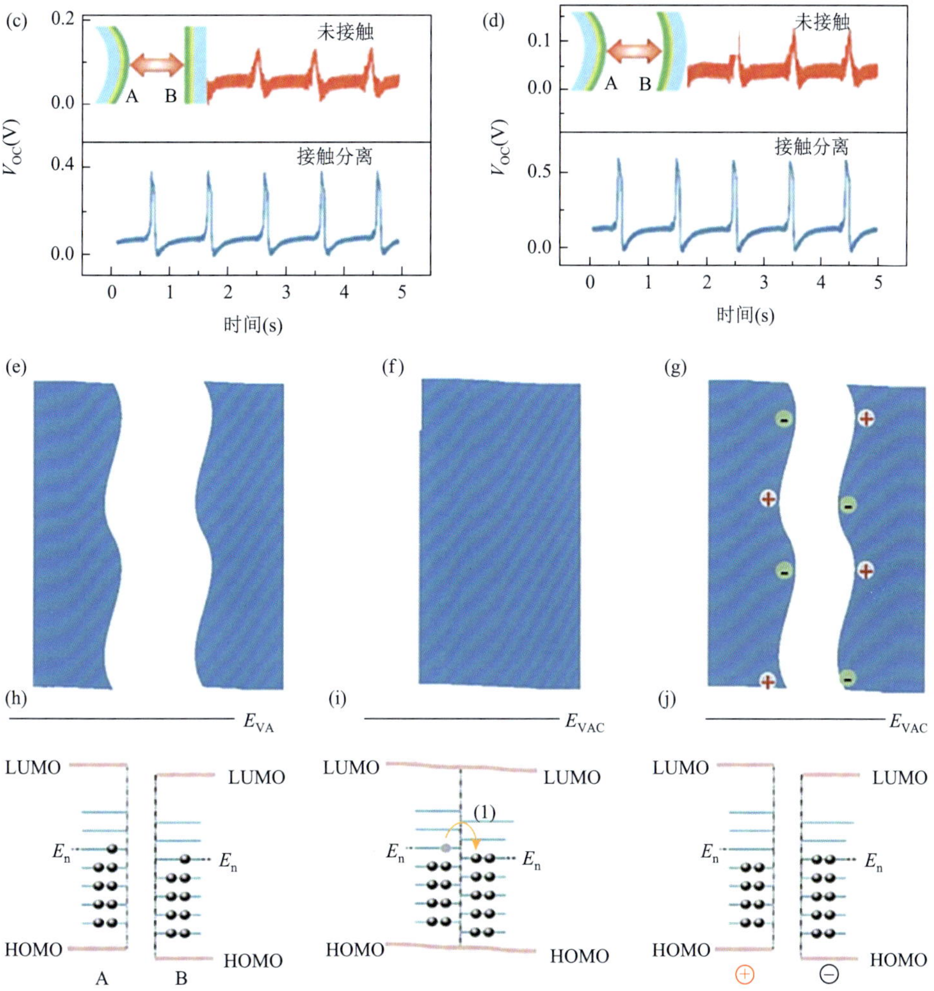

图 1.16　曲面效应对相似材料接触起电的影响[22]。（a～d）具有不同表面形状的 PTFE-TENG 的接触起电特性；（e～j）不同表面曲率的相同高分子材料之间的接触起电机制

1.3.3　接触起电的理论模型

接触起电是材料通过摩擦与不同材料接触后带电的现象。尽管它是我们日常生活中最常见的效应之一，但接触起电背后电荷载流子的性质及其转移机制仍然存在诸多争议和困惑。为此研究员根据材料的不同提出了不同接触起电的理论模型。

1. 宏观接触分离模型

由于 TENG 四种运行模式的工作原理相似，在宏观层面进行电荷生成与转移的全面分析时，仅需深入探究其中一种工作模式即可获得对该现象的整体理解。如图 1.17（a）所示，Dong 等[23]分析了基于 CS 模式的 Tex-TENG 的电荷产生和转移过程。上层和下层织物之间发生的接触分离运动对应一个完整的发电周期。首先，在接触之初，由于不存在电势差，不会产生感应电荷。然而，当上层和下层织物相互接触时，它们的表面会生成相同数量且极性相反的电荷［图 1.17（i）］。这里的极性取决于它们相对于获得和失去电荷的能力。由于相反的摩擦电荷几乎在同一平面上重叠，因此两个织物层之间几乎没有电势差。随着分离的进行，静电感应效应导致在底部和顶部织物电极上感应出正电荷和负电荷［图 1.17（ii）］，由此产生电势差，推动电子流动，形成瞬时电流。当两个织物层完全分离时，正负摩擦电荷被静电感应电荷完全平衡［图 1.17（iii）］。在这一阶段，两个织物层之间没有电信号，显示出电荷中和的效应。值得注意的是，由于绝缘体的特性，累积的电荷并未完全消失。最终阶段涉及整个系统的恢复，即图 1.17（i）中的初始状态。在这一过程中，正负摩擦电荷完全抵消。然而，由于绝缘体的本性，累积的感应电荷在两个织物层彼此靠近时，通过外部负载回流，以补偿电势差［图 1.17（iv）］。综合而言，整个发电周期经历了一系列复杂的电荷生成、转移和中和过程，最终回到平衡的初始状态。

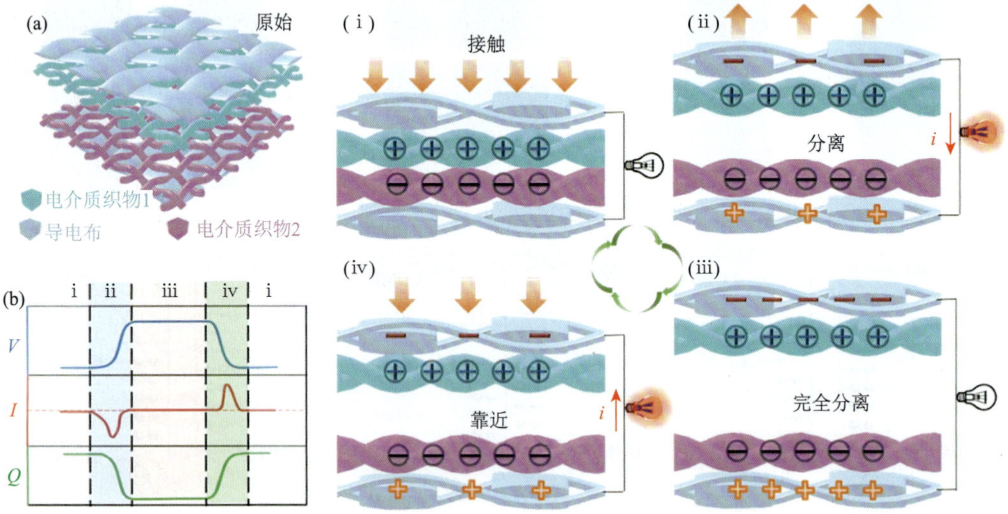

图 1.17　宏观电荷生成和转移模型[23]。带圆圈的电荷表示摩擦电荷，不带圆圈的是指静电感应电荷[23]。（a）垂直接触分离（CS）模式，（i）初始状态，（ii）相互分离，（iii）完全分离，（iv）相互靠近；（b）完整接触-分离过程中的电输出特性

2. 表面态模型

金属-绝缘体系统或两种不同绝缘体的接触起电机制还可通过表面态模型解释。图 1.18 显示了金属-电介质和电介质之间相互接触的能带图[24]，发现在接触起电中温度升高会使固体更倾向于失去电子（带正电），温度降低会使固体更倾向于得到电子（带负电）。如图 1.18（a）所示，部分电子会依据费米-狄拉克分布跃迁至 E_F 以上能级：

$$f = \frac{1}{\exp^{(E-E_F)/kT}+1} \tag{1.24}$$

其中，f 为电子具有的能量；E 为单电子能量；E_F 为费米能级的能量；k 为玻尔兹曼常量；T 为温度。当金属与介质接触时［图 1.18（b）］，金属中高能电子会转移至介质表面态［过程（1）］，即接触起电现象。分离二者后［图 1.18（c）］，介质表面获得的电子

可能因热电子发射效应而逃逸［过程（2）］，称为接触电荷的热电子发射。但由于介质势垒的存在，部分电荷仍会驻留于介质表面，即发生接触起电。此外，环境中电子可能因金属表面带正电而向其迁移［过程（3）］。因此，高温下的接触起电本质上是接触起电与热电子发射竞争的动态结果：温度越高，热电子发射概率越大，介质表面净电荷留存越少。但无论如何，最终介质带负电而金属带正电。

为拓展表面态模型的应用，进一步阐释两种不同绝缘介质在高温下的接触起电机制。假设介质 A 的表面态能级 E_n 高于介质 B［图 1.18（d）］。当两种介质相互接触时［图 1.18（e）］，介质 A 高能态电子将转移至介质 B 表面态的低能级［过程（1）］，此机制与图 1.18（b）所示的金属-介质情形类似。分离后［图 1.18（f）］，介质 B 中转移的电子会通过热电子发射逃逸［过程（2）］；同时，带正电的介质 A 更易从环境中俘获电子［过程（3）］。最终，介质 A 带正电而介质 B 带负电。理论预测表明，该情况下转移电荷的极性不会随温度升高而发生反转。

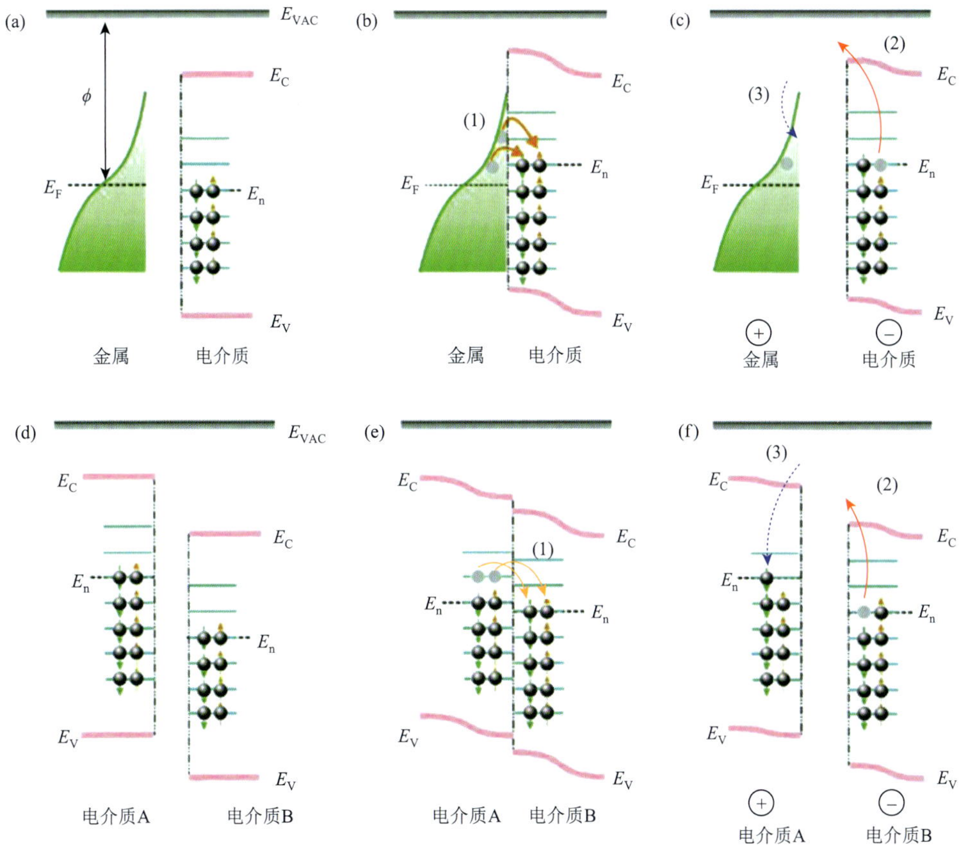

图 1.18　表面态模型[24]。(a～c) 金属与电介质接触前、接触中、接触后的电荷转移；(d～f) 两种不同绝缘电介质接触前、接触中、接触后的电荷转移

3. 电子云势阱模型

受原子或分子轨道模型的启发，提出了基于电子云相互作用的电子云势阱模型，可以解释所有类型材料的接触起电机制[11]。电子云是由电子形成的，这些电子在空间上位于特定的原子或分子中，并占据特定的原子或分子轨道。原子可以用势阱表示，其中壳层外的电子松散地结合，形成原子或分子的电子云。如图 1.19 所示，d 是电子云之间的距离，而 E_A 和 E_B 分别是材料 A 和材料 B 中电子的占用能级，E_1 和 E_2 分别是材料 A 和材料 B 表面逸出电子所需的势能（其中 E_A 和 E_B 分别小于 E_1 和 E_2）。在两种材料接触之前，由于势阱的局部捕获效应，电子无法转移。当材料 A 与材料 B 彼此靠近并接触时，电子云相互碰撞以形成离子或共价键，由最初的单势阱变为不对称双势阱，然后电子从材料 A 的表面转移到材料 B 的表面。当材料 A 和材料 B 表面再次分离时，电子云不再重叠并再次分离，进而防止电子转回其原始材料的表面。由于电子的转移，分离的表面通过接触带电永久地获得电荷，从而产生接触起电现象。

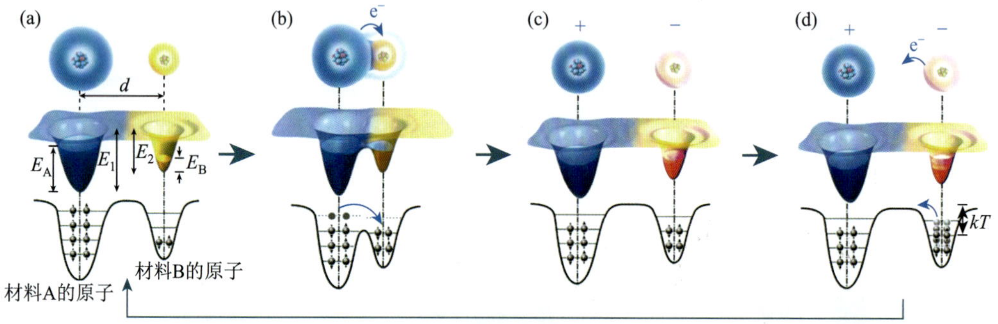

图 1.19　电子云势阱模型[11]。用于解释两种能带结构不明确的材料间的接触起电及电荷转移-释放机制。该模型展示了金属材料 A 和 B 的两个原子在以下状态时的电子云分布与势能剖面（3D 与 2D 视图）。（a）接触前：两原子尚未相互作用；（b）接触时：在外力作用下电子云重叠，引发电子从一侧原子向另一侧转移；（c）分离后：呈现电子转移后的稳态分布；（d）高温（kT）电荷释放：当热力学能量 kT 接近势垒高度时，电子从原子中逸出

在这个模型中，两个原子的接触导致电子云的重叠，电子从较高的能量状态流向较低的能量状态。一般来说，由机械力/压力下重叠电子云引起的电子转移被认为是在固体、液体和气体之间引发接触起电的主要机制。这项研究不仅提供接触起电物理学的第一个系统理解，还证明了 TENG 是研究任何材料接触起电性质的有效方法。该研究提出的方法有利于更好地理解接触起电效应。

4. 双电层模型

迄今为止，TENG 已经实现了在各种界面（固体-固体、固体-液体、液体-液体）收集摩擦运动能量。摩擦发电技术的发明与发展重新点燃了人们对接触起电这一物理现象的兴趣。目前，越来越多的证据证明固体与固体之间的接触起电中的载流子是电子，其机制也逐渐清晰，然而固体与液体之间的接触起电机制却依然模糊。事实上，固-液起电现象不仅对 TENG 非常重要，它还是固-液界面双电层形成的物理基础。双电层是指带电固体表面在液体中吸引相反极性的离子，从而形成的一种固-液界面的电荷分布结构，其对电化学、生物学等研究有重要意义。

长期以来，双电层结构中带电固体表面被认为是由于离子吸附或表面离子化反应而产生的。近期，根据接触起电的基本原理，Lin 等[25]提出新的双电层形成机制，认为双电层中固体表面在与液体接触的过程中存在电子转移。如图 1.20 所示，首先液体分子由于热运动以及液体压强而与固体表面原子碰撞，产生电子云的重叠，进一步导致电子转移。然后，由于液体流动或湍流，靠近固体表面的液体分子被推离界面。分离后，如果电子的能量波动低于能量势垒，则转移到表面的大部分电子将留在表面上。接着，液体中的自由离子由于静电相互作用被吸引到带电表面，形成双电层。同时，固体表面也会发生电离反应，在固体表面同时产生电子和离子。

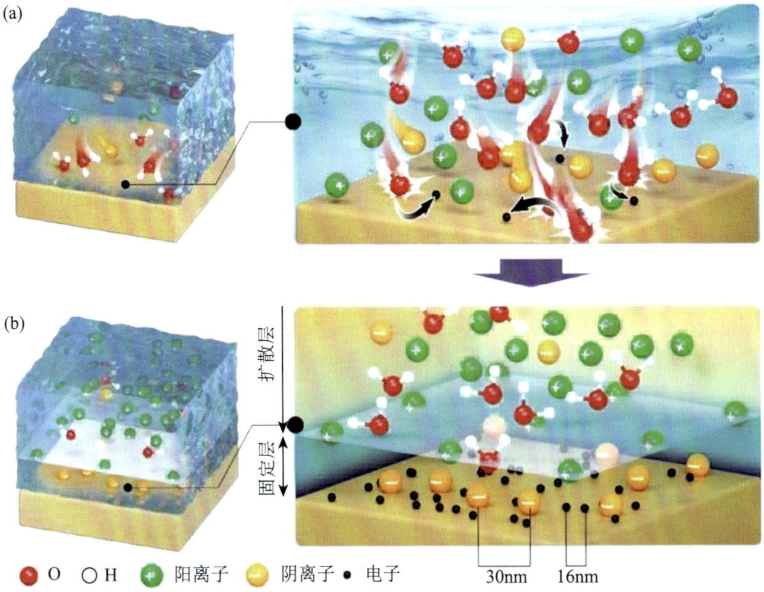

图 1.20　固-液界面的双电层模型[25]。(a) 在第一步中,由于液体的热运动和压力，液体中的分子和离子撞击固体表面导致它们之间的电子转移，同时离子也可能附着在固体表面上；(b) 在第二步中,由于静电相互作用，液体中的自由离子将被吸引到带电表面，形成双电层模型

双电层模型在储能、电化学反应、电泳、胶体黏附等领域有广泛的应用。在以往这些领域的工作中少有考虑固-液界面电子转移对双电层形成的贡献。事实上，虽然电子和离子在带电上没有太大差别，但是电子和离子有很大的不同。它们在大小、质量、迁移率和扩散范围上有很大的差异。更重要的是，与电子和离子相关的动力学很不一样，电子很容易通过提高温度和/或光子激发而被激发，因此它们很容易从表面/界面离开，从而影响电荷的存储能力。目前，电化学存储、机械化学、电催化、电泳等双电层相关领域都是基于传统的双电层模型，然而，这一模型在某些情况下可能无法充分解释实验观察到的现象。因此，混合双电层模型的引入可能为双电层相关研究领域提供重要的理论支持和解释框架。

1.3.4　接触起电的影响因素

尽管现在接触起电机制研究已经取得了显著的进展，但接触起电中电子转移的影响因素，如温度、湿度、气氛和压强等依旧影响电荷的转移。

1. 温度

关于温度对接触起电影响的研究过去鲜有报道。一般认为接触起电只在常温下发生，这就提出了一个有趣的问题，高温下可以产生接触起电现象吗？实验表明在 500K 温度下 TENG 的电压就会迅速下降，这种下降可能源于高温使得其中的聚合物摩擦电材料表面受到损伤。为了解释这一问题，Lu 等[26]通过在变温体系中对 TENG（由 Al 和 PTFE 组成）的影响进行了实验和数值研究。结果表明，随着温度从–20℃升高到 20℃，TENG 的电输出性能呈下降趋势。虽然短路电流和开路电压在温度从 20℃变化到 60℃时有小幅上升后略有下降的趋势，但可以认为在 20～100℃整个温度范围内保持稳定，随着温度的进一步升高，它们会迅速下降。这是由于随着温度的升高，PTFE 表面的介电常数和有效缺陷的变化促成了温度的诱导效应。

尽管一些研究表明，不同温度条件下对 TENG 的电输出是有一定影响的，但如何影响 TENG 的电输出性能的原理仍然不清楚。Wang 等[13]通过电子云势阱模型解释温度对电荷转移的影响。首先，在高温下，该模型显示两种材料彼此完全分离［图 1.21（a)］，在这种状态下，预充电材料 A 的初始感应电荷为负电荷，在这种非接触状态下表现为表面电荷的热电子发射，用红色箭头表示。由于尚未接触到材料 B，因此没有发生电子转移。当两种材料完全接触时［图 1.21（b)］，由于接触起电在两个表面上产生相等且相反的电荷，电子可能会从材料 B 转移到材料 A。当两种材料从完全接触状态开始滑动时［图 1.21（c)］，负极材料 A 裸露区域的热电子发射和接触区域的电荷转移都会影响 CS-TENG 中测量的总电荷量。材料 A 的电子发射由红色箭头表示，电荷转移由橙色箭头表示。当两种材料再次完全分离时［图 1.21（d)］，由于热电子发射和材料 B 的屏蔽作用不足，负极材料 A 表面的残余电荷消散更快，随着位移面积增大到大于接触面积，热电子发射会超过 CS-TENG 的电荷产生效应。发射的电子由红色箭头表示，通过电路的电子由蓝色箭头表示。几乎所有的金属-电介质对和电介质-电介质对在高温滑动模式下的行为均可通过电子云势阱模型进行模拟，该模型基于以下几个关键因素：电子的热电子发射速率、接触起电的电荷转移速率、两种材料之间接触面积的变化率。一旦接触面积占主导地位，两种材料之间的接触起电成为主要贡献者。相反，当接触面积小于位移面积时，暴露表面的热电子发射则成为主要因素。因此，温度对接触起电中电荷转移的影响尤为重要。

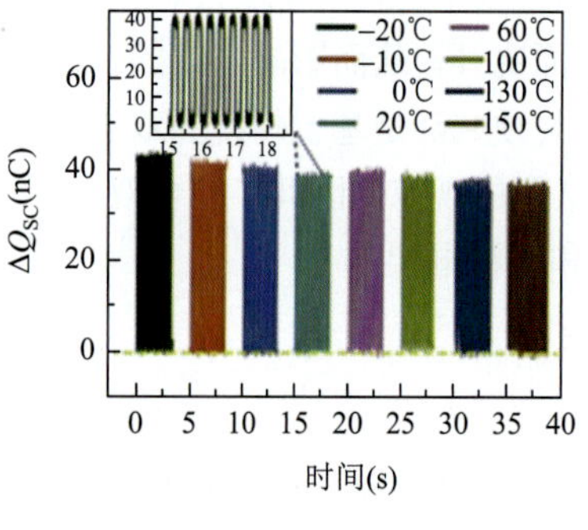

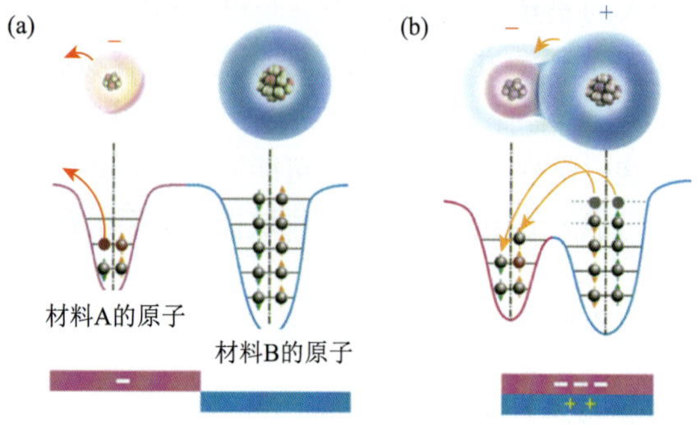

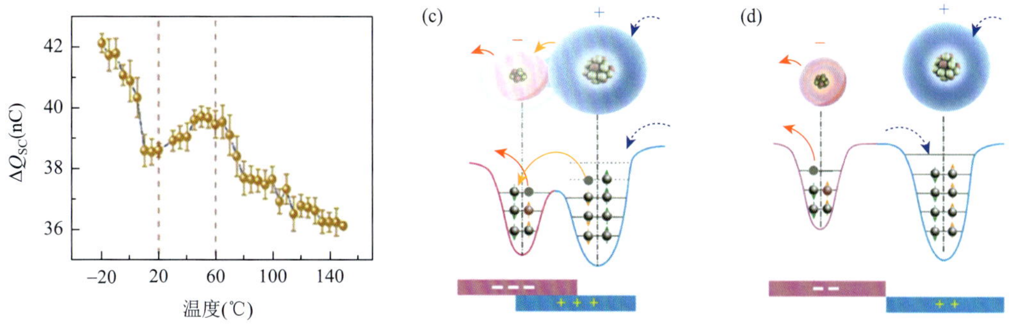

图 1.21　温度对 TENG 电荷输出影响[26]；采用电子云势阱模型来解释温度对电荷转移的影响[13]。（a）初始状态；（b）接触状态；（c）半分离状态；（d）完全分离状态

2. 湿度

由于接触起电对湿度（即空气中的水分子）具有高敏感特性，因此其影响可分为两个主要方面。一方面，高湿环境中水分子形成的导电通路引起表面电荷耗散，显著降低 TENG 的输出性能，从而影响其能量收集和长期稳定运行。另一方面，随着湿度在一定范围内的增加，界面处会形成“水桥”以促进离子转移，增强 TENG 的输出。因此，湿度对 TENG 性能的影响研究引起了广泛的关注。

Nguyen 等[27]使用铝和聚二甲基硅氧烷（PDMS）作为接触材料详细地研究了相对湿度对 TENG 的影响。发现随着相对湿度的增加（10%增加到 90%），电荷的转移量逐渐减少。这是由于随着湿度的增加，更多的水分子被吸附在材料表面并在表面上形成水层，导致表面电荷消散，从而造成能量损失。然而水分子作为空气中分布最广的组分之一，其中蕴含着巨大的能量，为了充分利用这一能量，Wang 等[28]提出了一种在一定湿度范围内摩擦电材料之间形成的“水桥”机制，可以发现产生的摩擦电荷量随着湿度的增加而增加。为了在高湿度下增加 TENG 的输出，许多研究都集中在通过使用可渗透材料来减少表面电荷的耗散或疏水性材料，从而抑制水分子在摩擦电表面上的吸附。综上所述，湿度对 TENG 的影响具有双重性，既存在积极效应也伴随着一定的负面影响。但由于 TENG 中材料选择的广泛性和包容性，对于不同湿度环境中 TENG 的应用可以选择合适的材料和结构来合理调节。

3. 气体/压强

TENG 的电输出性能在很大程度上取决于接触起电和静电击穿的行为。到目前为止已证明通过使用薄介电层或在高真空中工作可以限制空气击穿，从而进一步提高 TENG 的电荷密度。然而，接触起电中的电子转移在运行过程中还会受到气体气氛的影响。Yi 等[29]从理论上分析了三种常见气体（空气、氧气和氮气）对接触起电和静电击穿在 TENG 中的影响，并阐明了提高 TENG 输出性能的策略。如图 1.22 所示，可以看出三种气体随着气体压力的降低表面电荷密度先逐渐下降，达到最低值后迅速升高，且氧气气氛在三种气体中表现出最高的输出值，表明氧气对 TENG 的接触起电过程具有显著的改善作用，

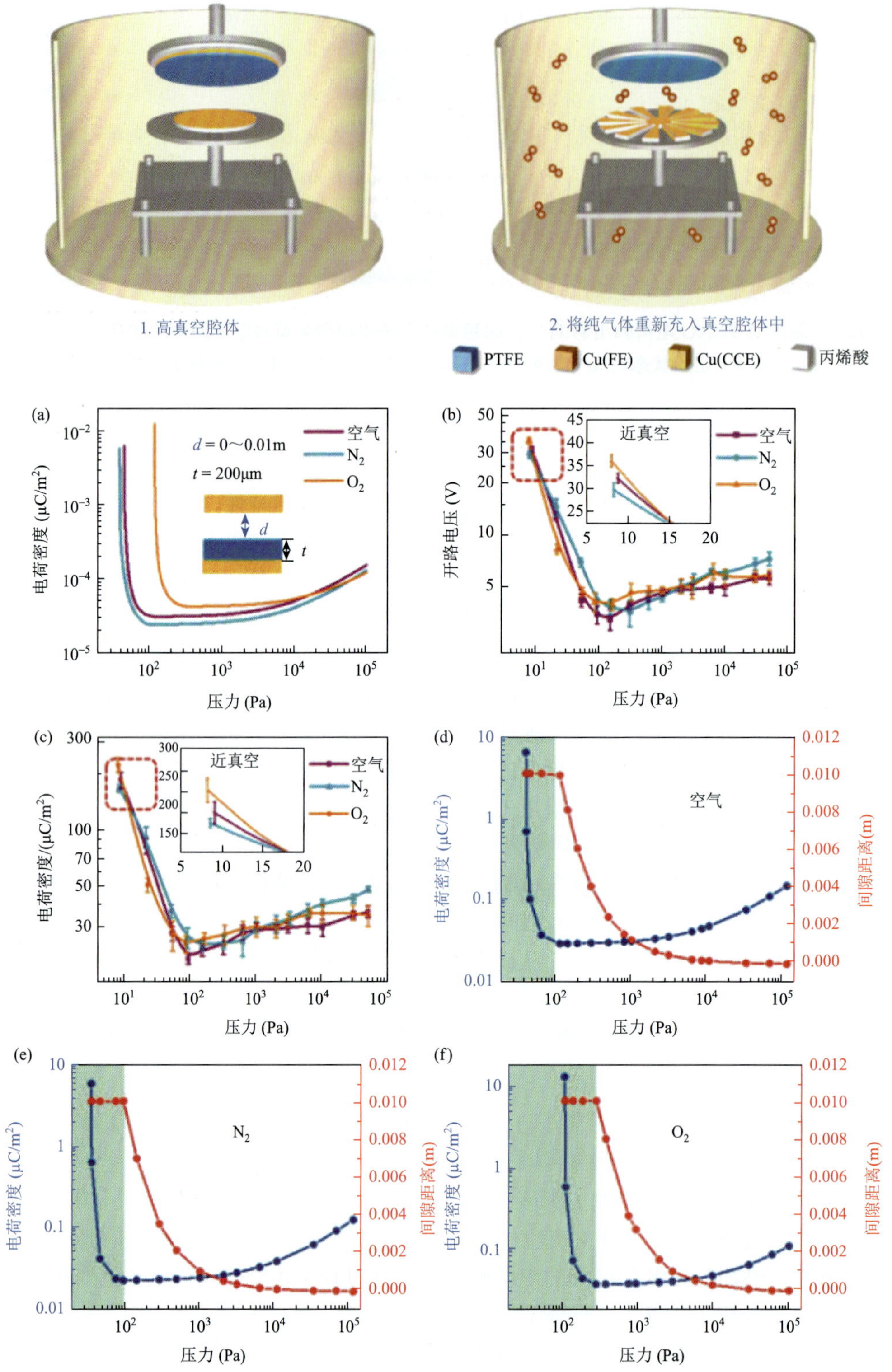

图 1.22 不同气氛对 TENG 电输出的影响[29]。不同气氛环境中的（a）理论最大表面电荷密度、（b）开路电压、（c）表面电荷密度；（d～f）空气、氮气和氧气中的理论表面电荷密度与击穿间隙距离的关系

这是由于氧分子能够将绝缘体最高能态占据的能级向低能级转移，并使绝缘体倾向于接收摩擦电子从而携带负电。由此表明，氧气气氛对接触起电和静电击穿具有正向作用，因此可以通过调节环境大气中氧气含量来实现 TENG 性能的优化。

在 TENG 中，压力的变化对其电性能也产生显著影响。随着压力的增加，两个表面的实际接触区域会扩大，从而改变摩擦表面的接触面积和形状，进而产生更大的摩擦力和更高的摩擦电压。此外，压力的变化还可能导致纳米结构发生形变，进而影响电子和空穴的分离和运动。然而，高压也可能引起器件表面的磨损，对 TENG 的寿命和稳定性造成不利影响。因此，要深入了解不同因素对 TENG 电性能的影响，需要进行实验研究和模拟分析，这有助于理解在不同因素条件下系统的行为，进而优化发电机设计，以实现更高效的能量转换和更长的寿命。

1.4　性能评价标准

TENG 的设计对静电感应具有重要作用，主要体现在结构品质因素上。不同材料和设计的 TENG 将产生不同的表面电荷，从而对静电感应产生影响，形成各异的电场和极化场。

1.4.1　电荷密度、V-Q 曲线

自 2012 年 TENG 发明以来，有几个主要参数常用来表征 TENG 的输出性能：开路电压（V_{OC}）、短路电流（I_{SC}）和转移电荷量（Q_{SC}），这些参数在估计 TENG 器件的峰值输出能力方面具有一定的实际意义。

V 乘以 Q 的积分也可以准确地表示 TENG 的输出能量。同时，V 和 Q 都可以通过实验直接测量，这是提出 V-Q 曲线的最初想法。Q 用来反映摩擦电材料之间接触充分程度的重要指标，正如 Zi 等[30]提出的那样，V 和 Q 之间的关系成为决定 TENG 工作的关键：

$$V_{OC}(x)-\frac{1}{C(x)}Q=V \tag{1.25}$$

式中，$V_{OC}(x)$为取决于位移 x 的开路电压；$C(x)$为两电极间的电容。V 和 Q 的积分即为每个循环的能量输出，V-Q 曲线可以用来直接说明 TENG 的能量输出性能：

$$E=P_{ave}T=\int_0^T VI\mathrm{d}t=\int_{t=0}^{t=T} V\mathrm{d}Q=\oint V\mathrm{d}Q \tag{1.26}$$

式中，P_{ave} 为平均功率输出；I 为电流输出。这些特点使得 V-Q 曲线成为描述 TENG 能量输出最大化的重要方法。图 1.23（a）～（e）展示了通过有限元方法（FEM）模拟水平滑动模式 TENG 实现最大能量输出的研究方法。在图 1.23（a）中，当 TENG 处于初始状态（$x=0$）时，定义为 $Q=0$ 和 $V=0$。首先，在图 1.23（b）中设置外部负载为 100MΩ。从（0, 0）点开始模拟能量输出（CEO）的周期，大约经过两个周期后达到稳定状态，稳态 V-Q 曲线的包围面积为 TENG 的每个循环输出能量。

很明显，当外接电阻较大时，V_{OC} 会显著提高，而 Q_{SC} 会相应减小。在图 1.23（d）中，设计了一个四步策略来获得最大能量输出（CMEO）的周期。随着外接电阻的增大，

能量输出的包围面积就会越大。在无穷大负载电阻下，CMEO 可以实现最大的能量输出［图 1.23（e）］。因此，TENG 的最大输出能量 E_m 可以定义为

$$E_{\mathrm{m}}=\frac{1}{2}Q_{\mathrm{SC,max}}(V_{\mathrm{OC,max}}+V'_{\max})=\frac{1}{2}Q_{\mathrm{SC,max}}^{2}\left[\frac{1}{C(x=0)}+\frac{1}{C(x=x_{\max})}\right] \tag{1.27}$$

$V_{\mathrm{OC,max}}$ 和 $V'_{\max}$ 分别为 $x=0$ 和 $x=x_{\max}$ 时的最大开路电压。利用 V-Q 曲线来实现 TENG 的最大能量输出，为提出品质因数作为定量评价 TENG 的标准奠定了基础。

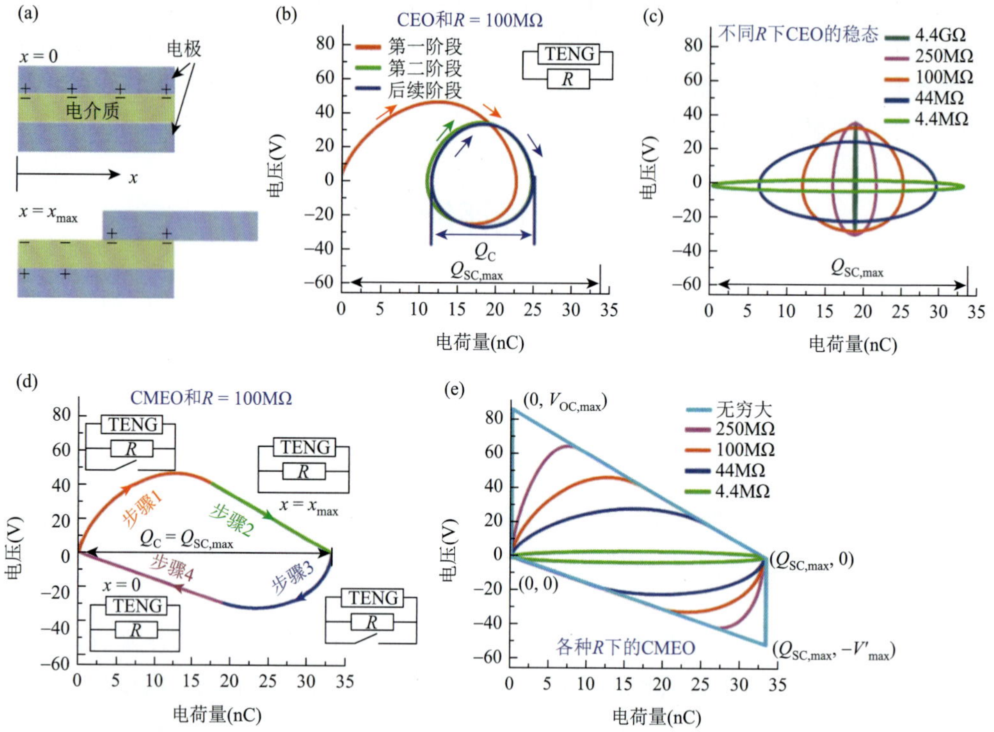

图 1.23　V-Q 曲线作为 TENG 的性能指标[30]。(a) 位移 $x=0$ 和 $x=x_{\max}$ 时水平滑动模式的结构示意图；(b) 负载电阻 $R=100\ \mathrm{M\Omega}$ 下的电荷平衡输出（CEO），图中标出了总循环电荷 Q_C，插图为工作电路示意图；(c) 不同负载电阻下 CEO 的稳态输出特性；(d) 负载电阻 $R=100\ \mathrm{M\Omega}$ 时的电荷最大输出（CMEO），此时总循环电荷达到最大值 $Q_C=Q_{\mathrm{SC,max}}$。插图为各工作阶段对应的电路开关状态；(e) 不同负载电阻下的 CMEO 特性曲线，图中标出了负载电阻趋近无穷大时 CMEO 的顶点位置

1.4.2　品质因数

尽管已经提出了不同模式的 TENG 器件以满足不同环境下的特殊应用，但至今尚未建立一个令人满意、能够有效量化 TENG 性能的通用标准。Zi 等[30]提出了品质因数（FOM）作为标准，综合考虑材料、表面积、最大分离距离、表面电荷密度和输出功率等参数，对 TENG 进行参数归一化和定量评估。在以下方程中定义了 TENG 的 $\mathrm{FOM_S}$，作为仅依赖于结构参数和 $x_{\max}$ 的因子：

$$\mathrm{FOM_S}=\frac{2\varepsilon_0}{\sigma^2}\frac{E_{\mathrm{m}}}{Ax_{\max}} \tag{1.28}$$

式中，ε_0 是真空介电常数，FOM_S 从结构上体现了 TENG 的优点。图 1.24 为电荷密度和面积相同的垂直、水平、单电极、滑动式独立层和接触式独立层模式的结构 FOM 对比图。红色方点为有限元模拟（FEM）的数值，黑色短划线和实线分别为考虑单侧和双侧边缘效应由其相应解析式计算的数值。结果表明，计算值与 FEM 模拟结果吻合较好，CFT 模式具有最高的 FOM_S 最大值。

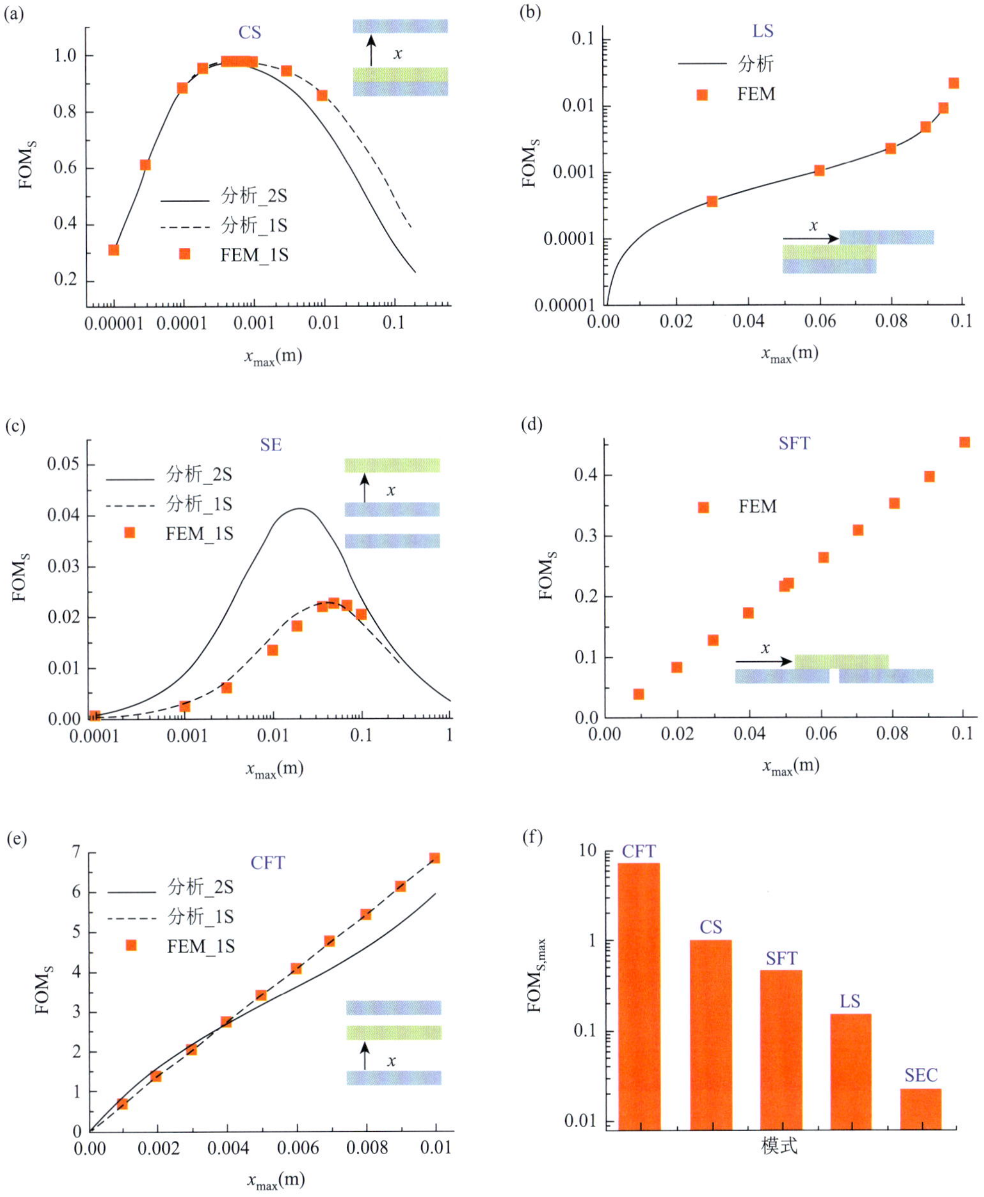

图 1.24 结构品质因数作为评价 TENG 的性能指标[30]。(a～e) 采用解析公式和 FEM 模拟计算了垂直接触分离模式 (a)、水平滑动模式 (b)、单电极接触模式 (c)、滑动式独立层模式 (d) 和接触式独立层模式 (e) 的 FOM_S。插图显示了相应结构的相应示意图。1S 和 2S 代表考虑非理想平行板电容器的单侧和双侧副作用的计算和模拟。(f) 从 FEM 模拟中提取的不同结构的最大 FOM_S

首先，基于接触分离的 TENG 比基于滑动的 TENG 具有更好的性能，因为在相同的分离距离下，它们具有更高的电压。其次，由于电极之间的电容减小，独立层式结构可以提高 TENG 的性能。因此，CFT 模式比 CS 模式具有更高的 FOM_S，SFT 模式的 FOM_S 优于 LS 模式。最后，由于 SE-TENG 中有限的转移电荷和被抑制的内建电压，具有相同材料和尺寸的双电极 TENG 比单电极 TENG 具有更好的性能。此外，还定义了 TENG 的性能 FOM（FOM_P）为

$$FOM_P = FOM_S \cdot \sigma^2 = 2\varepsilon_0 \frac{E_m}{Ax_{max}} \tag{1.29}$$

FOM_P 可以认为是评估不同 TENG 的共同标准，因为它与最大可能的输出功率成正比，并与可实现的最高能量转换效率密切相关，这对于具有不同器件结构、外部电路和尺寸的 TENG 系统具有普遍适用性。

综上所述，这些研究促进了面向应用 TENG 技术的发展，但考虑到标准中涉及输入能量、环境因素、寿命评估等方面的需求，这项新兴技术的标准化工作仍需要物理、机械工程、材料科学、电气工程、工业工程等多领域的共同努力。我们相信，通过这些标准化的努力，TENG 的市场价值将得以充分体现，从而实现 TENG 的商业化和产业化。

1.5 小　结

本文对 Tex-TENG 的基本知识和基本理论进行了系统总结，涵盖了基本工作模式、理论基础、接触起电机制、影响因素、工作方式以及品质因数等方面。尽管电子云势阱或波函数重叠模型在解释单个原子之间的电子传输行为方面表现出色，但对于具有多个原子的分子或原子团簇之间的碰撞电荷产生过程，目前仍然缺乏有效的深入研究。此外，在高电荷密度的 Tex-TENG 中，其材料选取、结构设计和制备方法面临一定局限性。因此，采用宏观测量与微观分析相结合的方法，对 Tex-TENG 的物理结构效应及其发电机制进行更为细致的研究显得尤为重要。这一研究方向的发展可以改进和提高摩擦表面电荷密度，为实现 Tex-TENG 超高电荷密度提供新的科研方向。未来的研究可以聚焦于深入理解多原子体系的碰撞电荷产生过程，并通过精准的材料选取、结构设计和制备方法的创新，克服 Tex-TENG 在高电荷密度方面的限制，从而有望为 Tex-TENG 的应用拓展和性能提升提供有益的指导。

参考文献

[1] Dong K，Peng X，Cheng R，et al. Advances in high-performance autonomous energy and self-powered sensing textiles with novel 3D fabric structures[J]. Adv Mater，2022，21（34）：e2109355.

[2] Wang Z L. On Maxwell's displacement current for energy and sensors：The origin of nanogenerators[J]. Mater Today，2017. 20（2）：74-82.

[3] Niu S，Wang S，Lin L，et al. Theoretical study of contact-mode triboelectric nanogenerators as an effective power source[J]. Energy Environ Sci，2013，6（12）：3576-3583.

[4] Niu S，Liu Y，Wang S，et al. Theory of sliding-mode triboelectric nanogenerators[J]. Adv Mater，2013，25（43）：6184-6193.

[5] Niu S，Liu Y，Wang S，et al. Theoretical investigation and structural optimization of single-electrode triboelectric

nanogenerators[J]. Adv Funct Mater，2014，24（22）：3332-3340.
[6] Niu S，Liu Y，Chen X，et al. Theory of freestanding triboelectric-layer-based nanogenerators[J]. Nano Energy，2015，12：760-774.
[7] Wang Z L. On the first principle theory of nanogenerators from Maxwell's equations[J]. Nano Energy，2020，68：104272.
[8] Wang Z L. The Maxwell's equations for a mechano-driven media system（MEs-f-MDMS）[J]. Adv Phys X，2024，9（1）：2354767.
[9] Wang Z L. Nanogenerators and piezotronics：From scientific discoveries to technology breakthroughs[J]. MRS Bulletin，2023，48（10）：1014-1025.
[10] Wang Z L，Wang A C. On the origin of contact-electrification[J]. Mater Today，2019，30：34-51.
[11] Xu C，Zi Y，Wang A C，et al. On the electron-transfer mechanism in the contact-electrification effect[J]. Adv Mater，2018，30（15）：1706790.
[12] Zou H，Guo L，Xue H，et al. Quantifying and understanding the triboelectric series of inorganic non-metallic materials[J]. Nat Commun，2020，11（1）：2093.
[13] Wang A C，Zhang B，Xu C，et al. Unraveling temperature-dependent contact electrification between sliding-mode triboelectric pairs[J]. Adv Funct Mater，2020，30（12）：1909384.
[14] Kikunaga K. System for visualizing surface potential distribution to eliminate electrostatic charge[J]. Sensors，2021，21（13）：4397.
[15] Fatihou A，Dascalescu L，Zouzou N，et al. Measurement of surface potential of non-uniformly charged insulating materials using a non-contact electrostatic voltmeter[J]. IEEE Trans Dielectr Electr Insul，2016，23（4）：2377-2384.
[16] Antoniu A，Dascalescu L，Vacar I V，et al. Surface potential versus electric field measurements used to characterize the charging state of nonwoven fabrics[J]. IEEE Trans Ind Appl，2011，47（3）：1118-1125.
[17] Qin H，Xu L，Lin S，et al. Underwater energy harvesting and sensing by sweeping out the charges in an electric double layer using an oil droplet[J]. Adv Funct Mater，2022，32（18）：2111662.
[18] Zhou Y S，Liu Y，Zhu G，et al. *In situ* quantitative study of nanoscale triboelectrification and patterning[J]. Nano Lett，2013，13（6）：2771-2776.
[19] Li S，Zhou Y，Zi Y，et al. Excluding contact electrification in surface potential measurement using Kelvin probe force microscopy[J]. ACS Nano，2016，10（2）：2528-2535.
[20] Wang L，Tao J，Ma T，et al. The electronic behaviors and charge transfer mechanism at the interface of metals：A first-principles perspective[J]. J Appl Phys，2019，126（20）：205301.
[21] Wu J，Wang X，Li H，et al. Insights into the mechanism of metal-polymer contact electrification for triboelectric nanogenerator via first-principles investigations[J]. Nano Energy，2018，48：607-616.
[22] Xu C，Zhang B B，Wang A C，et al. Contact-electrification between two identical materials：Curvature effect[J]. ACS Nano，2019，13（2）：2034-2041.
[23] Dong K，Peng X，Wang Z L. Fiber/fabric-based piezoelectric and triboelectric nanogenerators for flexible/stretchable and wearable electronics and artificial intelligence[J]. Adv Mater，2020，32（5）：1902549.
[24] Xu C，Wang A C，Zou H，et al. Raising the working temperature of a triboelectric nanogenerator by quenching down electron thermionic emission in contact-electrification[J]. Adv Mater，2018，30（38）：1803968.
[25] Lin S，Chen X，Wang Z L. Contact electrification at the liquid-solid interface[J]. Chem Rev，2021，122（5）：5209-5232.
[26] Lu C X，Han C B，Gu G Q，et al. Temperature effect on performance of triboelectric nanogenerator[J]. Adv Eng Mater，2017，19（12）：1700275.
[27] Nguyen V，Yang R. Effect of humidity and pressure on the triboelectric nanogenerator[J]. Nano Energy，2013，2（5）：604-608.
[28] Wang K，Qiu Z，Wang J，et al. Effect of relative humidity on the enhancement of the triboelectrification efficiency utilizing water bridges between triboelectric materials[J]. Nano Energy，2022，93：106880.
[29] Yi Z，Liu D，Zhou L，et al. Enhancing output performance of direct-current triboelectric nanogenerator under controlled

atmosphere[J]. Nano Energy，2021，84：105864.

[30] Zi Y，Niu S，Wang J，et al. Standards and figure-of-merits for quantifying the performance of triboelectric nanogenerators[J]. Nat Commun，2015，6（1）：8376.

本章作者：王中林 [1,2*]，董凯 [1,2*]

1. 中国科学院北京纳米能源与系统研究所

2. 中国科学院大学纳米科学与工程学院

Email: dongkai@binn.cas.cn（董凯）；zlwang@binn.cas.cn（王中林）

第 2 章

纺织基摩擦纳米发电机的材料选择

摘　　要

近年来，随着可穿戴技术和植入式传感器的深入研究，摩擦纳米发电机（TENG）技术的应用场景不断扩展，对其输出性能要求也随之提高。尽管几乎所有材料都具备摩擦起电效应，但若材料选择不合理，将导致 TENG 的性能无法满足实际需求。因此，合理的材料选择对于 TENG 的实际应用至关重要，尤其是在以独特性质的纤维材料为基础的 Tex-TENG 领域。本章将具体阐述 Tex-TENG 的材料选择策略，根据纤维的来源对材料进行分类，并介绍目前构建 Tex-TENG 所采用的主要纤维材料。虽然不同纤维材料在结构、特性以及摩擦带电性能方面存在差异，且纺纱、织造、后整理等加工过程也对 TENG 的性能和实际应用产生显著影响，然而，材料选择依然是实现高性能 Tex-TENG 性能优化的关键途径。

2.1　纺织基接触起电材料

Tex-TENG 因其具备轻质、透气性、形变能力等特性，在人体运动能量收集、自驱动系统等领域得到了广泛报道。本节通过介绍构建 Tex-TENG 的常用纤维材料，系统地介绍目前在 TENG 领域得到应用及有应用潜力的各种纤维材料，结合纤维材料自身的优缺点，为 Tex-TENG 的发展提供参考。

2.1.1　天然纤维

天然纤维是自然界中原有或经人工培育的从植物、动物、矿物等来源中直接获取的纤维，具有来源广、易降解、可再生性强等优势。大部分天然纤维具备高回潮率、良好的生物相容性以及穿着舒适性，一直作为 Tex-TENG 的重要材料来源。

1. 植物纤维

植物纤维以棉、麻等天然纤维素纤维为主，一般来源于植物的种子、韧皮或茎叶部分。植物纤维往往以短纤维为主，需要通过纺纱或非织造加工后才能够满足使用需求，加工后得到的织物具有穿着舒适性好、经济性好和易降解等优点。纤维素纤维中含有的羟基，使其具有较好的吸湿性能，也为化学改性等提供便利。

1）棉纤维

棉纤维是目前市场上占比最大的天然纤维，是纺织工业重要的原材料之一。棉纤维是最早用于制备纤维基 TENG 的纤维材料，由 Zhong 等于 2014 年报道[1]，该纤维基 TENG 由不同电负性材料改性后的棉纤维相互缠绕而成。首先，通过浸渍-干燥将碳纳米管（CNT）负载在去除毛羽的棉纱上，得到负载 CNT 的纱线（CCT），此时棉纱获得导电能力，而纤维素纤维上较多的羟基也能够与 CNT 较好地结合，如图 2.1（a）所示。然后通过同样的方法在 CCT 表面再负载一层聚四氟乙烯（PTFE），得到 CNT 与 PTFE 共同负载的棉纱（PCCT），利用 PCCT 与 CCT 不同的电负性，收集两种棉纱线在接触分离时产生的能量［图 2.1（b）］。

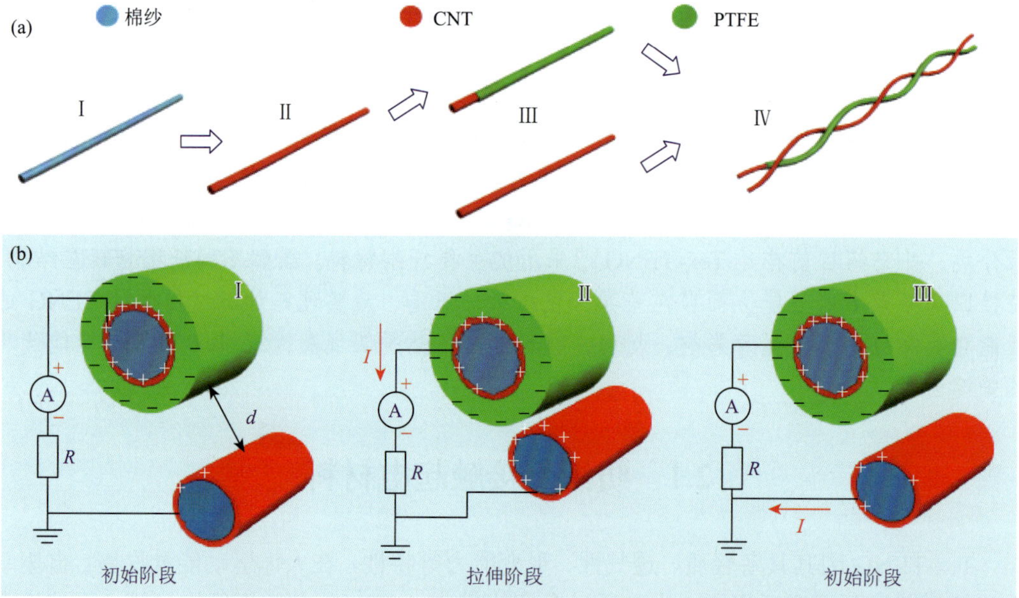

图 2.1 涂层棉纱线基 TENG。(a) 制备过程示意图；(b) 涂层棉纱线基 TENG 的工作机制图[1]

棉具有柔软、易加工、耐洗涤等优势。Gui 等利用棉织物表面的活性基团（—OH 和 —NH_2）通过离子交换反应吸附 Sn^{2+}，并与表面活性基团建立配位键。Sn^{2+}可以将 Pd^{2+} 还原为Pd，而Pd作为催化剂能够促进Ni^{2+}的还原，使得镍颗粒均匀沉积在棉织物上（EPNi-棉）。在 EPNi-棉上涂覆聚二甲基硅氧烷（PDMS）作为负极摩擦材料与电极材料，并与 EPNi-棉共同构建 TENG，集成到服饰上收集人体运动能量，具有良好的耐洗性和耐用性[2]。Dudem 等报道了一种聚苯胺（PANI）涂覆在棉织物表面作为正极摩擦材料与接触电极的方法，将其作为一种简便经济的 TENG 材料加工方法[3]。直接在旧实验服取下棉织物并在其表面原位生长 PANI［图 2.2（a）］，能够制备得到具有良好输出及稳定性的 TENG。在以单电极模式工作时［图 2.2（b）］，该织物基 TENG 与各种摩擦电材料（包括棉织物、铝、纸、木材、PDMS 等）进行垂直靠近和远离的过程中，由于摩擦电材料极性的不同会产生不同大小的电信号，如图 2.2（c）和（d）所示，棉织物呈现出明显的摩擦电正性。

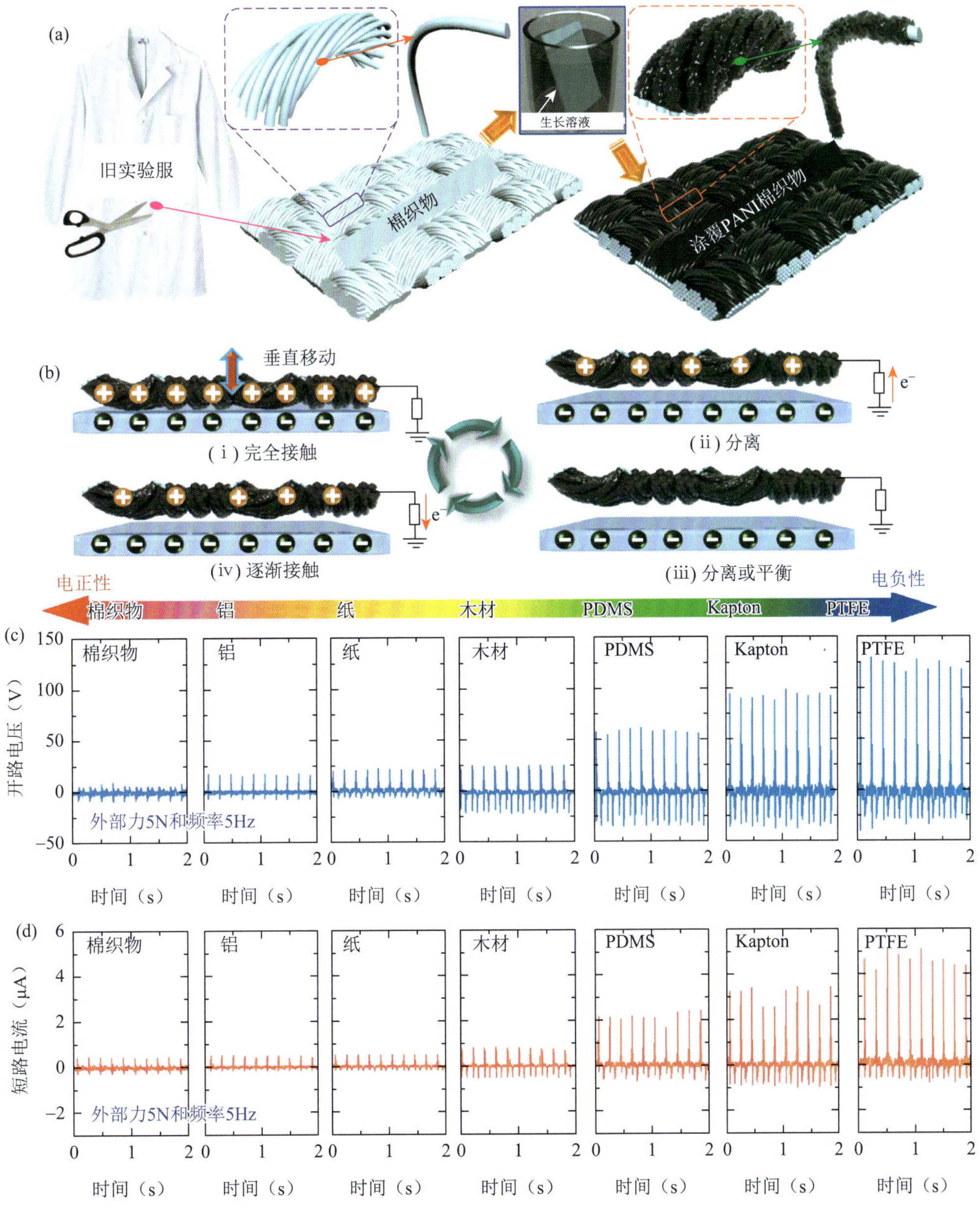

图 2.2　基于 PANI 涂层棉织物的 TENG。(a) PANI 在棉织物表面的沉积过程；(b) 基于涂层棉织物的单电极模式 TENG 工作机制图；(c，d) 在外部力 5N 和频率 5Hz 下与各种摩擦电材料接触时的开路电压 V_{OC} (c) 和短路电流 (d) 曲线[3]

2）麻纤维

麻纤维是以纤维形式利用的麻类材料的总称，包括亚麻、苎麻、黄麻等，主要取自麻类植物的韧皮纤维或叶纤维，经脱胶后纺纱加工制备纺织品。麻纤维是一种优良的伸长材料，常用于增强增韧材料，可以用于制备在高冲击场景下使用的 TENG，而天然成分优秀的能在户外场景下应用，避免产生塑料污染。此外，麻纤维能够与可降解材料如聚乳酸等作为黏合剂共同制备可降解非织造材料。当与 TENG 技术相结合时，其能够在智能可穿戴、智能农业等领域充分发挥自身的价值。

2. 动物纤维

动物纤维是指从动物的毛发或腺体分泌物中得到的纤维，其主要成分为蛋白质。依据来源的不同，动物纤维可以分为毛纤维与丝纤维。根据相关研究，动物纤维作为摩擦电材料，在减轻 TENG 在高湿环境下的不稳定性以及增强其耐用性方面已有诸多报道。

1）毛纤维

毛纤维是以角蛋白为主要成分的纤维，从不同动物身上所得的毛发纤维具有不同的形貌与特性，目前利用最多的有羊毛、兔毛等。Chen 等报道了一种以天然的动物皮毛为摩擦电材料的旋转式 TENG（FB-TENG），具有极低磨损、高性能和抗湿性的优点[4]。图 2.3（a）描绘了 FB-TENG 的应用设想，通过收集环境机械能为农业生产中的电气设备提供分

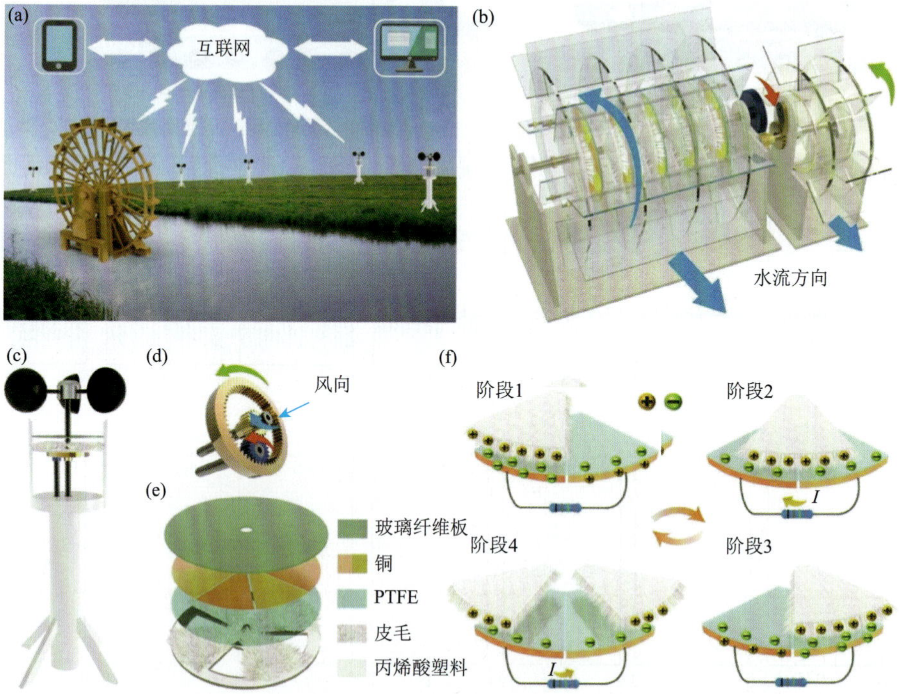

图 2.3 基于天然动物皮毛的 FB-TENG 用于收集水能与风能。（a）FB-TENG 在智慧农业领域应用的概念；（b）水流能量收集水轮结构示意图；（c）风能集能柱示意图；（d）风能集能柱中使用的反向结构的示意图；（e）FB-TENG 的材料组成，包括电极盘和摩擦盘；（f）一个完整发电周期的四个阶段示意图[4]

布式电源。图 2.3（b）展示了在水流能量收集中的水轮结构示意图，该水轮由两部分组成：左边部分为发电机，包括 FB-TENG 的 5 个阵列单元，右边部分为反面，为 TENG 的“定子”提供反向力。图 2.3（c）展示了收集风能的发电柱，通过风力驱动转盘运动，毛刷与聚合物的持续旋转摩擦，能够持续产生电能。毛刷与 PTFE 膜之间的摩擦起电在皮毛上产生正电荷，在 PTFE 表面产生负电荷，四个阶段的工作过程如图 2.3（f）所示。

不同种类的动物毛发因其鳞片层、组成成分不同具有不同的摩擦性能，在图 2.4（a）所示的动态扭矩测量系统中，测试了羊毛、狗毛、兔毛的输出性能，并与铜片的输出性能进行比较[图 2.4（b）]，测试结果如图 2.4（c）～（e）所示，在较低扭矩条件下（0.05N·m、0.1N·m、0.2N·m），用动物皮毛代替铜层可以使 TENG 的转移电荷增加 10 倍以上，如图 2.4（e）所示。为了表征动物皮毛的摩擦电性能，设计了单电极模式 TENG，并比较不同种类动物皮毛、尼龙-6 和铜相对于 PTFE 的输出性能，结果如图 2.4（i）～（k）所示，通过测定各种材料的转移电荷量和开路电压，结果表明兔毛和羊毛的摩擦电性能高于尼龙-6，而狗毛的摩擦电性能较低，但均高于铜。兔毛组成的 FB-TENG 在扭矩为 1.0N·m 时的最高输出为 1260nC 与 28μA［图 2.4（f）、（g）］，电荷密度最大值可达 115.2μC/m^2［图 2.4（h）］。

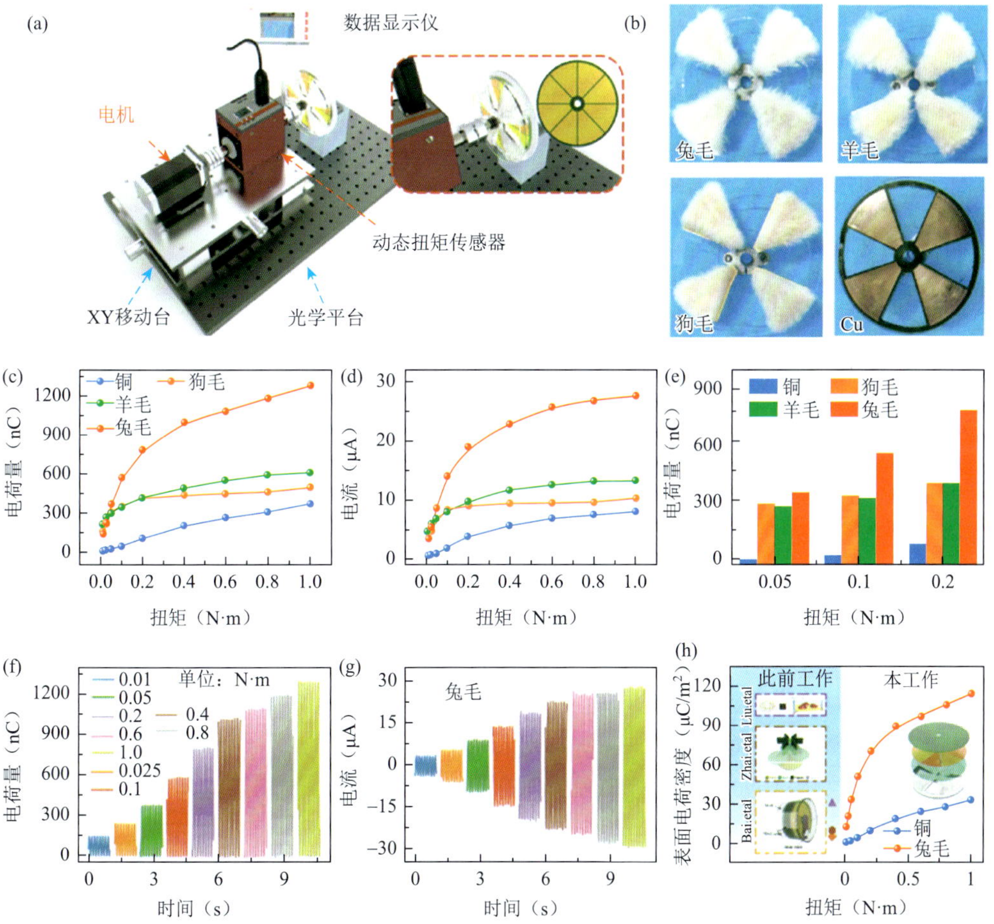

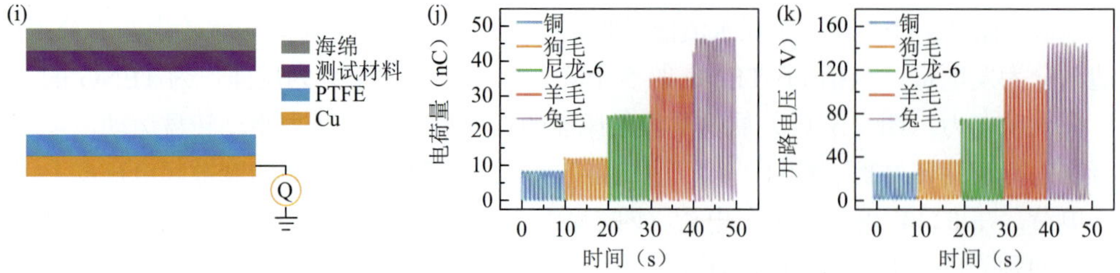

图 2.4 基于天然动物皮毛的 FB-TENG 扭矩和材料对 TENG 输出性能的影响（转速 120r/min）及单电极模式测试毛纤维摩擦性能的结果。（a）动态扭矩测量系统示意图；（b）FB-TENG 所用不同类型动物皮毛或铜转子的照片；（c）采用不同材料的 FB-TENG 的转移电荷；（d）输出电流与 0.01～1.0N·m 扭矩的关系；（e）低扭矩条件下不同材料 FB-TENG 转移电荷量的对比；（f）使用兔毛材质 FB-TENG 相对于扭矩的转移电荷量；（g）使用兔毛的 FB-TENG 相对于扭矩的输出电流；（h）使用兔毛和铜作为摩擦材料的 TENG 在不同扭矩下产生的表面电荷密度与此前报道的铜光栅结构 TENG 的比较；（i）用于测试不同材料摩擦电性能的单电极 TENG；（j）不同材料的摩擦表面电荷量测试结果；（k）不同材料的摩擦开路电压测试结果；测试中使用的负极摩擦材料均为聚四氟乙烯，环境湿度为 40%[4]

大部分毛发纤维带有由角质化细胞构成的鳞片层结构，且 TENG 在工作过程中需要持续摩擦分离，而浓密的动物纤维在复杂工作环境下可能发生毡化现象。目前研究人员也提出了一些降低摩擦力和提高耐久性的策略，如设计非接触结构与电荷泵结合，添加润滑介质等方法[5]，但该现象可能会对 TENG 的输出性能与耐久度造成不利影响。人类的毛发也是实现可穿戴 TENG 的重要摩擦材料，通过与其他材料相互摩擦，实现对头部的健康监测、自供电预警等功能。

2）丝纤维

以动物的腺体分泌物形成的丝状纤维称为丝纤维，常见的有家蚕丝、柞蚕丝与蜘蛛丝，其因轻质、高韧、可降解及良好吸湿性和生物相容性，常作为 Tex-TENG 负极材料的优选。作为蛋白质纤维，蚕丝中富含亲水性基团，使其在潮湿环境中保持水分的动态平衡及表面干燥，确保在潮湿环境下的稳定输出性能[5]。得益于独特的天然分层结构，蚕丝具有较好的力学性能，并且具有比大多数天然纤维材料更优异的抗断裂性能[6]。Ye 等以蚕丝纤维（SF）、PTFE 纤维和不锈钢纤维（SSF）为原料，开发了一种高耐久性、高机械强度的织物基 TENG[7]。为了开发能够承受机械化加工和长期使用的功能性纱线，提出了基于包芯结构的 SF/PTFE 与 SSF 结合的两种纱线，并组装为 TENG 器件［图 2.5（a）］。具体来说，通过包芯纱线的结构与模型分析，优化了包芯纱线的性能，实现了 SF/SSF 纱线的高拉伸强度［（237±13）MPa）］和韧性［（4.5±0.4）MJ/m^3］，如图 2.5（b）～（d）所示，实现了 TENG 的高可加工性、高耐久性与达到 $3.5mW/m^2$ 输出。

此外，蚕丝能够通过溶解透析的方法提取丝素蛋白后再生加工为再生丝素纤维，从而更容易实现功能化改性与特殊的结构设计。

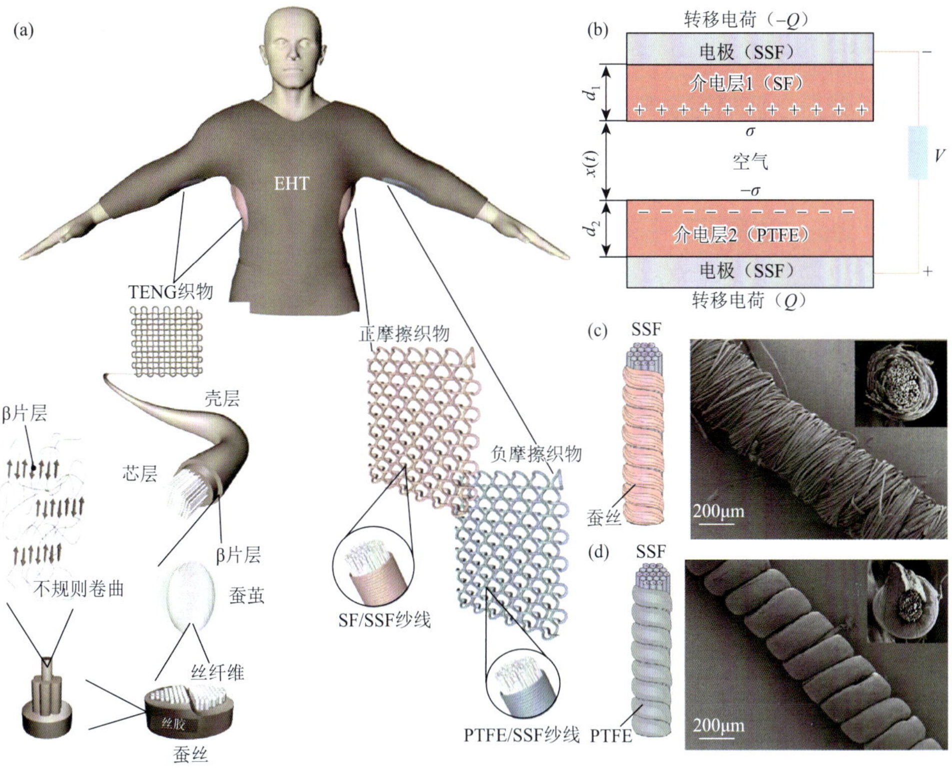

图 2.5　受蚕丝结构启发的具有分层结构设计的织物基 TENG。（a）基于蚕丝纤维与 PTFE 的织物基 TENG 的示意图；（b）工作原理图；（c）蚕丝包芯纱结构示意图与 SEM 图；（d）PTFE 纤维包芯纱结构示意图与 SEM 图[7]

3. 矿物纤维

矿物纤维是指从天然矿物中获得的具有纤维形态的材料，如玄武岩纤维、石棉纤维等。矿物纤维具有耐高温、隔热与耐腐蚀性能。矿物材料不同于聚合物的原子结构和能带结构[8]，拥有较高的摩擦电活性，同时具有优良的机械与热稳定性能。目前，部分天然矿物材料以及矿物纤维的摩擦电性能在 TENG 领域的应用尚未得到深入研究，未来需要进一步探索。

本节主要介绍了天然纤维在 TENG 中的应用现状，每种天然纤维因其品种、生长环境与组成成分的不同而具有不同的特性，根据特定应用需求，研究人员能够灵活地选择纤维、纱线以及织物的不同应用形式，以满足不同场景下的性能要求。目前仍有许多天然纤维需要根据其特性寻找其在 TENG 领域的应用潜力，如亚麻、苎麻等麻类纤维与石棉、玄武岩等矿物纤维。

2.1.2　无机纤维

无机纤维是指以天然或经改性后的无机物为原料，经纺丝加工制成的无机纤维。无机纤维往往具有相对较好的耐老化、耐高温性能，在航空航天、国防军工等领域有着广阔的应用前景。

1. 玻璃纤维

玻璃纤维是以玻璃为原料，经过高温熔融后拉丝成型得到的纤维，可以根据需求剪切为短纤维或用作长丝编织成织物。玻璃纤维长丝往往由上百根玻璃纤维单丝构成，机械性能好、耐磨性强和成本低，有望在对强度与温度要求较高的场景下作为 TENG 的摩擦电材料。Zheng 等提出了一种以玻璃纤维织物（GFF）作为摩擦电材料，并以无机铁电薄膜作为介电层的SE-TENG，验证了玻璃纤维的摩擦极性及其所构建TENG的优异化学、机械、耐用性能，首次研究证实，GFF 展现出作为电正性摩擦电材料的巨大潜力[9]。首先通过旋涂法在 Al 箔上制备无机铁电 $Pb(Zr, Ti)O_3$（PZT）薄膜，并将 GFF 黏附在薄膜上固定［图 2.6（a）］。GFF 形貌如图 2.6（d）所示，单根玻璃纤维直径约为 4μm［图 2.6（e）］。GFF 与厚度约 7μm 的均匀 PZT 膜通过旋转涂覆紧密黏接，Al/PZT/GFF 复合层的 SEM 横截面如图 2.6（g）所示。TENG 的三维结构为黏接在 PZT 薄膜上的 GFF 作为正极摩擦材料，双面固定在 PET 基板上的 PTFE 作为负极摩擦电材料，以 1mm 的间隔排列［图 2.6（b）］。

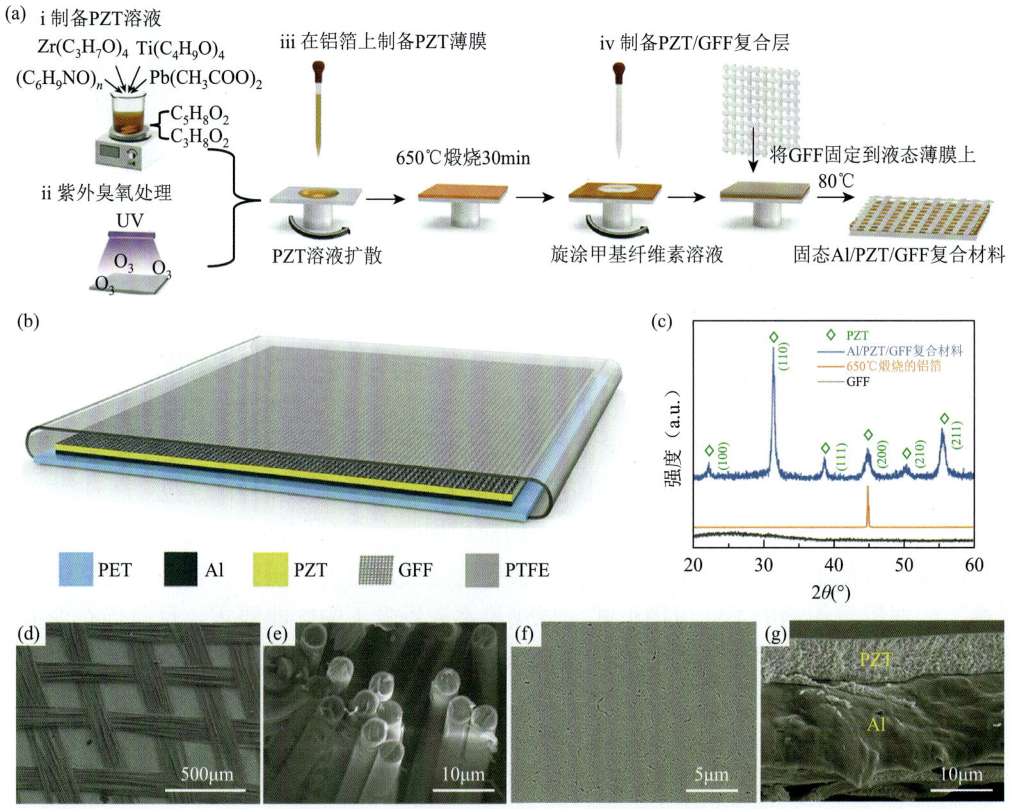

图 2.6　基于玻璃纤维织物 TENG 的制备与结构。（a）PZT/GFF 复合材料的分步制造过程示意图；（b）基于 PZT/GFF 的 SE-TENG 三维结构图；（c）GFF、铝箔和 Al/PZT/GFF 复合材料的 X 射线衍射图；（d～f）交织的玻璃纤维束（d）、玻璃纤维（e）、PZT 薄膜（f）的 SEM 图；（g）铝箔上 PZT 薄膜的 SEM 横截面图[9]

为了评估器件的性能，以持续的外力作用于所制备的 TENG 上。图 2.7（a）展示了 SE-TENG 接触起电与静电感应相结合的工作原理，并且利用 COMSOL 软件对不同分离距离（d_s = 0mm、0.2mm、0.6mm、1mm）下电势分布进行模拟，结果如图 2.7（b）～（e）所示。为了验证 GFF 在现有摩擦起电序列中的位置，选择了几种不同摩擦电极性的材料，包括 PTFE、PET、PE、Cu、Al、纸、玻璃和头发，与 GFF 配对进行垂直接触分离模式摩擦起电试验，从图 2.7（f）可以看出，GFF 与 PTFE 配对时，在接触过程中观察到正电流信号，与 PET、PE、Cu、Al、纸和玻璃的配对情况也是如此。在玻璃与 GFF 配对时观察到不明显的电流信号，因为 GFF 的结构增加了表面粗糙度和有效接触面积，从而赋予 GFF 相比玻璃更高的正摩擦电极性。当 GFF 与头发配对时，如图 2.7（f）所示，可以观察到接触时电流为负，分离时电流为正的反向充电模式。GFF 与玻璃和头发之间的不同充电模式说明 GFF 在摩擦起电序列中位于玻璃和头发之间［图 2.7（g）］。

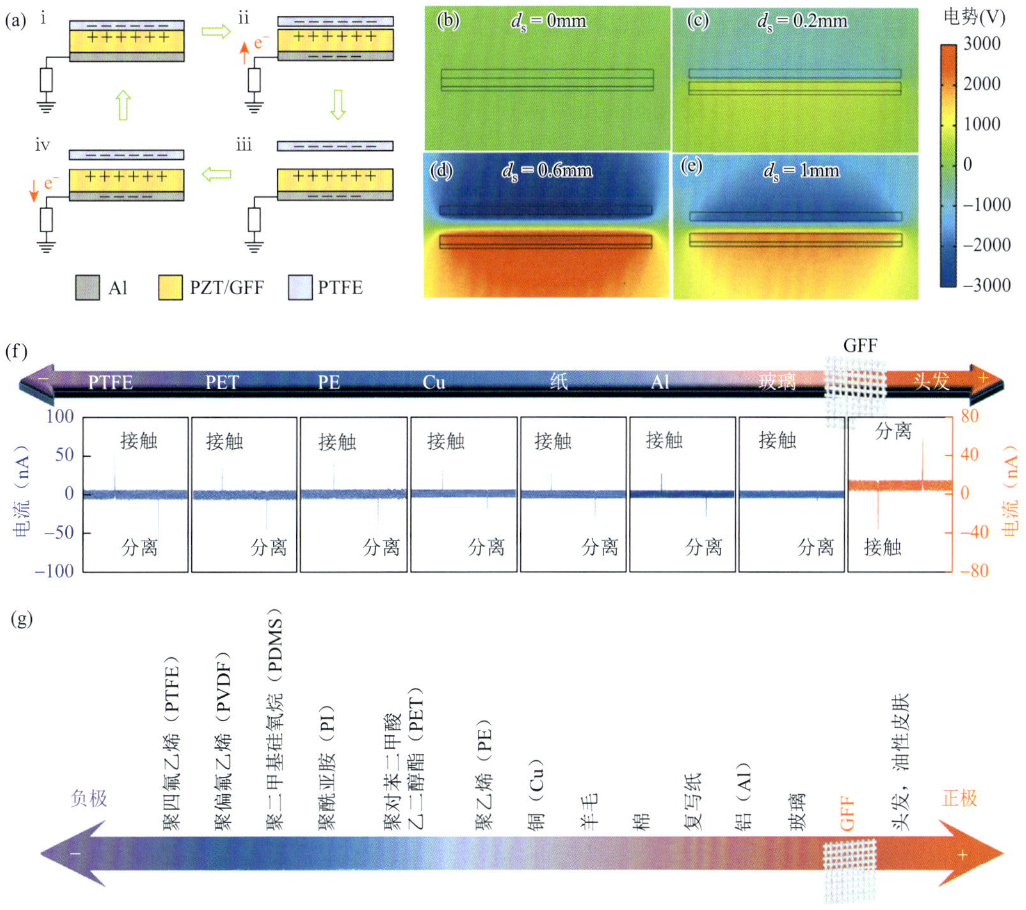

图 2.7　SE-TENG 及不同接触材料测试 GFF 摩擦电极性的结果。（a）基于 PZT/GFF 的 SE-TENG 的工作原理；（b～e）利用 COMSOL 软件对不同分离距离（d_s = 0mm、0.2mm、0.6mm 和 1mm）下 SE-TENG 的电势分布进行分析，以阐明其工作原理；（f）通过与几种选定的摩擦电材料配对测量 GFF 的摩擦电极性，以及它们在垂直接触分离模式下的摩擦结果；（g）GFF 在摩擦起电序列中的位置[9]

2. 碳纤维

碳纤维以腈纶、黏胶纤维等纤维为原料，经碳化加工后得到，具有耐高温、耐摩擦、导电/导热能力好等优点。碳纤维含碳量高，而碳化过程中碳形成无序的石墨化结构，并沿纤维轴向分布，碳纤维的导电能力随着石墨化程度的增加而增加，具有明显的各向异性。碳纤维虽能够用作摩擦电材料，但因其良好的导电性能，往往用于电极材料。

3. 陶瓷纤维

无机陶瓷材料是一种有前途的压电材料，在摩擦与摩擦-压电混合型纳米发电机领域有巨大的开发潜力。陶瓷纤维以无机陶瓷材料通过熔融或静电纺丝等方法加工成纤维形态的无机纤维，具有质量轻、耐高温、热导率低等优点，由于其柔性相对较差，通常作为非织造原料，加工为纤维毡。近年来，陶瓷纤维向着柔性化、弹性化快速发展，将柔性陶瓷纤维与 TENG 技术结合，能够显著拓展 Tex-TENG 的材料选择范围以及应用场景。

综上所述，本节介绍了用于 Tex-TENG 领域的无机纤维材料，包括玻璃纤维、碳纤维与陶瓷纤维等。无机纤维极佳的高/低温稳定性、耐酸碱腐蚀性等性能使得其能够在极端环境下具有稳定工作的能力，在航空航天、国防军工等领域有着广阔的应用前景。

2.1.3 化学纤维

化学纤维是以天然或合成的有机高聚物或无机物经人工加工制成的纤维，根据其材料组成与加工方式可以进一步分为再生纤维与合成纤维。

1. 再生纤维

再生纤维以天然成分为原料，在不改变主要化学组成的条件下经分离纯化后再次加工而成，主要为各种天然高聚物，如纤维素、蛋白质、多糖等。随着对环保问题的日益重视，再生纤维因具有对环境友好且穿着舒适的特点受到了广泛关注。

1）再生纤维素纤维

从木材、棉、竹浆等天然成分中提取纤维素并经过纯化加工后纺丝形成的纤维称为再生纤维素纤维。再生纤维素纤维主要有黏胶纤维、铜氨纤维以及醋酯纤维等，黏胶纤维吸湿性好，但酸碱稳定性差，湿强较低。Lyocell、Modal 等改性黏胶纤维机械性能更佳，具有良好的穿着舒适性，以纤维素为主要成分的再生纤维素纤维拥有比棉花、羊毛更高的摩擦电正性[10]。醋酯纤维是将以乙酸酐的乙酰基替代纤维素中的羟基后制备而成，其模量低，所制备织物较为柔软，并且可以用于过滤材料，如香烟过滤嘴等，在使用回收后也能够用作摩擦电材料[11]。醋酸纤维素（CA）也是常用于摩擦电材料的一种再生纤维素纤维，具有良好的摩擦电正性。Varghese 等介绍了一种以静电纺丝醋酸纤维素纳米纤维膜与表面修饰 PDMS 薄膜结合的 TENG，能够收集振动能量并实现振动传感[12]。在接触分离过程中，醋酸纤维素纳米纤维间的空隙与微结构锥体的深入结合［图 2.8（a)］，增加了有效摩擦面积，并且不会对纤维膜结构造成破坏，相比于纯薄膜材料，峰值功率密度大大提升。作为自供电传感器使用时，能够收集电动缝纫机产生的振动以反映出其不同的工作频率［图 2.8（b）］以及分辨出硬盘和计算机风扇等因机械结构扰动引起的故障振动［图 2.8（c）］。

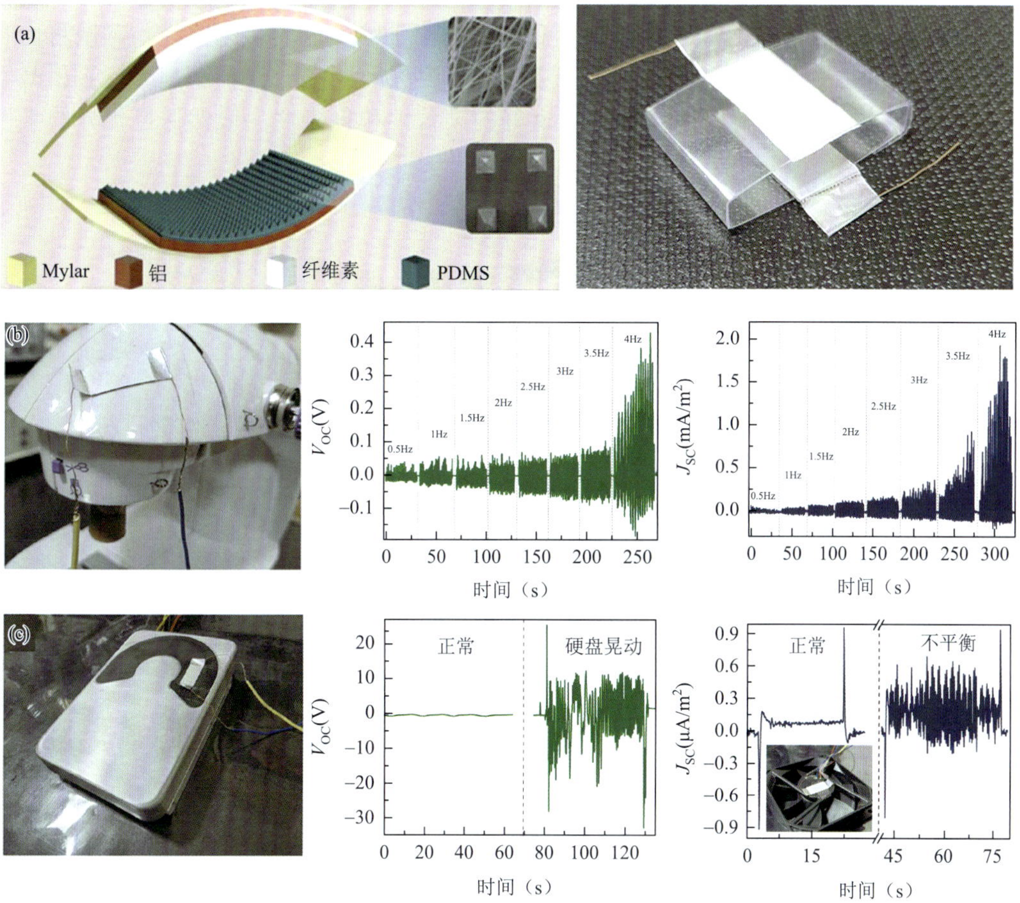

图 2.8　基于 CA 纳米纤维膜的 TENG 及其在监测振动方面的应用。(a) TENG 的三维模型与实物图；(b) 监测缝纫机运动参数；(c) 辨别硬盘与风扇的故障振动[12]

以各种改性方法提高纤维素摩擦带电能力得到了广泛报道，利用改性后纤维素材料制备了高性能纤维素薄膜、纸基的 TENG，但以纤维素为主要成分的再生纤维素纤维在该领域的相关研究却尚显不足，未来仍需进一步探索，为可穿戴能源收集和应用提供更多可能性。

2）再生蛋白质纤维

再生蛋白质纤维以动植物蛋白质为来源，在提取纯化后纺丝制成。大部分再生蛋白质所纺出的纤维因聚合度与取向度较低，导致机械性能差，同时耐酸碱性及热稳定性差，但生物相容性与可降解能力较好。

Zhang 等报道了一种以碳纳米管（CNT）为导电芯层，丝素蛋白（SF）为介电鞘层，通过配备同轴喷丝器的 3D 打印机将芯鞘纤维直接打印在织物表面的方法，用于构建

TENG，从而将人体运动转换为电能[13]。图 2.9（a）展示了使用配备同轴喷丝器的 3D 打印机在织物上打印基于芯鞘纤维的图案，两个含有不同墨水的注射器连接到同轴喷丝器上，该喷丝器固定在 3D 打印机上，使用 CNT 水溶液作为芯墨，SF 溶液作为鞘墨。在打印过程中，为了保证形成的纤维连续而坚固，同轴喷丝器的运动速度必须与纤维的挤出速度相匹配。通过使用编程程序控制同轴喷丝器的移动路径，可以将由芯鞘纤维组成的各种灵活的定制化设计图案打印到织物上［图 2.9（b）和（c）]。基于 3D 打印的智能纺织品得益于印花图案良好的柔韧性和鲁棒性，依然保持优异的柔性［图 2.9（d）]。

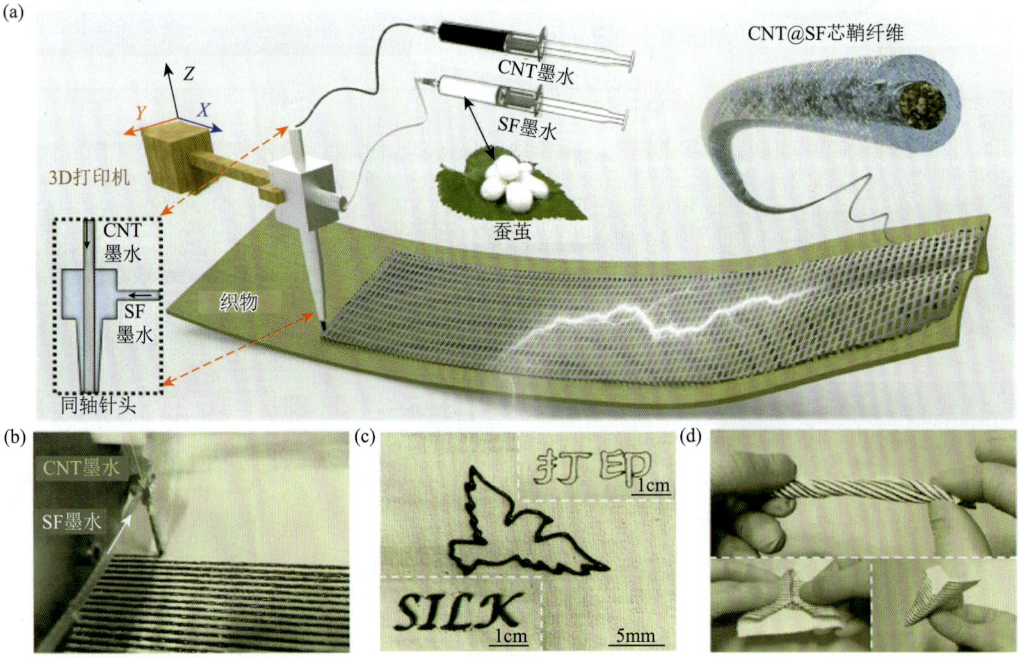

图 2.9　织物上直接打印基于丝素基芯鞘纤维的图案。（a）使用同轴喷丝器的 3D 打印过程示意图；（b）3D 打印过程照片；（c）定制化的纺织品图案照片；（d）在扭曲和折叠下，显示出高柔韧性的智能纺织品[13]

CNT@SF 芯鞘纤维可以直接打印或集成到服装中，用于可穿戴电源管理系统，从人体的运动中获取能量。以打印后的织物和 PET 薄膜作为摩擦电材料，在接触时，鞘层的 SF 有很强的失去电子能力，而 PET 有获得电子的倾向，其基本工作机制如图 2.10（a）所示。为探究其作为 TENG 器件性能，将芯鞘纤维平行排列在织物基底上，在不同位移速度下与 PET 膜接触分离产生的输出性能如图 2.10（b）所示，在位移速度为 10cm/s 的情况下，可以产生 1.4μA 的短路电流（I_{SC}）峰值和 15V 的开路电压（V_{OC}）峰值。在 4MΩ 的外阻负载下，功率密度峰值可达到 18mW/m^2 的最大值［图 2.10（c）]。此外，还研究了不同接触分离速度下不同图案与 PET 膜的输出情况。以网格线图案构成的 TENG

[图 2.10（d）]，随着位移速度从 5cm/s 增加到 18cm/s，输出 V_{OC} 峰值从 30V 增加到 55V [图 2.10（e）]。随着位移速度的增加，输出 I_{SC} 峰值也从 1.0μA 增加到 7.0μA [图 2.10（f）]，表明高位移速度导致高电流输出。

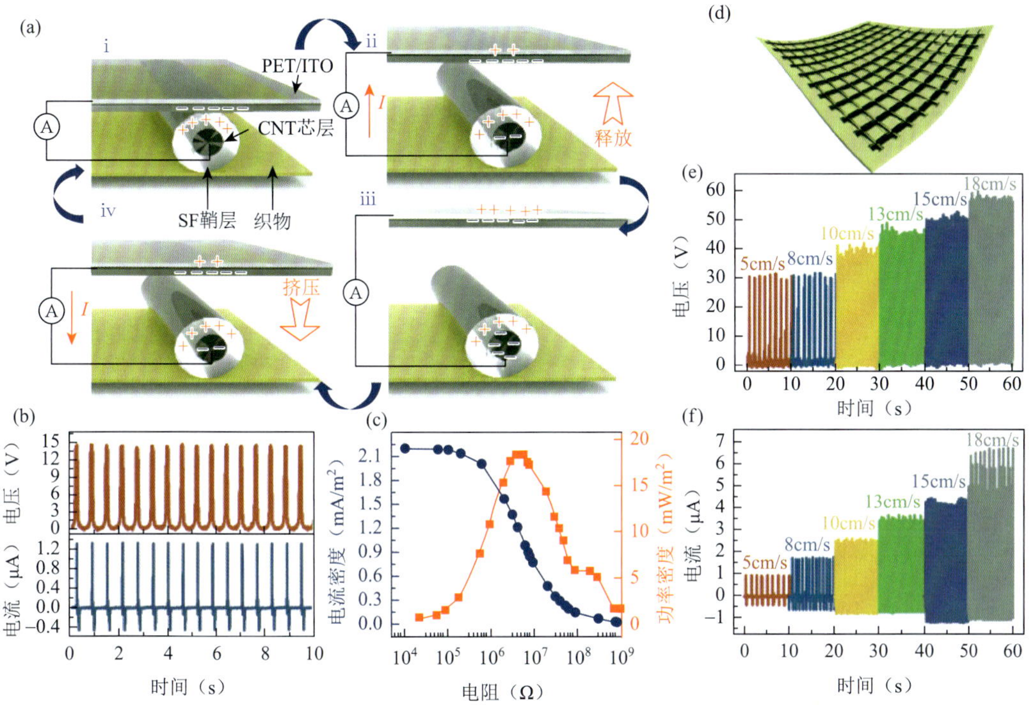

图 2.10 3D 打印织物 TENG 的工作原理与性能。（a）基于同轴纤维 TENG 的工作机制示意图；（b）纺织品上平行线图案（9cm×9cm，间距 2mm）的典型输出开路电压（V_{OC}）和短路电流（I_{SC}）；（c）输出电流密度和功率密度与 3D 打印智能纺织品电阻的函数关系；（d）纺织品上网格线图案（9cm×9cm，间距为 2mm）的示意图；纺织品上的网格线图案在不同位移速度下与 PET 薄膜接触分离时的输出 V_{OC}（e）和 I_{SC}（f）[13]

3）其他再生纤维

除再生纤维素与再生蛋白质纤维外，还有一些以生物大分子的多糖、多肽类材料为来源的再生纤维，如甲壳素纤维、海藻酸纤维等。这类纤维往往因聚合度低造成纤维机械性能弱，应用场景受限，但因优异的生物相容性与可降解性在生物医用、环保领域拥有独特的优势。Tian 等报道了一种以 Tencel 与壳聚糖纤维为材料，具有优异柔性、贴肤且环保的织物基 TENG，能够直接与现有纺织加工设备兼容[10]。首先通过包芯纱的方式［图 2.11（d）］，以导电 PA 纱线为导电电极材料［图 2.11（b）］，表面包覆壳聚糖纤维与 Tencel 纤维［图 2.11（c）］，制备出纱线基 TENG（Y-TENG），工作原理如图 2.11（e）所示。Y-TENG 也能够在工业织机上直接织造，通过结构设计实现织物基 TENG 的构建，并以单电极的形式工作［图 2.11（f）］，能够用于自供电传感器监测人体运动。

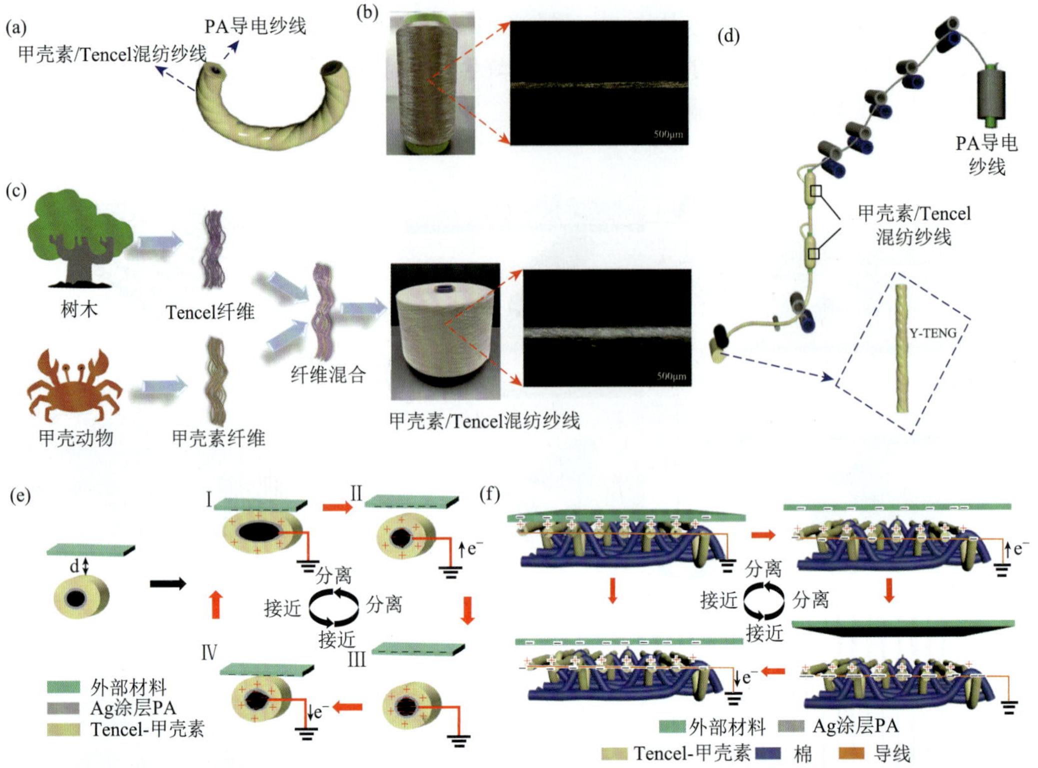

图 2.11　基于壳聚糖纤维与 Tencel 纤维的织物基 TENG 设计与工作示意图。(a) 包芯纱线结构示意图；(b) 导电 PA 纱线实物图；(c) 壳聚糖/Tencel 包芯纱线；(d) 包芯纺纱工艺流程图；(e) Y-TENG 的工作机制图；(f) 织物基 TENG 的工作机制图[10]

综上所述，本节介绍了再生纤维素纤维与再生蛋白质纤维在 TENG 中的应用，再生纤维是一类以天然原料再加工获得的纺织纤维，既保留了天然纤维的优势，又能够通过纺丝工艺调整，更容易实现功能化，具有良好的可拓展性，而未来再生纤维在保持舒适性的同时还将向着定制化、功能化的方向蓬勃发展。

2. 合成纤维

合成纤维是以合成的高分子聚合物为原料经纺丝加工得到纤维的统称。根据主链结构的不同，可以分为碳链纤维与杂链纤维。高聚物分子结构不同，合成纤维得失电子的能力也不同，主要与各自的构成极性原子及其官能团的极性相关，这些官能团都凭借其独特的杂化轨道构型在接触起电过程中起着重要的电荷转移和电荷捕获作用[14]，而主链上官能团对电子的吸引能力和密度决定了接触起电的表面电荷极性和密度，经测试得到的各官能团得电子能力强弱顺序为 $CH_3 < H < OH < Cl < F$[15]。Zhang 等报道了聚合物重复单元的路易斯酸碱度是决定材料摩擦起电序列的重要因素。接触起电产生的电荷转移倾向受聚合物的结构影响，其中路易斯碱度衡量聚合物提供电子的能力，而路易斯酸度反映其捕获电子的能力[16]。不同分子的路易斯碱度通过该分子与作为路易斯酸的参考分子之间的相互作用来量化，如图 2.12 所示。此外，具有强正电荷倾向的聚合物往往有更高

的介电常数，并且有高极性和亲水性。例如，在一定条件下，以高极性的含氧官能团诱导的高路易斯碱度材料具有较好的给电子能力[17]。大部分合成纤维因缺少亲水基团，回潮率低，在实际使用中往往会产生静电，而 TENG 能够将此缺点转化为优势，极大地拓展了合成纤维的应用场景。

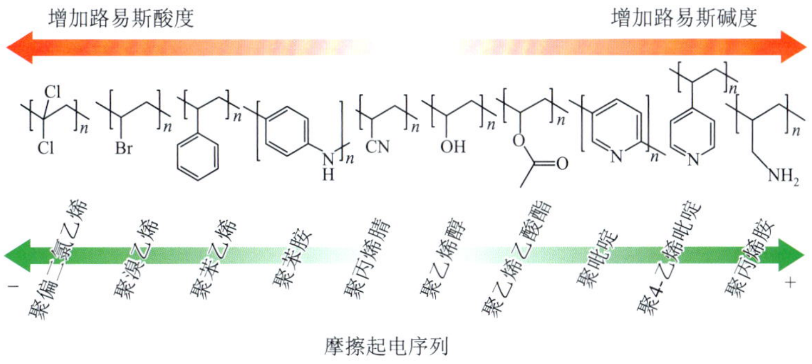

图 2.12　实验建立的摩擦起电序列与路易斯碱度/酸度之间的关系[16]

1）碳链纤维

碳链纤维是聚合物分子主链由碳原子组成的纤维，主要有聚丙烯腈（PAN）、聚乙烯（PE）、聚丙烯（PP）、聚四氟乙烯（PTFE）、聚偏二氟乙烯（PVDF）纤维等。完全 C—C 键组成的主链结构能够赋予纤维较大的柔性，单一的 C—C 键极性较弱，碳链纤维的得失电子能力与侧链基团的极性有关，如侧链全为氟原子的 PTFE，具有极强的得电子能力，是最常用的负极摩擦电材料之一。对纤维的侧链基团进行接枝改性，能够有效改变纤维的摩擦电性能[15]。

a. 聚丙烯腈纤维

聚丙烯腈纤维是一种由丙烯腈与其他第二、第三单体共聚后经纺丝加工形成的纤维，具有蓬松卷曲、耐候性好等优点，性能与羊毛类似，常被称为“人造羊毛”。聚丙烯腈中的氰基提供的高介电常数和大的内比表面积理论上可以提高输出电压，并将电荷积累率提高到电荷衰减率以上，以达到高平衡状态，从而增强和保持摩擦电输出性能。Sun 等报道了一种利用纺织品高内比表面积与聚丙烯腈材料极性结合的策略，将聚丙烯腈纤维制成两种不同的纺织结构，有效提高了多模态传感器电荷积累和捕获性能[18]。聚丙烯腈可以提供更高的介电常数，这是由于 C≡N 基团的高偶极矩引起的强极性特性。此外，将织物用作电荷陷阱层置于摩擦电材料和电极材料层之间，通过织物的高比表面积将摩擦电荷产生的电荷与电极上感应的电荷相结合来捕获电荷并防止电荷衰减。采用接触分离工作模式验证其效果，如图 2.13（a）所示。在存在陷阱层的情况下，陷阱层的阻挡作用阻止了从 PTFE 层转移的电荷和在底部电极上感应电荷的结合，从而减少了电荷损失，即使电荷衰减仍然发生，电荷密度也远高于没有陷阱层的电荷密度，可以长时间保持高输出［图 2.13（b）］。图 2.13（c）表示所使用材料的介电常数，聚丙烯腈平纹织物和斜纹织物捕获层在 100Hz 下分别表现出 2.98 和 4.01 的较高介电常数。图 2.13（d）显示了在有无陷阱层情况下的理论输出电压的 COMSOL 模拟，模拟结果显示：纯 PTFE 薄膜＜平纹陷阱层＜斜纹陷阱层。

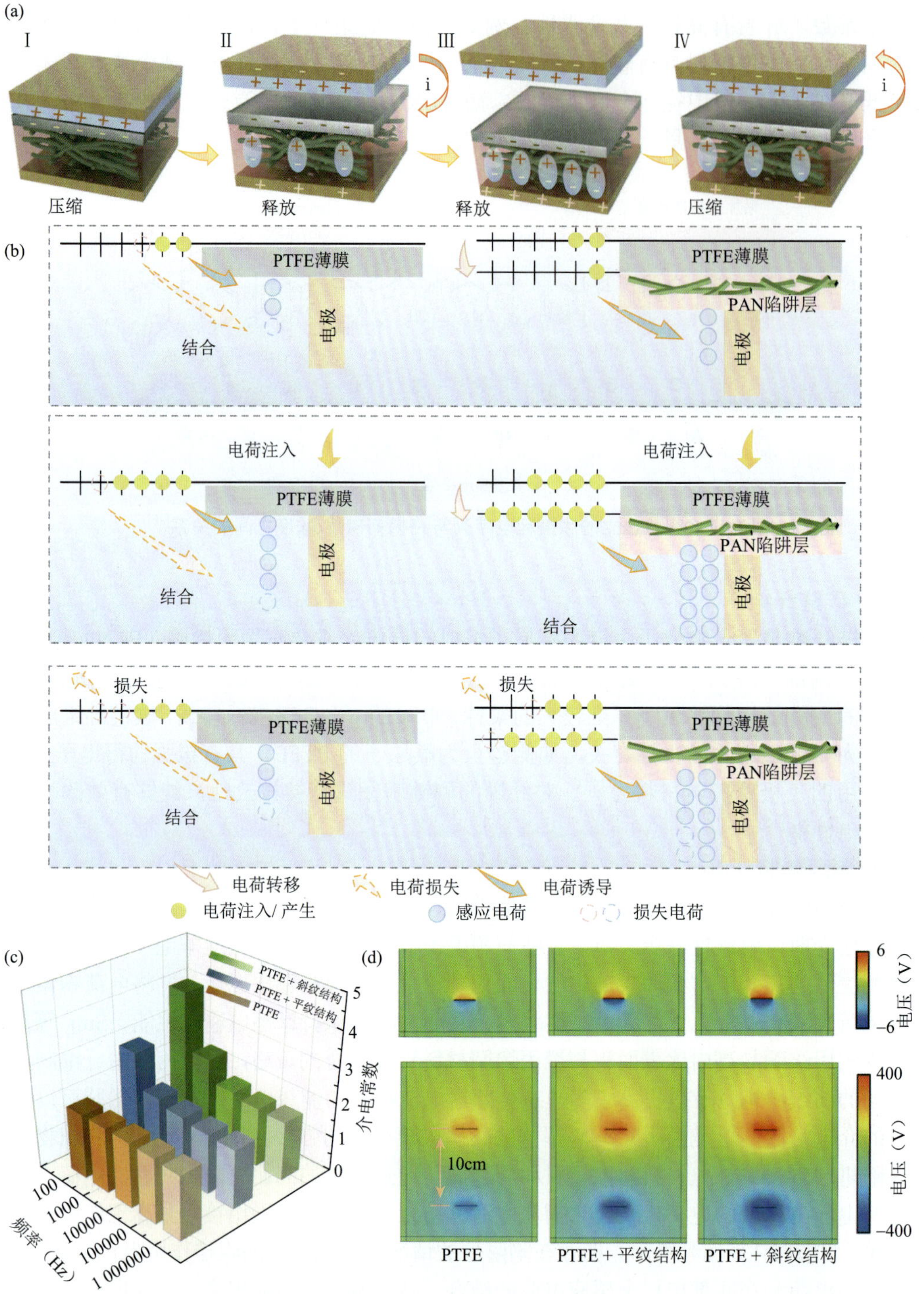

图 2.13 PAN 织物电荷陷阱层的作用机制及结构对电荷保留效果的影响。（a）存在电荷陷阱层 TENG 的工作机制；（b）电荷捕获机制；（c）三个结构的介电常数；（d）三个不同结构下输出电压的 COMSOL 模拟[18]

b. 聚四氟乙烯纤维

聚四氟乙烯纤维是一种具有优异的酸碱稳定性、耐热性等性能的纤维材料，既能够以长丝使用，也能够制成短纤维作为纤维毡使用。聚四氟乙烯的结构简式为$\text{-}[CF_2-CF_2]_n\text{-}$，全氟原子的侧链赋予其极强的得电子能力，是已知电负性最强的几种材料之一。除饱和基团外，在聚四氟乙烯聚合过程中还会产生一定的非饱和基团。Li 等发现聚四氟乙烯的不饱和基团（$-CF{=}CF_2$ 或$-CF{=}CF-$）比主链上常见的$-CF_2-$基团具有更强的得电子能力，产生这个现象的原因是这些不饱和基团中的 $C{=}C$ 键能够增强整个官能团的电负性[15]。聚四氟乙烯纤维有着能够兼容纺织加工体系的优势。Dong 等报道了一种将编织技术与无缝针织成型技术结合的织物基 TENG，所使用的设备与材料均可以兼容纺织工业设备，并将织物基 TENG 集成在针织服装中[19]。首先利用编织技术，以镀银尼龙-6（Nylon-6）纤维为芯纱制备了 PA66-Ag 纱线与 PTFE-Ag 纱线［图 2.14（a）～（f）］，然后采用无缝横机［图 2.14（g）］织造了环状结构的针织结构 TENG［图 2.14（j）、（k）］，其工作原理如图 2.14（l）所示，能够集成到人体其他服饰中作为能源收集织物使用［图 2.14（m）］。

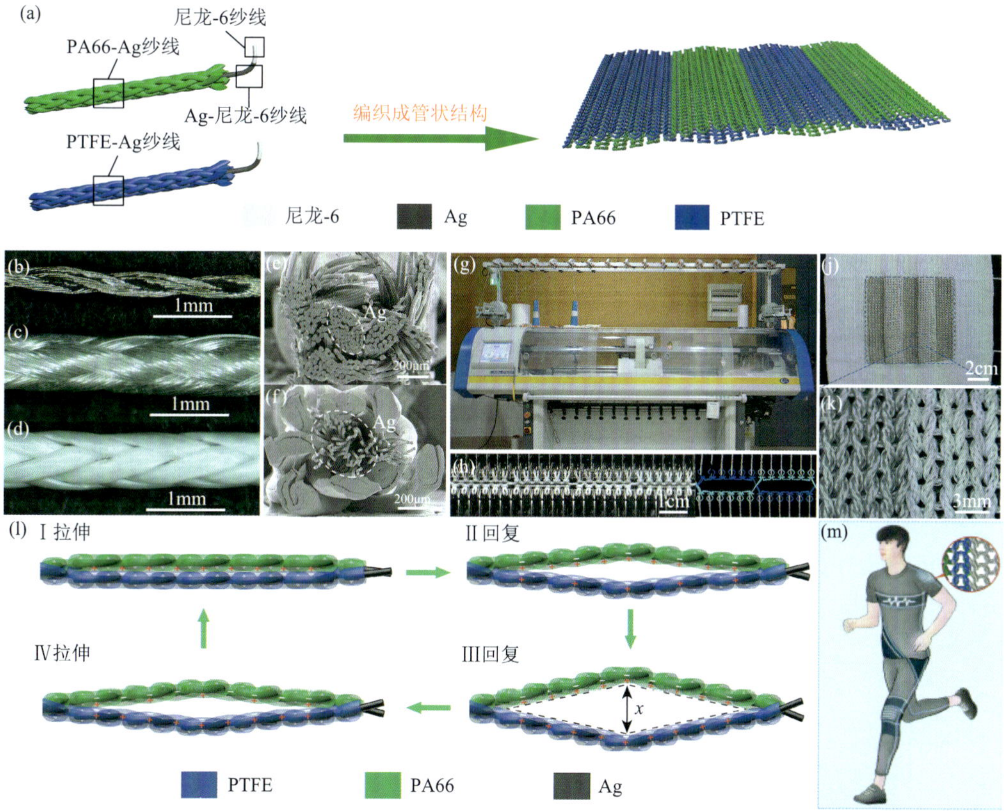

图 2.14　（a）利用编织与无缝成型技术结合的 PTFE/尼龙织物 TENG 制备过程示意图；（b～d）Ag-尼龙-6 纱线（b）、PA66-Ag 纱线（c）、PTFE-Ag 纱线（d）的照片；（e，f）PA66-Ag 纱线（e）和 PTFE-Ag 纱线（f）截面的 SEM 图；（g）织造使用的电脑横机；（h，i）织机在编织过程中的环部状态（h）及其原理图（i）；（j）完成尺寸为 8cm×8cm 的织物基 TENG；（k）TENG 的部分放大图片；（l）一个工作循环周期的原理图；（m）无缝集成的 TENG 作为能源服饰的示意图[19]

c. 聚偏二氟乙烯纤维

聚偏二氟乙烯（PVDF）纤维是一种氟化类纤维，其高化学稳定性堪比 PTFE，但结晶度比 PTFE 高，具有更好的机械强度与刚度。PVDF 中的 β 相是一种极化性质很强的结晶相，通常具有较好的压电活性，不仅常用于 TENG 领域，还能够作为摩擦电-压电混合纳米发电机的重要电活性材料使用。PVDF 在静电纺丝过程中受到高压电场牵伸容易诱导其 β 相的生成。增强极化效应的现象广泛用于纳米纤维膜的制备，并且在纺丝过程中能够与纳米颗粒良好相容。此外，纳米颗粒的加入还有另外的优势，即高介电常数无机填料可以增加摩擦接触材料的介电常数，有助于增加 TENG 电容，从而提高存储电荷的能力[20, 21]。Min 等报道了一种基于钛酸钡 $BaTiO_3$（BTO）铁电纳米填料辅助的聚偏氟乙烯-三氟乙烯（PVDF-TrFE）静电纺丝纤维组装的 TENG[20]。静电纺丝的过程中，高施加电压有效增加了偶极子排列，同时也通过单轴拉伸形成高度定向的 β 相。由于立方相 $BaTiO_3$（CBTO）及四方相 $BaTiO_3$（TBTO）的铁电效应增强的极化现象，表面电势增加，摩擦电荷转移得到了提升。相比于 PVDF-TrFE，PVDF-TrFE/CBTO 和 PVDF-TrFE/TBTO 的 TENG［图 2.15（a）］的开路电压、短路电流密度与输出功率密度均明显提高［图 2.15（b）～（d）］。BTO 颗粒的添加不仅通过提高介电常数［图 2.15（e）］，而且通过提高 PVDF-TrFE 基质的结晶度和数量来提高 TENG 输出。TBTO 具有比非压电型 CBTO 更高的偶极矩，这一特性不仅增强了 TBTO 的结晶度，而且促进了更为有序的偶极子排列。因此，TBTO 能够实现更高的输出性能。

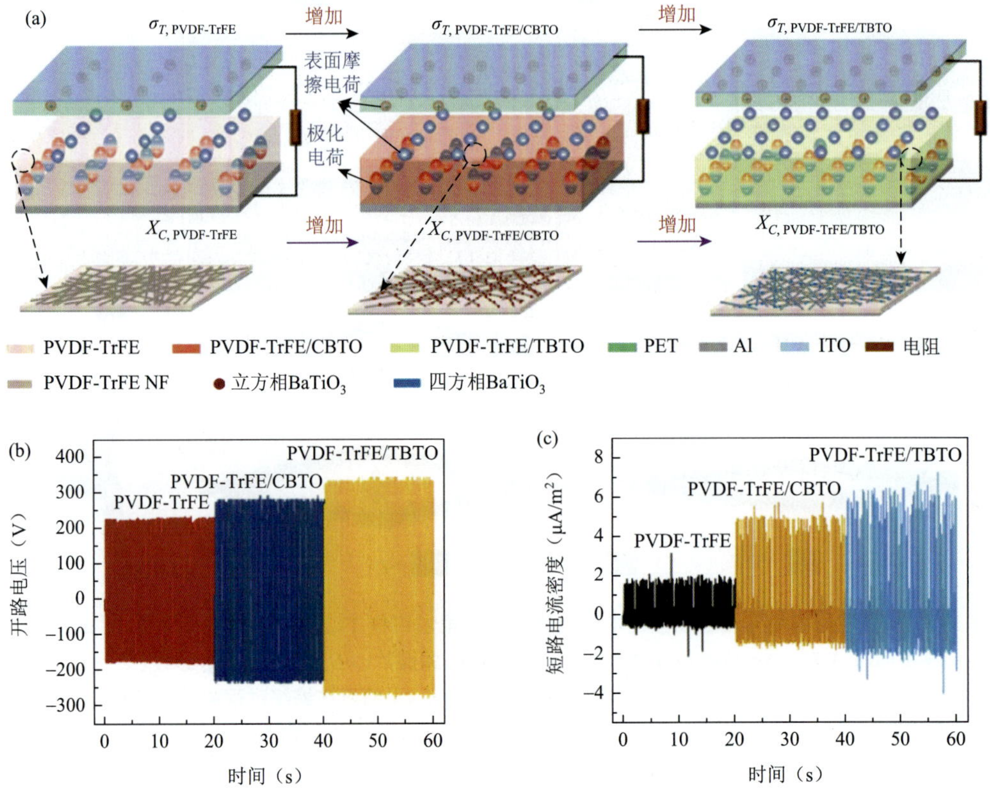

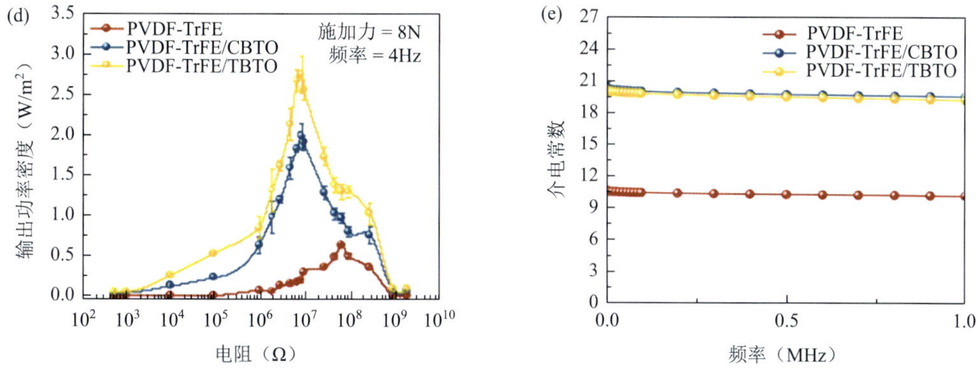

图 2.15 基于静电纺丝 PVDF-TrFE 复合纳米纤维和 $BaTiO_3$ 纳米填料的铁电增强 TENG。（a）PVDF-TrFE、PVDF-TrFE/CBTO、PVDF-TrFE/TBTO 三种负极摩擦电材料分别构建的 TENG；（b）TENG 的开路电压；（c）TENG 的短路电流密度；（d）TENG 的输出功率密度；（e）TENG 的介电性能[20]

d. 聚烯烃类纤维

聚烯烃类纤维是由烯烃类单体聚合后经纺丝加工得到的合成纤维，常见的有聚乙烯（PE）纤维、聚丙烯（PP）纤维等。PP 纤维熔喷非织造布是防护用品的优良选择，基于 PP 非织造布的 TENG 在呼吸过滤及环境治理方面也有着广泛研究。Kisomi 等基于 TENG 的特性设计了一个 TENG 面罩和一个工业过滤器，并通过数值模拟预测了最佳电压范围和过滤性能。TENG 的充电现象使得颗粒受到更强的静电力，从而可以被有效吸附，能够大大提高器件的过滤效率[22]。模拟的过程如图 2.16（a）和（b）所示，计算域包括一个带有入口和出口的通道。在通道中间放置了具有特定设计尺寸的纤维，包括纤维的直径、垂直和水平距离。进入该域的未带电粒子会受到静电力的影响并被充电吸附到接地的电极上。采用 PP-聚氨酯（PU）的 TENG 组合，过滤厚度为 300μm，孔径为 30μm，纤维直径为 30μm 的摩擦电过滤器，可将颗粒的去除率从 23.0%提高到 99.0%。模拟表明，工业过滤器在 10kV 左右，过滤口罩在 10V 左右即可达到较好的过滤效率，图 2.16（c）和（d）为能够产生合适电压的摩擦电材料组，图 2.16（e）展示了建议用于口罩和工业过滤器的材料的表面电荷密度。此外，管道或通道的气流速度对于不同的工业应用有很大的不同，对 TENG 过滤器在 0.2～0.4m/s 下的性能也进行了研究［图 2.16（f)］，为管道或通道等暖通空调的过滤应用提供了有效候选。Wang 等将静电纺丝 PAN 纤维膜与熔喷的 PP 纤维组装为 TENG，通

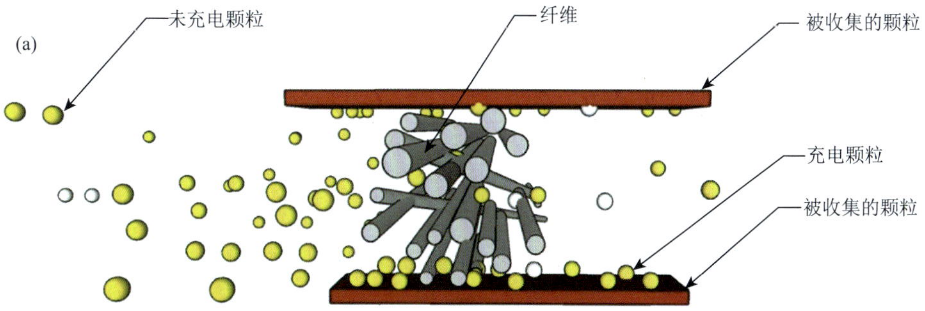

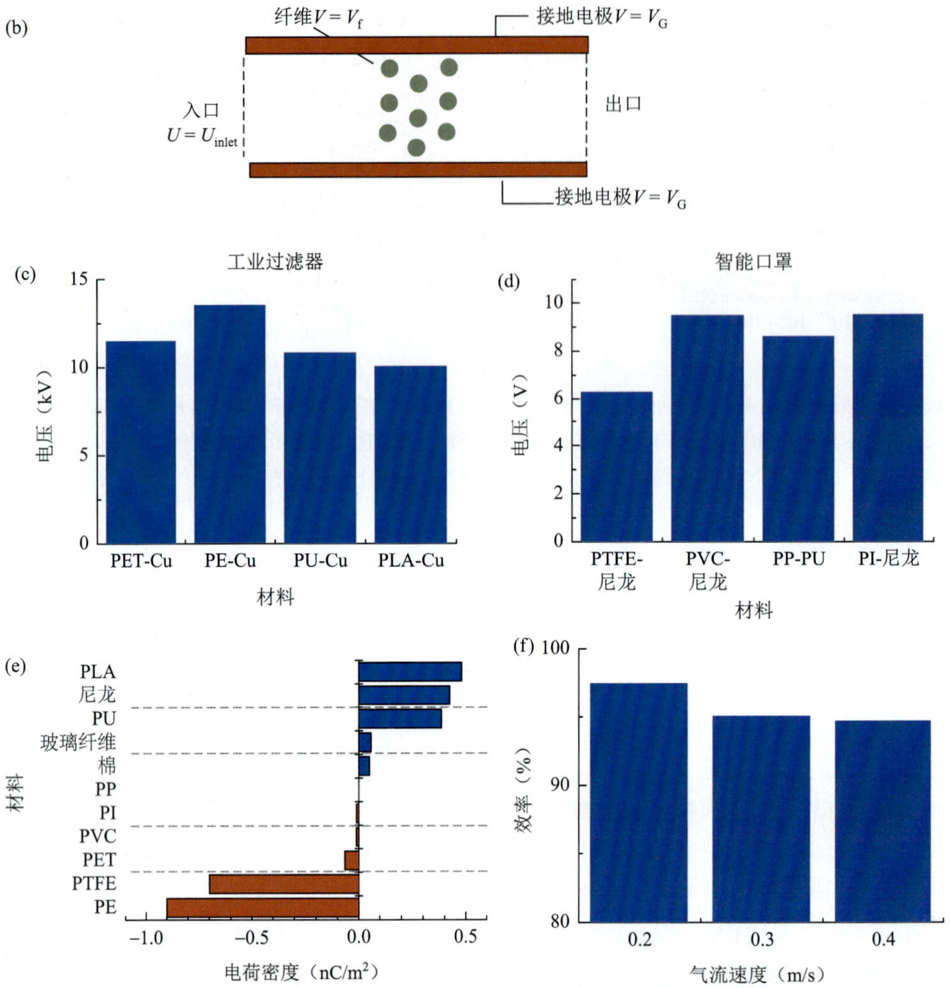

图 2.16 基于 TENG 增强的纤维基过滤器件的仿真模拟。（a）静电力作用下粒子通过过程示意图；（b）有边界条件的二维模拟域；（c）工业过滤用摩擦电材料组的输出电压；（d）智能口罩用摩擦电材料组的输出电压；（e）基于摩擦电系列的不同过滤材料的表面电荷密度；（f）气流速度为 0.2m/s、0.3m/s、0.4m/s 时 TENG 过滤器的过滤效率[22]

过增强机械截留（通过纳米/微纤维混合结构）和静电力（通过摩擦电荷）的协同作用，使粒径为 0.3～0.4μm 和 1～2.5μm（PP/PAN-4h）的过滤效率比目前医用口罩对常规空气的过滤效率分别从 54%提高到 85.54%和 89.72%～96.05%[23]。

2）杂链纤维

主链上除碳链外还含有其他原子以共价键相连的纤维称为杂链纤维。常见的有聚酯类［聚对苯二甲酸乙二醇酯（PET）、聚己内酯（PCL）等］、聚酰胺类［聚酰胺 6（PA6）、聚酰胺 66（PA66）等］、芳族聚醚胺类（对位芳纶、间位芳纶等）以及聚酰亚胺等。主链上含有苯环或杂环结构的纤维，由于环状结构不易发生内旋转，所以大分子链的柔性比碳链纤维较差，但刚性强，机械强度与耐热性较好。

a. 聚酯类纤维

聚酯类纤维是目前世界上产量最大的合成纤维，主要由对苯二甲酸与乙二醇等醇类物质进行缩聚经纺丝加工得到。聚酯类纤维具有良好的电负性，虽不及含氟聚合物纤维，但仍然能够作为 Tex-TENG 的材料满足大部分场景下的应用。Shan 等报道了一种以聚酯类纤维为材料的双模 TENG（DM-TENG），包括电晕放电 TENG（CD-TENG）与静电感应 TENG（EI-TENG）[24]。DM-TENG 的输出电荷为 4.1μC/s，峰值功率密度为 $9.8W/m^2$，并且在 100N 压力与 0.5m/s 的滑动速度下，20000 次循环后依然保持 92%的电力输出和出色的机械稳定性。图 2.17（a）为该自供电 DM-TENG 救援信号在高山紧急情况下求救人员的应用场景。与传统 CD-TENG 不同，使用织物材料取代滑块上常用的金属摩擦材料，通过电晕放电和静电感应两种输出模式的结合，在两种结构不影响各自输出的前提下，实现了总输出的增加［图 2.17（d）］。滑块由作为电负性摩擦材料的聚四氟乙烯和放置在

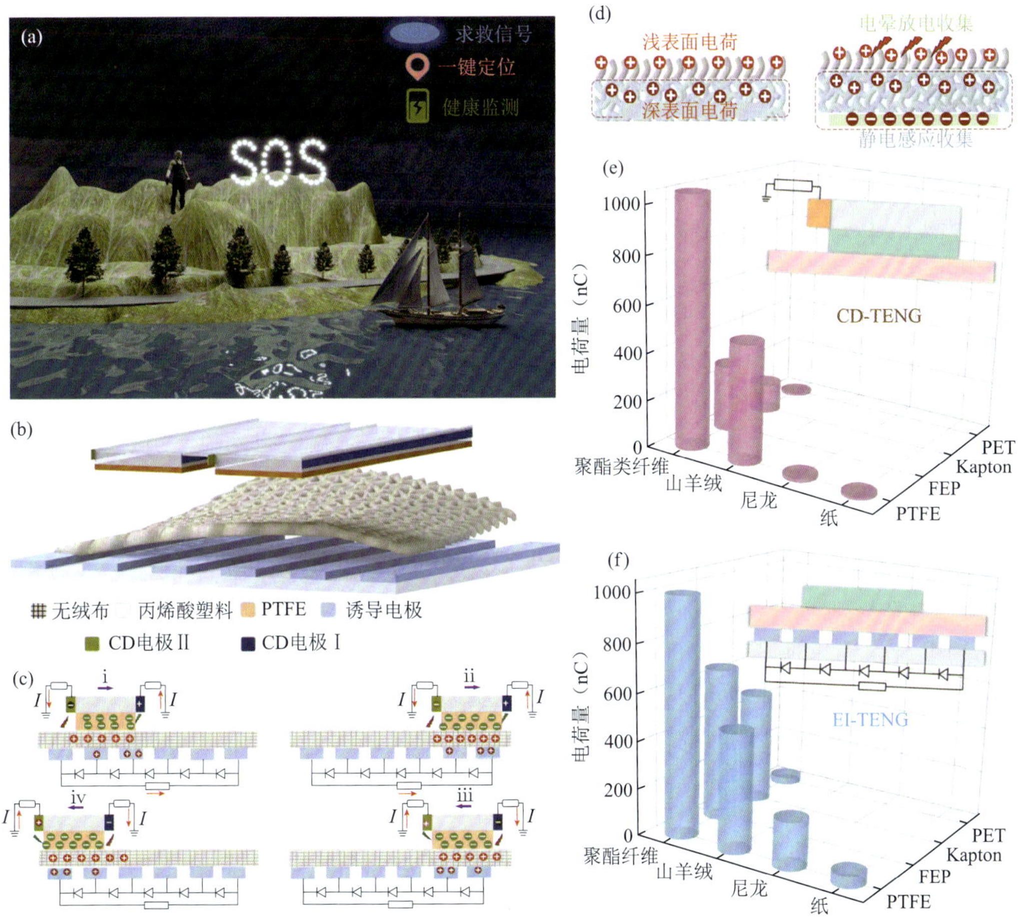

图 2.17 基于电晕放电与静电感应的双模 TENG 工作机制与应用。（a）DM-TENG 的应用场景；（b）DM-TENG 三维结构示意图；（c）DM-TENG 单个周期的工作机制；（d）CD-TENG 和 EI-TENG 结合示意图；（e，f）不同摩擦电材料对 CD-TENG（e）和 EI-TENG（f）转移电荷量的影响[24]

亚克力板左右两侧的四个CD电极组成，CD电极与定子之间有一定的气隙，形成电晕放电。DM-TENG双放电电极一次循环的工作机制如图2.17（c）所示。图2.17（e）和图2.17（f）显示了CD-TENG和EI-TENG在不同电正性和电负性摩擦材料组合中的转移电荷量。与其他组合相比，聚酯类纤维和聚四氟乙烯的输出性能最优，说明其具有良好的电负性以及很强的电子保持能力。

b. 聚酰胺类纤维

聚酰胺类纤维是以酰胺基为主的线型半结晶结构高聚物纤维，又称锦纶、尼龙，最常见的有PA6与PA66，具有高强度与高耐磨能力等优势。尼龙-*n*表示尼龙聚合物的一个重复单元中包含*n*个亚甲基基团$-(CH_2)-$加上一个末端的酰胺基团$-(CO—NH)-$。根据重复单元中碳原子的数量（*n*），将其称为“偶数”或“奇数”尼龙。酰胺基团具有永久的电偶极矩，偶极矩的构型随碳原子的数目而变化。由于酰胺基团的交替，偶数尼龙没有净极化，而奇数尼龙的所有偶极子都指向同一个方向，导致净极化[25]。因此，奇数尼龙具有“极性”性质，它们属于“铁电”聚合物，如尼龙-11等。通过静电纺丝过程中的强拉伸和电极化导致纳米纤维中的偶极子排列，也可以用于提高奇数尼龙的摩擦电性能。Rana等提出了一种以聚二烯丙基二甲基氯化铵（Poly-DADMAC）改性的尼龙-11（Nylon-11），相比于原始尼龙-11，这种改性后的尼龙-11输出功率达到此前的3倍[26]。通过静电纺丝的方法制备的PVDF-TrFE和Poly-DADMAC/尼龙-11纳米纤维膜分别作为正、负极摩擦电材料，构建了接触分离式的TENG［图2.18（b）和（d）］。为了达到最大极化，Poly-DADMAC/尼龙-11复合纳米纤维膜应该具有随机取向的氢键（δ′相），其结构取决于偶极矩的排列，而在尼龙-11纳米纤维中掺入Poly-DADMAC可以改善结晶δ′相［图2.18（a）］。尼龙-11中电偶极子的排列源于静电纺丝过程中Poly-DADMAC在高压和单轴拉伸下的排列，所制备的纳米纤维膜如图2.18（c）所示。Poly-DADMAC/尼龙-11中δ′相的增加可以改善摩擦电纳米纤维膜中的电荷分布，从而直接提高TENG输出性能。尼龙-11纳米纤维膜摩擦产生感应电荷的多少与压电相的含量有关，如图2.18（e）所示。在Poly-DADMAC负载的复合纳米纤维膜中，大部分填料在静电纺丝过程中随机分布，然后在外加电场作用下同轴排列，复合纳米纤维的结晶度更高，形成δ′相。Poly-DADMAC可以在静电纺丝过程中捕获自由电荷并在界面处收集。复合纳米纤维内部的电荷将通过诱导更多的偶极子来促进极化，从而在纳米纤维表面增加更多的感应电荷，如图2.18（f）所示。在Poly-DADMAC填充的情况下，复合纳米纤维的缠结减弱，阻碍了Poly-DADMAC/尼龙-11纳米纤维的结晶。但存在部分感应电荷通过导电路径被中和的情况，此时复合纳米纤维表面的总电荷减少［图2.18（g）］。

c. 芳族聚醚胺类纤维

芳香族聚醚胺类纤维主要是指高分子聚合物主链苯环间以聚醚键相连的纤维，称为芳纶，又称Kevlar纤维。芳纶纤维是纺织领域最常用的高性能纤维，具有强度高、模量高、耐腐蚀性好等优势。通过将TENG技术与芳纶纤维结合，能够实现极端条件下的自供电传感、预警等功能。Wang等报道了一种在恶劣负载环境下具有良好防护和稳定传感能力的增强型Kevlar纤维基TENG（EK-TENG）[27]。EK-TENG能够对子弹冲击进行有

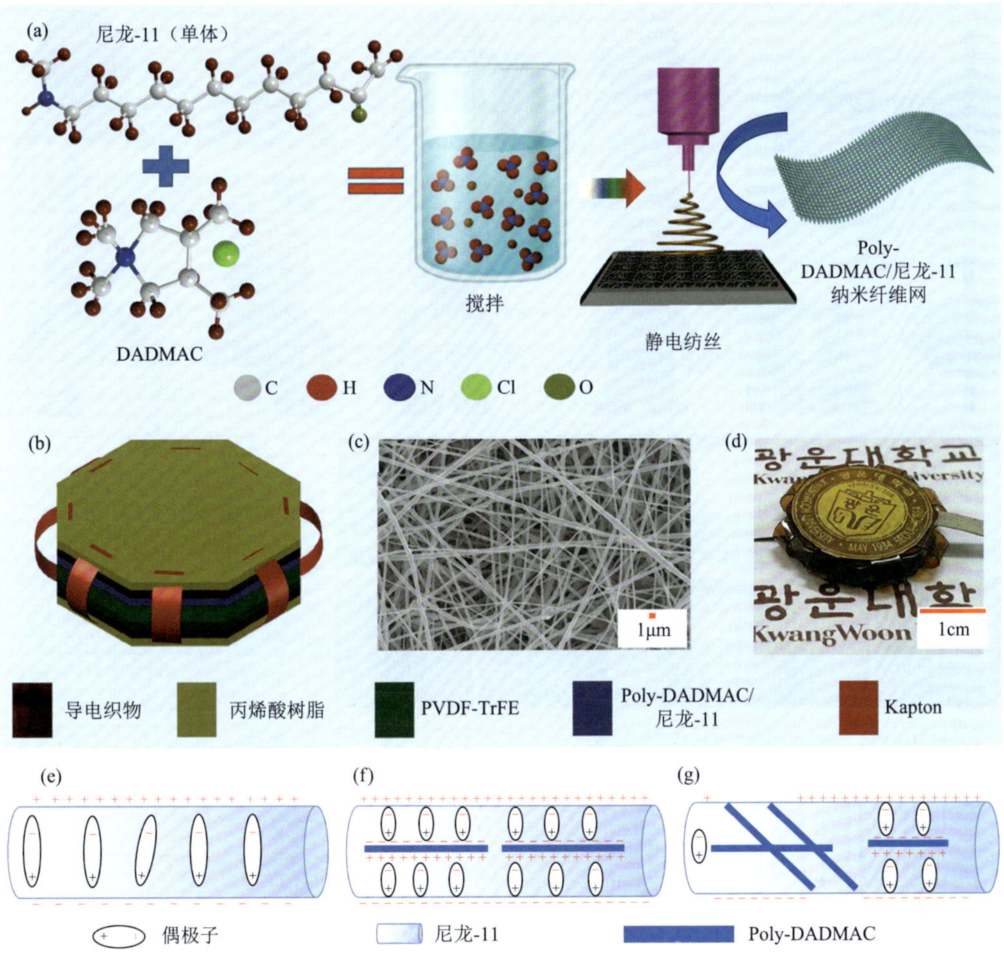

图 2.18　Poly-DADMAC 改性的尼龙-11 为正极摩擦电材料的 TENG 制备与工作机制。(a) 静电纺 Poly-DADMAC/尼龙-11 纳米纤维膜的制备工艺和分子结构示意图；(b) TENG 的结构示意图；(c) Poly-DADMAC/尼龙-11 纳米纤维膜的场发射扫描电镜图；(d) 制备的 TENG 的实物照片；(e~g) 微电容、偶极子、传导路径和感应电荷在原始聚合物 (e) 及具有低 (f) 和高填料浓度 (g) 的 Poly-DADMAC 的纳米纤维垫内电荷分布的示意图[26]

效防护，如图 2.19（a）所示。将织物（面积为 85mm×85mm）固定在钢架上进行系统测试。在 160m/s 射击速度下，Kevlar 和 EK-TENG 的高速摄影照片如图 2.19（b）所示。与 Kevlar 相比，EK-TENG 的子弹击穿时间更长，变形更大，图 2.19（c）显示了不同入射速度下子弹的剩余速度，并且结合图 2.19（d）能够证明 EK-TENG 比 Kevlar 具有更好的防护性能。EK-TENG 在 82.3m/s、125.8m/s 和 183.5m/s 射击速度下的电压信号如图 2.19（e）所示。随着弹道射击速度的增加，峰值电压有所提高，而电压正峰值持续时间（T_{up}）也明显减小。在 60～150m/s 的射击速度下，T_{up} 从 746.8μs 缩短到 44.2μs，加载 150m/s 后达到饱和状态［图 2.19（f）］。这一结果表明 T_{up} 值可以用来评估 EK-TENG 遭受的外部射击速度。

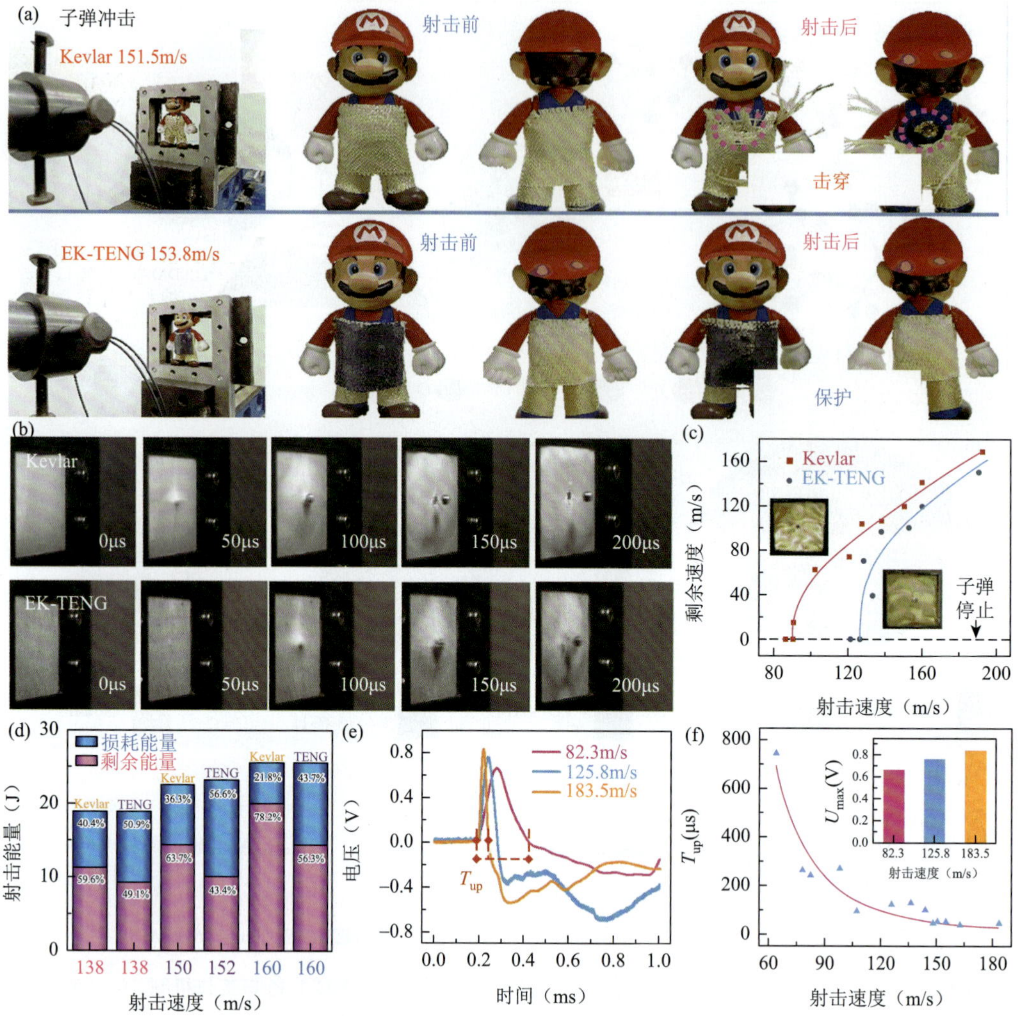

图 2.19 具有良好防冲击性能的 Kevlar 纤维基 TENG。（a）高速射击下，EK-TENG 基的防护服示意图；（b）Kevlar 与 EK-TENG 在入射速度为 160m/s 时的冲击过程；（c）Kevlar 和 EK-TENG 在不同冲击下的剩余速度；（d）碰撞激励下 Kevlar 和 EK-TENG 的能量耗散比；（e）子弹以 82.3m/s、125.8m/s 和 183.5m/s 的速度射击 EK-TENG 产生的电压信号；（f）与射击速度相关的电压正峰值持续时间和最大正电压[27]

d. 聚酰亚胺纤维

聚酰亚胺纤维是一种高性能纤维，以酰亚胺环为功能基团，具有高低温稳定性、高强高模等特性，同时具有良好的摩擦电负性，在 TENG 领域应用广泛。通常情况下，其他纤维织物难以达到 PI 纤维在高温下的工作稳定性。Xing 等报道了一种基于全纱线的 TENG（Y-TENG），能够在 25～400℃的较大温度范围内收集电能和感知生物运动，其他大部分纤维材料难以实现 400℃的超高工作温度[28]。如图 2.20（a）所示，以聚酰亚胺为外层纤维护套的 TENG 织物具有阻燃、隔热、耐高温的优势，Y-TENG 可以在极端环境下工作，实现特定场景下的应用。如图 2.20（b）所示，单根摩擦电纱线具有良好的柔韧性和细度，这种复合纱线通过静电纺聚酰亚胺纳米纤维包裹在导电螺旋碳纤维束上，形成紧密的包芯结构［图 2.20（c）］。聚酰亚胺纳米纤维通过静电纺丝和加捻的方式制备［图 2.20（d）］，并通过添加 SiO_2 气凝胶提高隔热性能。所制备的 Y-TENG 能够以单电极形式工作，置于电磁加热板上使其在不同温度条件下工作［图 2.20（e）］。摩擦电纱线在接触分离过程中收集电能的工作原理如图 2.20（f）所示。用 COMSOL 软件对工作过程中两种典型状态的电势分布进行数值计算，如图 2.20（g）所示，仿真结果表明，碳纤维和聚四氟乙烯纤维之间的最大电势差可达到近 8V。以这种包芯纱线所制备的织物 TENG 在 400℃下依然能够实现稳定的电信号输出。

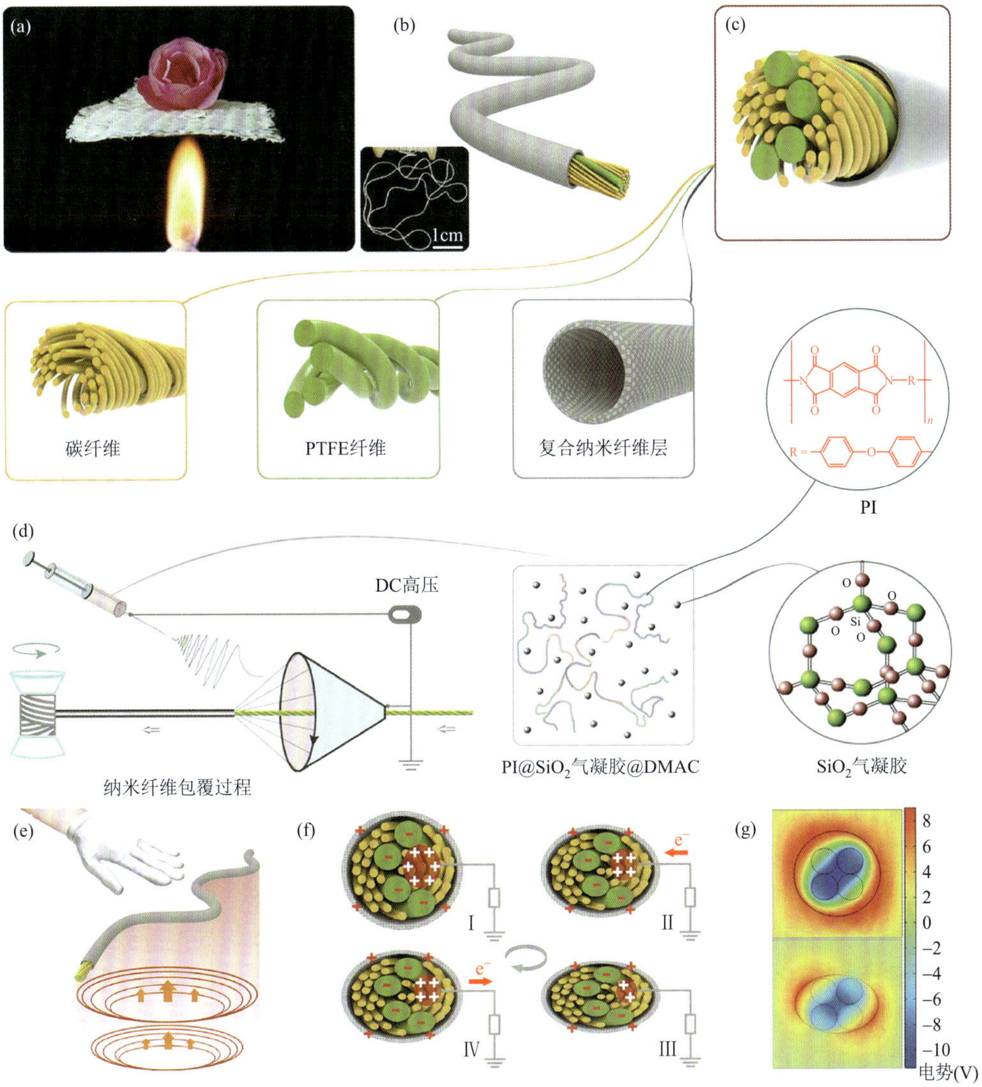

图 2.20　具有耐高温、阻燃、传感的多功能聚酰亚胺气凝胶纱线 TENG。（a）纳米包芯纱示意图；（b）纱线柔性与实物图；（c）Y-TENG 的结构示意图；（d）包芯纱线制备过程；（e）摩擦电纱线高温性能试验；（f）Y-TENG 在接触分离运动下的工作原理示意图；（g）利用 COMSOL 软件对开路状态下摩擦电纱的电势分布进行仿真分析[28]

综上所述，本节介绍了构建 Tex-TENG 的各种化学纤维，包括再生纤维和合成纤维。再生纤维既能够保留天然纤维的优势，又能够通过纺丝工艺调整，更容易实现功能化，具备更好的可拓展性。合成纤维是目前最主要的 Tex-TENG 材料，拥有优异的结构与性能可调控性。通过官能团的修饰以及极化效应的调节能够实现对摩擦电极性的调控，并且大部分合成纤维的力学性能与稳定性能够满足大部分场景的需求，在 Tex-TENG 领域具有非常重要的地位。

2.2 纺织基导电电极材料

2.2.1 导电电极材料概述

根据 TENG 的工作原理，当两种不同材料接触时，表面因接触起电效应而分别带上正、负静电荷。随着材料的分离而使电荷分离，为平衡由此产生的电势差，感应电流随之产生，这一过程依赖于导电电极的引导。由于 TENG 常处于动态作业环境，电极材料需兼具柔韧性与贴合性，以延长寿命，减少电荷损失。因此，选材原则聚焦于材料的形变能力及其与介电材料的紧密贴合性，在形变中维持稳定接触。作为人体运动能量收集的核心部件，电极不仅要与介电材料一样适应复杂的人体活动，还需在多维形变下保持结构的稳固与导电性能的高效。其设计应确保形变时接触面积最大化，兼顾穿着的舒适度与安全性，避免透气性不足或有毒物质引发的健康风险，从而在实现能量收集的同时，保留纺织品的原生舒适性。

2.2.2 纺织基导电电极材料分类

1. 导电金属电极

金属电极具有极佳的导电能力，通常以金属薄片的形式使用，具有导电能力好、成本低、电荷损耗少的优势。早在 2012 年，第一个报道的 TENG 就是将仅有 100nm 厚的金合金薄膜作为电极[29]。自 Tex-TENG 提出以来，在收集人体运动能量时面临的复杂形变使得传统的金属薄膜电极难以满足实际需求，为解决上述难题，引入了金属纤维与金属镀层纺织品，尤其是以不锈钢导电纤维及金属镀层纤维为主导的导电纤维，使用成本低，适合作为规模化生产 TENG 的电极材料。Zhao 等以 Cu 镀层的纤维为电极及摩擦材料，设计制备出不同纺织结构的自驱动压力传感器，并与纺织加工设备高度兼容[30]。首先通过化学镀制备 Cu 涂层 PAN（简称 Cu-PAN）纱线［图 2.21（a）～（d）］和 Parylene 涂层 Cu-PAN（简称 Parylene-Cu-PAN）纱线［图 2.21（e）～（g）］，制备的纱线可以缝纫、机织和针织加工［图 2.21（h）］，并保持优异的透气透湿性与洗涤稳定性。在这些不同结构的纺织品中，Cu-PAN 纱线和 Parylene-Cu-PAN 纱线之间的每个接触区域都形成一个单独的 TENG，其中 Cu-PAN 纱线既是导电电极又是摩擦表面，而 Parylene-Cu-PAN 纱线提供另一个摩擦表面，其内部的 Cu-PAN 纱线则充当相反的电极。一般情况下，Cu-PAN 纱线和 Parylene-Cu-PAN 纱线在这些区域总是相互接触的，当外部压力的变化导致接触区域发生变化时，就会产生电压信号［图 2.21（i）］。

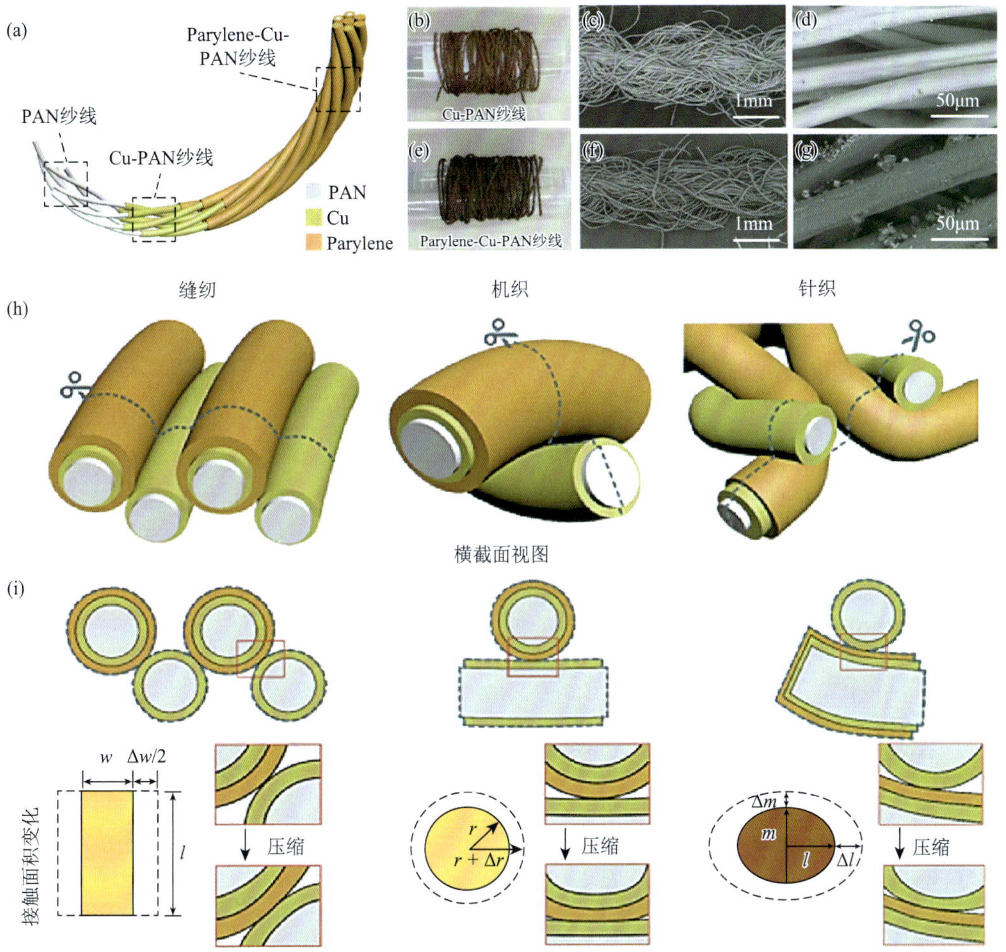

图 2.21　利用 Cu 涂层纤维制备的多种纺织结构 TENG。（a）Cu-PAN 纱线和 Parylene-Cu-PAN 纱线的示意图；（b）包裹在管上的 Cu-PAN 纱线的照片；（c，d）比例尺为 1mm（c）和比例尺为 50μm（d）的 Cu-PAN 纱线的 SEM 图；（e）缠绕在管上的 Parylene-Cu-PAN 纱线的照片；（f，g）比例尺为 1mm（f）与比例尺为 50μm（g）的 Parylene-Cu-PAN 纱线的 SEM 图；（h，i）缝纫、机织、针织结构中的纤维接触摩擦示意图（h）和横截面视图（i）[30]

2. 导电金属氧化物电极

掺杂金属氧化物是指基于半导体掺杂原理，通过掺杂引入结构缺陷，产生大量载流子使得其导电能力大幅提升的一类材料，最常见的为透明导电氧化物（TCO）材料。TCO 材料也较早作为 TENG 的柔性电极材料使用，其中 ITO、锢掺杂氧化锡（ATO）等薄膜具有媲美金属的导电能力，但 TCO 薄膜与织物结合能力较差，也难以实现以涂层形式的利用，在织物变形过程中难以实现完全贴附，并且致密的薄膜结构会影响织物的穿着舒适性，因此该类电极较少应用于 Tex-TENG。在透明化需求高的应用场景中，TCO 电极有着其独特优势，如自供电透明触摸屏等领域[31]，但目前纤维基材料除部分纳米纤维膜外，均难以实现透明化，未来有待进一步开发。

3. 导电碳电极

导电碳材料根据结构的不同可以分为碳纤维与碳材料改性纤维，其中以纯碳纳米管纤维与石墨烯纤维为主的纤维具有优异的导电性能，但其机械性能、制造成本需要进一步提升以满足大规模使用需求。碳纤维作为导电电极使用，也能够与能量存储技术结合，特别是在集能量收集与存储利用一体的同轴能源纤维的设计中，碳纤维成为一个理想的候选材料[32, 33]。Yang 等报道了一种柔性同轴纤维，在纤维内部实现 TENG 与超级电容器（SC）结合，能够收集机械能并将能量存储在 SC 纤维中。在该同轴纤维中，碳纤维束既作为 TENG 的电极材料，同时兼具 SC 的活性材料和电极材料，硅橡胶则巧妙地充当了 SC 与 TENG 之间的隔离介质，同时以其独特的摩擦性能，成为 TENG 的摩擦层，并负责将整个纤维结构进行严密的封装[32]。如图 2.22（a）所示，在制备同轴纤维中的 TENG 时，首先通过在 SC 纤维上缠绕碳纤维束作为电极材料，并在外部涂覆硅橡胶作为摩擦材料。图 2.22（b）～（h）展示了纤维的基本尺寸、结构，其中碳纤维束电极是大量碳纤维的集合，其半径约为 72.65μm，单个碳纤维的半径约为 3.72μm。

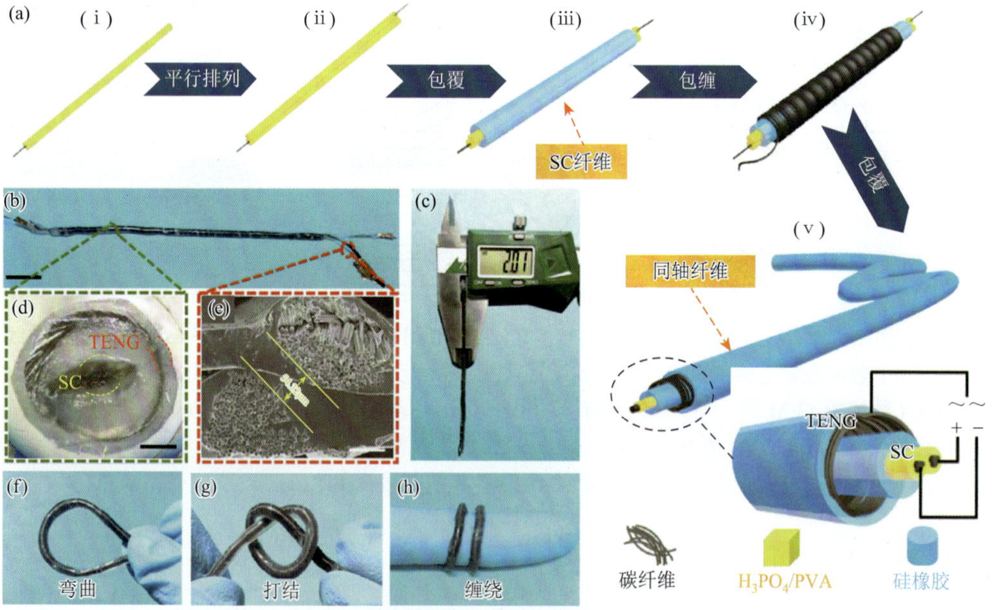

图 2.22 集能量收集与存储利用一体的同轴纤维。（a）同轴 TENG 和 SC 纤维的制作工艺；（b）制备好的同轴纤维照片（比例尺为 1cm）；（c）单根同轴纤维的直径；（d）纤维的横切显微镜图像（比例尺为 0.5mm）；（e）SC 内两个碳纤维束电极之间的距离（比例尺为 60μm）；（f～h）同轴纤维在弯曲（f）、打结（g）和缠绕（h）状态下的照片[32]

该同轴自充电纤维中的 TENG 部分的工作原理如图 2.23（a）所示，TENG 以单电极模式工作，能够用于人体机械能的收集，在循环的接触分离过程中，碳纤维电极与地面持续产生位移电流。为了定量地了解发电过程，利用 COMSOL 软件模拟了 TENG 在每个运动步骤下的电势分布［图 2.23（b）］。单根同轴纤维中的 TENG 在不同运动频率（1～2.5Hz）下的基本电输出性能如图 2.23（c）～（f）所示。在不同的运动频率下，器件的短路转移电荷和开路电压分别保持在 15.1nC 和 42.9V 左右，几乎没有变化。同时，器件的短路电流随着频率的增加而增加，1Hz 时为 0.19μA，2.5Hz 时为 0.51μA。同轴纤维中的 TENG 能够从人体运动中获取机械能并产生交流信号，而 SC 则充当能量存储单元。工作电路设计如图 2.23（g）所示，使用整流器将交流电转换为直流电，充电和放电过程由开关控制。图 2.23（h）为 8 根同轴纤维与 2 对 4 根串联 SC 编织织物的工作曲线，由 TENG 工作将电压充电至 2V 后，串联的 SC 能够驱动电子表工作［图 2.23（i）］。

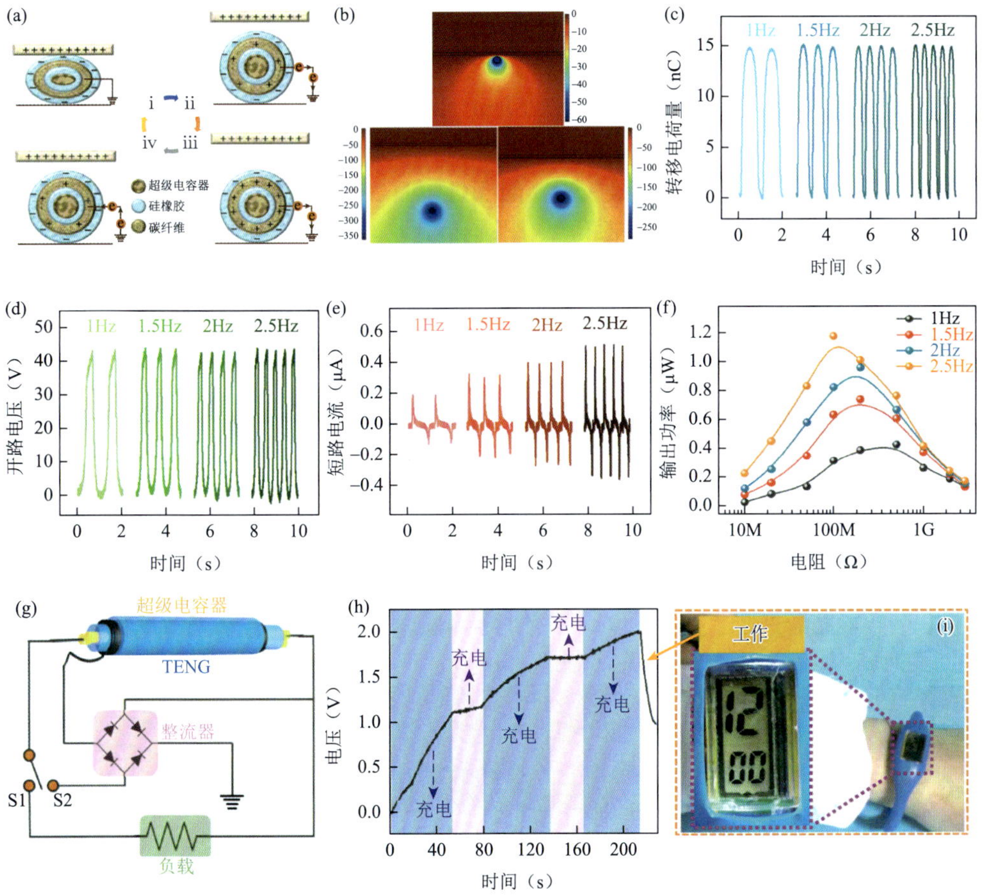

图 2.23　能量收集与存储利用的同轴纤维工作原理与性能。（a）TENG 在单电极模式下的工作机制；（b）开路条件下 TENG 电势分布的模拟结果；单根纤维工作 TENG 的电输出性能：（c）转移电荷量、（d）开路电压、（e）短路电流；（f）不同工作频率下 TENG 单纤维输出功率；（g）包含 TENG、SC、整流器和负载的自充电系统电路图；（h）用手轻拍两对串联 SC 充电及工作曲线；（i）产生的电能驱动电子表工作[32]

石墨烯、炭黑、碳纳米管等碳材料改性的纤维目前主要作为电极使用在 Tex-TENG 上，这些碳材料主要以涂层、自组装、共混纺丝等手段得到，耐久性方面尤其是耐水洗性能优于 TCO 薄膜。最早的纤维基 TENG 所采用的电极就是 CNT 涂层的棉纱线。制造碳电极的方法与选择合适的材料同样重要，因为碳材料与纺织品的结合方式会大大影响 TENG 的耐久性能，如各种涂层的稳定性以及共混纤维的力学性能，而在最近的大多数研究中，耐久性能也是 Tex-TENG 的一个重要考核指标。

4. 导电聚合物电极

导电聚合物具有优异的成膜性能和化学稳定性，如聚吡咯、聚苯胺、聚（3, 4-乙烯二氧噻吩）(PEDOT）等，与织物相容性好，并且具有易调控的导电性和灵活性，广泛用于 Tex-TENG 的开发。Hu 等报道了一种由湿拉伸与湿捻法结合制备细菌纤维素（BC）水凝胶与 CNT 和聚吡咯（PPy）复合的高强度、可降解、可洗涤的导电纤维，以 BC/CNT/PPy 纤维作为电极并成功用于设计可穿戴织物基 TENG，用于能量收集和生物力学运动监测[34]。制备的纤维素基导电纤维具有致密的纤维结构，抗拉强度为 449MPa，导电 CNT 和 PPy 均匀分布在纤维周围，其电导率高达 5.32S/cm。图 2.24（a）～（d）显示了 BC、BC/CNT 和 BC/CNT/PPy 纤维的制备过程示意图。经反复振荡和超声处理，CNT 作为纳米级填料可以均匀掺入处于水态的 BC 水凝胶中。对 BC/CNT 水凝胶进行机械压制后，浸入 Fe^{3+} 溶液（Fe^{3+}作为氧化剂），再通过原位氧化聚合在 BC 纳米纤维表面生成 PPy 涂层，最后通过湿拉伸和湿捻工艺制备了 BC/CNT/PPy 纤维。

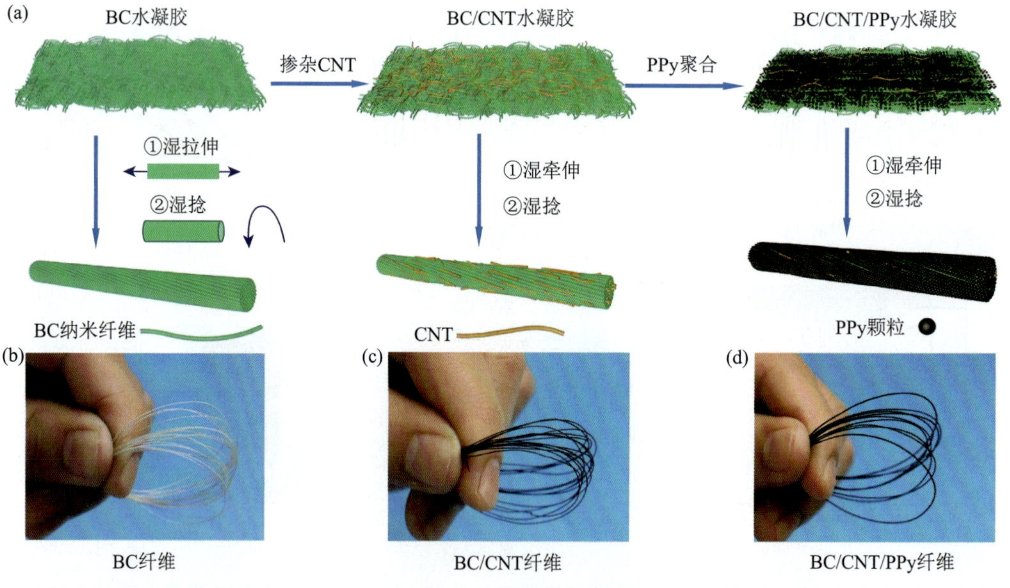

图 2.24 BC/CNT/PPy 导电纤维的制备与形态。(a) BC、BC/CNT、BC/CNT/PPy 纤维制备示意图；(b～d) BC (b)、BC/CNT (c) 和 BC/CNT/PPy (d) 纤维的照片[34]

以该纤维制备的织物能够构建两种方式工作的 TENG：接触分离模式和单电极模式，

如图 2.25（a）和（b）所示，首先通过将 BC/CNT/PPy 纤维织入尼龙织物中，使纤维交织在织物内部。然后，以 BC/CNT/PPy 纤维编织尼龙布为摩擦层/电极，以 PDMS/银膜为摩擦层/电极，构建了织物基 TENG。接触分离模式采用尼龙布和 PDMS 作为摩擦层，BC/CNT/PPy 纤维和银薄膜作为能量收集的电极。对于单电极模式，BC/CNT/PPy 纤维作为电极，PDMS 和尼龙布作为另一个摩擦层。两种摩擦电材料的有效接触面积和接触距离分别为 63cm^2 和 8cm。如图 2.25（c）～（e）所示，测试环境湿度为 19%，当触点分离频率从 0.5Hz 增加到 4Hz 时，开路电压和转移电荷量的最高值分别在 170V 和 60nC 时基本保持不变，而短路电流的幅值从 0.7μA 增加到 7.5μA。根据织物基 TENG 的有效接触面积，计算得到 4Hz 接触分离时的最大电流密度和电荷密度分别为 0.115μA/cm^2 和 0.92nC/cm^2。TENG 的输出电压随负载电阻的增加而上升，而电流密度随负载电阻的增加而下降。将输出功率（$W = I_{\text{peak}}^2 \times R$）绘制为负载电阻的函数，如图 2.25（f）所示。负载电阻小于 70MΩ 时，输出功率呈上升趋势，最大输出功率达到 352μW（最大功率密度为 54.14mW/m^2）。

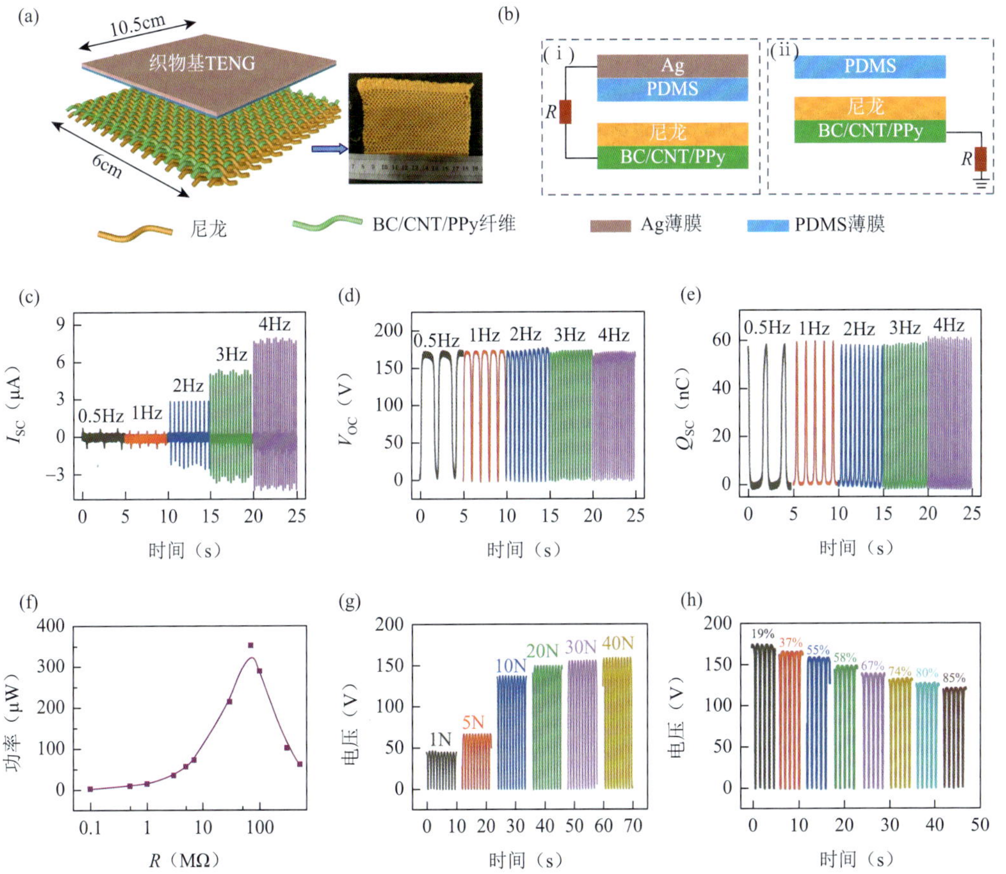

图 2.25　以 BC/CNT/PPy 纤维与尼龙构建的 TENG 及输出性能。（a）织物基 TENG 结构示意图；（b）织物基 TENG 的两种工作模式：（i）接触分离模式和（ii）单电极模式；（c～e）织物基 TENG 在不同频率下的短路电流（c）、开路电压（d）和转移电荷量（e）；（f）瞬时功率作为外部负载电阻的函数；（g）织物基 TENG 在 1Hz 不同冲击力下的输出电压；（h）织物基 TENG 在不同湿度下的输出电压[34]

本节介绍了 Tex-TENG 常用的电极材料，包括金属电极、金属氧化物电极、碳电极以及导电聚合物电极。每种电极材料具有其独特的性质，并且电极材料的形式与导电能力对 TENG 的输出性能有着明显影响，尤其是在连续与不规则形变状态下的形状适应性与耐久性是需要在设计过程中考虑的关键问题。

2.3 表面封装材料

在实际应用过程中，纺织品难免会受到拉伸回复、水洗等对耐久性造成巨大考验的场景。Tex-TENG 根据结构设计与材料选择的不同，其耐久性能也有相对较大的差异，尤其是对于以涂层、镀层等纺织品表面功能化的摩擦或电极材料，持续的形变与洗涤可能对结构造成不可逆的损伤，影响性能甚至完全失效。因此，适当封装以延长使用寿命非常必要，而合理封装是实现 Tex-TENG 高耐久性的普遍选择。

2.3.1 弹性材料

用于纺织品表面封装的弹性体通常具有较好的弹性回复能力，能够明显增强纺织品的机械性能，同时赋予其优异的洗涤稳定性、形变能力。常用的弹性封装材料包括硅橡胶（如 PDMS 等）、热塑性弹性体与嵌段共聚物［如苯乙烯-丁二烯-苯乙烯嵌段共聚物（SBS）、氢化苯乙烯-丁二烯-苯乙烯嵌段共聚物（SEBS）等］。Chen 等报道了一种以 SEBS 为封装材料、Ga-In 液态金属为导电层的可拉伸导电纤维，并能以单电极模式工作，能够在剧烈和快速冲击下工作[35]。首先提出一种两步可溶芯制造方法，PVA 芯-SEBS 壳预制件采用 SEBS 热压成薄膜，通过注塑机将 PVA 塑形成不同形状的棒状物（如圆柱体、长方体、管状等），如图 2.26（a）所示。加工过程中，PVA 被 SEBS 紧密包裹［图 2.26（b）］。然后将预制体在真空烘箱中进行固结，去除水分和气隙，制备好的预制体如图 2.26（c）所示。通过控制 PVA 的成型形状，可以得到不同截面结构的纤维［图 2.26（e）］，其具有良好的柔韧性［图 2.26（f）］，在整个纤维长度内具有连续的空心通道，并利用模板热压的方法

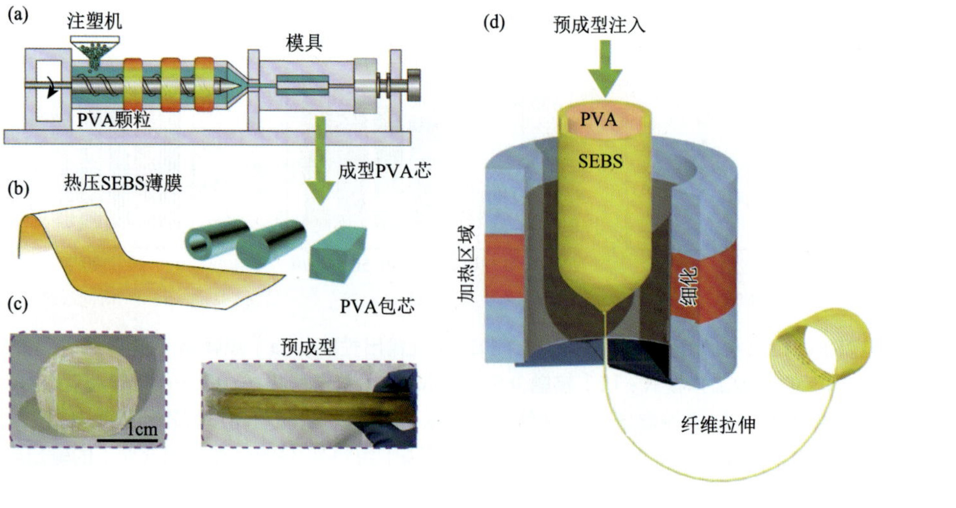

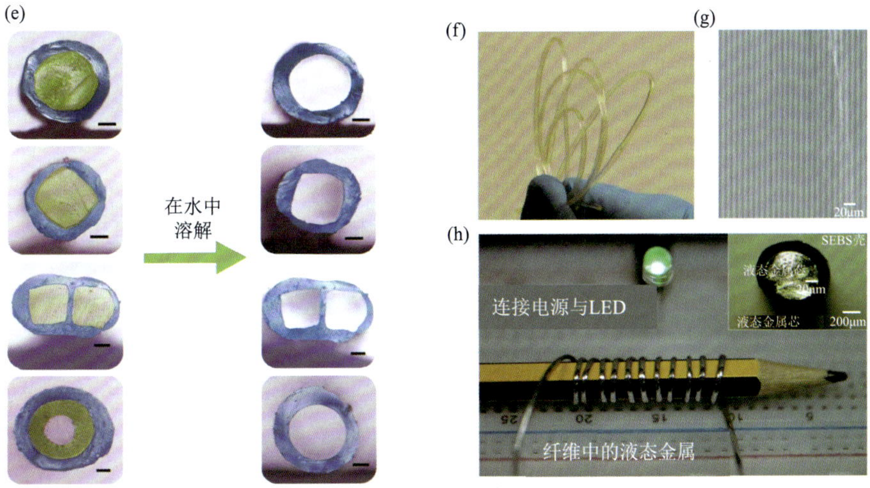

图 2.26　通过热牵伸法与可溶芯设计制备高弹性导电纤维。(a)使用注塑机将 PVA 变形为不同形状；(b)用 SEBS 薄膜包覆不同形状的 PVA；(c)固化后制备的预制体；(d)纤维热牵伸的工艺示意图；(e)在水溶解内芯前与溶解后，不同形状的 PVA 芯的横截面照片(比例尺为 200μm)；(f)产生的纤维光学图像；(g)以热定型工艺在纤维表面制备微结构；(h)通过在空心纤维中注入 Ga-In 液态金属，形成超柔性导电纤维，图中演示了弯曲状态下点亮绿色 LED，插图为液态金属纤维截面图[35]

增强纤维的粗糙性［图 2.26（g)］。最后注入 Ga-In 液态金属形成连续的导电纤维，在变形的情况下也能够保持稳定的电阻以点亮绿色 LED［图 2.26（h)］。

SEBS 保护层能够以单电极模式工作，外层 SEBS 作为摩擦材料，内层液态金属作为导电电极［图 2.27（a)］。单根纤维在无应变和 1000%应变下工作的模拟结果如图 2.27（b）所示，这种超弹性纤维能够在 1000%的拉伸条件下稳定工作。8 根纤维在 1000%的拉伸下能够产生约 7.5V 的电压输出与 4nC 的转移电荷量［图 2.27（c）和（d)］。

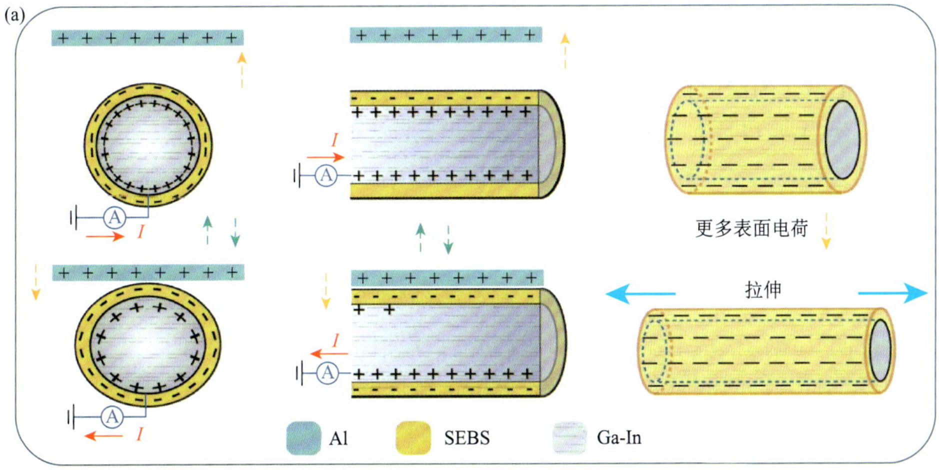

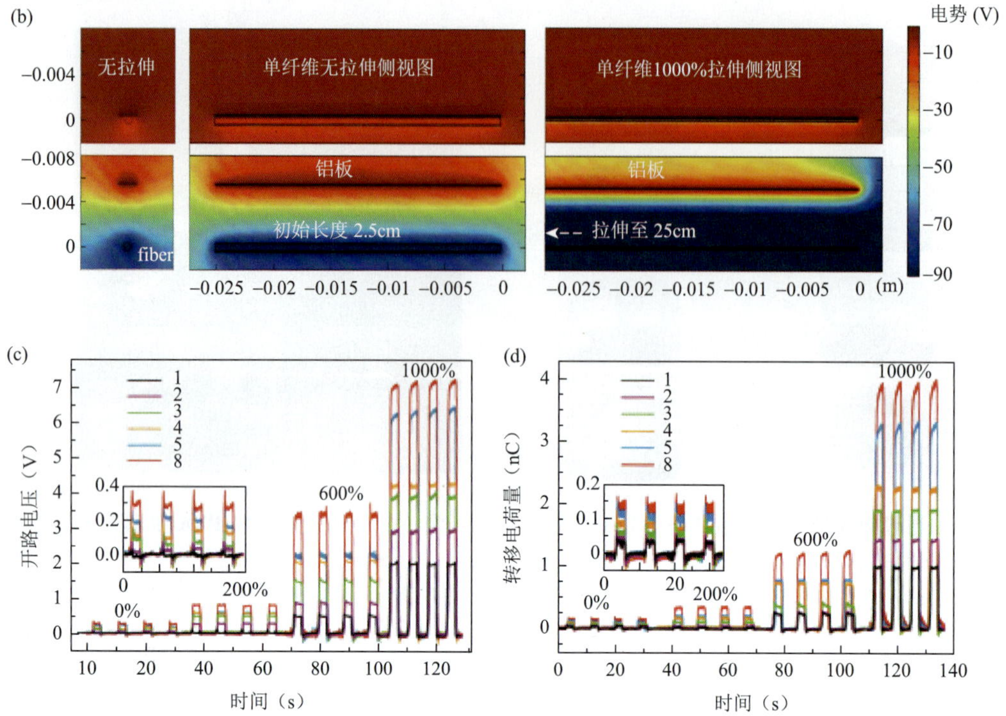

图 2.27　超弹性导电纤维作为 TENG 收集机械能。（a）弹性导电纤维基 TENG 的工作机制；（b）无应变和 1000%应变下一种纤维工作状态的模拟；（c，d）不同数量的纤维在不同拉伸条件下的输出性能：开路电压（c）、转移电荷量（d）[35]

2.3.2 非弹性材料

与弹性材料相比，非弹性封装材料虽然无法为纤维提供保护，但其通常能够提高 TENG 在特殊情况下的性能，以满足耐腐蚀性、隔热性和耐磨性等要求。非弹性封装材料在选择时需要满足一定的机械性能，在纤维承受变形时不能开裂、脱落。Ma 等报道了一种由 PTFE 封装的单电极 TENG（SETY）纱线，PTFE 纱线的封装使其耐强酸碱腐蚀，同时也有利于提高 TENG 的耐水洗性[36]。该纱线是以 PTFE 长丝为鞘层，导电 PA 纱线为芯纱的芯鞘结构复合纱。PTFE 长丝均匀包裹在导电丝上，且该纱线具有良好的柔韧性，可以用于打结、缝纫、编织等［图 2.28（d）和（e）］，PTFE 的封装使得该纱线具有较好的疏水性和耐酸碱性［图 2.28（f）和（g）］，能够适应纺织制造加工过程，并成功织成不同结构的织物［图 2.28（c）］。由该纱线制备的织物基 TENG（F-TENG）及 SETY 纱线实现的智能防化服在极端工作环境下具有四种功能［图 2.28（a）］。与普通织物相比，PTFE 封装赋予纱线优异的耐酸碱功能。PTFE 可用于自供电化学品泄漏监测，且智能套装能够提供生命体征和运动监测功能。通过轻敲防化服上的 TENG 部件，即可激活实时远程报警系统。

图 2.28　SETY、F-TENG 和智能防化服的示意图；（a）防化服示意图及四个功能；（b）SETY 制作工艺示意图；（c）SETY 和 F-TENG 制作工艺照片和 SEM 图；SETY 的照片展示：（d）柔性、（e）细度、（f）可织性、（g）疏水性[36]

2.4　小　　结

合理的材料选择是提升 TENG 性能的最直接、最根本的途径。对于 Tex-TENG 而言，可适用的纤维材料诸多，在结构与性能调控上具备极大的自由度。原则上，材料选择不仅需要考虑摩擦起电能力，还要综合评估其机械性能、可加工性等因素。根据需求合理地选择纤维材料，不仅能高效收集能量，也能融合纺织加工体系，并且满足实际的使用需求。然而，不同纺织材料的加工难度与摩擦起电性能存在较大差距，在实际使用过程中所受的环境影响也不尽相同。

Tex-TENG 能通过材料选择实现一些特殊领域的应用，如采用高强、高模、耐高温的高性能纤维，不但能够满足人体能量的收集，并且在高温、高腐蚀性、水下等环境均能满足工作需求。随着环保问题的日益严峻，生物质纤维可降解、生物相容性好等优势也得到了重视。与此同时，研究人员提出了通过多种改性方法提高纤维材料摩擦电活性的策略。目前，虽然多种纤维材料在 TENG 领域的应用已有所探究，但麻纤维、玄武岩纤维、陶瓷纤维等在其他领域广泛使用的材料仍需要更多的探索，以充分发挥它们的应用潜力。

综上所述，本章首先介绍了构建 Tex-TENG 常用的纤维材料，包括天然纤维、无机纤维与化学纤维，并简单展示了摩擦起电序列与摩擦电荷密度的一种定量化测量方法。其次，概述了 Tex-TENG 常用的电极材料与封装材料，电极材料与封装材料的性能及特性对 Tex-TENG 的输出以及在各应用场景下保持稳定工作的能力起着决定性作用，进而影响实际应用。合理的材料选择对实现高性能 Tex-TENG 非常关键。未来 Tex-TENG 在材料选择和改性方面有望取得更多突破以拓展其应用领域。

参考文献

[1] Zhong J，Zhang Y，Zhong Q，et al. Fiber-based generator for wearable electronics and mobile medication[J]. ACS Nano，2014，8（6）：6273-6280.

[2] Gui C，Zhang R，Chen Z，et al. Textile-based triboelectric nanogenerators via electroless plating for fabricating electrode material：Study of the relationship between electrostatic-charge density and strain in dielectric material[J]. Compos Sci Technol，2022，218：109187.

[3] Dudem B，Mule A R，Patnam H R，et al. Wearable and durable triboelectric nanogenerators via polyaniline coated cotton textiles as a movement sensor and self-powered system[J]. Nano Energy，2019，55：305-315.

[4] Chen P，An J，Shu S，et al. Super-durable，low-wear，and high-performance fur-brush triboelectric nanogenerator for wind and water energy harvesting for smart agriculture[J]. Adv Energy Mater，2021，11（9）：2003066.

[5] He L，Zhang C，Zhang B，et al. A high-output silk-based triboelectric nanogenerator with durability and humidity resistance[J]. Nano Energy，2023，108：108244.

[6] Wang Y，Guo J，Zhou L，et al. Design，fabrication，and function of silk-based nanomaterials[J]. Adv Funct Mater，2018，28（52）：1805305.

[7] Ye C，Dong S，Ren J，et al. Ultrastable and high-performance silk energy harvesting textiles[J]. Nano-Micro Lett，2020，12（1）：12.

[8] Zou H，Guo L，Xue H，et al. Quantifying and understanding the triboelectric series of inorganic non-metallic materials[J]. Nat Commun，2020，11（1）：2093.

[9] Zheng Z，Yu D，Guo Y. Dielectric modulated glass fiber fabric-based single electrode triboelectric nanogenerator for efficient biomechanical energy harvesting[J]. Adv Funct Mater，2021，31（32）：2102431.

[10] Tian X，Hua T. Antibacterial，scalable manufacturing，skin-attachable，and eco-friendly fabric triboelectric nanogenerators for self-powered sensing[J]. ACS Sustainable Chem Eng，2021，9（39）：13356-13366.

[11] Rani G M，Wu C M，Motora K G，et al. Waste-to-energy：Utilization of recycled waste materials to fabricate triboelectric nanogenerator for mechanical energy harvesting[J]. J Cleaner Prod，2022，363：132532.

[12] Varghese H，Hakkeem H M A，Chauhan K，et al. A high-performance flexible triboelectric nanogenerator based on cellulose acetate nanofibers and micropatterned PDMS films as mechanical energy harvester and self-powered vibrational sensor[J].

Nano Energy，2022，98：107339.

[13] Zhang M，Zhao M，Jian M，et al. Printable smart pattern for multifunctional energy-management E-textile[J]. Matter，2019，1（1）：168-179.

[14] Chen A，Zhang C，Zhu G，et al. Polymer materials for high-performance triboelectric nanogenerators[J]. Adv Sci，2020，7（14）：2000186.

[15] Li S，Nie J，Shi Y，et al. Contributions of different functional groups to contact electrification of polymers[J]. Adv Mater，2020，32（25）：2001307.

[16] Zhang X，Chen L，Jiang Y，et al. Rationalizing the triboelectric series of polymers[J]. Chem Mater，2019，31（5）：1473-1478.

[17] Pan S，Zhang Z. Fundamental theories and basic principles of triboelectric effect：A review[J]. Friction，2019，7（1）：2-17.

[18] Sun J，Ren B，Han S，et al. Amplified performance of charge accumulation and trapping induced by enhancing the dielectric constant via the cyano group of 3D-structured textile for a triboelectric multi-modal sensor[J]. Small Methods，2023，7（10）：2300344.

[19] Dong S，Xu F，Sheng Y，et al. Seamlessly knitted stretchable comfortable textile triboelectric nanogenerators for E-textile power sources[J]. Nano Energy，2020，78：105327.

[20] Min G，Pullanchiyodan A，Dahiya A S，et al. Ferroelectric-assisted high-performance triboelectric nanogenerators based on electrospun P(VDF-TrFE)composite nanofibers with barium titanate nanofillers[J]. Nano Energy，2021，90：106600.

[21] Zhu L. Exploring strategies for high dielectric constant and low loss polymer dielectrics[J]. J Phys Chem Lett，2014，5（21）：3677-3687.

[22] Kisomi M K，Seddighi S，Mohammadpour R，et al. Enhancing air filtration efficiency with triboelectric nanogenerators in face masks and industrial filters[J]. Nano Energy，2023，112：108514.

[23] Wang L，Bian Y，Lim C K，et al. Tribo-charge enhanced hybrid air filter masks for efficient particulate matter capture with greatly extended service life[J]. Nano Energy，2021，85：106015.

[24] Shan C，He W，Wu H，et al. Efficiently utilizing shallow and deep trapped charges on polyester fiber cloth surface by double working mode design for high output and durability TENG[J]. Nano Energy，2022，104：107968.

[25] Choi Y S，Kar-narayan S. Nylon-11 nanowires for triboelectric energy harvesting[J]. EcoMat，2020，2（4）：e12063.

[26] Rana S M S，Rahman M T，Sharma S，et al. Cation functionalized nylon composite nanofibrous mat as a highly positive friction layer for robust，high output triboelectric nanogenerators and self-powered sensors[J]. Nano Energy，2021，88：106300.

[27] Wang W，Zhou J，Wang S，et al. Enhanced kevlar-based triboelectric nanogenerator with anti-impact and sensing performance towards wireless alarm system[J]. Nano Energy，2022，91：106657.

[28] Xing F，Ou Z，Gao X，et al. Harvesting electrical energy from high temperature environment by aerogel nano-covered triboelectric yarns[J]. Adv Funct Mater，2022，32（49）：2205275.

[29] Fan F R，Tian Z Q，Wang Z L. Flexible triboelectric generator[J]. Nano Energy，2012，1（2）：328-334.

[30] Zhao Z，Huang Q，Yan C，et al. Machine-washable and breathable pressure sensors based on triboelectric nanogenerators enabled by textile technologies[J]. Nano Energy，2020，70：104528.

[31] Yuan Z，Zhou T，Yin Y，et al. Transparent and flexible triboelectric sensing array for touch security applications[J]. ACS Nano，2017，11（8）：8364-8369.

[32] Yang Y，Xie L，Wen Z，et al. Coaxial triboelectric nanogenerator and supercapacitor fiber-based self-charging power fabric[J]. ACS Appl Mater Interfaces，2018，10（49）：42356-42362.

[33] Han J，Xu C，Zhang J，et al. Multifunctional coaxial energy fiber toward energy harvesting，storage，and utilization[J]. ACS Nano，2021，15（1）：1597-1607.

[34] Hu S，Han J，Shi Z，et al. Biodegradable，super-strong，and conductive cellulose macrofibers for fabric-based triboelectric nanogenerator[J]. Nano-Micro Lett，2022，14（1）：115.

[35] Chen M，Wang Z，Zhang Q，et al. Self-powered multifunctional sensing based on super-elastic fibers by soluble-core thermal drawing[J]. Nat Commun，2021，12（1）：1416.

[36] Ma L，Wu R，Patil A，et al. Acid and alkali-resistant textile triboelectric nanogenerator as a smart protective suit for liquid energy harvesting and self-powered monitoring in high-risk environments[J]. Adv Funct Mater，2021，31（35）：2102963.

本章作者：许子傲[1]，郎晨宏[3]，俞建勇[2]，丁彬[2*]，李召岭[1,2*]

1. 东华大学纺织学院

2. 东华大学纺织科技创新中心

3. 浙江理工大学纺织科学与工程学院

Email: zli@dhu.edu.cn（李召岭）；binding@dhu.edu.cn（丁彬）

第3章

纺织基摩擦纳米发电机的结构设计

摘　要

Tex-TENG 因其在能源转换领域的创新应用备受瞩目。鉴于纺织材料的多样性、轻质、柔软及可穿戴特性，已成为 TENG 的理想平台。本章依据纺织材料的尺寸，将其划分为纤维或纱线基与织物基 TENG 两大类别，并进一步根据材料结构与织造技术细分，分析各纤维与织物结构的独特优劣势。通过探讨不同结构 Tex-TENG 在能量收集与传感性能上的差异，旨在为智能纺织传感器的设计与实际应用提供策略指导与优化方向。

3.1　纤维或纱线基摩擦纳米发电机

纤维通常是指长宽比在 10^3 数量级以上、粗细为几微米到几百微米的柔软细长体，大多用来制作纤维集合体，如纱线和织物。纤维或纱线基摩擦纳米发电机（Y-TENG）利用纤维材料，优势在于高透气性、形状适应性强、可穿戴及材料选择多样。鉴于纤维与纱线的一维特性，本节将一维纺织基 TENG 统称为 Y-TENG，并为后续加工集成于织物中奠定基础。

目前 Y-TENG 制备方式多样，如湿法、干法、熔融及静电纺丝等。关键技术在于提升纤维导电性，方法包括纺丝、涂层或制备复合纱（如芯鞘、花式纱、负泊松比结构）。Y-TENG 可分为芯鞘结构与非芯鞘结构两大类，主要运用单电极和垂直接触分离模式。

在构建 Y-TENG 时，核心设计要点在于芯鞘材料的摩擦电极性差异，且至少一方需具备导电性。尽管采用金属镀层或高导电材料增强导电性成为常见策略，但这些方法往往牺牲了穿戴的舒适性和耐用性。因此，研发兼具卓越导电性、柔韧性与机械强度的纱线电极材料成为关键突破点。通过多层纺织材料的复合策略，不仅能维持材料间的摩擦电势差，有效防止电荷泄漏，还提升了整体的舒适度。利用加捻、卷绕及复合技术，可直接将纤维转化为兼具导电与可穿戴特性的一维纱线，灵活地将导电元素融入纤维结构中，实现了

Y-TENG 的便捷制备。同轴花式纱结构赋予 Y-TENG 高拉伸性与交流电生成能力，适用于高拉伸场景。未来需简化制备、优化材料并提升性能，推动 Y-TENG 商业化。

3.1.1 芯鞘结构

1. 纺丝法

纺丝是将聚合物制成细纤维的过程，较纺纱法能生产更细、更强纱线，适用于复合纱与织物制备，在纤维/纱线基 TENG 领域前景广阔。目前，纺丝法主要包括熔融纺丝、湿法纺丝、干法纺丝及静电纺丝。由于静电纺丝技术制备形成的纤维层状结构属于非织造技术之一，因此，将其归类于织物基 TENG 的非织造结构中，可参考 3.2.3 节内容。

1）熔融纺丝

熔融纺丝是以聚合物熔体为原料，采用熔融纺丝机进行的一种成型方法，一般使用双螺杆挤出机将聚合物熔体在高温剪切作用下通过喷丝头挤出，经冷却室后，所得丝束卷绕在收卷装置，然后对丝束进行机械和热处理，熔体经形变、冷却、固化形成纤维。熔融纺丝的主要特点是卷绕速度高，不需要溶剂和沉淀剂，设备简单，工艺流程短。

如图 3.1 所示，Gong 等[1]于 2019 年报道了一种具备高拉伸性能的芯鞘结构 Y-TENG，可大批量生产，基于现有的熔融纺丝设备采用吹塑成型法将不锈钢丝作为芯纱，以不规

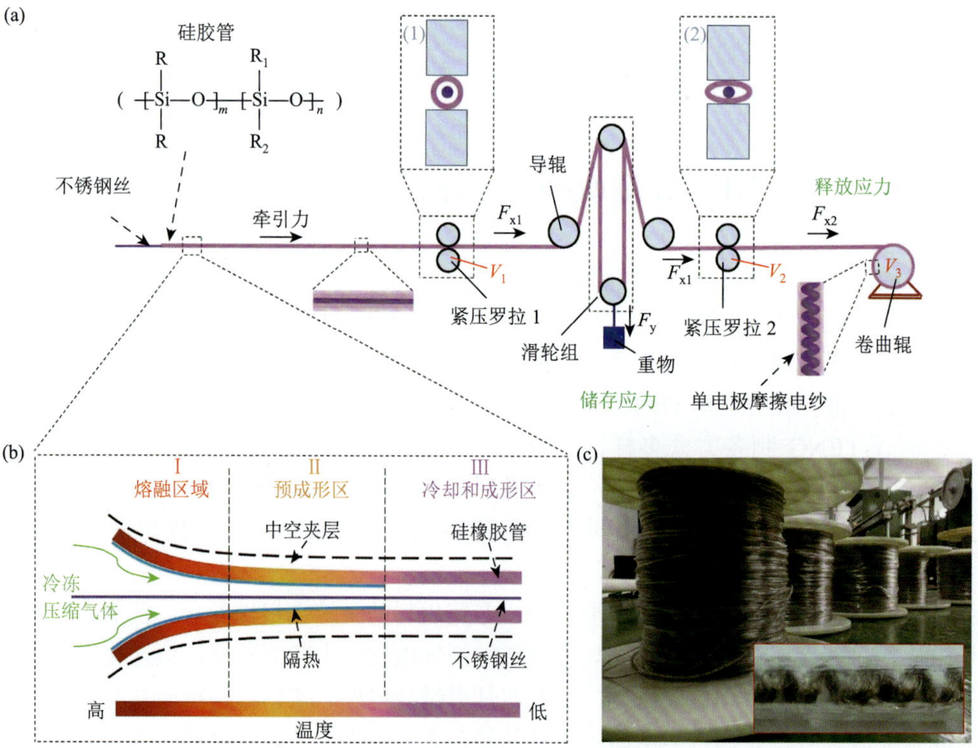

图 3.1 摩擦电纱的制备流程图、成纱工艺图以及实物图。(a) 摩擦电纱的熔融纺丝工艺示意图，浅粉色表示硅橡胶管，紫色表示不锈钢纱；(b) 摩擦电纱成型工艺放大图；(c) 摩擦电纱的图片[1]

则螺旋结构密集地堆叠于硅橡胶管内制得高拉伸性 Y-TENG，应变可达 200%。并用其作为纬纱制备了一款摩擦电机织物，采用不锈钢丝和防水改性聚丙烯腈纱捻合并，同时对两股该捻合纱加捻，形成机械稳定的双股纱作为经纱，该电子织物也同样具备较好的拉伸性能，可用于收集生物运动给电子手表供能。但外层采用的硅橡胶管使得摩擦电纱的尺寸大大提高，应用范围受限。

如图 3.2 所示，Tan 等[2]于 2023 年提出了一种基于动态共价交联网络的分子策略，构建了基于丁二酮肟氨基甲酸乙酯（DOU）基团的自适应共价交联离子凝胶（IG）纤维（DOU-IG 纤维）。他们首先制备了具有 DOU 基团的自适应共价交联离子凝胶。在高温下，DOU 基团的解离降低了共价交联密度，促进了聚合物链的运动，从而降低了电离层凝胶的黏度，因此 DOU-IG 纤维具有良好的熔融挤出性能。冷却后，DOU 基团发生重组、聚合物链重排，最终形成共价交联的电离胶网络，得到 DOU-IG 纤维。所得的 DOU-IG 纤维具有较高的抗拉强度（0.76MPa）、拉伸性（784%）、导电性和耐溶剂性。基于其多种优良特性，DOU-IG 纤维可集成用于运动监测、能量收集和人机交互，在可穿戴电子产品和机器人等领域具备巨大的应用前景。

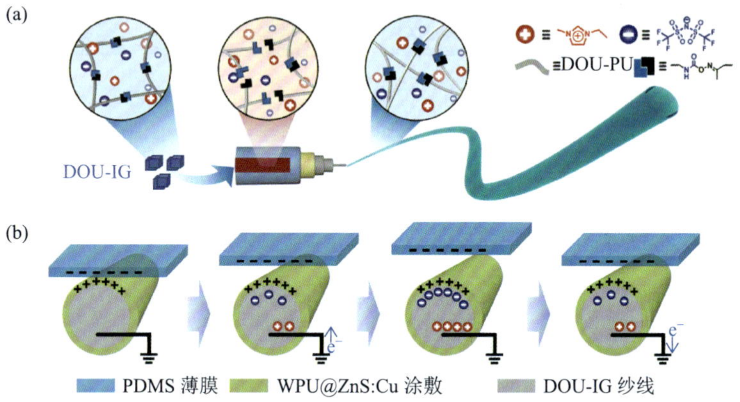

图 3.2　DOU-IG 的制备及单电极摩擦电纱的工作原理图。(a) DOU-IG 的制备流程示意图；(b) 基于 DOU-IG-30@ZnS:Cu 纤维的纺织基 TENG 单电极工作原理图，WPU 表示水性聚氨酯[2]

2）湿法纺丝

湿法纺丝是一种将纺丝原液直接进行纺丝的工艺。其过程是将成纤高聚物溶解在适当的溶剂中，得到一定组成、一定黏度并具有良好可纺性的溶液，称之为纺丝原液。随后，将原液从喷丝孔压出形成细流，原液细流进入凝固浴，其中的溶剂在凝固浴中扩散、凝固剂渗透，析出形成纤维。与干法纺丝相比，其纺丝原液黏度较低，可制备纤度更低的纤维。

如图 3.3 所示，Doganay 等[3]于 2023 年设计采用湿法纺丝技术制备了一种芯鞘结构的 Y-TENG。该研究采用内径 22G、外径 18G 的同轴针制备芯鞘结构纤维。将热塑性聚氨酯/*N*, *N*-二甲基甲酰胺（TPU/DMF）溶液作为芯鞘结构的鞘部纺丝溶液，银纳米线（AgNW）-炭黑-TPU/DMF 溶液作为芯鞘结构的芯部纺丝溶液。其中，鞘部纺丝溶液和芯部纺丝溶液分别以 6mL/h 和 3mL/h 的注射速率注入混凝水浴中，原液细流在水浴中凝固成纤维。将纤维直接转移到另一个水浴中 24h，以改善 DMF 和水之间的溶剂交换。最后，纤维在室温下在真空炉中再干燥 24h 形成芯鞘结构的 Y-TENG。该制备方法简易，芯鞘结构的界面结合性较好，且由于纺丝原液黏度低，大大提高了纺丝成功率。

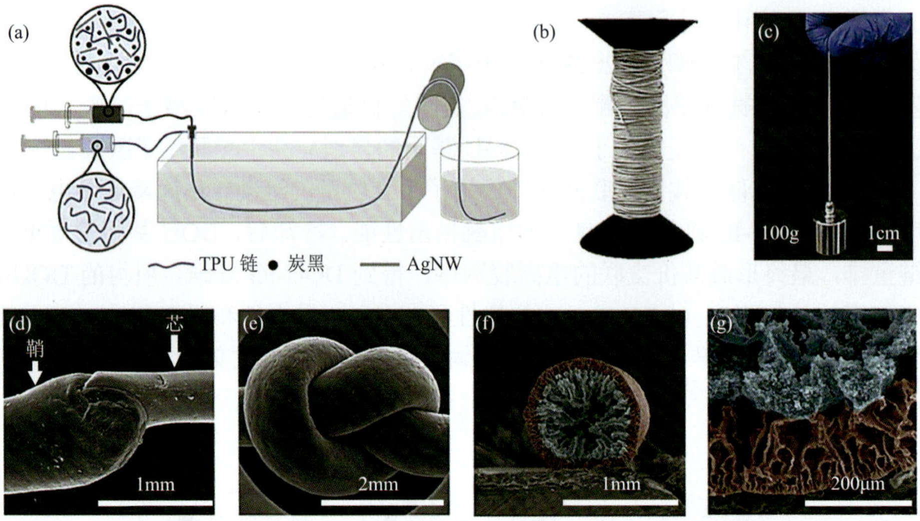

图 3.3　芯鞘纤维的制备流程示意图、实物图及扫描电镜图。（a）制备湿纺芯鞘纤维的示意图；（b）1km 长的湿纺芯鞘纤维照片；（c）可以承重 100g 的湿纺芯鞘纤维照片；（d）芯鞘纤维的 SEM 图，显示芯部和鞘部的连接处；（e）纤维柔性好，可打结；（f，g）不同放大倍数下湿纺芯鞘纤维的伪彩 SEM 横截面图[3]

如图 3.4 所示，Wu 等[4]于 2023 年采用同轴湿法纺丝提出了一种具有芯鞘结构（PHP@PAPAM）的可拉伸、导电和抗冻的水凝胶纤维。芯部材料是由丙烯酰胺（AAm）和丙烯酰基-L-苯丙氨酸（APhe）自由基聚合得到的超分子水凝胶 PAPAM［聚（APhe-*co*-AAm)］。鞘部材料是由聚偏二氟乙烯-六氟丙烯（PVDF-HFP）和聚氨酯（PU）组成。采用盐酸为凝固浴，进行连续同轴湿法纺丝，可大规模制备水凝胶纤维。水凝胶纤维具有优异的力学性能，抗拉强度为 3.1MPa，断裂伸长率为 750%，以及优异的导电性（10.59S/m）和抗冻性（–20℃）。由该导电水凝胶纤维制备的织物可作为压力传感器来检测力的大小和空间分布，应用于人体运动实时监测。

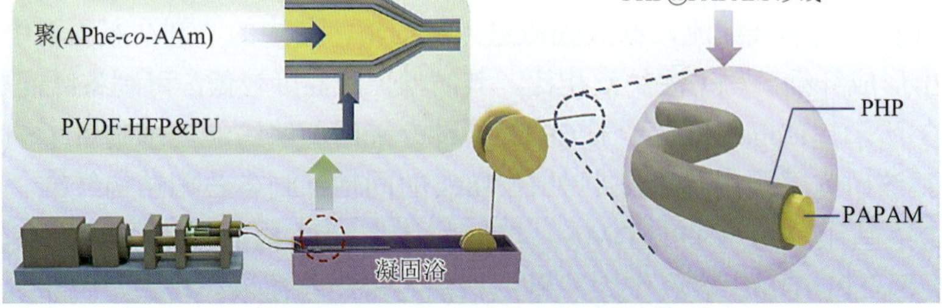

图 3.4　PHP@PAPAM 水凝胶纤维的制备流程示意图[4]

3）干法纺丝

干法纺丝技术利用高温处理高分子溶液，经喷丝头加压细化后，在热空气中溶剂迅速挥发，高聚物固化并在张力作用下拉伸细化，最终制得初生纤维。

如图 3.5 所示，Cao 等[5]于 2023 年使用蚕丝和氯化锂（LiCl）作为原料，通过干法纺丝向列型丝微纤原液，制备出具有优异弹性、韧性、抗疲劳性和导电性的丝源离电纤维（SSIF）。研究者将蚕丝纤维溶于甲酸/LiCl 溶液，制备丝微纤分散体，该分散体产生的色散显示均匀的向列状液晶结构。液晶质地使该纺丝原液能够在最小的外力作用下流过喷丝头并形成独立的纤维。所制备的 SSIF 具有良好的可拉伸性（约 250%）、回弹性（拉伸应变为 100%时，回弹性达到 87.20%）及优异的电导率（33.3mS/m）。基于其良好的机电性能，研究者采用聚四氟乙烯作为鞘部，SSIF 作为芯纱，制备了芯鞘结构的摩擦电纱。通过进一步将该 Y-TENG 与机器学习和物联网（IoT）技术相结合，该系统被用于感知人体运动，也可以精确而灵敏地检测到微小的变形，并对不同材料进行准确分类。

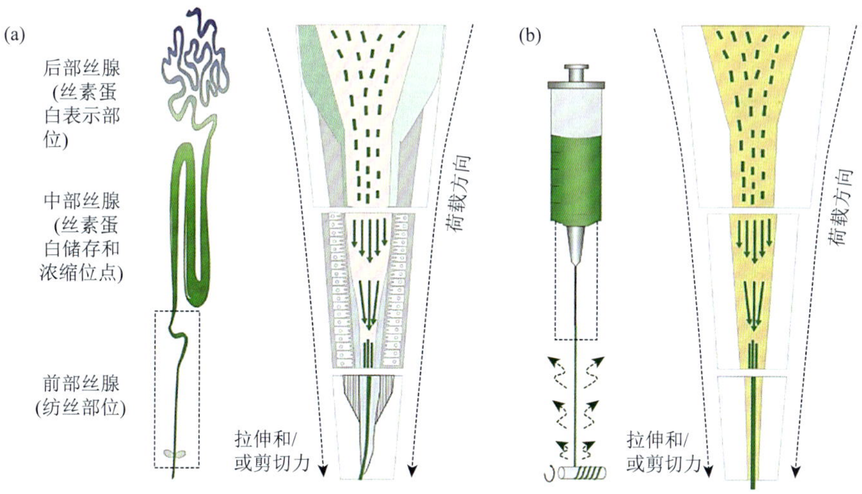

图 3.5　丝源离电纤维的制备流程示意图。（a）天然丝腺和液晶纺丝工艺示意图；（b）纺丝流程示意图[5]

2. 纺纱法

纺纱实质上是使纤维由杂乱无章的状态变为按纵向有序排列的加工过程。不连续的短纤维和连续的长丝构成了纱的两大体系：不同纤维以及长、短混合形成了纱的混合或复合；而纱的单轴或多轴加捻合并又形成了股线及花式纱。由于成纱机制不同，纺纱技术主要分为环锭纺以及非环锭纺。其中，环锭纺包括赛络纺、赛络菲尔纺、紧密纺、分束法、集聚纺等。非环锭纺按照纺纱原理可进一步分为自由端纺纱和非自由端纺纱两大类。其中，自由端纺纱技术包括转杯纺、摩擦纺、涡流纺等，非自由端纺纱技术包括喷气纺、自捻纺、包缠纺等。不同纺纱技术制备的纱线具备不同的结构、强力与应用场景，因此，可根据 Y-TENG 的需求，选择不同的纺纱方法制备。目前采用纺纱技术制备的

Y-TENG 研究并没有覆盖所有纺纱系统。本节仅对较为常见的赛络菲尔纺、紧密纺以及摩擦纺进行简要介绍。

1）赛络菲尔纺

作为长/短复合纱的赛络菲尔纺是在赛络纺基础上发展而来的纺纱方法。由一根经牵伸过的须条与一根不经牵伸但具有一定张力的长丝束在加捻三角区复合加捻形成复合纱。两组分间基本不发生转移，相互捻合包缠在一起制备而成。赛络菲尔纺由于流程短、成本低，已广泛应用于纺织领域。

如图 3.6 所示，Li 等[6]于 2022 年通过赛络菲尔纺纱技术辅以纤维浸涂技术制备了两种可以分别作为 TENG 正、负摩擦材料的包芯导电纱线，并且利用电脑横机将纱线制为一种 3D 双电极织物基 TENG（3D-FTENG）。该研究将镀银尼龙纱线作为长丝，棉纤维当作外包纱线制备得到一种导电包芯纱。然后通过浸涂技术，在银-棉包芯导电纱表面分别浸涂 TPU 和 PDMS 以制得正、负两种摩擦电纱线。研究人员利用赛络菲尔纺纱配合浸涂可以大规模制造这两种摩擦电材料，该纱线克服了传统导电纱线暴露于织物表面所带来的安全隐患与不适感，且工艺简单，可以实现织物的大规模生产。

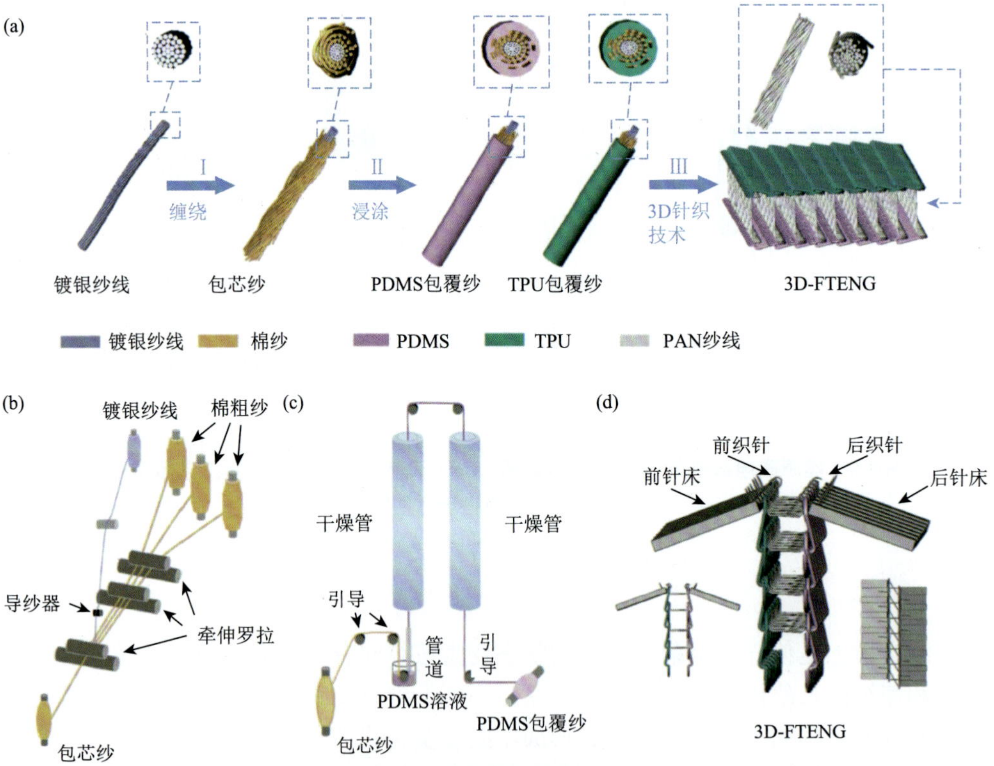

图 3.6 3D-FTENG 的制造过程。（a）3D-FTENG 的制造过程示意图；（b）纱线制备流程图；（c）在包芯纱线上连续浸涂摩擦电材料；（d）电脑横机上 3D-FTENG 的 3D 编织技术[6]

2）紧密纺

紧密纺是在环锭纺细纱机上进行改进的一种新型纺纱技术，其核心在于在传统牵伸装置前增加一个纤维控制区，利用气流或机械装置对通过控制区的纤维束进行横向凝聚，使纤维束的宽度大大缩小。这一过程使得纤维束经过集聚后再被加捻卷绕，几乎每根纤维都能集聚到纱体中，从而形成毛羽少、强力高的集聚纺纱线。这种技术几乎消除了纺纱三角区，使所有纤维被紧密地加捻到纱线中，大大减少了尘纱的毛羽并提高了纱线的强度，使纱线更加光滑、紧密和坚固。

如图 3.7 所示，Yang 等[7]于 2021 年提出了一种基于紧密纺包芯纱涂层方法的具有可定制功能的新型导电复合纤维（CCF），适用于制备基于纤维的 TENG（CCF-TENG）。首先，将作为一维柔性电极的导电纤维与短纤维采用紧密纺技术进行纺纱，将短纤维紧密包裹在导电纤维上，制成包芯纱。然后，选择一种理想的摩擦电材料，如电负性材料或电正性材料，用于包芯纱的表面涂层。外层短纤维的使用有助于形成良好的过渡界面，增强相容性。结合紧密纺包芯纺纱法和涂层法，使得摩擦电材料可以更好地与短纤维结合在导电纤维表面，形成界面性能增强的新型复合结构。CCF 具备较好的柔韧性和可加工性，可折叠成各种形状。CCF-TENG 的开路电压达到 117V，功率密度达到 213mW/m^2。LED 灯和计算器也可以由 CCF-TENG 驱动。利用 CCF 编织二维能量织物，形成基于 CCF-TENG 的织物，该织物具有良好的柔软性和可洗涤性，可作为检测手指运动的传感器。此外，该方法适用于各种导电芯线、短纤维和摩擦电材料。

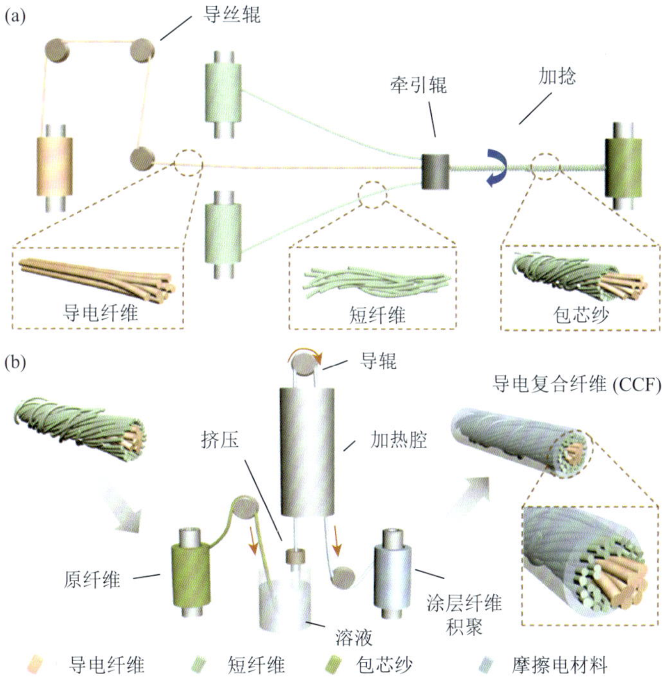

图 3.7　包芯纱和 CCF 的制备方法。（a）包芯纱的纱线纺纱；（b）CCF 纱线涂层的制造方法[7]

3）摩擦纺

摩擦纺，也被称为“尘笼纺”。喂入的纤维条首先经由刺毛辊处理，旨在将纤维条分离成单纤维状态。随后，这些单纤维被凝聚在一个称为尘笼的装置上。将两只尘笼相互紧密压合，并同向旋转，通过它们之间的摩擦互动搓捻纤维，从而形成纱线。其中一只尘笼可以由胶辊替代，以调节搓捻效果和纱线的质地。纱线沿着尘笼的轴向引出，并最终卷绕成筒子形式。此外，摩擦纺工艺还提供了制作花式纱线的可能性，可以通过在成纱过程中引入长丝或其他类型的纱线来实现。

如图 3.8(a)所示，Shang 等[8]于 2023 年利用剪切增稠效应制备了剪切增稠流体(STF)。用注射器将 STF 缓慢注入硅橡胶管。然后，用镀银导电丝缠绕 STF/硅橡胶管。最后，采用摩擦纺技术将上述纱线作为核心部件送入商用纺纱机。具体来说，是将亲肤阻燃纤维拆开梳理后，在负压吸力和摩擦辊的协同作用下，均匀地缠绕在硅橡胶管表面。如图 3.8（b）所示，制成的纱线呈 STF、硅橡胶管和短纤维三层的分层结构。所制纱线的形态见图 3.8（c）、（d），短纤维均匀包裹硅橡胶管，硅橡胶管内填充 STF。通过新型液流纺纱方法可以大量生产连续 STF 纱线，并通过织机进一步织成大型平纹织物。该纱线具备优异的机械性能以及环境能量收集能力，在预警、保护、运动监测和能量收集方面具有广泛应用前景。

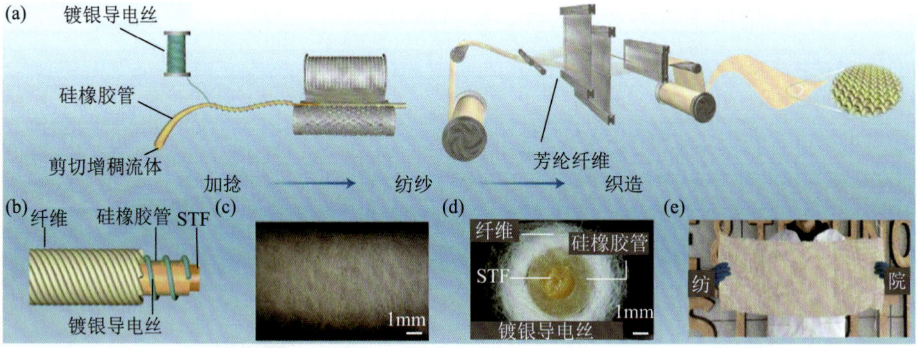

图 3.8 智能 STF 纱线和织物的制备、结构。(a) STF 纱线和织物的制作工艺示意图；(b) STF 纱线的等级结构；(c) STF 纱线的表面外观；(d) STF 纱线的纵剖面视图；(e) 大型平纹织物展示[8]

3. *涂层法*

涂层技术作为一种将单一材料层覆盖于另一材料表面的工艺方法，涵盖了多种实施方式，诸如浸涂、旋涂与喷涂等。在采用涂层法制备 Y-TENG 时，采用涂层技术的核心目标在于纤维材料表面形成一层具备导电特性的涂层，其较高的导电性能可作为 TENG 的电极。

如图 3.9 所示，Tian 等[9]于 2018 年报道了一种芯鞘同轴结构的 TENG，用于收集人体能量及作为传感器监测人体弯曲角度和扭转角度。该器件包括两个组成部分，一部分是内空心管状结构，由硅橡胶管的外表面包覆镀镍聚酯导电织物制成。另一部分是外空心管状结构，在热收缩管外进行硅橡胶涂层并固化，在该表面继续进行导电硅橡胶涂层处理并固化。此外，为了防止电极裸露，采用硅橡胶将外电极封装，并通过拉伸热收缩管，将其与外空心管状结构分离，取出热收缩管，形成中空的外管状结构。最后，将内管状结构内嵌于外管状结构，并对该结构充气使其形成气囊后用硅橡胶封住头尾两端制备得到 Y-TENG，保护该器件不受外界污染。器件任何变形都会导致材料间的接触分离产生电信号，根据信号输出，可以作为传感器单元来检测弯曲角度或扭转角度。该管状气囊结构在保证器件免受外界污染的同时，也可有效提高摩擦电输出性能，长度为 6cm 的该器件可获得 11μA 的高短路电流和 380V 的开路电压，对应的峰值功率为 1.638mW，负载电阻约为 10MΩ。

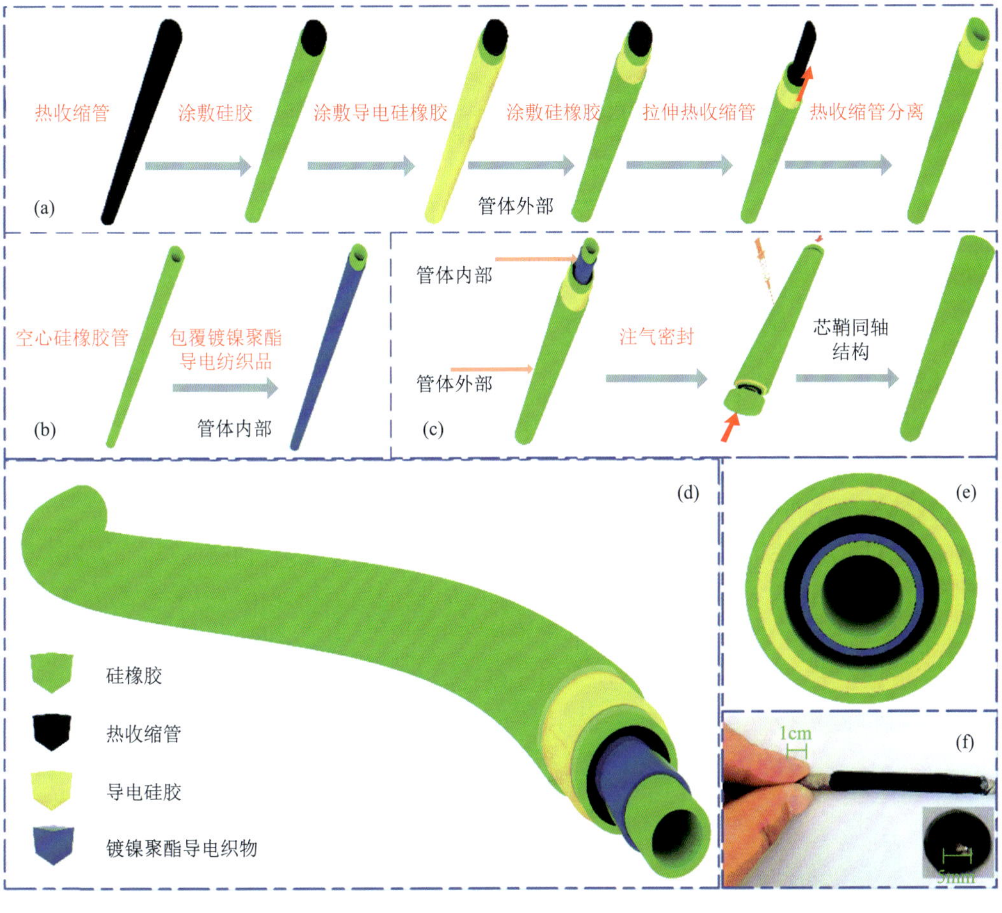

图 3.9　摩擦电纱的制备流程示意图、纵向横截面结构示意图以及实物图。(a) 芯鞘结构的摩擦电纱，其外管状纱线的制备流程图；(b) 芯鞘结构的摩擦电纱，其内管状纱线的制备流程图；(c) 芯鞘结构的摩擦电纱的制备流程图；(d) 摩擦电纱的结构示意图；(e) 摩擦电纱的横截面结构示意图；(f) 摩擦电纱的图片[9]

如图 3.10 所示，Ning 等[10]于 2020 年设计制备了一种可拉伸芯鞘结构的纤维状 TENG。采用可拉伸氨纶丝作基底芯纱，在其外层先后有序沉积导电材料银纳米线和碳纳米管，最后采用聚二甲基硅氧烷（PDMS）封装。由于氨纶丝与聚二甲基硅氧烷均具备较好的弹性，因此制备的芯鞘结构纤维状 TENG（F-TENG）也具备可拉伸性能，且直径为 0.63mm。合成的复合纤维可以将机械刺激转换为电信号，也可作为触觉传感器集成到传统纺织品中，精确绘制出实时的触觉轨迹和压力分布。但由于其并非常用的纤维材料，该纤维状TENG的舒适性较差，且涂层材料在使用过程中也会产生脱落或断裂，影响导电性和耐用性。

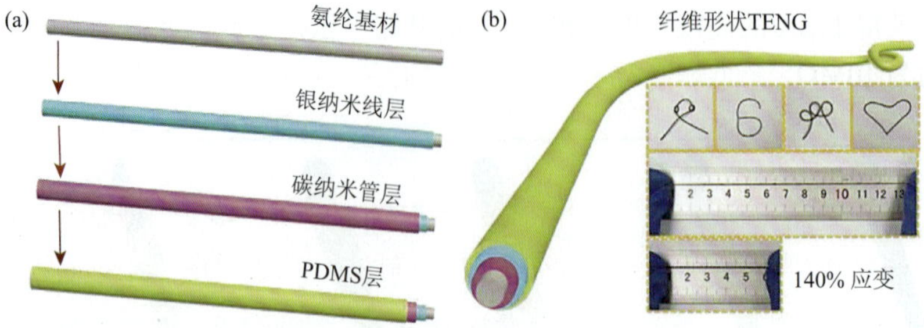

图 3.10 摩擦电纤维的制备流程图及实物图。(a) 摩擦电纤维的制备流程；(b) 摩擦电纤维的结构示意图及实物图（纤维具备 140%的高弹和柔性）[10]

4. 其他复合结构

纱线复合结构是通过将不同纤维原料组合，并结合螺旋、缠绕等方式共同配合制备出芯鞘结构复合纱的一种制备方法。通过增加螺旋缠绕密度，给予纱线形变与拉伸回弹性，通过纺纱技术的不断精进与创新，此类复合结构优化了纱线的力学性能，且开发出了具有独特性能、符合市场需求的纱线。

如图 3.11 所示，Sim 等[11]于 2016 年设计了一种螺旋结构与芯鞘结构复合的多层可拉伸摩擦电纤维。首先，以氨纶丝作为芯纱，将含有银涂层的尼龙单丝（直径约为 30 μm）密集螺旋缠绕于芯丝外表面作为可拉伸摩擦电纤维的内电极，同时也作为正极性材料。其次，在镀银尼龙单丝的外层，添加聚偏二氟乙烯-三氟乙烯（PVDF-TrFE）制备的静电纺丝毡，既作为负极性摩擦材料，也作为不同电极之间的间隔层。最后采用碳纳米管

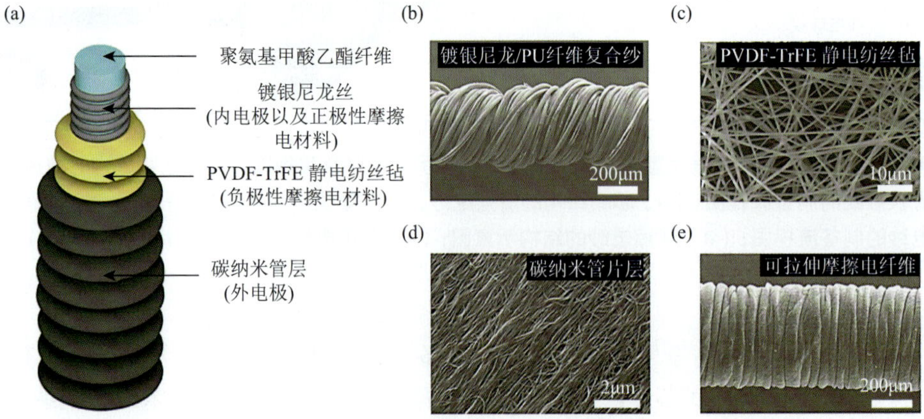

图 3.11 摩擦电纤维的结构示意图、扫描电镜图及静电纺丝毡电镜图。(a) 可拉伸摩擦电纤维结构示意图；(b) 镀银尼龙/PU 纤维复合纱的 SEM 图；(c) PVDF-TrFE 静电纺丝毡的 SEM 图；(d) 碳纳米管片层的 SEM 图；(e) 摩擦电纤维的 SEM 图[11]

片层作为 180%应变状态下的最外层包裹材料及外电极材料制备得到该摩擦电纤维。拉伸时，内层的镀银尼龙/PU 纤维复合纱会变细，与 PVDF-TrFE 静电纺丝毡横向会产生间隙，拉伸回复的过程即为两种材料接触分离的过程。该结构结合了可拉伸纤维氨纶丝、螺旋缠绕结构、静电纺丝毡，制备了具备 50%拉伸应变的双电极性摩擦电纤维，具备优异的结构稳定性及电输出。但也存在一定的缺陷，如制备流程复杂，成本高，难以规模化生产，且外层的碳纳米管在外力作用下也较易发生脱落，降低了该摩擦电纤维的耐久性。

如图 3.12 所示，Yu 等[12]于 2017 年设计制备了螺旋芯鞘结构的 Y-TENG。该纱线采用不锈钢纤维作为导电材料，采用 200 根聚氨酯纤维作为鞘部及介电材料，紧密缠绕于芯纱外表层。单根不锈钢纤维的直径约为 30μm，聚氨酯纤维的直径约为 20μm，最终芯鞘结构的智能纱线直径约为 300μm。该 Y-TENG 导电性优良，表面覆盖的介电纤维起到了有效绝缘层作用。该结构可以借助纺织技术进行大批量生产，生产工艺适用于各种纺织纤维。棉、丝、涤等纤维也可作为覆盖纤维，芯纱可以选择铜纤维、铝纤维或碳质材料纤维。该纱线采用织造技术可直接制备成 Y-TENG，其耐洗涤次数高达 120 次，具备良好的耐用性，且可以通过剪裁和缝纫进一步加工以用于服装设计。

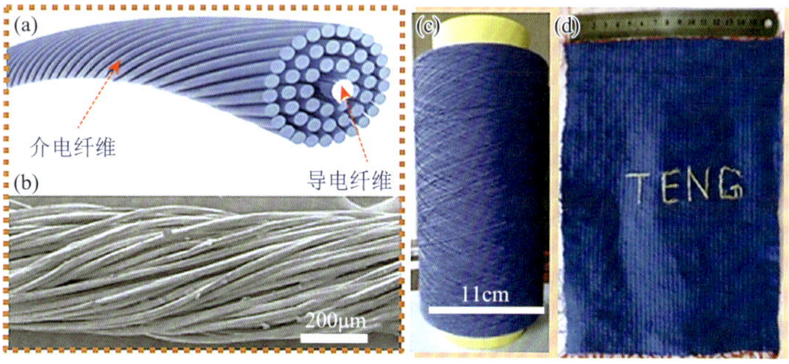

图 3.12 摩擦电纱的结构示意图、SEM 图、实物图以及摩擦电纱制备的机织物图。(a) 芯鞘结构的摩擦电纱的结构示意图；(b) 摩擦电纱的 SEM 图；(c) 摩擦电纱卷装实物图；(d) 摩擦电纱制备而成的机织物[12]

如图 3.13 所示，Dong 等[13]于 2018 年报道了一种多功能芯鞘结构的 Y-TENG 用于生物能收集以及人机交互传感。采用芯部和鞘部均类似弹簧的螺旋状结构制备该器件，芯部采用导电尼龙纱为内电极，将其密集螺旋缠绕于硅橡胶柱外表面并支撑鞘部；与此同时，鞘部选择导电尼龙纱为外电极，将其密集螺旋缠绕在一根硅橡胶管外，并再次用硅橡胶涂层封装鞘部管状纱线外层。最后将芯部纱线插入鞘部管状纱线制得可拉伸 Y-TENG。芯部与鞘部纱线均采用可拉伸材料结合可拉伸结构制备，因此该摩擦电纱线具备良好的可拉伸性能和可水洗性能。芯鞘结构中存在的内间隙为芯柱和外管状结构之间提供了足够的接触分离空间，使其能快速响应各种机械刺激。在固定频率为 3Hz 时，该器件在压缩状态和拉伸状态下的最大平均功率密度分别可达 $11W/m^3$ 和 $0.88W/m^3$。但纱线采用了多层材料组装，舒适性降低，纱线横截面尺寸较大，存在制备流程较为复杂、无法批量生产等问题。

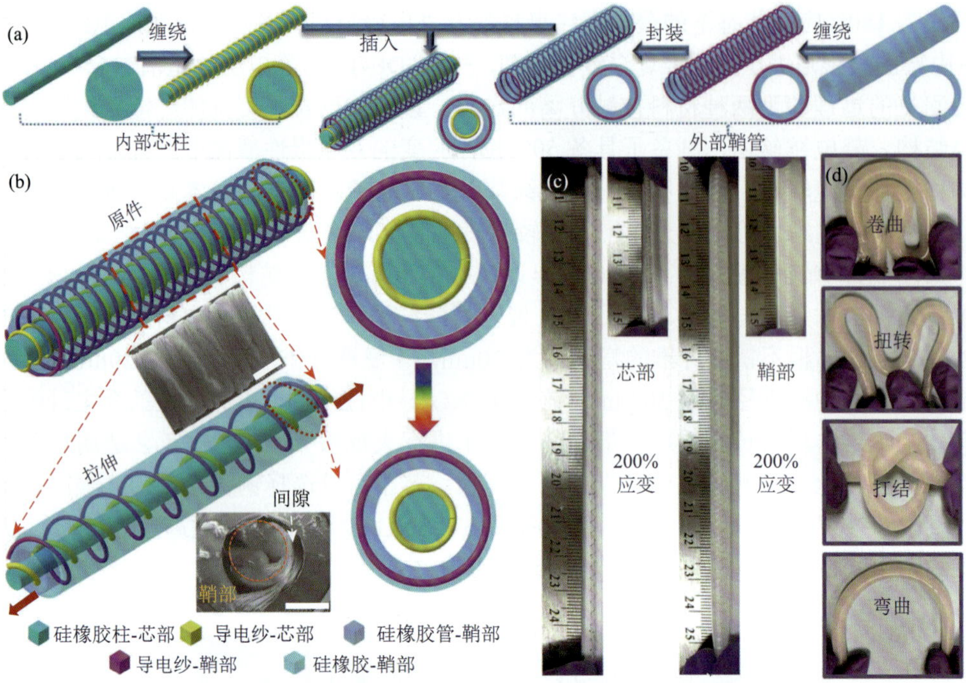

图 3.13 摩擦电纱的制备流程示意图、拉伸示意图以及实物图。(a)可拉伸摩擦电纱线制备流程图；(b)摩擦电纱线拉伸前后结构示意图；(c)优良的拉伸性能；(d)可承受不同机械力的影响，包括卷曲、扭转、打结和弯曲[13]

本节聚焦于芯鞘结构纤维与纱线基 TENG 的细致分类，涵盖纺丝、纺纱、涂层法及复合结构四大类别。各类织造技术与方法赋予 Y-TENG 多样化的优势，允许依据具体应用场景或特定需求，综合考量纤维/纱线的电学输出、力学性能、穿戴舒适度及产业化潜力进行优选。当前，芯鞘结构在 Y-TENG 中应用最为广泛，尤以纺丝与涂层技术为主导。但随着科技进步，新型纺纱技术正不断为纱线注入新的结构、特性与功能，预示着在 Y-TENG 领域拥有更为广阔的应用天地。

3.1.2 非芯鞘结构

1. 负泊松比结构

负泊松比纱线通常是由两种或多种纤维组成的复合纱。这些纤维的形状、大小和刚度不同。在拉伸过程中，这些纤维之间的相互作用将导致纱线产生不同寻常的响应。一般而言，在拉伸时，负泊松比纱线不会变细，而是呈现横向变粗的过程，即垂直于作用力的方向会产生膨胀变形，借助该特殊结构纺织基材料能够收集能量或传感。

如图 3.14 所示，Chen 等[14]于 2021 年设计了一种负泊松比结构与螺旋芯鞘结构复合的 Y-TENG。采用 TPU 单丝为芯纱，将聚酰胺镀银导电纱作为包缠纱以螺旋状缠绕在 TPU 芯丝外表面，制备了单螺旋负泊松比纱线，既具备较好的延伸性，又能呈现负泊松比的拉胀效果。最后将制备得到的负泊松比纱线置于硅橡胶管中制备得到负泊松比 Y-TENG。基于负泊松比效应，该智能纱线在拉伸回复过程中，芯纱和包缠纱内外转移，与外层的硅橡胶管形成一定规律的接触分离，产生稳定的电输出。该结构制备方法简便，可批量生产，材料成本低，但外层采用硅橡胶材料，透气吸湿性差，难以在服装中普及应用。

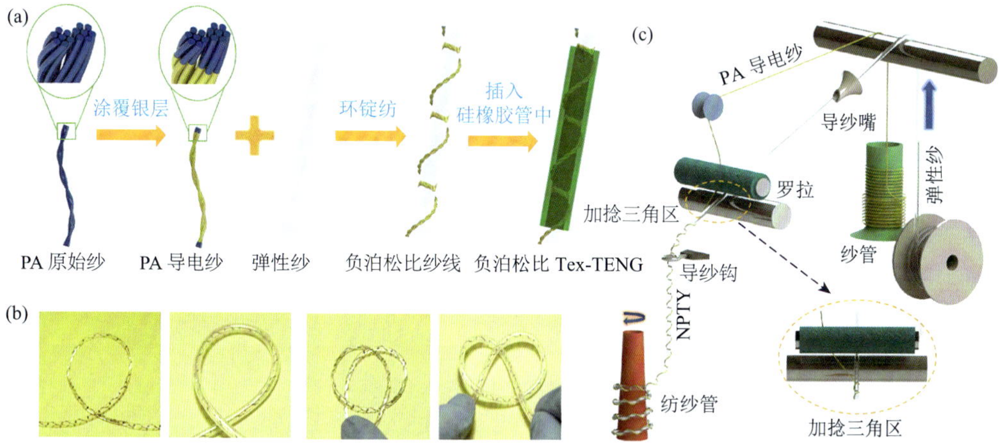

图 3.14　负泊松比摩擦电纱的制备流程示意图、实物图及批量生产流程示意图。(a) 负泊松比摩擦电纱线制备流程图；(b) 摩擦电纱线可承受不同机械力的影响；(c) 负泊松比纱线批量生产流程图[14]

2. 花式纱结构

花式纱是指通过各种加工方法获得的具有特殊外观、手感、结构和质地的纱线，一般由芯纱、饰纱和固纱三部分组成，也可由芯纱和饰纱两部分组成。随着花式捻线机等设备的改进和化学纤维的不断创新，花式纱的制作成本逐渐降低，结构种类及纤维种类增加，改变纱线外观的同时，对纱线的力学性能、保暖性能、压缩回弹性能以及纤维独特的功能性都有较大影响。在采用花式纱结构制备 Y-TENG 时，可以选用导电纱线作为饰纱，增加导电纱与介电材料接触分离面积的同时也作为摩擦电纱的电极，该结构可集成于智能服装或智能家居领域。

如图 3.15 所示，Wu 等[15]于 2022 年设计了一种 3D 可拉伸分级互锁花式 Y-TENG（3D HIFY-TENG）。该器件的结构由翼纱和躯干纱两部分组成，翼纱是由镀银聚酰胺纱线作为芯部以及绝缘纱作为鞘部的芯鞘结构导电纱。躯干纱采用 PU 纱线在躯干两侧互锁，既稳定翼纱又能具备良好的回弹性能。两组纱线在编织区域相遇并交织，两根躯干 PU 纱经 S 捻加工成类似 DNA 的双螺旋结构，在每个单位捻处将翼纱嵌入中间形成一个三维连锁结构。两根翼纱被躯干纱固定并自然形成倾斜的半圆形环在躯干两侧分布以维持张力平衡，具备分层双翼结构。3D HIFY-TENG 结构简单，生产成本低，由于其独特的分层连锁形式，该器件在不与其他外界材料接触的前提下可以通过自身形变产生自驱动摩擦电输出。此外，该结构给予纱线良好的弹性拉伸性能（高达 350%），更易制备拉伸回弹性能高的织物并集成于服装。利用该结构稳定的电输出性能，将花式纱集成到智能瑜伽带开发智能健身系统，实现运动频率统计分析、实时运动检测、自供电姿势纠正报警等多功能运动管理。

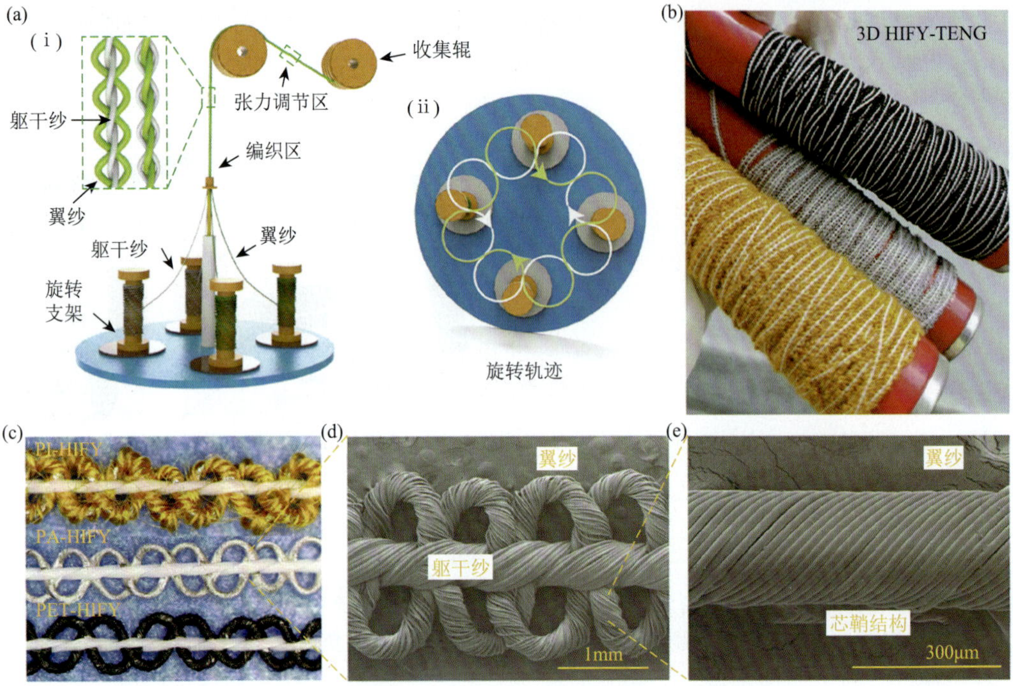

图 3.15 花式摩擦电纱的制备流程示意图、实物图以及 SEM 图。(a) 花式摩擦电纱制备流程图；(b) 不同外包缠纱制备的花式摩擦电纱；(c) 不同外包缠纱制备的花式摩擦电纱显微镜图像；(d) 摩擦电纱的 SEM 图，翼纱由一根躯干纱即 PU 纱固定；(e) 芯鞘结构的翼纱 SEM 图[15]

如图 3.16 所示，Dong 等[16]于 2024 年采用花式纱结构首次生产出一种特殊的导电雪尼尔纱。雪绒纱由导电锁纱和腈纶组成。采用两根低阻力的镀银尼龙纱作为锁纱，将两束短腈纶捻成十字形夹在中间，得到导电雪尼尔纱。然后将雪尼尔纱线作为纬纱嵌入高弹性尼龙纱线制成的 1 + 1 螺纹针织物中，形成地毯织物。高弹性螺纹线紧紧包裹雪尼尔

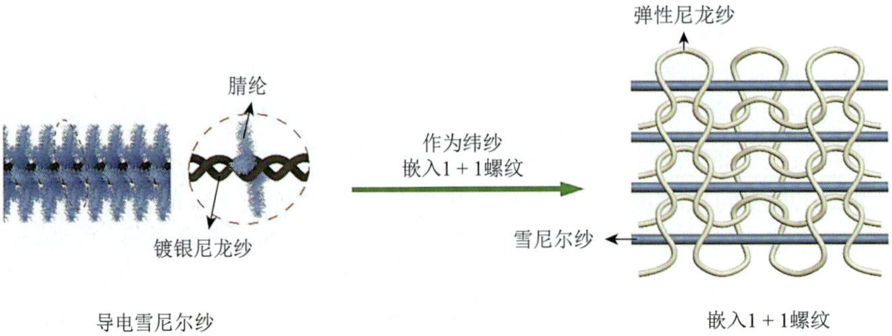

图 3.16 花式摩擦电纱及相应织物的结构示意图[16]

纱，雪尼尔纱的短纤维在织物表面形成绒面。该智能地毯织物具有轻便、温暖、手感舒适、可批量生产等优点，可以用作人体运动和身份识别的传感器，为智能家居安全系统提供有效的策略。

本节主要对非芯鞘结构的纤维或纱线基 TENG 进行了细化分类，包括负泊松比结构以及花式纱结构两大类。目前，非芯鞘结构的 Y-TENG 研究并不广泛，但由于纺纱技术发展已经非常成熟且纱线结构多样，如花式纱、自捻纱、空气变形纱、膨体纱、股线等，均可用于制备 Y-TENG。各种结构的纱线具备不同的优势，如自捻纱耐磨性好，手感柔软；结构纱毛羽减少，纱线性能提高；变形纱结构蓬松，保暖性柔软性较好等，可以作为 Y-TENG 的良好载体，在智能家居、人机交互等领域有较广阔的应用前景。

3.2　织物基摩擦纳米发电机

织物基 TENG 按织造加工方式可分为机织、针织、编织及非织造结构。各种织造方式都具有多种不同结构，加以利用即可形成多功能性织物基 TENG。其中机织是选择相互垂直排列的两个系统的纱线，即经纱与纬纱，以一定的规律相互交织而成，包括三原组织（平纹、斜纹、缎纹）、变化组织、联合组织及复杂组织。在机织物作为织物基 TENG 载体时，具备轻质、结构稳定、不易变形、耐磨性好、力学性能优良等优势。针织物由线圈构成，按针织方法和走纱方向可分为经编针织物和纬编针织物。由于线圈可沿纵向与横向变形，因此针织物一般质地柔软，具备较好的延展性、弹性和良好的透气性，针织物基 TENG 可具备良好的拉伸回弹性能以及穿戴舒适性。

织物基 TENG 按维度可细分为二维与三维两类。二维织物作为纺织主流，以其简约结构与透气性高著称。通过额外增加定向纱线，二维织物可进一步织造成三维织物。相较于传统二维织物，三维织物以其结构稳固、尺寸稳定、防护性能强及保暖效果佳等独特优势，在工业界赢得了广泛应用与赞誉。为了方便阅读，本节将织物基 TENG 简称为 F-TENG（fabric-based triboelectric nanogenerator）。

3.2.1　机织结构

1. 二维结构

二维机织物是由一组经纱和一组纬纱相互垂直交错而成的平面薄状结构，最终形成经组织点和纬组织点。经纬组织点沉浮规律不同，会形成不同的组织结构，包括平纹、斜纹、缎纹以及各种联合组织和变化组织。由于各组纱线平行排列，纤维交织较为紧密、形变较小，因此二维机织物结构稳定，具有相对较高的强度和耐磨性。除了经纬纱线垂直交织的传统机织物，还存在二轴向斜交机织物及三轴向机织物等特殊机织物，该结构可克服斜向强力不足，达到各向同性、力学强度均匀的目的，也是机织物基 TENG 提高结构稳定性的良好载体，广泛用于医疗绷带、航空用布等领域。

如图 3.17 所示，Chen 等[17]于 2020 年设计了一种直流电织物基摩擦纳米发电机（DC F-TENG），其由尼龙（聚酰胺，PA）纱和具备银涂层的尼龙纱织成的普通平纹结构织物，有较高断裂强度和高耐磨性。导电镀银尼龙纱在平纹织物中形成两个电极：静电击穿电极和摩擦电极。导电尼龙纱和不导电尼龙纱的直径分别为 0.52mm 和 0.40mm，织物的面密度为 326g/m^2，经纱密度为 57 根/10cm，纬纱密度为 315 根/10cm，无论是纱线还是织物都与普通织物无异。这种特殊的双电极结构设计以及测试方法使得 DC F-TENG 在与其他材料（如 PTFE 膜或织物）水平滑移摩擦时，能够产生直流电。尺寸大小仅有 1.5cm×3.5cm 的织物，可轻易地点亮 416 个 LED 灯；尺寸大小为 6.8cm×7cm 的织物，其开路电压、短路电流和单个循环短路转移电荷量分别可达到 4000V、40μA 和 4.47μC。DC F-TENG 与柔性超级电容纤维织成的织物组成的全柔性自供电储能系统，可储存多余能量并稳定输出，并可根据外界电子设备要求自由更改超级电容纤维数量与串并联组合方式，以输出需要的电流与电压大小，DC F-TENG 与 PTFE 膜摩擦产生的电能储存在超级电容纤维中，可为电子温湿度计及计算器供电。

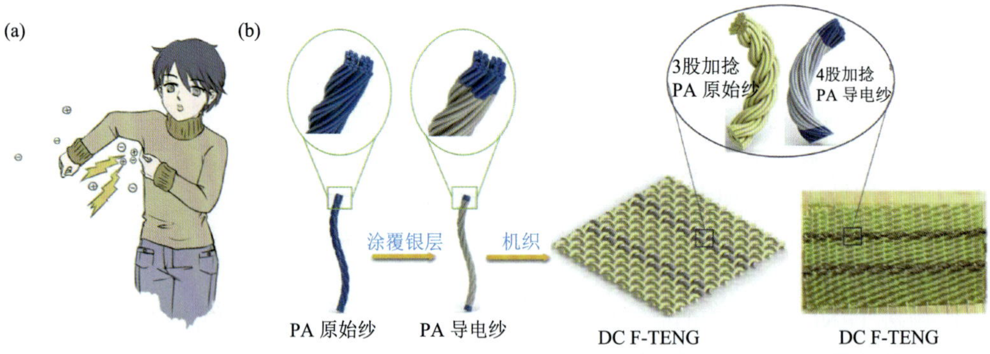

图 3.17　静电击穿现象、DC F-TENG 制备流程图、结构示意图及实物图。（a）日常生活中衣服静电击穿的现象；（b）DC F-TENG 的制作流程图及结构示意图[17]

如图 3.18 所示，Miao 等[18]于 2024 年全面探讨了织造结构对直织纱织物基 TENG（YF-TENG）和涂层织物基 TENG（F-TENG）的电输出性能的影响，包括纱线距离和织物结构对纱线输出性能的影响。以导电纱为芯层纱，聚四氟乙烯（PTFE）长丝为鞘层纱，制成芯鞘结构的 YF-TENG。然后以 YF-TENG 和棉纱设计制作出不同织造参数的平纹、斜纹以及缎纹织物，测试了不同平行间隙间距、平行纱量、织物结构、接触（分离）频率和压力下 YF-TENG 的输出性能，并且建立了描述织物结构与能量输出之间关系的理论模型。同时，对于 F-TENG，采用两种普通纱线（棉纱和涤棉混纺纱）制备，对织物进行涂层处理，整个织物直接设计为 TENG。在不同的接触压力和接触面积下，测试了不同织造参数下 F-TENG 的电输出性能，深入分析了表面形貌对 TENG 电输出性能的影响。基于该织物结构开发了一个人机交互舞蹈和实时运动健康监测的智能运动系统，该系统的研究对 Tex-TENG 的发展和智能可穿戴设备的应用具有重要意义。

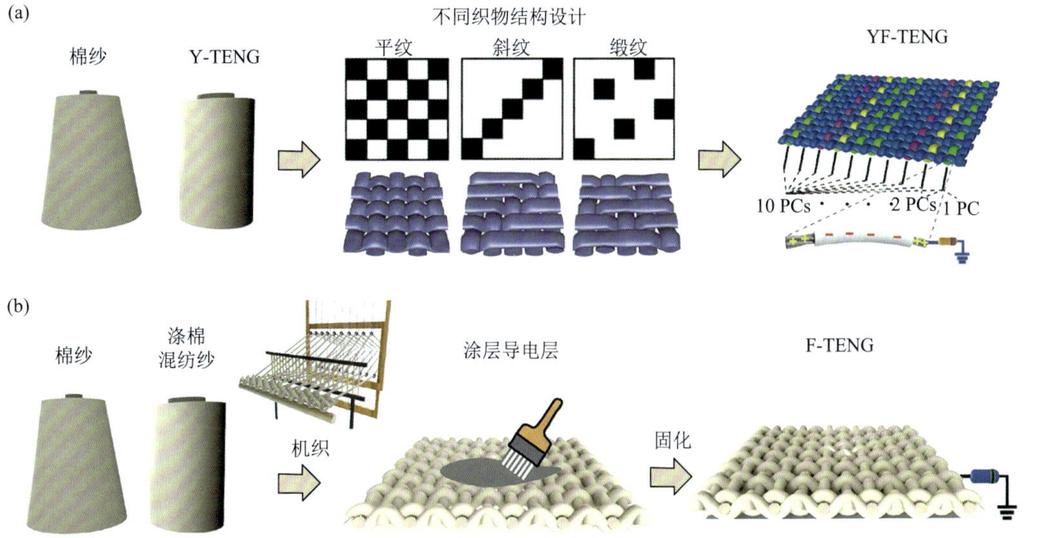

图 3.18　摩擦电机织物的制备流程示意图及结构示意图。（a）YF-TENG 的制备流程图；（b）F-TENG 的结构示意图[18]

2. 三维结构

三维机织结构是除去平面织物的二维外，存在厚度方向的纱系或结构。织物交织的方向数为 3，包括经纱、纬纱与垂纱，垂纱垂直于经纱和纬纱，纱线在 x（经向）、y（纬向）和 z（厚度）方向上缠绕或交织，织物的厚度增加，且织物在不同方向上具有不同的强度。因此，可广泛应用于高性能的智能可穿戴产品中，如户外服装、运动装备等。

如图 3.19 所示，Dong 等[19]于 2017 年设计了一种三维正交机织 TENG（3DOW-TENG）织物，通过结合不锈钢/聚酯混纺纱线、PDMS 包覆的能量收集纱线和绝缘结合纱线。此 3DOW-TENG 织物在击打频率为 3Hz 时，最大输出功率高达 263.36mW/m^2，远高于传统二维 TENG 织物。除此之外，自供电的 3DOW-TENG 织物在生物机械能量收集和运动信号追踪方面性能优异。研究者制备了高输出功率且稳定耐用的 3DOW-TENG，经过结构类型和电路连接模式的优化，在双电极模式下，绝缘 z 轴纱线捆绑成型的 3DOW-TENG 表现出最佳电学性能。三维正交的结构设计为不锈钢/聚酯混合导电纱线提供了足够的接触分离空间；PDMS 包覆的能量收集混纺纱线在击打频率为 3Hz 时其最高功率密度高达 263.36mW/m^2。此可穿戴 3DOW-TENG 在生物能量收集和自供能传感等领域有广泛的应用空间，如供能警示灯/电容器/智能手表、运动信号追踪、自供电跳舞毯，同时在未来住宅安保、智能解锁等方面也有很大的发展潜力。

本节介绍了机织结构的 F-TENG，包括二维及三维结构。二维机织结构稳定，布面平整挺括，耐磨性好，力学性能优良，且生产效率高，工艺质量稳定，适合大规模生产，是目前主要的 Tex-TENG 结构之一。此外，机织结构可以在该基础上通过变更循环数、浮点、飞数等派生出变化组织、联合组织、复杂组织等，满足 Tex-TENG 对结构的不

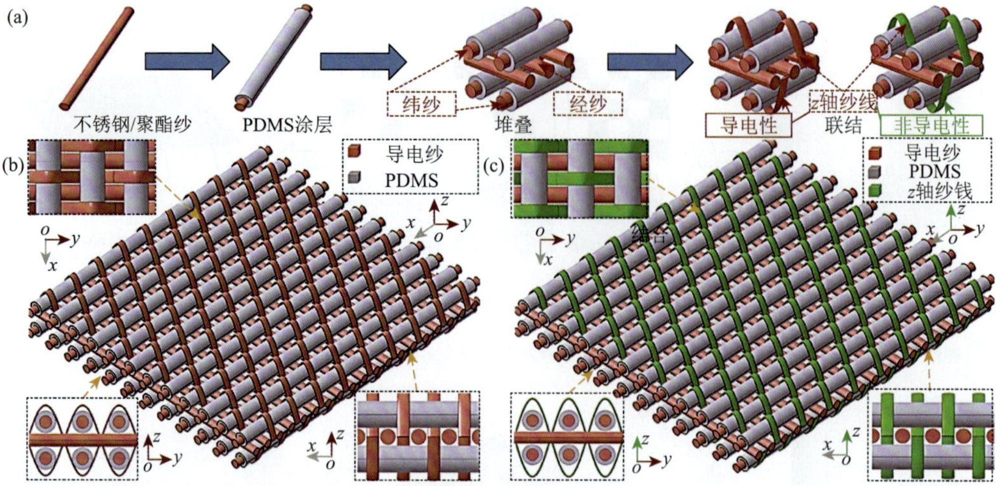

图 3.19 机织物 TENG 的制备流程示意图及结构示意图。(a)三维正交机织 TENG 的制造工艺；(b)导电纱作为 z 轴纱线制备得到的 3DOW-TENG 结构示意图；(c)非导电纱作为 z 轴纱线制备得到的 3DOW-TENG 结构示意图[19]

同需求。三维机织结构设计灵活，厚度增加，层间性能好，厚度方向上的力学性能提高，可制备高性能织物，为 F-TENG 提供更高的电输出性能及优良的力学性能，在智能户外服装、航空航天、生物医学等领域都有广泛的应用前景。

3.2.2 针织结构

1. 二维结构

线圈是构成针织物的基本单元，线圈的排列、组合与联结的方式决定了针织物的外观和性能。根据生产方式不同，分为经编和纬编。由一组系统纱线相互串套形成横向线圈的称为纬编针织物，多组纵列线圈相互串套而成的则为经编针织物。由于连续的线圈是环状结构，可以承受较大的变形，因此针织物质地松软，除了有良好的抗皱性和透气性，还具有较大的延伸性和弹性。基于该结构优势，针织物基 TENG 具备良好的可穿戴性及拉伸回弹性，生产效率高，可广泛应用于人体运动监测、康复运动、弯曲及拉伸等多功能传感领域。

如图 3.20 所示，Li 等[20]于 2022 年制备了一种具备良好弹性的磷光针织物基 TENG。首先制备了弹性磷光摩擦电复合导电纱，多股不锈钢线用作内部导电电极，由 $SrAl_2O_4$: Eu^{2+}纳米颗粒和硅橡胶混合而成的弹性发光复合材料作为摩擦电材料将电极包覆。通过该发光复合导电纱将其编织成大面积的针织物，可持续地为微型电子设备供电。手掌大小的发光针织物的输出电压大约为 250V，电流大约为 80μA，并在短暂暴露于日光 5min 后同时发出持久可见光。用这种纤维制备的可穿戴产品，如腕带或运动服，不仅具有自发光的能力，而且可以有效地从人体运动中提取能量，以自给自足的方式为电子设备供电。

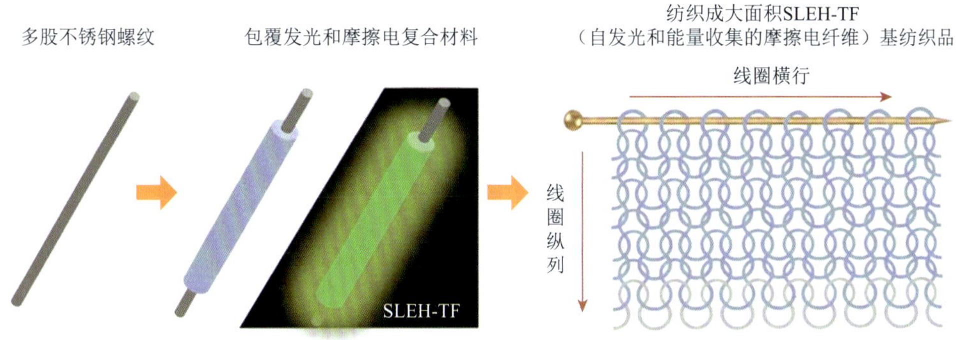

图 3.20　纱线制作工艺示意图及大面积针织物 TENG 的线圈结构示意图[20]

如图 3.21 所示，Dong 等[21]于 2022 年设计了一种纬编针织物基 TENG。该针织物由凝胶电极摩擦电纤维制备而成，凝胶电极以聚乙烯醇（PVA）、明胶、甘油、聚（3, 4-乙烯二氧噻吩）-聚（苯乙烯磺酸盐）（PEDOT:PSS）和氯化钠（NaCl）为原料，采用快速冻融工艺制备，将该凝胶电极与硅橡胶中空管复合形成摩擦电纱，直接用于针织物制备。织物具有高达 106V 和 0.8μA 的高电输出，可以作为小型电子产品的可靠电源。

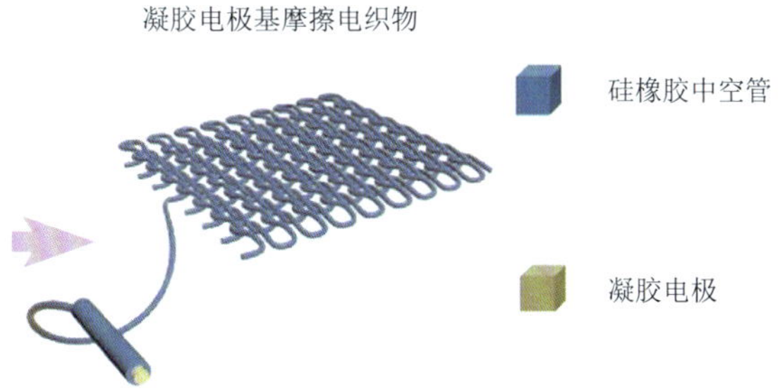

图 3.21　摩擦电针织物的制备流程示意图及结构示意图[21]

2. 三维结构

二维针织物工艺的灵活性为针织物基 TENG 结构设计提供了较大发展空间，因此三维针织物在 TENG 领域的应用也逐渐发展并受到关注，主要包括纬编间隔织物与经编间隔织物。间隔层的加入，提高织物压缩回弹性的同时，使织物具备较高的结构稳定性及轻质、透气透湿等优势，可广泛应用于智能鞋垫、床垫、汽车座椅、压力传感器等领域。

如图 3.22 所示，Zhu 等[22]于 2016 年采用经编横机织造了一种基于 3D 针织纬编间隔织物的 TENG。该结构由三层组成，包括上下两织物层和中间的间隔纱线层。间隔纱线层为整片针织物提供基本的支撑作用，并将上下织物层连接。其中，上下织物层采用 30/70D 氨纶/尼龙复丝织制，间隔层采用 0.15mm 的聚酯单丝编织。最后在 3D 织物的下织物层外表面涂覆 PTFE 作为负摩擦层材料，在 3D 织物的上织物层外表面涂覆石墨烯油墨作为电极材料。中间的涤纶间隔丝，为上下层摩擦材料的接触分离提供了良好的结构条件。该 TENG 的最小单元大小为 $1cm^2$，在频率为 1Hz 的外力作用下，最大开路电压可达 3.3V，短路电流达到约 0.3μA，输出功率达到 16μW。作为电源，该 TENG 可以为 LED 灯持续供电；作为传感器，还可以在不使用外部电源的情况下跟踪和识别人体运动，并在人体行走过程中原位感知足部压力。

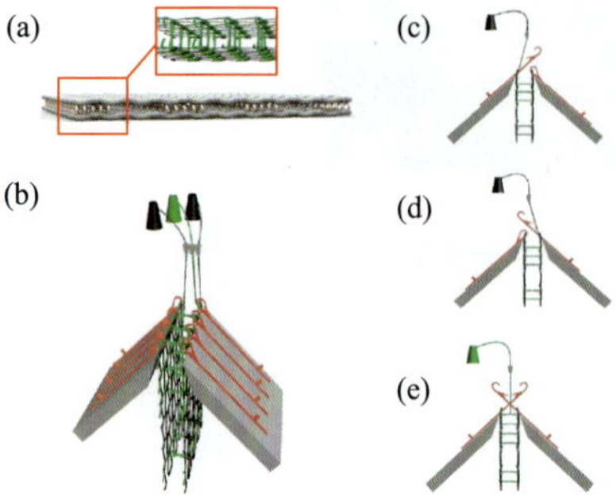

图 3.22 间隔织物的结构示意图及制备工艺流程示意图。(a)三维间隔布结构；(b)三维间隔布设备；(c)上层织物制作；(d)下层织物制作；(e)间隔层制作[22]

如图 3.23 所示，Chen 等[23]于 2020 年设计制备了一种三维双面双螺纹针织物摩擦纳米发电机（3DFIF-TENG），采用棉纱与 PA 复合纱制备而成。PA 复合纱是通过在镀银 PA 纱表层包裹一层硅橡胶制备而成。采用横机双针床技术，PA 复合纱与棉纱分别作为单独的纱线喂入系统在两侧间隔成圈，之后嵌套在一起，形成一个整体，即双面双螺纹织物，正反面结构一致，相同材料的线圈在纵向嵌套在一起，与另一种材料形成的线圈呈现平行排列结构。因此，无须与外界材料进行摩擦，只需通过周期性拉伸该针织物，相邻的不同材料的线圈会发生接触分离，进而产生稳定的电信号。

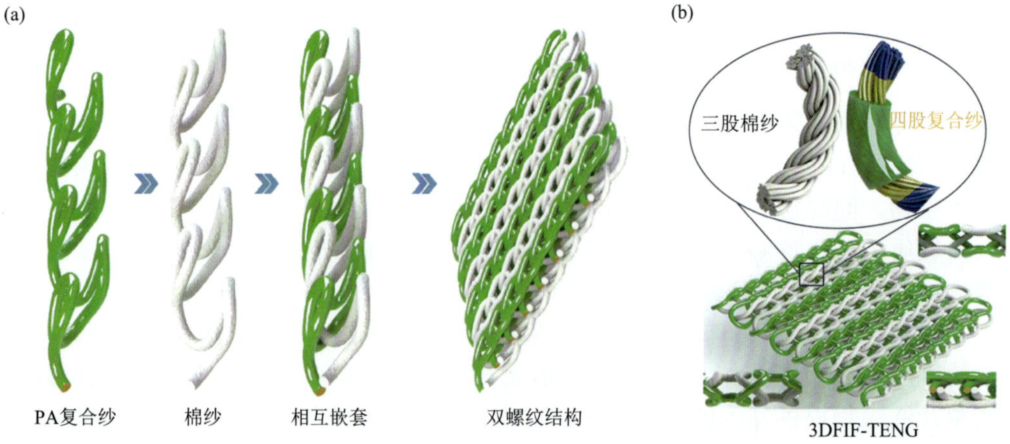

图 3.23 摩擦电针织物的制备流程示意图及结构示意图。(a)双面双螺纹针织物摩擦纳米发电机的制备流程题；(b)棉纤维、导电包芯纱以及双面双螺纹针织物摩擦纳米发电机的结构示意图[23]

如图 3.24 所示，Niu 等[24]于 2022 年以仿生鳞片结构为启发，通过针织全成形针织技术，织造了兼具智能性与功能性的三维仿生鳞片针织结构 TENG（BSK-TENG）。研究者选择三种纱线编织 BSK-TENG，PTFE 纱线作负摩擦电材料，具有优异的防水性；尼龙纱作为整机性摩擦材料；导电材料选用镀银尼龙纱，采用高速横机可大批量编织 BSK-TENG。所制备的 3D BSK-TENG 仿生鳞片针织结构材料在弯曲过程中表现出各向异性，可为人体关节提供支撑保护的同时，保持织物固有的良好性能，如柔性、穿着舒适性、防护性及灵活性。利用 BSK-TENG 作为自供电、可穿戴的人机交互传感设备，研究者设计制造了一种具有无线信号传输功能的多功能智能个人户外救援系统，通过手指触摸，可轻松实现一键呼救。

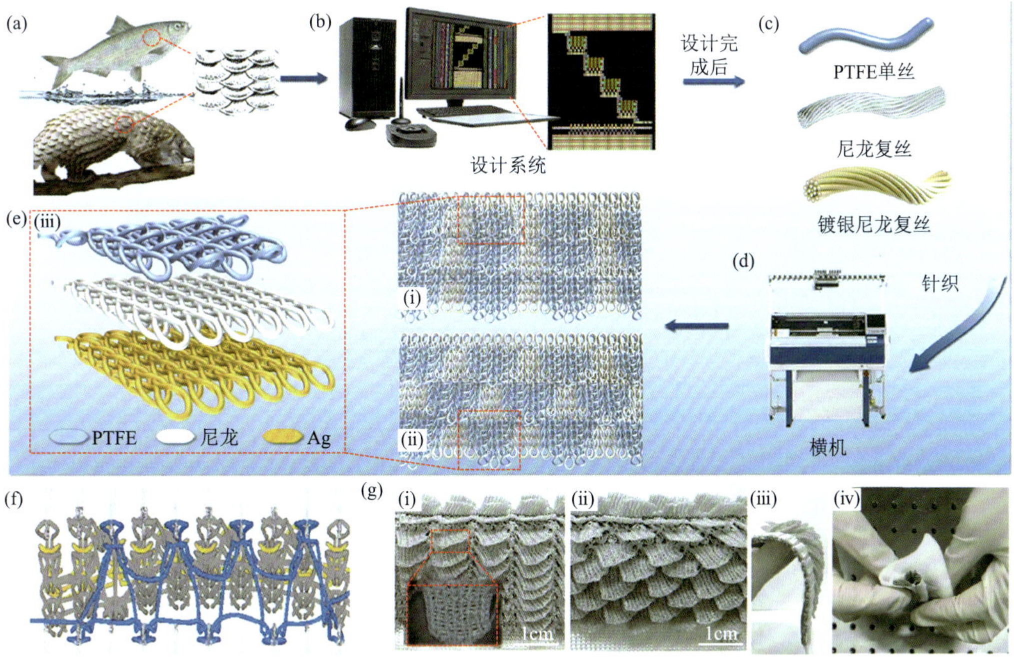

图 3.24　BSK-TENG 的结构设计、结构特点及制造工艺。(a) 叠状鳞片结构示意图；(b) 针织面料设计系统；(c) 针织纱线示意图；(d) 横机照片；(e) 两类鳞片纺织品的结构图，包括平行鳞片分布 (i) 和重叠鳞片分布 (ii)，其中包括三层 (iii)；(f) 织针上的线圈状态；(g) 柔性仿生鳞片织物的照片[24]

如图 3.25 所示，Shen 等[25]于 2024 年以仿生毛皮为灵感，采用轻质柔软的羊毛纱、尼龙热熔丝和铝箔，在高速圆纬机上设计制作了一种单面提花绒毛织物 TENG（SJPF-TENG）。由于毛绒织物的高密结构（约 16128 根绒毛/cm^2），其表面积是平面结构的 42.2 倍，这使得 SJPF-TENG 具有优异的电输出性能和良好的检测精度。SJPF-TENG 在单电极模式下，最大输出功率高达 1.4W/m^2，是传统 Tex-TENG 的数十倍。除此之外，可穿戴的 SJPF-TENG 表层柔软的羊毛微纤维可以承受各种复杂的机械变形，如压缩和滑动，在与凹凸织物接触摩擦时会产生更大的接触面积，可以充分发挥 SJPF-TENG 高比表面积的优势。基于其优异的传感性能和高灵敏度，设计了一种具有 3×3 阵列的自供电绒毛键盘和智能绒毛地毯，可以同时响应和检测人体运动引起的机械压力分布。最后，SJPF-TENG 还可以集成到智能家居系统，该系统由家电开关的自供电遥控器、手指触觉识别的智能字母书写板和用于老年人医疗保健的柔性轮椅方向控制器组成，展示了其在多种工作模式下的普遍适用性。研究结果为大功率 Tex-TENG 在大面积能量收集、智能家居、娱乐、老年医疗和安全警报方面提供了巨大的前景。

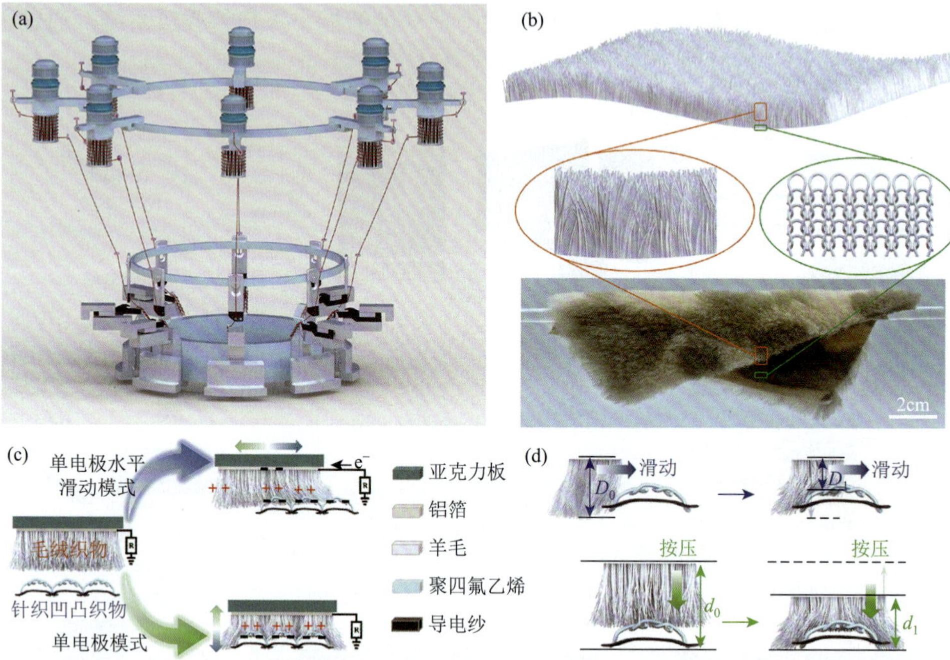

图 3.25 摩擦电单面提花绒毛织物的制备流程示意图及结构示意图。(a) 制备流程示意图；(b) 毛圈织物结构示意图；(c) 原理示意图；(d) 滑动及按压织物变化示意图[25]

本节介绍了针织结构的 F-TENG，包括二维及三维结构。二维针织结构包括经编和纬编，纬编针织物柔软，延伸性、弹性及透气性良好；经编针织物横向弹性和延伸性较好，纵向尺寸稳定，不易脱散，透气良好，是弹性 F-TENG 最主要的织物结构。三维针织结构具有良好的抗冲击和能量吸收性能，由于在不同方向上增加了其他系统纱线，大大提高了针织物结构的稳定性，可作为 F-TENG 的优良载体。

3.2.3 非织造结构

非织造布包括纤维网主结构和纤维间的加固结构。纤维网主结构包括纤维的排列与集合，其结构取决于纤维成网的方式；纤维间的加固结构在纤维固着、纠缠中产生，可以赋予纤维网稳定的使用性能。目前，研究者采用静电纺丝法制备的纳米纤维膜是一种非织造结构。静电纺丝技术是一种纤维制造工艺，核心在于高压电场下的聚合物液滴拉伸形变，形成锥状并最终固化沉积成微纳米纤维。该技术能够简单快速地大量制备直径可控的纳米纤维，纤维直径可以控制在几十纳米到几微米内，通过纺丝前驱体及各纺丝参数的改变可实现电纺纳米纤维形貌的精准调控。静电纺丝法目前已成为有效制备纳米纤维膜的主要技术之一，具备柔性、低成本、材料多样化等优势，在纺织领域得到广泛应用。与传统针织物和机织物相比，静电纺丝膜厚度与空隙均可调控到微纳结构，十分柔软贴服，同时纤维微纳结构的存在极大地提高了膜的表面积，能依附更多的电荷。随着静电纺丝技术的快速发展，微纳米纤维膜结构也逐渐应用到 Tex-TENG 领域，其较高的比表面积特性及高透气性，是制造舒适、轻质、多功能可集成的 F-TENG 的良好载体。通过静电纺丝技术可以精细调节纤维的细度及表面结构，也能通过不同聚合物材料的选择来增强纳米纤维膜的摩擦电性能。

如图 3.26（a）所示，2016 年 Jang 等[26]通过调节 PVDF-TrFE 纺丝液的浓度制备了蜂窝状结构的纳米纤维膜，由于该蜂窝结构的大表面积和高表面粗糙度可以容纳更多的电子，因此以该纳米纤维膜为摩擦介电材料的 TENG 电学输出较高，最大电压、电流和功率密度分别为 160V、17μA 和 $1.6W/m^2$。如图 3.21（b）所示，2017 年 Yu 等[27]通过将 PVDF 静电纺丝膜经冷压处理后制备了具有海绵状薄壁组织的纳米纤维膜。由于该结构有类似驻极的功能，即防止电子逃逸，使介电材料上的电荷密度增加，从而可提高 TENG 的输出。

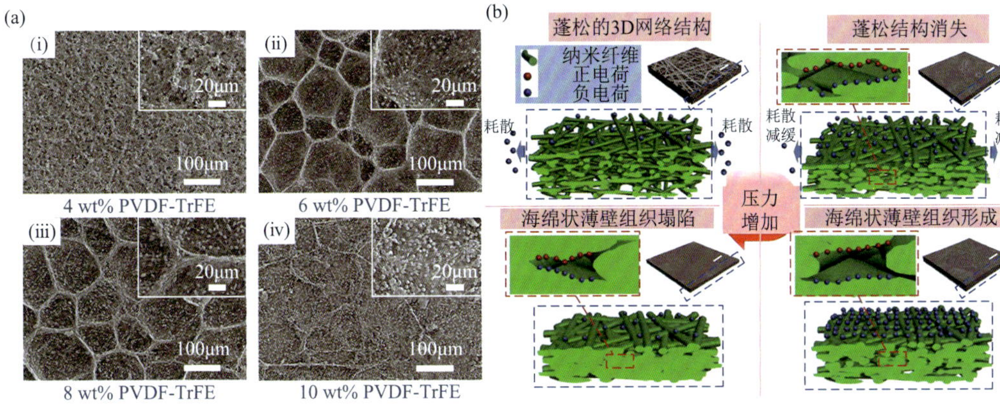

图 3.26　不同纳米纤维膜基 TENG 的电镜图与结构示意图。（a）蜂巢结构纳米纤维膜基 TENG[26]；（b）海绵状薄壁组织的纳米纤维膜基 TENG[27]

如图 3.27 所示，Huang 等[28]于 2021 年采用静电纺丝技术设计制备了一种全纤维结构的 TENG。该结构采用乙基纤维素/聚酰胺 6（EC/PA6）纳米纤维垫作为正摩擦电材料，MXene 基 PVDF 纳米纤维垫作为负摩擦电材料。其中，MXene 片材的强负电性和导电性有效地提高了 TENG 的电输出。当 EC/PA6 共混质量比为 1∶1、MXene 浓度为 6%时，TENG 的电输出最高，在负载电阻为 100MΩ 时，峰值功率密度达到 $290mW/m^2$。制备的全纤维结构 TENG 具有突出的耐用性和优异的电输出性能，可以收集能量并驱动点亮 LED 灯，作为自供电传感器监测各种人体运动。

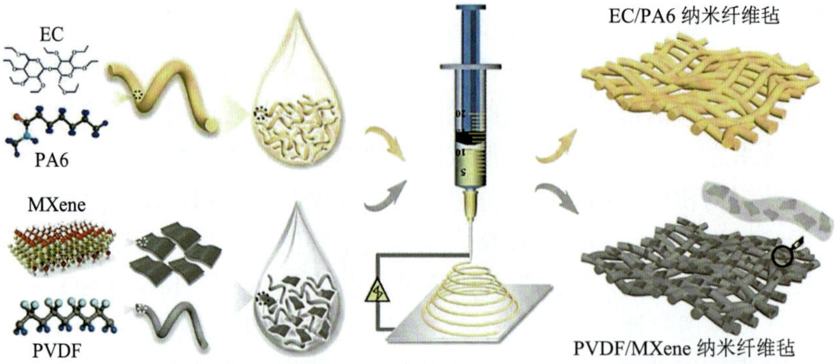

图 3.27 全纤维结构 TENG 的制造工艺流程图[28]

如图 3.28 所示，Peng 等[29]于 2021 年通过静电纺丝技术开发出一种基于纳米纤维层结构的 F-TENG。首先，制备静电纺聚酰胺 66 纳米纤维层作为顶部摩擦层，并在表面沉积 Au 作为电极；然后，制备聚丙烯腈纳米纤维层作为底部摩擦层，也选择在其表面沉积 Au 作为电极。在微纳米纤维层中，相互交错的纳米纤维间会形成大量的微纳米级空隙，不仅给予该 F-TENG 较高的压力传感灵敏度和稳定的电输出性能，还使织物具有较高的比表面积、良好的透气透湿性。

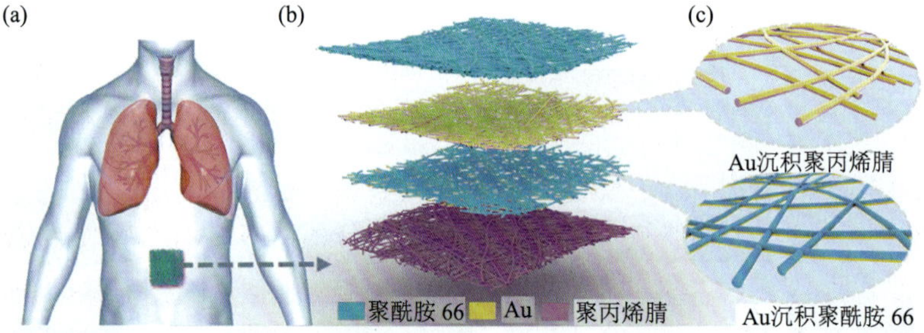

图 3.28 静电纺丝 F-TENG 的应用场景、结构示意图及细节放大图。(a) 附着在腹部表面的自供电纳米纤维电子皮肤（SANES）用于呼吸监测应用场景；(b) 基于纳米纤维层结构的 F-TENG 的示意图；(c) 基于纳米纤维层结构的 F-TENG 的细节放大图[29]

如图 3.29 所示，Zhou 等[30]于 2022 年采用共轭静电纺纱技术制备了一种纳/微包芯纱结构的 TENG。其中，芯纱使用镀银尼龙纱线作为电极，鞘部为有序的纳米纤维束（PVDF/PTFE 和 PCL）包裹在芯纱外表面作为摩擦层，纱线结构稳定，比表面积高，因此具备优异的电输出性能及良好的耐久性。除此之外，鞘部的纳米纤维层具备良好的芯吸效应，对湿度极为敏感，用该包芯纱制备的 F-TENG 具备优异的防水透湿性能，也可用于湿度传感。

本节介绍了非织造结构的 F-TENG，其工艺流程短，生产效率较高。而目前，静电纺丝法制备的纳米纤维膜基 TENG 是最主要的非织造技术，纤维比表面积大、细度可调、纤维材料多样化、产量高等优势，在智能医疗、环保、过滤、建筑等领域的应用会越来越广泛。

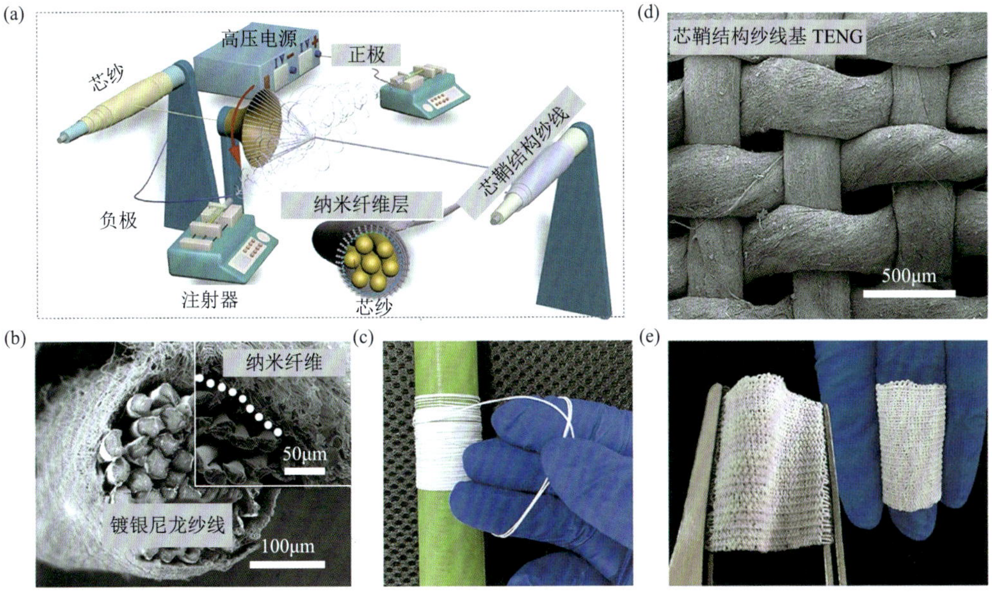

图 3.29　摩擦电纱的制备流程图、SEM 图、实物图以及摩擦电纱制备的织物电镜图和实物图。(a) 纳/微包芯结构的摩擦电纱工艺流程图及结构示意图;(b) 摩擦电纱的 SEM 图;(c) 摩擦电纱的图片;(d) 摩擦电纱制备的机织物 TENG SEM 图;(e) 机织物 TENG 照片[30]

3.2.4　编织结构

编织物是最早的纺织品，其结构是由纱线进行对角线交叉形成的，利用两组回转的载纱器编织，没有机织物中经纬纱的概念。编织结构其按编织物厚度可分为二维平面编织结构和三维立体编织结构。其中，三维立体编织结构较多运用于 TENG 领域。三维编织是指编织物厚度至少超过编织纱直径的 3 倍，并且在厚度方向有纱线或纤维束相互交缠的编织方法，按运动形式可分为纵横编织技术和旋转编织技术。纱线在该三维结构呈现出连续交织的网络状态，存在足够的接触分离空间，提高了织物的结构完整性和抗冲击能力。

如图 3.30 所示，Gao 等[31]于 2022 年设计了一种多层结构的包芯智能编织纱。以镀银尼龙纱为芯纱，绝缘棉纤维为鞘部介电材料，采用纺纱工艺制备导电包芯纱。将掺钛酸钡纳米颗粒的 PDMS 和尼龙纱包覆在制备的导电包芯纱外层获得两种多层包芯纱，分别为 PDMS 多层包芯纱和尼龙多层包芯纱。PDMS 多层包芯纱为外电极，其表层 PDMS 材料承担着包芯智能编织纱的正负摩擦电材料的角色。与此同时，尼龙多层包芯纱作为内电极，其表面的尼龙纱则作为包芯智能编织纱的负摩擦电材料。采用编织技术将尼龙多层包芯纱制备得到一根完整的编织复合纱，该编织复合纱为包芯智能编织纱的芯层和电极。与此同时，在该编织复合纱外层再包覆一层聚乙烯醇（PVA），并在其外再进行一次编织流程，采用的纱线为前面已获得的 PDMS 多层包芯纱线，该编织外层为包芯智能编织纱的鞘部和电极。最终将 PVA 去掉，保证芯层和鞘部之间有一定的间隙。该包芯智能编织纱可水洗，输出电压为174V，峰值功率密度为275mW/m^2，平均功率密度为57mW/m^2，既可为各种商用电容器充电并为低功耗电子设备供电，也可应用于防盗报警、地毯以及生物运动检测。

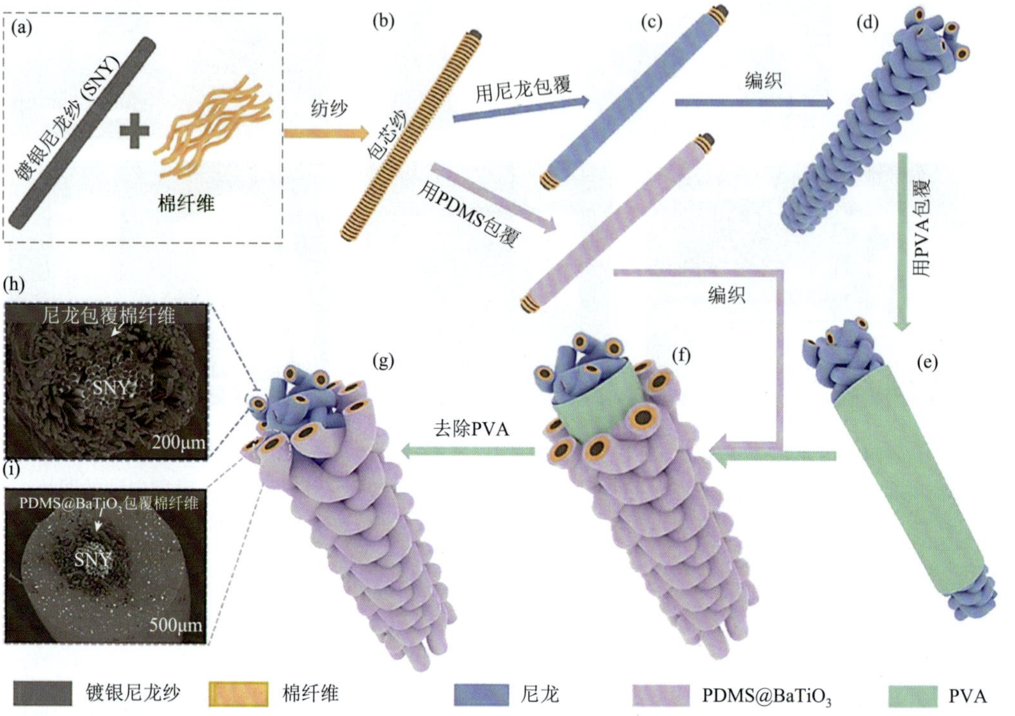

图 3.30 包芯智能编织纱的制备流程示意图及扫描电镜图。(a) 镀银尼龙纱作为芯纱，棉纤维作为外层包覆纱，复合制备包芯纱；(b) 包芯纱的结构示意图；(c) 掺钛酸钡纳米颗粒的 PDMS 和尼龙纱分别包覆在制备的导电包芯纱外层获得两种多层包芯纱纱线，分别为 PDMS 多层包芯纱和尼龙多层包芯纱；(d) 采用尼龙多层包芯纱制备的编织纱；(e) 在编织纱外层再包覆一层 PVA；(f) 在复合纱的外层采用 PDMS 包芯纱进行编织获得鞘部的编织层；(g) 去除 PVA 后获得完整的包芯智能编织纱的结构示意图；(h) 尼龙包芯纱扫描电镜图；(i) P-ccsy 扫描电镜图[31]

如图 3.31 所示，Cui 等[32]于 2023 年采用简单连续的高速编织工艺，通过在导电纤维周围编织包覆阻燃聚对苯二甲酸乙二醇酯（PET）长丝，成功研制出一种阻燃摩擦电纱。具有阻燃性能的 PET(FR-PET)是将反应型阻燃剂 2-羧基乙基(苯基)膦酸(CEPPA)引入 PET 分子链中进行熔融纺丝工艺制备而成。在编织过程中使用 FR-PET 纱线编织形成外摩擦层，制备得到的复合导电纱线（FRY-TENG）可作为经纬纱进一步编织成机织物，其综合性能优异，包括良好的能量收集能力、长期的耐用性和耐洗性、优异的阻燃性和舒适性。织物极限氧指数值高达 31.3%，具有自熄性能，燃烧后仍具有较高的能量输出性能，是智能消防员制服、逃生方向指示智能地毯等高防火智能设备的理想选择。

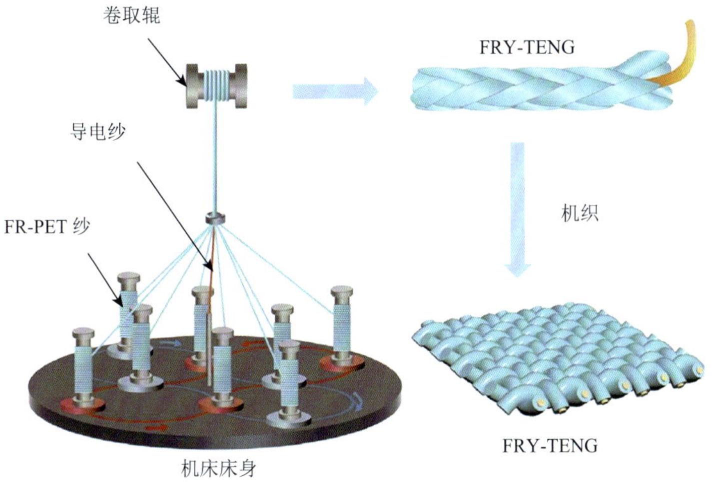

图 3.31 包芯智能编织纱的制备流程示意图[32]

如图 3.32 所示，Wang 等[33]于 2024 年设计制备了一种芯鞘结构的高强度智能编织纱线（UBSY），芯部电极使用柔软的镀银锦纶纱线，介电鞘层则由高性能的超高相对分子质量聚乙烯（UHMWPE）纤维编织而成。高性能纺织纤维材料的应用可充分利用编织结构的强度优势，通过对 UHMWPE 编织层的结构参数进行优化，得到的智能编织纱线强度达到了 383.12MPa，当受到拉伸破坏时，纱线能产生快速的载荷响应。而且 UBSY 高性能鞘层的编织结构致密，对电极起到全方位的保护作用，经过酸碱液体泼溅、经历长时间洗涤和摩擦时，能保持稳定的摩擦电性能。编织方法能轻松实现 UBSY 的连续制备，使用高强度智能编织纱线制得的全柔性可穿戴智能针织传感器（WTS）不仅具有良好的频率、压力传感性能，还能为人体提供可靠的防护，是集防护、供电、传感等功能于一体的智能高性能纺织材料，可在户外体育、军事、警务等领域得到拓展应用。

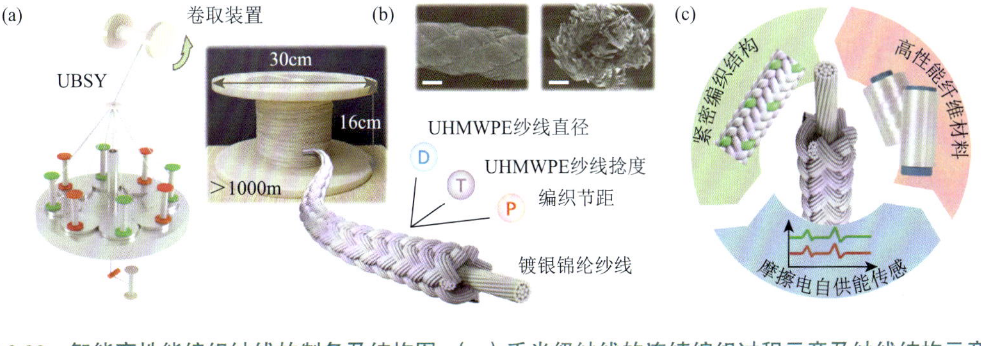

图 3.32 智能高性能编织纱线的制备及结构图。(a) 千米级纱线的连续编织过程示意及纱线结构示意；(b) 纱线表面和截面形貌（比例尺 200μm）；(c) 结构与纱线性能特征总结

如图 3.33 所示，Dong 等[34]于 2020 年提出一种基于三维编织物基 TENG，结构可控且具备较好的压缩回弹性能，主要由轴向纱线和智能编织纱线组成。其中的智能编织纱线穿过横截面并沿轴向向前移动，通过位置转换与轴向纱线相互交织。此外，编织纱线

的方向并非无序，而是遵循四个基本方向，构建了无数的空间菱形支撑框架。作为芯柱的轴向纱位于支撑架的中心，可视为第五个方向。基于这五个方向，外编织层与芯柱之间建立了稳定的结构，为它们提供足够的接触和分离空间。选择镀银尼龙纱作为电极，电极纱外层采用 PDMS 包裹制备得到复合纱。该智能纱以该复合纱为编织纱，与轴向纱采用四步矩形编织技术制作得到三维编织物基 TENG，其成本低，制备技术成熟。该研究工作将这种三维编织结构智能织物应用在人体运动行为监测和远距离安全救助的智能鞋以及自驱动身份识别地毯中。

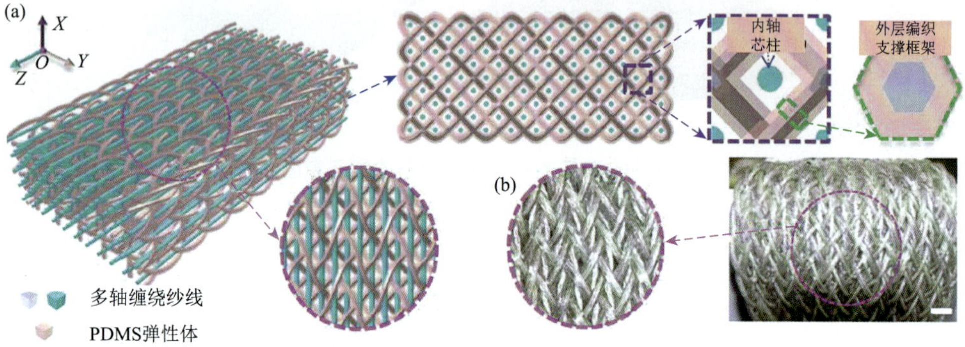

图 3.33 三维编织物基 TENG 的结构示意图（a）及实物图（b）[34]

本节介绍了编织结构的 F-TENG，具备较好压缩回弹性能，且很多结构可以做到一次成型，大大提高了结构完整性，因此抗冲击能力、耐久性强，能维持电输出稳定性，可应用于智能户外装备、智能航空航天等领域。

3.2.5 其他结构

除了传统的纺织织造方法，研究者还会选用其他复杂结构来制备 F-TENG，包括多层织物复合结构，器件可获得良好的拉伸回弹性能。但也存在一些缺点，如随着织物层数的增加，织物厚度变大，制备涉及缝合，也会阻碍其进一步产业化以及在传感领域的发展和应用。

如图 3.34 所示，Kwak 等[35]于 2017 年制备了一种多层可拉伸织物基 TENG。采用银纱为电极和摩擦电材料，选择 PTFE 纱线作为另一种摩擦电材料，两者存在摩擦电极性差异。通过三块螺纹针织物（均具备良好的拉伸性能）分层叠加缝制在一起，中间层是 Ag 线织成的螺纹针织物作内电极层，上下两层均选择 PTFE 纤维以及 Ag 线织成的螺纹针织物（PTFE 纤维作为摩擦层材料与中间层接触分离，Ag 线作为电极材料置于外层作外电极）。为了在拉伸过程中上下层材料能与中间层材料产生接触分离运动，缝制三块织物时控制中间层织物略短、上下层织物略长并拱起与中间层形成一定距离。由于均为螺纹针织物，因此具备良好的拉伸回复性能。

图 3.34　多层复合的织物基 TENG[35]

如图 3.35 所示，Choi 等[36]于 2017 年制备了一种波纹状 F-TENG，可在挤压、摩擦、拉伸过程中产生能量，可将其应用于收集人体运动能并为微电子设备供电。该织物由两层构成，上层为缝合在一起的丝绸织物（作为摩擦层材料）和机织导电织物（作为电极），下层为黏合在一起的平面状硅橡胶和针织导电织物。上层以波纹状的结构与下层缝在一起，由于下层所用材料均具备可拉伸性能，因此器件具备拉伸性能，应变最大可达 120%，可在拉伸回复过程中发生上下层材料的接触分离产生电输出，最大电输出性能可达 28.13V 和 2.71μA。

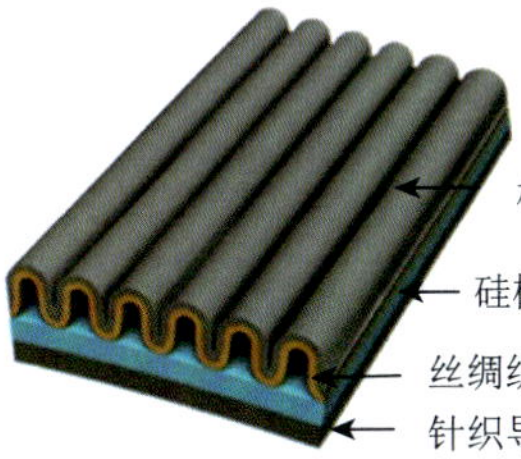

图 3.35　波纹状 F-TENG[36]

3.3 小　　结

从 2014 年纺织技术与 TENG 技术第一次结合研究以来，从纤维、纱线的制备到织物的形成，纺织结构千变万化，具备较好的柔性和可穿戴舒适性，能承受多种复杂机械变形，可作为 TENG 的优良柔性载体应用到自供电可穿戴传感和能量收集领域。纺织结构的合理选择不仅可以改善 Tex-TENG 的电输出性能及传感灵敏度，还能对器件的柔性、舒适性、结构稳定性等性能有较大影响。但不同的纺织结构也存在亟待解决的问题，如纤维或纱线基中的螺旋复合结构，制备流程复杂、难以量产；涂层法制备的 Tex-TENG，耐久性及舒适性均降低。因此，持续探索与创新纺织结构，平衡并提升 Tex-TENG 的可穿戴性、耐久性、传感精度及电输出稳定性，成为推动其大规模应用于可穿戴传感与能量收集领域的关键。

本章基于纺织品的尺寸维度和织造技术，将 Tex-TENG 的结构分为纤维或纱线基 TENG 和织物基 TENG 两大类。纤维或纱线基 TENG 按照不同结构类型分为芯鞘结构和非芯鞘结构，并根据纺丝方法等进一步进行了细分，Tex-TENG 根据纺织织造技术分类为机织、针织、非织造、编织结构及其他特殊结构，全面审视各类结构的优势、局限及其对电输出性能的独特贡献和潜在应用场景。随着研究的深化，纺织结构在 TENG 应用中的挑战将逐步破解，Tex-TENG 将成为可穿戴传感领域的重要组成部分。

参考文献

[1] Gong W，Hou C，Zhou J，et al. Continuous and scalable manufacture of amphibious energy yarns and textiles[J]. Nat Commun，2019，10（1）：868.

[2] Tan H，Sun L，Huang H，et al. Continuous melt spinning of adaptable covalently cross-linked self-healing ionogel fibers for multi-functional ionotronics[J]. Adv Mater，2023，36（13）：2310020.

[3] Doganay D，Demircioglu O，Cugunlular M，et al. Wet spun core-shell fibers for wearable triboelectric nanogenerators[J]. Nano Energy，2023，116：108823.

[4] Wu H，Wang L，Lou H，et al. One-step coaxial spinning of core-sheath hydrogel fibers for stretchable ionic strain sensors[J]. Chem Eng J，2023，458：141393.

[5] Cao X，Ye C，Cao L，et al. Biomimetic spun silk ionotronic fibers for intelligent discrimination of motions and tactile stimuli[J]. Adv Mater，2023，35（36）：2300447.

[6] Li M，Xu B，Li Z，et al. Toward 3D double-electrode textile triboelectric nanogenerators for wearable biomechanical energy harvesting and sensing[J]. Chem Eng J，2022，450：137491.

[7] Yang Y，Xu B，Gao Y，et al. Conductive composite fiber with customizable functionalities for energy harvesting and electronic textiles[J]. ACS Appl Mater Interface，2021，13（42）：49927-49935.

[8] Shang L，Wu Z，Li X，et al. A breathable and highly impact-resistant shear-thickened fluid（STF）based TENG via hierarchical liquid-flow spinning for intelligent protection[J]. Nano Energy，2023，118：108955.

[9] Tian Z，He J，Chen X，et al. Core-shell coaxially structured triboelectric nanogenerator for energy harvesting and motion sensing[J]. RSC Adv，2018，8（6）：2950-2957.

[10] Ning C，Dong K，Cheng R，et al. Flexible and stretchable fiber-shaped triboelectric nanogenerators for biomechanical monitoring and human-interactive sensing[J]. Adv Funct Mater，2020，31（4）：2006679.

[11] Sim H，Choi C，Kim S，et al. Stretchable triboelectric fiber for self-powered kinematic sensing textile[J]. Sci Rep，2016，6（1）：35153.

[12] Yu A，Pu X，Wen R，et al. Core-shell-yarn-based triboelectric nanogenerator textiles as power cloths[J]. ACS Nano，2017，11（12）：12764-12771.

[13] Dong K，Deng J，Ding W，et al. Versatile core-sheath yarn for sustainable biomechanical energy harvesting and real-time human-interactive sensing[J]. Adv Energy Mater，2018，8（23）：1801114.

[14] Chen L，Chen C，Jin L，et al. Stretchable negative Poisson's ratio yarn for triboelectric nanogenerator for environmental energy harvesting and self-powered sensor[J]. Energy Environ Sci，2021，14（2）：955-964.

[15] Wu R，Liu S，Lin Z，et al. Industrial fabrication of 3D braided stretchable hierarchical interlocked fancy-yarn triboelectric nanogenerator for self-powered smart fitness system[J]. Adv Energy Mater，2022，12（31）：2201288.

[16] Dong S，Yao P，Ju Z，et al. Conductive chenille yarn-based triboelectric carpet fabrics with enhanced flexibility and comfort for smart home monitoring[J]. Mater Today Energy，2024，41：101527.

[17] Chen C，Guo H，Chen L，et al. Direct current fabric triboelectric nanogenerator for biomotion energy harvesting[J]. ACS Nano，2020，14（4）：4585-4594.

[18] Miao Y，Zhou M，Yi J，et al. Woven fabric triboelectric nanogenerators for human-computer interaction and physical health monitoring[J]. Nano Res，2024：1-9.

[19] Dong K，Deng J，Zi Y，et al. 3D orthogonal woven triboelectric nanogenerator for effective biomechanical energy harvesting

and as self-powered active motion sensors[J]. Adv Mater，2017，29（38）：1702648.
[20] Li L，Chen Y，Hsiao Y，et al. Mycena chlorophos-inspired autoluminescent triboelectric fiber for wearable energy harvesting，self-powered sensing，and as human-device interfaces[J]. Nano Energy，2022，94：106944.
[21] Dong L，Wang M，Wu J，et al. Deformable textile-structured triboelectric nanogenerator knitted with multifunctional sensing fibers for biomechanical energy harvesting[J]. Adv Fiber Mater，2022，4（6）：1486-1499.
[22] Zhu M，Huang Y，Ng W S，et al. 3D spacer fabric based multifunctional triboelectric nanogenerator with great feasibility for mechanized large-scale production[J]. Nano Energy，2016，27：439-446.
[23] Chen C，Chen L，Wu Z，et al. 3D double-faced interlock fabric triboelectric nanogenerator for bio-motion energy harvesting and as self-powered stretching and 3D tactile sensors[J]. Mater Today，2020，32：84-93.
[24] Niu L，Peng X，Chen L，et al. Industrial production of bionic scales knitting fabric-based triboelectric nanogenerator for outdoor rescue and human protection[J]. Nano Energy，2022，97：107168.
[25] Shen Y，Chen C，Chen L，et al. Mass-production of biomimetic fur knitted triboelectric fabric for smart home and healthcare[J]. Nano Energy，2024，125：109510.
[26] Jang S，Kim H，Kim Y，et al. Honeycomb-like nanofiber based triboelectric nanogenerator using self-assembled electrospun poly(vinylidene fluoride-*co*-trifluoroethylene) nanofibers[J]. Appl Phys Lett，2016，108（14）：143901.
[27] Yu B，Yu H，Wang H，et al. High-power triboelectric nanogenerator prepared from electrospun mats with spongy parenchyma-like structure[J]. Nano Energy，2017，34：69-75.
[28] Huang J，Hao Y，Zhao M，et al. All-fiber-structured triboelectric nanogenerator via one-pot electrospinning for self-powered wearable sensors[J]. ACS Appl Mater Interface，2021，13（21）：24774-24784.
[29] Peng X，Dong K，Ning C，et al. All-nanofiber self-powered skin-interfaced real-time respiratory monitoring system for obstructive sleep apnea-hypopnea syndrome diagnosing[J]. Adv Funct Mater，2021，31（34）：2103559.
[30] Zhou M，Xu F，Ma L，et al. Continuously fabricated nano/micro aligned fiber based waterproof and breathable fabric triboelectric nanogenerators for self-powered sensing systems[J]. Nano Energy，2022，104：107885.
[31] Gao Y，Li Z，Xu B，et al. Scalable core-spun coating yarn-based triboelectric nanogenerators with hierarchical structure for wearable energy harvesting and sensing via continuous manufacturing[J]. Nano Energy，2022，91：106672.
[32] Cui X，Li A，Zheng Z，et al. A machine-braided flame-retardant triboelectric yarn/textile for fireproof application[J]. Adv Mater Technol，2023，8（13）：2202116.
[33] Wang K，Shen Y，Wang T，et al. An ultrahigh-strength braided smart yarn for wearable individual sensing and protection[J]. Adv Fiber Mater，2024，6（3）：786-797.
[34] Dong K，Peng X，An J，et al. Shape adaptable and highly resilient 3D braided triboelectric nanogenerators as e-textiles for power and sensing[J]. Nat Commun，2020，11（1）：2868.
[35] Kwak S S，Kim H，Seung W，et al. Fully stretchable textile triboelectric nanogenerator with knitted fabric structures[J]. ACS Nano，2017，11（11）：10733-10741.
[36] Choi A Y，Lee C J，Park J，et al. Corrugated textile based triboelectric generator for wearable energy harvesting[J]. Sci Rep，2017，7：45583.

本章作者：陈丽君[1]，蒋高明[2]，马丕波[2*]，陈超余[2*]
1. 江南大学数字科技与创意设计学院
2. 江南大学纺织科学与工程学院
Email: chency@jiangnan.edu.cn（陈超余）；mapibo@jiangnan.edu.cn（马丕波）

第4章

纺织基摩擦纳米发电机的性能优化

摘　要

由于材料带电不均、界面接触不足、空气击穿效应以及特殊的纺织结构，Tex-TENG的实际应用仍然存在一些瓶颈，包括低输出、高阻抗、集成度低、工作耐久性差等。低功率输出和传感性能不理想一直是限制Tex-TENG大规模应用的主要问题之一，为了提高Tex-TENG在这两方面的性能，人们通过化学改性使Tex-TENG材料带电更充分；通过精心设计结构，增强界面接触的完整性；运用电路管理使Tex-TENG能量得到高效利用。本章详细阐述Tex-TENG的电输出性能优化方法，分别从化学改性、结构设计和电路管理三个方面进行探讨。

4.1　化学改性

4.1.1　化学官能团修饰

摩擦带电材料的物理化学性质与其在接触带电或摩擦带电过程中的行为以及得失电子的能力有关。原则上，两个摩擦带电层之间的电子亲和势差越大，产生的摩擦带电表面电荷就越多。此外，摩擦带电层的起电能力还取决于其固有的材料特性，如介电常数、极性、功函数等。研究人员使用通用标准方法量化各种聚合物的摩擦带电序列，以建立定量摩擦起电的基本材料特性[1-5]。归一化摩擦电荷密度定义并推导了聚合物获得或失去电子的固有趋势[6, 7]。然而，材料的摩擦电荷密度可以通过调节表面具有不同吸或供电子能力的官能团来改变。考虑到聚合物表面的电荷密度与表面化学性质密切相关，通过适当的功能化进行表面化学工程处理是提高TENG输出性能的最根本的策略之一，其中包括整体化学反应、表面化学处理、官能团接枝等[8-10]。例如，聚合物的表面电荷可以通过改变它们的物理化学性质来控制，如大分子相互作用的强度和表面黏附力。研究发现，具有较低模量的聚合物显示出比高模量的聚合物更高的表面电荷量。实际上，模量与材料的内聚能成正比，聚合物内聚能对接触带电的影响远大于表面粗糙度，因此表现出强表面黏附性和低内聚能的聚合物具有更高的表面电荷[11]。

Shin 等提出了一种简单的原子级表面功能化方法[12]，通过使用一系列卤族元素和胺，有效地改变聚合物表面的摩擦电性能。如图 4.1（a）所示，通过将含电子受体元素卤素封端的芳基硅烷用于功能化 PET 表面，实现了负摩擦电荷的改变；而对于正摩擦层，采用几种胺化分子进行功能化。这些分子具有四个优点：①连接到 sp^2 碳原子上的卤素原子在环境条件下通常不会发生亲核取代反应，因此在自组装单分子层的制备过程中表现出比烷基卤化物更高的稳定性；②在锚定基团（三乙氧基硅烷）和苯基端基之间添加柔性乙基间隔基可以使自组装单分子层的结构比由没有间隔基的类似分子组成的自组装单分子层更加有序；③与对卤代苯基相邻的乙基间隔单元将其与锚定基团和基底以电子方式隔离，从而能够可靠地检查材料的摩擦带电行为的趋势；④三乙氧基硅烷锚定基团有效地

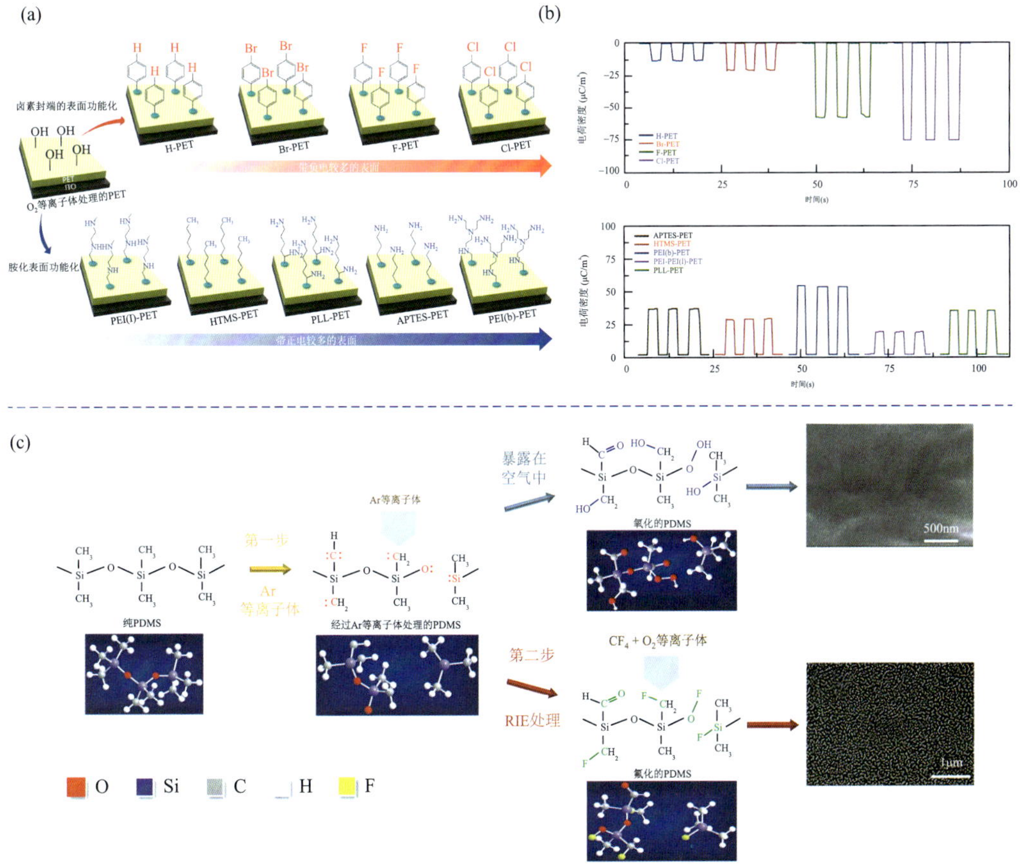

图 4.1 原子级表面功能化方法的示意图。（a）表面负功能化 PET 和表面正功能化 PET 与此处采用的分子的示意图；（b）负功能化和正功能化 PET 表面的电荷密度测量（本图已获得美国化学学会许可）[12]；（c）通过（顶部）一步仅 Ar 等离子体处理和（底部）连续 Ar 和 CF_4+O_2 等离子体的 PDMS 表面化学改性的可能机制及仅经过 Ar 气体和两步反应离子刻蚀工艺处理的具有代表性的 SIE-PDMS 的 FE-SEM 图（本图已获得 Elsevier 许可）[13]

与 O_2 处理的 PET 基材的表面羟基形成强共价键。图 4.1（b）显示了负功能化和正功能化 PET 表面的电荷密度测量结果。对于带负电的表面，转移电荷密度按电子亲和力的顺序排列。对于带正电的表面，在 PEI(b)-PET 的表面观察到明显高的电荷密度，这是由 PEI(b) 具有伯胺、仲胺和叔胺的支化结构导致的。

除了 PET，其他聚合物的摩擦电性能也可以通过化学改性得到有效调节。Lee 等通过在高导电镍铜纺织基材上采用化学表面界面工程聚二甲基硅氧烷层作为涂层，解决了纺织基 TENG 的电气性能增强问题[13]。为了证明两步反应离子刻蚀等离子体处理在 PDMS 表面上的功能，图 4.1（c）显示了通过一步法处理 Ar 等离子体（顶部）和两步反应处理原位连续 Ar 和 $CF_4 + O_2$ 等离子体。如图所示，仅使用氩气的一步等离子体处理可能会引起 PDMS 表面相对较弱的分子链断裂。这些断裂链极易吸附来自大气的 H_2 或 O_2 分子，从而形成氧化的 PDMS 表面，导致电子亲和力降低，电荷传输能力严重受限。而原位两步等离子体处理中，PDMS 表面的分子链被第一次氩气等离子体处理破坏，在第二次等离子体处理期间实施反应催化剂。断裂键可以强烈吸引活性物质，如 F、CF_3、CF_3^+ 和 O_2^-。这些活性物质由第二步中使用的 $CF_4 + O_2$ 等离子体解离和电离，在 PDMS 的断裂表面链上形成碳氟化物分支。这种情况下，碳氟化物分支显著影响 Tex-TENG 的输出性能，因为它们具有更高的电子亲和力，增强了吸引额外表面电荷的能力。

此外，Liu 等选择具有相同主链但不同末端官能团的硅烷偶联剂，以进行化学定制纤维素纳米纤丝，用于调控 Tex-TENG 的电荷密度[14]。通过引入具有不同吸或供电子能力的官能团到材料表面，可以改变材料的表面电荷密度。另外，通过调节官能团的数量和密度，可以更具体地调整电荷密度的范围。Feng 等提出了一种通过聚酰胺化反应来化学接枝碳纳米管和聚（乙基亚胺），从而使纤维表面具有多级结构和酰胺键的高效方法[15]，提高了商品天鹅绒织物的摩擦电性能。通过优化改性剂的浓度，基于织物的 TENG 在低于 1wt%的低改性剂含量下输出电压和电流提高 10 倍以上。

4.1.2 离子注入/辐照

化学官能团修饰的方法在实践中往往面临着效率低与操作不便的问题。研究表明，通过注入额外的电子或离子来补偿表面电势差，也是提高摩擦电材料表面电荷密度的有效方法之一，其中电离空气注入是将极化电荷注入聚合物最简单的方法。为了最大化 TENG 的表面电荷密度，Wang 等引入了一种将单电极离子注入表面电荷的新方法[16]。空气电离枪实现了表面电荷的电离空气注入，可以触发枪内的空气放电产生两种极性的离子。通过挤压或释放板机杆，能够手动控制从喷枪出口注入的离子的极性。如图 4.2（a）所示，到达聚全氟乙丙烯（FEP）薄膜表面的负离子通过静电感应将相同数量的电子从底部电极转移到地面，从而使底部电极带有相同电荷密度的正电荷。因此，在离子注入过程中，FEP 表面的电荷密度能够达到远高于无电极 FEP 层的水平。当 FEP 薄膜逐次注入离子时，最初几次注入后 TENG 产生的短路电荷密度从初始的约 50μC/m²升高到约 240μC/m²，但在第九次注入时，电荷转移行为突然变得明显不同，如图 4.2（b）所示。额外的离子注入循环后，第一个按压运动导致电荷转移，电荷密度达到约 260μC/m²。然而，当释放铝层与 FEP

层分离时，反向电荷转移量仅约为 230μC/m²，导致 $\Delta\sigma_{SC}$ 曲线在第一个完全变形循环后无法返回到基线。每个变形过程中的电荷流量等于 FEP 上的表面电荷量，这种突然的减少来自第一次释放过程中空气击穿导致的静态表面电荷损失，这是由于分离过程中铝层和 FEP 表面之间气隙上的压降而触发。这种用于引入表面电荷的离子注入方法可以通过有效地增加 FEP 上的表面电荷密度，显著提高 TENG 用于机械能量收集的功率输出。如图 4.2（c）所示，在离子注入之前，TENG 只能产生约 200V 的 V_{OC}，在离子注入（表面电荷密度增大到最大值 240μC/m^2）后，V_{OC} 增加到约 1000V。通过手按压（约 20N 的压力）产生的 J_{SC}，从约 18mA/m^2 增加到约 78mA/m^2，如图 4.2（d）所示。如果这种离子注入增强型 TENG 由更高的压力触发，从而导致更快的变形过程，则产生的 J_{SC} 可能达到极大的量级。

为了进一步提高注入离子的稳定性和保留率，Fan 等提出了一种新的基于离子注入技术的改性策略来调控聚合物中的极性键和不饱和键，以制备超负摩擦电聚合物[17]。如图 4.2（e）所示，在加速场作用下，含有 N 元素的极性基团和不饱和键不仅可以打破

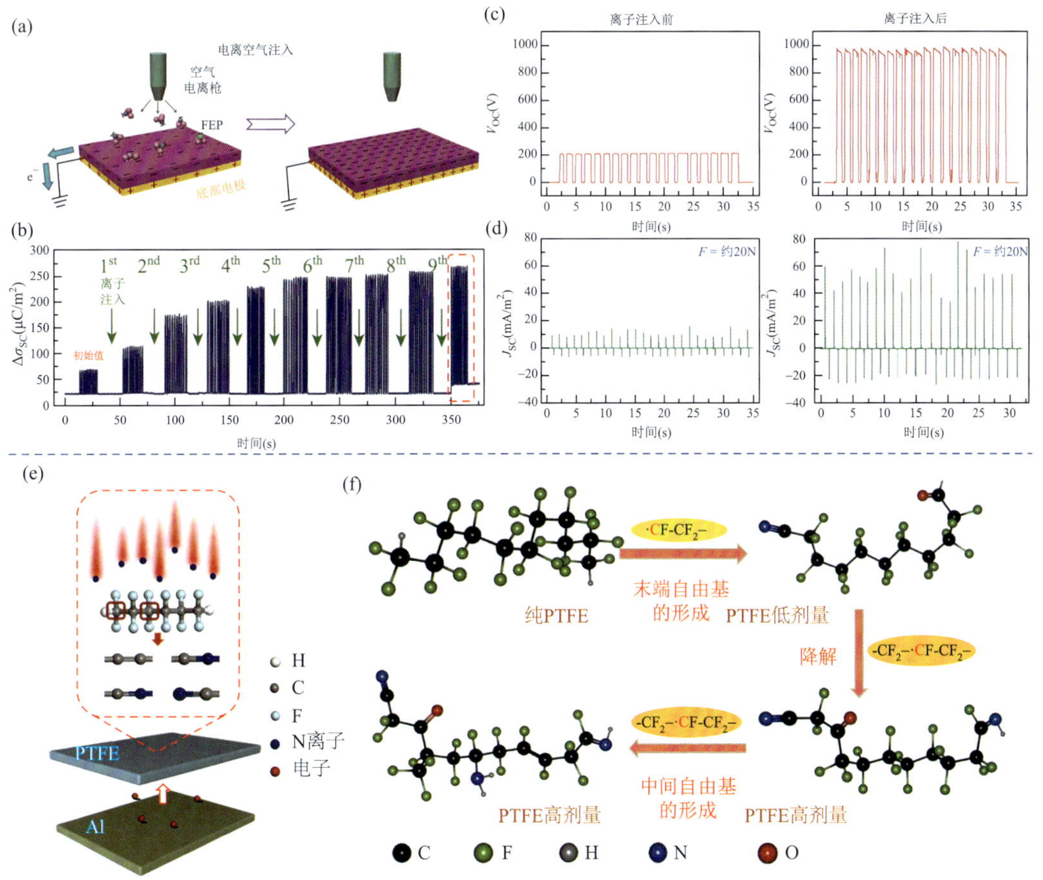

图 4.2　基于离子注入技术制备的示意图。（a）从空气电离枪向 FEP 表面注入负离子的示意图；（b）当 FEP 薄膜逐次注入离子时，TENG 产生的短路电荷密度；（c）离子注入前后，TENG 的开路电压变化；（d）离子注入前后，用手轻轻按压约 20N 时产生的短路电流密度变化（本图已获得 Wiley 许可）[16]；（e）离子注入改性 Al 和 PTFE 组成的 TENG 示意图；（f）植入修饰过程示意图：低植入剂量下在链端形成不饱和键以及高剂量下链间不饱和键和饱和键的形成（本图已获得 Elsevier 许可）[17]

PTFE 空间结构的对称性，还可以与链上的自由基结合形成新的化学键和化学基团。基团的电负性和电子云密度的增加导致吸电子能力的提高。图 4.2（f）展示了植入修饰过程的机制。运动的离子在遇到目标原子时经常与原子核或核外电子碰撞并转移能量，当能量足够大时会产生原子位移。高能离子束注入材料中不可避免地伴随大量的能量转移和置换原子的产生，从而通过电离辐射形成大量自由基和自由原子。因此，离子注入改性的 PTFE 和 FEP 薄膜在摩擦起电序列中表现出更强的负摩擦电性。

除了氮离子注入外，其他离子也逐渐用于改变高分子材料的充电性能。通过低能氦离子辐照改性的聚酰亚胺薄膜表现出高表面电荷密度、优异的稳定性和超高的供电能力等前所未有的特性，不仅创造了摩擦优化系列的新纪录，而且为基于可控化学结构变化的带电行为调控提供了良好的示范[18]。图 4.3（a）展示了离子辐照实验过程和辐照系统的设置。为了防止目标聚合物在辐照过程中结晶和碳化，研究人员使用 50keV 的低能离子束来照射目标样品。在接触带电过程中，深度为数十纳米的表面区域在电荷转移中起着重要作用，用这种低能量照射的离子可以精确地改变该厚度区域中的材料。四种聚合物（Kapton、PET、PTFE 和 FEP）薄膜是 TENG 的常用带电材料，作为离子辐照的目标聚合物。图 4.3（b）展示了聚酰亚胺辐照的分子动力学模拟结果，模拟结果表明，当带电离子轰击样品时，由于聚酰亚胺样品本身有许多空穴，离子可以移动更长的距离。当某种离子遇到稳定的化学键时，会发生伴随着能量转移的弹性碰撞过程。当这些化学键

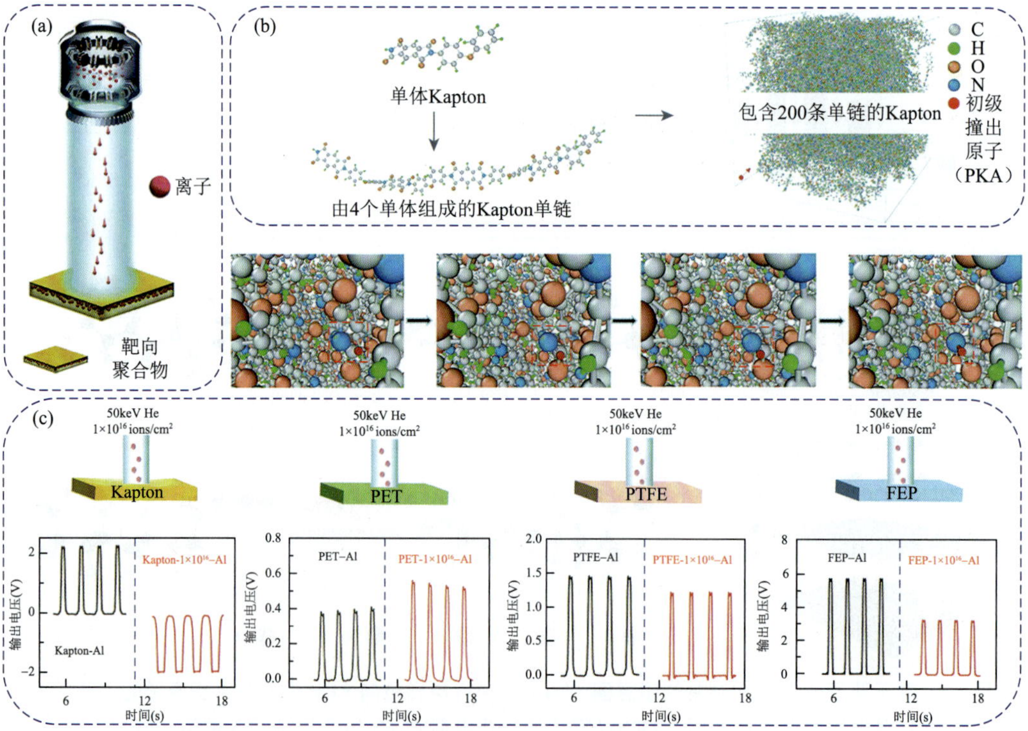

图 4.3　基于离子辐照方法制备的示意图。（a）离子辐照模拟示意图；（b）聚酰亚胺模型辐照的模型构建以及分子链中化学键的断裂和键合过程及其分子动力学模拟结果；（c）用 He 离子辐照的四种聚合物的示意图，以及与铝箔接触辐照前和辐照后聚合物的输出电压（本图已获得英国皇家化学学会许可）[18]

上的原子获得的动能大于键能时，相应的化学键被破坏，这些化学键上的原子将分离碰撞原子。当分离的原子接触自由原子时，可能会形成新的化学键。研究者还系统研究了其他离子辐照聚合物的电气化特性，如图 4.3（c）所示。在实验中，辐照聚合物为第一种摩擦电材料，而第二种摩擦电材料始终为铝箔。在对聚酰亚胺薄膜进行辐照处理后，TENG 器件的输出电压会改变其极性（从 2.2V 到–2V），这意味着聚酰亚胺薄膜由于氢离子辐射而从接受电子的材料变为供电子材料。其他三种器件（PET-Al、PTFE-Al 和 FEP-Al）的输出电压仅显示出细微的差异，聚合物的极性也保持不变。与原始结果相比，辐照 FEP 的带电性能受到抑制，而辐照 PET 的输出电压增加，表明相同的离子辐照可以引起不同聚合物的不同性能变化。

Cheng 等还研究了氩等离子体处理（包括等离子体功率和处理时间）对 TENG 输出性能的影响[19]。分别制备了表面光滑和微柱阵列的 PDMS 薄膜，进行 90W 和 5min 的氩等离子体处理后，两个 PDMS 表面均出现许多均匀的微柱，等离子体处理光滑表面的 TENG 输出性能是处理前的 2.6 倍。对微柱阵列表面进行等离子体处理后，输出电压从 42V 增加到 72V，短路电流从 4.2μA 增加到 8.3μA。由此可见，氩等离子体处理对 PDMS 表面具有显著的蚀刻效果，并大大增强了其输出性能。等中性光束也是一种先进的基于等离子体的聚合物蚀刻和表面处理技术。Kim 等使用基于 N_2 和 O_2 气体的中性光束工艺，显著提高了 TENG 的输出性能[20]。这项工作确认了中性束工艺对每种摩擦电材料的有效性。低光束能量下基于 O_2 气体的中性光束处理成功增强了 PDMS 作为负摩擦电材料的功能，在高光束能量下基于 N_2 气体的中性光束处理有效地改善了聚氨酯作为正摩擦电材料的功能。离子注入或注入技术对摩擦电聚合物的研究方法有助于进一步阐明分子组成/结构与接触起电能力的内在机制，为开发高性能摩擦电聚合物提供有益的指导。

4.1.3　电荷捕获/存储

一部分摩擦电荷会转移到摩擦层与电极之间的界面上，电荷在界面处极易消散，从而导致摩擦电荷密度降低[21-24]。通过混合电荷捕获或存储元件进行的界面修饰是增加摩擦电电荷的有效方法[25]。例如，Wang 等引入银纳米线作为电极，静电纺丝聚苯乙烯纳米纤维作为电荷储存层，提出了一种改进的透气抗菌电极和静电感应增强层的方法[26]，如图 4.4（a）所示。由于中间聚苯乙烯层捕获了从摩擦电材料耗散到电极的电荷，这不仅有效地抑制了电荷的耗散，而且在一定程度上增强了表面电荷密度。图 4.4（b）展示了全纤维 TENG 负摩擦层中电子耗散过程的示意图。图 4.4（c）为全纤维 TENG 在驱动力分别为 10N、30N、60N 和 100N 时的短路电流、开路电压和传输电荷量。结果表明，在 100N 下最大输出电压可以增加到 200V，相应的电流和传输电荷量增加到 20μA 和 35nC。由于纤维材料的特殊性，这种能量收集器可以与普通布料集成，且不影响布料的透气性和柔韧性等原始性能，因此可以作为可穿戴设备。聚苯乙烯层全纤维 TENG 的输出电压明显高于原来的输出电压，可以作为生物力学能量收集器点亮约 126 个 LED，也可以充当力检测传感器来感测关节运动。

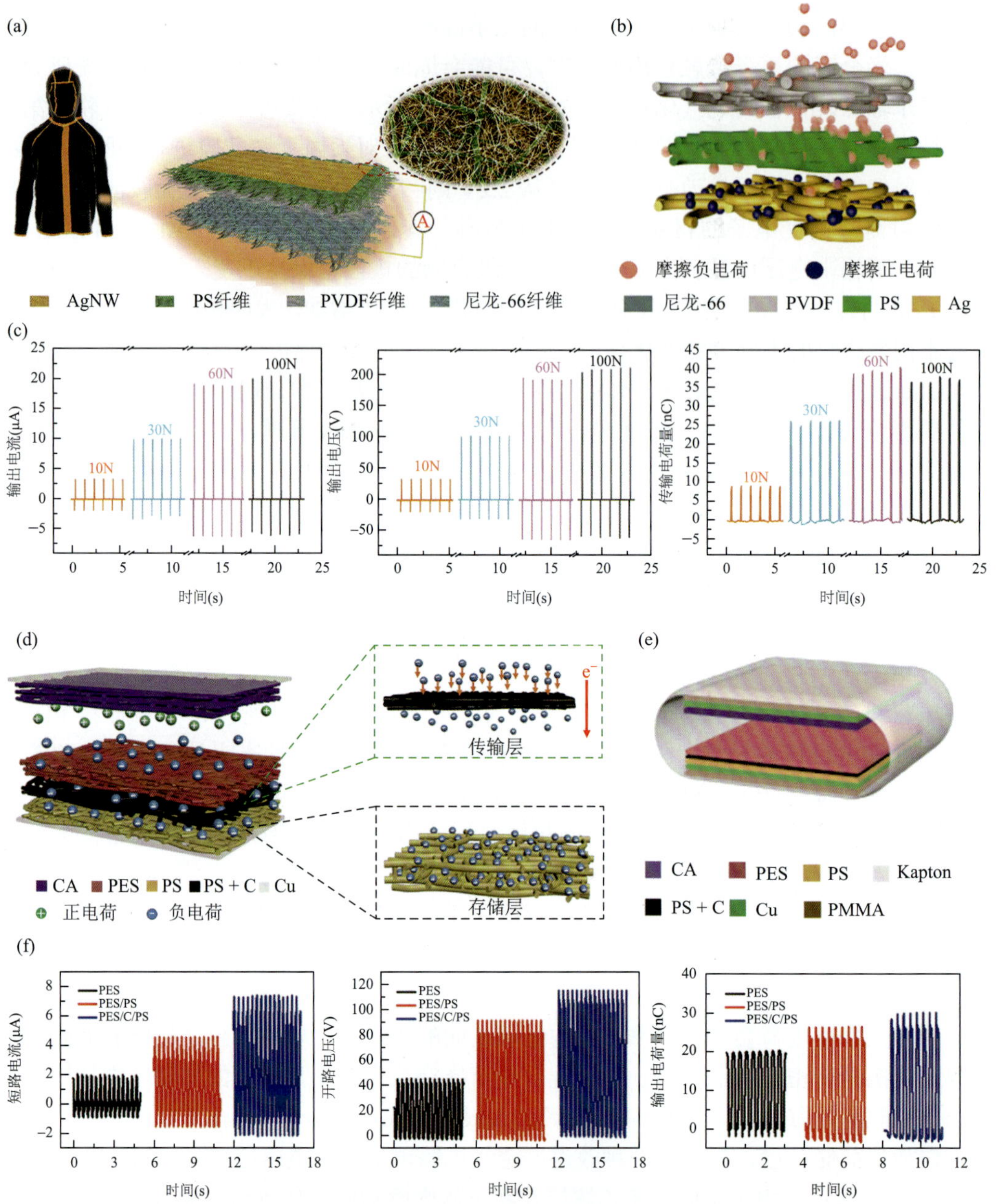

图 4.4　通过电荷捕获增加纳米纤维 TENG 电荷方法的示意图。（a）基于纤维材料的 AF-TENG 应用场景总体示意图；（b）AF-TENG 负摩擦层中摩擦电子耗散过程示意图；（c）AF-TENG 在驱动力为 10N、30N、60N 和 100N 时的输出电流、输出电压和传输电荷量（本图已获得 Elsevier 许可）[26]；（d）三层结构 TENG 中的摩擦电荷传输和存储过程示意图；（e）多层复合 TENG 的结构设计；（f）具有不同负摩擦层结构的 TENG 的短路电流、开路电压和输出电荷量的比较（本图已获得 Elsevier 许可）[27]

类似地，Li 等提出了一种多层纳米纤维 TENG 通过引入电荷传输层（聚苯乙烯和炭黑）和电荷存储层（聚苯乙烯）来大幅提高摩擦电荷密度[27]，如图 4.4（d）所示。图 4.4（e）展示了多层纳米纤维 TENG 的设计。基于这种复合三层结构，与单层结构 TENG 相比，所制备的 TENG 表现出更高的电输出性能。图 4.4（f）显示了不同负摩擦层结构下 TENG 的短路电流、开路电压和传输电荷量。对于双层［聚醚砜/聚苯乙烯（PES/PS）］结构 TENG，短路电流从 2μA 增加到 4μA，开路电压从 45V 增加到 90V，传输电荷量从 22nC 增加到 28nC。摩擦电荷可以存储在介电聚苯乙烯层中，聚苯乙烯中足够的电子陷阱水平可以有效地抑制电子的流动。而对于三层结构［聚醚砜/炭黑/聚苯乙烯（PES/C/PS）］TENG，电输出可以高达 7μA、115.2V 和 32.01nC。结果表明，多层 TENG 的短路电流和开路电压分别是单层结构 TENG 的 3.5 倍和 2.6 倍。传输层由聚苯乙烯纳米纤维和炭黑颗粒组成，夹在聚醚砜摩擦层和介电聚苯乙烯层之间。输出层不仅提供了更好的电荷存储容量，还扩大了摩擦电荷的存储深度。因此，炭黑颗粒和聚苯乙烯纳米纤维能够作为优良的输出层和存储层，显著提高摩擦电荷密度，进而大幅增强器件输出性能。

除了通过静电纺丝将电荷捕获材料添加到纳米纤维中外，还可以在织物上实现这一目的。如图 4.5（a）所示，Xiong 等使用疏水性纤维素油酰酯纳米颗粒封装的黑磷作为协同电子捕获层，开发了一种具有优异耐久性和高摩擦电性的全织物 TENG[28]。疏水性纤维素油酰酯纳米颗粒/黑磷混合层提供了一个电荷存储层，以减少摩擦电电子的耗散，从而增加电力输出。为了实现可变形性和舒适性，与 PDMS 结合的银片作为相互连接的渗流网络完全渗透到纱线中，得到可变形性的织物导电电极。浸涂疏水性纤维素油酰酯纳米颗粒可以获得防水 PET 织物，并用于封装织物电极，形成具有优异耐洗性和变形性的夹层织物基 TENG。图 4.5（b）～（d）显示了基于不同织物的 TENG 的输出电压、电流密度和转移电荷量，测试的手触摸为 5N（6Hz）。基于原始 PET 织物的器件可分别产生 200V 电压和 $0.18\mu A/cm^2$ 电流密度。涂覆黑磷后，输出电压和电流密度分别增加到 300V 和 $0.4\mu A/cm^2$。这归因于黑磷的电子捕获能力，它提供了一个电荷存储层来抑制摩擦电电子的损失，以增加电力输出。仅使用疏水性纤维素油酰酯纳米颗粒涂层后，输出电压和电流密度分别高达 530V 和 $0.6\mu A/cm^2$。而对于连续包覆黑磷和疏水性纤维素油酰酯纳米颗粒，输出电压和电流密度进一步增加到 880V 和 $1.1\mu A/cm^2$。图 4.5（e）和（f）显示了经过多个周期的恶劣条件（包括变形和耐洗性）后器件的测试结果，以证明其鲁棒性。经过 500 次折叠、扭曲和拉伸循环后，输出电压和电流密度与原始输出相比保持恒定，甚至在剧烈洗涤（搅拌速率 1150r/min）72h 后仍保持高性能。Tex-TENG 的这种显著耐用性归因于黑磷和疏水性纤维素油酰酯纳米颗粒紧密附着涂层，特别是疏水性纤维素油酰酯纳米颗粒提供的坚固保护和防水性能，使其能够抵抗各种极端条件。

综上所述，本节介绍了通过化学改性大幅稳定提高纺织基 TENG 输出性能的方法，包括官能团修饰改变原有材料表面吸或供电子能力、离子注入/辐照来补偿表面电势差以及电荷捕获/存储增加摩擦电荷等方法。在表面功能化方面，具体介绍了通过使用一系列卤族元素和胺有效改变聚合物表面的摩擦电性能、采用 PDMS 层作为高导电镍铜纺织基材上的涂层增强 Tex-TENG 的电气性能等；在离子注入/辐照方面，具体介绍了通过空气电离枪将单电极离子注入表面电荷、利用低能氦离子辐照改性提高表面电荷密度等；在电荷捕获/存储方面，具体介绍了通过引入聚苯乙烯和炭黑作为电荷传输层和聚苯乙烯作为电荷存储层来提高多层纳米纤维 TENG 的电荷密度、用疏水性纤维素油酸酯纳米颗粒封装的黑磷作为协同电子捕获层以提高 Tex-TENG 摩擦电性能等。

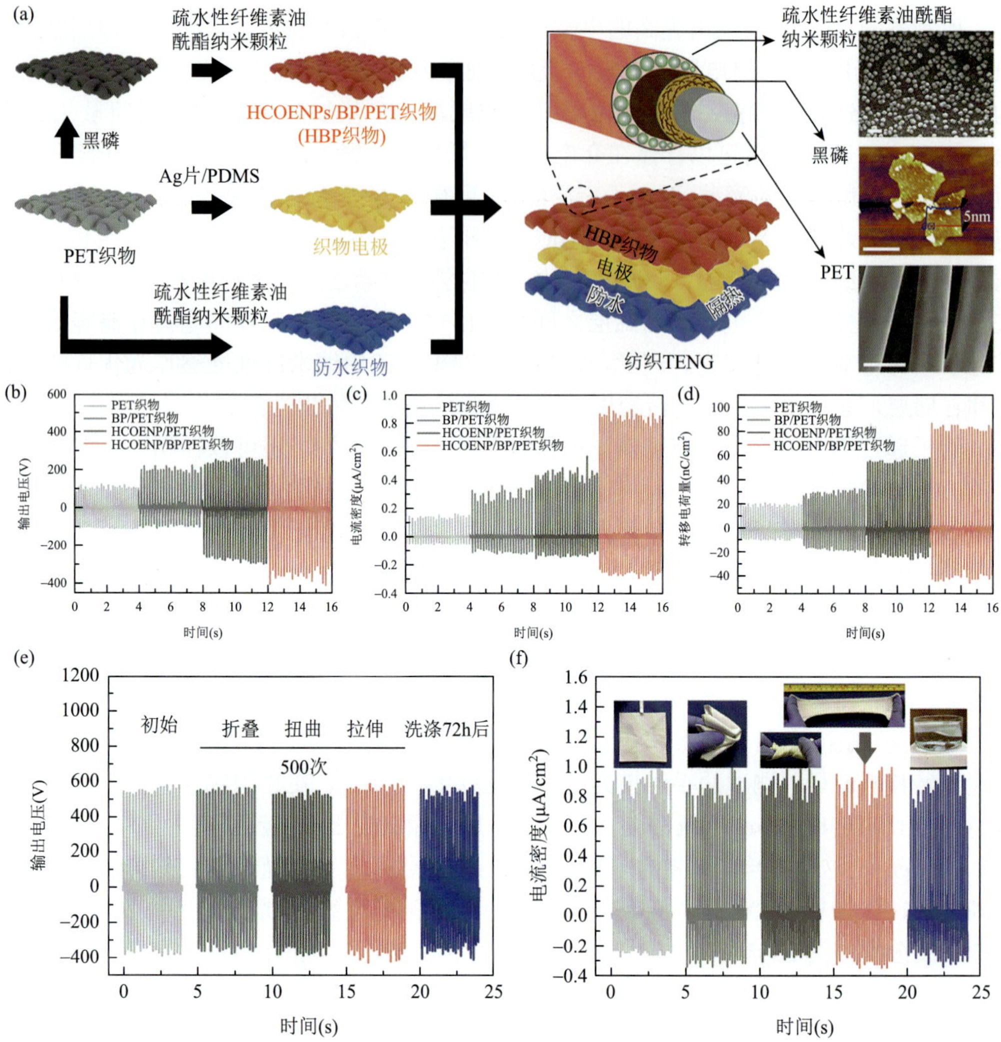

图 4.5 通过电荷捕获增加全织物 TENG 电荷方法的示意图。(a)基于聚对苯二甲酸乙二醇酯(PET)织物的纺织基 TENG 的制造过程示意图;(b~d)基于裸 PET 织物、黑磷(BP)涂层 PET 织物(BP/PET 织物)、疏水性纤维素油酸酯纳米颗粒(HCOENP)涂层 PET 织物(HCOENP/PET 织物)和 HBP 织物(HCOENP/BP/PET 织物)的纺织基 TENG 的输出电压、电流密度和转移电荷量;(e,f)纺织基 TENG 在经历各种极端变形和严重洗涤后的输出电压和电流密度(本图已获得自然出版集团许可)[28]

4.2 结构设计

4.2.1 分层结构

织物基 TENG 的电输出性能依赖于摩擦材料接触或摩擦引起的异质电荷的分离过程，以及由此通过静电感应引起的电信号输出过程。合理设计摩擦材料或织物基 TENG 结构，可以提高 Tex-TENG 的输出性能。将高级中间层嵌入 T-TENG 是提高表面电荷密度和功率输出性能的有效策略，这一提升效果主要源于介电常数的增加，从而优化了电荷的积累与传输效率[29-32]。研究表明，摩擦介电层中的摩擦电荷会随时间衰减。摩擦带电层和电极之间的中间层可以捕获和累积更多的电子，减少电子的漂移和扩散，从而延长电荷衰减过程。当没有中间层时，表面的电子可能在电场的驱动下向内漂移，最终与电极上感应的相反电荷结合，从而降低表面电荷密度。在摩擦层中添加中间层可以延长电荷衰减时间和增加感应电荷，最终提高 TENG 的输出性能。例如，Cui 等研究了摩擦层厚度与聚偏二氟乙烯薄膜中摩擦电荷传输过程之间的关系[33]。结果表明，当摩擦层厚度大于存储深度时，存储电荷可达到最大值。随着存储深度的过度增加，电荷没有进一步累积。并且通过在聚偏二氟乙烯薄膜和电极之间进一步添加介电层和传输层，TENG 的输出性能将得到更显著的提升。

此外，引入功能层构建层状摩擦电材料是保持最大电荷密度以实现 Tex-TENG 中摩擦电材料结构优化的一种卓越策略。Bai 等通过简单的刮刀涂层方法设计了一种具有柔性功能弹性体层的新型复合织物，并以此作为负摩擦电材料构建了具有不同工作模式的 Tex-TENG[34]，如图 4.6（a）和（b）所示。由于 Ecoflex/CNT 层的作用，电荷排斥减弱，并为新摩擦电荷的进入创造了更多潜在位置。此外，由于超软 Ecoflex 层中的电荷捕获位点，总摩擦电荷增加。新型复合织物 TENG 的电荷分布和新型复合织物多层膜各自的功能如图 4.6（c）所示。低温硫化硅层负责产生摩擦负电荷；纳米复合层主要起到转移电荷、减弱电荷排斥的作用；Ecoflex 层的目的是减少电荷损失并增加总电荷，织物电极保留感应正电荷。这些多层膜共同作用以实现最大电荷密度，最终提高电输出性能。通过在低温硫化硅起电层和 Ecoflex 层之间添加柔性 Ecoflex/CNT 层，可以增强新型复合织物 TENG 表面的电荷密度。如图 4.6（d）～（f）所示，随着 CNT 含量从 0.6%增加到 1.6%，开路电压 V_{OC}、短路电流 I_{SC} 和转移电荷量 Q_{SC} 的信号均呈现增加的趋势。当 CNT 含量为 1.6%时，电输出达到最大值，相应的峰值 V_{OC} 为 490V，I_{SC} 为 43μA，Q_{SC} 为 70nC。图 4.6（g）为新型复合织物 TENG 的 V_{OC} 和功率密度对串联可变电阻 R 的依赖性，在负载电阻为 5MΩ 时瞬时功率密度峰值为 1.6mW/cm^2。通过连续运行约 2h 对新型复合织物 TENG 进行了稳定性测试。如图 4.6（h）所示，即使在 14400 个连续加载循环后，测量的电流也没有衰减，证明了新型复合织物 TENG 具有良好的稳定性。

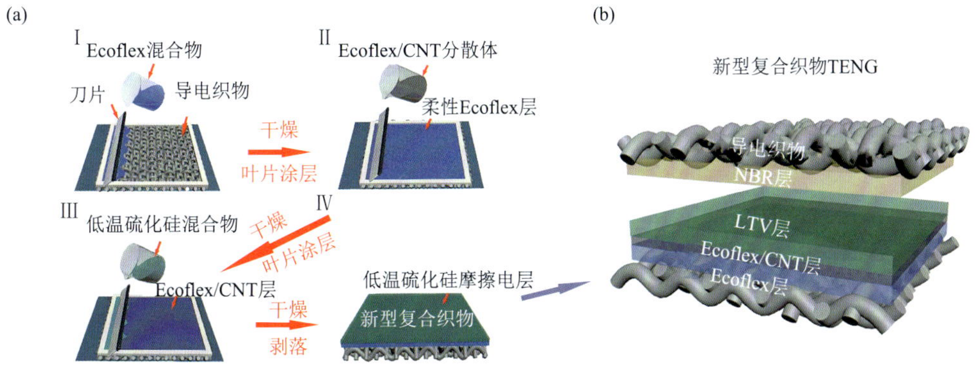

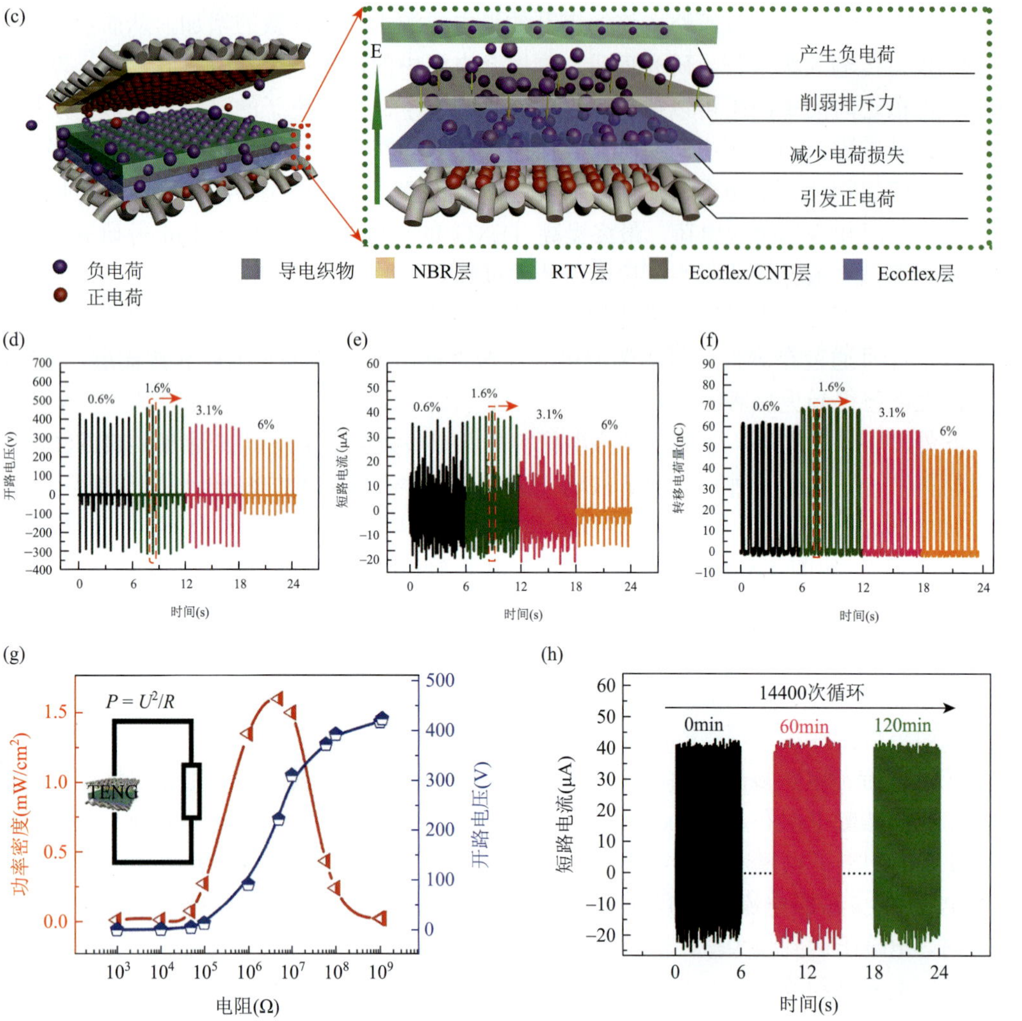

图 4.6 通过引入功能层制备新型复合织物 TENG。（a）FEL@CF 的刀片涂层过程图；（b）FEL@CF-DTENG 示意图；（c）示意图显示 FEL@CF-DTENG 的摩擦电荷和感应电荷分布，放大图展示 FEL@CF 多层膜的功能；当 CNT 含量从 0.6%变化到 6%时，测量 FEL@CF-TENG 的（d～f）开路电压 V_{OC}、短路电流 I_{SC} 和转移电荷量 Q_{SC}；（g）不同外部负载电阻从 $10^3\Omega$ 到 $10^9\Omega$ 时的 V_{OC} 和功率密度；（h）FEL@CF-DTENG 以 2 Hz 的频率连续发电 2h（14400 次循环）（本图已获得 Elsevier 许可）[34]

4.2.2 包芯/涂层结构

提高 Tex-TENG 电性能的常见策略是将所需的功能材料引入到纺织品上，并通过提高其表面电荷密度来增强其摩擦电性能，从而增强 Tex-TENG 的电输出。然而，Tex-TENG 中使用的大多数电极为导电金属线或金属镀纱，其具有光滑的表面和高表面能，导致吸附性差且与聚合物摩擦电材料界面不相容。Gao 等开发了一种具有分层结构的可扩展的包芯涂层纱线基 TENG[35]，提供了一种简化、高效和稳定的方案将摩擦电材料与纺织品集成。

该方法采用纺丝技术，以镀银尼龙丝为芯、绝缘棉纤维为壳，纺制出一种导电包芯纱，其中镀银尼龙丝为电极，棉纤维为吸波基材。用尼龙和掺杂 PDMS 涂覆的多根包芯纱用作正负摩擦电材料，通过编织技术实现分级包芯涂层纱线基 TENG。可以实现 174V 的输出电压、$275mW/m^2$ 的峰值功率密度和 $57mW/m^2$ 的平均功率密度。

包芯结构的 TENG 可以直接集成到具有芯电极和介电表面的单电极 TENG 纱线中，通过各种纺织技术进一步编织成所需配置的 TENG 织物。近年来研究人员开发了一系列的包芯 TENG 纱线，这些包芯 TENG 纱线只能感知两个物体的接触和分离，而无法区分与它们相互作用的材料类型，限制了它们在智能传感中的应用。Ye 等通过合理设计、电辅助包芯纺纱技术开发了一种包芯 TENG 纱线[36]，该纱线融合了粗糙的纳米级介电表面和机械强度高且导电的芯纱。简化的电辅助芯纺丝技术装置由不锈钢漏斗收集器和两个对称静电纺丝系统组成，如图 4.7（a）所示。电辅助芯纺丝技术形成连续均匀的包芯结构主要取决于静电纺丝电压和卷绕速度。由于电辅助芯纺丝技术保持了芯纱的初始结构，因此其机械性能得以保留。不锈钢纱/聚偏二氟乙烯纱线的质量仅约为 0.1g，长度为 50cm，可以承受 3kg 的质量而不断裂［图 4.7（b）］。同时，其具备柔韧性且可以编织成不同的复杂图案，如图 4.7（c）所示。经过超 100000 次弯曲测试后，无论是在覆盖完整性还是堆叠密度方面，不锈钢纱/聚偏二氟乙烯纱线都没有发生实质性变化［图 4.7（d）］。由不同芯纤维调节的不同包芯 TENG 纱线的应力-应变曲线如图 4.7（e）所示，证实了其拉伸强度［(264±22) MPa］和失效应变（3.3%±0.3%）与不锈钢纱几乎相同。图 4.7（f）显示智能传感织物的峰值输出电压与 3Hz 时的接触力呈正相关，表明其与基材之间的有效接触面积随着接触力的增加而逐渐增加。此外，智能传感（IS）织物在 20000 次循环和 5Hz 工作频率下测量的稳定性和可靠性如图 4.7（g）所示，负载电压在前 4000 个周期中略有增加，可能是织物的起伏结构所导致，这种起伏表面上的转移电荷密度需要多次接触才能达到最大值。

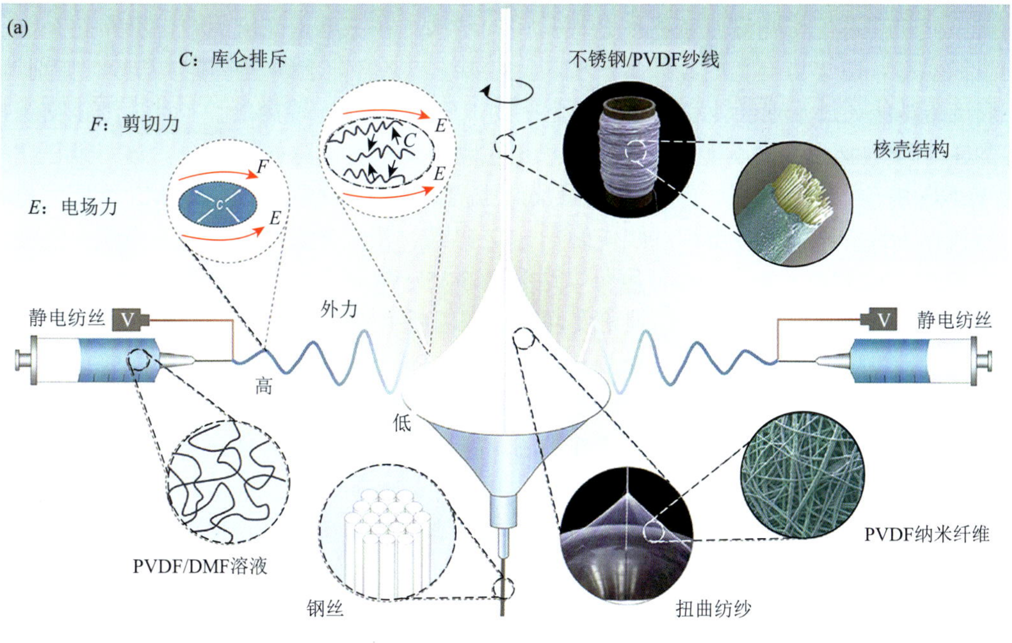

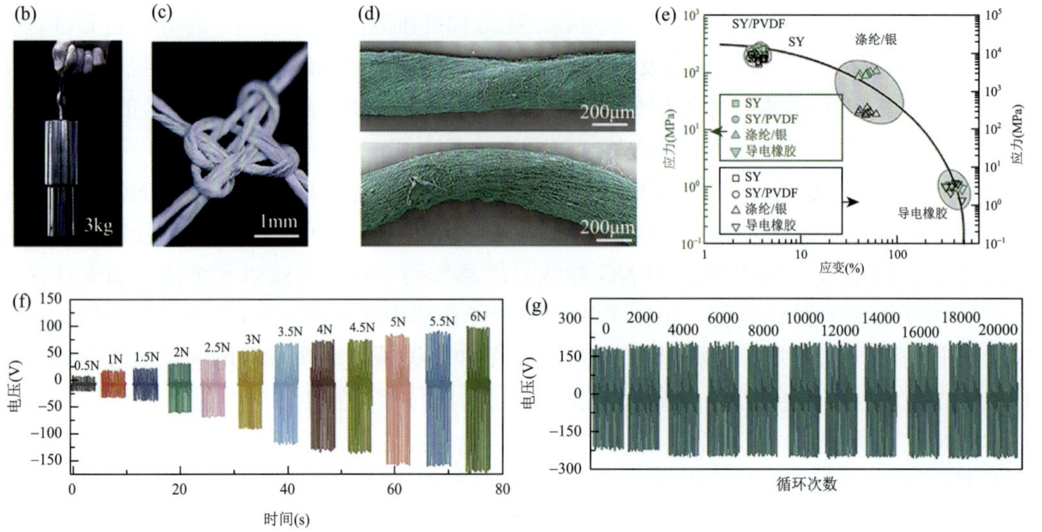

图 4.7 具有包芯结构的 TENG 制备示意图。(a)电辅助芯纺丝技术设备进行包芯 TENG 纱线纺纱的示意图;(b)不锈钢纱/聚偏二氟乙烯纱线承受 3kg 质量而不断裂的数码照片;(c)不锈钢纱/聚偏二氟乙烯纱线编织成复杂的“吉祥”结图案的数码照片;(d)不锈钢纱/聚偏二氟乙烯纱线弯曲前和 100000 次弯曲测试后的 SEM 图;(e)由不同芯纤维调节的不同包芯 TENG 纱线的应力-应变曲线;(f)自动接触测试装置在不同施加力下周期性按压 IS 织物的输出电压;(g)智能传感织物在 20000 次循环和 5Hz 工作频率下测量的稳定性和可靠性(本图已获得美国化学学会许可)[36]

4.2.3 3D 织物结构

通过三维织物结构，可以将特殊织物结构的缺点转化为设计高性能 TENG 的优点，这些先进三维织物结构包括三维机织、三维针织和三维编织等。在各种三维机织织物中，三维正交机织和三维角度互锁机织是最常用的结构。在三维正交机织中，存在三个方向的纱线系统，即 X 方向上的经纱、Y 方向上的纬纱和 Z 方向上的全厚度接结纱。特别地，Z 形接结纱线通过互连经纱和纬纱来固化织物。例如，Dong 等提出了一种三维正交织物 TENG 用于收集生物力学能量并作为自供电主动运动信号跟踪传感器[37]。该三维正交织物 TENG 由三根纱线组成，即不锈钢/聚酯纤维混纺纱线作为经纤维，PDMS 涂层能量收集纱线作为纬纤维，非导电棉纱线作为黏合 Z 纱线，沿经纱在纬纱上上下交织。三维正交织物 TENG 的最大输出功率密度可以达到 263.35mW/m^2，比传统二维织物 TENG 高出几倍。与三维正交机织相比，三维角度互锁机织由两组纱线制成，纱线之间的间隙更大，更容易变形。He 等开发了由硅橡胶涂层氧化石墨烯/棉复合纱线的三维角度互锁织物 TENG[38]。在 10N 的压力下，该三维角度互锁织物 TENG 可产生 225mW/m^2 的输出功率。凭借高输出性能，三维角度互锁织物 TENG 可用于能量收集和人体运动监测的地毯信号监视器。

与其他三维织物结构相比，三维针织结构具有优异的拉伸性、弹性和固有的内部空间，因此可以提供更大的接触和分离空间。例如，Chen 等提出了一种三维双面互锁织物

TENG [39]，通过针织两种系统纱线，即棉纱线和聚酰胺复合纱线，如图 4.8（a）所示。聚酰胺复合纱线通过涂覆 Ag 电极并进一步包裹硅橡胶进行改性。图 4.8（b）为三维双面互锁织物 TENG 的实物照片和部分放大图以及聚酰胺复合纱线的横截面和导电纱线的表面形貌，其中白色线由三股加捻棉纱组成，绿色线由聚酰胺复合纱线组成。导电纱线和聚酰胺复合丝的拉伸性能如图 4.8（c）所示，从拉伸曲线来看，聚酰胺复合纱线的断裂强力和断裂伸长率较聚酰胺导电纱线有所提高。图 4.8(d)展示了三维双面互锁织物 TENG 可以发生不同的形变，包括拉伸、剪切、折叠、悬垂、卷曲和扭曲，证明其质地柔软且结构灵活。在外部负载电阻为 200MΩ 的情况下，三维双面互锁织物 TENG 一个循环的峰值能量输出达到 470nJ。三维双面互锁织物 TENG 可以通过自身弯曲和拉伸来发电，也可以用作压力或重量传感器。

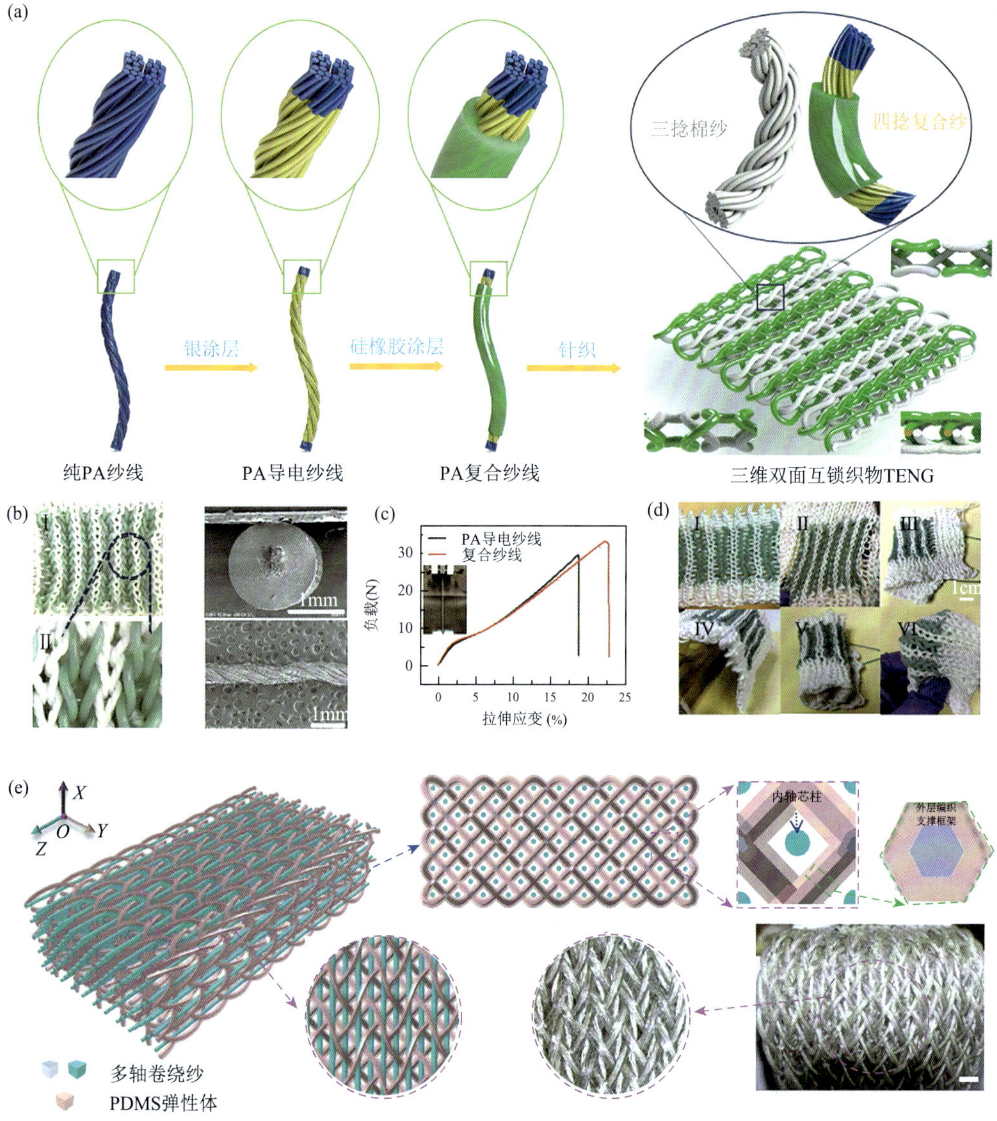

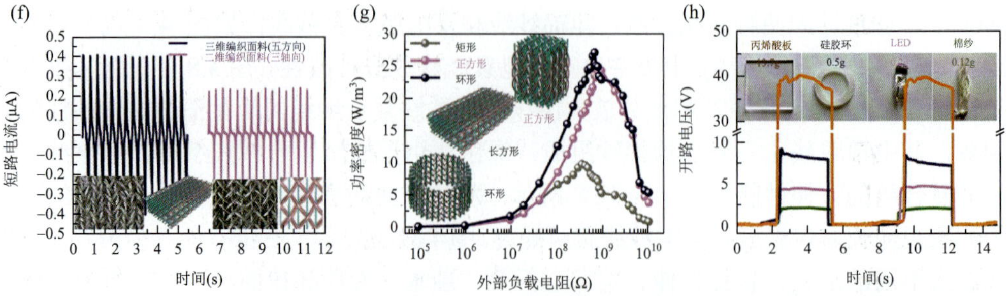

图 4.8　具有三维结构 TENG 织物的示意图。（a）芯鞘纱和三维双面互锁织物 TENG 的制造工艺；（b）三维双面互锁织物 TENG 和细节表面照片以及 PA 复合纱线和导电纱线的表面 SEM 横截面图；（c）导电纱线和聚酰胺复合纱线的拉伸性能；（d）三维双面互锁织物 TENG 在不同变形下的照片，包括拉伸、剪切、折叠、悬垂、卷曲和扭曲（本图已获得 Elsevier 许可）[39]；（e）三维 TENG 织物的结构特征，包括外部编织支撑框架和内轴芯柱；（f）三维 TENG 织物与多层二维 TENG 织物之间的短路电流比较；（g）不同截面形状的三维 TENG 织物的功率密度比较；（h）三维 TENG 织物对不同物体的压力敏感性（本图已获得自然出版社许可）[40]

此外，三维编织结构赋予其高柔韧性、结构完整性、形状适应性和机械稳定性的优点，由多股编织纱线在不同方向上相互移动交织而成。最近，Dong 等开发了一种具有良好透气性、高压缩回弹性和可机洗性的三维 TENG 织物 [40]，如图 4.8（e）所示。该三维 TENG 织物通过四步矩形编织技术制造，采用 PDMS 涂层能量纱作为编织纱，八轴向缠绕纱作为轴向纱。通过与多层二维编织 TENG 进行比较，验证了三维 TENG 织物增强的电输出，如图 4.8（f）所示，结果表明三维 TENG 织物的短路电流 I_{SC} 是多层二维 TENG 织物的两倍。在外编织支撑框架和内轴芯柱之间建立了许多菱形框架柱结构提供了高压缩回弹力并提高了三维 TENG 的工作性能。通过调整机器床上纱线的排列，可以调整三维 TENG 织物的横截面，包括矩形、正方形和环形，如图 4.8（g）所示。在三种截面结构中，环形形状具有最高的功率输出密度，在 3Hz 的加载频率和 20N 的作用力下可以达到 26W/m^3。即使质量变化小于 0.1g，三维 TENG 织物也可以重复且稳定地区分电信号的差异，如图 4.8（h）所示。该三维 TENG 织物应用于两种新型人机交互应用，包括人体运动监测功能的智能鞋和用于安全入口的自供电身份识别地毯。

综上所述，本节介绍了通过结构设计提高纺织 TENG 输出性能的方法，具体而言，涵盖了分层结构设计、包芯/涂层结构设计和三维织物结构设计等。关于分层结构设计，详细探讨了通过引入功能层构建层状摩擦电材料，从而实现最大电荷密度的维持。针对包芯/涂层结构，进一步介绍了借助电辅助包芯纺纱技术制备包芯 TENG 以提高其鲁棒性。至于三维织物结构（包括三维机织、三维针织和三维编织等），具体分析了三维双面互锁织物的设计，以提高织物 TENG 的拉伸性、弹性和内部空间，此外，四步矩形编织技术制作多股纱线三维编织 TENG 可以提高织物 TENG 的电输出性能。

4.3　电 路 管 理

TENG 已成为改善物联网、可穿戴电子和植入式电子器件供电的突破性解决方案。

然而，机械能的不稳定特性导致 TENG 输出具有随机幅值和频率的脉冲波形。同时，由于 TENG 本身具有高阻抗，传统的桥式整流器总是面临着阻抗失配的问题，特别是当能量来源是低频人体生物力学能量时，能量存储效率极低，因此需要合理的电路管理来解决这一挑战。有效的电路管理不论是对非织物基 TENG 还是对织物基 TENG 能量高效利用都起着至关重要的作用，这也一直是 TENG 实用化的难点和瓶颈。

可以从非织物基 TENG 的电路设计中获得一些有价值的启示，并将其应用于织物基 TENG 中，以提高其输出功率。这种电路管理策略具有一定的通用性，为探索织物基 TENG 的性能提升提供了思路和方向。2017 年，Xi 等通过最大化能量传输、直流（DC）降压转换和自我管理机制，提出了一种用于 TENG 的通用电源管理策略[41]。如图 4.9（a）所示，以聚全氟乙丙烯（FEP）薄膜和两个铜电极制成的 TENG 为例，TENG 经整流后通过串联开关输出到后端电路，后端电路以电阻表示。在初始状态下，TENG 的电压 U 和转移电荷量 Q 从$(Q, U) = (0, 0)$开始，开关为关闭状态。当 FEP 薄膜向右移动时，Q 仍为零，U 达到 U_{OC} 的最大值。在这个过程中，能量逐渐积累到 TENG 中的最大值。在状态Ⅲ中，开关导通，TENG 的能量在节点 A 到节点 B 的路径上释放到电阻上，Q 不断增大，U 不断减小，直到 Q 达到 Q_{SC} 的最大值，U 减小为 0。在状态Ⅳ时开关断开，在状态Ⅴ时 FEP 薄膜回到左端，能量再次积累，U 达到$-U'_{OC}$ 负的极大值；在状态Ⅵ时开关再次导通，能量以相同的路径释放，过程回到初始状态，进行一个完整的循环。在一个周期内传递给电阻的能量可以描述为

$$E = \oint U \mathrm{d}Q = \frac{1}{2} Q_{SC}(U_{OC} + U'_{OC}) \tag{4.1}$$

虽然 TENG 可以最大限度地传递能量，但是 U_{AB} 的间隔脉冲高压仍然不能直接为电子器件供电。在该电路的基础上，将经典 DC-DC 降压变换器耦合为 TENG 的 AC-DC 降压变换电路。在开关管和负载电阻 R 之间，依次加入并联续流二极管 D_1、串联电感 L 和并联电容 C，如图 4.9（b-Ⅰ）所示。该开关不仅用于最大限度的能量传输，还用于电路中的直流降压变换。对于具有对称结构的 TENG 来说，一个完整的循环可以是相同的两个电路循环。每个电路周期 T_C 有两个周期（$T_C = t_1 + t_2$），等效电路分别如图 4.9（b-Ⅱ）和 4.9（b-Ⅲ）所示。当开关在 t_1 期间导通时，续流二极管则截止。能量传输相当于一个充满能量的电容器放电到 LC 单元。一部分能量吸收并储存在电感中作为磁场能，另一部分能量储存在电容中作为电场能而不发生能量耗散。根据基尔霍夫定律，释放电压 $U_{AB}(t)$、电感电流 $i_L(t)$和输出电压 $U_O(t)$可以描述为

$$i_L(t) = i_C(\mathrm{t}) + i_R(t) = C\frac{\mathrm{d}U_O(t)}{\mathrm{d}t} + \frac{U_O(t)}{R} \tag{4.2}$$

$$U_L(t) = L\frac{\mathrm{d}i_L(t)}{\mathrm{d}t} = U_{AB}(t) - U_O(t) \tag{4.3}$$

$$i_L(t) = C_T\frac{\mathrm{d}U_{AB}(t)}{\mathrm{d}t} \tag{4.4}$$

式中，$i_C(t)$为电容电流；$U_L(t)$为电感电压；$i_R(t)$为输出电流。

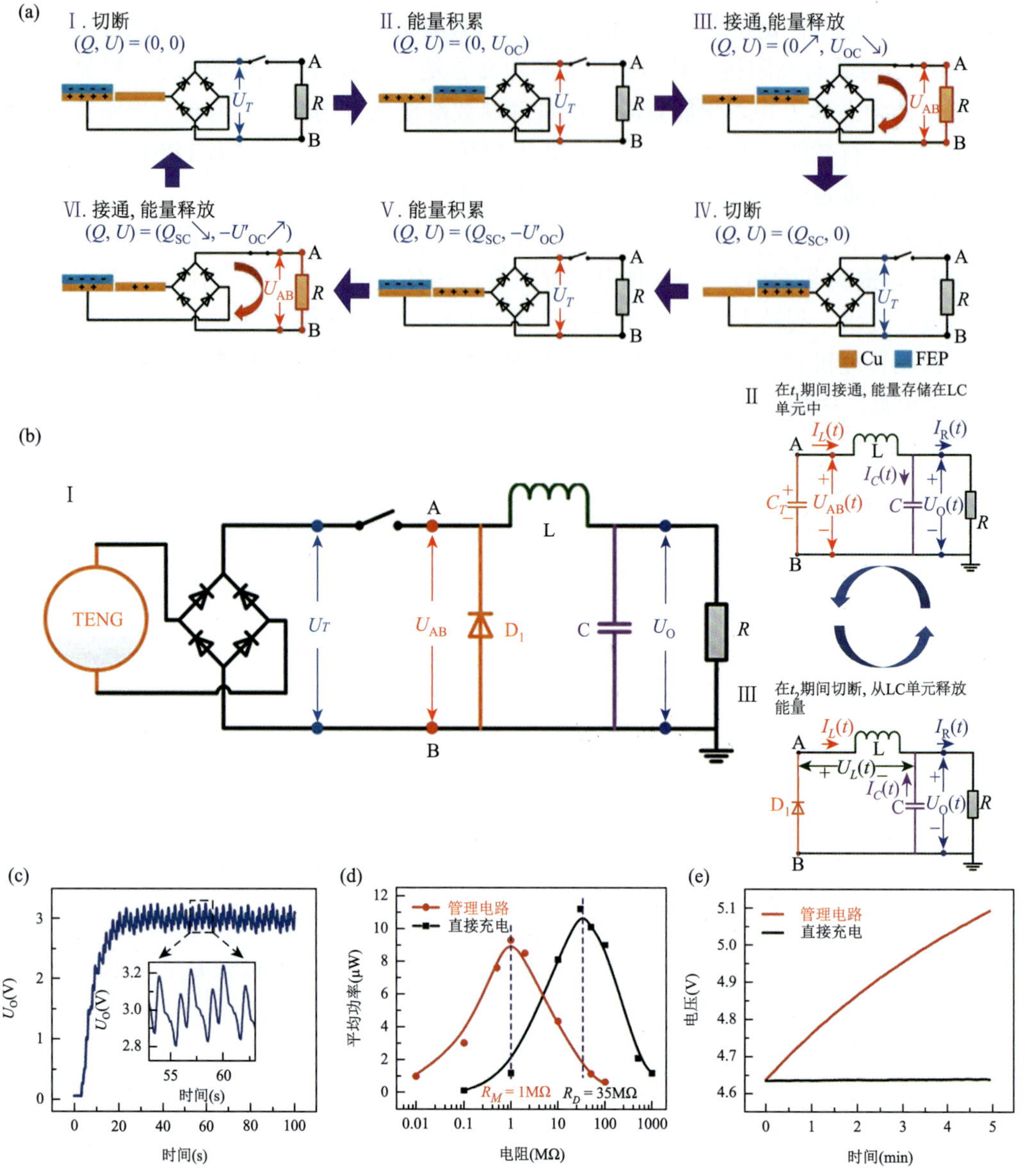

图 4.9　一种用于 TENG 通用电源管理策略的示意图。(a)在一个周期内运行过程：从 TENG 释放最大能量开始，再通过顺序开关将其传输到电阻器。(b)Ⅰ. 通过耦合 TENG 和经典 DC-DC 降压转换器进行 AC-DC 降压转换的原理图；Ⅱ. 接通期间的等效电路，来自 TENG 的能量存储在 LC 单元中；Ⅲ. 切断期间来自 TENG 的能量从 LC 单元释放的等效电路。(c)在 $f = 1\text{Hz}$、$R = 1\text{M}\Omega$、$C = 10\mu\text{F}$ 和 $L = 5\text{mH}$ 下测得的 U_O-t 曲线。(d)比较外部电阻的直接平均功率和管理平均功率，显示 PMM 的输出阻抗转换。(e)1mF 电容的直接充电和电路管理充电的比较(本图已获得 Elsevier 许可)[41]

而当开关在 t_2 期间断开时，续流二极管作为回路导通，从电感释放能量。LC 单元中存储的能量均释放到负载电阻中。根据基尔霍夫定律，忽略二极管压降，电感电流 $i_L(t)$ 和输出电压 $U_O(t)$ 也可以描述为

$$i_L(t) = -i_C(t) + i_R(t) = -C\frac{dU_O(t)}{dt} + \frac{U_O(t)}{R} \tag{4.5}$$

$$U_L(t) = L\frac{di_L(t)}{dt} = -U_O(t) \tag{4.6}$$

在交变过程中，输出电压 $U_O(t)$在 t_1 时段增大，在 t_2 时段减小。平均值从零开始不断上升，直至达到每个电路周期具有相同变化区域的稳定状态。稳态条件基于电感伏-秒平衡和电容安-秒平衡原理如下：

$$\frac{1}{T_C}\int_0^{T_C} U_L(t)dt = 0 \tag{4.7}$$

$$\frac{1}{T_C}\int_0^{T_C} i_C(t)dt = 0 \tag{4.8}$$

其中，每个电路周期的平均电感电压和电容电流均为零。因此，在满足 $U_O(0) = U_O(T_C) = U_{O1}$，$U_O(t_1) = U_{O2}$，$i_L(0) = i_L(T_C) = i_{L1}$，$i_L(t_1) = i_{L2}$，$U_{AB}(0) = U_{OC}$ 和 $U_{AB}(t_1) = 0$ 的特定条件下，上述两周期方程式（4.2）～式（4.6）可以在稳态下求解。如图 4.9（c）与（d）所示，使用管理电路可以在 20s 内获得负载上的稳定电压。在稳态时，直流分量测量为 3.0V，纹波为 0.4V，匹配电阻从 35MΩ 减小到 1MΩ。除了负载电阻的输出特性外，还对 1Hz 时 1mF 电容的充电曲线与 TENG 直接充电进行对比。如图 4.9（e）所示，通过直接充电 5min，电压仅从 4.632V 增加到 4.636V，增量为 18.5μJ。通过使用电源管理模块（PMM），大约 85%的能量可以从 TENG 自主释放，并以稳定和连续的直流电压输出到负载电阻上。

研究人员在织物基 TENG 中集成了各种电源管理模块以提高织物基 TENG 的能量利用率，从而实现为可穿戴电子设备持续供电。例如，Xu 等通过集成小尺寸电源管理模块为 Tex-TENG 供电，将不规则的交流电输出转换为稳定的直流输出[42]。文中所报道的 Tex-TENG 采用电镀缝合技术以实现双面结构，其中一个表面由介电纱线组成，充当起电层以产生静电荷，另一表面由导电纱线制成，以将感应电荷输出到外部电路。具有共面结构的 Tex-TENG 以滑动模式工作，如图 4.10（a）所示。Tex-TENG 具有高电压和低电流的脉冲电流输出，必须通过调节电路进行管理，以便为电子设备提供稳定的电源。如图 4.10（b）所示，该电源管理模块由用于 AC-DC 转换的桥式整流器、用于降压转换的 DC-DC 降压转换器（并联二极管 D、串联电感 L 和并联电容器 C）和根据 TENG 电压自动控制的磁滞开关组成。为了展示电源管理模块提高后端负载能量利用率的能力，使用面积为 10cm×10cm、在接触分离模式工作的 Tex-TENG 可以输出 344V 的电压和 12.51μA 的电流。连接一个 15mF 电容器作为外部负载来存储转换后的电力。如果没有电源管理模块，则在 300s 内将电容器从 0V 充电到 0.03V。如果有电源管理模块，电压在同一时间段内从 0V 增加到 0.12V，如图 4.10（c）所示。使用电源管理模块时存储的电荷量和能量分别为 1.8mC 和 108μJ，分别比不使用电源管理模块时高约 4 倍和 16 倍。然后接一系列不同的电容器（2.2～4700μF）作为负载并充电相同的时间段（100s）。不使用电源管理模块时，电容为 2.2μF 时获得最高存储能量 0.16mJ，而使用电源管理模块时，在 47μF 的最佳电容器下获得了 0.76mJ 的最高存储能量（没有电源管理模块时为 0.058mJ），如图 4.10（d）所示。显而易见，通过与电源管理模块集成，存储的电荷量和能量得到了显著提高。

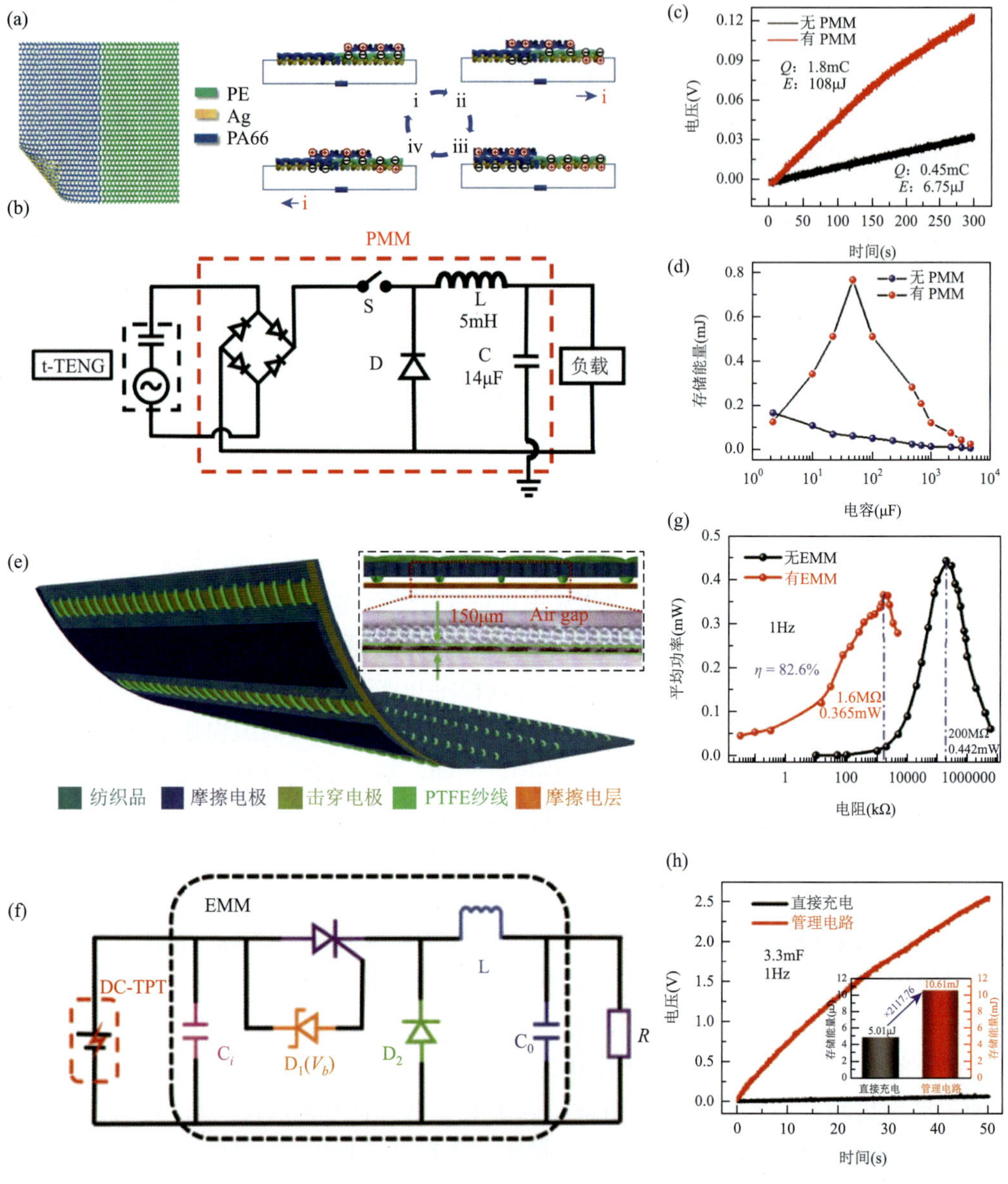

图 4.10 为 Tex-TENG 供电的集成小尺寸电源管理模块。（a）共面滑动模式下纺织 TENG 示意图；（b）电源管理模块的等效电路；（c）Tex-TENG 在有和没有电源管理模块的情况下对 15mF 电容器充电的电压；（d）Tex-TENG 在使用和不使用电源管理模块的情况下在 100s 内充电的一系列电容器（2.2～4700μF）的存储能量（本图已获得 Elsevier 许可）[42]；（e）直流摩擦电力纺织品的示意图；（f）直流摩擦电力纺织品通过电源管理模块为外部负载供电的电路图；（g）在有/无电源管理模块的一系列电阻下的平均功率；（h）在有/无电源管理模块充电容量的比较（本图已获得 Wiley 许可）[43]

类似地，Cheng 等开发了一种家用高输出直流摩擦电力纺织品和一种小型化但高效的电源管理模块，以持续驱动可穿戴电子设备[43]。该直流摩擦电力纺织品由纺织基材、摩擦电极（产生电荷）、击穿电极（收集电荷）和聚四氟乙烯纱线（保持稳定且微小的击穿间隙）组成，如图 4.10（e）所示，可以直接缝制在衣服上以收集生物机械能。尽管直流摩擦电力纺织品表现出出色的电力输出性能，但内部高阻抗导致为储能设备和电子设备供电的可用能量极低。因此，设计了一个电源管理模块来解决上述问题，该模块包含一个输入电容器 C_i（充当直流摩擦电力纺织品和降压电路之间的中介）和一个降压电路（晶闸管是一种无源电子开关，用于降压电路中以减少能量损耗），如图 4.10（f）所示。在没有电源管理模块的情况下，直流摩擦电力纺织品的最大平均功率在 200MΩ 时达到 0.442mW，而在有电源管理模块的情况下，匹配电阻下降到 1.6MΩ，能量传输效率为 82.6%［图 4.10（g）］。当电阻器直接由直流摩擦电力纺织品供电时，脉冲电流和电压的峰值分别仅为 6.75μA 和 0.2V，然而经过电源管理后可以获得 68μA 的稳定电流和 2.15V 的电压。这些结果表明，电源管理模块可以将低脉冲输出转变为稳定的高输出。当直流摩擦电力纺织品直接为 3.3mF 电容器供电时，50s 内存储的能量仅为 5.01μJ，而当连接电源管理模块时，存储能量可以达到 10.61mJ，提升了 2117 倍［图 4.10（h）］。

此外，可穿戴混合能量采集器在为可穿戴电子设备供电方面显示出巨大的潜力，因为它们规避了单个能量采集器的不连续能源问题，从而提供了更多可用能量。TENG 和生物燃料电池的混合应用前景广阔，然而存在两大挑战。首先，两种能量采集器的输出严重不匹配，但优化的电源管理和设计原理尚未得到验证。其次，之前报道的设备基于平面结构且缺乏透气性。Zhuo 等开发了一种由 Tex-TENG 和纤维生物燃料电池编织而成的透气编织混合能量采集器[44]。Tex-TENG 和纤维生物燃料电池的输出特性完全不同，Tex-TENG 输出大电压、小交流电，而纤维生物燃料电池输出小电压、直流电。首先，纤维生物燃料电池的输出电压（0.4V）太低，无法驱动正常的商用电子设备。其次，在纤维生物燃料电池的输出电压下，Tex-TENG 的输出功率将做大幅牺牲。由于以上两个原因，如果这两种能量收集组件直接连接，透气编织混合能量采集器将无法为电子设备供电。因此，该透气编织混合能量采集器需要定制的电源管理电路来匹配所收集的两股能量，为电子设备供电。如图 4.11（a）所示，为混合能量采集器定制的电源管理电路由两阶段组成。在第一阶段，利用 Tex-TENG 模块和纤维生物燃料电池模块以 2.7V 对 2.2μF 临时存储电容器进行充电。Tex-TENG 通过桥式整流器连接到临时存储电容器以将交流电转换为直流电。而纤维生物燃料电池通过超低功耗升压转换器 BQ25504 连接到同一存储电容器。在第二阶段，设计了一个毫微功率降压转换器（LTC3388），将 2.7V 电压转换为 1.2V 以驱动负载。

为了展示电源管理电路优化的电源管理效率，设置了三个场景：①使用电源管理电路前后纺织基 TENG 的输出比较；②使用电源管理电路前后纤维生物燃料电池的输出比较；③使用电源管理电路前后混合能量采集器的输出比较。在没有电源管理电路的情况下，Tex-TENG 在 1.03MΩ（1.2V 输出电压）时的直流输出仅为 1.4μW，而使用电源管理电路时，Tex-TENG 可以在 500kΩ 时提供 1.2V 的稳定直流输出和约 2.97μW 的直流功率，使得输出功率增加到约 2.1 倍［图 4.11（b）］。然后比较使用和不使用电源管理

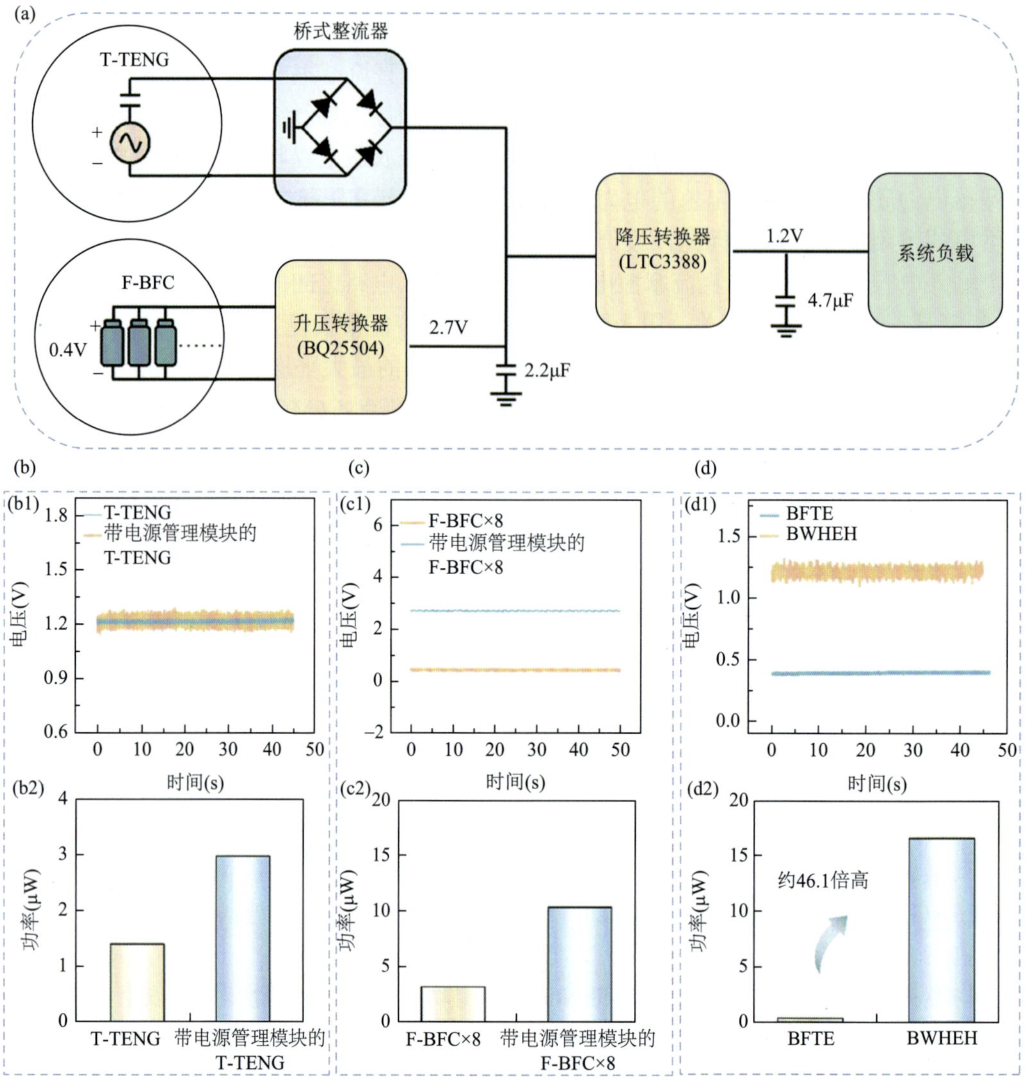

图 4.11　用于透气织物混合能量采集器的电源管理电路示意图。（a）透气编织混合能量采集器的电源管理电路；（b）使用电源管理前后的 Tex-TENG 输出电压（b1）和输出功率（b2）对比；（c）使用电源管理前后并联的 8 个纤维生物燃料电池的输出电压（c1）和输出功率（c2）对比；（d）编织混合能量采集器在使用电源管理前后的输出电压（d1）和输出功率（d2）对比（本图已获得 Elsevier 许可）[44]

电路的 8 个并联纤维生物燃料电池的电压和功率输出［图 4.11（c）］。在不使用电源管理电路的情况下，并联纤维生物燃料电池输出 0.4V 工作电压，输出功率在 50kΩ 时仅为 3.2μW。通过电源管理，并联纤维生物燃料电池的输出电压从 0.4V 增加到 2.7V，满足可穿戴电子设备的额定电压要求。此外，电源管理电路可以帮助纤维生物燃料电池在最佳负载点运行，并且使用电源管理电路时的最大输出功率在 700kΩ 时为 10.41μW，比不使用电源管理电路时高约 3.25 倍。为了展示电源管理电路的优势和协同电源管理效果，将 Tex-TENG 和纤维生物燃料电池均连接至电源管理电路，形成完整的混合能量采集器电源系统，然后比较使用和不使用电源管理电路的混合能量采集系统［图 4.11（d）］。使用电源管理电路后，混合能量采集器的输出电压从 0.4V 增加到 1.2V，不仅满足可穿戴电子设备额定电压要求，而且将混合能量采集器变为直流稳压电源供电，最大输出功率放大了约 46.1 倍。因此，使用专门设计的电源管理电路极大地提高了能源效率，显著扩宽了透气编织混合能量采集器电力系统的实际应用范围，进一步促进了 Tex-TENG 和纤维生物燃料电池同时从多个来源收集能量的可能性。

4.4 小　结

本章系统地介绍了优化 Tex-TENG 性能的方法，主要包括化学改性、结构设计和电路管理三个方面。Tex-TENG 作为下一代智能纺织品，在物联网和人工智能时代具有重要作用，但其实际应用中仍面临着低输出、高阻抗、工作耐久性差等局限性。在化学改性方面，主要介绍了三种方法。首先是化学官能团修饰，通过对 Tex-TENG 表面进行处理，改变材料吸电子和供电子的能力。其次是离子注入/辐照，通过向材料中注入离子或进行辐照处理，改变其电学特性，从而增强能量收集能力。最后是电荷捕获/存储，采用特殊材料捕获和存储电荷，提高能量感应效率。在结构设计方面，主要介绍了三种方法。第一种是分层结构设计，通过在 Tex-TENG 中添加中间层或者引入功能层以保持最大电荷密度，从而增强能量输出；第二种是包芯/涂层结构设计，提供简化、高效和稳定的方案将摩擦电材料与纺织品集成；第三种是三维织物结构设计，通过三维机织、三维针织或三维编织，将特殊织物结构的缺点转化为设计高性能 TENG 的优点，提高能量转换效率。最后，电路管理方面阐述了包括非纺织基和纺织基在内的 TENG 电路管理通用策略。有效的电路管理可以帮助优化能量输出和供电效率，使 Tex-TENG 在实际应用中更加稳定和高效。综上所述，通过采用化学改性、结构设计和电路管理等方法，可以有效提高 Tex-TENG 的机电转换性能，克服其在实际应用中存在的局限性，为 Tex-TENG 在物联网和人工智能时代的广泛应用奠定了基础。

参考文献

[1] Zou H，Zhang Y，Guo L，et al. Quantifying the triboelectric series[J]. Nat Commun，2019，10（1）：1427.

[2] Zou H，Guo L，Xue H，et al. Quantifying and understanding the triboelectric series of inorganic non-metallic materials[J]. Nat Commun，2020，11（1）：2093.

[3] Kim M P，Lee Y，Hur Y H，et al. Molecular structure engineering of dielectric fluorinated polymers for enhanced performances of triboelectric nanogenerators[J]. Nano Energy，2018，53：37-45.

[4] Lee B Y，Kim D H，Park J，et al. Modulation of surface physics and chemistry in triboelectric energy harvesting technologies[J]. Sci Technol Adv Mater，2019，20（1）：758-773.

[5] Kim D W，Lee J H，Kim J K，et al. Material aspects of triboelectric energy generation and sensors[J]. NPG Asia Mater，2020，12（1）：6.

[6] Wang Z L. From contact electrification to triboelectric nanogenerators[J]. Rep Prog Phys，2021，84（9）：096502.

[7] Dzhardimalieva G I，Yadav B C，Lifintseva T V，et al. Polymer chemistry underpinning materials for triboelectric nanogenerators（TENGs）：Recent trends[J]. Eur Polym J，2021，142：110163.

[8] Yu Y，Wang X. Chemical modification of polymer surfaces for advanced triboelectric nanogenerator development[J]. Extreme Mech Lett，2016，9：514-530.

[9] Xu J，Zou Y，Nashalian A，et al. Leverage surface chemistry for high-performance triboelectric nanogenerators[J]. Front Chem，2020，8：577327.

[10] Xiao R，Yu G，Xu B B，et al. Fiber surface/interfacial engineering on wearable electronics[J]. Small，2021，17（52）：2102903.

[11] Šutka A，Mālnieks K，Lapčinskis L，et al. The role of intermolecular forces in contact electrification on polymer surfaces and triboelectric nanogenerators[J]. Energy Environ Sci，2019，12（8）：2417-2421.

[12] Shin S H，Bae Y E，Moon H K，et al. Formation of triboelectric series via atomic-level surface functionalization for triboelectric energy harvesting[J]. ACS Nano，2017，11（6）：6131-6138.

[13] Lee C，Yang S，Choi D，et al. Chemically surface-engineered polydimethylsiloxane layer via plasma treatment for advancing textile-based triboelectric nanogenerators[J]. Nano Energy，2019，57：353-362.

[14] Liu Y，Fu Q，Mo J，et al. Chemically tailored molecular surface modification of cellulose nanofibrils for manipulating the charge density of triboelectric nanogenerators[J]. Nano Energy，2021，89：106369.

[15] Feng P Y，Xia Z，Sun B，et al. Enhancing the performance of fabric-based triboelectric nanogenerators by structural and chemical modification[J]. ACS Appl Mater Interfaces，2021，13（14）：16916-27.

[16] Wang S，Xie Y，Niu S，et al. Maximum surface charge density for triboelectric nanogenerators achieved by ionized-air injection：Methodology and theoretical understanding[J]. Adv Mater，2014，26（39）：6720-6728.

[17] Fan Y，Li S，Tao X，et al. Negative triboelectric polymers with ultrahigh charge density induced by ion implantation[J]. Nano Energy，2021，90：106574.

[18] Li S，Fan Y，Chen H，et al. Manipulating the triboelectric surface charge density of polymers by low-energy helium ion irradiation/implantation[J]. Energy Environ Sci，2020，13（3）：896-907.

[19] Cheng G G，Jiang S Y，Li K，et al. Effect of argon plasma treatment on the output performance of triboelectric nanogenerator[J]. Appl Surf Sci，2017，412：350-356.

[20] Kim W，Okada T，Park H W，et al. Surface modification of triboelectric materials by neutral beams[J]. J Mater Chem A，2019，7（43）：25066-25077.

[21] Park H W，Huynh N D，Kim W，et al. Electron blocking layer-based interfacial design for highly-enhanced triboelectric nanogenerators[J]. Nano Energy，2018，50：9-15.

[22] Du J，Duan J，Yang X，et al. Charge boosting and storage by tailoring rhombus all-inorganic perovskite nanoarrays for robust triboelectric nanogenerators[J]. Nano Energy，2020，74：104845.

[23] Wang Y，Jin X，Wang W，et al. Efficient triboelectric nanogenerator （TENG）output management for improving charge density and reducing charge loss[J]. ACS Appl Electron Mater，2021，3（2）：532-549.

[24] Saadatnia Z，Esmailzadeh E，Naguib H E. High performance triboelectric nanogenerator by hot embossing on self-assembled micro-particles[J]. Adv Eng Mater，2019，21（1）：1700957.

[25] Zhang J H，Zhang Y，Sun N，et al. Enhancing output performance of triboelectric nanogenerator via large polarization difference effect[J]. Nano Energy，2021，84：105892.

[26] Wang H，Sakamoto H，Asai H，et al. An all-fibrous triboelectric nanogenerator with enhanced outputs depended on the polystyrene charge storage layer[J]. Nano Energy，2021，90：10651.

[27] Li Z，Zhu M，Qiu Q，et al. Multilayered fiber-based triboelectric nanogenerator with high performance for biomechanical energy harvesting[J]. Nano Energy，2018，53：726-733.

[28] Xiong J，Cui P，Chen X，et al. Skin-touch-actuated textile-based triboelectric nanogenerator with black phosphorus for durable biomechanical energy harvesting[J]. Nat Commun，2018，9（1）：4280.

[29] Wang H L，Guo Z H，Zhu G，et al. Boosting the power and lowering the impedance of triboelectric nanogenerators through manipulating the permittivity for wearable energy harvesting[J]. ACS Nano，2021，15（4）：7513-7521.

[30] Wang H，Han M，Song Y，et al. Design，manufacturing and applications of wearable triboelectric nanogenerators[J]. Nano

Energy，2021，81：105627.

[31] Xie X，Chen X，Zhao C，et al. Intermediate layer for enhanced triboelectric nanogenerator[J]. Nano Energy，2021，79：105439.

[32] Liu Y，Ping J，Ying Y. Recent progress in 2D-nanomaterial-based triboelectric nanogenerators[J]. Adv Funct Mater，2021，31（17）：2009994.

[33] Cui N，Gu L，Lei Y，et al. Dynamic behavior of the triboelectric charges and structural optimization of the friction layer for a triboelectric nanogenerator[J]. ACS Nano，2016，10（6）：6131-6138.

[34] Bai Z，Zhang Z，Li J，et al. Textile-based triboelectric nanogenerators with high-performance via optimized functional elastomer composited tribomaterials as wearable power source[J]. Nano Energy，2019，65：104012.

[35] Gao Y，Li Z，Xu B，et al. Scalable core-spun coating yarn-based triboelectric nanogenerators with hierarchical structure for wearable energy harvesting and sensing via continuous manufacturing[J]. Nano Energy，2022，91：106672.

[36] Ye C，Yang S，Ren J，et al. Electroassisted core-spun triboelectric nanogenerator fabrics for intellisense and artificial intelligence perception[J]. ACS Nano，2022，16（3）：4415-4425.

[37] Dong K，Deng J，Zi Y，et al. 3D orthogonal woven triboelectric nanogenerator for effective biomechanical energy harvesting and as self-powered active motion sensors[J]. Adv Mater，2017，29（38）：1702648.

[38] He E，Sun Y，Wang X，et al. 3D angle-interlock woven structural wearable triboelectric nanogenerator fabricated with silicone rubber coated graphene oxide/cotton composite yarn[J]. Compos B：Eng，2020，200：108244.

[39] Chen C，Chen L，Wu Z，et al. 3D double-faced interlock fabric triboelectric nanogenerator for bio-motion energy harvesting and as self-powered stretching and 3D tactile sensors[J]. Mater Today，2020，32：84-93.

[40] Dong K，Peng X，An J，et al. Shape adaptable and highly resilient 3D braided triboelectric nanogenerators as e-textiles for power and sensing[J]. Nat Commun，2020，11（1）：2868.

[41] Xi F，Pang Y，Li W，et al. Universal power management strategy for triboelectric nanogenerator[J]. Nano Energy，2017，37：168-176.

[42] Xu F，Dong S，Liu G，et al. Scalable fabrication of stretchable and washable textile triboelectric nanogenerators as constant power sources for wearable electronics[J]. Nano Energy，2021，88：106247.

[43] Cheng R，Ning C，Chen P，et al. Enhanced output of on-body direct-current power textiles by efficient energy management for sustainable working of mobile electronics[J]. Adv Energy Mater，2022，12（29）：2201532.

[44] Zhuo J，Zheng Z，Ma R，et al. A breathable and woven hybrid energy harvester with optimized power management for sustainably powering electronics[J]. Nano Energy，2023，112：108436.

本章作者：戴念[1]，陈泽文[2]，朱绮婷[1]，陆诚越[1]，胡彬[2*]，钟俊文[1*]

1. 澳门大学

2. 华中科技大学

Email: junwenzhong@um.edu.mo（钟俊文）；bin.hu@hust.edu.cn（胡彬）

第 5 章

纺织基摩擦纳米发电机的应用：微纳能源收集

摘　要

本章讨论 Tex-TENG 在风能、雨滴能、振动能及人体动能等微纳能源收集的应用。在风能收集方面揭示颤振飘带 TENG 的工作机制，分析飘带的运动特性。在雨滴能收集方面，探讨如何避免水滴对 TENG 造成的输出衰减，以及如何提升织物基 TENG 的疏水性和舒适性。在振动能收集方面，重点介绍对于声波能的收集，概述声波 TENG 的工作机制，以及如何利用结构设计提高对声波的收集。在人体运动能收集方面阐述织物基 TENG 如何收集人体关节活动、呼吸、心跳等低频生物机械能的技术手段，展示用于可穿戴电子设备供电和运动监测的巨大潜力。Tex-TENG 在微纳能源收集领域展现出广阔的应用前景，未来有望为能源领域带来更多创新性的突破和发展。

5.1　风能收集

风能作为一种广泛分布且蕴含着巨大潜能的自然资源[1-3]，其能量可以通过 TENG[4-6] 进行捕获和转化[7-10]。通过在风场或者其他适宜的场所使用 TENG，能够有效地将风能转化为电能，减缓对化石能源的依赖。为了有效地收集风能，Bae 等制备出基于颤振驱动的织物 TENG 用于风能的收集[11]。该 TENG 由面对面放置的柔性旗帜和刚性侧壁组成［图 5.1（a）］。柔性旗帜为镀金（化学镀）织物，该织物同时作为电极和摩擦层。另一片同样镀金的织物放置在刚性侧壁上作为对电极，在电极的顶部贴合带有黏合剂的聚四氟乙烯薄膜（50μm）作为对摩擦层。在风的作用下，摩擦层和对摩擦层之间会发生自激颤振现象，这一现象是由于在接触与分离的过程中，摩擦层之间产生的电荷转移与静电感应效应相互耦合，从而将风的动能巧妙地转化为电能。处于单节点颤振状态下的旗帜［图 5.1（b）］，从顶部到节点旗帜只发生幅值很小的振荡，在节点下方，行波向旗帜尾部传播且振幅逐渐增大。为了优化织物基 TENG 对风能的收集，分析了几何结构参数对颤振特性和输出性能的影响。旗帜颤振状态可由无量纲速度$U\sqrt{\rho wL^3/B}$和无量纲质量$m_L/(\rho wL)$组成的二维参数空间来刻画［图 5.1（c）］，其中U为风速，ρ为流体密度，w和L分别为旗帜的宽度和长度，B为旗帜的弯曲刚度，m_L为旗帜沿长度方向的线密度。无量纲速度反映了流体动能和旗帜弹性能之比，无量纲质量则体现了旗帜和与其发生相互

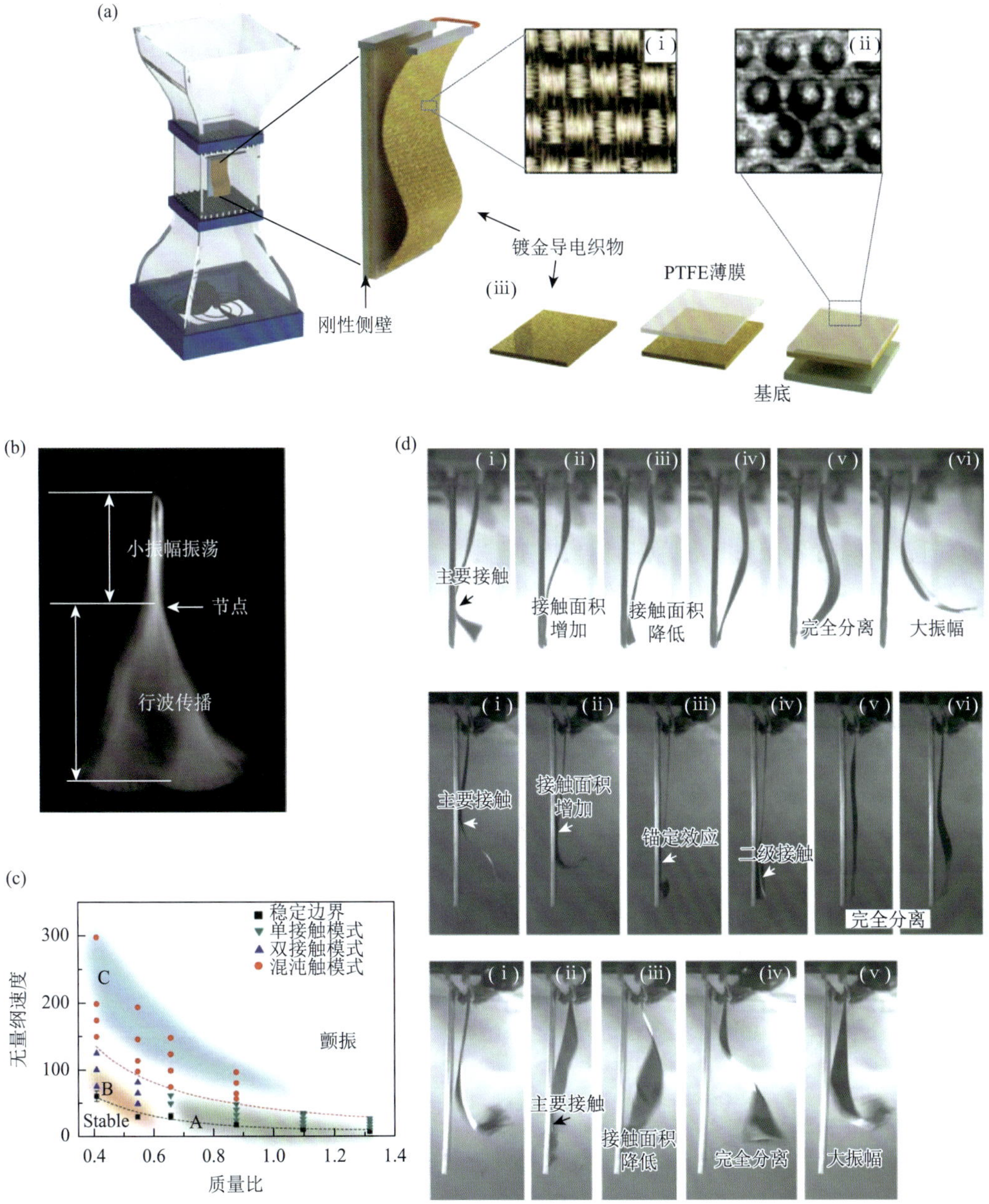

图 5.1　颤振飘带 TENG。(a) 风洞示意图和颤振驱动的 TENG 的结构设计[11]；(b) 高速相机拍摄的尺寸为 7.5cm × 5cm 无侧壁旗帜的颤振图[11]；(c) 旗帜与侧壁之间动态相互作用的状态图；(d) 不同条件下高速相机拍摄的旗帜和侧壁之间的接触分离图[11]

作用的流体质量之比。无量纲质量较大的旗帜由于惯性不稳定作用，容易以较低的无量纲速度飘动。一般情况下，通过将风速提高至稳定边界以上，旗帜开始出现颤振。在颤振区域，旗帜与侧壁之间有两种不同模式的接触分离运动。通过逐渐降低无量纲质量（可通过改变旗帜长宽比来进行调节），旗帜与侧壁之间的接触分离模式逐渐由单接触模式转变为双接触模式［图 5.1（c）］。这是旗帜弯曲模态不同导致的。随着旗帜长度的减小，第二弯曲模态被激发，旗帜与侧壁接触可能只发生在旗帜的后缘，从而形成单接触模式［图 5.1（d）］。随着旗帜长度的增加，第三种弯曲模态被激发，容易产生双接触行为，其由旗帜中间的一个触点和旗帜末端的第二个触点组成［图 5.1（d）］。当无量纲质量在 0.55～0.66 范围内时，出现单接触模式和双接触模式的转变。在单接触模式下，旗帜与侧壁接触面积和电荷转移速率随风速的增加而提高，TENG 的输出随风速的增加而线性增加。双接触模式下，随着风速的增加，旗帜的运动出现混沌特性［图 5.1（d）］，旗帜与侧壁之间的有效接触面积减小，导致 TENG 电输出仅略有增加。

除了地表之外，高空也蕴藏着丰富的风能资源。相较于地表风，高空风能展现出其独特的优势：速度快、分布广且稳定性卓越。这些特性使得高空风能成为一种极具潜力的可再生能源，值得深入探索与开发[12]。高空平台可以实现数据中继和系统互联互通，为边远地区提供宽带接入、导航和定位等通信服务[13]。同时高空风能也有望解决高空通信平台的供电问题。上述基于颤振的风能收集 TENG 依赖于风道以及柔性旗帜和侧壁之间的接触分离过程，无法收集来自各个方向的风能，难以充分利用高空风能。为了解决这个问题，Zhao 等报道了一种无侧壁旗帜用于风能收集的 TENG[14]。该 TENG 由通过化学镀镍的聚酯导电织物和中间夹有铜箔的聚酰亚胺带交错编织而成［图 5.2（a）］。所有

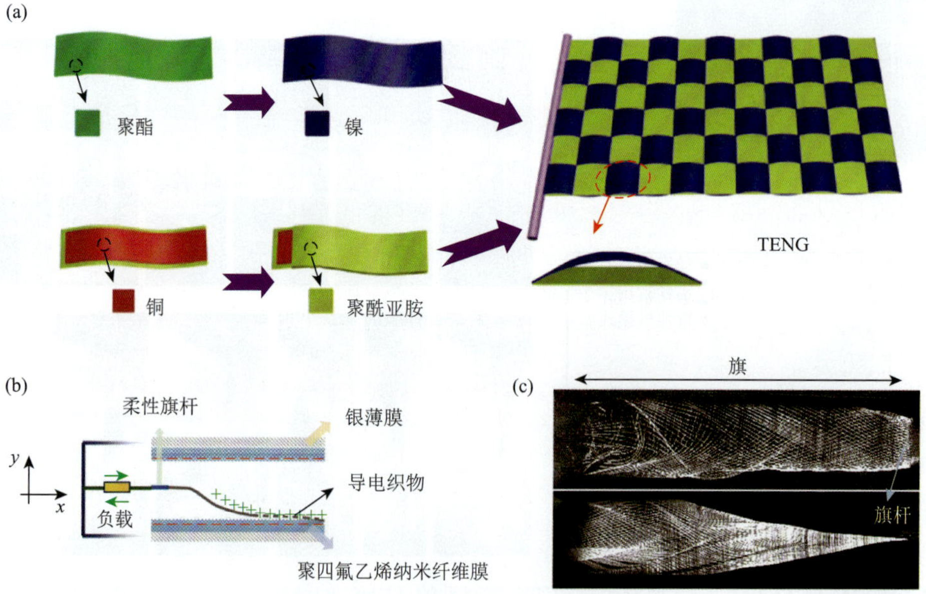

图 5.2 飘带 TENG 优化。(a) 无侧壁的旗帜风能收集 TENG 示意图[14]；(b) 基于柔性旗杆的旗帜风能收集 TENG 示意图[15]；(c) 柔性（上部）和刚性旗杆（下部）下旗帜的颤振状态对比[15]

的镍带作为一个电极连接在一起，而所有夹在聚酰亚胺中间的铜箔带连接在一起作为另一个电极。在每个编织单元中，两个电极之间留有间隙，镍和聚酰亚胺分别作为正、负摩擦层，在颤振条件下进行接触分离运动，可以将不同方向的风能转换为电能。他们设计了一种自供电温湿度传感器节点，该节点结合了 TENG 技术并以纽扣电池作为储能装置，能够实现与远程计算机的无线通信。在风速达到 14m/s 的条件下，通过该 TENG 对纽扣电池进行充电 4.8h 后，电池显示出在约 3.5V 的工作电压、1μA 的放电电流下具有 10μA·h 的放电容量。该充电纽扣电池能够为温度传感器节点供电，并将采集到的温度和湿度信息无线传输至远程接收器，最终在计算机上显示出来。

通常情况下，对于收集风能的颤振 TENG，只有靠近旗帜自由端的尾部才有助于能量收集，因为它是唯一与侧壁接触进行接触起电的部分。颤振发生时，旗帜的前部分运动幅度较小，无法与侧壁通过接触起电将风能转换为电能。旗帜飘动时，旗杆会受到旗杆飘动产生的曳力和升力。升力作用在旗杆上，产生一个拍打力矩和力，分别引起旗杆的旋转和横向振动。于是 Zhang 等[15]使用了一种柔性旗杆，将旗帜通过升力作用与旗杆之间产生的振动反作用于旗帜，进而放大整个旗帜的颤振运动，从而增加旗帜与侧壁之间的接触面积。具体器件结构如图 5.2（b）所示：旗帜由铜镍涂覆的聚酯导电织物构成，旗杆由聚对苯二甲酸乙二醇酯（PET）制成，其厚度为 0.2mm，宽度为 20mm，位于风道中间。通过蒸镀法沉积了银的聚四氟乙烯（PTFE）纳米纤维膜附着在通道壁的两侧，其中银作为电极。在 10m/s 的风速下，与基于刚性旗杆的颤振 TENG 相比，该 TENG 在旗杆处旗帜和侧壁之间的接触面积明显增加［图 5.2（c）］，平均输出功率提升了 112 倍。

5.2　雨滴能收集

雨滴是一种丰富的自然资源[16-18]，其冲击和流动产生的能量可以被 TENG 捕获和转换为电能[19-21]。Kwon 等利用织物和水滴接触过程中电容的变化制备出可收集环境中雨滴能的织物 TENG[22]。他们使用喷涂和转移工艺避免了传统旋涂和光刻工艺中高温对织物基器件选材的限制。该 TENG（70mm×50mm）由聚酯纤维基底、镀铜聚酯纤维织物叉指电极、聚氨酯防水层、聚甲基丙烯酸甲酯（PMMA）介电层、二氧化硅疏水层组成［图 5.3（a）］。其中，PMMA 层用于将水滴的运动转换为电能；防水层用于防止因织物吸水导致电学短路；疏水层用于防止水滴在能量转换层上的粘连从而提高水滴能的能量转化效率。通过喷涂法制备二氧化硅疏水层之后，将该 TENG 从刚性玻璃基底转移至伞面上可以实现对雨滴能的收集。该 TENG 的工作原理主要基于水滴运动过程中水滴与 PMMA 之间的接触起电及水滴与电极之间电容的变化。电容的变化来源于水滴和上下电极之间交叠区域的改变，水滴与上（C_u）/下（C_l）电极之间的电容可以表示为

$$C_u = \varepsilon A_u(t)/d \qquad (5.1)$$

$$C_l = \varepsilon A_l(t)/d$$

其中，ε 和 d 分别为介电层的介电常数与厚度；A_u 和 A_l 分别为水滴与上电极和下电极间的交叠面积。水滴与电极之间的总电容可表示为

$$C_v = C_uC_l/(C_u + C_l) \quad (5.2)$$

水滴从倾斜放置的 TENG 表面朝下运动时，PMMA 表面的带电基团倾向于吸引水滴中带相反电荷的离子从而在 PMMA 与水滴之间的界面处形成正束缚电荷［图 5.3（b）］。当水滴开始与下电极有交叠时，电子从下电极流向上电极并在外电路形成电流。当 A_u 和 A_l 相等时，水滴和电极之间的电容达到极大值，电流达到最大值。随着水滴的进一步运

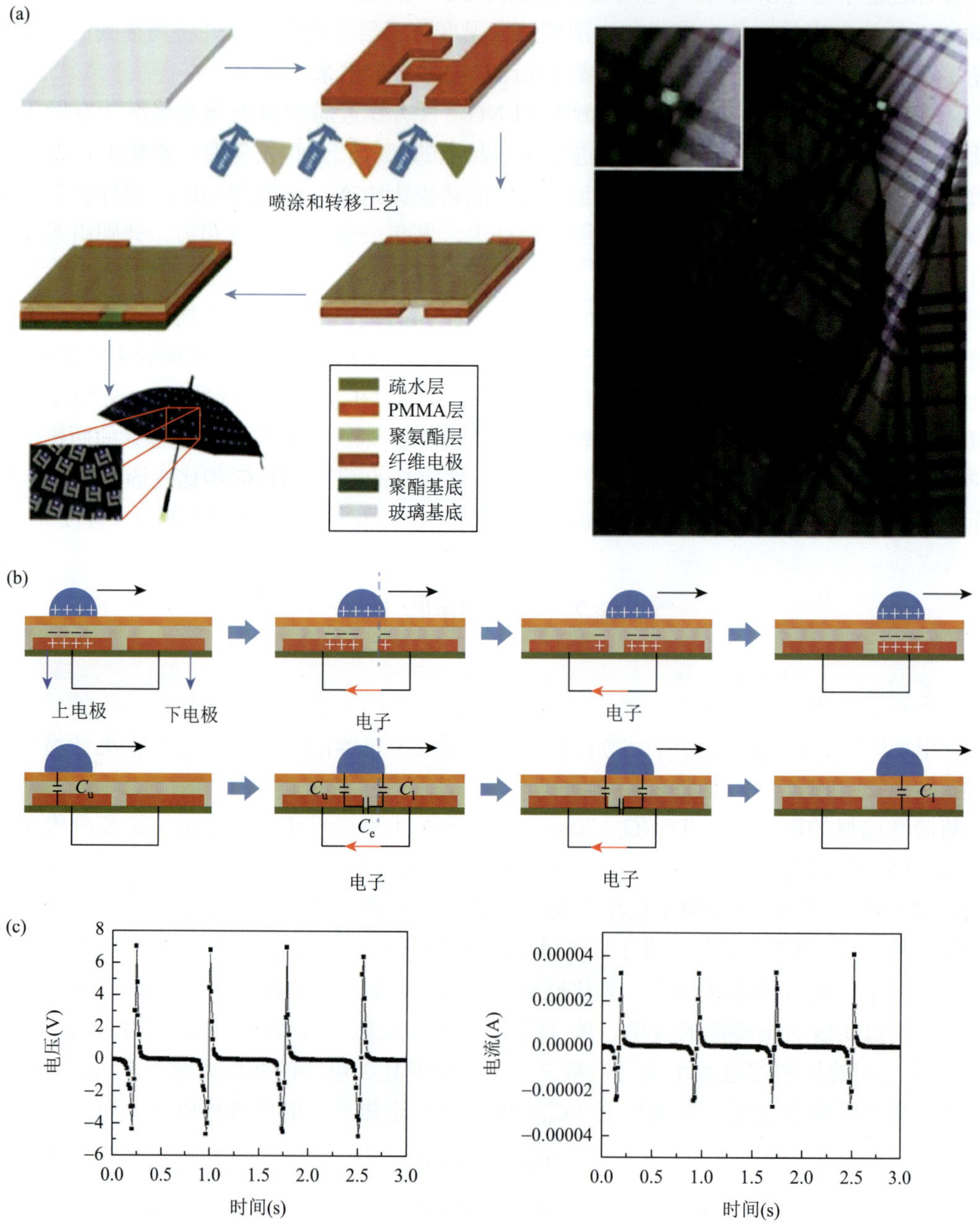

图 5.3 用于收集水滴能的 TENG。(a) TENG 制备流程示意图[22]；(b) TENG 工作原理[22]；(c) TENG 电学输出[22]

动，A_u 逐渐降低，电流也随之下降。从上面的分析可以发现只有当水滴同时和上下电极存在交叠时，才有电流产生。对于 30μL 的水滴，该 TENG 可以产生 7V 电压和 40μA 电流［图 5.3（c）］。将该 TENG 附着于伞面上，一滴水滴可以产生 280μW 的电能，能够点亮一个绿色 LED 灯［图 5.3（a）］。聚合物涂层的引入虽然增强了 TENG 的防水性并避免了雨滴导致的器件短风险，却降低了器件的透气性和拉伸性。总之，这种 TENG 在能源收集方面展现出一定潜力，但在性能优化和功能平衡方面仍有待进一步研究和改进。

Xiong 等开发了一种可穿戴全纤维基 TENG 用于雨滴能的收集，该器件同时具有自清洁和防污特性[23]。基于酯化法和纳米沉淀技术，以微晶纤维素为原料制备出纤维素油酰酯纳米颗粒（HCOENP）。这些 HCOENP 可作为一种低成本、无毒的涂层材料，涂敷在棉、丝、亚麻、聚对苯二甲酸乙二醇酯、聚酰胺（尼龙）和聚氨酯等织物上，使织物在保留优异透气性、耐洗性的基础上，同时具有疏水特性。防水织物的制备工艺如图 5.4 所示。首先在微晶纤维素上通过酯化改性，接枝椰油酰氯，形成疏水性纤维素油酰酯。然后将疏水性纤维素油酰酯从弱极性溶剂转移至强极性溶剂中，通过纳米沉淀法获得尺寸为 35nm 的 HCOENP。HCOENP 的疏水性来源于疏水的脂肪族链对纤维素表面亲水性羟基的取代。将 HCOENP 的乙醇悬浮液（0.2～0.6mg/mL）以 1mL/cm^2 的剂量喷涂至亲水性的 PET 织物上，可以得到准单层纳米级粗糙度的疏水涂层。纤维编织物的微米结构和纤维表面涂层的纳米结构，赋予织物独特的微纳米二级结构，可以有效地捕获空气并排斥水的渗透，从而使织物具备优异的防水性能。以 PET 织物制备的可穿戴、全纤维基 TENG 在 100MΩ 的负载下，输出功率为 0.14W/m^2，可以集成在腕带上实现对水能的收集。

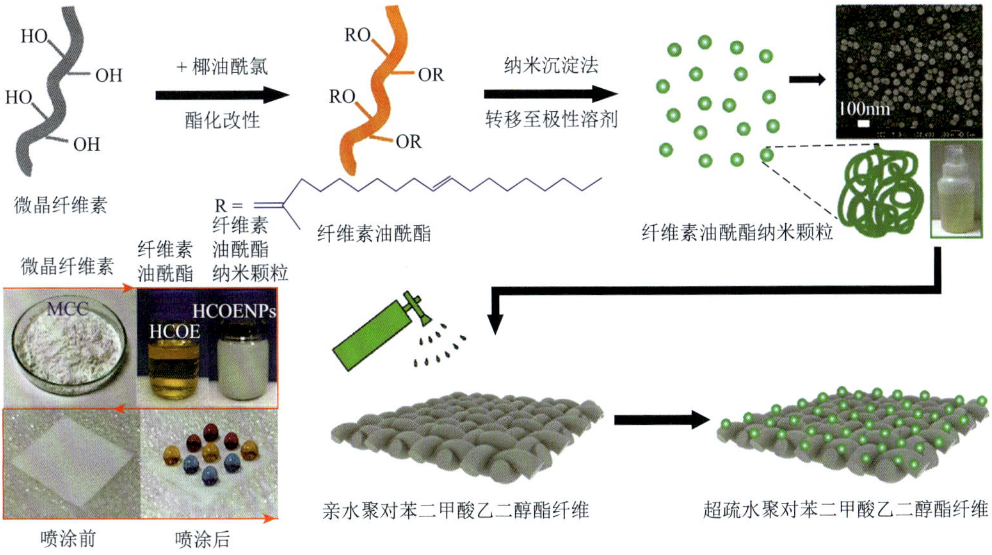

图 5.4　全纤维基 TENG 制备工艺示意图[23]

另外，水分子在摩擦层表面的吸附会降低摩擦层间接触起电的能力，进而造成织物基 TENG 输出性能的降低[24, 25]。为了抵消这种潜在的负面影响，通常需要对织物实施复杂的疏水处理工艺。然而，这种疏水性能在织物的长期使用与清洗过程中往往会逐渐减弱，最终不再具备有效的防水能力。为了解决上述问题，Lai 等设计了一种基于接触分离模式的层压织物 TENG，它由两片织物组成，并通过乙烯-乙酸乙烯共聚物（EVA）进行整体封装来解决水分子对 TENG 带来的不利影响[26]。器件结构如图 5.5（a）所示：从上到下的结构分别为防水 EVA 薄膜、同时作为上电极和上摩擦层的导电织物、作为摩擦层间垫片的绝缘网格织物、作为下摩擦层的粗糙橡胶膜、作为下电极的导电织物、防水 EVA 薄膜。不同于通常在织物表面进行金属物理沉积或导电纳米材料涂敷而制备出的导电织物，该导电织物是由银纤维与莱塞尔（Lyocell）纤维编织而成，它保证了织物 TENG 在各种变形情况下的可靠性和耐久性。EVA 薄膜表面呈现微米级凹坑，既提供了良好的防水性能，又避免了在人体佩戴时黏附于皮肤。此外，防水 EVA 薄膜不需要做复杂的疏水处理，在简化制备工艺的同时也保证了其可靠性和耐用性。绝缘网格织物垫片可以使上下摩擦层在雨滴微小冲击的作用下进行有效的接触分离，进而增加器件的电学输出。为了验证其适用性，在雨伞、雨衣和模拟建筑物上应用了这种织物 TENG，展示了其在收集雨滴能量方面的能力。该设备能够捕捉水滴的冲击能并将其转化为电能，从而点亮数十个 LED 灯，产生直观的信号［图 5.5（b）］。

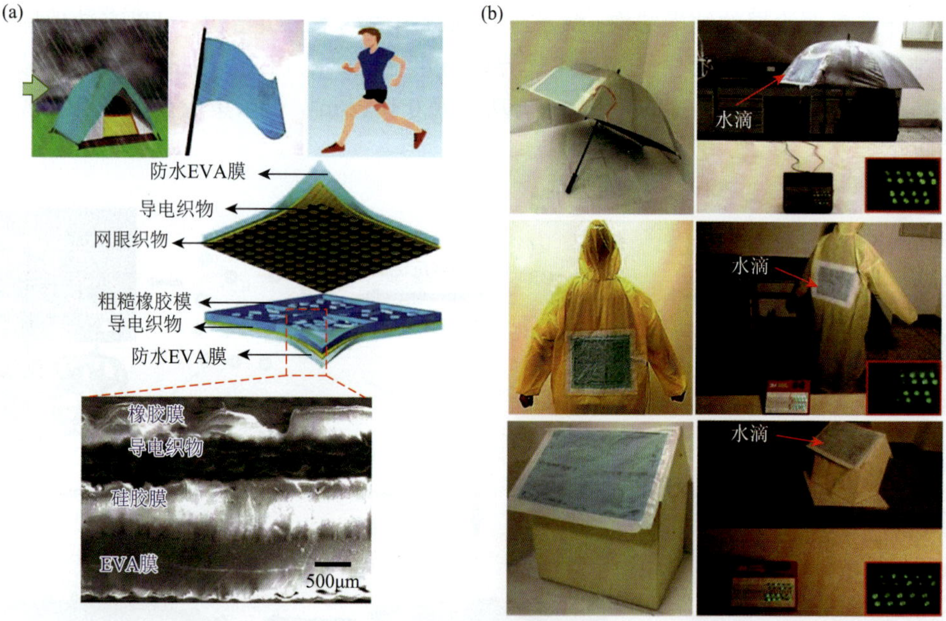

图 5.5　层压织物 TENG。（a）TENG 结构示意图[26]；（b）TENG 应用展示[26]

在不同的天气穿着合适的衣服是人们缓解身体不适的方式之一。受自然界植物蒸腾作用的启发，Kang 等设计了一种单向湿气传输结构的多气候全身织物 TENG，其设计初衷在于，在酷热难耐的天气里为人们带来丝丝凉意，同时，在雨天又能巧妙地收集雨滴能量，实现双重功效[27]。该 TENG 由 Janus 织物、MXene、聚丙烯腈纤维膜、改性 PTFE 涂层构成［图 5.6（a）］。Janus 织物不仅拥有卓越的柔韧性和透气性，而且其独特的双层错配结构及巧妙的连接方式，赋予了该织物在水分传输方面单向性的显著优势，这一点相较于传统的纬平针织物等其他类型织物尤为突出。将 MXene 油墨辊涂至 Janus 织物的亲水棉线层形成单面导电 Janus 织物，该织物随后用作 TENG 的一个电极。MXene 中的 C═O 与棉纤维中的—OH 之间形成氢键，提高了 Janus 与 MXene 之间的结合强度。聚丙烯腈纤维通过静电纺丝方法附着在单面导电的 Janus 织物上。由于用到了连续的针织和静电纺丝工艺，聚丙烯腈附着的 Janus 织物面积可达 60cm×30cm。聚丙烯腈纤维膜在 TENG 中起到两个作用：其一形成润湿梯度，促进水单向流动；其二作为摩擦起电层。其中，改性 PTFE 喷涂至聚丙烯腈纤维表面可以增加 TENG 的疏水性。TENG 对水的单向性传输可以通过毛细管通道模型来解释[28]。Janus 中的聚酯纤维层为疏水层，而棉线层为水分的传输层，聚丙烯腈纤维膜为水分蒸发层。当水滴最初落在疏水侧时，水滴与疏水层之间的接触为 Wenzel-Cassie 状态[29]，同时受到疏水力（HF）和液滴表面张力（F_1）的作用［图 5.6（b）］。疏水力与疏水层的渗透压力有关，对于特定的膜，疏水层的渗透压力是固定的。当液滴的表面张力 F_1 大于疏水力 HF 时，液滴进入纤维间的毛细通道，并受到拉普拉斯压力 P 的影响：

$$P = (4\gamma\cos\theta)/D \tag{5.3}$$

式中，γ 为固液界面张力；θ 为接触角；D 为纤维的孔尺寸。由于疏水层、传输层和蒸发层的接触角和孔径不同，液滴在毛细管通道中的拉普拉斯压力也不同。当液滴在疏水层和传输层交界面处时，液滴在垂直方向上受到大小为 ΔP_1 方向朝下的拉普拉斯合力。由于棉纤维的亲水性比聚酯纤维高，因此水滴可以快速进入棉纤维。同时，水平方向纤维间的毛细力（F_2）促进了水的漫延。同样，当液滴的一部分进入传输层和蒸发层之间的界面时，液滴在垂直方向上受到向下的拉普拉斯力合力 ΔP_2 的作用。根据润湿性特征可知，水滴在聚酯疏水层上滴入后，可连续穿透三层润湿梯度结构，最终在蒸发层中蒸发而不发生反向润湿。由于改性聚四氟乙烯涂层的存在，落在 TENG 外部的水滴不会弄湿设备，而是从其表面滚下并产生电信号，从而实现将人体在湿热环境下产生的汗水快速导出和收集雨滴能的作用。TENG 可以剪裁和缝制成衣物 TENG［图 5.6（c）］。用喷水器向

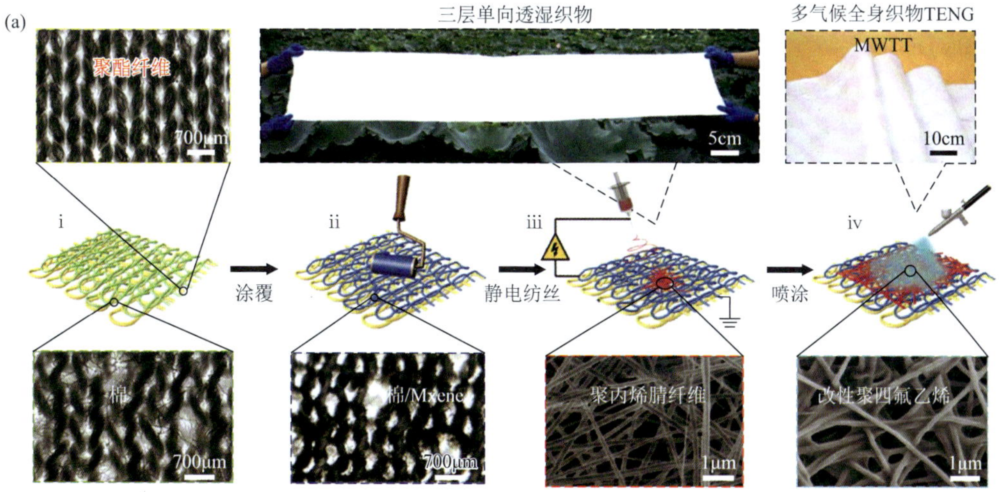

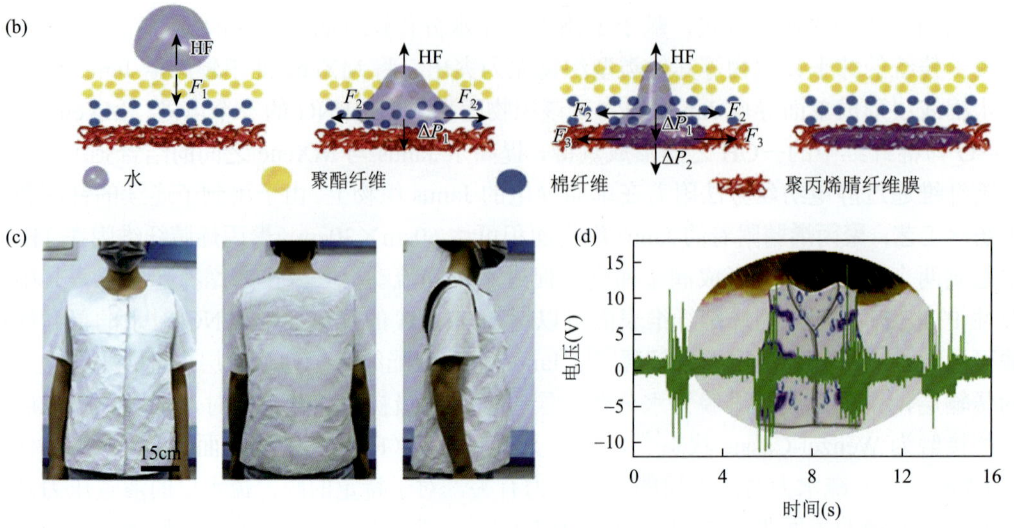

图 5.6 多气候全身织物 TENG。(a)TENG 制备流程图[27]；(b)单向水分输送示意图：水滴在疏水性聚酯一侧[27]；(c)衣物 TENG 的照片[27]；(d)喷水时衣物 TENG 的电学输出信号[27]

衣物 TENG 喷水，以模拟真正的下雨。水滴接触到衣物 TENG 时，会产生电信号［图 5.6（d)］，雨水沿着疏水表面滑下，而不会弄湿身体。

5.3 振动能量收集

振动是一种常见的能量形式，可由机械设备、交通运输和其他日常活动产生[30-32]。通过 TENG，我们可以有效地捕捉并转化这些振动能量为电能[33-36]。为了克服声波在空气中的发散传播导致的能量衰减，Chen 等[37]把织物基 TENG 与聚合物管相结合，将声波转化为平面波，从而增强了声压并相应地提高了 TENG 的输出。TENG 由附着聚偏二氟乙烯（PVDF）静电纺丝纳米纤维的圆形导电织物、圆环 Kapton 垫片、圆形导电织物组成。PVDF 静电纺丝纤维和导电织物在声压的作用下产生周期性的接触分离运动，将声音能转换为电能。如图 5.7（a）所示，TENG 附着在聚氯乙烯（PVC）管的一端，随后在该聚合物管外嵌套另一根直径更大的 PVC 管。这种独特的管道结构设计使管道内的声压增加，从而提升了施加在 TENG 上的声压，实现了高输出性能。在声频为 170Hz、声压为 115dB 的条件下，有效面积为 38cm^2 的 TENG 可提供 400V 的开路电压和 175μA 的短路电流，瞬时最大输出功率密度为 7W/m^2。

Cao 等[38]开发了一种全织物 TENG，其由硅橡胶布、丝绸织物和导电织物组成。硅橡胶前驱体通过一根长 8.5cm、内径 1mm 的锥形喷嘴包覆至导电纱线上，随后纱线通过加热，使其表面的硅橡胶固化［图 5.7（b)］。将硅橡胶纱线通过纬编技术织成纬平针组织的柔性硅橡胶布。硅橡胶布作为 TENG 的负摩擦层，丝绸织物作为正摩擦层。导电织

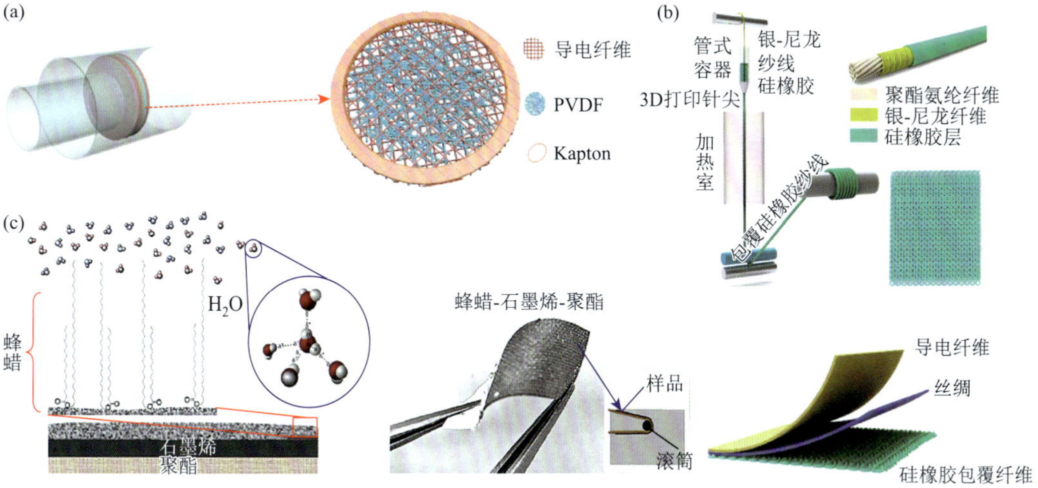

图 5.7　用于振动能收集的 TENG。(a) 声波驱动织物 TENG 结构示意图[37]；(b) 全织物声波驱动 TENG 制备及结构示意图[38]；(c) 蜂蜡-石墨烯基 TENG 结构示意图及光学照片[40]

物和硅橡胶布中的导电纱线分别作为 TENG 的正极和负极。以受迫振动为基础，建立了声波驱动 TENG 的模型：

$$\ddot{x}+2\beta\dot{x}+\omega_0^2x=\frac{F}{m}\cos\omega t \tag{5.4}$$

式中，x 为织物的位置；$\ddot{x}$、$\dot{x}$ 分别为 x 的二阶导数与一阶导数；t 为时间；β 为织物的阻尼系数；ω_0 为织物的固有角频率；m 为织物的质量；F 为声音在织物上的压力；ω 为声波的角频率。结合 TENG 的 V-Q-x 方程[39]，织物基 TENG 的开路电压可表示为

$$V_p=\frac{\sigma}{\varepsilon_0}\frac{\sqrt{2\rho c p_0 10^{\frac{L}{20}}}}{m\sqrt{(\omega_0^2-\omega^2)^2+4\beta^2\omega^2}} \tag{5.5}$$

其中，σ 为摩擦电荷密度；ε_0 为真空电容率；c 为声速；p_0 为参考声压（恒定值为 20μPa，对应于 0 分贝的声压级）；L 为声压级。

Kovalska 等提出了一种基于蜂蜡和多层石墨烯的织物 TENG，该 TENG 能够感知和收集低频声能[40]。如图 5.7（c）所示，具有天然多功能、环保的蜂蜡作为摩擦层，具有高导电性、纺织纤维高相容性以及机械和电气稳定性的多层石墨烯作为导电电极。在多层石墨烯上沉积蜂蜡后，表面变得更加疏水，这为电极材料提供了防水和自清洁特性。将含蜂蜡涂层的多层石墨烯在聚酯上组装成织物基 TENG。该织物基 TENG 包括两个组分。组件 I 由蜂蜡摩擦层-多层石墨烯电极-聚酯织物制成，组件 II 由背面涂有铜电极的聚四氟乙烯摩擦层制成。蜂蜡摩擦层的动态分子相互作用和疏水性提供了固有的热愈合、拒水性和自清洁特性，确保了设备在弯曲和潮湿环境中的功能。该织物基 TENG 可以感知 10～200Hz 频率范围内的地面声音、探测人类的声音、识别人类的情绪，并从环境噪声和振动中收集能量。

5.4 人体运动能收集

在我们的日常生活中，机械能是一种常见且丰富的能源，却往往被我们忽视和浪费。人体作为能量的重要载体，拥有大量的低频生物机械能（1～5Hz），这些能量以关节运动、呼吸、心跳等多种方式存在。只要人体持续运动，这些能量就会不断地产生。此前的研究表明，TENG 在 0.1～3Hz 范围内具有良好的输出性能[41-43]，将织物与纳米发电机的工作模式相结合，为人体运动能量的获取提供了广阔的前景[44-46]。另外，人体运动产生的能量通常是不连续、低频率、间歇性和不可预测的，而通过 TENG 摩擦起电和静电感应的耦合作用，可以有效地将这种不规则的机械能转化为电能。同时，纺织品的纤维结构可以有效地适应人体运动引起的机械形变。如果设计得当，基于纺织品的 TENG 单元具有可穿戴、透气、舒适、结构灵活、机械强度高、应用成本低、可大规模生产等一系列优点[47-51]。因此，已经开发出了一系列用于收集人体运动能量的 Tex-TENG，以及基于这些 TENG 器件构建的可穿戴电子产品应用终端[52-54]。

5.4.1 人体关节活动的能量收集

肢体关节活动是人体运动最普遍的形式，当把 Tex-TENG 置于人体关节部位时，关节的活动将使得 Tex-TENG 产生拉伸收缩形变或位置的滑动，从而产生电能。

Zhang 等采用一种新颖的斜向微棒阵列结构，制备了一种高性能可穿戴织物 TENG[55]。在工作状态下，强迫斜向的 PDMS 微棒均匀弯曲，并沿一个方向滑动，有效增加所制备织物基 TENG 的接触面积。所制备织物基 TENG 可以穿在肘部，从人体运动中不断收集能量，从而可以作为可持续的能源。织物基 TENG 设计为接触分离的工作模式，整体由一块尼龙布和一块氨纶布组成，为了提高性能，分别在氨纶和尼龙织物表面制备了斜向 PDMS 微棒阵列和聚合物纳米线，并选择尼龙表面的聚合物纳米线和氨纶表面的 PDMS 微棒阵列作为摩擦界面。在这两种织物的背面，涂上碳作为电极，并与外部铜线连接。斜向 PDMS 微棒阵列在氨纶织物表面的详细制作过程主要分为两个过程：第一是模板的制作，第二是在氨纶织物上制造倾斜 PDMS 微棒阵列的过程。在转移过程中，PDMS 能够渗透到纤维织物之间的空隙中，从而确保具有弹性的氨纶织物与黏性 PDMS 能够紧密地结合，共同形成一个完整的整体。这样的结构不仅保留了织物的柔韧性，还能够承受由剧烈应变引起的驱动模式。

为了探索其电输出性能，在 5Hz 的频率和 10mm 的机械振幅下对该织物基 TENG 进行测试。所有的测试都在相同的条件下进行，相对湿度为 30%，温度为 16℃。最大短路电流密度为 3.24μA/cm^2，开路电压为 1014.2V［图 5.8（a）与（b）］。在测量过程中，采用 TENG 与外电路之间的正向连接和反向连接来排除系统干扰。如图 5.8（a）与（b）所示，正向连接与反向连接产生的输出符号虽然相反，但数值却大致相同，这验证了输出确实来自织物基 TENG。图 5.8（c）显示了输出电流密度和瞬时电输出功率密度对外部电阻的依赖关系，其中功率密度根据等式 $P = I^2R/S$ 计算（I、R 和 S 分别代表电流、负载电阻和摩擦面积）。随着负载电阻的增大，峰值电流值减小的主要原因是欧姆损耗。相反，瞬时峰值功率密度呈先增大后减小的趋势，在负载电阻为 6MΩ 时，瞬时功率密度最大可达 211.7μW/cm^2。最后，将织物基 TENG 缝在衣服上，验证其将人体衣服运动的机械能转化为电能的能力，并演示了两种驱动模式。当用手拉伸和释放织物时［图 5.8（d）与（e）］，织物基 TENG 的两个摩擦层在接触分离过程中产生电能。如图 5.8（f）所示，在这种应变驱动模式下，TENG 的短路电流达到 12.5μA。除此之外，将 TENG 缝在肘部支撑件上，测试其在人体肘部运动驱动下的性能［图 5.8（g）与（h）］。将其套在人的手臂时 TENG 完全朝向肘部。在肘关节弯曲驱动时，TENG 最大峰值输出电流可达到 3.6μA，如图 5.8（i）所示。这表明织物基 TENG 可以在不同的驱动模式下工作。这项工作开发了一种有效的方法来提高织物基 TENG 的输出性能，并为可穿戴电子设备的供电提供了一条可行的路径。

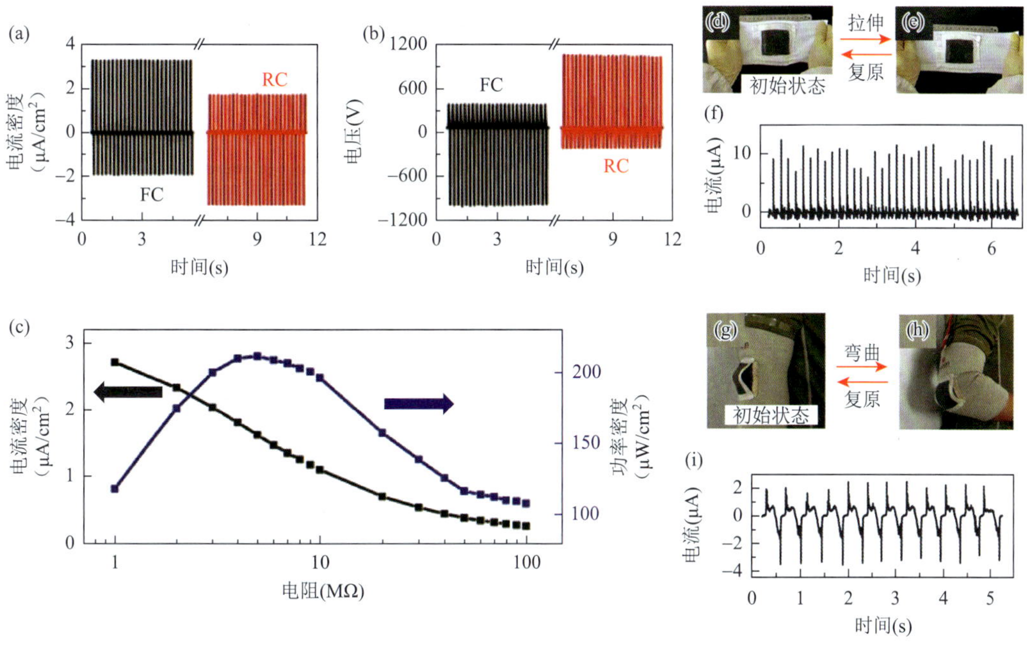

图 5.8　周期性外力驱动 TENG 的电输出性能及 TENG 对肘部关节活动能量的收集。左半部分为正向连接（FC）、右半部分为反向连接（RC）时的（a）短路电流密度、（b）开路电压；（c）电流密度（左轴）和功率密度（右轴）随外部负载电阻的函数；（d，e）TENG 缝合在一块由手驱动的氨纶织物上；（f）TENG 的短路电流；（g，h）TENG 缝合到由人肘部驱动的肘部支撑件上；（i）TENG 的短路电流，肘部弯曲大约为 90°[55]

同样，Lou 等报道了一种纤维界面结构的接触分离式可穿戴 TENG 器件，可用于人体运动能量的收集以及力传感[56]。该工作中的纺织界面由聚偏二氟乙烯/银纳米线（PVDF/AgNW）纳米纤维膜、乙基纤维素和两层导电织物组成。其中，在 PVDF 纤维膜中添加 AgNW 可以诱导纳米纤维内部形成高度取向的晶体 β 相，这有助于改善摩擦电荷的表面电荷势和电荷捕获，从而提高 TENG 的能量转化能力。由于引入了层次化的粗糙结构，这种具有高度形状适应性的可穿戴器件表现出优异的输出能力。

该工作中的 TENG 器件采用全纤维组成的多层结构，以 PDMS 为柔性支撑基底，选择乙基纤维素和 PVDF/AgNW 纤维膜作为复合结构中的正、负摩擦层［图 5.9（a）］。静电纺丝技术中的高电场和拉伸过程可以帮助从非极化 α 相转变为极化 β 相。AgNW 也有助于 PVDF 的结晶。加入 AgNW 后，AgNW 的表面电荷与 PVDF 链的偶极子之间产生静电相互作用，进一步促进了 β 相晶体的形成。在 PVDF/AgNW 纳米纤维膜的顶部使用单面具有黏性的聚氨酯膜来固定导电织物。SEM 图显示制备的两种静电纺丝纳米纤维都呈现出层次分明的粗糙结构。此外，对于可穿戴设备而言，柔韧且导电的电极材料是其核心组成部分。基于此，采用双层透气性好且触感舒适的导电织物来替代传统的致密金属薄膜，作为设备的上电极和下电极。为了在两个摩擦层之间创造出所需的间隙，在基于纺织品装置中使用了预先制作的柔性 PDMS 模具。由于 PDMS 具有良好的机械柔韧性和耐用性，对提高整个纺织装置的机电信号转化非常有用。随后将 TENG 器件附着在人体不同部位进行电输出的表征［图 5.9（b）～（d）］。该 TENG 器件能够适应人体的多种运动模式，可以获取人体运动能量并感知日常生活中的肢体运动。当人体肘部以不同的弯

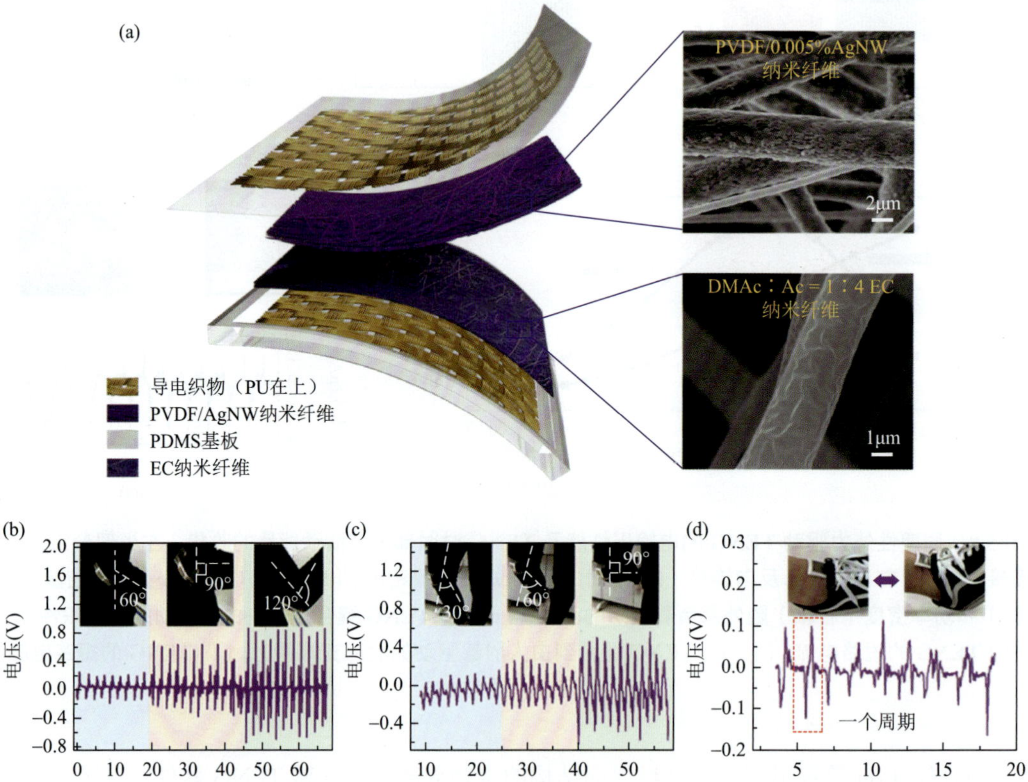

图 5.9 （a）TENG 织物的结构设计；（b～d）不同关节［（b）肘部、（c）膝关节和（d）踝关节］的活动电信号[56]

曲角度从 60°和 90°向上移动到 120°时，由于弯曲角度越大，给 TENG 器件带来的机械形变越大，输出电压从 0.23V 和 0.65V 逐渐增加到 0.84V。当人体膝盖以不同的弯曲角度向后移动时（从 30°和 60°到 90°），输出电压从 0.16V 和 0.30V 逐渐增加到 0.55V。此外，当人体脚踝进行向上和向后的运动时，TENG 纺织品能够实时捕捉并动态记录下周期性且规律性的输出电压变化。这些电压变化不仅精确反映了脚踝的运动轨迹，还为运动监测和分析提供了可靠的数据支持，展示出良好的能量收集能力。

此外，Kim 等研究人员开发了一种新型可拉伸织物 TENG，该发电机采用微图案织物涂层技术，结合二硫化钼（MoS_2）和 Ecoflex 纳米复合材料作为高效的电子受体层[57]。该技术不仅提高了能源收集效率，还具备自供电传感功能。在复合材料中融入 MoS_2 单层，不仅能在其表面形成微通道，从而有效促进离子传输并显著提高复合材料的导电性能，而且这种单层的引入还通过扩大接触面积、增大介电常数以及精细调节表面电荷密度，进一步增强了复合材料的摩擦电输出能力。如图 5.10 所示，将织物 TENG 可以视为一种自供能的生物运动传感器，用于跟踪人类活动。图 5.10（a）展示了对人体运动的实时和连续监测，这一技术有望为生理评估提供有价值的生物反馈。在此评估中，首先将织物基 TENG 固定在测试者的手指关节上，以便进行有效监测。

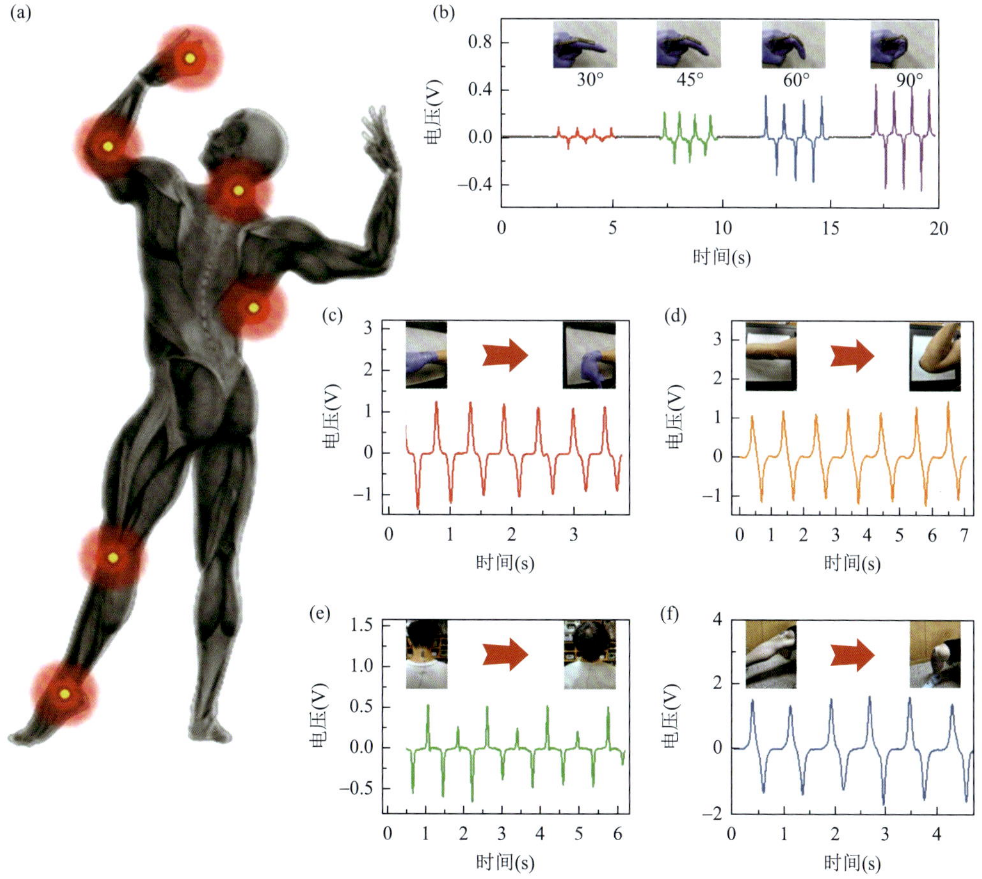

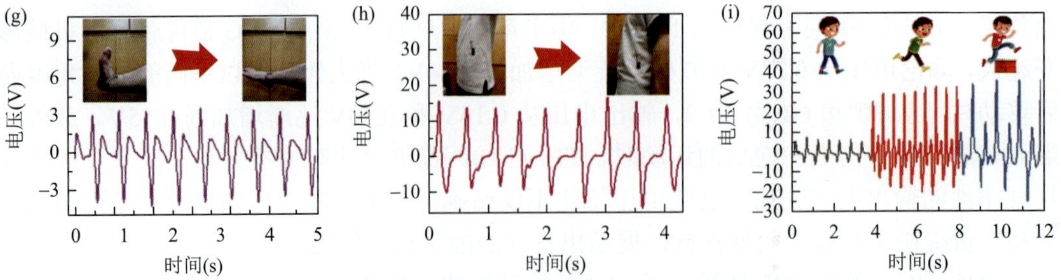

图 5.10 （a）使用人造柔性织物 TENG 监测生物运动的示意图；织物基 TENG 在以下情况下产生的输出电压：（b）手指弯曲、（c）手腕弯曲、（d）肘部弯曲、（e）颈部运动、（f）膝盖弯曲、（g）脚踝弯曲、（h）人的衣服以及（i）人体运动监测[57]

图 5.10（b）展示了成功监测和表示手指周期性弯曲的输出电压信号。织物基 TENG 产生的最大电压会随着弯曲程度的变化而变化。当手指弯曲角度较大（90°）时，织物基 TENG 自供电传感器产生的峰值输出电压明显高于弯曲角度较小（30°）时的电压。这一现象的原因在于，在较大弯曲角度时，Ecoflex/MoS_2 与皮肤的接触面积增大。织物基 TENG 自供电传感器还可以放置在手腕和肘关节上，以便观察这两个部位的屈伸情况。如图 5.10（c）和（d）所示，织物 TENG 自供电传感器不仅能够捕捉到明显变形的身体运动，还能感知到微妙的生理信号。图 5.10（e）表明，将此织物 TENG 贴在颈部，能够检测到皮肤和肌肉的细微变化。测试仪通过捕捉头部抬高或降低时的输出电压信号，精确监测颈部运动。织物基 TENG 还可用于在各种人体动作（如膝盖弯曲和脚踝弯曲）时产生实时信号，然后对这些信号进行测量，如图 5.10（f）与（g）所示。这些电脉冲信号可用于评估人体腿部的运动模式，从而实现医疗康复的目的。织物基 TENG 还可以作为体育设施中的可穿戴设备，用于监测人体内部的生理信号。如图 5.10 所示，一旦将其集成到服装中，就能够精确测量和分析手部运动。

如图 5.10（h）所示，通过利用从织物基 TENG 获取的数据，可以确定输出电压信号会因人体的特定运动而发生变化。步态评估需要借助运动监测来获取相关数据，这些数据可用于多种医疗目的，如预防跌倒。该 TENG 能够实时、准确地检测和分析人体的运动数据，包括行走、跑步和跳跃等活动。例如，图 5.10（i）显示了织物基 TENG 与鞋子的连接情况。脚与地面的周期性分离会产生有规律的电脉冲信号。在跑步时，脚底与地面完全接触时会产生放大的电输出。通过这些电脉冲信号，可以有效监测步数，从而深入了解人体的运动状态。该织物基 TENG 利用 Ecoflex/MoS_2 作为可拉伸材料，结合织物柔性电极，提升了设备的柔韧性。这种设计适用于可穿戴电子设备，能够实现能量的有效收集。

5.4.2 人体其他部位的能量收集

除了人体主要关节的活动，其他身体部位的能量同样可以通过 Tex-TENG 实现高效收集，如腰部、足部、背部等部位在运动过程中所产生的能量都能够被加以利用。Park 等提出了一种灵活的单线纤维编织结构 TENG（FW-TENG），能够从人体自由运动中收集能量[58]。织物 TENG 由复合纤维编织而成。在纤维基 TENG 的制造过程中，将硅橡胶的液体部分 A 和 B 按 1∶1 的比例搅拌，得到硅橡胶纤维。随后将硅橡胶的液体注入内径为 0.8mm 的圆柱形模具中进行固化。镀金铜线用作电极来转移感应电荷，其电阻为 0.037Ω/cm，与其他金属镀层线相比，具有更高的导电性。镀金铜线连接到电机上，并以恒定的速度和间距缠绕在硅橡胶纤维上。最后，在表面浸涂硅橡胶，并在室温下干燥约 3h。硅橡胶用作负摩擦电材料，由于分子结构中主链硅氧烷的无机性质，与一般有机橡胶相比，具有优越的化学稳定性、耐热性和耐磨性。同时对所制备织物 TENG 的发电性能和潜在应用进行了测试。如图 5.11（a）所示，在尺寸为 70mm×35mm 的 TENG 上施加外力，发现仅需 25s 即可将 1μF 电容器充电至 1.2V。根据公式 $Q = C \times V$，意味着 25s 内 1μF 电容器存储的电荷量约为 1.2μC。同时利用累积电荷点亮了工作电压为 1.8V 的商用 LED 灯[图 5.11（b）]。此外，通过将电子表与 TENG 和整流电路连接，展示了其驱动电子设备的能力。为了长时间驱动电子表，在电路上连接 1μF 的电容器以增加充电容量。如图 5.11（c）所示，电子表通过与皮肤接触，在持续的推动运动中得以连续获得能量，从而实现不间断的运作。在另一项应用中，TENG 安装在鞋跟上，以便将人体运动产生的机械能转化为电能。如图 5.11（d）所示，迈步过程中脚跟与 TENG 接触产生瞬时功率信号，可应用于计算步数的有源传感器、步态矫正鞋、便携式电源等，并可进一步扩展到其他领域。

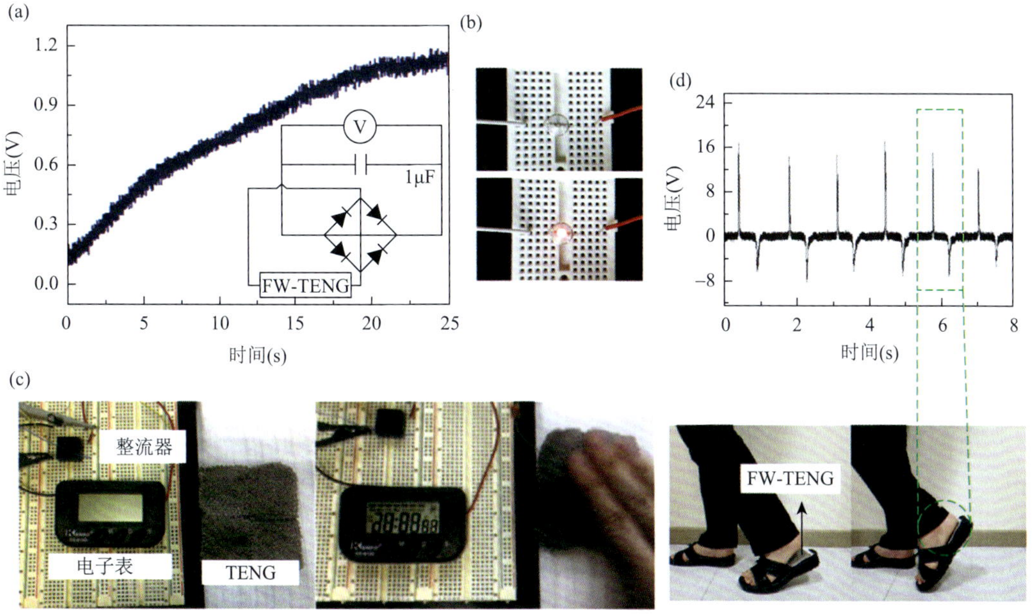

图 5.11 TENG 发电性能与收集人体脚步运动能量的展示图。（a）全波桥式整流器的电路图和电容器的充电曲线；（b）LED 灯被 TENG 直接点亮展示图；（c）手表在推压模式下由 TENG 供电；（d）TENG 集成在鞋中，从人体脚部运动中获取能量[58]

除此之外，Kim 等还提出了一种简便且经济高效的制造方法，用于制备具有成本效益的纺织柔性 TENG[59]。其具体是通过在聚氨酯表面上以电子束溅射方式制作金纳米点图案以增强摩擦表面积，从而有效地收集摩擦电能。基于这种简单的方法，设计了一种与衣服集成的自供电可穿戴设备，以从人体运动中获取不同种类的机械能。其防水透气Tex-TENG的基本结构由三层不同的材料组成。尼龙作为外层织物层，具有防风和防水功能；聚四氟乙烯膜作为中心层；以聚氨酯为基础的衬里具有透气结构，允许水分通过中心层聚四氟乙烯膜逸出。在这种几何结构中，摩擦起电序列表明，聚氨酯/聚四氟乙烯比尼龙表面会带有更多的负电荷。因此，通过在聚氨酯织物表面创建纳米点图案来增加表面积，可以实现摩擦电性能的最大化。图5.12（a）展示了TENG在户外运动服上的集成和应用。使用纺织品集成的TENG作为可穿戴设备，通过人体运动的摩擦，将其嵌入布料的任何摩擦区域，从而实现自我充电。例如，将基于纺织品的TENG牢固地附着在人体腰部，通过摆臂运动摩擦测试输出电压和电流［图5.12（b）和（c）］。还通过与其他各种材料表面的摩擦测量了输出电压和电流，以研究所开发TENG的多种应用，如图5.12（d）和（e）所示。输出的电压、电流与摩擦起电序列中的电负性趋势不同，这主要是因为材料之间的摩擦不均匀导致，而这种不均匀性受到摩擦速度和作用角度的影响。然而，

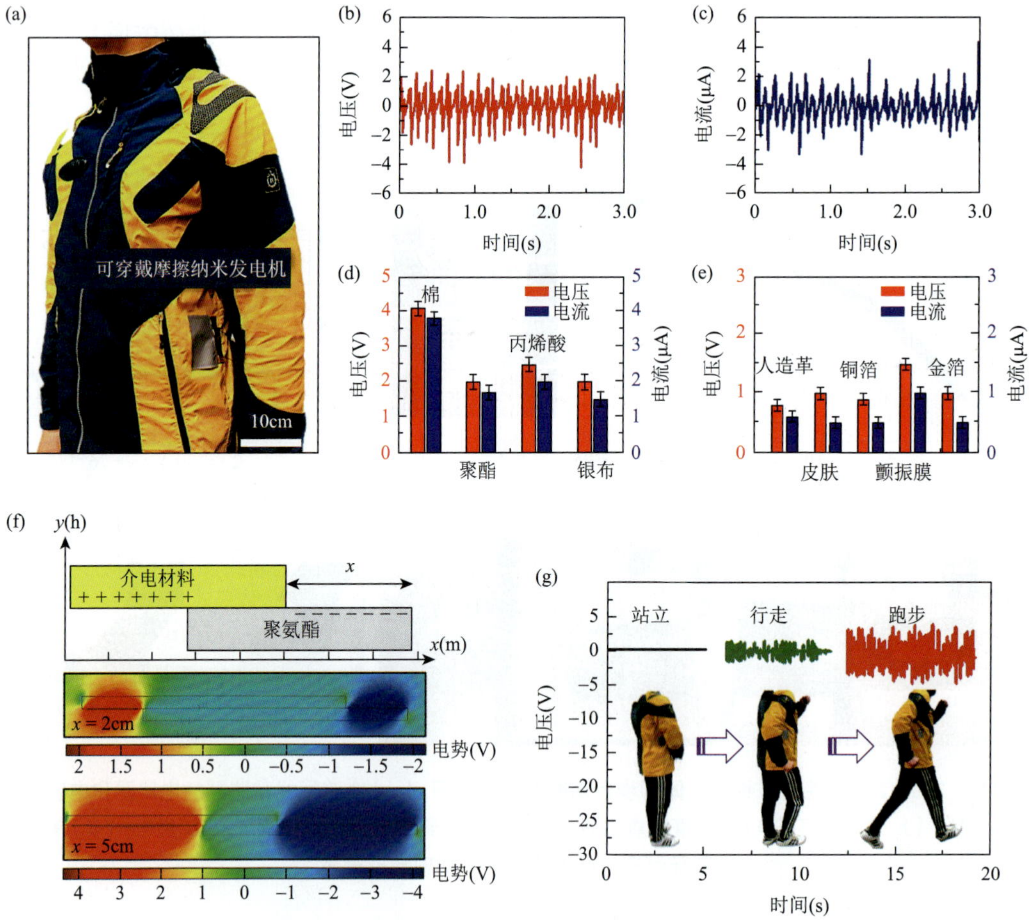

图5.12 身体摩擦运动驱动TENG纺织品的表征及应用展示。（a）TENG附着在网球夹克服装的照片；（b，c）通过身体摆动摩擦获得的电输出；（d，e）通过与各种材料表面摩擦的电信号；（f）TENG开路时的有限元模型结构和电势分布；（g）不同身体活动时输出电压[59]

这些结果表明，该 TENG 可以应用于多功能衣服，通过与各种材料表面摩擦产生摩擦电。利用 COMSOL 软件进行数值模拟，可以评估开路中 TENG 沿滑动距离的电势分布，如图 5.12（f）所示。有限元分析结果表明，随着接触面面积的增大，输出电压有所提高。初始站立状态下的输出电压为 0V，通过行走（约 0.8mm/s）和跑步（约 3mm/s）测量到的输出电压高达 4V，如图 5.12（g）所示。最后成功开发了一种可穿戴设备，该设备配备有自供电电源系统。通过将基于 TENG 的纺织品直接集成至衣物中，能够将人体活动过程中产生的机械能转化为电信号。

Tian 等设计并展示了一种轻便、生物相容性强和可穿戴的 TENG 纺织品，能够巧妙地捕捉人体在日常活动中的微小运动，并将其转换为电能[60]。设计的 TENG 采用涂镍聚酯导电织物和硅橡胶作为有效摩擦电材料，并采用传统的“平纹编织”工艺制作而成。将制备得到的 TENG 纺织品固定于人体的不同部位，用于收集人体运动产生的能量［图 5.13（a）］。TENG 的输出峰值信号与一次分离接触运动相对应，如腿部或者其他身体部位的运动。正因如此，将此峰值信号当作传感器的触发信号，能够设计出运动监测设备［图 5.13（b）］，在生物健康监测领域其潜力不容小觑。另外，通过行走、跑步或拍打产生的电能足以直接点亮 100 个串联的 LED 灯，这一现象也充分证明了 TENG 作为自供电照明设备在户外探险、部队行军等环境中的潜在价值。此外，TENG 纺织品通过简单的整流桥电路，在任何相对运动发生的情况下，比赛计时器、数字时钟以及电子计算器等设备均能借助 TENG 技术，从行走、跑步或拍打等日常动作中源源不断地汲取能量，如图 5.13（c）

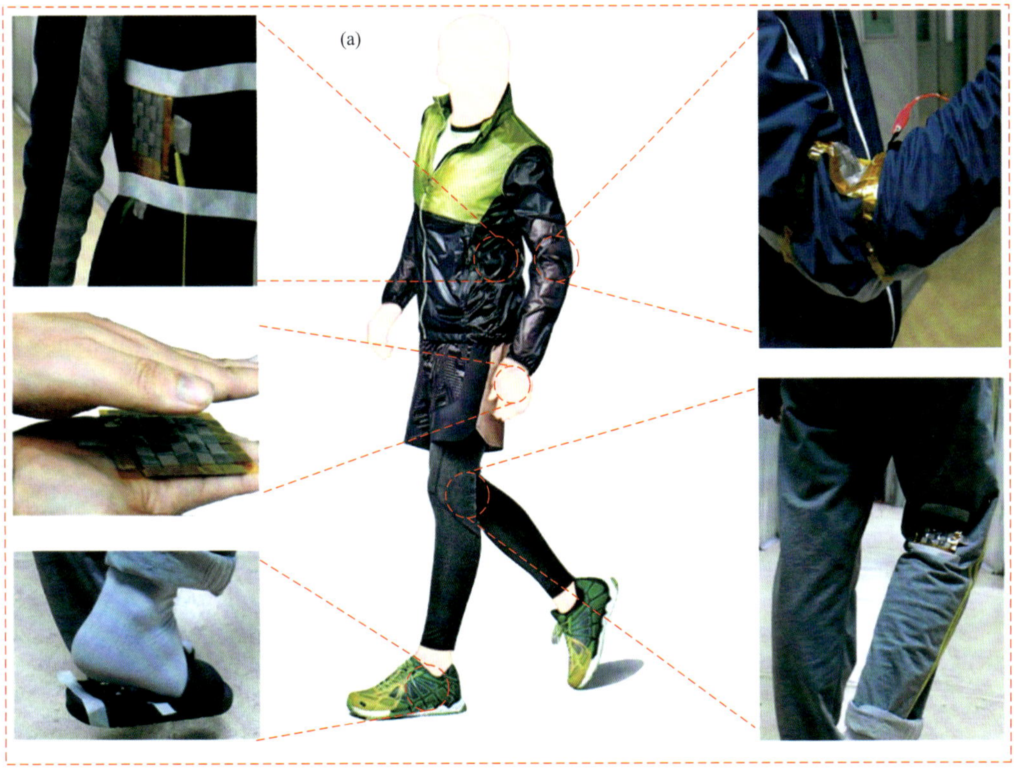

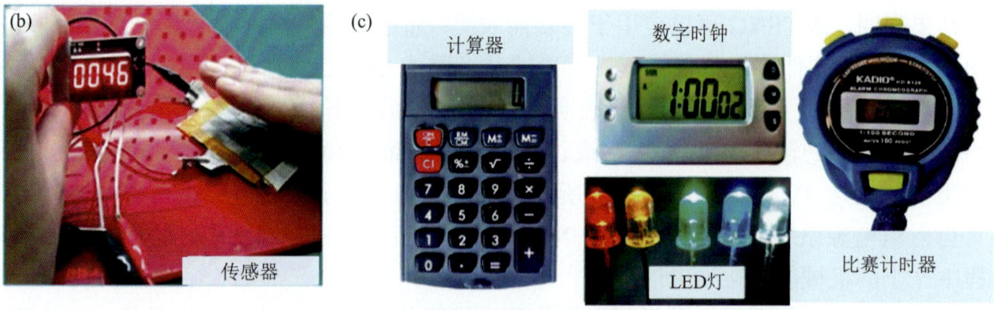

图 5.13 TENG 纺织品应用演示。(a) TENG 纺织品从人体不同部位收集能量；(b) TENG 纺织品作为自驱动传感器的演示；(c) TENG 纺织品的便携式电子应用[60]

所示。由此可见，TENG 纺织品不仅能够推动相关技术的发展，还能够为用户带来更加便捷、智能的生活方式。

Yan 等提出了一种基于针织双面织物的 TENG，旨在解决现有技术中低能量输出和耐磨性差的问题[61]。该织物由 PTFE 纱线和镀银纱线构成，具有独特的相互啮合结构，通过增加摩擦电材料与电极之间的接触面积，从而显著提升 TENG 的输出性能。研究团队将这种 Tex-TENG 与多种微电子设备连接，探索其在能源供应方面的潜力。值得一提的是，由 232 个商用绿色 LED 灯串联组成的灯板，在手部敲击的作用下成功地由纺织品基 TENG 供电。此外，这些 TENG 还可以直接集成到服装和手套等可穿戴设备中，将人体运动产生的机械能实时转化为电能。例如，当集成到智能服装中时，Tex-TENG 能够为柔性 LED 屏幕供电，在穿戴者行走或跑步时实时显示运动信号，从而提高在黑暗环境中的可视性［图 5.14（a)］。同样，配备这些 TENG 的智能手套在受到拍击或摩擦时，可以点亮“SOS”和“HELP”LED 屏幕，为个人在紧急情况下提供求助信号的手段［图 5.14（b)］。此外，Tex-TENG 产生的交流电能通过整流桥转换为直流电能，并储存在电容器中。电容器的充电速度与其容量成反比，容量越大，充电速度越慢。如图 5.14（c）所示，充电 40s 后，容量从 0.22μF 到 22μF 的电容器的电压从 0.23V 上升至 17.77V。值得注意的是，一个 22μF 的电容器在充电 207s 后电压达到了 2.02V，足以为计算器提供进行两位数数学运算所需的电能。这一结果证明了 Tex-TENG 在“充电-供电”循环中的可行性［图 5.14（d）和（e)］。

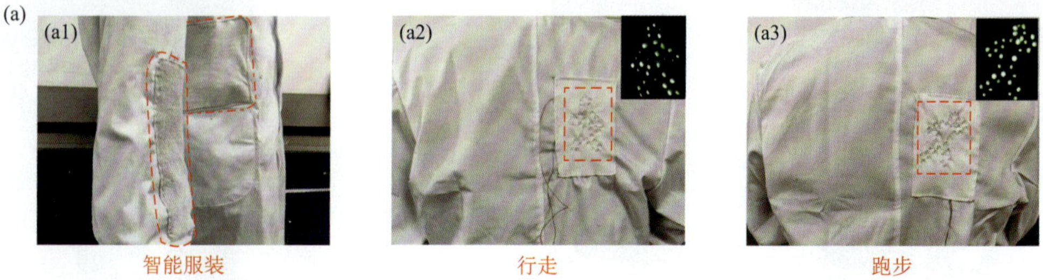

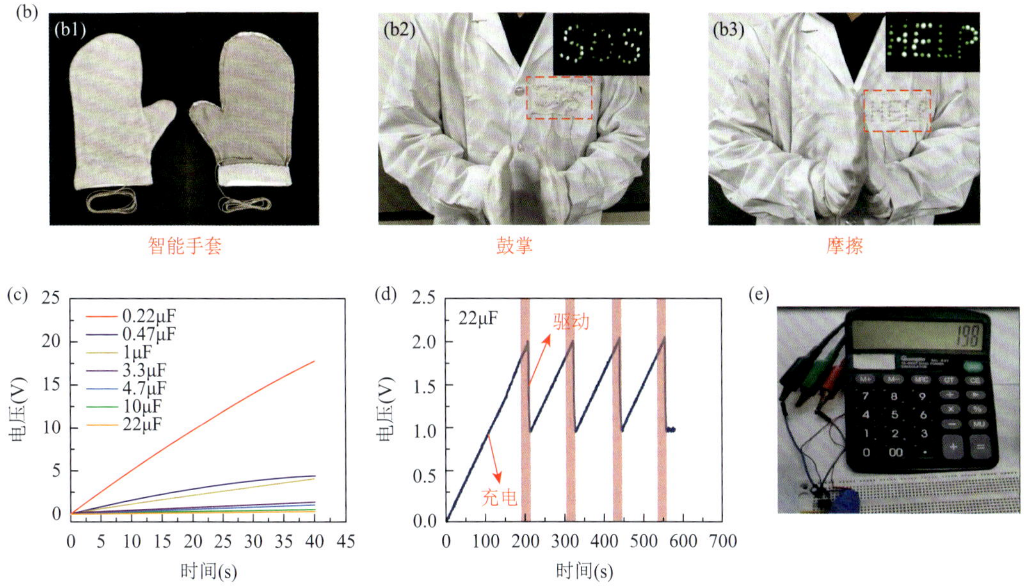

图 5.14　Tex-TENG 的供电应用。(a) 集成双面摩擦电织物和柔性 LED 屏幕的智能服装；(b) 集成了双面摩擦电织物的智能手套；(c) 不同商用电容器的充电过程；(d) 使用 22μF 电容器驱动计算器的充电和供电过程；(e) 计算器在通电过程中进行两位数运算[61]

5.5 小　结

本章讨论了 Tex-TENG 在风能、雨滴能、振动能以及人体运动等微纳能源收集中的应用。在风能收集方面给出了颤振飘带 TENG 的工作机制，分析了飘带无量纲速度和无量纲质量参数对飘带接触模式和接触面积的影响，以及它们对 TENG 输出性能的影响。为提升 TENG 输出，本章提出了两种创新路径：基于接触分离模式的无侧壁飘带；通过飘带升力作用与旗杆之间产生的振动反作用于飘带进而放大整个飘带颤振运动的柔性旗杆 TENG。在雨滴能收集方面，阐明了水滴运动过程中，基于水滴与摩擦层间电容改变的 TENG 工作机制，介绍了利用超疏水涂层的防水 TENG，并针对湿热环境下汗水的快速导出和雨滴能的收集，提出了基于拉普拉斯压力的 TENG 设计，探讨了将 TENG 与聚合物管结合，通过声波转化为平面波提高声压从而增强 TENG 输出的方法，并建立了相应的声压与 TENG 输出模型。同时，介绍了基于蜂蜡和多层石墨烯的织物基 TENG，该材料能够感知和收集低频声能。此外，本章还综述了 TENG 纺织品在人体运动能量收集中的应用。通过将 TENG 集成到纺织品中，可以收集人体关节活动、呼吸、心跳等产生的低频生物机械能，并将其转化为电能以用于可穿戴电子设备的供电和运动监测。这些研究展示了 TENG 在环境感知、智能健康监测、便携式电子设备供电等领域的广阔应用前景。

参 考 文 献

[1]　Knight J. Breezing into town[J]. Nature，2004，430（6995）：12-13.

[2]　Traber T，Kemfert C. Gone with the wind? Electricity market prices and incentives to invest in thermal power plants under

increasing wind energy supply[J]. Energy Econ，2011，33（2）：249-256.
[3] Bourillon C. Wind energy—Clean power for generations[J]. Renew Energy，1999，16（1-4）：948-953.
[4] Fan F R，Tian Z Q，Wang Z L. Flexible triboelectric generator![J]. Nano Energy，2012，1（2）：328-334.
[5] Wu C，Wang A C，Ding W，et al. Triboelectric nanogenerator：A foundation of the energy for the new era[J]. Adv Energy Mater，2019，9（1）：1802906.
[6] Kim W G，Kim D W，Tcho I W，et al. Triboelectric nanogenerator：Structure，mechanism，and applications[J]. ACS Nano，2021，15（1）：258-287.
[7] Lv T，Cheng R，Wei C，et al. All-fabric direct-current triboelectric nanogenerators based on the tribovoltaic effect as power textiles[J]. Adv Energy Mater，2023，13（29）：2301178.
[8] He L，Zhang C，Zhang B，et al. A dual-mode triboelectric nanogenerator for wind energy harvesting and self-powered wind speed monitoring[J]. ACS Nano，2022，16（4）：6244-6254.
[9] Chen B，Yang Y，Wang Z L. Scavenging wind energy by triboelectric nanogenerators[J]. Adv Energy Mater，2018，8（10）：1702649.
[10] Ren Z，Wu L，Pang Y，et al. Strategies for effectively harvesting wind energy based on triboelectric nanogenerators[J]. Nano Energy，2022，100：107522.
[11] Bae J，Lee J，Kim S，et al. Flutter-driven triboelectrification for harvesting wind energy[J]. Nat Commun，2014，5（1）：4929.
[12] Archer C L，Caldeira K. Global assessment of high-altitude wind power[J]. Energies，2009，2（2）：307-319.
[13] Avagnina D，Dovis F，Ghiglione A，et al. Wireless networks based on high-altitude platforms for the provision of integrated navigation/communication services[J]. IEEE Commun Mag，2002，40（2）：119-125.
[14] Zhao Z，Pu X，Du C，et al. Freestanding flag-type triboelectric nanogenerator for harvesting high-altitude wind energy from arbitrary directions[J]. ACS Nano，2016，10（2）：1780-1787.
[15] Zhang Y，Fu S C，Chan K C，et al. Boosting power output of flutter-driven triboelectric nanogenerator by flexible flagpole[J]. Nano Energy，2021，88：106284.
[16] Salles C，Poesen J，Sempere T D. Kinetic energy of rain and its functional relationship with intensity[J]. J Hydrol，2002，257（1-4）：256-270.
[17] Helseth L E，Wen H Z. Evaluation of the energy generation potential of rain cells[J]. Energy，2017，119：472-482.
[18] Wang Y，Duan J，Zhao Y，et al. Harvest rain energy by polyaniline-graphene composite films[J]. Renew Energy，2018，125：995-1002.
[19] Zhu H R，Tang W，Gao C Z，et al. Self-powered metal surface anti-corrosion protection using energy harvested from rain drops and wind[J]. Nano Energy，2015，14：193-200.
[20] Cheng B，Niu S，Xu Q，et al. Gridding triboelectric nanogenerator for raindrop energy harvesting[J]. ACS Appl Mater Interfaces，2021，13（50）：59975-59982.
[21] Liang Q，Yan X，Liao X，et al. Integrated multi-unit transparent triboelectric nanogenerator harvesting rain power for driving electronics[J]. Nano Energy，2016，25：18-25.
[22] Kwon S H，Kim W K，Park J，et al. Fabric active transducer stimulated by water motion for self-powered wearable device[J]. ACS Appl Mater Interfaces，2016，8（37）：24579-24584.
[23] Xiong J，Lin M F，Wang J，et al. Wearable all-fabric-based triboelectric generator for water energy harvesting[J]. Adv Energy Mater，2017，7（21）：1701243.
[24] Vu N，Yang R. Effect of humidity and pressure on the triboelectric nanogenerator[J]. Nano Energy，2013，2（5）：604-608.
[25] Gu L，Cui N，Liu J，et al. Packaged triboelectric nanogenerator with high endurability for severe environments[J]. Nanoscale，2015，7（43）：18049-18053.
[26] Lai Y C，Hsiao Y C，Wu H M，et al. Waterproof fabric-based multifunctional triboelectric nanogenerator for universally harvesting energy from raindrops，wind，and human motions and as self-powered sensors[J]. Adv Sci，2019，6（5）：1801883.

[27] Kang T，Ma W，Guo Y，et al. Multi-weather full-body triboelectric garments for personalized moisture management and water energy acquisition[J]. Nano Energy，2023，110：108359.

[28] Dimitriadis T，Stendardo L，Tagliaro I，et al. Capillary-driven water transport by contrast wettability-based durable surfaces[J]. ACS Appl Mater Interfaces，2023，15（22）：27206-27213.

[29] Murakami D，Jinnai H，Takahara A. Wetting transition from the cassie-baxter state to the wenzel state on textured polymer surfaces[J]. Langmuir，2014，30（8）：2061-2067.

[30] Cao D，Guo X，Hu W. A novel low-frequency broadband piezoelectric energy harvester combined with a negative stiffness vibration isolator[J]. J Intell Mater Syst Struct，2019，30（7）：1105-1114.

[31] Beeby S P，Tudor M J，White N M. Energy harvesting vibration sources for microsystems applications[J]. Meas Sci Technol，2006，17（12）：R175-R195.

[32] Roundy S，Wright P K，Rabaey J. A study of low level vibrations as a power source for wireless sensor nodes[J]. Comput Commun，2003，26（11）：1131-1144.

[33] Cui N，Gu L，Liu J，et al. High performance sound driven triboelectric nanogenerator for harvesting noise energy[J]. Nano Energy，2015，15：321-328.

[34] Chen J，Wang Z L. Reviving vibration energy harvesting and self-powered sensing by a triboelectric nanogenerator[J]. Joule，2017，1（3）：480-521.

[35] Chen J，Zhu G，Yang W，et al. Harmonic-resonator-based triboelectric nanogenerator as a sustainable power source and a self-powered active vibration sensor[J]. Adv Mater，2013，25（42）：6094-6099.

[36] Zi Y，Guo H，Wen Z，et al. Harvesting low-frequency（＜5Hz）irregular mechanical energy：A possible killer application of triboelectric nanogenerator[J]. ACS Nano，2016，10（4）：4797-4805.

[37] Chen F，Wu Y，Ding Z，et al. A novel triboelectric nanogenerator based on electrospun polyvinylidene fluoride nanofibers for effective acoustic energy harvesting and self-powered multifunctional sensing[J]. Nano Energy，2019，56：241-251.

[38] Cao Y，Shao H，Wang H，et al. A full-textile triboelectric nanogenerator with multisource energy harvesting capability[J]. Energy Conv Manag，2022，267：115910.

[39] Niu S M，Wang Z L. Theoretical systems of triboelectric nanogenerators[J]. Nano Energy，2015，14：161-192.

[40] Kovalska E，Lam H T，Saadi Z，et al. Textile beeswax triboelectric nanogenerator as self-powered sound detectors and mechano-acoustic energy harvesters[J]. Nano Energy，2024，120：109109.

[41] Ren Z，Wu L，Zhang J，et al. Trapezoidal cantilever-structure triboelectric nanogenerator integrated with a power management module for low-frequency vibration energy harvesting[J]. ACS Appl Mater Interfaces，2022，14（4）：5497-5505.

[42] Wu L，Ren Z，Wang Y，et al. Miniaturized and high volumetric energy density power supply device based on a broad-frequency vibration driven triboelectric nanogenerator[J]. Micromachines，2024，15（5）：645.

[43] Wang X，Wen Z，Guo H，et al. Fully packaged blue energy harvester by hybridizing a rolling triboelectric nanogenerator and an electromagnetic generator[J]. ACS Nano，2016，10（12）：11369-11376.

[44] Wang L，Fei Z，Wu Z，et al. Wearable bending wireless sensing with autonomous wake-up by piezoelectric and triboelectric hybrid nanogenerator[J]. Nano Energy，2023，112：108504.

[45] Kwak S S，Kim H，Seung W，et al. Fully stretchable textile triboelectric nanogenerator with knitted fabric structures[J]. ACS Nano，2017，11（11）：10733-10741.

[46] Xu F，Dong S，Liu G，et al. Scalable fabrication of stretchable and washable textile triboelectric nanogenerators as constant power sources for wearable electronics[J]. Nano Energy，2021，88：106247.

[47] Wang W，Yu A，Liu X，et al. Large-scale fabrication of robust textile triboelectric nanogenerators[J]. Nano Energy，2020，71：104605.

[48] Zhang X，Xu J，Zhang X，et al. Simultaneous evaporation and foaming for batch coaxial extrusion of liquid metal/polydimethylsiloxane porous fibrous TENG[J]. Adv Fiber Mater，2023，5（6）：1949-1962.

[49] Wang K，Shen Y，Wang T，et al. An ultrahigh-strength braided smart yarn for wearable individual sensing and protection[J].

Adv Fiber Mater，2024，6（3）：786-797.

[50] Chen W，Fan W，Wang Q，et al. A nano-micro structure engendered abrasion resistant，superhydrophobic，wearable triboelectric yarn for self-powered sensing[J]. Nano Energy，2022，103：107769.

[51] Ning C，Dong K，Cheng R，et al. Flexible and stretchable fiber-shaped triboelectric nanogenerators for biomechanical monitoring and human-interactive sensing[J]. Adv Funct Mater，2021，31（4）：2006679.

[52] Yang Y，Guo X，Zhu M，et al. Triboelectric nanogenerator enabled wearable sensors and electronics for sustainable internet of things integrated green earth[J]. Adv Energy Mater，2023，13（1）：2203040.

[53] Jeon S B，Park S J，Kim W G，et al. Self-powered wearable keyboard with fabric based triboelectric nanogenerator[J]. Nano Energy，2018，53：596-603.

[54] Doganay D，Cicek M O，Durukan M B，et al. Fabric based wearable triboelectric nanogenerators for human machine interface[J]. Nano Energy，2021，89：106412.

[55] Zhang L，Su C，Cheng L，et al. Enhancing the performance of textile triboelectric nanogenerators with oblique microrod arrays for wearable energy harvesting[J]. ACS Appl Mater Interfaces，2019，11（30）：26824-26829.

[56] Lou M，Abdalla I，Zhu M，et al. Hierarchically rough structured and self-powered pressure sensor textile for motion sensing and pulse monitoring[J]. ACS Appl Mater Interfaces，2020，12（1）：1597-1605.

[57] Kim H，Rana S M S，Robiul Islam M，et al. A molybdenum-disulfide nanocomposite film-based stretchable triboelectric nanogenerator for wearable biomechanical energy harvesting and self-powered human motion monitoring[J]. Chem Eng J，2024，491：151980.

[58] Park J，Kim D，Choi A Y，et al. Flexible single-strand fiber-based woven-structured triboelectric nanogenerator for self-powered electronics[J]. Apl Mater，2018，6（10）：101106.

[59] Kim T，Jeon S，Lone S，et al. Versatile nanodot-patterned Gore-Tex fabric for multiple energy harvesting in wearable and aerodynamic nanogenerators[J]. Nano Energy，2018，54：209-217.

[60] Tian Z，He J，Chen X，et al. Performance-boosted triboelectric textile for harvesting human motion energy[J]. Nano Energy，2017，39：562-570.

[61] Yan J，Liu J，Li Y，et al. High-performance textile-based triboelectric nanogenerators with damage insensitivity and shape tailorability[J]. Nano Energy，2024，126：109675.

本章作者：任泽伟[1]，徐奇[2]，杨如森[2*]，秦勇[1*]

1. 兰州大学材料与能源学院，纳米科学与技术研究所

2. 西安电子科技大学先进材料与纳米科技学院

Email：qinyong@lzu.edu.cn（秦勇）；rsyang@xidian.edu.cn（杨如森）

第 6 章

纺织基摩擦纳米发电机的应用：复合能量回收

摘　要

以原油价格暴涨为标志的“能源危机”后，世界又出现以臭氧层破坏和温室效应为代表的“全球变暖危机”。各国科学家都致力于寻求高效、无污染的新能量转化方式，以保护地球生态环境。因此，可收集机械能源的摩擦纳米发电机（TENG）成为近些年来的科研热点，是实现分布式自驱动微纳能源最有效的途径。相关调研表明，当前关于 TENG 的研究在采集环境能量的形式上仍比较单一，普遍只涉及一种能量转化机制，有限的输出功率成为制约其商业化应用发展的主要瓶颈。为了面对 TENG 应用发展中遇到的困难和挑战，选择合适的功能材料，发展能同时收集环境中多种形式能量或实现多种能量转化机制（太阳能、风能、水能、生物能、机械振动等）的复合 TENG 是有效提升器件输出的重要方向。

可穿戴电子产品的出现，使以纺织材质为基础的复合 TENG 成为一种创新、高效的能源收集设备。相较于纸张、薄膜等常规柔性材料，纤维材料展示出更为优异的柔韧性和机械强度。独特的纺织结构和灵活的可设计性使其可以借助纺织加工工艺与服用纺织品进行无缝集成，制成一体化可穿戴电子产品。纺织基复合 TENG 结合了纺织品的柔性与可穿戴性，将机械能和其他可再生清洁能源高效地转化为电能，为各种电子设备提供持续的电源。在户外运动领域，纺织基复合 TENG 能够集成到背包、帐篷等户外用品中，有效回收人体化学能、风能和太阳能等可再生能源，为户外电子设备提供稳定的电源，同时大大减轻了行李负担。在智能家居领域，纺织基复合 TENG 可以集成到窗帘、地毯等家居纺织品中，通过回收室内光线、人体活动和温度差等微弱能量，为家居电子设备提供绿色能源。此外，纺织基复合 TENG 器件还可以用于医疗健康领域，如集成到智能服装中，用于监测人体生理信号、为可穿戴医疗设备供电等。总之，纺织基复合 TENG 作为一种高效、环保的能量转化器件，在复合能量回收中具有广阔的应用前景。

6.1 机械能与太阳能

为减轻大气污染、维护生态稳定，各国均致力于促进可再生能源的开发，其中太阳能作为最丰富的可再生清洁能源引起了人们的持久关注。经过数十年的发展，太阳能发电技术（尤其是太阳能光伏发电技术）取得了长足发展，全球太阳能光伏装机容量呈爆发式增长。此外，太阳能光伏发电技术不断创新、新型材料相继涌现，为高效的能量收集策略设计提供了更大的可能性。将 TENG 与太阳能光伏发电技术相结合，开发纺织基光电-摩擦电复合能量收集器件以同时转化太阳能和机械能，可显著提高能量收集器件的输出性能，是具有广阔前景的能源开发策略之一。

6.1.1 定义与基本概念

太阳能源于太阳内部氢原子发生氢氦聚变释放出的巨大核能，是地球生物赖以生存的根本，具有存在范围广泛、资源丰富、免费取用、无需运输及绿色再生等鲜明优势[1]。太阳能光伏技术是目前发展最为迅速、成熟及广泛应用的可再生能源技术之一，由太阳能电池板、支架、逆变器以及接线装置等构成，其中太阳能电池是极为关键的能量转换部件[2]。但太阳能电池的输出性能极大地受到环境因素的影响，导致自供电可靠性成为不可避免的重大挑战。

近年来，混合能源系统结合太阳能及水能、风能、生物能，致力于以不同能源的特性和互补性为切入点，通过合理的能量调度管理策略实现能源的最大化利用。常见的混合能源系统有风-光互补系统、水-光互补系统及生物质-光互补系统，减少了对单一能源的依赖，提高了能源供应的稳定性、可靠性[1]。以上混合能源策略对光电-摩擦电复合能量收集器件的开发具有重要的参考价值。TENG 和太阳能电池在输出性能方面分别具有高电压低电流、高电流低电压特性[3]，存在显著的互补性，因此以光伏效应和摩擦电效应为基础的光电-摩擦电复合能量收集器件具有广阔的发展前景。

6.1.2 机械能与太阳能复合回收原理

目前，已报道的光电-摩擦电复合能量收集器件多通过外部输出电路串/并联连接光电器件、TENG 同时收集太阳能与机械能，从而利用不同器件的输出叠加获得更高的输出功率[4]。TENG 对机械能的收集原理已于前几章进行详细描述，本节将以不同的太阳能电池为主线对光电-摩擦电复合能量收集器件的复合回收原理展开介绍。

太阳能电池主要包括有机太阳能电池（organic solar cells，OSC）、硅基太阳能电池（silicon-based solar cells，Si-SC）、染料敏化太阳能电池（dye-sensitized solar cells，DSSC），已用于光电-摩擦电复合能量收集器件的开发。

1. OSC 基光电-摩擦电复合能量收集器件

OSC 的工作机制示意图如图 6.1（a）所示，活性层薄膜透过透明电极将太阳辐射的光子捕获后，功能层材料的电子会从最高占据分子轨道（HOMO）能级激发到最低未占分子轨道（LUMO）能级，从而产生一对束缚的电子/空穴对，即激子。激子在电池内建电场作用下定向移动，此时若电池外部被接通，则电池内部形成的电流会有效释放从而形成闭合回路。OSC 的工作机制可分成四个过程：①光子的吸收和激子的形成；②激子扩散；③激子解离成自由载流子；④载流子的传输和收集[5]。基于 OSC 与 TENG 的结构特点，以二者为基础的光电-摩擦电复合能量收集器件在集成过程中可实现适当的结构简化，如图 6.1（b）所示，通过集成高性能半透明 OSC 和液体-固体 TENG，开发的单片式光电-摩擦电复合能量收集器件实现了太阳能、水滴机械能的双能量转换[6]。

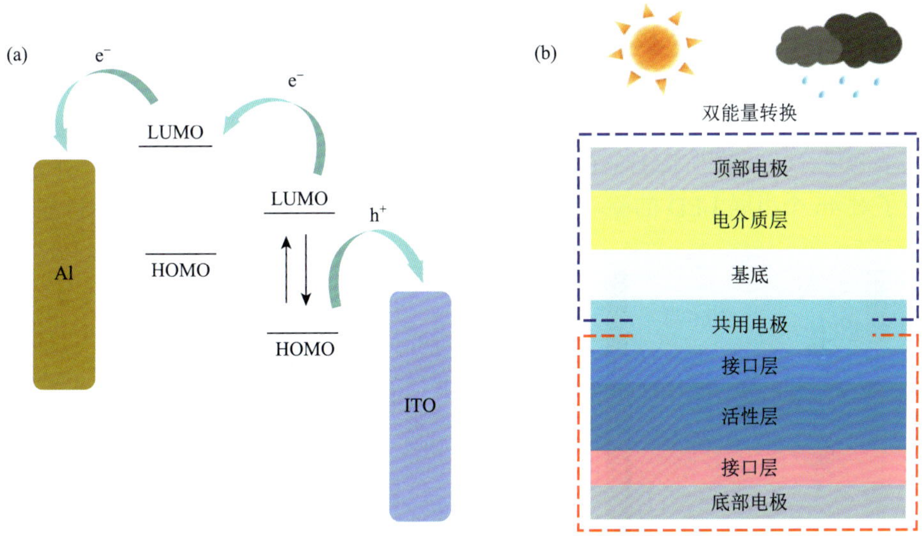

图 6.1　OSC 基光电-摩擦电复合能量收集器件。（a）工作机制示意图；（b）双能量转换器件结构示意图[6]

2. Si-SC 基光电-摩擦电复合能量收集器件

Si-SC 的发电过程利用了硅基半导体中的光伏效应。当半导体硅接收到太阳光照时，价带上的电子在光子激发下跳跃到导带，从而产生电子/空穴对。但由于激发态的不稳定性，电子和空穴会发生复合，能量发生耗散。因此，本征硅需进行掺杂形成 pn 结，分离已产生的电子/空穴对。图 6.2（a）为常规 Si-SC 结构图，可知其核心是大面积掺杂半导体形成的 pn 结[7]。当能量大于带隙的光子被吸收层吸收时，所产生的电子和空穴会在 pn 结内建电场的作用下分离，电子移至 n 端，空穴移至 p 端，即在太阳能电池的两个端口形成电荷积累。此时，Si-SC 可以接入外部负载或储能装置形成闭合回路。图 6.2（b）展示了一种 Si-SC 与 TENG 结合的混合能量输出增强策略，该策略通过引入双功能纳米皱纹聚二甲基硅氧烷薄膜来充当 Si-SC 的抗反射层和 TENG 的摩擦层，实现了阳光和雨滴能量收集效率的同时提升[8]。

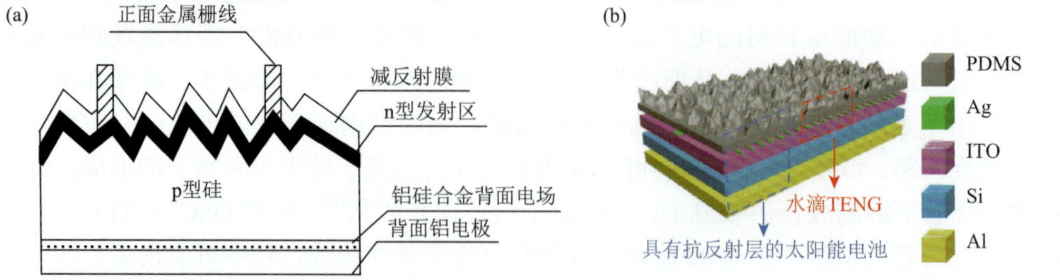

图 6.2 Si-SC 基光电-摩擦电复合能量收集器件。（a）常规 Si-SC 结构图[7]；（b）复合能量收集器件[8]

3. DSSC 基光电-摩擦电复合能量收集器件

DSSC 由光阳极、对电极、电解质和染料构成，典型的 DSSC 配置如图 6.3（a）所示[9]。染料分子吸收光子后产生电荷，电子注入光阳极的导带并传输到外部电路。同时，氧化染料分子被还原为 I^-，而 I^-被氧化成 I_3^-。然后，I_3^-扩散到对电极并还原为 I^-，完成光电化学循环。Guo 等[10]将 DSSC 与 TENG 相结合以同时收集风能和光能，并通过整流器实现了对 46 个串联 LED 的驱动［图 6.3（b）和（c）］。此外，柔性储能器件的集成加

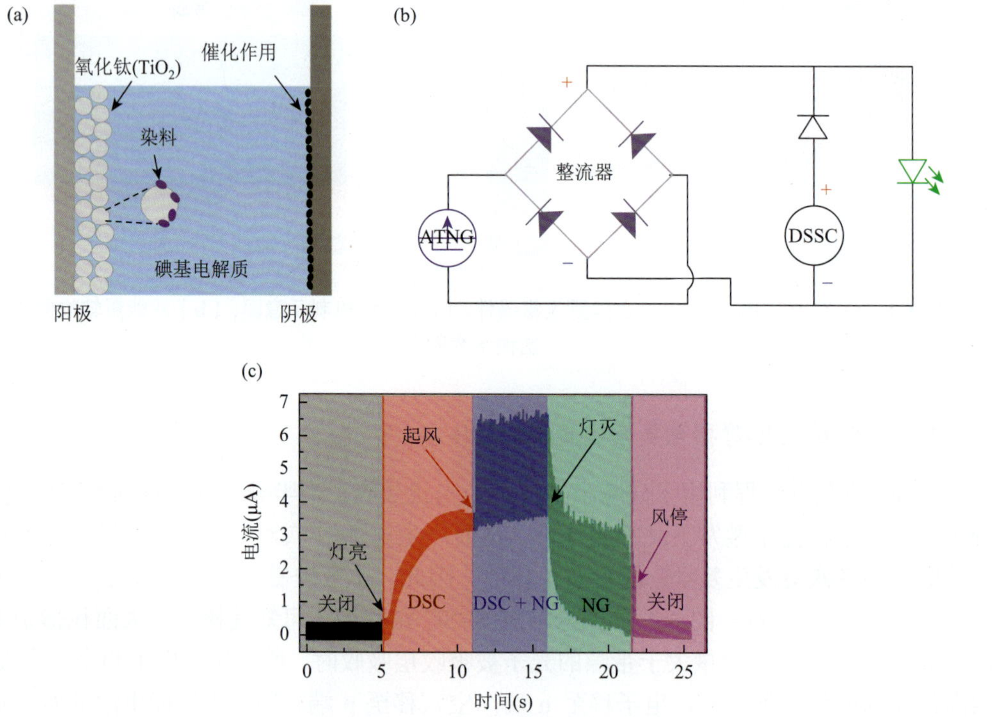

图 6.3 DSSC 基光电-摩擦电复合能量收集器件。（a）典型的 DSSC 的设备配置[9]；（b）用于照明 LED 的混合器件的等效电路[10]；（c）时间-电流曲线[10]

入将有助于实现连续供电。研究者通过对 DSSC、TENG 及柔性锂电池的高度集成实现了多重能量收集和即时能量储存。由复合能量收集器件充电 0.88h 后，柔性锂电池可达到 4.12h 的持续放电过程[11]。

6.1.3　摩擦纳米复合发电机收集机械能与太阳能的应用场景

纺织品誉为“人体的第二层皮肤”，是可穿戴电子产品的最佳载体。以纤维或织物为基础的能量收集器件凭借其柔软、灵活、舒适等优势，在智能纺织品、可穿戴电子产品等领域具有广阔发展前景。纺织基复合能量收集器件可根据不同能源的收集特点实现互补性结合，有利于实现能源的最大化收集和转换，解决单一能源收集转换效率低、受限制多等供能弊端。其中，纺织基光电-摩擦电复合能量收集器件可收集太阳能和机械能，并具有较佳的柔性、易集成性、可穿戴性等优点，成为一种极具潜力的柔性可穿戴织物的供能器件。Pu 等[12]以 TENG 织物、纤维基 DSSC（FDSSC）为基础，集成制备了一种具有光栅结构的能量回收系统 [图 6.4（a）]，可将低频的人体运动机械能转化为高频电流，并以太阳能为补充能量，使电流幅值、输出功率得到了极大改善 [图 6.4（b）和（c）]。Ren 等[13]将槽形微纳米结构雾状薄膜、柔性 OSC 及自主单电极 TENG 经电路连接集成为一种具有自清洁功能的柔性光电-摩擦电复合能量收集器件。其中槽形微纳米结构雾状薄膜具有优异的光学性能、大比表面积及超疏水性能，可作为摩擦层增加表面电荷密度，同时作为捕光层提高光电转换效率，显著提高了该器件在可穿戴应用中的稳定性和可重复性。

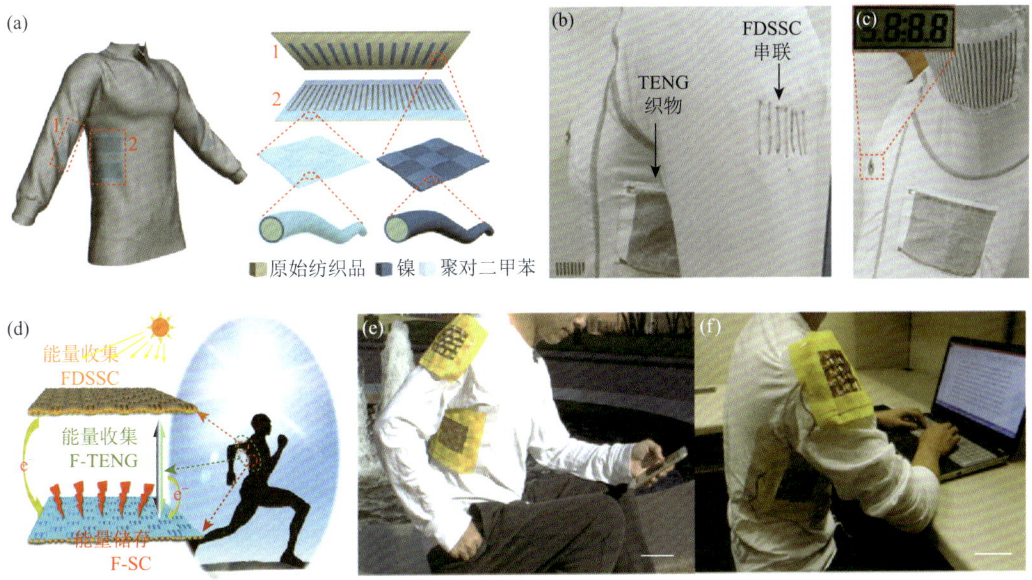

图 6.4　用于人体运动机械能收集的光电-摩擦电复合能量收集器件。（a）TENG 织物示意图；（b，c）FDSSC 与 TENG 织物集成在衣服中[12]；（d）以 F-TENG 及 FDSSC 为能量收集织物、以 F-SC 为能量储存织物的自供电织物[14]；（e）室外运行[14]；（f）室内运行[14]

纺织基储能部件的加入可将能量收集器件转化的电能储存起来，实现持续供能。Wen 等[14]以 F-DSSC、纤维基 TENG（F-TENG）构成能量收集织物，将太阳能、运动机械能转化为电能，采用纤维基超级电容器（F-SC）为能量储存织物［图 6.4（d)]，并将三者集成于智能服装上为移动电子设备提供持续供电［图 6.4（e)、(f)]。传统纺织工艺可为多组件智能器件的高效集成提供思路。Chen 等[15]采用纺织编织法［图 6.5（a)］将纤维基 OSC 与 TENG 集成于可同时收集太阳能、机械能的混合动力纺织品［图 6.5（b)]，保留了纺织品良好的透气性、可变形性、耐用性及集成性，可集成于各种布料、窗帘、帐篷、服装等采集人体运动、机器振动、微风等机械能，并实现了移动电子设备的持续电力供应［图 6.5（c）～（e)]。

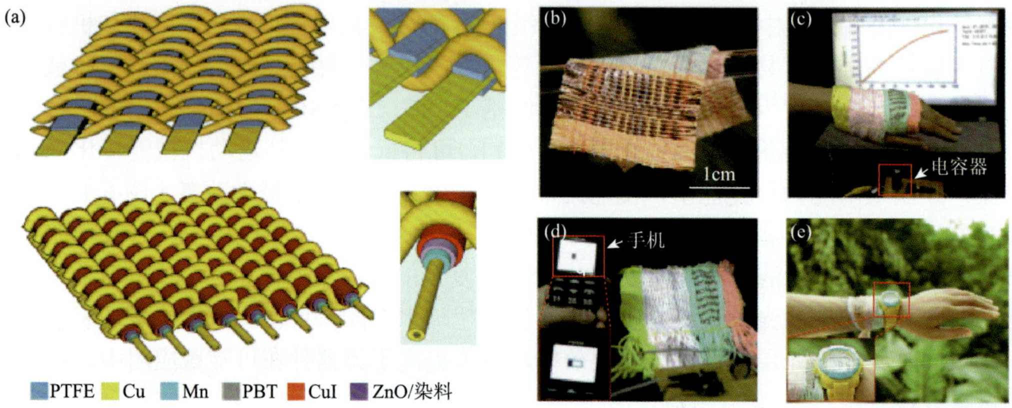

图 6.5 编织集成的纺织基光电-摩擦电复合能量收集器件。(a) 结构设计示意图[15]；(b) 在太阳光照、机械激发下，一小块纺织基光电-摩擦电复合能量收集器件可 (c) 在 1min 内为 2mF 商用电容器充电至 2V、(d) 直接为手机充电、(e) 以可穿戴方式为电子手表提供持续动力[15]

6.2 机械能与热能

热能是工业生产、交通运输等领域的核心驱动力。但在实际生产过程中，大量的热能以废热的形式排放，造成了巨大的能源浪费。热能的回收利用对推动行业可持续健康发展有重要意义。目前，热能的收集转化主要基于热电效应和热释电效应这两种原理。热电效应是由于温度差的存在，半导体会产生电势差，通过这种效应可以将热能直接转换为电能。而热释电效应则是某些材料在温度变化时产生的电荷分离现象，也可实现热能到电能的转换。近年来，科研人员不断探索新的热能收集转换方法。其中，摩擦纳米复合发电机作为一种新兴技术，通过机械能与热能之间的耦合作用提高能量转换效率，展现出巨大的发展潜力。本节主要介绍摩擦纳米复合发电机收集机械能与热能的方法。

6.2.1 机械能与热能复合回收原理

目前，大多数摩擦纳米复合发电机均采用堆叠结构，即将 TENG 与热电发电机（TEG）

或热释电纳米发电机（PyNG）进行叠加组装［图 6.6（a）和（b）］[16, 17]。复合发电机对机械能、热能的收集是两个独立系统。当复合发电机分别完成机械能/热能的转化后，利用匹配的整流器，将两系统的电信号合并输出，以提升设备能量转化效率。在前面章节已详细介绍 TENG 对机械能的收集原理，本节着重介绍热电发电机、热释电纳米发电机对热能的转化原理。

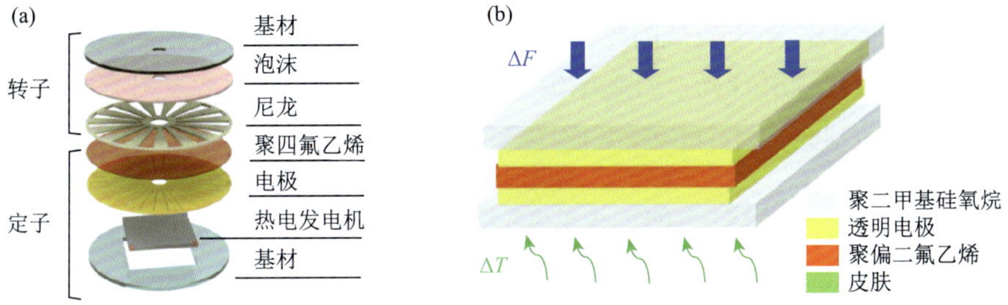

图 6.6 摩擦纳米复合发电机结构示意图。(a) 摩擦电-热电纳米发电机[16]；(b) 摩擦电-压电-热释电纳米发电机[17]

1. 热电转化原理

19 世纪，德国科学家塞贝克（Thomas Seebeck）发现当两种不同的半导体材料构成闭合回路时，若两侧存在温差，回路中将产生电流。这种效应称为热电转化效应，也称塞贝克效应。塞贝克效应产生的本质原因是外界温差驱使半导体内的载流子向冷端运动。以 p、n 型半导体组装的热电发电机为例，当材料两端存在温差时，p 型半导体内部分空穴会从热端向冷端移动，n 型半导体内电子会从热端向冷端移动。在 p、n 型半导体内部产生方向相反的温差电动势，进而在回路中激发出电信号[18-24]（图 6.7）。热电优值（ZT）是评价材料热电性能的关键参数，计算公式为

$$\mathrm{ZT} = sa^2Tk \tag{6.1}$$

其中，a 为塞贝克系数；s 为电导率；T 为平均工作温度；k 为导热系数。

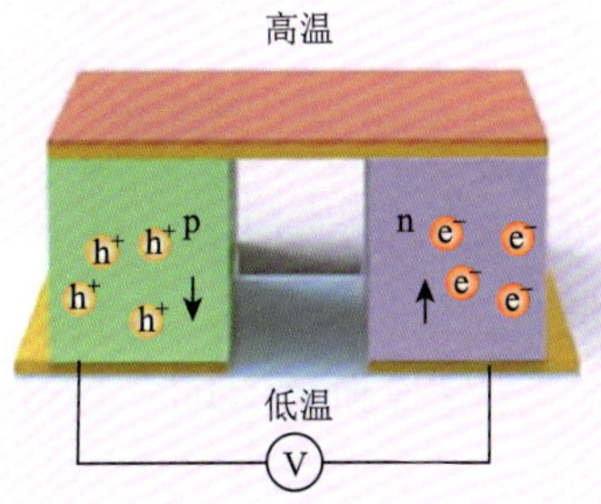

图 6.7 塞贝克效应热电感应原理[21]

2. 热释电转化原理

与热电效应的原理不同，热释电效应是指当外界温度发生变化时，自极化材料（也

称热释电材料）的极化程度会产生变化，从而引起材料两端产生电势差。具体来讲，由于自极化特性，热释电材料内部正、负电荷中心不重合，产生大量的偶极子。当热释电材料处于恒温状态时（$dT/dt = 0$），这些偶极子在各自的平衡轴附近随机振荡，该状态下材料自发极化形成的总平均强度不变，表现出电中性［图 6.8（a）］。当对热释电材料加热时（$dT/dt>0$），引起电偶极子沿着各自的平衡轴剧烈摆动。由于摆角的增大，材料的极化水平降低，电极上感生电荷减小，从而激发出电信号［图 6.8（b）］。当外界环境温度降低时（$dT/dt<0$），由于较低的热激活能，材料内部电偶极子能够在小角度范围内摆动，导致材料的极化程度升高，引起电极上感生电荷增多，从而激发出方向相反的电信号[24-29]［图 6.8（c）］。

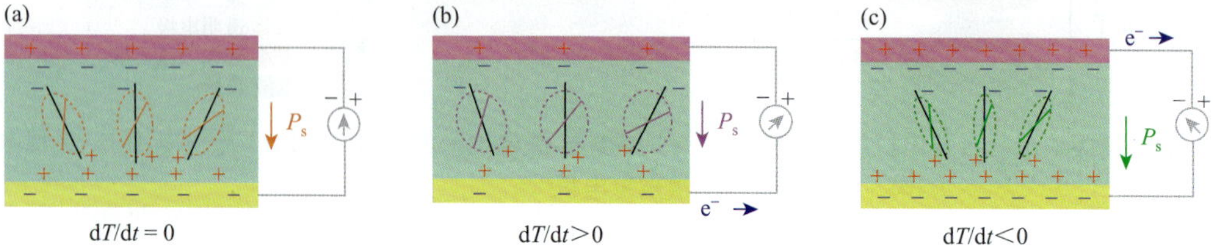

图 6.8 热释电效应转化原理[25]

当热释电材料连接到负载时，回路中就可检测出电流信号，流过负载的热释电电流大小为

$$I = \frac{dQ}{dt} = S\lambda\frac{dT}{dt} \tag{6.2}$$

$$\lambda = \left(\frac{dP_s}{dT}\right)_{\sigma,E} = \frac{dQ}{SdT} \tag{6.3}$$

式中，S 为材料面积；Q 为电极感应电荷；T 为温度；t 为时间；λ 为热释电系数；σ 为恒定应力；E 为恒定电场；P_s 为极化分量强度。

6.2.2 摩擦纳米复合发电机收集机械能与热能的应用场景

1. 摩擦电/热电复合发电机

Yang 等[30]将旋转摩擦纳米发电机（AR-TENG）与 TEG 叠加组装，并与变压器电路串联，开发了一种机械能/热能混合能量收集装置，可提高 TENG 的能量收集效率。AR-TENG 利用摩擦层的固有弹性来减少摩擦损耗，同时 TEG 回收 AR-TENG 运行过程中由于摩擦损耗而产生的热量。随后，变压器电路对两个系统电信号进行整流输出。与单独的 AR-TENG 相比，该复合发电机实现了 96.4%的高转换效率［图 6.9（a）］。Wang 等[31]开发出一种由电磁发电机（EMG）、TENG 和 TEG 组成的复合纳米发电机，可同时收集机械能和热能。由于电磁效应、摩擦电效应和热电效应的协同作用，复合纳米发电机可提供 5V 的恒定输出电压和约 160mA 的脉冲输出电流峰值［图 6.9（b）］。Seo 等[32]开发出一种基于碲化铋（Bi_2Te_3）、聚二甲基硅氧烷（PDMS）的混合热电-摩擦发电机（HTHTG），所制备的复合发电机的功率可达 3.27μW/cm^2［图 6.9（c）］。Yang 等[33]开发出一种混合能源电池，无需外部电源即可将水分解成氢气和氧气。该电池由 TENG、TEG 和太阳能电池组成，可以同时收集机械能、热能和太阳能［图 6.9（d）］。

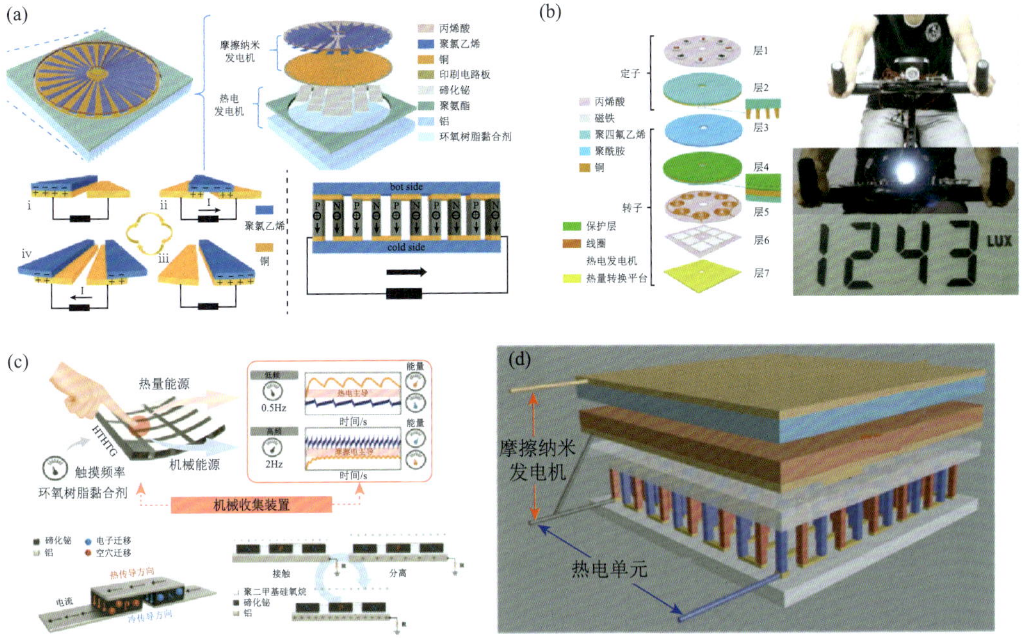

图 6.9　摩擦电/热电复合发电机。（a）AR-TENG 和 TEG 混合发电机的分散结构图及电子流过程[30]；（b）EMG-TENG-TEG 复合纳米发电机结构示意图及使用该纳米发电机为车载远光灯供电的照片[31]；（c）HTHTG 的工作原理示意图[32]；（d）由 TENG 和 TEG 组装的复合发电机示意图[33]

2. 摩擦电/热释电复合发电机

Jiang 等[34]提出了一种用于收集热流体中热能和机械能的复合发电机，其功率密度可达 2.6μW/cm^2，能量最大增量可达 238%，可同时点亮 28 个 LED 灯［图 6.10（a）］。Sun 等[35]报道了一种交互戒指，该戒指主要由 TENG 提供触觉反馈，热释电纳米发电机提供温度反馈。基于此，该交互戒指可用于虚拟现实（VR）增强触觉感知和触觉反馈［图 6.10（b）］。Zhang 等[36]报道了一种复合纳米发电机，它能够同时或单独收集环境热能和机械能，并在不使用外部电源的情况下用于自供电阴极保护系统，可直接用于保护金属表面免受化学腐蚀［图 6.10（c）］。Zheng 等[37]提出了一种独特的复合纳米发电机，可从水蒸气中收集热能，并从底部的风中收集机械能。该复合纳米发电机主要由风驱动的 TENG 和热释电-压电纳米发电机（PPENG）共同组成。该复合纳米发电机对机械能和热能的输出功率分别可达 4.74mW 和 184.32μW，可为数字手表供电以及为实现无线传输提供能源［图 6.10（d）］。Zhang 等[38]报道了一种可伸缩的电磁屏蔽复合纳米发电机（ES-HNG），不仅能从生活环境中收集热能和机械能，还能保护和监测人体健康［图 6.10（e）］。

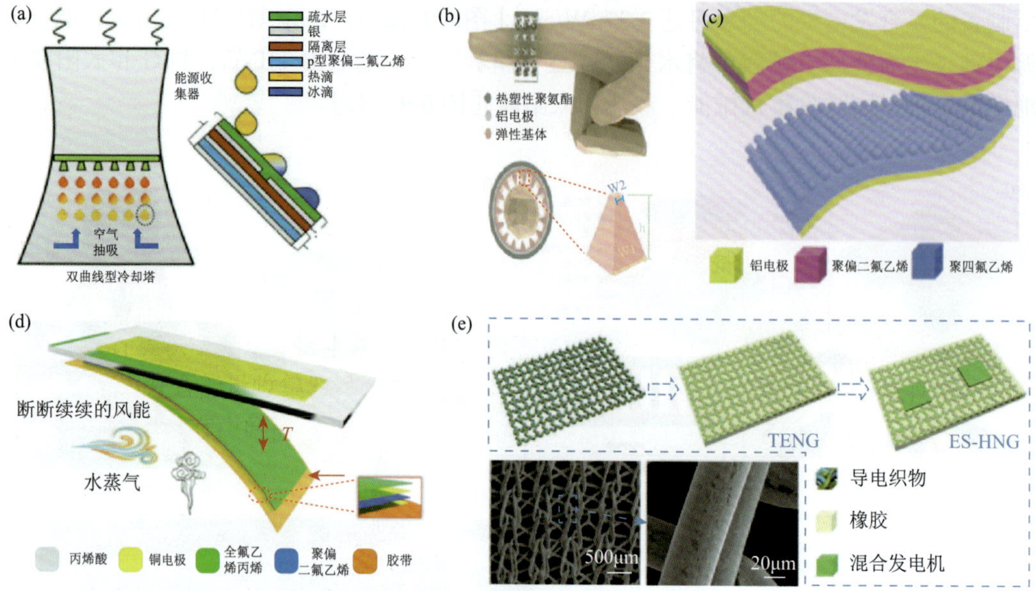

图 6.10 摩擦电/热释电复合发电机。（a）用于收集热流体中热能和机械能的复合发电机示意图[34]；（b）基于摩擦纳米发电机和热释电纳米发电机的交互戒指[35]；（c）用于自供电阴极保护系统的混合纳米发电机示意图[36]；（d）对风和水蒸气进行混合能量收集的纳米发电机示意图[37]；（e）可伸缩的电磁屏蔽复合纳米发电机的示意图（上）和导电抗电磁辐射纺织品的 SEM 图（下）[38]

此外，与上述采用叠加结构来收集机械能与热能的方式不同。研究人员通过两个极性相反的铁电共聚物 PVDF-TrFE 薄膜，组装成一种集成结构的摩擦纳米复合发电机以收集机械能与热能[39]（图 6.11）。该工作实现了摩擦发电与热释电两种不同原理在同一种材料上的集成，为摩擦纳米复合发电机收集机械能和热能提供了崭新的思路。

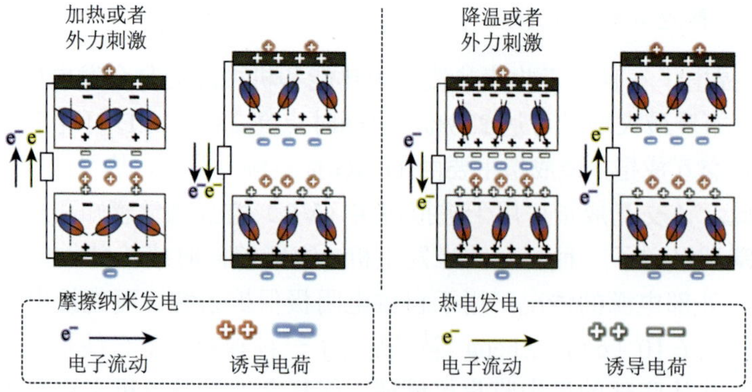

图 6.11 基于反向极化 PVDF-TrFE 薄膜的摩擦电/热释电传感机制[39]

6.3 机械能与生物能

除自然界中的风能、太阳能、海洋能等能源，动物体内也含有多种生物机械能与生物化学能可收集、存储，用于实现微型器件的特定功能。当 TENG 植入生物体内后，它可将生物体运动、呼吸、心跳等生物机械能转化为电能，但是器件周围体液所包含的生物化学能却未能得到有效利用，造成了能源的浪费。假如这些生物化学能能够同时收集，那么生物体转化的总电能将得到大幅提高，提高后的电能可实现对低功耗植入式器件的长期供能，如植入式无线葡萄糖传感器、动脉阻塞压力传感器及术后体温传感器等。

6.3.1　定义与基本概念

生物机械能是指生物体内的机械运动所具有的能量，主要源于肌肉的收缩，是生物体内的一种重要能量形式[40, 41]。肌肉收缩能够将体内 70%以上的化学能转化为生物机械能，人类的运动、呼吸、心跳、消化、排泄等一切活动都需要生物机械能的支持。此外，生物机械能还可以用于生物体内的医疗治疗（药物输送[42]、肝脏疾病[43, 44]等）和生物体外的医疗治疗（机械手臂[45]、假肢等[46]）。

生物化学能是生物机体在新陈代谢过程中，通过吸收食物中的无机化学能或有机化学能，并在其体内形成用以推动生命过程所需要的动力源[47]。生物化学能基本上总是处于瞬间形成又瞬间消失的状态，是一种最基础的过渡性价值。人类所有的高层次使用价值（代谢性价值、生理性价值、个体性价值、社会性价值）和过渡性价值（生物化学能、生理潜能、劳动潜能、劳动价值）都是建立在生物化学能的基础上，并且都可以辩证地还原为生物化学能[48]。

6.3.2　机械能与生物能复合回收原理

生物机械能和生物化学能作为两种能量收集单元，既可以作为单个电源单独工作，也可以作为一个集成系统同时工作。例如，从人体运动或汗液中收集能量转化为电输出，或将 TENG 和生物燃料电池组合，用于同时收集生物机械能和生物化学能。

生物燃料电池的工作原理如图 6.12 所示。首先燃料在阳极酶化剂的作用下氧化，产

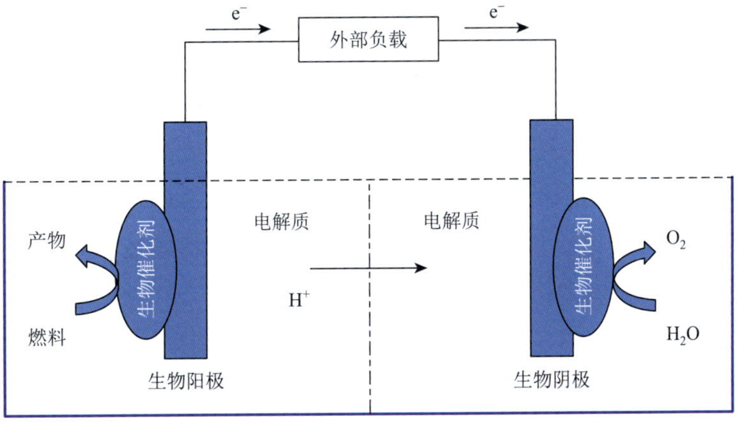

图 6.12　生物燃料电池的工作原理

生的电子通过外电路到达阴极，质子通过质子交换膜到达阴极，氧化物（一般为氧气）在阴极得到电子被还原（产物一般为水），整个过程形成一个通路，构成酶型生物燃料电池。鉴于组织液与血液中蕴含着丰富的葡萄糖，以葡萄糖/氧气酶型生物燃料电池为例，葡萄糖分子在阳极催化剂葡萄糖氧化酶的作用下氧化为葡萄糖酸，产生的电子通过外电路传到阴极，质子 H^+通过质子交换膜扩散到阴极；氧气在阴极的一些氧化还原酶或贵金属的催化作用下还原成水，形成通路构成葡萄糖/氧气生物燃料电池。

6.3.3 摩擦纳米复合发电机收集机械能与生物能的应用场景

1. 摩擦/汗液发电机

可穿戴能量收集技术是一种创新性的可持续能源解决方案，为半永久性设备提供了源源不断的动力。在多种可收集的能源中，人体运动产生的机械能因其普遍性和丰富性而备受关注，TENG 便是将机械能转换为电能的一种典型技术。由于其在材料选择和结构设计上的通用性，TENG 作为可穿戴能量收集装置具有显著的优势。然而，由于水分会迅速将带电粒子改变为电中性状态，TENG 的输出性能显著受到湿度的影响。为了更有效地收集并转换人体运动产生的机械能，亟需研发出一种特性互补、性能优越的发电机。例如，由蒸腾作用驱动的电动发电机可以通过液体和材料之间的相互作用输出连续的直流电，成为一种具有巨大潜力的新型能源技术。当水不对称地滴到涂有导电材料的膜上时，由于水的部分吸附，电容和电压会产生差异。随着水移动到膜的另一边，由于蒸腾作用便会产生电流。此外，汗液作为人体排泄和调节体温的主要方式，与可穿戴电子设备之间存在持续的接触。因此，利用汗液作为能量来源为电子设备提供动力，成为电子设备发展的新思路。2020 年，高伟团队证明使用生物燃料电池可以直接从汗液中采集能量。其原理在于，生物燃料电池中的乳酸酶能够持续催化汗液中的乳酸进行氧化反应，从而不断产生电能[49]。

Park 等[50]通过共同编织摩擦发电纤维和汗液发电纤维，研制出一种可拉伸、可洗涤的复合能量收集织物［图 6.13（a）］。这种创新设计使得织物不仅能够从人体运动中收集机械能，还能在人体出汗时从汗液中收集电能。两种能量收集机制确保了织物在不同环境条件下都能稳定地提供电力输出，从而有效对抗湿度影响，提高了电能的产生效率。具体而言，当人体处于运动状态时，摩擦发电纤维会首先发挥作用，将机械能转换为电能。而当人体开始出汗时，汗液发电纤维则能够利用汗液中的化学成分进行发电，进一步增加电能的产生。这种设计不仅克服了传统 TENG 易受潮的局限性，也解决了汗液发电纤维在人体未出汗时无法产生电能的问题。复合能量收集织物易于按需生产，可以附着在任何衣服上或作为任何衣服的一部分［图 6.13（c）和（d）］，具有经济和工业友好的制造优势。

2. 复合摩擦电/葡萄糖燃料电池

将 TENG 与葡萄糖燃料电池相结合，可开发一种能同时收集生物机械能与生物化学

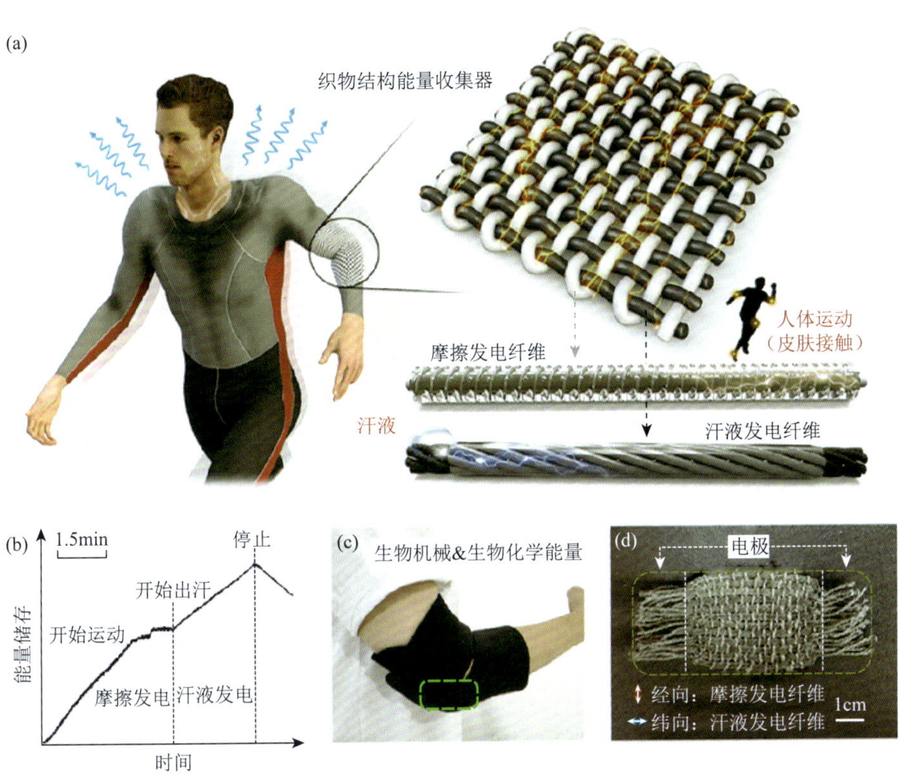

图 6.13　基于编织结构的复合能量收集织物的概念与设计。（a）由摩擦发电纤维和汗液发电纤维组成的复合能量收集织物示意图；（b）摩擦发电纤维和汗液发电纤维的互补协同效应；（c，d）复合能量收集织物的照片[50]

能的复合能源收集器，为生物体内微型电子器件的供能提供可行的解决方案。一体化集成后的复合能源器件在植入体内后，可以通过 TENG 将外界周期性机械刺激转化为电能，燃料电池同时可将组织液中葡萄糖分子蕴含的生物化学能通过氧化还原反应转化为电能，实现对人体内生物机械能与生物化学能的同时收集。

Li 等[51]以具有良好生物相容性的细菌纤维素膜为负载基体，通过将摩擦电技术与生物燃料电池技术相结合，开发了一种新型复合能源收集器，解决了复合器件同时收集两种生物能的技术难题（图 6.14）。该复合能源收集器包含 TENG 与葡萄糖燃料电池（GFC）两个能量收集单元，TENG 可在 PBS 模拟体液环境中将手指按压能量转化为电能。向 PBS 溶液中加入葡萄糖后，葡萄糖燃料电池可促使葡萄糖发生氧化还原反应，将化学能转化为电能。TENG 与燃料电池通过并联一体化集成后，可在模拟体液中同时收集生物机械能与生物化学能，实现了两个单元输出电压的叠加。和任意单一器件相比，复合能源收集器能够以更快的速度对商用电容器进行充电，在相同的时间内实现更高的充电电压，并且整体能源收集效率也得到显著提升，可为计算器及 LED 供能。该研究为多种能量的同时收集提供了可行方案，有望作为电源驱动微纳米器件实现其特定功能。

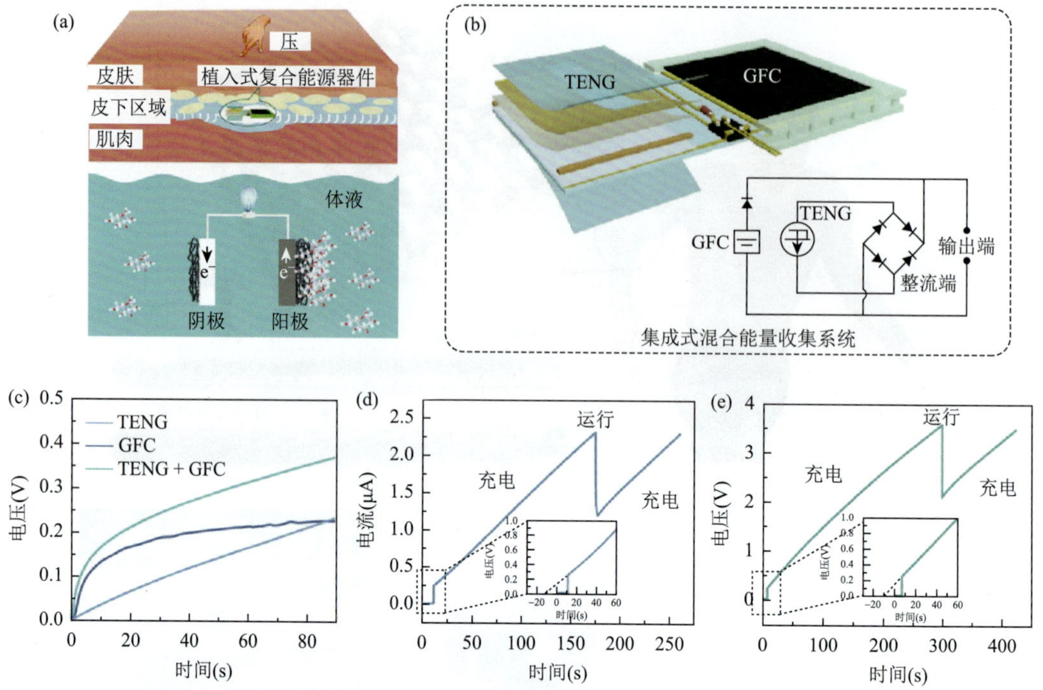

图 6.14 摩擦电-葡萄糖燃料电池复合能源收集系统。(a)复合能源收集器件植入体内后，同时收集生物机械能与生物化学能的概念图；(b)集成式复合能源收集器件结构示意图及其等效电路；(c)单个、复合能源器件为同一电容器充电时的电压变化曲线；(d，e)复合能源收集器件在 PBS/葡萄糖溶液中为计算器和 LED 供电的充放电曲线[51]

3. 复合摩擦电/葡萄糖纳米发电机

葡萄糖作为生物体细胞活动的主要能量来源，在健康监护方面引起了越来越多的关注。基于静电感应和接触电气化的共轭作用，可穿戴式葡萄糖监测技术通过与 TENG 的集成，能够从人体运动中提取生物力学能量，并为化学传感器提供充分电力。其中，葡萄糖除了作为目标因子受到监测外，酶活性所携带的离子强度增加会引起更大的电导率和极化效应，较高的葡萄糖浓度可以促进 TENG 的产生，进一步增强发电性能。

Kanokpaka 等[52]通过将葡萄糖自适应水凝胶引入 TENG 中，提出了一种具有生物相容性的葡萄糖自适应水凝胶自供电生物传感器，用于同时监测葡萄糖（图 6.15）。基于酶促反应的电导率变化，葡萄糖自适应水凝胶可以将人体汗液中的葡萄糖刺激有效地转化为电输出，促进 TENG 系统的摩擦起电。当葡萄糖浓度升高时，离子强度增加，导致机械化学键断裂及渗透膨胀，进一步提高了水凝胶基质的导电性。此外，摩擦电生物传感器还展示了一个用于糖尿病患者的诊断医疗平台，当血糖水平超过正常的阈值时，可通过 LED 进行可视化提醒，有望为糖尿病的诊断和治疗提供替代的医学可能性。

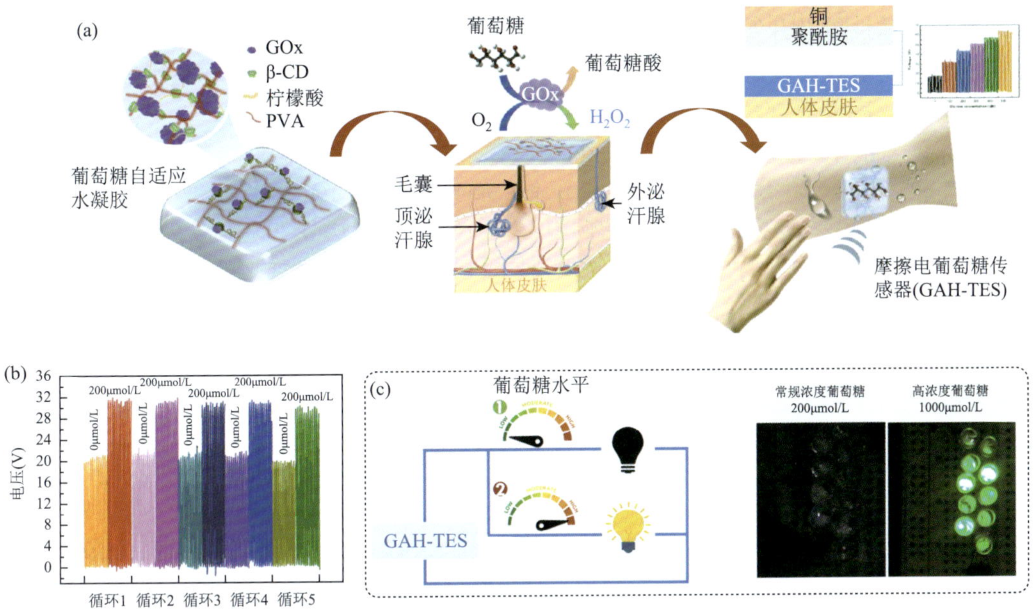

图 6.15 葡萄糖自适应水凝胶的摩擦电生物传感器。(a) 摩擦电葡萄糖传感器的制备流程示意图；(b) 自供电传感器在 0μmol/L 和 200μmol/L 葡萄糖溶液中的 5 次循环实验；(c) 自供电高糖浓度报警器的演示[52]

6.4 小 结

TENG 作为一个新兴的研究领域，在过去的十年里取得了快速的发展。相较于单一模式的发电机，复合发电机通过叠加组合的方式，可实现对机械能及太阳能、热能和生物能的高效、无污染回收利用，极大提高了设备的能量回收效率。此外，对 PVDF-TrFE 采取反极化策略，可实现 TENG 与热释电发电机的一体化设计。在未来能源领域，可回收复合 TENG 具有极大的发展潜力。与此同时，复合能量收集系统也面临着诸多严峻挑战：

（1）优化结构。现有的复合能量收集器均采用叠加组合结构，机械能与其他能量回收系统彼此独立。然而，不同能量回收系统内组件的电学特性不一致，如内部阻抗、工作频率以及交流/直流输出特性等。因此，需要在系统外连接整流器，来调谐两系统产生电信号，造成目前复合能量收集器结构繁复、便携性差等弊端。

（2）穿戴舒适性。人体能够产生或储存大量的机械能、热能和生物能，因此对人体能源的高效回收也是亟需解决的问题。然而，目前的复合设备多采用聚合物薄膜基体如 PDMS 等，存在设备透气性差、热湿舒适性差等弊端，严重阻碍了设备在可穿戴领域中的应用。

（3）器件的可回收利用。能量转化收集功能是目前复合能量收集器开发的核心考量。然而，设备缺乏日常使用的普适性，因此大多数器件的功能材料不具有可回收性，会造成严重的环境问题。

综上所述，虽然复合 TENG 在许多方面展现出巨大的潜力和优势，但其发展仍面临诸多挑战。为了克服这些挑战，未来的研究需要集中在优化复合能量收集器的结构设计、提高穿戴舒适性以及开发可回收利用的功能材料等方面。通过技术创新和系统整合，有望实现复合能量收集系统的广泛应用，为构建可持续发展的未来能源体系贡献力量。

参考文献

[1] 马洪飞. 太阳能光伏发电技术现状及其发展分析[J]. 光源与照明，2023，9：114-116.

[2] 张鸽. 太阳能光伏发电技术现状及其发展方向研究[J]. 光源与照明，2023，12：132-134.

[3] Wu Y，Qu J，Chu P K，et al. Hybrid photovoltaic-triboelectric nanogenerators for simultaneously harvesting solar and mechanical energies[J]. Nano Energy，2021，89：106376.

[4] Xu C，Pan C，Liu Y，et al. Hybrid cells for simultaneously harvesting multi-type energies for self-powered micro/nanosystems[J]. Nano Energy，2012，1（2）：259-272.

[5] 宋伟. 高效率柔性有机太阳能电池的制备及性能研究[D]. 宁波：中国科学院宁波材料技术与工程研究所，2022.

[6] Liu T，Zheng Y，Xu Y，et al. Semitransparent polymer solar cell/triboelectric nanogenerator hybrid systems：Synergistic solar and raindrop energy conversion for window-integrated applications[J]. Nano Energy，2022，103：107776.

[7] 唐旱波. 硅基太阳能电池正背面绒面结构匹配研究[D]. 北京：中国科学院物理研究所，2020.

[8] Liu X，Cheng K，Cui P，et al. Hybrid energy harvester with bi-functional nano-wrinkled anti-reflective PDMS film for enhancing energies conversion from sunlight and raindrops[J]. Nano Energy，2019，66：104188.

[9] Chen C，Feng J，Li J，et al. Functional fiber materials to smart fiber devices[J]. Chem Rev，2023，123（2）：613-662.

[10] Guo H，He X，Zhong J，et al. A nanogenerator for harvesting airflow energy and light energy[J]. J Mater Chem A，2014，2（7）：2079-2087.

[11] Cao R，Wang J，Xing Y，et al. A self-powered lantern based on a triboelectric-photovoltaic hybrid nanogenerator[J]. Adv Mater Technol，2018，3（4）：1700371.

[12] Pu X，Song W，Liu M，et al. Wearable power-textiles by integrating fabric triboelectric nanogenerators and fiber-shaped dye-sensitized solar cells[J]. Adv Energy Mater，2016，6（20）：1601048.

[13] Ren Z，Zheng Q，Wang H，et al. Wearable and self-cleaning hybrid energy harvesting system based on micro/nanostructured haze film[J]. Nano Energy，2020，67：104243.

[14] Wen Z，Yeh M H，Guo H，et al. Self-powered textile for wearable electronics by hybridizing fiber-shaped nanogenerators，solar cells，and supercapacitors[J]. Sci Adv，2016，2（10）：e1600097.

[15] Chen J，Huang Y，Zhang N，et al. Micro-cable structured textile for simultaneously harvesting solar and mechanical energy[J]. Nat Energy，2016，1（10）：16138.

[16] Wu Y，Kuang S，Li H，et al. Triboelectric-thermoelectric hybrid nanogenerator for harvesting energy from ambient environments[J]. Adv Mater Technol，2018，3（11）：1800166.

[17] Sun J G，Yang T N，Wang C Y，et al. A flexible transparent one-structure tribo-piezo-pyroelectric hybrid energy generator based on bio-inspired silver nanowires network for biomechanical energy harvesting and physiological monitoring[J]. Nano Energy，2018，48：383-390.

[18] Champier D. Thermoelectric generators：A review of applications[J]. Energy Convers Manage，2017，140：167-181.

[19] He W，Zhang G，Zhang X，et al. Recent development and application of thermoelectric generator and cooler[J]. Appl Energy，2015，143：1-25.

[20] Leblanc S. Thermoelectric generators：Linking material properties and systems engineering for waste heat recovery applications[J]. Sustain Mater Technol，2014，1：26-35.

[21] Pang Y，Cao Y，Derakhshani M，et al. Hybrid energy-harvesting systems based on triboelectric nanogenerators[J]. Matter，2021，4（1）：116-143.

[22] Zhu S，Fan Z，Feng B，et al. Review on wearable thermoelectric generators：From devices to applications energies[J]. Energies，2022，15（9）：3375.

[23] Fan W，Shen Z，Zhang Q，et al. High-power-density wearable thermoelectric generators for human body heat harvesting[J].

ACS Appl Mater Interfaces，2022，14（18）：21224-21231.

[24] Zhang J，Zhang W，Wei H，et al. Flexible micro thermoelectric generators with high power density and light weight[J]. Nano Energy，2023，105：108023.

[25] Zhang K，Wang S，Yang Y. A One-structure-based piezo-tribo-pyro-photoelectric effects coupled nanogenerator for simultaneously scavenging mechanical，thermal，and solar energies[J]. Adv Energy Mater，2017，7（6）：1601852.

[26] Ryu H，Kim S-W. Emerging pyroelectric nanogenerators to convert thermal energy into electrical energy[J]. Small，2021，17（9）：1903469.

[27] Dong X，Yang Z，Li J，et al. Recent advances of triboelectric，piezoelectric and pyroelectric nanogenerators[J]. Nano-Struct Nano-Objects，2023，35：100990.

[28] Askari H，Xu N，Groenner B B H，et al. Intelligent systems using triboelectric，piezoelectric，and pyroelectric nanogenerators[J]. Mater Today，2022，52：188-206.

[29] Kang X，Jia S，Xu R，et al. Highly efficient pyroelectric generator for waste heat recovery without auxiliary device[J]. Nano Energy，2021，88：106245.

[30] Yang O，Zhang C，Zhang B，et al. Hybrid energy-harvesting system by a coupling of triboelectric and thermoelectric generator[J]. Energy Technol，2022，10（4）：2101102.

[31] Wang X，Wang Z L，Yang Y. Hybridized nanogenerator for simultaneously scavenging mechanical and thermal energies by electromagnetic-triboelectric-thermoelectric effects[J]. Nano Energy，2016，26：164-171.

[32] Seo B，Cha Y，Kim S，et al. Rational design for optimizing hybrid thermo-triboelectric generators targeting human activities[J]. ACS Energy Lett，2019，4（9）：2069-2074.

[33] Yang Y，Zhang H，Lin Z H，et al. A hybrid energy cell for self-powered water splitting[J]. Energy Environ Sci，2013，6（8）：2429-2434.

[34] Jiang D，Su Y，Wang K，et al. A triboelectric and pyroelectric hybrid energy harvester for recovering energy from low-grade waste fluids[J]. Nano Energy，2020，70：104459.

[35] Sun Z，Zhu M，Shan X，et al. Augmented tactile-perception and haptic-feedback rings as human-machine interfaces aiming for immersive interactions[J]. Nat Commun，2022，13（1）：5224.

[36] Zhang H，Zhang S，Yao G，et al. Simultaneously harvesting thermal and mechanical energies based on flexible hybrid nanogenerator for self-powered cathodic protection[J]. ACS Appl Mater Interfaces，2015，7（51）：28142-28147.

[37] Zheng H，Zi Y，He X，et al. Concurrent harvesting of ambient energy by hybrid nanogenerators for wearable self-powered systems and active remote sensing[J]. ACS Appl Mater Interfaces，2018，10（17）：14708-14715.

[38] Zhang Q，Liang Q，Zhang Z，et al. Electromagnetic shielding hybrid nanogenerator for health monitoring and protection[J]. Adv Funct Mater，2018，28（1）：1703801.

[39] Shin Y E，Sohn S D，Han H，et al. Self-powered triboelectric/pyroelectric multimodal sensors with enhanced performances and decoupled multiple stimuli[J]. Nano Energy，2020，72：104671.

[40] 程萍. 用于低频机械能收集的摩擦纳米发电机设计与性能研究[D]. 苏州：苏州大学，2021.

[41] Wu H，Tatarenko A，Bichurin M I，et al. A multiferroic module for biomechanical energy harvesting[J]. Nano Energy，2021，83：105777.

[42] Adhikary P，Mahmud M A P，Solaiman T，et al. Recent advances on biomechanical motion-driven triboelectric nanogenerators for drug delivery[J]. Nano Today，2022，45：101513.

[43] Li N，Zhang X，Zhou J，et al. Multiscale biomechanics and mechanotransduction from liver fibrosis to cancer[J]. Adv Drug Deliv Rev，2022，188：114448.

[44] Angeli V，Lim H Y. Biomechanical control of lymphatic vessel physiology and functions[J]. Cell Mol Immunol，2023，20（9）：1051-1062.

[45] Liu M，Qian F，Mi J，et al. Biomechanical energy harvesting for wearable and mobile devices：State-of-the-art and future directions[J]. Appl Energy，2022，321：119379.

[46] Nguyen Q H，Hoai Ta Q T，Tran N. Review on the transformation of biomechanical energy to green energy using triboelectric and piezoelectric based smart materials[J]. J Cleaner Prod，2022，371：133702.
[47] 余庆皋. 生物化学[M]. 长沙：中南大学出版社，2011：34-35.
[48] 仇德辉. 统一价值论[M]. 北京：中国科学技术出版社，1998：84.
[49] Yu Y，Nassar J，Xu C，et al. Biofuel-powered soft electronic skin with multiplexed and wireless sensing for human-machine interfaces[J]. Sci Robot，2020，5（41）：eaaz7946.
[50] Park J，Chang S M，Shin J，et al. Bio-physicochemical dual energy harvesting fabrics for self-sustainable smart electronic suits[J]. Adv Energy Mater，2023，13（28）：2300530.
[51] Li H，Zhang X，Zhao L，et al. A hybrid biofuel and triboelectric nanogenerator for bioenergy harvesting[J]. Nano-Micro Lett，2020，12（1）：50.
[52] Kanokpaka P，Chang Y H，Chang C C，et al. Enabling glucose adaptive self-healing hydrogel based triboelectric biosensor for tracking a human perspiration[J]. Nano Energy，2023，112：108513.

本章作者：田明伟*，徐瑞东，李明，李港华，卢绪燕，
王丽红，刘圆沅，张士进，唐亚林，曲丽君
青岛大学纺织服装学院
Email：mwtian@qdu.edu.cn （田明伟）

第 7 章

纺织基摩擦纳米发电机的应用：自供电电源

摘　要

随着电子设备和无线通信技术的迅猛发展，个人电子产品正在迈向一个追求集多功能性和可穿戴性为一体的时代。这不仅要求各种电子元件的尺寸小型化，更需要将其合理地整合到纺织品中。此外，对于其供电电源有轻质、高柔性、可拉伸和可清洗等需求。这些将是可穿戴智能电子产品发展的关键挑战。集合能量收集和能量存储技术为一体的可穿戴式自供电系统有望成为解决该问题的方案之一。如图 7.1 所示，可穿戴式自供电电

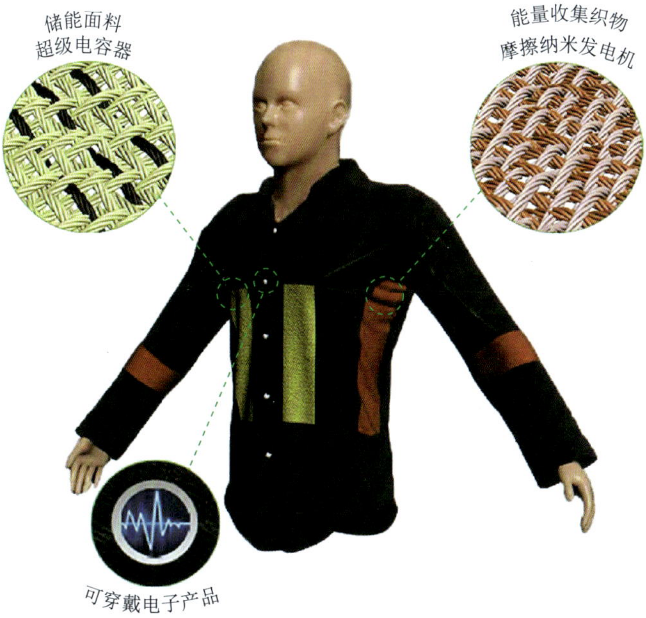

图 7.1　纺织基自供电电源包示意图[1]

源（自供电电源包）将三个功能单元集成到一块独立的纺织品中，即能量收集单元（TENG）、能量存储单元（超级电容器、电池）、可穿戴电子设备或传感器[1]。基于此，人体运动产生的间歇性机械能可实时存储到储能电池中，并随时为智能电子设备提供稳定电源。该系统能够同时解决发电机输出不稳定和储能电池运行时间短两大问题。

大多数 TENG 的输出信号同时具备脉冲和交流两大特性，所以在驱动电子设备或充电之前，需要整流器将它们转换成直流电。由于 TENG 是产生高电压（高达 kV 量级）和低电流（通常 μA 量级）的电容性能量收集技术，电池等储能设备在储能时通常要求电源端为低电压（＜5V），所以 TENG 不适合作为传统电子设备的直接电源。而且 TENG（10^5～$10^7\Omega$）和储能电池（＜100Ω）之间存在较大的阻抗失配，进一步导致从电能到电化学能的转换效率极低。因此包括阻抗、电容和电压在内的特定集成匹配参数对于依赖于电源管理的高效自供电电源包至关重要。通常，一个自供电电源包中包含 TENG、电源管理电路和储能单元（图 7.2）。从 TENG 到电化学储能系统的能量转换效率是评价自供电电源包性能的重要参数之一[2]。

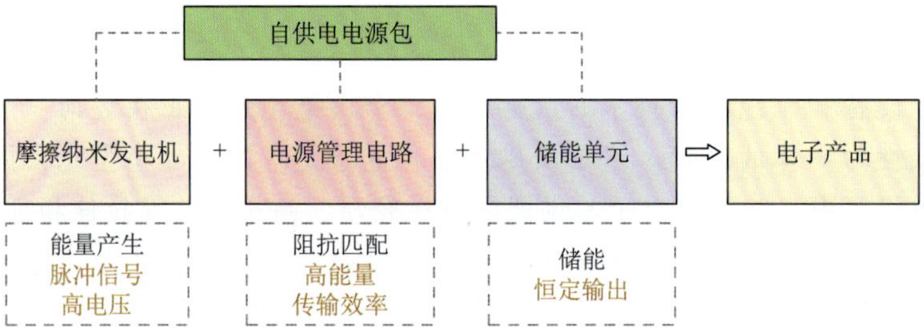

图 7.2　基于 TENG 的自供电电源包的通用示意图[3]

7.1　自供电纺织品

随着个人健康监控和物联网的兴起，柔性可穿戴设备正在成为新兴产业，涉及民用产品、军事设备和医疗仪器等。目前，柔性可穿戴设备（如智能手表、手环、胸带等）仍需要频繁的充电操作，为使用带来不便。当日常穿戴的衣服能够将机械能转换成电能时，可将人体运动产生的能量收集起来，方便快捷地为各种便携式移动设备供电。而将电子设备集成到织物中将在多领域（如显示器、传感）更加有效地使用电能。

人体通过机械能和热能消耗的能量可达 1.07×10^7J/d，相当于一个容量约为 45 万 mA·h 的电池（3.3V）充满电时所蕴含的能量。人体在行走时身体各部位消耗的能量如图 7.3 所示[4]。其中肩部运动消耗 1.34W，肘部 0.78W，手指 6.9～19mW，髋部 7.2W，膝盖 33.5W，脚踝 18.9W，脚跟着地 1～10W。人体运动所产生能量的主要特征表现为低频、间歇和不可预测。TENG 通过摩擦起电和静电感应的耦合效应可以将这种不规则的机械能转换成电能，从而成为可穿戴电源或自供电传感器。

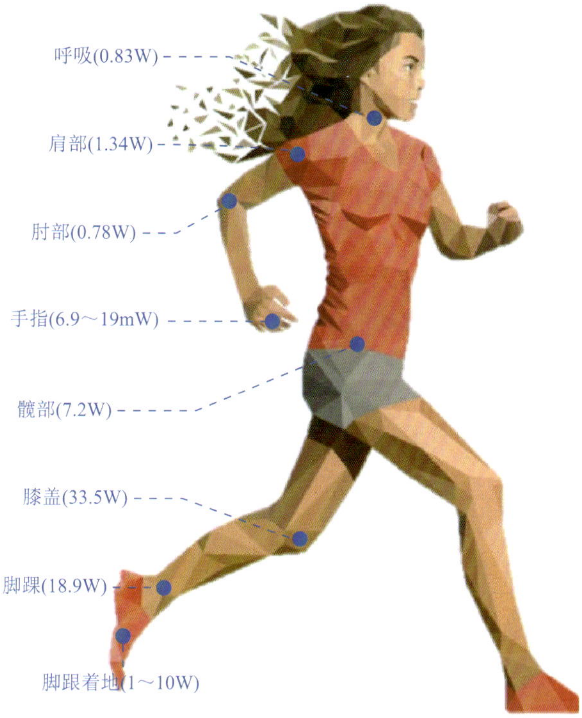

图 7.3　人体在行走时身体各部分的能量消耗[4]

由于织物优异的柔软性、透气性以及穿着舒适性等优点，织物基 TENG 能在满足服用性能的同时实时收集人体运动产生的能量，因而具备广阔的应用前景[5]。根据纤维成分、尺寸特征和生产工艺等因素，可织造不同类型的织物，结合 TENG 的工作特性可适用于不同场景的能量收集。目前，织物基 TENG 主要包括单纤维/纱线基 TENG、二维（2D）织物基 TENG 和三维（3D）织物基 TENG。单纤维/纱线基 TENG 中纤维/纱线的直径一般在毫米级别，所以在工作时纤维间接触分离的面积小，这使得其输出的电能较低。织物基 TENG 可以提高电学输出促进其广泛应用。随着 TENG 研究的快速发展，目前织物基 TENG 可实现多种多样的形式。由于 2D 纺织品结构简单且容易制备，研究人员在兼容现有的纺织加工技术后，使其在智能纺织品的设计中流行起来。然而，由于结构尺寸在厚度方向上的限制，常规 2D 织物基 TENG 的输出仍然较低。为了进一步提高输出性能，逐渐开始采用 3D 织物基 TENG。相比于增加横向接触面积或使用附加工艺，3D 织物基 TENG 在厚度方向上增加层数，从而使得其可以在工作过程中提供更多的接触和分离空间。此外，由于织物结构稳定，3D 织物不容易在人体运动过程中产生额外的变形，从而获得稳定的输出信号。

传统的储能装置体积大、笨重、机械灵活性差，难以在高效、环保的能量转换系统中得到应用。超级电容器和电池在高集成度方面占据主导地位，因此广泛应用于先进的便携式设备，如电子皮肤、智能手表和柔性传感器。电池因其具有足够的能量密度和稳定的电压输出，是最小化电源的首选。虽然超级电容器在倍率性能和循环稳定性方面表现良好，但与电池相比，其能量密度较低。纺织品与超级电容器、电池等储能设备结合可以构建织物基储能系统。将织物基 TENG 和织物基储能系统通过电源管理电路单元进行集成可以构成柔性可持续的自供电系统。小尺寸的柔性储能单元出色地满足了便携性的需求。在储能设备方面，如何开发具有高比电容/容量、高功率密度和优异机械性能的超级电容器和电池是织物基自供能系统的研究热点。不同的织物基储能单元的电化学性能总结在表 7.1 中。织物基储能器件一般包括超级电容器和电池（锂电池、锌电池、锌空气电池）两大类。两种储能器件的电极材料大多选用碳材料以及聚吡咯（PPy）、聚乙烯二氧噻吩（PEDOT）等导电高分子材料。由于这些低维材料便于集成到纺织物上，织物基自供电系统既获得了材料的功能属性又保留了织物的柔性、透气性等固有特性，适合可穿戴电子、传感等多场景应用。基于超级电容器的织物基自供电系统的容量可达 4660mF/cm^2，经过长期循环 5000 次后，电容保持率为 88.7%[6]。为了获得反复多次蓄能稳定性和更优的能量密度，选用锂电池作储能设备比超级电容器更合适，但考虑到安全性和低成本，水系锌离子电池也被用作发电机储能单元。

表 7.1　织物基自供电系统的电化学性能

设备类型	正极//负极材料	功率密度	能量密度	容量	应用	参考文献
超级电容器	rGO//rGO	2.51mW/cm^2	0.000 51mW·h/cm^2	8.19mF/cm^2	—	[7]
超级电容器	MnO_2/Ag	500.95W/kg	17.5W·h/kg	46.6mF/cm^2	—	[8]
超级电容器	MnO_2/CNT//V_2O_5/CNT	0.63mW/cm^2	0.000 88mW·h/cm^2	2.67mF/cm^2	紫外传感器	[9]
超级电容器	PEDOT 涂层氮氧化钛//氮化钒	45mW/cm^2	0.032 4mW·h/cm^2	72mF/cm^2	点亮 1 个 LED	[10]
超级电容器	rGO-Ni//rGO-Ni	1.86mW/cm^2	0.001 58mW·h/cm^2	72.1mF/cm^2	点亮 1 个 LED	[1]
超级电容器	PPy/rGO/$SnCl_2$ 改性涤纶	26.5mW/cm^2	0.047 2mW·h/cm^2	339.7mF/cm^2	驱动数字手表 25min	[11]
超级电容器	N-C@Ni_2P/$NiSe_2$	1 598.8W/kg	60.4W·h/kg	4660mF/cm^2	点亮 8 个 LED、湿度计	[6]
超级电容器	MnO_2，PPy	0.51mW/cm^3	34.78μW·h/cm^3	122.81μF/cm	点亮 52 个 LED	[12]
超级电容器	水热自组装 rGO/GO	94.5mW/m^2	1.3μW·h/cm^2	50.6mF/cm^2	点亮 10 个 LED，驱动手表 32min	[13]
超级电容器	PDMS/MnO_2	40mW/cm^3	6.5mW·h/cm^3	78.9mF/cm^2	点亮 200 个 LED	[14]
镍-锌电池	Ni-NiO//Zn	20.2mW/cm^2	0.006 6mW·h/cm^2	0.23mA·h/cm^3	—	[15]
钴-锌电池	$Co(OH)_2$@NiCo LDH//Zn	14.4mW/cm^2	0.17mW·h/cm^2	0.44mA·h/cm^2	—	[16]
锌电池	Ni-Co 双金属羟基氧化物//Zn	10.3kW/kg	256.2W·h/kg	0.36mA·h/cm^2	—	[17]
锂离子电池	Ni，聚对二甲苯	400mW/cm^2	145.8W·h/kg	81mA·h/g	驱动心率计	[18]
锌离子电池	MnO_2 和锌金属	18.19mW/m^2	—	265mA·h/g	—	[19]
锌空气电池	N-$NiCo_2O_4$ 泡沫镍、锌箔	30mW/cm^2	624W·h/kg	约 780mA·h/g	点亮 69 个 LED	[20]

注：rGO 表示还原氧化石墨烯。

织物基 TENG 和织物基储能系统均得到快速发展，然而将二者进行合理的集成依旧至关重要。基于织物的服用特性，可穿戴设备对舒适性、柔软性和透气性具有极高的需求。而且，在实际使用过程中集成的织物基自供电电源需要达到高的鲁棒性来保证器件的稳定运行。常用的集成方法包括：①在同一块织物中通过织造或后整理的方法制备 TENG 和储能单元；②通过合理的结构设计使织物基 TENG 和储能单元共用同一个电极。由于 TENG 一般产生交流电信号，需要外部管理电路处理后将电能存储到电容器或电池中。织物基直流 TENG 不需要额外的整流器件，能够进一步提高自供电电源的集成度。此外，由于频繁的机械应力作用和多变的使用环境，在自供电纺织品集成过程中也需要考虑器件的耐久性和稳定性。

7.2　基于超级电容器储能的自供电电源包

超级电容器作为一种重要的储能器件，以其比容高、功率密度高和循环寿命长等优点得到了广泛的关注和应用[21]。1957 年，第一个超级电容器（双电层电容器）由通用公司发明并申请专利。在双电层电容器中存储为静电荷（即非法拉第电荷），即电极和电解质之间不发生电荷转移，这使得它们具有高度的可逆性和高循环稳定性。碳纳米材料，包括碳气凝胶、活性炭、碳纳米管和石墨烯等，具备高比表面积、良好的机械和化学稳定性以及良好的导电性等特性，广泛使用于双电层电容器中。1975～1980 年，Conway 对 RuO_2 赝电容进行了较为全面的研究[22]。这些电容器通过电吸附、氧化还原反应和插层机制储存电荷。赝电容与脱溶剂和吸附离子引起的电解质和电极之间的电荷转移有关。被吸附的离子不与材料中的原子反应而只发生电荷转移。电极实现赝电容效应的能力取决于材料对吸附在电极表面的离子的化学亲和力以及电极孔的结构和尺寸。2007 年，FDK 公司对锂离子电容器（混合电容器）进行了研究。在这种电容器中，碳电极与锂离子电极结合在一起增大了电容器的电容，降低了阳极电势。在这个系统中，法拉第电极因其高比电容而具有较高的能量密度，而非法拉第电极则具有较高的功率密度。随着几十年的快速发展，超级电容器已经拥有体积小、质量轻和灵活等特点，可用作移动电话、笔记本电脑和数码相机等便携式电子设备的电源。

由于 TENG 间歇性的脉冲信号以及其较大的内部阻抗，其产生的电学输出不适用于电子设备的直接供能。超级电容器与 TENG 的结合能够构建可持续自充电系统，特别是对于 Tex-TENG，纤维状或者织物状的超级电容器能够有效地与 TENG 进行集成，从而获得纺织基的自供电电源包。Hu 等设计了一种双向针织策略，将 PTFE 包裹的 PDMS/MnO_2 纳米导电碳纤维织成织物，用作可收集生物运动能量的可穿戴 TENG[14]。其中，可通过 MnO_2 纳米线负载量变化来调控 PDMS/MnO_2 弹性体的介电常数，从而获得卓越的电学输出性能。此外，基于 MnO_2 和活性炭的全固态纱线型不对称超级电容器编织到 TENG 中并用作能量存储单元。该全固态超级电容器展现出高体积能量密度（$6.5mW \cdot h/cm^3$）和良好的循环稳定性（6000 次充放电循环后比电容保持率为 98.4%）。由于整个系统均采用了柔软的纱线结构，研究人员将超级电容器和 TENG 编织成织物，从而连续地收集和存储生物运动能量，并为电子设备供电。该系统在收集跺脚产生的能量时，能持续点亮一盏红色 LED 灯。在集成到自供电电源包中后，超级电容器在 6531s 内从 0V 充电到 2.8V，并获得 $78.9mF/cm^2$ 的容量。Pu 等通过防染法在一个可拉伸共面织物上同时制备了 TENG 和微型超级电容器[13]。在纬向 600%拉伸应变和经向 200%拉伸应变下，Ni 涂层电极均保持良好的导电性。固态微型超级电容器在 0.01V/s 时，其最大面比电容达到 50.6mF/cm^2，且在 50%拉伸应变下，该值无明显衰减。此外，可拉伸织物基 TENG 的开路电压可达 49V，峰值功率密度为 94.5mW/m^2。通过一次性防染工艺将 TENG、微型超级电容器以及电路集成到针织织物上。如图 7.4 所示，该自供能织物包含“TENG”字母状的发电机、一个整流器和三个串联的微型超级电容器。使用涤纶织物，以 4Hz 的频率拍打 TENG 34min，电容器的电压达到 2V；为电子手表供电 3min 后，微型超级电容器的电压降到 1.4V。接着，在 4.2min 和 3.6min 将微型超级电容器的电压充到 2V 后可分别为电子手表供能 2.5min 和 2.4min。Zhao 等制备了纤维状同轴不对称超级电容器，用于存储 TENG 产生的电能[23]。超级电容器的正极和负极均由金属有机框架涂层的碳纳米管纤维组成。由于独特的分层和多孔结构，超级电容器表现出高倍率性能。

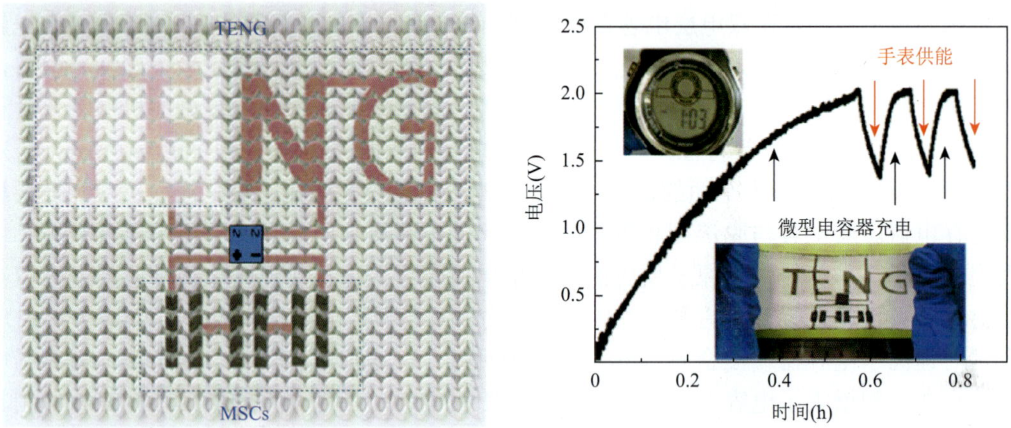

图 7.4 TENG 和微型超级电容器（MSC）集成的共面织物并为电子手表充电[13]

尽管超级电容器广泛应用于自供电电源包，但其高的自放电率，尤其是对于含水电解质的双电层电容器，应引起足够的重视。考虑到 TENG 产生的微弱且间歇性的充电电流，TENG 在为超级电容器充电时可能会因自放电漏电流而需要更长的充电时间。Xia 等利用电流变效应克服超级电容器的自放电问题[24]。将 4-正戊基-4′-氰基联苯（一种具有电流变效应的向列液晶分子）用作电解质中的添加剂，其可以在电场下展现出良好的排列特性。当超级电容器充电时，有序的 4-正戊基-4′-氰基联苯分子增加了电解质中的流体黏度，因此抑制了超级电容器的自放电问题。与空白双电层电容器相比，4-正戊基-4′-氰基联苯双电层电容器的漏电流降低了 82%。4-正戊基-4′-氰基联苯双电层电容器在约 20min 内通过径向排列的 TENG 充电至 2.0V，而空白双电层电容器在约 30min 内充电至 2.0V。

7.3 基于电池储能的自供电电源包

电化学电池是一种将化学能直接转变成直流电能的装置，如铅酸蓄电池、锂离子电池和锌锰电池等，可分为一次电池和二次电池两大类。其中，一次电池是活性物质仅能使用一次的电池，又称原电池，如锌锰电池、碱锰电池等；二次电池可充电并循环使用，如镍氢电池、铅酸蓄电池、锂离子电池、锌离子电池、钠离子电池及其他金属离子电池、锌空气电池等金属空气电池。二次电池利用电池内活性物质在放电状态下发生化学反应输出电流和充电状态下发生逆向化学反应的特性进行储能。

为了满足可穿戴便携式电子设备运行时间日益增长的需求，将 TENG 与储能电池相结合的新型自供电系统已成为提供可持续电力的一项极具前景的技术[25]。Wang 等首次研究并开发了柔性自供电电源包，为电子产品持续提供电能[26]，其中包括拱形 TENG、整流器和锂离子电池。柔性锂离子电池由 TiO_2 纳米线阳极、聚乙烯隔膜、$LiFePO_4$/活性炭/黏合剂混合物正极以及使电池能够适应 TENG 拱形形状的聚合物外壳组成。锂离子电池能够通过 TENG 收集周围的机械能来直接充电，从而使得柔性自供电电源包可以利用电池固有电极电势之间的稳定差值持续向负载提供恒定电压。当周围的机械能施加到柔性自供电电源包上时，TENG 会生成响应外部触发的交流电。整流后，电能可储存在锂离子电池中，11h 即可充满电。锂离子电池存储 TENG 产生的不规则且脉冲式的电输出，并为外部电子设备提供恒定电压。该系统持续在 1.55V 的稳定电压和 2μA 的直流电流可为紫外线传感器供电 40h。柔性自供电电源包中的锂离子电池不仅用于存储能量，还利用稳定的电极电势差作为整个系统的电源调节器和管理器。

Pu 等设计了一种由全织物基 TENG 衣服和柔性锂离子电池组成的可穿戴能量器件[18]。在普通的柔性涤纶织物均匀地镀上镍膜改造成导电织物以作为 TENG 和锂离子电池织物的电极。当该发电衣穿在身体上不同位置时，能把人体不同部位产生的机械能转换为电能。该锂离子电池 180°弯折 30 次也仍然能够正常工作。发电衣为织物基锂离子电池充电三个循环，可以驱动无线心率器，证明了可穿戴自驱动智能设备的可行性。

由于导电电极是 TENG 不可或缺的部件，所以设计一种柔软且可穿戴的导体作为电极非常关键。常规的柔软涤纶作为初始基底，连续涂覆镍薄膜和涤纶，带状镍衣服和派瑞林衣服（5mm 宽度）用作基底单元［图 7.5（a)］，最终织成 5cm×5cm 的发电机衣服［图 7.5（c)］。所有镍织物连在一起作为发电机的一个电极，而所有派瑞林织物连起来作为另一个电极。在涂镀镍以后，白色的涤纶变成银色，同时派瑞林层相对透明［图 7.5（b)］。所编织成的发电机衣服保持了原有涤纶的机械柔性、透气性、可水洗性和舒适性［图 7.5（d)］。在无电镀镀镍以后，涤纶表面涂覆均匀的具有纳米结构的镍层［图 7.5（e)］。0.5cm×10cm 面积的镍衣服电阻为几欧姆，与原有金属箔相当，比之前报道的碳纳米线

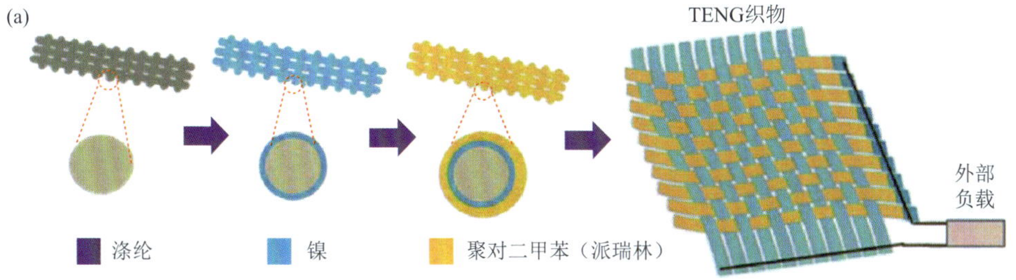

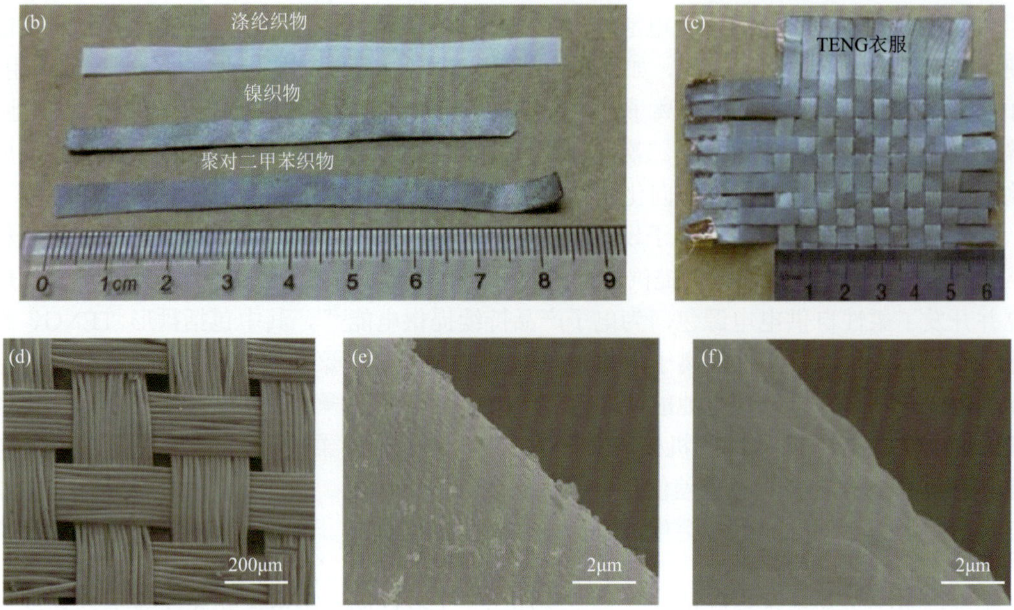

图 7.5　织物基 TENG 的制备。(a) 制造流程示意图；(b) 原始涤纶、镍织物和派瑞林织物的照片，通过化学镀在涤纶织物上镀上导电镍涂层，在镍织物上化学气相沉积一层派瑞林薄膜；(c) 通过镍织物和派瑞林织物织成的 TENG 衣服的图片；(d～f) 原始涤纶、镍织物和派瑞林织物的电镜图[18]

或石墨烯纸更加导电。图 7.5（f）显示了通过化学气相沉积法覆盖在涤纶上相对光滑的镍镀膜表面。通过这种涂层方法可以制得能覆盖纺织物弯曲表面的光滑涂层。

图 7.6 展示了由用来发电的发电机衣服和存储电能的锂离子电池集成的自供电电源包。实物图如图 7.6（a）所示，佩戴在胸部的心率测量器由织物基锂离子电池驱动，而电池所需的电能由胳膊处的发电机衣服提供。该心率测量器具备蓝牙功能，用智能手机即可远程记录和分析运动及日常生活中人体的心率信息。图 7.6（b）为心率测量器的背面，其中原有的纽扣电池被锂离子电池带取代，其等效电路如图 7.6（c）所示。这种能量单元可以改造成多种其他的可穿戴智能电子器件，如智能手表和智能眼镜。如图 7.6（d）所示，锂离子电池带由 TENG 织物充电 3 次后即可为智能手机进行远程通信的心率测量器供电，该研究验证了可穿戴自供电电源包用于为未来可穿戴智能电子产品供能的可行性。

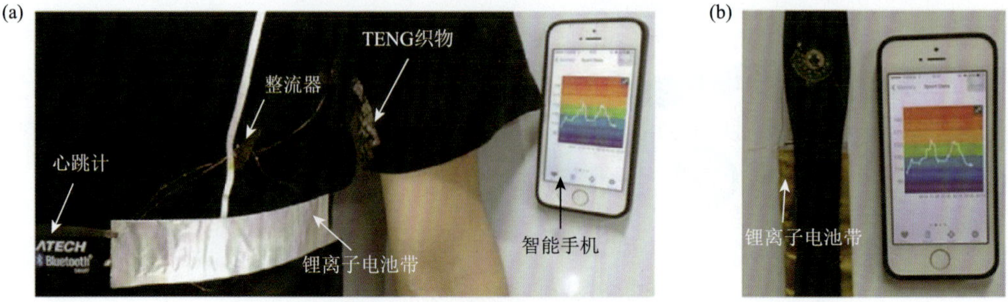

(c)

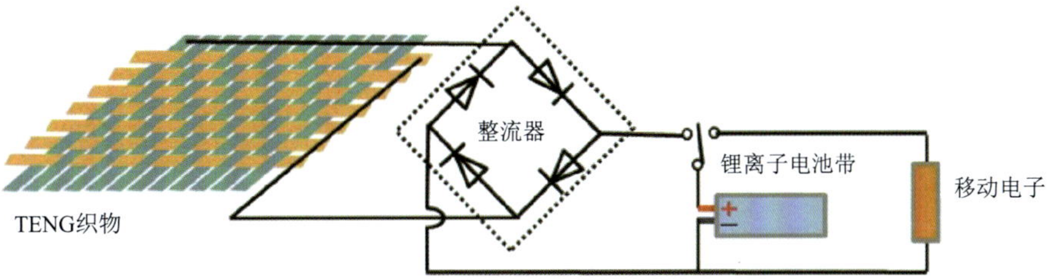

(d)

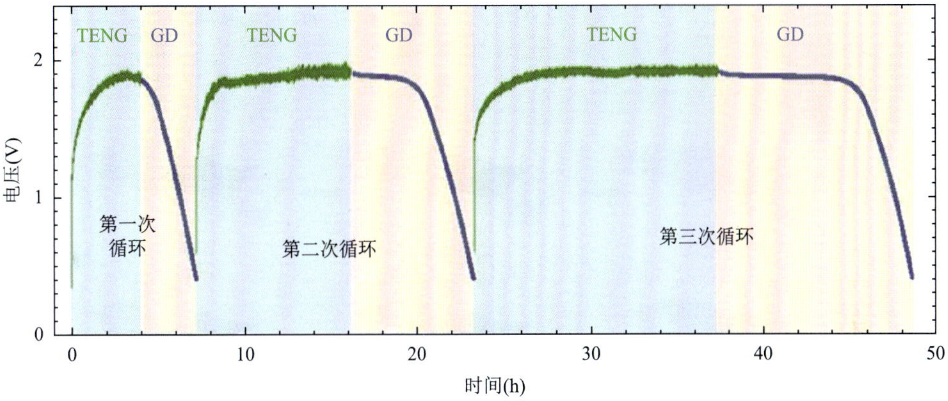

图 7.6　自充电电源装置。(a) 集成自充电电源系统的光学图像，该系统用 TENG 布收集人体运动的机械能，用锂离子电池带存储能量，然后为心率测量器供电，心率测量器可与智能手机进行远程通信；(b) 心率测量器背面，原来的纽扣电池被锂离子电池带取代；(c) 自充电电源系统的等效电路；(d) 发电机充电和放电的电压曲线，电流 1μA 循环三个周期[18]

此外，有研究证明脉冲电流具有电镀锂金属电极的优势。Li 等通过实验和理论相结合，研究了锂金属电池通过脉冲方波电流充电后其性能的变化[27]。使用脉冲电流充电的电池的使用寿命增加了一倍以上，这归因于脉冲电流抑制了锂金属电池中的枝晶生长。

在 TENG-钠离子电池方面，Sun 团队采用静电纺丝法制备了 $Na_3V_2(PO_4)_3$ 和碳纤维复合的正极材料（NVP@C）[28]。将熔融钠注入表面亲钠的导电碳布中制备柔性钠复合阳极（Na@CC），该方法降低了电极局部电流密度，使电场分布均匀化，通过调节钠离子通量，为金属镀钠提供空隙空间，从而大大提高了 Na@CC 复合阳极的可逆性和安全性。以 Na@CC 为阳极的对称电池在 400h 内表现出稳定的钠电镀和剥离。采用带铸型 PVDF-HFP 基多孔膜与浸泡液电解质作为准固态电解质，且 $Na_3V_2(PO_4)_3$@C 纳米纤维阴极和 Na@CC 阳极的全电池在 5℃下具有 72.5mA·h/g 的优异倍率容量，并且在不同弯曲度下也具有稳定的循环性能。柔性准固态钠电池与 TENG 结合形成的自供电系统可有效存储脉冲电流，并具有 100 次以上循环且稳定的充放电能力。在强大的柔性自充电能源系统中，这种先进的柔性电池与 TENG 的集成显示出巨大的潜力。

钠离子电池是最有希望取代锂离子电池的候选材料之一。然而，钠离子电池的详细参数，如电压窗口、能量和功率密度，仍然是 TENG 和钠离子电池在组装过程中需要考虑的关键因素。尽管锂离子电池和钠离子电池在高能量密度和低成本能量存储系统方面都表现出巨大的潜力，但锂离子电池传统的有机电解质可能存在引起爆炸和火灾事故的风险。因此，新型能量存储系统的开发受到越来越多的关注。

近年来，锌离子电池在可充电水系电池系统方面取得了重大进展，相应的 TENG-锌离子电池有望成为自充电电池的一个新分支。2018 年，Zhi 团队提出了一个典型的例子（图 7.7），其中 TENG-锌离子电池在柔性 3D 间隔织物上实现，该织物具有由间隔层分隔的上下层结构。TENG 和锌离子电池都可以在三层结构中工作[19]。聚四氟乙烯和石墨烯分别涂覆在尼龙织物上作为电极，而 MnO_2 和锌金属分别用作柔性碳布上的阴极和阳极材料。

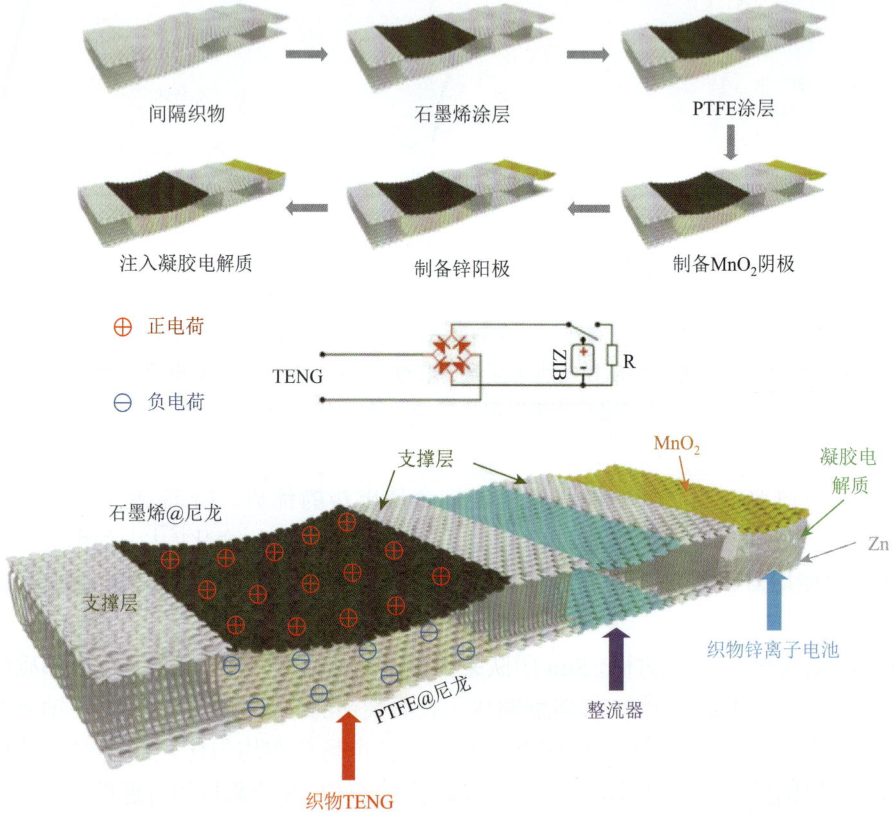

图 7.7 基于三维间隔织物的能量收集与存储装置的制备方案及原理图[19]

这项研究表明，相对于不同的负载电阻，TENG 表现出 10～15V 的开路电压和 3～4mA 的短路电流。然后以 2Hz 的手按压频率对 TENG-锌离子电池进行测试，TENG 在 70s 内将锌离子电池充电至约 0.90V。充电近半小时，锌离子电池的电压升至 1.28V，然后以 4mA 的电流放出 10.9mA·h 的电量，可以轻松为电子表供电（图 7.8）。然而，计算得出的 TENG-锌离子电池的能量转换效率仅为 39.8%。

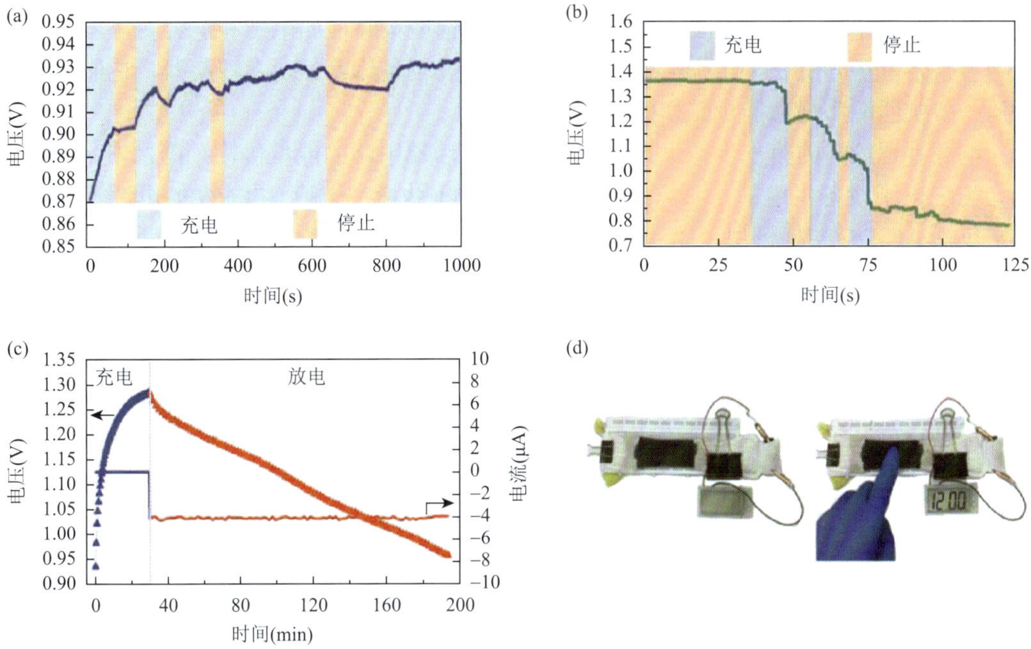

图 7.8　织物基 TENG 对柔性锌离子电池的集成与充电。(a) 柔性锌离子电池在正常充电和停止模式下的电压演变特性；(b) 反充、反停模式下柔性锌离子电池的电压演化特性；(c) 用 TENG 织物作为电源，演示柔性锌离子电池在手按压下的充放电特性；(d) 电子表演示，电子表由柔性锌离子电池驱动，由 TENG 通过手按压充电[19]

作为水性电池的典型代表，锌离子电池具有锌金属储量丰富、理论容量高、安全性高和成本低等优势，但仍存在电压窗口不理想的问题。然而，水的安全特性使锌离子电池能够应用于广泛的可穿戴领域。因此，基于 TENG-锌离子电池的自充电电池技术现在被严重低估。此外，TENG 和锌离子电池的耦合问题还值得研究，如 TENG 充电模式对锌阳极枝晶的影响和基于锌离子电池的柔性全固态自充电电池包的研究等。

目前，关于金属空气电池作为发电机储能设备的研究较少。Sun 团队首创了用于和发电机结合的氮掺杂 $NiCo_2O_4$（N-$NiCo_2O_4$）阴极锌空气电池，并且柔性锌空气电池由 N-$NiCo_2O_4$装饰的泡沫镍阴极和锌箔阳极在 6mol/LKOH@0.2mol/L 乙酸锌凝胶电解质中组装而成[20]。线性扫描伏安曲线表明 N-$NiCo_2O_4$ 催化剂比常规 $NiCo_2O_4$（0.58V）具有更高的半波电位（0.63V），并且在电流密度为 47mA 时获得了 23mW/cm^2 的面功率密度。然后，开路电压为 20V、短路电流为 10mA 的径向阵列旋转 TENG 用于自充电电池系统的组装，并且锌空气电池在约 40min 内从 0.88V 充电到 0.98V。

7.4　电源管理系统的作用

基于风能、光能和机械能的储能与应用系统中，由于电源管理可以提高自充电系统的可靠性和性能，促进自供电微电子系统的应用，所以其对所有的电子设备都非常重要。

在过去的几年中，研究人员已经提出了多种电源管理策略，如电感和电容变压器、开关电容转换器和 MOSFET（金属-氧化物-半导体场效应晶体管）功率转换器，它们可用于稳压、阻抗匹配和提高能量转换效率。

电源管理策略的第一步是最大化从 TENG 到后端电路的能量传输；第二步是通过添加为传统电子设备供电的各种电路元件来降低电压并增加电流。TENG 的电源管理电路通常包括 AC-DC 转换模块、DC-DC 降压转换器和一个迟滞开关，如图 7.9 所示。

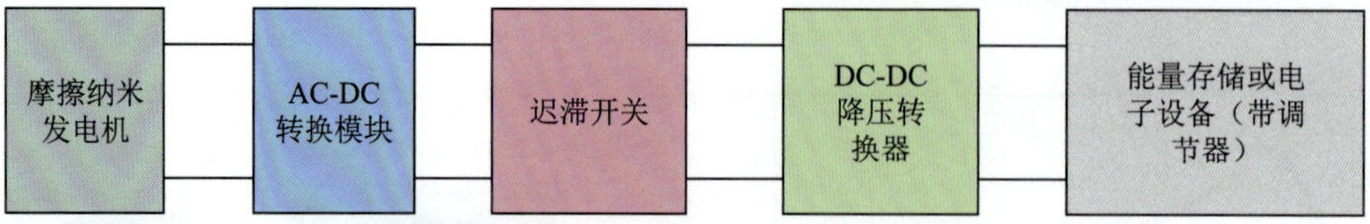

图 7.9 基于 TENG 的电源管理电路的典型通用电路[29]

7.4.1 交流-直流转换

整流器将 TENG 产生的交流电信号整流为直流电。选择适用于 TENG 的交流/直流整流二极管非常重要。因为二极管较高的击穿电压和较小的正向压降分别在承受 TENG 的高电压和减小功率损耗时发挥重要作用。电路中典型的整流器采用全波桥式整流器、半波桥式整流器和 Bennet 倍增器。大多数工作采用全波桥式整流器来实现交流-直流转换。半波桥式整流器和 Bennet 倍增器会增大整流电压的输出。

7.4.2 迟滞开关

迟滞开关的主要作用是能最大限度地从 TENG 中提取能量。每个发电机都存在一个最佳电压和电流值，称为最大功率点，在该点处发电机可以在相同的采集环境下提取最大的能量。因此，需要具有多种电压转换比的开关电容转换器拓扑，当开关电容转换器的电压转换比与最大功率点电压和开关电容转换器的目标输出电压之间的比率匹配时，功率转换效率将会达到最大化。

7.4.3 直流-直流降压

通过变压器进行直流-直流转换降压，包括电感变压器和电容变压器。电感变压器可以有效降低 TENG 的输出阻抗；电容变压器可以降低开路电压并成倍提高 TENG 的转移电荷。与电感变压器的要求不同，基于电容变压器的电源管理电路与工作频率无关。因此，电感式和电容式变压器可以提高能源利用效率。

相较于 AC-DC 转换器，三种不同类型的 DC-DC 转换器具有更多的设计问题。低压差调节器（线性调节器）由于其结构简单而易于实现，但由于高压差电压降低了电源转换效率，所以其不适合需要高电压转换比的电源管理系统。得益于电感开关变换器功率转换效率高和电压转换比范围宽等优点，其广泛用于能量收集系统。然而，电感器体积大和电磁噪声是感应功率转换器的明显缺点。

V-Q 曲线可以用来描述每个周期的输出能量。为了获得最大的输出能量，将行程开关与 TENG 连接，以得到最大短路转移电荷和最大开路电压。Zi 等首次在系统中使用迟滞开关来调节电荷流，合理地设计了一个充电周期，通过调节系统中的电荷流，从而最大限度地提高能量转换效率。该开关由滑动式自支撑 TENG 在工作时自动触发[30]。使用动作触发开关后，设计的充电周期可以提高充电速率，将最大储能效率提高到 50%，并将饱和电压提高至少两倍。

Niu 等为 TENG 设计了两级能量释放的策略作为电源管理，解决了阻抗失配问题[31]。在该电路中，由逻辑电路控制的两个开关定期从缓冲电容器中提取能量。该理论的充电周期可以通过两级电源管理电路实现，如图 7.10（a）所示。在第一阶段，TENG 通过桥式整流器为瞬时电容器充电。第二阶段是从瞬时电容器到最终储能单元的能量传输。直接将静电能量从小电容器转移到大电容器（或电池）会导致巨大的能量损失，在第二阶段使用了两个自动电子开关和一对耦合电感构成能量转移级，其中，两个开关由逻辑控制单元控制，两个开关及其逻辑控制单元的电源均由最终储能单元提供。首先，开关 J_1 和开关 J_2 都断开，当瞬时电压达到最优时，电子开关 J_1 闭合。能量开始从瞬时电容器转移到电感 L_1，瞬时电压开始下降。当能量完全转移到 L_1 后，开关 J_1 断开，开关 J_2 闭合。因此，L_1 的电流瞬间降为 0。由于耦合电感中的总磁通量不能突然改变，因此 L_2 的电流会突然上升，对应从 L_1 到 L_2 的能量传递。最后，由于 J_2 的闭合，存储在 L_2 中的能量会自动转移到最终的储能单元。当 L_2 中储存的能量完全传出后，J_2 再次断开，开始另一个充电周期。如图 7.10（b）所示，当平均功率 P_{avg} 达到最大值 $0.4073P_0$ 时，优化后的最优 x 等于 1.25643。图 7.10（c）为 15 层瞬时电容器（V_{temp}）和最终存储电容器（V_{store}）的电压分布图。如图 7.10（d）所示，当 R_L 较高时，R_L 的功耗低于 TENG 提供的功率，因此 V_{store} 随时间呈正斜率。与直接充电相比，电源管理模块大幅提高了充电效率。通过直接充电的超级电容器净充电电流为 13.82nA，通过设计电源管理模块的超级电容器净充电电流为 15.14μA，提高了 1096 倍。如图 7.10（e）所示，在最佳负载电阻为 4.26MΩ 时，TENG 产生的最大交流功率为 0.3384mW。在相同的机械触发（来自电动机）下，使用上述方法测量通过电源管理模块传递的最大直流功率为 0.2023mW［图 7.10（f）］。因此通过计算可得，通过将交流电转换为直流电，电源管理模块的能量转换效率为 59.8%。将整流信号微分后直接馈送到比较器的同相端子。将差分信号与反相输入端的零电位进行比较。该方法可以准确检测电压峰值，比直接充电提高约两个数量级［图 7.10（g）］。

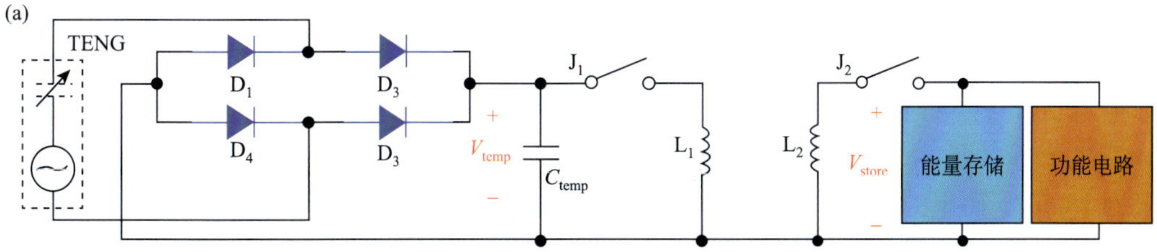

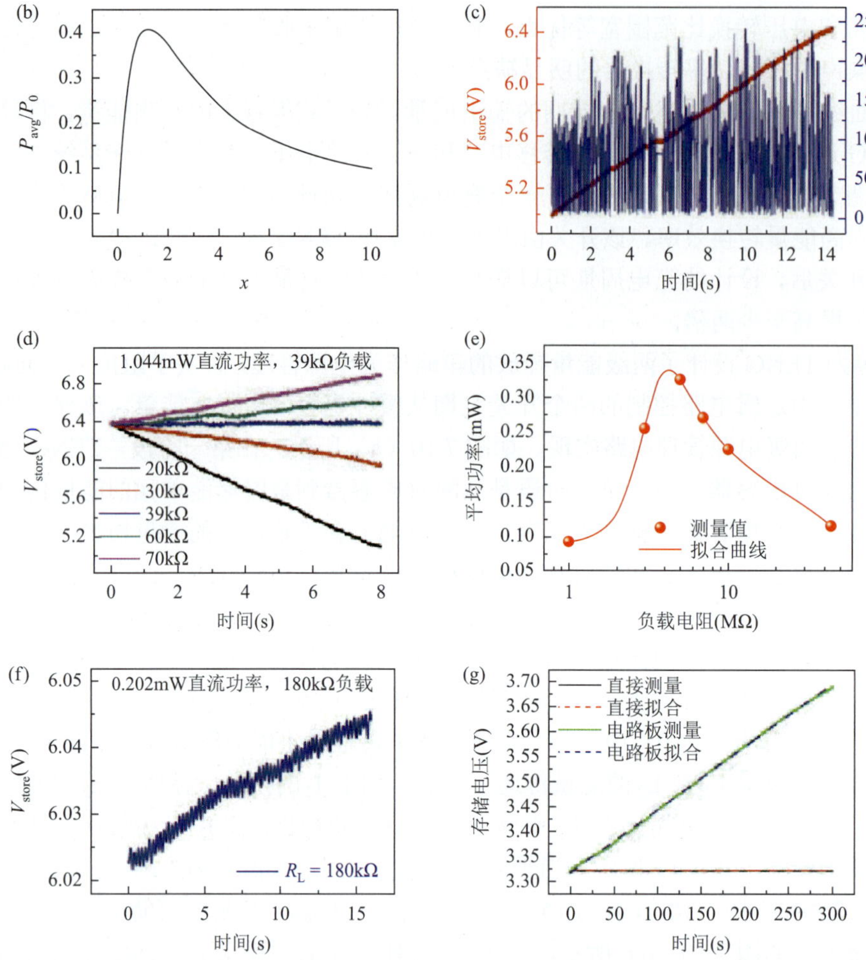

图 7.10 用于将 TENG 交流输出转换为规则可控电源的电源管理设计。(a)电源管理电路电路图；(b)电源管理电路设计的优化充电时间理论计算；(c)电路板效率测量结果；(d)人体生物机械能驱动的系统最大直流功率测量；(e)通过电阻收集的交流功率测量；(f)通过能源管理电路收集的直流功率测量；(g)直接充电和电路板充电的充电电压比较[31]

通过手掌敲击驱动，该电源装置可以提供连续的直流电。装置的平均功率为 1.044mW，以可调节和管理的方式普遍用作标准电源，连续驱动许多电子设备，如温度计、心率监测器、计步器、可穿戴电子手表、科学计算器和无线射频通信系统等。

Song 等设计了兼具高效能量输出和最大化能量存储的 TENG 电源管理模块，为了提高能量输出效率，设计了由逻辑电路控制的串联开关[32]。对于最大化的储能部分，采用 LC 振荡系统来提高储能效率，显著地提高了能量存储效率。匹配内阻从 4.7MΩ 降至 10kΩ，TENG 的整体效率为 69.3%。Xi 等[33]提出了一种通用电源管理策略，使用由 MOSFET 开关控制的电源管理系统对摩擦电能量进行传输与存储。直接充电的存储能量仅为 18.5μJ，而电源管理后充电的电能为 2.37mJ，提升了约 128 倍。同时，内阻从 35MΩ 下降到 1MΩ。该电源管理策略的第一步是使从 TENG 转移到后端电路的能量尽可能最大化。工作机制为 TENG 能量输出最大化的周期，即获得最大短路转移电荷和最大开路电压。第二步通过增加并联二极管、串联电感和并联电容来降低电压和增加电流。基于此电路设计，不同形式 TENG 的能量转换效率得到了显著提高并在应用演示中得到验证。Liu 等报道了另一种基于分形设计的电容转换器，利用整流二极管实现电容器串并联之间的自动切换[34]。同时，分形设计可以减少二极管数量，降低所有二极管的总电压损耗，最后实现超过 94%的能量传输效率。DC/DC 转换后，连接到稳压器上的自供电电源能够为外部用电设备提供稳定的恒压电源。基于以上一系列的研究，众多小型电子设备均能够通过配备有电源管理电路的 TENG 实现持续供电，如计步器、电子手表、计算器等。

7.5 展　　望

TENG 是一种很有前景的机械能量收集技术，其中基于织物基 TENG 的自供电电源包是一条可持续为电子产品供能的有效途径。不同的能量来源，如人体运动、蓝色能源、风能和雨滴能等，都可以通过织物基 TENG 进行收集，充分展示了 TENG 技术在各个领域中的广泛应用潜力。织物基 TENG 与其他能量收集技术（如压电、热电、光电、太阳能电池、电磁）的集成进一步提高了能源收集系统的捕获能力。电源管理电路在提升织物基 TENG 的能量收集效率，以及优化所收集电能向电化学能的转换效率方面，均展现出卓越的性能和能力。这一技术的应用显著提高了能量收集系统的整体效率。自供电电源包中的储能装置（超级电容器或电池）将织物基 TENG 产生的电能存储起来，继而可持续地为外部电子设备或传感器供电。尽管基于织物基 TENG 自供电电源包的研究进展已经取得了显著进步，但其进一步研究和实际应用仍需要解决一些关键问题或挑战。

7.5.1　输出性能与耐用性

织物基 TENG 的输出功率相对较低是织物基自供电电源包的关键瓶颈之一。对于 TENG，V-Q 曲线包围的面积决定了每个运动周期器件产生的能量。转移电荷量 Q 的增加对 V 也产生影响，增加转移电荷量 Q 是获得高性能 TENG 的关键。在 1Hz 的运动频率下，其平均最大功率密度将达到 W/m^2 水平。不论是从材料选择、编制工艺和结构设计等方面提高转移电荷，还是通过合适的机械激励方式等外界刺激增大输出性能，提高前端织物基 TENG 的能量收集能力需要首要考虑。对于后端储能器件来说，超级电容器的自放电行为和锂离子电池的高阈值电压大幅降低了整体的能量转换效率。具有低自放电率的电化学储能器件，如水电池或锂离子电池，可能成为另一种选择。其次，这些电池的循环寿命应该延长，以满足实际应用场景的要求。此外，脉冲式电信号可能影响离子的扩散速度和其穿过隔膜的能力。因此，需要研究出更有效的方案来提高纤维/织物 TENG 的输出性能以及它们与储能装置的结合能力。对于高性能的自供电电源包来说，电源管理电路必不可少。由于 TENG 的输出特性为高电压，所以包含半波桥式整流器、Bennet 倍增器和电荷泵等的电路将进一步提高从电能到电化学能的能量转换效率。带开关电容器的电路是降低电压的有效方法。自供电电源包的小型化对自充电电源的便携性和可穿戴电子产品的实际应用都具有重要意义，然而，实现这一目标的技术难度不容小觑。

织物基 TENG 的自供电电源包在长期工作循环中性能的稳定性也非常重要。纱线可以通过普通纺织制造机或针织工艺织成织物。所得织物表现出与传统织物非常相似的物理特性，即柔韧、舒适、耐洗且耐用。普通的衣服能够承受洗涤剂、洗涤、干燥和熨烫，所以耐用性和耐洗性对于 TENG 至关重要，然而在研发的过程中，大多时候没有考虑器件在实际使用过程中的可洗性。功能属性的添加会由于过度的化学处理以及皮肤敏感材料的出现而失去部分舒适性和可洗性。考虑到实际环境中空气湿气和汗水等对器件的影响，需要合理的封装技术来防止内部电极和摩擦电荷受到外部环境的干扰。鉴于此，研究人员常采用一些疏水性优异且带电能力强的高分子材料作为包装材料。

7.5.2　材料的选择

材料在提高 TENG 的输出方面发挥着重要作用。通过表面改性、离子掺杂和嵌入极化层等方法，可以有效调节介电材料的起电性能。材料研究是实现自供电电源包多功能化的关键因素。材料研究不仅应关注摩擦起电性能和电极材料，还应关注织物基 TENG 与能源存储器件之间的良好集成，让 TENG 获得的电能能够得以存储和利用。此外，如果考虑到能量收集、转换和存储系统等所有集成部分，实现自供电电源包的多功能化将面临更大的挑战。

7.5.3　电路管理

电源管理电路是织物基自供电电源包的主要挑战。TENG 的输出信号具有高电压、低电流的电输出特性，与储能单元需求的低电压、高电流的电能存储形式不匹配。为了提高能源转换效率，需要电路管理单元对捕获的能量进行管理。由于电路通常表现为刚性，所以包括硬模块在内的电源管理电路很难集成到需要一定柔性和伸缩性的纺织物中。此外，虽然包括全波整流、半波整流、具有机械/电子开关的电感电容降压转换、LC 振荡以及基于分形设计的开关电容变换器等元件的各种电源管理电路已经设计用来匹配能量储存单元与 TENG 之间的阻抗，但是开发更合适且高效的管理电路仍然重要和紧迫。因此，追求可穿戴自供电电源包的小型化，无疑是更为理想的选择。针对自供电电源系统的不同部分，应分别为 TENG、电路和存储设备设定特定的设计标准。之后，具有直流输出的 TENG 有望进一步简化系统。

7.5.4　自供电机制

基于 TENG 的能量收集和储能装置的工作原理已历经广泛研究和报道，基本达成共识。然而，基于 TENG 自供电电源系统的工作机制仍不完全清楚，这使得探索新的或更高性能的自供电系统变得困难。大多数情况下，自供电系统主要包含三个过程。首先，通过接触起电和静电感应的耦合作用收集机械能并同时将其转换为电能。其次，电源管理系统将具有脉冲、高电压、低电流和交流特性的摩擦电信号转换为具有稳定、低电压、恒流和直流模式的电信号。最后，稳定的直流输出存储在超级电容器或电池中，为外部电子设备供电。对自供电系统更详细的机制解释需要借助更先进的设备和技术方法等做更进一步的研究和揭示。

7.5.5　评价标准

目前，电化学储能装置的性能参数已得到广泛报道，主要包括能量密度和功率密度。然而，为评估电化学储能系统建立统一的标准仍然面临艰巨的挑战。此外，作为一项新技术，TENG 的性能评价没有统一的标准。这使得基于织物基 TENG 自供电电源包的性能难以评估。尽管已经建立了一些评估 TENG 整体性能的标准，如 Q-V 曲线、结构 FOM 和材料 FOM、最大化有效输出能量密度等，但其覆盖范围和有效性还需要大量验证和进一步完善。因此，未来应统一基于 TENG 的自供电电源系统（包括充电效率）的整体评价体系。

7.5.6　应用

对于终端可穿戴的使用场景，织物基自供电电源包的组件应该高度集成到一个服装系统中，并且应对人类日常运动具有一定的形状适应性。这不仅与各个单元相关的纺织设计有关，还与组成单元之间的电路连接和封装有关。先前大多数的织物基自供电电源包仍使用昂贵的原材料和复杂的制备过程，所以降低原材料成本、简化制备工艺和提高制造效率是实现织物基自供电电源包规模化生产及商业化应用的必由之路。作为一个具有巨大应用前景的研究方向，织物基自供电电源包为未来的自供电技术和分布式自供电传感器提供了一种有效的方案。

总之，尽管在实际应用的道路上充满了困难和挑战，但我们相信，通过广大研究人员的不懈努力，基于织物基 TENG 的自供电电源将迎来快速发展，并在不久的将来广泛应用于我们的日常生活中，特别是可穿戴电子设备和自供电系统。

参 考 文 献

[1] Pu X，Li L X，Liu M M，et al. Wearable self-charging power textile based on flexible yarn supercapacitors and fabric nanogenerators[J]. Adv Mater，2016，28（1）：98-105.

[2] Wen J F，Pan X W，Fu H，et al. Advanced designs for electrochemically storing energy from triboelectric nanogenerators[J]. Matter，2023，6（7）：2153-2181.

[3] Pu X. Triboelectric Nanogenerator for Self-Charging Power Pack//Wang Z L，Yang Y，Zhai J. Handbook of Triboelectric Nanogenerators[M]. Cham：Springer International Publishing，2023：1-32.

[4] Gao S，He T，Zhang Z，et al. A motion capturing and energy harvesting hybridized lower-limb system for rehabilitation and sports applications[J]. Adv Sci，2021，8（20）：2101834.

[5] Dong K，Peng X，Wang Z L. Fiber/fabric-based piezoelectric and triboelectric nanogenerators for flexible/stretchable and

wearable electronics and artificial intelligence[J]. Adv Mater，2019，32（5）：1902549.

[6] Gao X，Zhang Y，Yin S，et al. Dual redox active sites N-C@$Ni_2P/NiSe_2$ heterostructure supercapacitor integrated with triboelectric nanogenerator toward efficient energy harvesting and storage[J]. Adv Funct Mater，2022，32（38）：2204833.

[7] Chen Y，Deng Z，Ouyang R，et al. 3D printed stretchable smart fibers and textiles for self-powered e-skin[J]. Nano Energy，2021，84：105866.

[8] Karim N，Afroj S，Malandraki A，et al. All inkjet-printed graphene-based conductive patterns for wearable e-textile applications[J]. J Mater Chem C，2017，5（44）：11640-11648.

[9] Yun J，Lim Y，Lee H，et al. A patterned graphene/ZnO UV sensor driven by integrated asymmetric micro-supercapacitors on a liquid metal patterned foldable paper[J]. Adv Funct Mater，2017，27（30）：1700135.

[10] Yang W，Zhu Y，Jia Z，et al. Interwoven nanowire based on-chip asymmetric microsupercapacitor with high integrability，areal energy，and power density[J]. Adv Energy Mater，2020，10（42）：2001873.

[11] Li X，Liu R，Xu C，et al. High-performance polypyrrole/graphene/$SnCl_2$ modified polyester textile electrodes and yarn electrodes for wearable energy storage[J]. Adv Funct Mater，2018，28（22）：1800064.

[12] Sheng F，Zhang B，Cheng R，et al. Wearable energy harvesting-storage hybrid textiles as on-body self-charging power systems[J]. Nano Res Energy，2023，2（4）：e9120079.

[13] Cong Z F，Guo W B，Guo Z H，et al. Stretchable coplanar self-charging power textile with resist-dyeing triboelectric nanogenerators and microsupercapacitors[J]. ACS Nano，2020，14（5）：5590-5599.

[14] Mao Y Y，Li Y，Xie J Y，et al. Triboelectric nanogenerator/supercapacitor in-one self-powered textile based on PTFE yarn wrapped PDMS/MnO_2NW hybrid elastomer[J]. Nano Energy，2021，84：105918.

[15] Zeng Y X，Meng Y，Lai Z Z，et al. An ultrastable and high-performance flexible fiber-shaped Ni-Zn battery based on a Ni-NiO heterostructured nanosheet cathode[J]. Adv Mater，2017，29（44）：1702698.

[16] Wang Y，Hong X，Guo Y，et al. Wearable textile-based Co-Zn alkaline microbattery with high energy density and excellent reliability[J]. Small，2020，16（16）：2000293.

[17] Liu M M，Pu X，Cong Z F，et al. Resist-dyed textile alkaline Zn microbatteries with significantly suppressed Zn dendrite growth[J]. ACS Appl Mater Interfaces，2019，11（5）：5095-5106.

[18] Pu X，Li L X，Song H Q，et al. A self-charging power unit by integration of a textile triboelectric nanogenerator and a flexible lithium-ion battery for wearable electronics[J]. Adv Mater，2015，27（15）：2472-2478.

[19] Wang Z F，Ruan Z H，Ng W S，et al. Integrating a triboelectric nanogenerator and a zinc-ion battery on a designed flexible 3D spacer fabric[J]. Small Methods，2018，2（10）：1800150.

[20] Bian J，Cheng X，Meng X，et al. Nitrogen-doped $NiCo_2O_4$ microsphere as an efficient catalyst for flexible rechargeable zinc-air batteries and self-charging power system[J]. ACS Appl Energy Mater，2019，2（3）：2296-2304.

[21] Poonam S K，Arora A，Tripathi S K，et al. Review of supercapacitors：Materials and devices[J]. J Energy Storage，2019，21：801-825.

[22] Conway B E. Transition from “supercapacitor” to “battery” behavior in electrochemical energy storage[J]. J Electrochem Soc，1991，138（6）：1539.

[23] Zhao J X，Li H Y，Li C W，et al. MOF for template-directed growth of well-oriented nanowire hybrid arrays on carbon nanotube fibers for wearable electronics integrated with triboelectric nanogenerators[J]. Nano Energy，2018，45：420-431.

[24] Xia M Y，Nie J H，Zhang Z L，et al. Suppressing self-discharge of supercapacitors electrorheological effect of liquid crystals[J]. Nano Energy，2018，47：43-50.

[25] Liu R Y，Wang Z L，Fukuda K，et al. Flexible self-charging power sources[J]. Nat Rev Mater，2022，7（11）：870-886.

[26] Wang S H，Lin Z H，Niu S M，et al. Motion charged battery as sustainable flexible-power-unit[J]. ACS Nano，2013，7（12）：11263-11271.

[27] Li Q，Tan S，Li L L，et al. Understanding the molecular mechanism of pulse current charging for stable lithium-metal batteries[J]. Sci Adv，2017，3（7）：e1701246.

[28] Lu Y，Lu L，Qiu G R，et al. Flexible quasi-solid-state sodium battery for storing pulse electricity harvested from triboelectric nanogenerators[J]. ACS Appl Mater Interfaces，2020，12（35）：39342-39351.

[29] Pu X，Wang Z L. Self-charging power system for distributed energy：Beyond the energy storage unit[J]. Chem Sci，2021，12（1）：34-49.

[30] Zi Y L，Wang J，Wang S H，et al. Effective energy storage from a triboelectric nanogenerator[J]. Nat Commun，2016，7（1）：10987.

[31] Niu S M，Wang X F，Yi F，et al. A universal self-charging system driven by random biomechanical energy for sustainable operation of mobile electronics[J]. Nat Commun，2015，6（1）：8975.

[32] Song Y，Wang H B，Cheng X L，et al. High-efficiency self-charging smart bracelet for portable electronics[J]. Nano Energy，2019，55：29-36.

[33] Xi F B，Pang Y K，Li W，et al. Universal power management strategy for triboelectric nanogenerator[J]. Nano Energy，2017，37：168-176.

[34] Guo W B，Cong Z F，Guo Z H，et al. Multifunctional self-charging electrochromic supercapacitors driven by direct-current triboelectric nanogenerators[J]. Adv Funct Mater，2021，31（36）：2104348.

本章作者：兰春桃，孟佳，蒲雄*

中国科学院北京纳米能源与系统研究所

Email: puxiong@ binn.cas.cn（蒲雄）

第 8 章

纺织基摩擦纳米发电机的应用：智慧医疗

摘 要

摩擦纳米发电机（TENG）作为一种新型的传感技术，近年来在可穿戴电子设备和生物医学监测领域得到了广泛的关注。纺织基摩擦纳米发电机（Tex-TENG）因具有柔软可弯曲以及佩戴舒适性等特点，在个性化健康医疗监测、诊断与防护方面展示出巨大的应用潜力。Tex-TENG 可以高效地将机械能转化为电能，使其能够在无需外部电源的情况下持续工作，实现对人体运动和生理信号的实时监测。将 Tex-TENG 缝制在衣物中，可以检测到由心跳引起的微小皮肤变化，从而准确地记录脉搏信号；Tex-TENG 还可以检测由呼吸引起的胸廓起伏，通过分析电信号的周期性变化，推断呼吸频率和模式。在睡眠监测方面，Tex-TENG 可以监测到人体在睡眠过程中的细微移动，如翻身、肢体抖动等。这些数据不仅可以用于判断睡眠质量，还能够帮助识别潜在的睡眠障碍。本章通过总结 Tex-TENG 监测人类生理信息的最新进展，重点关注脉搏、呼吸和睡眠等生命体征的监测，为无创、实时、便捷的生理信息监测提供新的解决方案。

随着社会的不断发展，人们对健康问题的关注日益增加，尤其是随着人口老龄化趋势加剧，这给社会经济系统带来了沉重的负担[1]。为积极应对人口老龄化的问题，国家卫生健康委员会在 2022 年颁布了《“十四五”健康老龄化规划》，提出“支持新兴材料、人工智能、虚拟现实技术等在老年健康领域的深度集成应用与推广”和“研发老年人医疗辅助、家庭照护、安防监控、残障辅助、情感陪护、康复辅具等智能产品和可穿戴设备”。因此，开发可实时监测人体生理信号的设备变得至关重要，如监测脉搏、心率、呼吸频率、睡眠质量和姿势识别等，这对于疾病的预防、诊断和治疗具有重要意义[2-6]。

自 2012 年起，TENG 的问世为可穿戴医疗设备带来了新的发展前景[7]。这种技术能够通过摩擦起电和静电感应的耦合效应将机械能转化为电能[8-10]。同时，TENG 具有成本低、质量轻、电荷密度高、材料选择广泛以及柔性等优势，吸引了众多研究人员的关注[11-13]。Tex-TENG 凭借出色的功能性与物理特性成为研究人员关注的焦点。通过纤维材料的制备和织物结构的设计，摩擦电纺织品既可以可持续性收集人体生物力学能量，还可以像普通织物一样具备高柔软度、高贴合性等特点。目前，TENG 在医疗保健领域主要分为三类应用：一是利用 TENG 直接产生的电刺激进行医学治疗；二是作为传感器监测人体刺激并输出电信号，以获取动态信息；三是作为电源与其他传感器集成。可穿戴的 TENG 设备可以附着在人体表面，并通过拉伸、压缩、挤压、摩擦身体部位或外部振动来驱动，从而收集机械能并反馈生理信号。本章将介绍 Tex-TENG 在脉搏监测、呼吸监测、睡眠监测中的研究意义、评价标准以及智慧医疗领域的最新进展。

8.1 脉搏监测

当心室收缩期间心脏将血液喷射到中央和外周动脉时，会产生脉搏波。由于血压变化起源于心脏并沿着动脉系统（血管）传播，脉搏参数蕴含了人体心血管健康指标的多种代表性生理信息。脉搏信号中包含丰富的与人体心血管健康相关的生理及病理信息，基于脉搏的形成机制，可通过在人体体表脉搏处贴附或佩戴 Tex-TENG 用于感知脉搏的动态信息。

8.1.1 脉搏监测的生理意义

人体心室的周期性收缩和舒张引起主动脉的相应变化，形成的血流压力以波的形式沿着动脉系统传播的现象，称为脉搏波。提取脉搏波中的生理病理信息一直是临床诊断和治疗的重要依据，受到国内外医学界的广泛关注。脉搏波的形态、强度、速率和节律等综合信息反映了人体心血管系统中许多生理病理特征，因此对脉搏波的采集和处理具有极高的医学价值和应用前景[14]。特别是动脉脉搏波已成为评估心血管疾病（CVD）的重要诊断工具。Tex-TENG 由于高灵敏度、快速响应时间、可穿戴性和低成本等特点，正成为一种备受关注的可穿戴脉搏波监测生物技术。

许多心血管参数，包括心率、脉搏波速率和血压，都可以从脉搏波形中计算出来，并与动脉的早期病理变化高度相关，如动脉僵硬和内皮功能障碍[15, 16]。这些参数可以为诊断各种心血管疾病提供临床有价值的信息，如心律失常、房间隔缺损、动脉粥样硬化、动脉高血压和冠心病（CHD）[17]。Tex-TENG 在进行精准脉搏波测量的同时也保持了纺织品的有利特性，如透气性、触感舒适和机械坚固性[18-20]。纺织品的表面粗糙度也有助于增强表面电荷和产生的电信号，从而提高检测灵敏度[21-24]。这些特殊的纺织结构使 Tex-TENG 可与服装无缝连接，实现穿着-应用一体化，成为卓越的身体保健平台。Tex-TENG 可用于精确、自供电、生物相容且具有成本效益的脉搏波监测，是解决人体穿着舒适性与充分发挥其性能的有效手段，其佩戴舒适度优于传统的硅/聚合物/纸基可穿戴电子设备[25]。

8.1.2 脉搏监测相关的指标体系

心率（HR）：HR 是 1min 内心跳的次数。大量流行病学研究证实，静息 HR 是 CVD 的重要独立风险预测因子[26]。静息 HR＜60 次/min（bpm）的人通常具有较高的心血管健康水平。相比之下，静息 HR 升高（＞90 次/min）则与普通人群中较高的心血管死亡率和发病率相关。此外，广泛使用的 CVD 药物（如 β 受体阻滞剂）会降低患者的 HR[27]。因此，对 HR 进行连续、实时和精确的监测将是 CVD 诊断和治疗的关键工具。

脉搏波速率（PWV）：PWV 是衡量动脉性能的指标，可定义为血压（BP）脉搏通过循环系统的速率。PWV 是 CVD 诊断的高度可靠的预后参数。动脉壁的病理变化或老化可导致动脉血管硬化并反射性增加 PWV，可提供血管内皮功能障碍、心力衰竭、肾脏并发症、血管硬化和心脏病发作的临床警告[28-30]。一般来说，PWV＞10m/s 是无症状器官损伤的重要指标。此外，对 PWV 统计数据的分析有助于研究衰老、血管疾病以及血管扩张剂和血管收缩剂对动脉的影响。

血压（BP）：BP 表示循环血液对大动脉壁施加的压力。通常，BP 以收缩压和舒张压的形式表示。在心跳周期中，收缩压＜120mmHg 和舒张压值＜80mmHg 属于在正常范围内[31]。相比之下，低和高 BP 值可以分别对应于低血压和高血压（HTN）。世界卫生组织（WHO）估计全世界有 11.3 亿人患有与 HTN 相关的健康问题，其中测试的 BP 值是 HTN 诊断的主要因素。

8.1.3 脉搏监测系统技术

HR 测量：人体每次心跳都会产生一个脉搏波，该脉搏波会在体循环系统中传播一次，如图 8.1（a）所示，每分钟的动脉搏动计数等于 HR 值[32]。为了计算相关数值，穿戴 Tex-TENG 可以感应生物力学信号并重建脉搏波形，这一过程具体表现为每分钟上峰的数量，从而实现准确的 HR 测量。结合信号处理和数据传输模块，个人的实时 HR 可以显示在手机上[图 8.1（b）][33]。HR 是脉搏波形的一个可监测的临床变量，特别是对于灵敏度相对有限且无法对具有多峰轮廓的脉搏波形进行建模的 Tex-TENG。Tex-TENG 已用于连续 HR 跟踪。例如，Lou 等[34]开发了一种分层粗糙结构的 Tex-TENG 用于脉搏波监测[图 8.1（c）]。该对压力敏感的纺织品采用了两种摩擦电材料：一种是非织造 PVDF/银纳米纤维纺织品，另一种则是非织造乙基纤维素（EC）纳米纤维纺织品。由于采用全纤维结构，这种可穿戴纺织品 TENG 具有较高的形状适应性、1.67V/kPa 的出色压力灵敏度和超过 7200 次工作循环的长期稳定性。通过将这种可穿戴纺织品 TENG 放置在颈动脉上，可以实时捕获个人脉搏波信号：如图 8.1（d）所示，健康成人在 5s 内产生 7 个脉搏波峰，表示 HR 约为 84 次/min。

除了非织造层的分级结构之外，图 8.1（e）还展示了由机织芯-壳纱线制成的耐磨纺织 TENG[35]。缠绕在不锈钢丝周围的尼龙和聚四氟乙烯（PTFE）分别作为正、负摩擦电纱线。通过织机工艺，经纱（纯尼龙长丝或纯 PTFE 长丝）和纬纱（正摩擦电纱线和负摩擦电纱线）交织成耐磨纺织品。TENG 具有 1.33V/kPa 的出色压力灵敏度，可以贴附在颈部来检测动脉脉搏波。不同种类的 Tex-TENG 为 HR 测量提供了一种准确、耐用且舒适的方法，为后续生物医疗诊断提供了参考。

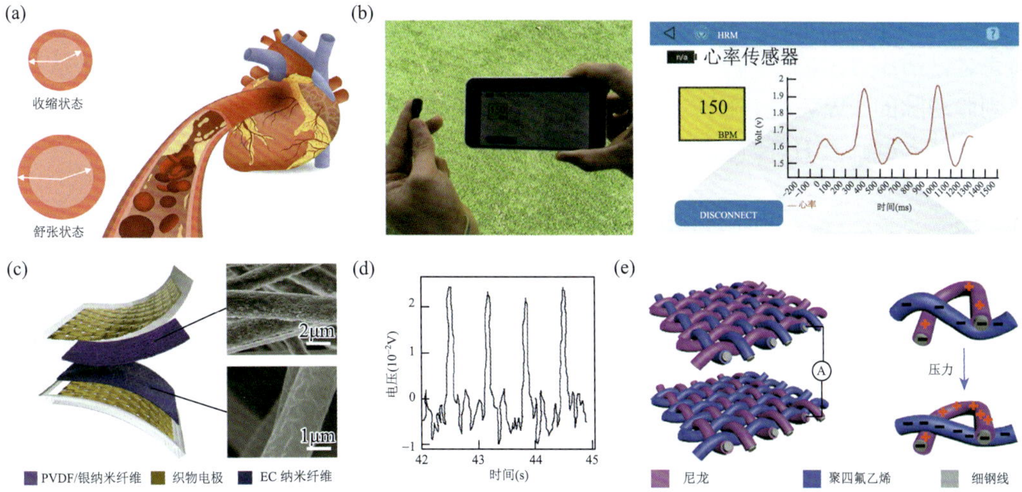

图 8.1 用于 HR 测量的 Tex-TENG。（a）用于 HR 测量的纺织纤维的分析模式[32]；（b）安装在手指上的摩擦电传感器，用于实时 HR 测量[33]；（c）分级纺织品传感器的结构设计；（d）使用分级织物传感器实时监测颈动脉脉搏波[34]；（e）由芯-壳纱线构成的纺织摩擦电传感器的工作机制[35]

PWV 测量：PWV 是通过测量动脉系统中两个部位之间的传输距离和脉搏传输时间并取二者的比例进行评估[图 8.2（a）][32]。连续记录 PWV 可以用来监测主动脉硬度。然而，该实验装置需要快速响应并具有高采样频率（如 500Hz）的数据采集卡，以保证两个纺织传感节点在时间上的严格同步。同时，这两个传感节点之间的距离 d 必须足够长，以确保准确测量时间延迟。

为了实现精确的 PWV 测量，研究人员设计并开发了一种机器针织可水洗的 Tex-TENG，其中单层涤纶基导电纱线与尼龙纱线和普通线一起编织以构建 Tex-TENG 阵列[图 8.2（b）][36]。这种新颖的针织结构具有较大的工作面积，可实现高摩擦起电效应，从而提供了 7.84V/kPa 的出色压力灵敏度和 20ms 的快速响应时间。此外，Tex-TENG 阵列可应对超过 100000 次变形循环以及超过 40 次的机洗循环，显示出优异的耐用性。这种 Tex-TENG 阵列可以缝合到衣服的不同部位，用于长期和无创监测动脉脉搏波。如图 8.2（c）所示，将该 Tex-TENG 阵列无缝缝合到花边、腕带、指套和袜子中，以开发用于 CVD 评估的健康监测系统[图 8.2（d）]，同时还可以收集来自健康成年男性的手臂和脚踝位置的两个脉搏波形[图 8.2（e）]。通过计算两个脉搏波形之间的时间延迟，以及固定在手臂和脚踝处传感器之间的距离，测得 PWV 为 13.63m/s，相对高于平均 PWV 值。基于 Tex-TENG 阵列的健康监测系统也适用于患有 HTN、CHD 或糖尿病（DM）的患者。与健康组相比，这些患者表现出更高的 PWV，这与预期一致[图 8.2（f）]。该临床实验有力地证明了 Tex-TENG 测量的 PWV 可以作为评估心血管健康状况的可靠临床证据。

此外，Meng 等还开发了一种编织成花状的无线纺织 TENG，通过将聚酯-金属纱线绣在镀银聚酯织物上来监测脉搏波，如图 8.2（g）所示[37]。这种无线纺织 TENG 表现出 3.88V/kPa 的出色压力灵敏度，并具有超过 80000 次循环操作的稳健性。由一名 75 岁的女性佩戴，获得了具有明显特征的相应脉搏波形[图 8.2（h）]。老年人通常有老化的动脉，顺应性差，导致相对较大的 PWV，反射波形的幅度更大，收缩持续时间也更长。简而言之，纺织 TENG 为 PWV 测量提供了一种低成本、准确且方便的策略。由于从颈动脉到股动脉的 PWV 是一种广泛认可的评估主动脉硬度的标准，因此纺织 TENG 有望为农村地区人群筛查 HTN 提供有效手段。

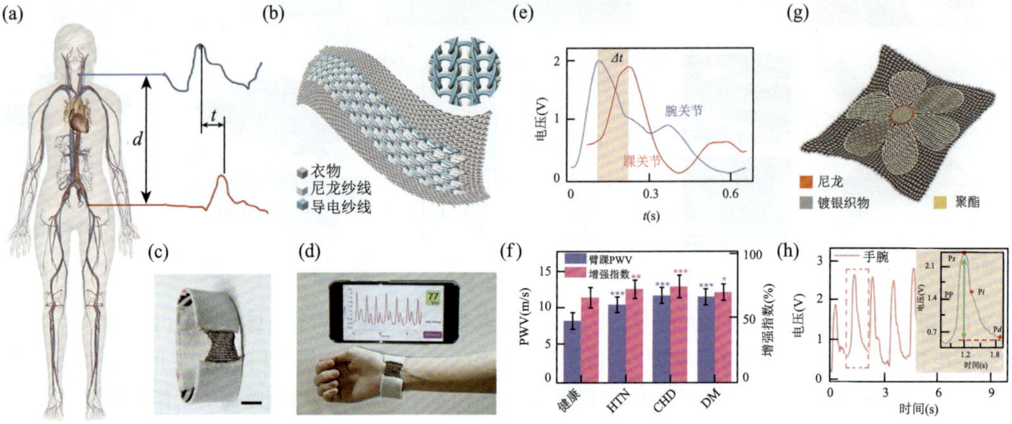

图 8.2 用于 PWV 测量的 Tex-TENG。(a) 测量 PWV 的分析模型[32]；(b) 摩擦电全纺织传感器阵列的示意图；(c) 缝在腕带上的摩擦电全纺织传感器阵列的照片；(d) 通过使用摩擦电全纺织传感器阵列实时测量手腕处的脉搏波形；(e) 用于计算臂踝 PWV 的脉搏波形；(f) 比较从健康和非健康参与者的脉搏波形计算的径向增强指数和臂踝 PWV[36]；(g) 由作为基底和电极的镀银织物和作为上层结构的压花花状纺织品组成的无线纺织传感器示意图；(h) 纺织传感器无线测量的脉搏波形，P_s：收缩压，P_P：脉搏周期，P_i 拐点，P_d 舒张压[37]

BP 测量：BP 是 PWV 最重要的影响因素之一。PWV 为从脉搏波计算 BP 提供了理想的桥梁。一般来说，PWV 可以通过 Moens-Korteweg 方程计算[38]：

$$\mathrm{PWV}=\sqrt{\frac{E\times h}{2\times\rho\times R}} \tag{8.1}$$

式中，E 为弹性模量；h 为动脉厚度；ρ 为血液密度；R 为动脉半径。

基于 Moens-Korteweg 方程，可以引入线性模型来将 BP 与 PWV 关联起来[16]：

$$E=E_0\times \mathrm{e}^{\varsigma\times \mathrm{BP}} \tag{8.2}$$

式中，ς 为动脉的材料系数；E_0 为 BP 为零时的弹性模量。

然而，Moens-Korteweg 方程假设动脉壁是各向同性的，并且随着 BP 的变化是等容的，这可能不适用于人体动脉，并可能引入更多错误。在这种情况下，Rogers 及其同事提出不涉及此类假设的 BP 和 PWV 之间的关系[图 8.3（a）][39]。他们发现 BP 随 PWV^2

缩放，缩放系数 α 近似为一个常数，可以推导出一个简单的式（8.3）来计算人体 BP 值的范围：

$$BP = \alpha PWV^2 + \beta \tag{8.3}$$

其中，α 和 β 由动脉的材料特性和几何形状决定。通过应用质量统计和实验来估计线性模型的未确定系数，可以从脉搏波中计算出 BP 值。

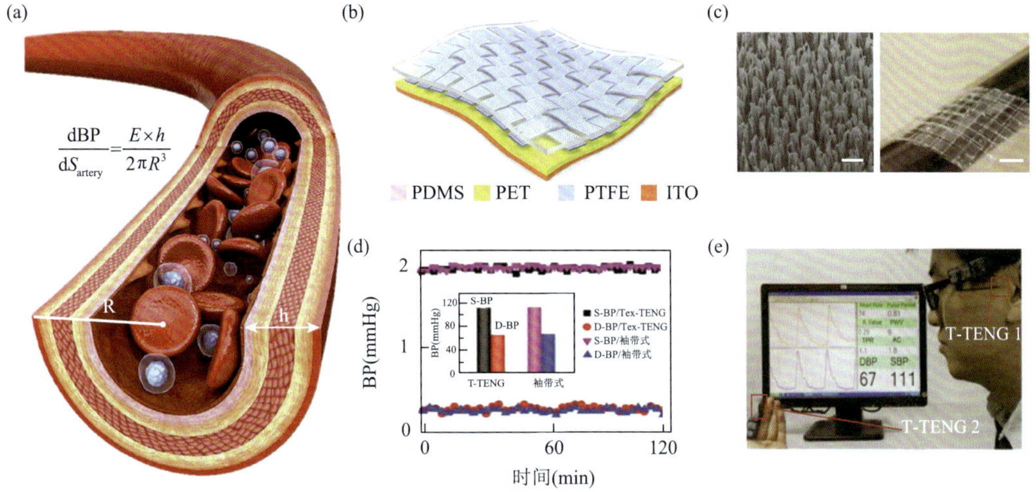

图 8.3　用于 BP 测量的 Tex-TENG。（a）根据脉搏波在人体动脉中的传播计算血压的分析模型[39]；（b）纺织摩擦电传感器的示意图；（c）等离子体蚀刻的 PTFE 纳米线的扫描电子显微镜图像（比例尺 2μm）及机织织物摩擦电传感器的照片；（d）实时测量血压；（e）来自纺织摩擦电传感器和基于袖带的商业医疗设备的收缩压和舒张压测量值[40]

对使用可穿戴 Tex-TENG 测量 BP 已经进行了深入的研究。研究人员开发了一种编织 TENG，用于实时、准确的无袖带式血压测量[图 8.3（a）]。基于氧化铟锡（ITO）的底部电极、聚对苯二甲酸乙二醇酯（PET）层、编织 PTFE 带和 PDMS 封装层层叠加，构建了具有单电极工作模式的可穿戴 Tex-TENG[图 8.3（b）][40]。通过等离子体蚀刻在 PTFE 表面引入纳米线结构[图 8.3（c）]，提高了表面摩擦电荷密度，灵敏度提高至 45.7V/kPa。凭借快速响应（＜5ms）和长期稳定性（持续 40000 次运动循环），这种编织 TENG 实现了对人体脉搏波的精准监测。通过在受试者的指尖和耳朵上贴上两个编织 TENG，在这两个传感点的脉搏波形峰之间获得了 89ms 的时间延迟，计算出 PWV 为 5.96m/s。使用高速数据采集卡，实时测量收缩压和舒张压，然后在 LabVIEW 编程中显示[图 8.3（d）]，平均值分别为（130.1±2.5）mmHg 和（63.5±2.3）mmHg。在 2h 连续监测期间，这些测量的 BP 值与商用袖带式（Cuff）血压计提供的值保持一致，时间差异为 0.87%～3.65%[图 8.3（e）]。该 Tex-TENG 的可选测量模式，显著揭示了其作为一款可穿戴、操作简便且测量精准的 BP 监测工具的巨大潜力，有望成为传统血压计的理想替代品。

8.2 呼吸监测

使用可穿戴电子设备进行呼吸监测至关重要。这些设备能够实时监测呼吸频率、深度和模式，提供宝贵的生理数据，有助于及早发现呼吸问题和潜在的睡眠紊乱。通过连续监测呼吸，可以帮助识别潜在的健康风险，提高健康意识，并促使人们采取积极的健康行为。此外，可穿戴电子设备的便携性和舒适性使得长期监测成为可能，为个性化的健康管理和医疗干预提供了有力支持。作为可穿戴系统的重要组成部分，基于织物的人体信息传感技术已经展现出众多的优点，包括轻量、便携、可穿戴、柔性和绿色等[41, 42]。Tex-TENG 在自驱动传感方面表现出显著的优势，包括易于制造、轻质和可穿戴等[43-45]。Tex-TENG 应采用纺织材料作为基底，结合纺织工艺，减少额外制备工艺对纺织材料属性的影响，以满足长期佩戴的需求。因此，通过选取低成本的材料和高度可扩展的工艺来制备可用于呼吸监测的 Tex-TENG 对人体生理健康监测具有重要意义。

8.2.1 呼吸监测的生理意义

呼吸监测在生理上具有重要意义。通过监测呼吸频率、深度和模式，可以评估呼吸系统的功能状态。呼吸模式与健康状态息息相关，而异常的呼吸模式可能是许多健康问题的指示器，如肺部疾病、心血管问题、睡眠呼吸暂停等。此外，呼吸监测也对调节情绪、减轻压力、提高睡眠质量等方面有积极作用。因此，呼吸监测不仅对诊断疾病有帮助，还可以帮助改善生活质量并促进整体健康。在实现个性化医疗保健的领域中，由于精度和可佩戴性的限制，大多数以前的呼吸监测器不能提供连续监测[46, 36]。许多研究人员转向了新型 TENG 来监测人们的呼吸活动，如呼吸频率、强度和持续性[47]。由于呼吸监测通常是通过测量呼吸期间胸腔的运动来执行，因此传感器在经历机械变形时展现了纺织品在灵活性和舒适性方面的固有优势。与长时间使用会对皮肤产生刺激的薄膜型 TENG 相比，采用纺织品制备的电极以及摩擦层，能够确保更为优异的舒适度。基于纤维的织物在功能和设计上展现了极高的可定制性，得益于单根纤维可以提供摩擦电输出，并且可以集成到具有各种设计的常规织物中[48, 49]。

8.2.2 呼吸监测系统

开发低成本、制造简单的呼吸监测技术是当前面临的挑战。TENG 依赖于接触起电和静电感应的耦合效应，是应用于机械能量采集和自驱动传感的可靠、经济和绿色技术。在此前的工作中，提出的基于 TENG 的传感器制造过程复杂并且不适合大规模生产。另外，佩戴这种用于睡眠监测的器件在睡眠期间会带来不适并且会加重睡眠障碍。为了解决上述问题，Lin 等[50]设计了一种基于 TENG 的电子纺织物，该纺织物是通过将普通纱线与内嵌螺旋状聚酯纤维的硅橡胶细管编织而成，其中硅橡胶细管中的螺旋状聚酯纤维中心是软体钢丝结构，其既可以作为支撑螺旋聚酯纤维的弹性体，又可以作为 TENG 的电极[图 8.4（a）]。如图 8.4（b）所示，该 Tex-TENG 充分利用了编织结构本身的优势：即使挤压或弯曲使纺织物仅发生非常细微的变形，也可以有效地生成摩擦电荷。因此，可以实现 1.726V/N 的压力灵敏度，同时具有 26ms 的响应时间以及良好的稳定性。此外，纺织物具有出色的洗涤耐久性，可以承受标准的洗衣机测试。电子纺织物可对微妙的人体动态信息进行监测，实验中将电子纺织物佩戴在人体的胸部，可实时地监测人体的呼吸信息，包括速率和深度[图 8.4（c）与（d）]。

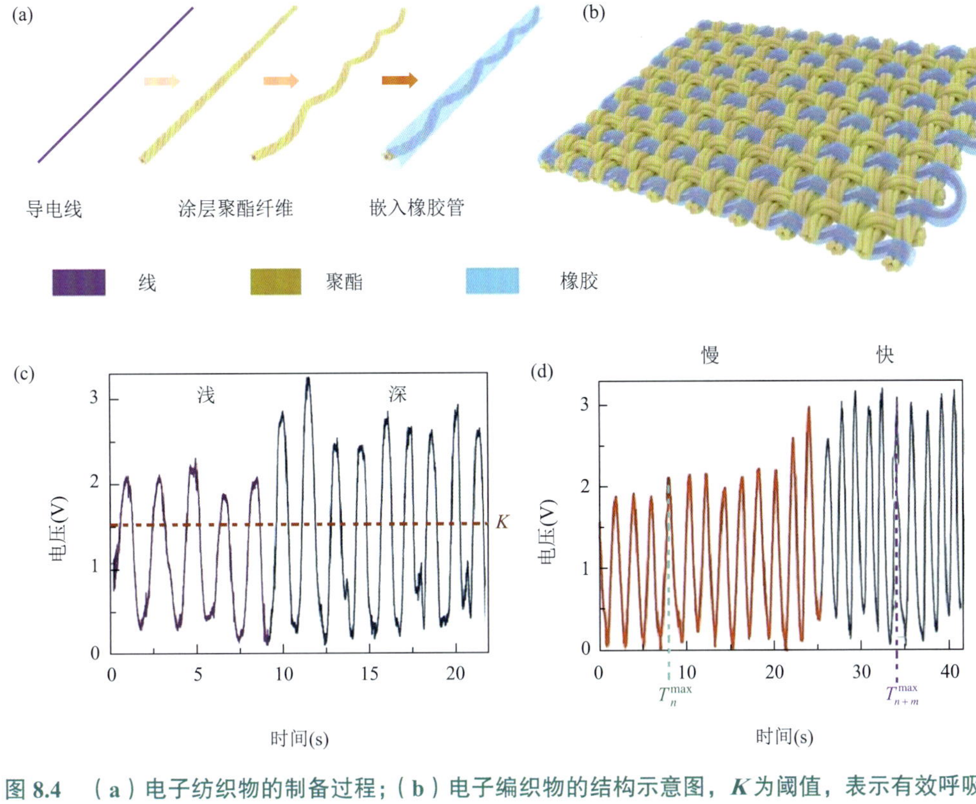

图 8.4　（a）电子纺织物的制备过程；（b）电子编织物的结构示意图，*K* 为阈值，表示有效呼吸信号；（c）人体平顺态和深呼吸状态的信号；（d）慢呼吸和急速呼吸的信号[50]

Si 等[51]制备了由两种包覆纱线以正针的针织方法编织而成全织物应变传感器。所采用的两种包覆纱线分别为棉/聚氨酯长丝纱线和蚕丝/镀银涤纶纱线。将两种包覆纱线的外部包覆材料（棉和蚕丝）分别作为摩擦层，镀银涤纶纱作为芯电极，并沿着相邻行相互交替以正针的针织结构编织为一体，图 8.5（a）展示了全织物应变传感器的整体结构。其中，棉/聚氨酯长丝纱线以聚氨酯长丝（直径为 0.1mm）作为芯纱，以棉纱（直径为 0.15mm）为螺旋状壳层纱线缠绕而成[图 8.5（b）]。得益于聚氨酯长丝所具备的超拉伸特性，其最大应变可达 200%，因此将其作为芯纱，可以赋予包覆纱线更优的应变拉伸能力，单根棉/聚氨酯长丝纱线的应变可达 80%以上。与此同时，将棉纱作为包覆纱线的外层材料可为此包覆纱线提供更加出色的舒适性，以提升传感器的长期可穿戴性。该全织物应变传感器从腹部记录了三种不同呼吸状态（深呼吸、正常呼吸和快速呼吸）的呼吸信号，分别在 24s 内表现出不同的波形，如图 8.5（c）所示。这表明该全织物应变传感器可以准确地评估呼吸状态。

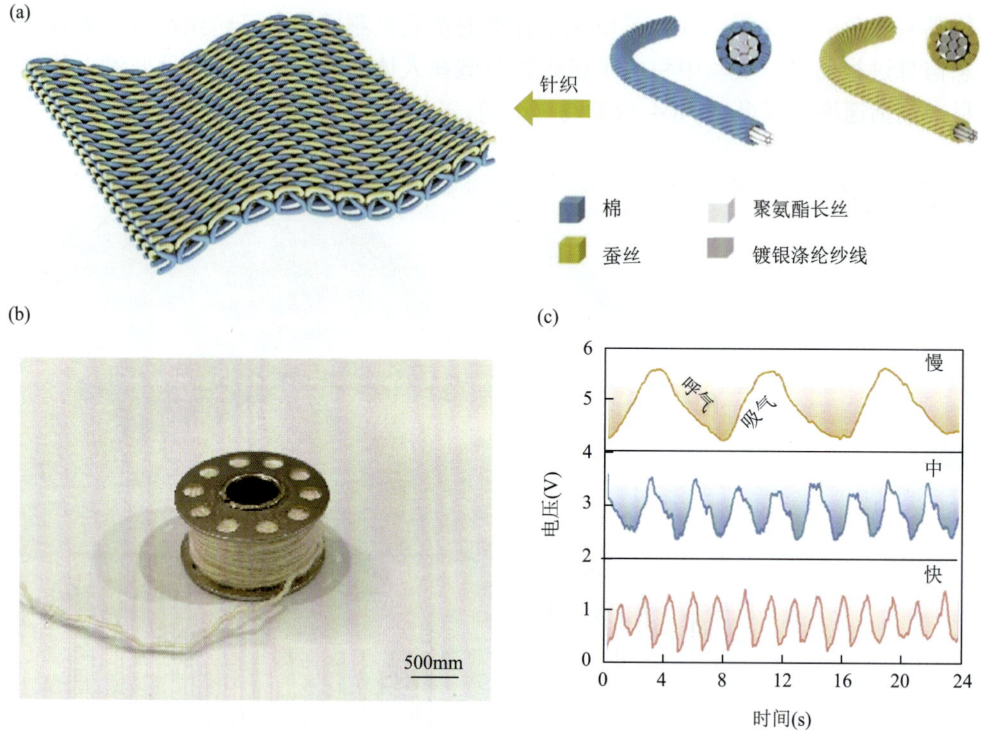

图 8.5 （a）全织物应变传感器结构示意图；（b）棉/聚氨酯长丝纱线实物图；（c）三种不同呼吸状态下采集到的呼吸信号波形[51]

如图 8.6（a）所示，将尺寸为 40mm×30mm 的全织物应变传感器与平纹编织带（宽为 30mm）缝合固定于人体胸腹部，用于感知人体在呼吸过程中周期性胸腹腔体积变化引起的应变。在此基础上，如图 8.6（b）所示，构建了人体呼吸监测系统以实现人体呼吸信号的实时监测。其中，信号采集电路用于应变信号的采集、放大及滤波，以消除环境噪声，模数转换模块（ADC）进一步将滤波后的模拟信号转化为数字信号，最后通过蓝牙采集模块将采集信号同步至手机等智能设备并存储。为验证此传感器在广泛人群中的普适性，针对不同性别、年龄以及体型人群的呼吸信号进行采集与分析。图 8.6（c）展示了 3 名不同性别和年龄段受试者在站立、坐以及仰卧三种姿势下 10 个周期内的呼吸波形。通过对比发现，针对呼吸频率，性别上的差异比年龄上的差异更明显：女性受试者的呼吸频率高于男性受试者，这与男性的肺活量更大有直接关系，而且根据人类呼吸医学统计，处于同年龄段的女性每分钟呼吸次数比男性多 2～3 次，这也与本实验结果相符。

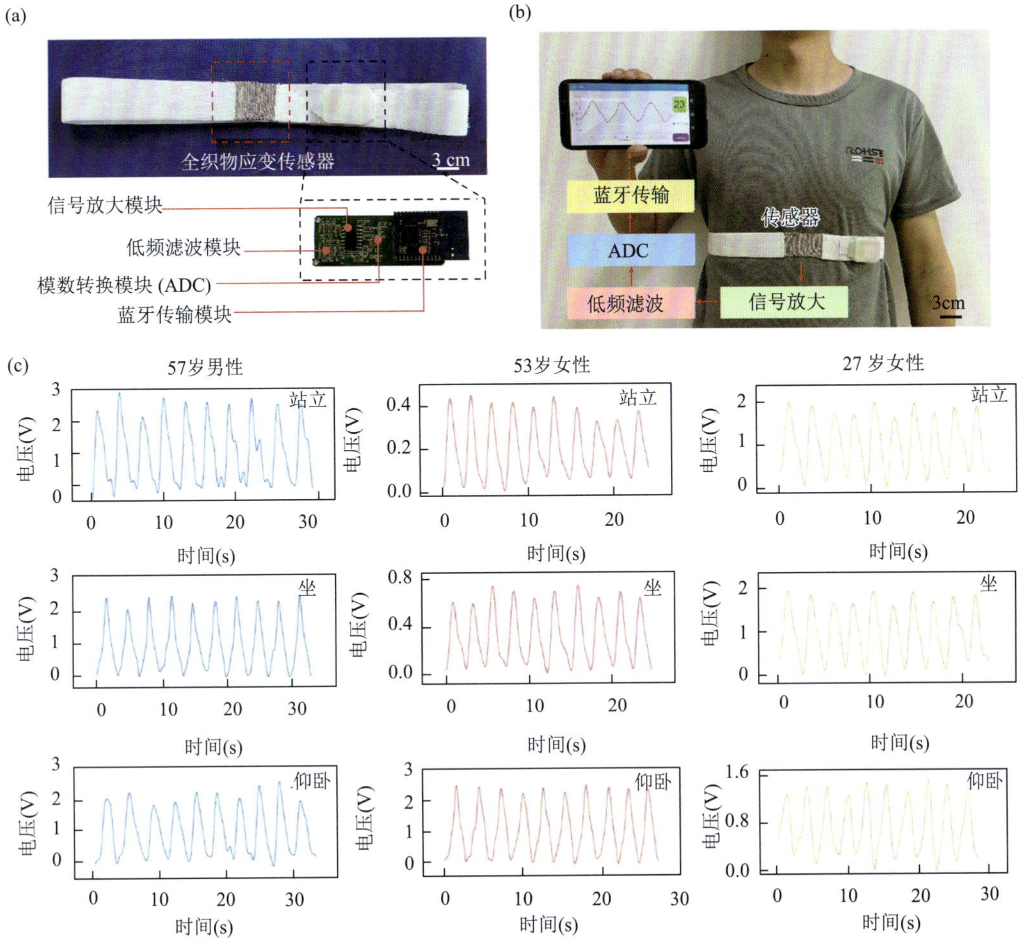

图 8.6　（a）基于全织物应变传感器构建的人体呼吸监测系统；（b）全织物应变传感器与平纹编织带缝合固定于人体胸腹部；（c）三名被测人员在三种姿势下的呼吸信号波形[51]

8.3　睡 眠 监 测

睡眠监测对于维持身心健康至关重要。睡眠质量影响着我们的情绪、认知功能和免疫系统。通过监测睡眠，我们可以了解自己的睡眠模式，及时发现和解决睡眠问题，如失眠、睡眠呼吸暂停等。这种监测有助于调整生活方式和睡眠环境，提高睡眠质量，减少白天的疲劳和注意力不集中，从而改善生活品质。此外，睡眠监测也有助于早期发现睡眠障碍与疾病之间的关联，如抑郁症、焦虑症和心血管疾病。因此，定期进行睡眠监测对于促进健康、提升生活质量至关重要。

8.3.1　睡眠监测的生理意义和睡眠质量评价标准

大多数人一生中大约有三分之一的时间都在睡觉，因此睡眠是评价人们身体、心理和情感健康的一个重要指标[52, 53]。研究结果表明，睡眠的发生与中枢神经系统内某些特定结构以及不同递质的作用密切相关。在睡眠期间，身体和大脑经历复杂的生理和神经过程，以实现多方面的恢复和调整。睡眠的生理意义体现在以下几个方面。

（1）大脑功能的维护。大脑在清醒状态下高度活跃，处理信息和决策需要大量资源。睡眠有助于大脑功能恢复，提高认知功能，提高学习、记忆和问题解决的效率[54, 55]。

（2）生理的平衡和修复。深度睡眠有助于修复身体机能、强化免疫系统、促进愈合等，还能预防慢性疾病，如肥胖、糖尿病、心血管疾病等[56-58]。

（3）维持神经内分泌平衡。睡眠与荷尔蒙之间存在密切的相互关系。例如，睡眠不足可能导致肾上腺素和肾上腺皮质激素水平升高，从而产生应激反应。

（4）免疫系统调控。睡眠不仅可以增强机体对细菌和病毒的抵抗能力，还可以促进免疫细胞的活动。免疫系统在深度睡眠时会释放细胞因子，以应对潜在的感染和炎症。

睡眠质量评价标准则是一个关键的工具，用于深入了解和评估个体的睡眠习惯和经验以维护整体健康和提高生活质量[59-61]。首先，入睡时间和入睡难度是重要的衡量因素。入睡时间通常在 15～20min 之间视为正常范围，需要更长时间才能入睡可能表明入睡困难。其次，中途醒来频率对睡眠质量也有显著影响。每晚醒来的次数应该尽可能少，通常不超过一次，频繁的中途醒来可能干扰深度睡眠，降低整体睡眠质量。此外，睡眠持续时间对于评价睡眠质量至关重要[62, 63]，成年人通常需要每晚 7～9h 的睡眠，而年龄更小的人可能需要更多的睡眠。睡眠时间过短可能导致健康问题，包括疲劳、认知功能下降、免疫系统削弱以及心理健康问题。最后，梦境出现的频率也可以提供有关睡眠质量的信息。通过综合考虑这些标准，个人和专业人员可以更全面地了解和评估睡眠质量，从而采取必要的措施来改善睡眠，并维护整体的身体和心理健康。最重要的是，睡眠质量评价标准不仅是衡量睡眠的工具，也是睡眠问题和障碍的早期诊断和治疗的关键，有助于确保个体获得良好的睡眠，从而提高生活质量。

8.3.2 睡眠监测的指标体系

睡眠监测的指标体系涵盖多个方面，以深入评估和理解个体的睡眠习惯和质量。这些指标提供有关入睡前、入睡后、睡眠周期、睡眠深度和睡眠质量的信息，有助于识别潜在的睡眠问题，改善睡眠质量。以下是睡眠监测的主要指标体系及监测技术。

眼动和眼电图：快速眼动（REM）睡眠是一种深度睡眠，通常与梦境有关。其对于认知功能和情感调节具有重要作用，其比例和分布可以提供有关个体的睡眠质量信息。眼动和眼电图是监测快速眼动期的关键指标，可以显示有关眼动期的数据，有助于了解梦境和情感调节情况。眼电图（EOG）是通过测量在视网膜色素上皮和光感受器细胞之间存在的视网膜静电势，并根据在明、暗适应条件下视网膜静电势的变化，来反映光感受器细胞的光化学反应和视网膜外层的功能状况，或者用于测定眼球位置及眼球运动的生理变化。然而，这种方式不适用于测量睡眠时的眼动或眼电图。因此，开发不影响睡眠的可穿戴式眼电监测系统十分必要。例如，Nelson 等制作了一个电极网络，并将其嵌入头带上，用于水平眼电图采集[图 8.7（a）][64]。Liang 等开发了一种基于银/聚酰胺复合纺织品的眼罩，用于可穿戴睡眠监测和自动睡眠分级[图 8.7（b）][65]。

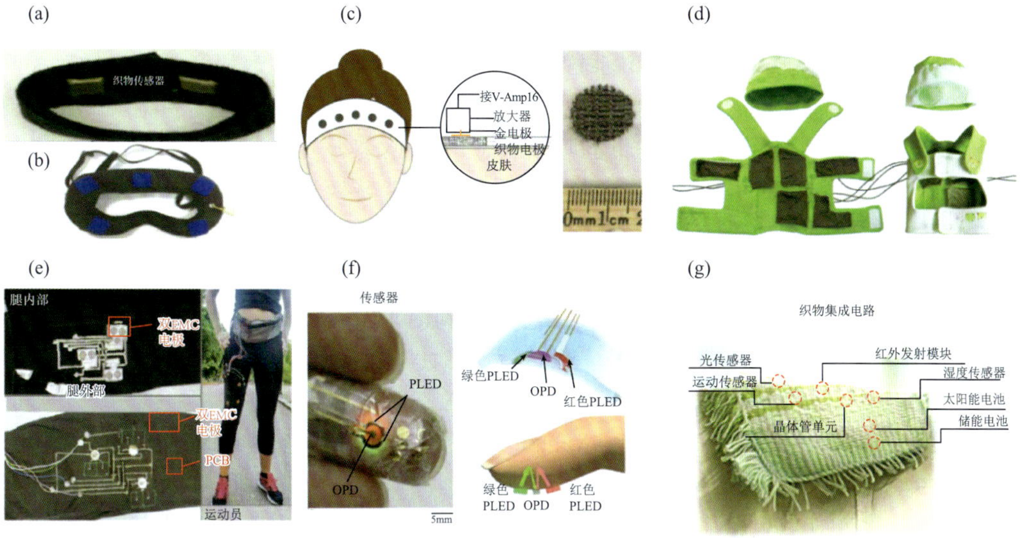

图 8.7　用于睡眠监测的可穿戴器件。（a）用于眼动监测的头带[64]；（b）用于眼动监测的眼罩[65]；（c）用于脑电监测的尼龙头带[66]；（d）用于心率监测的婴儿背心[67]；（e）用于监测肌肉运动的紧身裤，PCB 表示印刷电路板[70]；（f）用于血氧饱和度监测的指尖脉搏血氧计[73]；（g）用于汗液检测的非印刷集成电路纺织品[74]

脑电图：脑电图（EEG）监测是评估大脑活动和入睡阶段的有力工具。脑电图可以提供关于大脑的电活动、入睡、清醒和 REM 睡眠的信息。目前脑电的测量主要是将一些电极片贴在患者的头皮上，电极上涂覆导电物质并通过导线连接到计算机上，经过软件可以采集处理并分析大脑所发出的电波，得到相应的波形。为了推进用于临床环境以及实验室环境之外的脑电图技术发展，以实现移动、低成本和可穿戴的脑电图监测设备，最大程度减轻用户的不适感，Fleury 等把 Ag/AgCl 电极无缝编织在尼龙头带中，并配置在前额上，用于脑电图测量[图 8.7（c）][66]。

心率和心电图：心率和心电图是关于心血管健康的重要指标。心律不齐和心脏负担增加可能是睡眠问题的体现，因此监测心率和心电图可以提供关于心血管健康的信息。可穿戴的心率监测系统会减小电极与导线对测试者的睡眠影响。如图 8.7（d）所示，为婴儿设计的带有织物电极的可穿戴心率监测系统可以增加婴儿心率监测时的舒适度[67]。此外，织物电极能够以不同的形式实现，如腰带、臂章和 T 恤衫[68]。He 等展示了一种基于使用各种氟或胺对聚苯乙烯弹性体膜进行物理掺杂制备而成的柔性 TENG。它能有效把低频身体运动（如喉咙振动、心脏电脉冲、走路、跑步等）转化为电信号，用于恢复语音和监控实时心率[69]。

肢体活动和体动：肢体活动和体动是关于运动和不安定的指标。频繁的肢体活动可能干扰深度睡眠，降低睡眠质量。监测肢体活动和体动可以提供有关这些问题的信息。

Shafti 等报道了一种具有集成织物电极的可穿戴肌电图（EMG）传感平台，可以借鉴用于睡眠状态下的人体活动，如用于肌肉疲劳检测的跑步紧身裤[图 8.7（e）][70]，以及运动员训练用的训练监测衣[71]。

呼吸和血氧饱和度：呼吸和血氧饱和度是与呼吸健康相关的重要指标。睡眠呼吸暂停和打鼾是常见的睡眠问题，会影响睡眠质量。监测呼吸和血氧饱和度可以提供有关呼吸健康和睡眠窒息的信息。呼吸频率通常是听诊器贴于肺部，或者通过观测胸廓起伏的频率来确定的。为了监测睡眠状态下的呼吸状态，Wang 等开发了一种基于柔性纳米结构聚四氟乙烯薄膜的 TENG，其可以将人类呼吸的机械能转换为电输出信号，从而实现自供电的实时呼吸监测[72]。血氧饱和度是氧合血红蛋白含量与氧合血红蛋白容量之比。常见的血氧仪是通过检测充血的人体末梢组织，如手指头，利用不同波长的红光和红外光的吸光度变化率比值，从而推算出人体的动脉血氧饱和度。如图 8.7（f）所示，Yokota 等报道了一种可穿戴在手指上的反射模式脉搏血氧计[73]。

汗液和湿度：汗液和湿度监测可以提供有关睡眠时出汗以及环境湿度信息，并判断其是否影响睡眠。如图 8.7（g）所示，Yang 等开发了一种无线的非印刷集成电路纺织品，其中包含由应变和光传感器纤维编织而成的纤维型汗液传感器，其可以用于实时的汗液监测[74]。Liu 等报道了一种基于白糖的新型 TENG，作为自供电湿度传感器来反映环境湿度的变化[75]。

综合这些指标，睡眠监测可以提供全面的信息，进而帮助评估个体的睡眠习惯和质量，识别潜在的睡眠问题，制定相应的干预措施，改善睡眠质量，维护整体健康和生活质量。不同的监测设备和技术可以提供不同范围的指标，因此根据具体需求和目的，可以选择合适的监测方法来获取相关信息。

睡眠监测技术的不断发展为我们提供了更多了解和改善睡眠质量的机会，然而，这一领域也面临着一系列挑战。首先，传统的睡眠监测方法如多导睡眠图（PSG）需要使用专业医疗设施并在专业技术人员的参与下进行，这导致睡眠监测的成本高昂，限制了大规模的睡眠研究和应用。其次，传统方法通常需要大量的电极和传感器，这可能会影响睡眠的自然性，使监测结果不够真实和可靠。因此，需开发更便携、经济的监测装置，以使更多人能够便捷地进行睡眠监测。此外，睡眠监测技术还需要处理数据的海量和复杂性，包括脑电图、心电图、眼动数据等多维信息的综合分析，这需要高度专业的人力和计算资源，需要开发更先进的算法和模型，以提高监测技术的准确性和可重复性。

8.3.3　纺织基睡眠监测系统技术

本节将回顾纺织基 TENG 技术应用于睡眠中如体动、脉搏跳动、眼球跳动、呼吸等状况的监测，并探讨这些研究如何为未来的个性化医疗提供新的前景。

在监测睡眠体动方面，2017 年，Cheng 等[76]设计了一种具有同轴芯鞘纤维结构的可拉伸 TENG。其可以有效地响应各种机械刺激，包括拉伸、弯曲、扭曲和挤压，从而产生微观结构变化。通过静电效应将微结构变化转化为电能，最大峰值功率密度为 $2.25\mathrm{nW/cm^2}$。如图 8.8 所示，这种可拉伸 TENG 可以用来检测人体睡眠时的各种动作，从剧烈运动（如手指弯曲和前臂旋转）到微妙的生理信号（如脉搏、呼吸和喉咙相关活动）。这种检测方式不仅可以提供丰富的心肺系统功能信息，而且可以作为婴儿猝死综合征和成人睡眠呼吸暂停早期预警系统的一部分。

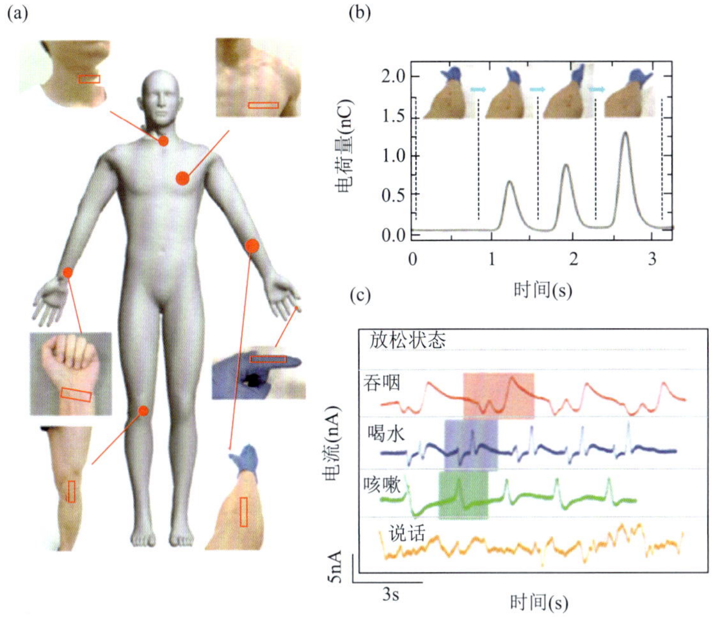

图 8.8　纺织基 TENG 检测睡眠体动。(a)可拉伸 TENG 作为可穿戴传感器连接在人体不同部位示意图；(b) 不同动作幅度信号输出；(c) 不同动作信号输出[76]

在监测睡眠脉搏跳动方面，临床上主要通过常规 PSG 监测脉搏波振幅（PWA）和脉冲周期（PP）。然而，常规 PSG 由于体积庞大，实时睡眠监测并不方便，还可能对睡眠患者造成额外干扰。Meng 等[37]通过简单的结构设计和大规模的针织/织造制备技术，报道了一种可以用于睡眠时人体脉搏监测的可穿戴织物结构传感系统。如图 8.9（a）和（b）所示，传感织物主要由两层结构组成，下层是镀银聚酯织物作为基底和电极，上层是带有蝴蝶花纹的压花形织物，一根三捻聚酯-金属混合纤维作为基本单元。其主要工作原理可以从两个方面阐述：一方面，脉搏跳动引起纤维变形进而产生电信号；另一方面，纤维变形产生的电信号归因于摩擦起电和静电感应的结合，如图 8.9（c）所示。这种传感织物可以以各种形式直接缝在衣服的不同部位，以测量前额、手腕和胸部等身体部位的脉搏信号。如图 8.9（d）所示，这种可穿戴传感系统可以实时获取脉搏波，然后处理并无线传输，进而生成患者的健康数据，最后通过应用界面在手机上显示结果。如图 8.9（e）所示，通过连续测量两名志愿者的脉搏波，确定 PWA 为脉搏波形的每个周期波峰点和波谷点之间值的大小，并且 PP 由脉搏波形的两个连续波峰点表征。结果表明，对于健康志愿者来说，PWA 和 PP 在监测时间内有一个相对稳定的波动。而对于阻塞性睡眠呼吸暂停低通气综合征（OSAHS）患者，在图中绿色虚线标记的大约 4s 和 28s 处发生了两个不同的突变，这表明发生了阻塞性呼吸事件。这种无创、连续的睡眠脉搏跳动监测方法，还适用于孕妇和高血压患者，其显示出良好的灵活性、轻便性和高灵敏度，为人类睡眠脉搏波测量提供了一种新颖、便捷、友好的方法。

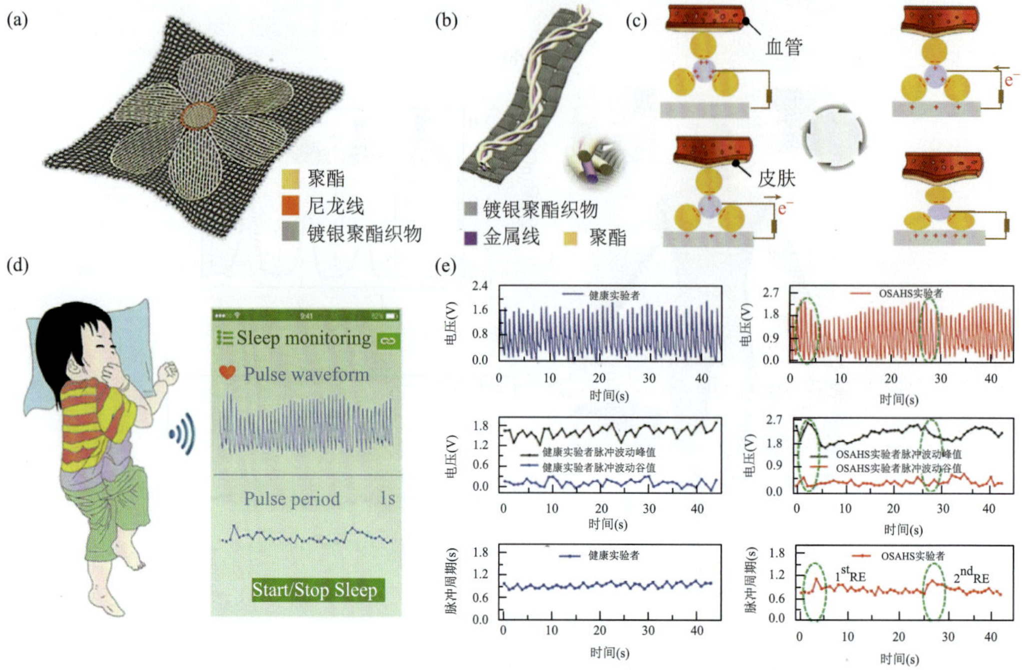

图 8.9 基于纺织基传感器（TS）的 OSAHS 诊断无线生物监测系统。（a）可穿戴织物结构传感系统示意图；（b）基本单元示意图；（c）工作原理示意图；（d）无线生物监测系统示意图；（e）健康志愿者和 OSAHS 患者的脉冲信号[37]

在监测睡眠眼球跳动方面，Zhu 等[77]提出了一种基于麦克斯韦位移电流的摩擦电贴片，用于身体能量收集和眼动监测。如图 8.10（a）和（b）所示，该摩擦电贴片由带有凹槽的三维贴片、涂有聚四氟乙烯的尼龙织物和带有夹层的自制眼罩组成。该摩擦电贴片可以在两个摩擦层相互接触后产生电信号，输出功率密度可达 485mW/m^2。此外，所设计的摩擦电贴片经商用洗涤剂洗涤后仍能保持良好的性能。这种摩擦电贴片不仅可以收集人体运动能量，实现自供电功能，还可以监测睡眠时的眼球运动。当摩擦电层两个电极之间的垂直距离为 20mm 时［图 8.10（c）～（e）］，最大电压可以达到 80V。这项研究为睡眠的眼球跳动监测提供了一种无缝且舒适的解决方案，提高了监测的便捷性和舒适性。

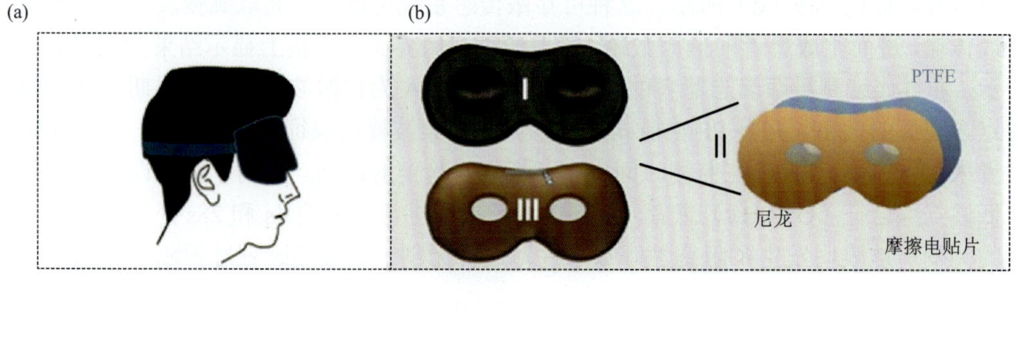

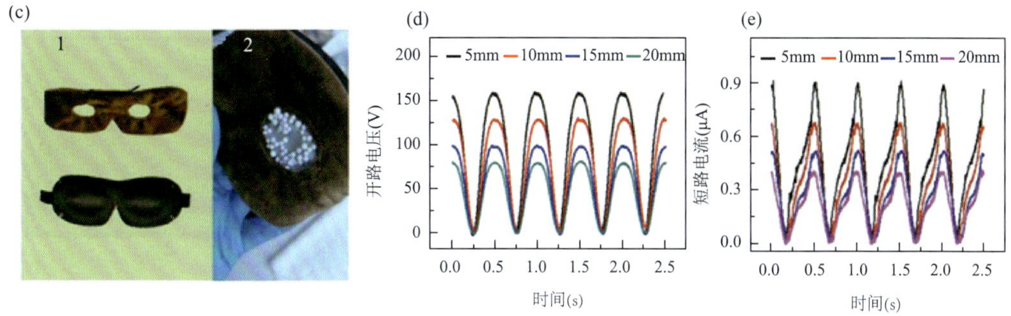

图 8.10 用于眼球跳动的摩擦电贴片。(a) 摩擦电贴片监测眼球跳动示意图；(b) 摩擦电贴片示意图；(c) 基于摩擦电贴片的眼罩实物图；(d) 开路电压；(e) 短路电流[77]

在监测睡眠呼吸方面，作为人类生理健康的关键指标，呼吸频率在越来越多的病例中用于囊性纤维化引起的潜在呼吸道疾病和呼吸功能障碍的预测和诊断。2018 年，Ding 等[78]开发了一种多壁碳纳米管掺杂的自供电触觉传感 TENG，用于监测人体睡眠中的呼吸信号和心跳信号。2019 年，Zhang 等[47]提出了一种基于横向滑动结构 TENG 的可穿戴式无线呼吸传感器，摆脱了传统的临床呼吸监测系统笨重的结构、复杂的可操作性以及对外部电源的依赖。如图 8.11（a）、（b）所示，该设备由可穿戴双层皮带、内置在皮带中的滑动结构 TENG 传感器和无线传输系统组成。聚四氟乙烯薄膜和尼龙薄膜分别作为底片和正极摩擦材料。两个铜箔附着在摩擦层的外表面作为导电层电极。TENG 传感器能在用户呼吸过程中感知腹围变化，并将周期性变化转移到 TENG 器件的往复振荡，由此输出包含呼吸信息的电信号，并通过无线传输芯片传输到手机上。如图 8.11（c）所示，监测不同个体、不同呼吸节奏、不同活动状态下的呼吸信号结果表明，其在实时监测呼吸频率方面具有普适性和灵敏性。2020 年，Zhou 等[19]报道了一种单层、超柔软的智能纺织品，其可用于睡眠期间的全方位生理参数监测和医疗保健[图 8.11（d）]。这种单层超软智能织物具有 10.79mV/Pa 的高压力灵敏度，能够同时实时检测和跟踪睡眠姿势的动态变化，以及精细的呼吸和心冲击描记图（BCG）监测。此外，它还具有良好的稳定性和可洗性。进一步地，研究利用患者生成的健康数据集，还开发了一种阻塞性睡眠呼吸暂停低通气综合征监测和干预系统，以改善睡眠质量，防止睡眠中猝死，为睡眠期间的生理监测开辟了一条新颖且实用的途径[图 8.11（e）和（f）]。

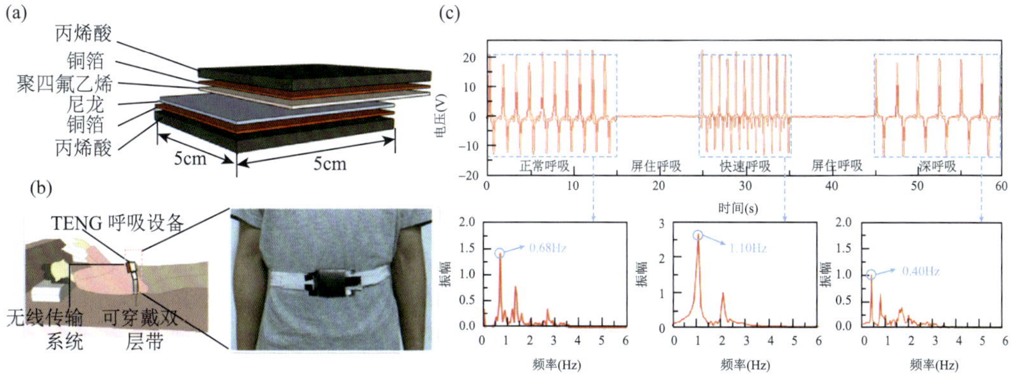

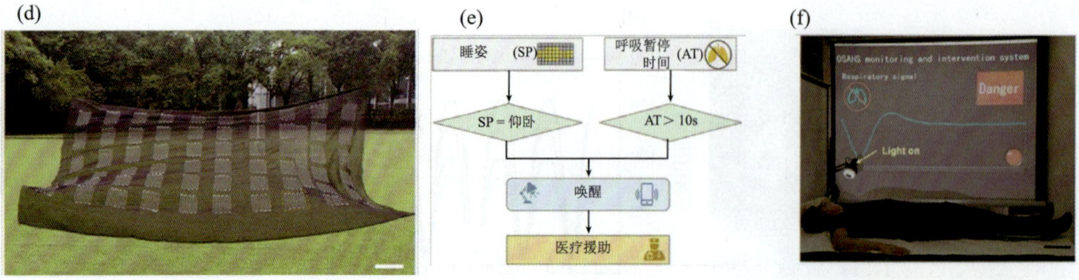

图 8.11　用于睡眠呼吸监测的自供电 TENG 织物。(a) 自供电触觉传感 TENG 的结构示意图；(b) 自供电触觉传感 TENG 监测呼吸示意图；(c) 两名腰围不同的志愿者不同时间下输出的电压信号变化[47]；(d) 带有 61 个传感单元的智能纺织品照片；(e) 基于智能纺织品的 OSAHS 监测和干预系统的流程图；(f) 基于智能纺织品的 OSAHS 监测系统实物图[19]

为了取代通常用于睡眠监测的高度复杂、舒适度差且昂贵的 PSG 设备，Zhang 等[79]开发了一种无感无线睡眠监测技术方案。如图 8.12（a）、（b）所示，通过在枕头等日常使用的床上用品中填充蓬松、具有羽绒状或羽毛状结构的摩擦电身体运动传感器，并利用高灵敏度、高可靠性的分形结构，可以将与身体运动相关的机械能转换成电信号。其不仅可以区分包括翻身、呼吸、打鼾、磨牙等人体睡眠时的运动，还可以无线传输信号到云服务器或手机，以便远程预警。通过测试超过 31 名志愿者，这种无感无线智能枕头可以提供更接近于专业 PSG 的睡眠阶段评估结果[图 8.12（c）～（e）]。此外，该无线

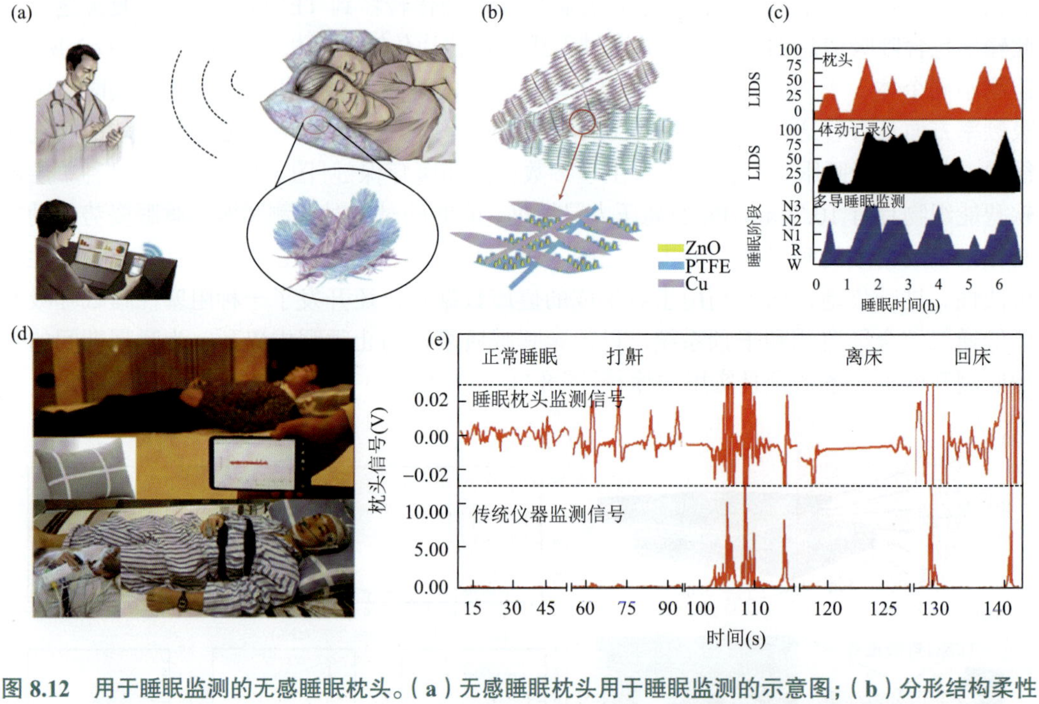

图 8.12　用于睡眠监测的无感睡眠枕头。(a) 无感睡眠枕头用于睡眠监测的示意图；(b) 分形结构柔性传感器示意图；(c) 无感睡眠枕头和 PSG 的睡眠阶段评分比较，LIDS 表示睡眠运动静止期；(d) 无感睡眠枕头和专业 PSG 的比较；(e) 无感睡眠枕头记录的各种睡眠行为的信号[79]

监测系统具有柔软、外观普通、透气性好、无需连接测试线等优点，未来有望为居家老年人的睡眠监测提供舒适的远程睡眠保健和疾病诊断方案。

Tex-TENG 作为睡眠监测技术的一部分，不仅代表了睡眠监测领域的前沿科技，还为未来的个性化医疗和健康管理提供了崭新的机会。通过结合传统的数据感知与智能干预，Tex-TENG 将成为睡眠监测的一项强大工具，为用户提供更多的信息、更好的服务，并在必要时提供危险预警。我们期待着未来的研究和创新，以进一步发掘 Tex-TENG 在睡眠监测中的潜力，使我们的生活变得更加健康、智能和便捷。

8.4 小 结

本章深入探讨了 Tex-TENG 在智慧医疗方面的革新性应用，主要涉及可穿戴电子设备和生物医学监测领域等方面。通过本章的介绍，我们见证了 Tex-TENG 在脉搏、呼吸和睡眠等生命体征监测中的巨大应用潜力。无论是通过检测心跳引起的皮肤微小变化来准确记录脉搏信号，还是通过分析胸廓起伏的电信号周期性变化来推断呼吸频率和模式，Tex-TENG 都展现出其高精度和实时性的优势。此外，其在睡眠监测方面的应用，如监测人体在睡眠过程中的细微动作，也为评估睡眠质量、识别潜在睡眠障碍提供了有力的数据支持。Tex-TENG 作为一种新型的自供电传感监测技术，在无创、实时、便捷的生理信息监测领域展现出广阔前景。随着广大科技工作者的不断探索与努力，同时积极展开跨学科的交叉合作，我们有理由相信，Tex-TENG 将在未来的医疗健康领域发挥更加重要的作用，为人类的健康福祉贡献更多力量。

参 考 文 献

[1] Majumder S，Mondal T，Deen M. Wearable sensors for remote health monitoring[J]. Sensors，2017，17（1）：130.

[2] Bariya M，Nyein H，Javey A. Wearable sweat sensors[J]. Nat Electron，2018，1（3）：160-171.

[3] Chung H，Rwei A，Hourlier-Fargette A，et al. Skin-interfaced biosensors for advanced wireless physiological monitoring in neonatal and pediatric intensive-care units[J]. Nat Med，2020，26（3）：418-429.

[4] Sundaram S，Kellnhofer P，Li Y，et al. Learning the signatures of the human grasp using a scalable tactile glove[J]. Nature，2019，569（7758）：698-702.

[5] Qiao Y，Wang Y，Jian J，et al. Multifunctional and high-performance electronic skin based on silver nanowires bridging graphene[J]. Carbon，2020，156：253-260.

[6] He T，Shi Q，Wang H，et al. Beyond energy harvesting-multi-functional triboelectric nanosensors on a textile[J]. Nano Energy，2019，57：338-352.

[7] Fan F，Tian Z，Wang Z. Flexible triboelectric generator[J]. Nano Energy，2012，1：328-334.

[8] Wang Z. Nanogenerators，self-powered systems，blue energy，piezotronics and piezo-phototronics—A recall on the original thoughts for coining these fields[J]. Nano Energy，2018，54：477-483.

[9] Wang Z，Jiang T，Xu L. Toward the blue energy dream by triboelectric nanogenerator networks[J]. Nano Energy，2017，39：9-23.

[10] Wang Z. On Maxwell's displacement current for energy and sensors：The origin of nanogenerators[J]. Mater Today，2017，20（2）：74-82.

[11] Wang S，Wang X，Wang Z，et al. Efficient scavenging of solar and wind energies in a smart city[J]. ACS Nano，2016，10（6）：5696-5700.

[12] Yang Y，Xie L，Wen Z，et al. Coaxial triboelectric nanogenerator and supercapacitor fiber-based self-charging power fabric[J]. ACS Appl Mater Interfaces，2018，10（49）：42356-42362.

[13] Sun N，Wen Z，Zhao F，et al. All flexible electrospun papers based self-charging power system[J]. Nano Energy，2017，38：210-217.

[14] 王芳. 基于心血管动力学参数的无创心血管功能测试系统研究[D]. 合肥：合肥工业大学，2012.

[15] Chen S，Wu N，Lin S，et al. Hierarchical elastomer tuned self-powered pressure sensor for wearable multifunctional cardiovascular electronics[J]. Nano Energy，2020，70：104460.

[16] Boutry C，Nguyen A，Lawal Q，et al. A sensitive and biodegradable pressure sensor array for cardiovascular monitoring[J]. Adv Mater，2015，27（43）：6954-6961.

[17] Zheng Q，Tang Q，Wang Z，et al. Self-powered cardiovascular electronic devices and systems[J]. Nat Rev Cardiol，2021，18（1）：7-21.

[18] Araromi O，Graule M，Dorsey K，et al. Ultra-sensitive and resilient compliant strain gauges for soft machines[J]. Nature，2020，587（7833）：219-224.

[19] Zhou Z，Padgett S，Cai Z，et al. Single-layered ultra-soft washable smart textiles for all-around ballistocardiograph，respiration，and posture monitoring during sleep[J]. Biosens Bioelectron，2020，155（1）：112064.

[20] Chen G，Li Y，Bick M，et al. Smart textiles for electricity generation[J]. Chem Rev，2020，120（8）：3668-3720.

[21] Liu S，Wang H，He T，et al. Switchable textile-triboelectric nanogenerators（S-TENGs）for continuous profile sensing application without environmental interferences[J]. Nano Energy，2020，69：104462.

[22] Qiu Q，Zhu M，Li Z，et al. Highly flexible，breathable，tailorable and washable power generation fabrics for wearable electronics[J]. Nano Energy，2019，58：750-758.

[23] Wen D，Liu X，Deng H，et al. Printed silk-fibroin-based triboelectric nanogenerators for multi-functional wearable sensing[J]. Nano Energy，2019，66：104123.

[24] Zhao Z，Huang Q，Yan C，et al. Machine-washable and breathable pressure sensors based on triboelectric nanogenerators enabled by textile technologies[J]. Nano Energy，2020，70：104528.

[25] Wang S，Chinnasamy T，Lifson M，et al. Flexible substrate-based devices for point-of-care diagnostics[J]. Trends Biotechnol，2016，34（11）：909-921.

[26] Perret-Guillaume C，Joly L，Benetos A. Heart rate as a risk factor for cardiovascular disease[J]. Prog Cardiovasc Dis，2009，52（1）：6-10.

[27] Fox K，Borer J，Camm A，et al. Resting heart rate in cardiovascular disease[J]. J Am Coll Cardiol，2007，50（9）：823-830.

[28] Ohkuma T，Ninomiya T，Tomiyama H，et al. Brachial-Ankle pulse wave velocity and the risk prediction of cardiovascular disease：An individual participant data meta-analysis[J]. Hypertension，2017，69（6）：1045-1052.

[29] Dagdeviren C，Su Y，Joe P，et al. Conformable amplified lead zirconate titanate sensors with enhanced piezoelectric response for cutaneous pressure monitoring[J]. Nat Commun，2014，5（1）：4496.

[30] Determinants of pulse wave velocity in healthy people and in the presence of cardiovascular risk factors：'Establishing normal and reference values'[J]. Eur Heart J，2010，31（19）：2338-2350.

[31] Wright J T，Williamson J D，Whelton P K，et al. A randomized trial of intensive versus standard blood-pressure control[J]. N Engl J Med，2015，373（22）：2103-2116.

[32] Niu Q，Huang L，Lv S，et al. Pulse-driven bio-triboelectric nanogenerator based on silk nanoribbons[J]. Nano Energy，2020，74：104837.

[33] Lin Z，Chen J，Li X，et al. Triboelectric nanogenerator enabled body sensor network for self-powered human heart-rate monitoring[J]. ACS Nano，2017，11（9）：8830-8837.

[34] Lou M，Abdalla I，Zhu M，et al. Hierarchically rough structured and self-powered pressure sensor textile for motion sensing and pulse monitoring[J]. ACS Appl Mater Interfaces，2020，12（1）：1597-1605.

[35] Lou M，Abdalla I，Zhu M，et al. Highly wearable，breathable，and washable sensing textile for human motion and pulse monitoring[J]. ACS Appl Mater Interfaces，2020，12（17）：19965-19973.

[36] Fan W，He Q，Meng K，et al. Machine-knitted washable sensor array textile for precise epidermal physiological signal monitoring[J]. Sci Adv，2020，6（11）：e2840.

[37] Meng K，Zhao S，Zhou Y，et al. A wireless textile-based sensor system for self-powered personalized health care[J]. Matter，2020，2（4）：896-907.

[38] Bramwell J，Hill A. The velocity of pulse wave in man[J]. Proc R Soc Lond Ser B Biol Sci，1922，93（652）：298-306.

[39] Ma Y，Choi J，Hourlier-Fargette A，et al. Relation between blood pressure and pulse wave velocity for human arteries[J]. Proc Natl Acad Sci USA，2018，115（44）：11144-11149.

[40] Meng K，Chen J，Li X，et al. Flexible weaving constructed self-powered pressure sensor enabling continuous diagnosis of cardiovascular disease and measurement of cuffless blood pressure[J]. Adv Funct Mater，2019，29（5）：1806388.

[41] Lee Y，Kim J，Noh J，et al. Wearable textile battery rechargeable by solar energy[J]. Nano Lett，2013，13（11）：5753-5761.

[42] Sim H，Choi C，Lee C，et al. Flexible，stretchable and weavable piezoelectric fiber[J]. Adv Eng Mater，2015，17（9）：1270-1275.

[43] Lee S，Ko W，Oh Y，et al. Triboelectric energy harvester based on wearable textile platforms employing various surface morphologies[J]. Nano Energy，2015，12：410-418.

[44] Wang S，Tai H，Liu B，et al. A facile respiration-driven triboelectric nanogenerator for multifunctional respiratory monitoring[J]. Nano Energy，2019，58：312-321.

[45] Li X，Lin Z，Cheng G，et al. 3D fiber-based hybrid nanogenerator for energy harvesting and as a self-powered pressure sensor[J]. ACS Nano，2014，8（11）：10674-10681.

[46] Zhang Z，Zhang J，Zhang H，et al. A portable triboelectric nanogenerator for real-time respiration monitoring[J]. Nanoscale Res Lett，2019，14（1）：354.

[47] Zhao Z，Yan C，Liu Z，et al. Machine-washable textile triboelectric nanogenerators for effective human respiratory monitoring through loom weaving of metallic yarns[J]. Adv Mater，2016，28（46）：10267-10274.

[48] Paosangthong W，Torah R，Beeby S. Recent progress on textile-based triboelectric nanogenerators[J]. Nano Energy，2019，55：401-423.

[49] Hu Y，Zheng Z. Progress in textile-based triboelectric nanogenerators for smart fabrics[J]. Nano Energy，2019，56：16-24.

[50] Lin Z，Yang J，Li X，et al. Large-scale and washable smart textiles based on triboelectric nanogenerator arrays for self-powered sleeping monitoring[J]. Adv Funct Mater，2018，28（1）：1704112.

[51] Si S，Sun C，Qiu J，et al. Knitting integral conformal all-textile strain sensor with commercial apparel characteristics for smart textiles[J]. Appl Mater，2022，27：101508.

[52] Zhao Y，Blackwell T，Ensrud K，et al. Sleep apnea and obstructive airway disease in older men：Outcomes of sleep disorders in older men study[J]. Sleep，2016，39（7）：1343.

[53] Yamamoto U，Nishizaka M，Yoshimura C，et al. Prevalence of sleep disordered breathing among patients with nocturia at a urology clinic[J]. Intern Med J，2016，55（8）：901-905.

[54] Grandner M. Sleep，health，and society[J]. Sleep Med Clin，2017，12（1）：1-22.

[55] Kendzerska T，Gershon A，Hawker G，et al. Obstructive sleep apnea and risk of cardiovascular events and all-cause mortality：A decade-long historical cohort study[J]. PLoS Med，2014，11（2）：e1001599.

[56] Nilsson L，Adem A，Hardy J，et al. Do tetrahydroaminoacridine（THA）and physostigmine restore acetylcholine release in Alzheimer brains via nicotinic receptors？[J]. J Neural Transm，1987，70：357-360.

[57] Fletcher E. The relationship between systemic hypertension and obstructive sleep apnea：Facts and theory[J]. Am J Med，1995，98（20）：118-128.

[58] Tuohy C，Montez-Rath M，Turakhia M，et al. Sleep disordered breathing and cardiovascular risk in older patients initiating dialysis in the United States：A retrospective observational study using medicare data[J]. BMC Nephrol，2016，17：16.

[59] Sixel-Döring F，Zimmermann J，Wegener A，et al. The evolution of REM sleep behavior disorder in early parkinson disease[J]. Sleep，2016，39（9）：1737-1742.

[60] Rodrigues B，Gagnon J，Postuma R，et al. Electroencephalogram slowing predicts neurodegeneration in rapid eye movement sleep behavior disorder[J]. Neurobiol Aging，2016，37：74-81.

[61] Ajami S，Khaleghi L. A review on equipped hospital beds with wireless sensor networks for reducing bedsores[J]. J Res Med Sci，2015，20（10）：1007-1015.

[62] Pomeroy A，Lassalle P，Kline C，et al. The relationship between sleep duration and arterial stiffness：A meta-analysis[J]. Sleep Med Rev，2023，70：101794.

[63] Nakazaki C，Noda A，Koike Y，et al. Association of insomnia and short sleep duration with atherosclerosis risk in the elderly[J]. Am J Hypertens，2012，25（11）：1149-1155.

[64] Nelson A，Schmandt J，Shyamkumar P，et al. Wearable multi-sensor gesture recognition for paralysis patients[C]. IEEE，Baltimore，USA，2013，3-6.

[65] Liang S，Kuo C，Lee Y，et al. Development of an EOG-based automatic sleep-monitoring eye mask[J]. IEEE Trans Instrum Meas，2015，64（11）：2977-2985.

[66] Fleury A，Alizadeh M，Stefan G，et al. Toward fabric-based EEG access technologies：Seamless knit electrodes for a portable brain-computer interface[C]. Proceedings of the 2017 IEEE Life Sciences Conference（LSC），Sydney，Australia，2017：35-38.

[67] Bouwstra S，Chen W，Feijs L，et al. Smart jacket design for neonatal monitoring with wearable sensors[C]. Proceedings of the Sixth International Workshop on Wearable and Implantable Body Sensor Networks，Berkeley，USA，2009：162-167.

[68] Acar G，Ozturk O，Golparvar A，et al. Wearable and flexible textile electrodes for biopotential signal monitoring：A review[J]. Electronics，2019，8（5）：479.

[69] He D，Zhang X，Yang Q，et al. Physically doped and printed elastomer films as flexible high-performance triboelectric nanogenerator for self-powered mechanoelectric sensor for recovering voice and monitoring heart rate[J]. Chem Eng J，2023，456（15）：141012.

[70] Shafti A，Manero R，Borg A，et al. Embroidered electromyography：A systematic design guide[J]. IEEE Eng Med Biol Mag，2017，25（9）：1472-1480.

[71] Pino E，Arias Y，Aqueveque P. Wearable EMG shirt for upper limb training[C]. Proceedings of the 40th Annual International Conference of the IEEE Engineering in Medicine and Biology Society（EMBC），Honolulu，USA，2018：18-21.

[72] Wang M，Zhang J，Tang Y，et al. Air-flow-driven triboelectric nanogenerators for self-powered real-time respiratory monitoring[J]. ACS Nano，2018，12（6）：6156-6162.

[73] Yokota T，Zalar P，Kaltenbrunner M，et al. Ultraflexible organic photonic skin[J]. Sci Adv，2016，2（4）：e1501856.

[74] Yang Y，Wei X，Zhang N，et al. A non-printed integrated-circuit textile for wireless theranostics[J]. Nat Commun，2021，12（1）：4876.

[75] Liu H，Wang H，Fan Y，et al. A triboelectric nanogenerator based on white sugar for self-powered humidity sensor[J]. Solid State Electron，2020，174：107920.

[76] Cheng Y，Lua X，Chan K，et al. A stretchable fiber nanogenerator for versatile mechanical energy harvesting and self-powered full-range personal healthcare monitoring[J]. Nano Energy，2017，41：511-518.

[77] Zhu J，Zeng Y，Luo Y，et al. Triboelectric patch based on maxwell displacement current for human energy harvesting and eye movement monitoring[J]. ACS Nano，2022，16（8）：11884-11891.

[78] Ding X，Cao H，Zhang X，et al. Large scale triboelectric nanogenerator and self-powered flexible sensor for human sleep

monitoring[J]. Sensors，2018，18（6）：1713.

[79] Zhang N，Li Y，Xiang S，et al，Imperceptible sleep monitoring bedding for remote sleep healthcare and early disease diagnosis[J]. Nano Energy，2020，72：104664.

本章作者：项思维[1]，范兴[1*]，杨进[2*]

1. 重庆大学化学化工学院

2. 重庆大学光电工程学院

Email: foxcqdx@cqu.edu.cn（范兴）；yangjin@cqu.edu.cn（杨进）

第 9 章

纺织基摩擦纳米发电机的应用：智慧体育

摘　要

智慧体育是利用信息技术、物联网、大数据等新兴技术，将科技与体育相结合，以提升运动爱好者、运动员等的训练效果，提供更好的比赛体验，并推动体育产业的发展。一方面，智能设备和传感技术已经逐步应用到运动员的训练和比赛中，如智能手环、心率带等，可以实时监测运动员的运动数据；另一方面，通过大数据技术的应用，可以对运动员的数据进行深度分析，提供个性化的训练方案。然而，当前的智慧体育发展同样面临着挑战，如技术应用仍然存在一定的局限性，智慧体育的普及和推广还需要更多的投入和支持等。

摩擦纳米发电机（TENG）除了可以实现能源转换，还能够作为自供能传感器实现人体运动信息的反馈，因此 TENG 在体育领域的应用能全面提升体育服务质量，推进体育产业转型升级，满足人们更具个性化、多元化的体育需求。本章将具体介绍 TENG 在智慧体育领域的应用，以乒乓球、滑雪和游泳等常见运动举例。智慧体育的 TENG 系统还能根据个人的身体状况和健身目标，利用大数据技术提供个性化的健身计划，让人们可以通过参与运动来提升健康水平，借助更直观的运动数据分析与预测，运动员和教练员能够更有效地提升技术水平。

9.1　纺织基摩擦纳米发电机在球类运动中的应用

随着大数据和物联网的快速发展[1-4]，物联网不仅解决了众多行业的痛点[5-9]，也为人们的生活提供了极大的便利。同时，体育领域也受到信息技术进步的极大影响，进入了数字时代。基于大数据分析，开发出一些面向运动监测的智能传感器，能够有效帮助运动员进行日常训练，是提高运动员竞技水平的有效手段[10-15]。例如，乒乓球、羽毛球和网球等球类运动因其比赛节奏快、技术复杂多变等特点而在竞技运动赛场上广受欢迎。

但与此同时，在比赛或训练过程中，这些球类的运动呈现出高速、旋转方向多样、落点多变等特点，从而导致传统的运动监测设备难以实现对球本身速度、落点等运动状态的全面实时监测。相较之下，TENG 技术的应用能够有效实现对球类运动的实时监测。

9.1.1　乒乓球和网球运动

随着科学技术的应用领域的不断推广，科研人员开始将科学技术充分运用到体育运动训练和比赛中，其成果也得到了体育界的普遍认同。乒乓球作为一项运动，对场地的要求相对简单，却能显著提升参与者的身体灵活性和协调性。这项运动不仅符合国民的身体素质特点，还契合了体育发展的阶段性需求，因此受到广大人民群众的热爱与追捧。在比赛过程中，乒乓球得分情况与其在球桌上的落点位置紧密相关，因此若要提升运动员的竞技能力，就要进行更加科学的训练，不断提高其击球的落点意识和控球能力。

Mao 等将 TENG 技术与无线智能上位机信号和可视化系统相结合，设计了无创摩擦纳米发电机传感器集成系统[16]。无创摩擦纳米发电机可以存储人体运动行为产生的机械能并驱动无线微电子器件实现智能系统的人机交互应用。在运动中，缺乏正确的技术指导可能会导致关节损伤，如乒乓球运动中不规范的摆动可能引发三角软骨盘损伤。这类运动损伤的发生违背了健康运动的初衷，因此及时判断和纠正错误动作显得尤为重要。图 9.1（a）所示为运动人员穿戴无创摩擦纳米发电机进行乒乓球和网球标准挥拍动作时的输出电压信号，图 9.1（b）则为乒乓球和网球的不正确挥拍动作下的输出电压信号。对比图 9.1（a）与（b）的输出电压可以看出，标准化动作产生的电压明显小于不正确动作产生的电压，这与标准化动作的手腕稳定和不正确动作的手腕运动范围相一致。图 9.1（c）显示了基于无创摩擦纳米发电机无线智能运动纠错系统的工作形式。无创摩擦纳米发电机附着在手腕上，当乒乓球拍摆动时，摩擦装置检测并获取手腕运动数据，并通过纠错系统的发射器将数据无线传输到数据接收器。上位机信号处理和可视化系统对采集到的数据进行实时处理和评估，并将评估结果直观地展示出来。无线智能运动纠错系统旨在学习运动技能的初始阶段及时识别错误动作，并在运动技能泛化阶段协助用户纠正技术动作，从而有效减少因错误技术动作引发的运动损伤。无创摩擦纳米发电机与无线智能运动纠错系统的结合，可以有效保障人们在体育锻炼过程中的健康与安全。

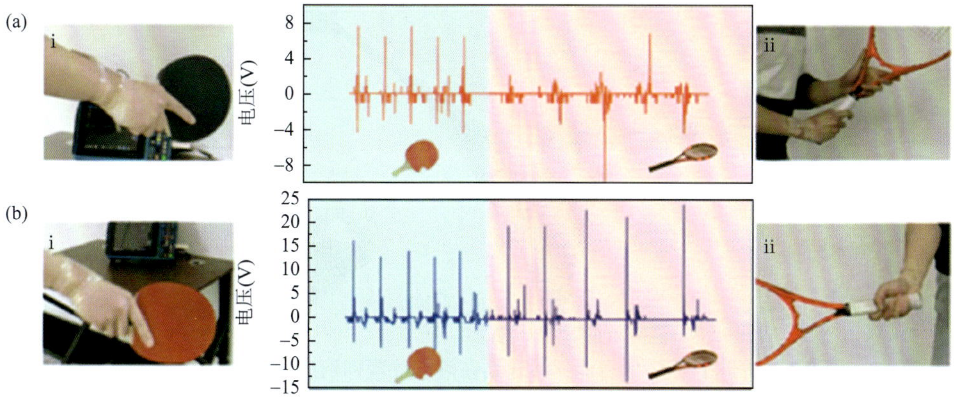

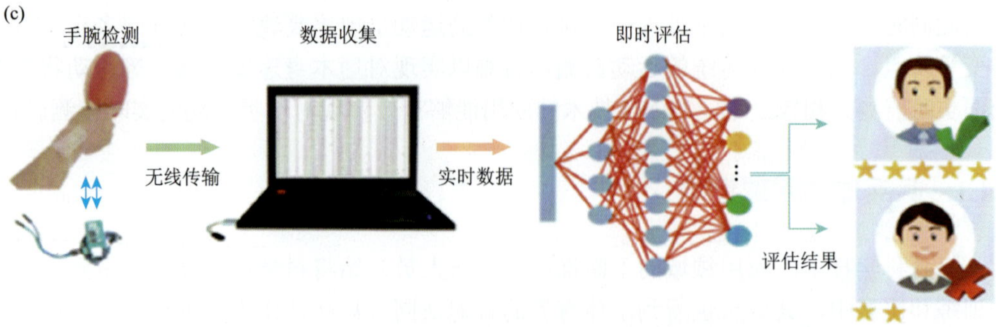

图 9.1 无创摩擦纳米发电机在乒乓球与网球运动中的应用。(a) 乒乓球与网球标准挥拍动作的输出电压；(b) 不正确的乒乓球和网球挥拍动作的输出电压；(c) 无线智能运动纠错系统的工作过程[16]

除了对人体运动动作标准化的矫正之外，运用科技手段检测乒乓球的落点位置以及重现乒乓球的运动轨迹来训练乒乓球运动员的落点意识，将有效提升其控球能力，从而不断提高运动员的训练成效。TENG 通过耦合接触起电和静电感应效应，可以将各种类型的机械能转换为电能。此外，TENG 可以根据不同应用场景进行合理的结构设计和材料选择[17, 18]，也可以集成到运动场所或运动设施的各种原材料上且不过多干涉运动员的使用手感，同时利用球体与运动器件之间的相对运动转移感应电荷，提取球体当前运动状态，并且可为整个传感系统提供可持续的电源，摒弃了对传统有源系统的器件依赖，提升了对整个系统维护的便捷性[19]。图 9.2 展示了一种基于 TENG 用于辅助乒乓球日常训练的智能乒乓球桌。由于乒乓球在比赛过程中有着运动速度快、旋转速度高的特征，常规的感知器件在对球桌上落点进行实时监测时，往往会出现较大的监测误差，并且分

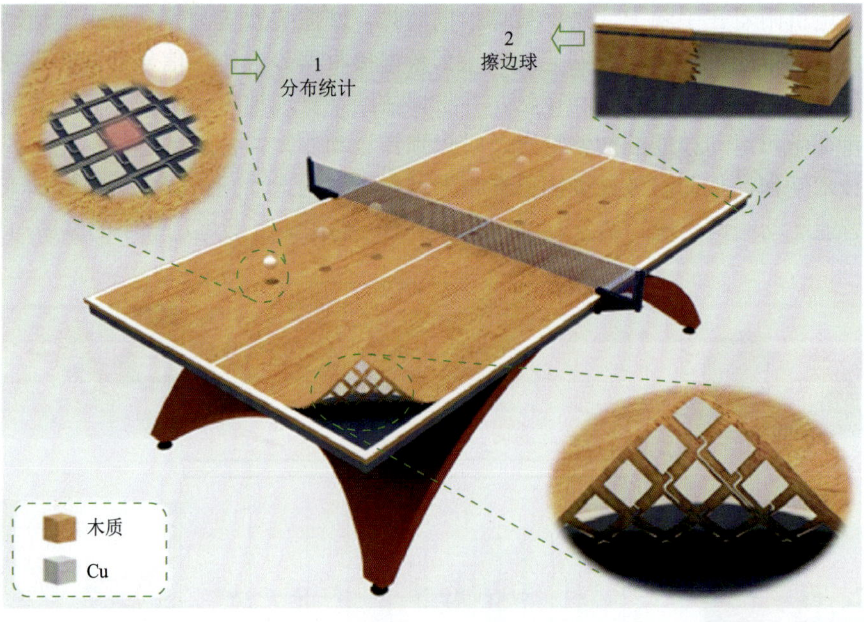

图 9.2 基于 TENG 的智能乒乓球桌在落点位置判别应用的示意图[20]

析过程也相对复杂。然而由于 TENG 灵敏的工作模式以及对运动状态物体独特的判断原理，其对球体的瞬间回弹与敲击动作均可以进行优异的感知与监测。一旦球体与布置的 TENG 球桌接触，在其与球桌分离之前不断吸引负电荷，两个表面之间的电势差将逐渐增加，将产生交替电流，通过对交替电流所产生的频率信号与幅值强度进行调制分析，可瞬时判断出乒乓球当前的落点位置，通过增加 TENG 器件的并行采集数量与集成密度，调控多通道电势采集电路的扫描速率与击球速率相适配，最终达到对整个球桌乒乓球感知落点位置的实时监测与运动路径的精确追踪[20]。

总而言之，TENG 的应用将有助于乒乓球运动器材的改进。TENG 可以用于制作更精确的乒乓球测量仪器，从而提高乒乓球落点速度的测量精度。通过对乒乓球速度、旋转速度和摩擦力的实时监测，可以进一步探讨运动员的技术动作对球速和球摩擦的影响，这将有助于揭示乒乓球运动中的一些未知现象，为乒乓球运动的发展提供新的理论依据。此外，TENG 还可以用于研究新型乒乓球材料，以提升乒乓球的各项特性，从而增强运动员的技术表现。

9.1.2　羽毛球运动

羽毛球运动适合于男女老幼，运动量可根据个人的年龄、体质、运动水平和场地环境的特点而定，因此也是一项适合全民运动的体育项目，它不仅有利于身体健康和心理健康，也可以增强自信心、勇气和果断性，培养团队合作和竞争意识。羽毛球运动融合了技术与智力，参与者需要不断进行判断、反应和变化，以预判对手的来球。在专业羽毛球运动中，击打羽毛球时发力的正确性对其运动轨迹影响巨大。而 Tex-TENG 技术与智慧体育的结合，使得监测击打羽毛球时手臂的发力状态成为可能。

Ning 等针对 Tex-TENG 在规模化生产和大规模集成过程中所面临的挑战，提出了具有前景的开发策略，这些策略有助于推动可穿戴 Tex-TENG 的发展，并拓展其在智慧体育领域的应用。所设计的 TENG 纤维（Tex-TENG 单元），能稳定地反馈输出信号[21]。图 9.3（a）为前臂肌肉解剖图和 Tex-TENG 所在位置。前臂有丰富的肌肉，手指和手腕的不同动作对应不同的肌肉收缩[22]。当手指和手腕运动时，肌肉和皮肤会对 Tex-TENG 的接触面施加压力。如图 9.3（b）所示，手指运动和手腕弯曲都能使 Tex-TENG 产生连续稳定的电信号。此外，不同的动作对 Tex-TENG 施加不同强度的压力，因此手指和手腕的不同运动会产生相应的电压信号。如图 9.3（c）所示，分别

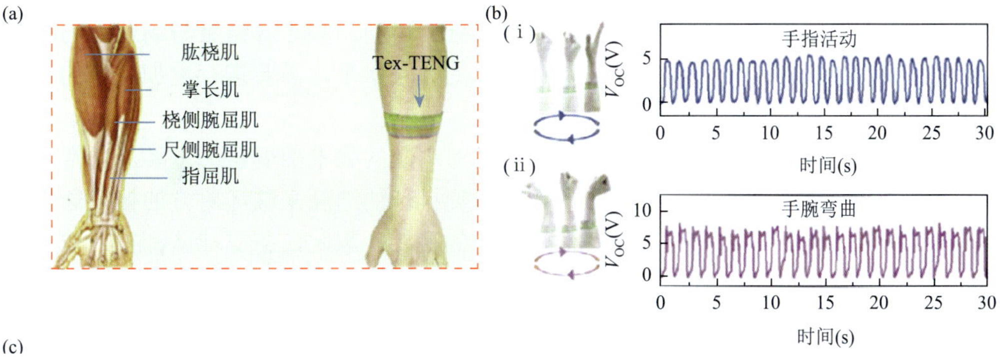

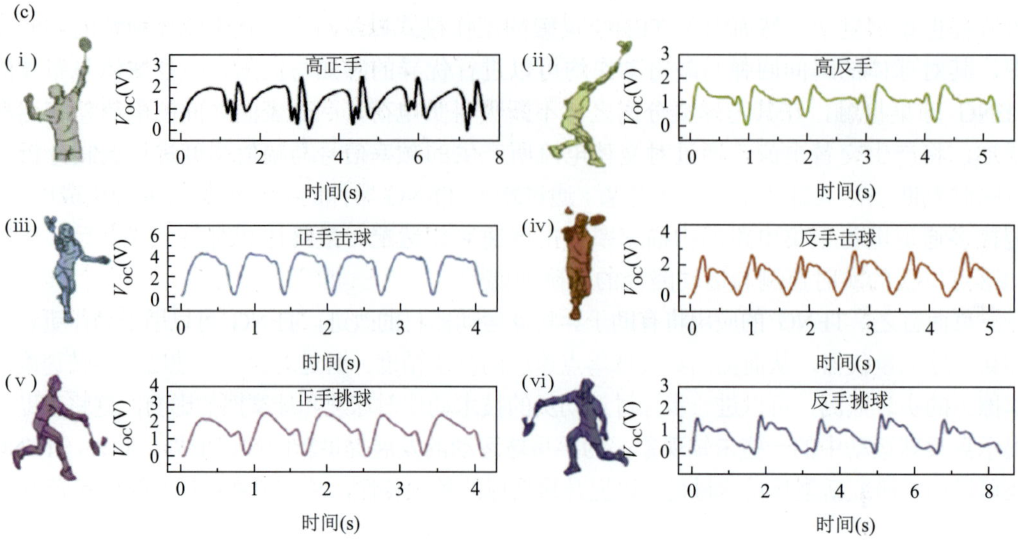

图 9.3 Tex-TENG 用于羽毛球手臂发力监测。(a)前臂肌肉解剖图和 Tex-TENG 所在位置;(b)手指活动(i)和手腕弯曲(ii)期间的电压信号;(c)对应于高正手(i)、高反手(ii)、正手击球(iii)、反手击球(iv)、正手吊球(v)和反手吊球(vi)的常见羽毛球动作的电压信号[21]

对应于羽毛球运动中的高正手、高反手、正手击球、反手击球、正手挑球和反手挑球常见羽毛球动作的电压信号，不同的动作对应不同的电压信号且重复性好，由此可见 Tex-TENG 在羽毛球中可以有效感知到羽毛球运动中的各种动作。这种对于动作的监测不仅可以更好地帮助运动员准确把握自己的发力水平，提高击球的力量、速度和准确性，还可以帮助运动员掌握正确的发力技巧，避免因错误动作导致肌肉或关节损伤。

进一步地将 Tex-TENG 与物联网技术结合开发如智能手环、智能球拍、智能手套等设备，从而可以利用此类设备获取与手臂发力相关的数据，如发力角度、幅度、方向、频率、持续时间等，甚至可以获得发力与击球效果的关系。选手可以根据自己的需要和喜好，选择合适的方法进行智能监测。

9.1.3 排球运动

排球作为一项集体性、对抗性和技巧性极强的运动，其比赛结果与场地上的战术布置和配合密切相关。因此，要提高排球运动员的竞技水平，需要进行更加系统的训练，不断增强其战术意识和团队协作能力。

随着现代排球运动的发展，有效的接发球对球队的战术部署至关重要。通常，发球方在比赛中会通过发球给对手的攻击者或者改变排球的速度来破坏对方的接发球，从而实现打乱对方整体战术、安排更有针对性拦防的目的。因此，各支球队都投入较多的精力来加强接发球训练，从而组织球队的战术体系。在此，基于电子皮肤设计了一个排球接发球统计与分析系统，运动员和教练可以通过该系统关注球队的弱点，以便进一步的针对性训练[图 9.4（a）]。Shi 等研究人员开发了一种基于柔性、透气性和抗菌的 TENG 电子皮肤，可以用于排球接收统计和分析的自供电传感，通过将银纳米线（AgNW）电极夹在热塑性聚氨酯（TPU）传感层和聚乙烯醇/壳聚糖（PVA/CS）基材之间制成[23]。如图 9.4（b）所示，集成 TENG 阵列（2×3）吸附于双臂上，每个手臂上集成 3 个传感单元（每个单元的椭圆形面积为 25.13cm^2），用于接收传感像素。当排球运动员接球时，排球会撞击双臂上相同位置的两个传感单元，TENG 会产生一致的输出信号。通过多路输出电压测量，可以同时检测每个传感单元的电压信号。这些电信号经过处理后，能够实时获取排球的接收速度，并对接收效果进行评估，从而在程序中生成相关的统计和分析结果。图 9.4（c）展示了自供电排球接收统计分析系统，包括 A、S、B 通道的实时电压信号，手臂上不同接收位置的排球接收图以及排球接收速度和接收位置判断的统计结果。通过使用 TENG 作为排球接收统计和分析中的自供电感知，可以实现实时训练数据的记录，从而能为运动员提供更加合理的训练评估以及比赛战术安排。

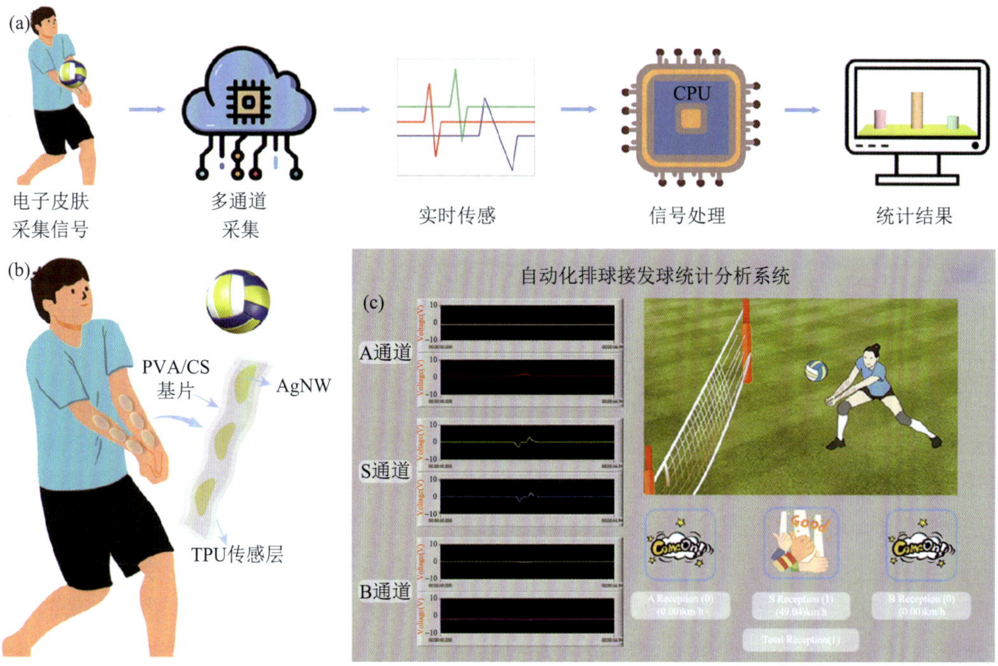

图 9.4　基于 TENG 的自供电传感器在排球接收统计和分析系统中的应用。(a) 电子皮肤排球接收统计分析系统示意图；(b) 佩戴在双臂上的 2×3 个集成 TENG 阵列的示意图，(c) 截图显示排球撞击时六个通道的实时输出电压信号（S 通道是最佳通道）[23]

9.1.4　高尔夫球运动

高尔夫球作为一项优雅性和精准性很强的运动，深受广大社会精英的喜爱。高尔夫球的比赛成绩与其在球场上的挥杆技巧和策略选择紧密相关，因此挥杆意识和策略能力是运动员在竞技体育比赛过程中的必备素质，决定了运动员的竞技水平。而智慧体育可以帮助高尔夫球运动员进行更为专业的训练，提高训练效率，提升技术水平，优化比赛策略，从而增强竞争力。

Dong 等凭借镀银尼龙纱线和硅橡胶弹性体，设计了一种基于纱线的高度可拉伸 TENG，具有同轴芯护套和内置弹簧状螺旋缠绕结构，可用于生物力学能量收集和实时人体交互传感[24]。受益于两种先进的结构设计，基于纱线的 TENG 可以有效获得或快速响应无所不在的外部机械刺激，如压缩、拉伸、弯曲和扭曲。凭借这些出色的性能，基于纱线的 TENG 可用于自动计数跳绳、自供电手势识别手套和实时高尔夫计分系统。此外，该 TENG 的高灵敏度和多功能的能量转换模式不仅可以识别上述简单、一次性的运动信号，还可以连续地捕获一段时间的复杂运动。众所周知，将一系列标准动作转化为连续的电信号，对于训练者更高效地掌握一个运动项目的技能和操作规范非常有利。良好的高尔夫挥杆动作对于实现对球的充分控制和成功得分至关重要。在此，为了给高尔夫球这项运动提供运动指导，如图 9.5（a）所示，研究人员开发并实现了一种实时自供电的高尔夫球评分系统，该系统由两个基于纱线的 TENG、电压测量装置、数据采集系统、专门的数据分析和计分软件组成。将两个基于纱线的 TENG 分别缝在袖子的手臂外侧和内侧，通过检测它们的电信号来监测高尔夫挥杆的动作标准。两个基于纱线的 TENG 也分别用 1GΩ 的外接电阻连接。固定在手臂外侧的纱线承受拉伸和弯曲耦合刺激，而固定在手臂内侧的纱线承受压缩和弯曲双重变形，它们之间不同的变形方式导致它们不同的电输出性能。为了更好地理解手臂挥杆动作与电压输出信号之间的关系，将一个完整的高尔夫挥杆标准动作拆分为八个动作，过程如图 9.5（b）所示。首先，高尔夫运动员用双手握住高尔夫球杆（1），接着将球杆抬起并围绕身体进行挥杆，形成一个有力的挥杆动作（2）。随后，调整身体姿势，向高尔夫球的方向进行摆动（3）。击打高尔夫球后，手臂完成摆动（4），由于惯性作用将继续向上抬起，直至达到最大弯曲状态（5）。接下来，收放臂动作从拉下球杆开始（6），逐渐拉直弯曲臂（7），最终回到初始位置（8）。重复这些动作后，研究人员采集了两个基于纱线的 TENG 的实时电压信号[图 9.5（c）]，信号显示出良好的可重复性和连续性。此外，如图 9.5（d）所示，研究人员还选择了一个完整的高尔夫挥杆曲线，并将其进一步划分为 8 个短周期，与前述的 8 个运动过程相对应。可以发现，瞬时动作以一种实时、便捷的方式转换为相应的电信号，展示了其在实时人机交互方面的巨大优势。通过数据采集系统采集生成的电压信号进一步传输到数据分析与评分软件中进行相似度比较，与预先采集的标准动作电压信号进行符合性分析后，得到最终的评分和等级评价。这样实时高尔夫评分系统可以快速、充分地评估高尔夫挥杆的特征和成功程度，这将引领未来的人机交互式运动感知和监控应用向更深更广的领域发展。

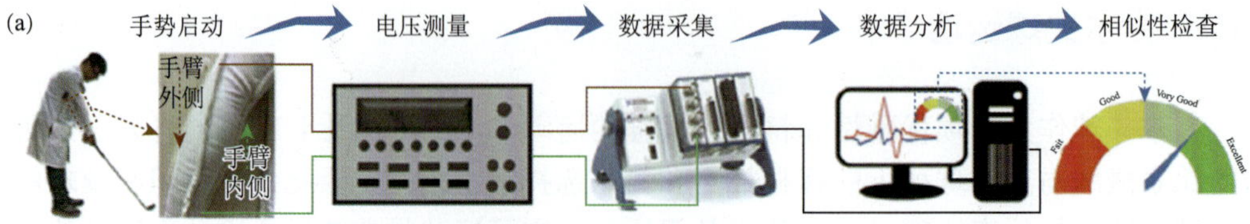

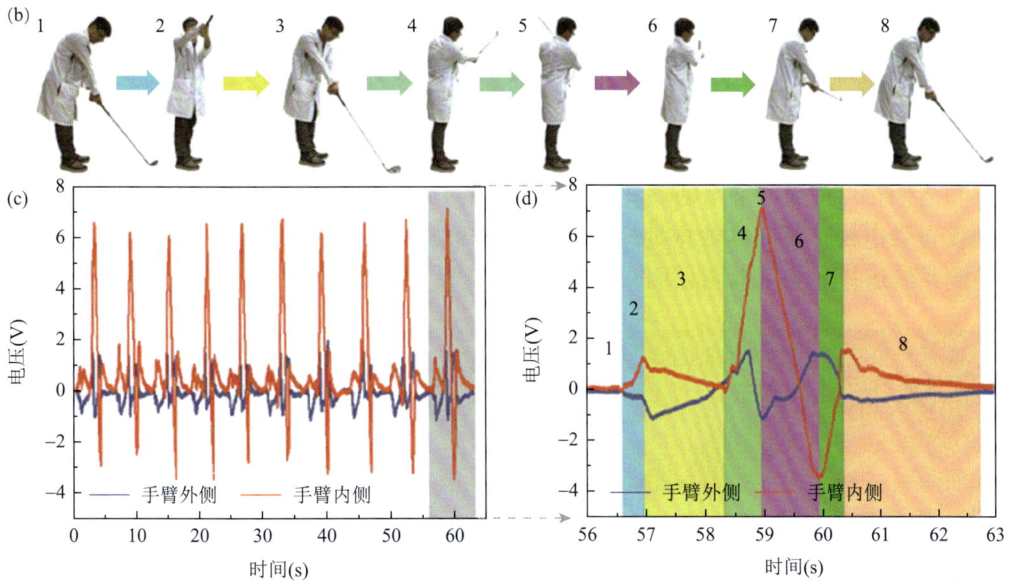

图 9.5　基于纱线的 TENG 在实时高尔夫计分系统中的应用。（a）实时高尔夫计分系统的技术路线，该系统由两个基于纱线的 TENG、一个电压测量装置、一个数据采集系统和专门开发的数据分析和计分软件组成，两种基于纱线的 TENG 分别缝在袖子的手臂内侧和外侧；（b）从高尔夫挥杆动作的完整集合中选出的 8 个连续快照；（c）在高尔夫挥杆过程中收集的两个基于纱线的 TENG 的实时电压输出信号；（d）两个基于纱线的 TENG 在完整的高尔夫挥杆过程中的放大电压信号，电压曲线可分为 8 个部分，对应于图（b）中的 8 个高尔夫挥杆动作[24]

9.2　纺织基摩擦纳米发电机在非球类运动中的应用

除了常见的球类运动，滑雪和游泳等项目同样备受欢迎。这些运动不仅考验参与者的反应能力和身体素质，还能有效锻炼身体、提升健康水平，同时带来乐趣与挑战。然而，这些运动也面临一些问题，如如何准确监测运动员的生理状态、技术水平和运动效果，以及如何提升运动器材的性能与安全性等[25-27]。针对这些挑战，TENG 在智慧体育中的应用为滑雪、游泳、三级跳等多种运动提供了自供电检测的有效解决方案。

9.2.1　滑雪和滑冰运动

滑雪和滑冰是对速度、灵活性和平衡性要求极高的运动项目。同时，监测滑雪和滑冰运动员的身体活动状态，以及在意外事件发生时评估受伤情况，显得非常重要。利用 TENG 设计开发的自供电传感器可以实现对运动时发生意外所带来冲击程度的记录，从而提供及时的初诊断。

Zu 等利用 TENG 技术开发了一种用于实时检测头部撞击多角度的自供电传感器阵列，并将其集成为头部冲击检测系统[28]。在客观和可靠的评估标准下，多角度自供电传感阵列和匹配的深度卷积神经网络（DCNN）算法能够对滑冰、滑雪、拳击、棒球和摩托车等运动中的头部撞击进行实时无线视觉监测[图 9.6（a）～（c）]。该头部冲击检测系统由多角度自供电传感阵列、数据处理模块和移动终端组成。此外，如图 9.6（b）所示，通过拓扑优化的支撑结构被有效地集成到多角度自供电传感阵列中，进而构建出一种智能头盔。该头盔可以显著降低轻微震荡对佩戴者的影响。数据处理模块由集成信号微控制器和蓝牙芯片构成，采用低功耗设计以优化能效。柔性 PCB 的去串扰设计则有效地将多角度自供电传感阵列与数据处理模块连接，确保信号传输的稳定性与可靠性。头部冲击检测系统运行方案示意图如图 9.6（c）所示。实验结果表明，头部冲击检测系统可在

图 9.6　滑雪/滑冰运动中的 TENG。（a）头部冲击检测系统的应用场景和组成；（b）头部冲击检测系统的照片；（c）头部冲击检测系统运行方案示意图[28]；（d）自供电便携式微结构 TENG 的应用场景（如滑冰等运动）[29]

临床诊断轻度脑震荡前迅速确定损伤部位，并提供准确、直观的诊断意见。其优势在于可以减少滑雪等运动延误诊断和治疗的潜在事件。

除此之外，Lu 等开发了一种自供电便携式微结构 TENG。由微结构聚二甲基硅氧烷（PDMS）薄膜、聚全氟乙丙烯（FEP）薄膜和氯化锂-聚丙烯酰胺（LiCl-PAAM）水凝胶组成，用来监测速度滑冰运动员的跑步技巧。此外，还可以通过电容器有效储存速度滑冰过程中产生的生物力学能量[29]。如图 9.6（d）所示，自供电便携式微结构 TENG 可以很容易地附着在运动员的体表上，能够准确地收集技术运动信息（运动结构、弯曲角度和频率）。摩擦电信号不仅可以用作生物传感器信号，还可以为微电子器件供电。此外，用水凝胶代替金属电极，提高了响应性、稳定性、使用寿命和舒适度。自供电便携式微结构 TENG 可以应用于速度滑冰或其他运动的运动训练监测和大数据分析。作为新一代运动监测设备，自供电便携式微结构 TENG 具有巨大的应用潜力。

9.2.2　游泳运动

游泳是一项对身体素质要求极高的运动，涉及耐力、协调性和技巧等多个方面。游泳比赛的成绩与运动员在水中的划水技巧和节奏控制密切相关。要想提升运动员的竞赛水平，需要进行更专业的训练来提高其划水意识和节奏能力。而智慧体育 TENG 作为一种运用人工智能、物联网、大数据等技术对运动员的身体状况、技术水平、比赛数据等进行全方位分析和优化的新型体育模式，正逐渐成为游泳运动爱好者的新需求。

目前，在游泳运动中，运动监测设备的应用日益普及，其中大多数设备基于惯性传感器技术，这些传感器通常置于运动员的身体上，如密封防水外壳内的微控制器单元[30, 31]。除此之外，另一种影响较小的方法是使用摄像机，通常放置在游泳池的水中[32, 33]，这种视频系统可以安装在现场，不需要让运动员携带额外的配件，能够跟踪运动并从生物力学角度分析运动表现。尽管如此，游泳者的可穿戴设备通常依赖其他供电方式（如电池或可充电系统）来确保可靠性和性能，过多的配件容易增加运动时的阻力，影响其运动表现。而视频分析的视野在水下存在局限性，容易导致数据丢失或不准确以及存在拍摄延迟等问题。

Zou 等开发了一种用于水下的仿生可拉伸纳米发电机，模拟电鳗中电细胞膜上的离子通道结构[34]。结合流动液体引起的摩擦起电效应和静电感应原理，仿生可拉伸纳米发电机可以从人体水下运动中收集机械能。而优异的柔韧性、可拉伸性、出色的抗拉伸疲劳性和水下性能等优点也使仿生可拉伸纳米发电机具有作为可持续电源应用于水下可穿戴电子产品的潜力。仿生可拉伸纳米发电机可用于收集机械能和监测人体在液体环境中的运动，且因其优异的柔韧性和可拉伸性，具备优良的穿戴适应性，能够与人体形态完美契合。如图 9.7（a）所示，充分利用仿生可拉伸纳米发电机的柔性、可拉伸性以及在液体环境中良好的机械响应性，将仿生可拉伸纳米发电机与封装好的多通道无线信号传输模块集成，构建了一套用于水下的人体多位置运动监测与无线传输系统。肘关节的曲率与固定在人体手臂上的仿生可拉伸纳米发电机的输出电压之间存在显著的线性关系，这一现象为人体运动监测提供了新的技术途径。如图 9.7（b）所示，通过将仿生可拉伸纳米发电机固定在硅橡胶腕带上，开发了一种集成式可穿戴仿生可拉伸纳米发电机系统。该系统中的 4 个仿生可拉伸纳米发电机分别固定在人体的肘部和膝关节上，如图 9.7（c）

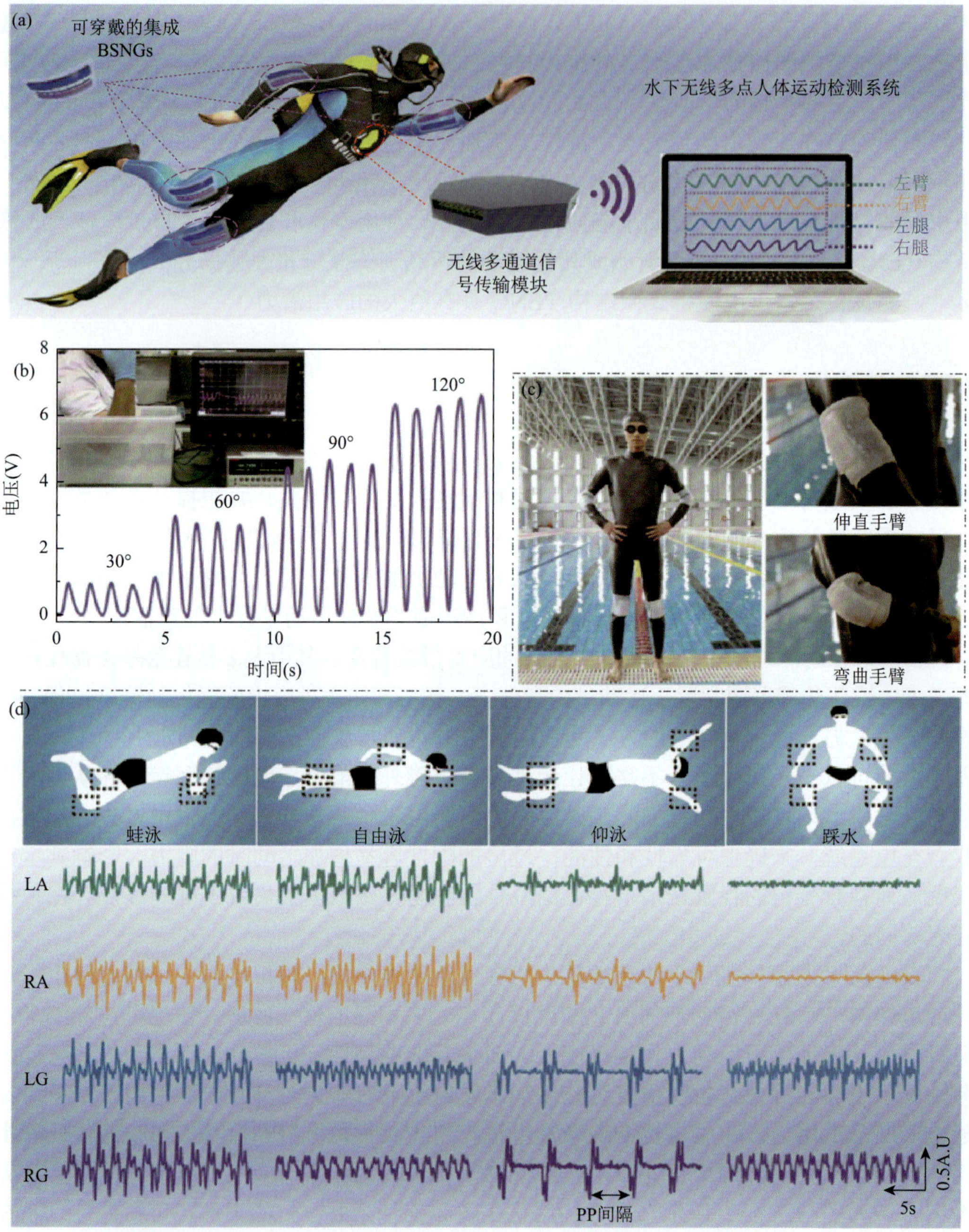

图 9.7 水下无线多点人体运动监测系统。（a）基于仿生可拉伸纳米发电机的水下无线多点人体运动监测系统图示；（b）仿生可拉伸纳米发电机固定在肘部不同曲率运动时的信号输出；（c）佩戴在人体关节上集成可穿戴仿生可拉伸纳米发电机的照片；（d）水下无线多点人体运动监测系统记录志愿者不同泳姿时的信号输出（LA、RA、LG、RG 分别代表左臂、右臂、左腿、右腿；PP 间隔代表游泳时的时间间隔）[34]

所示。通过安装在笔记本电脑上的配套软件，可以实时采集 4 个关节的运动信号。该系统在常规游泳池中进行了测试，佩戴仿生可拉伸纳米发电机以不同的泳姿潜入水中时，人体不同部位的运动信号会在计算机屏幕上真实地显示和记录。结果表明，如图 9.7（d）所示，由于手臂摆动和腿部驱动的大幅度运动，在蛙泳时运动信号的幅值最大。运动信号频率在自由泳时最高，在仰泳时最低。踩水时，仅采集到腿部的运动信号，手臂的运动信号不明显。利用仿生可拉伸纳米发电机获取的信息，可以分析游泳者每次运动的具体情况，从而判断其在水下的生理状态。该系统可用于指导游泳运动员的动作和训练。仿生可拉伸纳米发电机系统还可以记录模拟人体溺水信号。该研究证明了基于仿生可拉伸纳米发电机的无线运动监控系统在游泳运动员处于危险状态时，能够有效地充当“黑匣子”的角色。

9.2.3　三级跳运动

三级跳是一项对爆发力、灵敏性及技巧要求极高的田径项目。比赛成绩的优劣与运动员在跑道上的起跳技术及落地姿势密切相关。为了提升运动员的竞技水平，必须开展更加专业化的训练，着重强化其起跳意识和落地能力。通过系统的训练方法和科学的技术指导，运动员能够在起跳阶段实现更高的爆发力和更佳的起跳角度，同时在落地阶段有效降低受伤风险，进而提升整体比赛表现。这不仅有助于运动员在比赛中取得更优异的成绩，也为其长期发展奠定了坚实的基础。

Xu 等提供了一种基于 TENG 的智能自供电起跳板传感器。该传感器具有实心木质基板，用于精确检测运动员在三级跳运动中的运动状态，这对于三级跳训练判断具有很高的准确性[35]。同时，该研究团队还开发了犯规警报系统以及运动员脚与起跳线之间的间隙测量系统，从而为运动员和裁判员提供起跳数据。自供电起跳板传感器在起跳过程中形成感应电荷，随后通过测试程序获取和处理实时运动数据。这项工作提出了一种用于智能运动监控的自供电运动传感器，并促进了基于 TENG 的传感器在智能运动中的应用。如图 9.8 所示，在三级跳运动中，起跳板的前端有一条起跳线，以确定运动员的起跳是否犯规。除了记录起跳条件的有效性外，还采用一些设备来提供间隙。在这里，基于单电极模式 TENG 构造了智能三级跳起跳板，该起跳板由开槽的实木板、用于转移感应电荷的电线和作为摩擦层的聚氨酯橡胶组成。图 9.8（a）和（b）分别展示了三级跳的整个过程，以及自供电起跳板传感器的功能和结构。图 9.8（c）和图 9.8（d）分别展示了自供电起跳板传感器的截面图及其内部结构的描述。通过将机械能转换为电能，自供电起跳板传感器可以以单电极模式感测移动物体，具有及时反馈间隙值的功能，该间隙值表示起跳位置。如图 9.8（e）所示，标记为蓝色的第一行代表起跳线，而 3cm 则是运动员脚部位置与起跳线之间的相应间隙值。

9.2.4　拳击运动

拳击是一项对力量、速度和技巧要求极高的竞技运动。在拳击比赛中，运动员的比

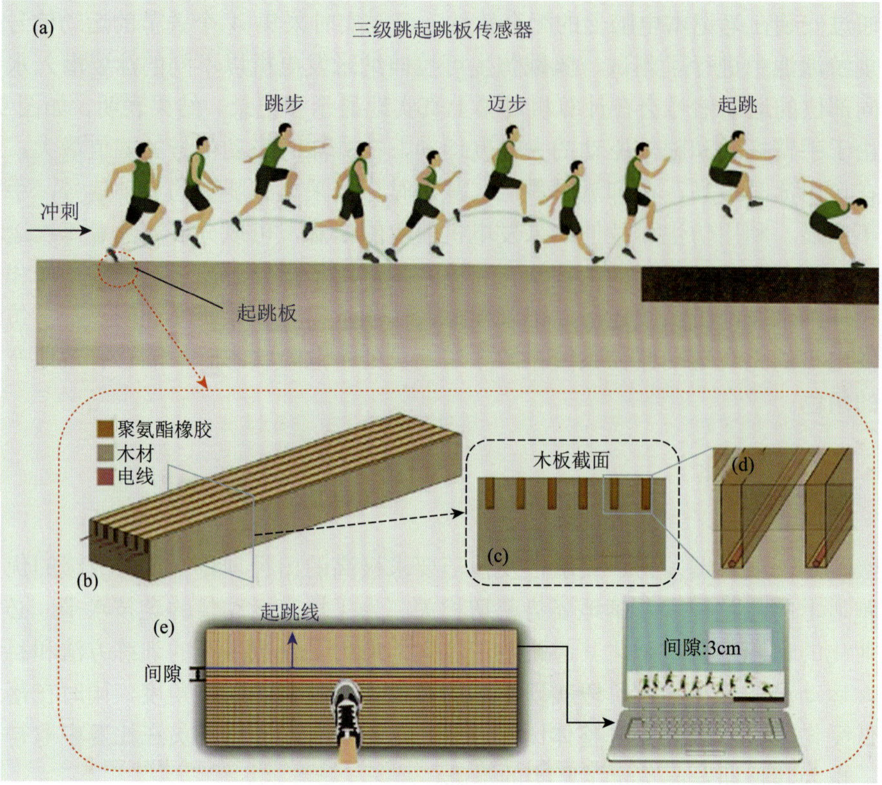

图 9.8　三级跳智能自供电跳板。(a) 自供电起跳板传感器的应用场景；(b) 自供电起跳板传感器设计结构示意图；(c) 自供电起跳板传感器的横截面图；(d) 自供电起跳板传感器结构的透视图；(e) 自供电起跳板传感器的 APP 应用，当运动员踏上时，计算机界面会给出相应的间隙值 3cm[35]

赛成绩与其在拳台上的攻防技巧和战略选择密切相关。此外，拳击运动中的瞬时力量爆发也是决定胜负的重要因素。通过将 TENG 技术与智能监测系统相结合，可以有效采集拳手出拳时产生的击打信号，并将这些信号转化为可视化的数据输出。这种技术的应用不仅能够为拳击训练提供科学依据，还能帮助教练和运动员实时分析和优化技术动作，从而提升训练效果和比赛表现。

He 等展示了一种方形网格摩擦纳米发电机（SG-TENG），用于收集振动能量和感应冲击力[36]。网格结构的设计使得 SG-TENG 能够在较宽的频率范围内有效收集振动能量，并能够在多种振动角度下稳定工作。这种结构的显著优势在于其良好的可扩展性和可集成性，使其能够灵活适应不同的应用场景和技术需求。如图 9.9（a）与（b）所示，将两个 SG-TENG 并联后，开路电压和短路电流在整个振动频率范围内显著增加。将这种 TENG 集成到乒乓球拍中，可以有效地从击打乒乓球的过程中捕获振动能量。此外，若将其嵌入格斗手套中，则能够在拳击和跆拳道等运动中监测出拳或踢腿的频率与幅度。所收集的数据不仅能够为运动员提供实时的运动状态反馈，还可以帮助其分析和优化击打技能，从而提升训练效果和竞技表现。

拳击如今已成为一项非常流行的竞技运动。为了打败对手，拳击手需要专业的训练。

因此，了解自身的训练状态对于拳击手来说非常关键。目前，高速摄像机是观察冲床速度的最常用设备之一。然而，由于图像捕获方法的高速相机成本高，无法检测冲头的强度和数量。Peng 等采用熔喷技术，制备了一种低成本、高耐用、大面积的织物基 TENG[37]，并进一步开发了一种基于织物基 TENG 的自供电训练监测仪。与高速摄像机相比，该自供电训练监测仪具有成本低、信息获取全面（包括强度、速度和冲头数量）等优点。柔性的织物基 TENG 可以附着在沙袋和拳击目标上，不会对拳击训练产生任何负面影响。图 9.9（c）为自供电训练监测仪的原理图，一旦拳击手出拳，教练就可以同时在移动客户端上看到信号。图 9.9（d）和（e）说明了实际应用场景，其中当拳击手出拳时，波峰将实时无线显示于移动客户端，从而检测出冲击强度。此外，自供电训练监测仪可以区分不同的拳头姿势，包括连续刺拳（通常用于击打对手）、组合打击（先刺拳后交叉，通常用于灵活攻击）和连续交叉（通常用于密集攻击）。

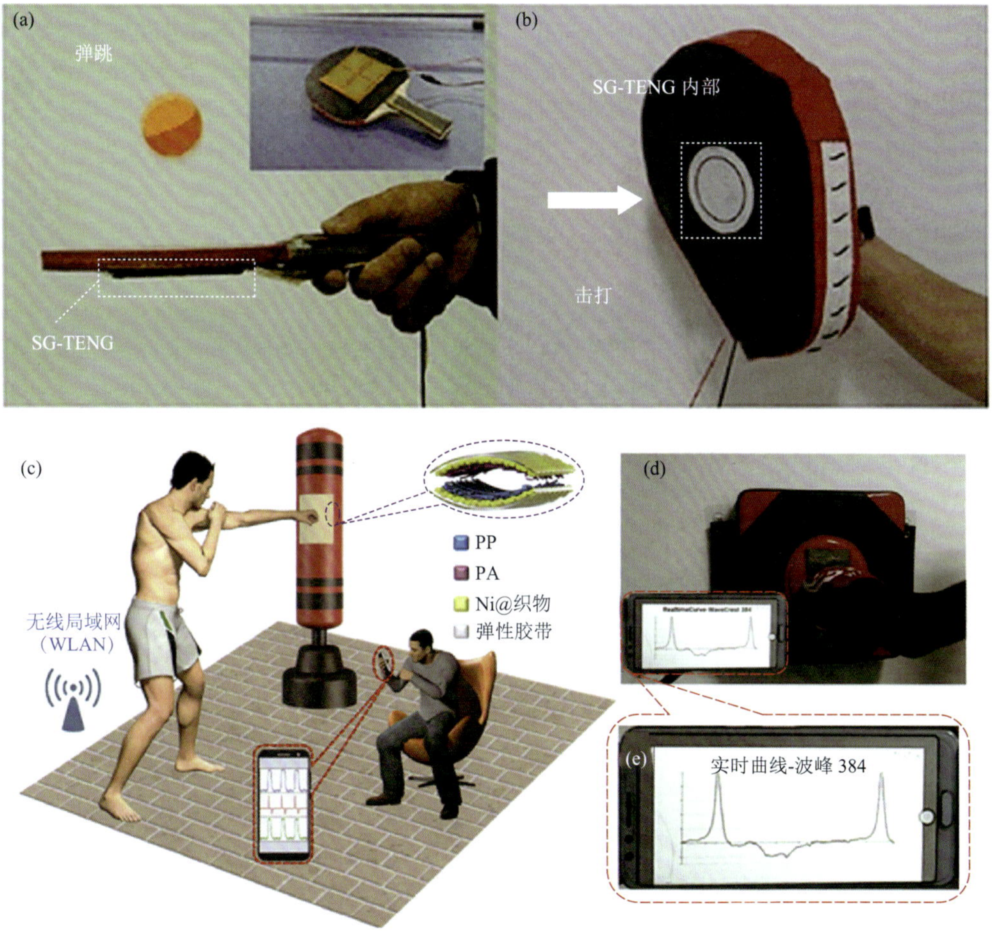

图 9.9　可用于球拍和沙袋的 TENG。(a) SG-TENG 用于乒乓球拍上；(b) SG-TENG 用于拳击手套上[36]；(c) 用于监测拳击训练的自供电训练监测仪示意图，该训练实现了在移动客户端上无线显示信息，以及无线实时信号的放大视图和织物基 TENG 的示意图结构；(d) 演示使用自供电训练监测仪进行监测训练；(e) 移动客户端上显示无线实时信号的放大视图[37]

9.2.5 马术运动

马术是一项人与动物共同完成的运动，需要骑手和马经过多年的配合训练，从而在赛场上展现出参赛者的优雅、胆量、敏捷和速度。马术起源于原始人类的生产劳动过程，后来发展成为一种高雅的艺术和文化，它有多种不同的项目，其中奥运会马术比赛分为盛装舞步、场地障碍赛和马术三项赛。

在具有挑战性和危险的马术运动中，基于分布式、便携式和实时传感技术的运动学分析和伤害预防尤为重要。Hao 等开发了一种柔性自回弹弧形 TENG。作为一种微型生物机械能采集器，柔性自回弹弧形 TENG 在构建自供能传感系统方面具有巨大的潜力，可以与现有的多种运动设备如马鞍相结合[38]。图 9.10 展示了智能马鞍的概念性示意图，该工作不仅可以促进 TENG 在微生物力学能量收集领域的发展，还可以将自供电系统的应用范围扩大到智能运动监测和辅助。此外，该研究团队还进一步研发了 16ms 快速响应的自供电骑行特性传感系统。该传感器阵列能根据人坐在马鞍上时的压力来模拟电势分布，通过这种方式可以及时了解骑行者在骑行过程中的状态，为骑手和教练提供实时统计数据和跌倒预测，对训练具有重要意义，同时能够将传统马术运动提升到更为先进的水平。

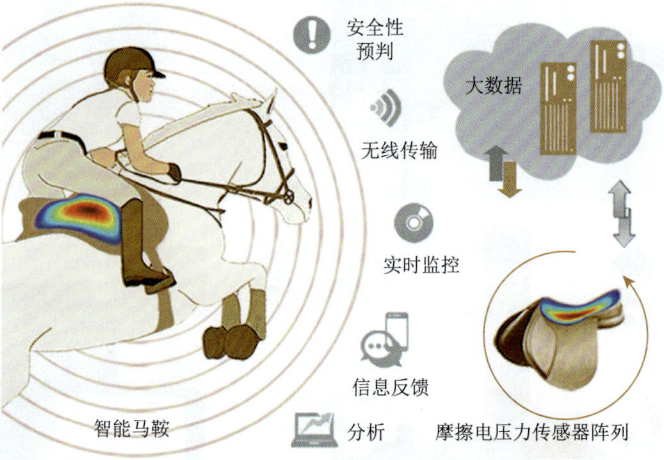

图 9.10 智能马鞍的概念性示意图[38]

9.2.6 攀岩运动

攀岩是一项在天然岩壁或人工岩壁上进行的垂直攀爬运动，通常被归类为极限运动。该项运动要求参与者在各种高度和不同角度的岩壁上，连续执行转身、引体向上、腾挪甚至跳跃等高难度动作。这些动作不仅考验运动员的力量和耐力，还需要高度的灵活性和协调性，因此被誉为“峭壁上的芭蕾”。攀岩运动融合了健身、娱乐与竞技元素，不仅能够增强身体素质，还能提升心理素质和应对挑战的能力，成为一种广受欢迎的综合性体育活动。

在攀岩训练中，运动员的攀爬轨迹及攀爬时间等监测数据是教练员进行选拔、制定后续训练计划的依据。Zhang 等设计了一种折叠弹簧 TENG，如图 9.11 所示，将螺栓固定在室内攀岩墙的岩点上，通过扩大螺栓安装孔的尺寸，以便于安装折叠弹簧 TENG。随后，采用空心螺栓替代传统螺栓，以便信号线能够顺利通过[39]。当运动员压住折叠弹簧 TENG 时，折叠弹簧和弹簧会一起变形，从而在折叠弹簧的任意两个相邻表面上引起摩擦起电。随后，当压力消失时，由于弹簧的恢复力，接触面会逐渐分离，从而产生电荷转移。通过进一步分析电荷转移的规律，可以实现运动员是否压入岩点的监测功能。在相应的软件中，成型区域的包络线代表所有被压制的折叠弹簧 TENG 在空间中定位至软件中对应坐标时所形成的训练轨迹。此外，单个折叠弹簧 TENG 的被压制信号持续时间可视为其训练时间。但该应用还有两个方面需要进一步改进。一是需要加大岩点的螺栓安装孔来安装折叠弹簧 TENG，将原有的螺栓形状改为更符合折叠弹簧 TENG 特性的螺栓形状，从而在不改变岩点的情况下，确保发电机的稳固安装；二是运动员在进行实时训练时需要连续按压折叠弹簧 TENG 两次，因此需要改变触发方式，实现折叠弹簧 TENG 的摩擦层在按一次时接触两次的功能，从而简化操作。

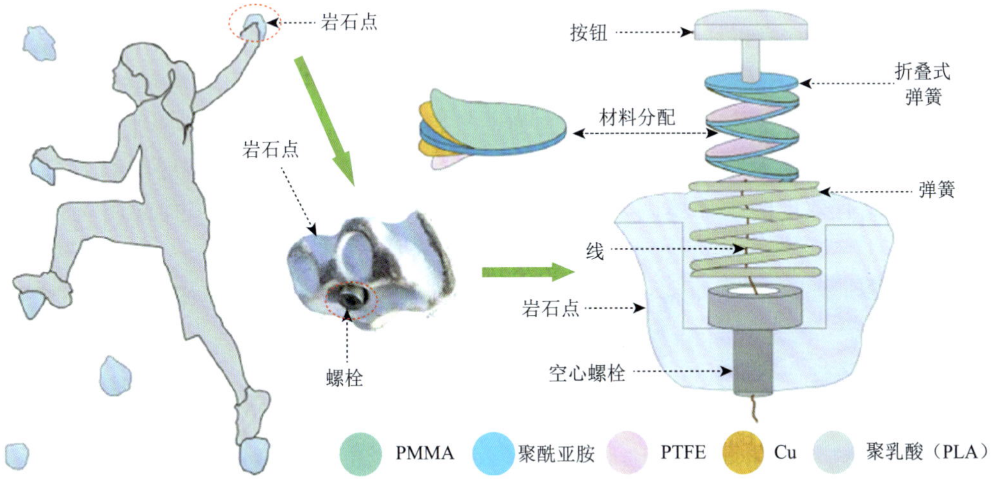

图 9.11　折叠弹簧 TENG 的组成与应用场景[39]

9.2.7　走跑类运动

日常运动中走路、跑步和跳跃是一种简单而有益的运动方式，可以提高身体的协调性、灵活性和耐力。对于运动频率较高的运动爱好者而言，能够智能监测自身的运动状态且可以及时进行调整十分必要。TENG 能够与鞋子、袜子等日常活动的必需品结合来实现机械能的有效转化和利用，还能进一步设计智能系统记录日常训练状态从而提供运动分析及建议。

Li 等设计了包括柔韧性、拉伸性、各向同性、可编织性和耐水性的 TENG。如图 9.12(a)～

（c）所示，管状的 TENG 集成到布料或鞋中以驱动可穿戴电子设备[40]。编织成纺织品 TENG 管的直径为 2～3mm，如图 9.12（b）所示，而安装在鞋下 TENG 管的直径为 6～7mm[图 9.12（c）]。可穿戴电子设备如电子手表和健身追踪器等，能够立即且可持续地由 TENG 管在步行或慢跑时产生的能量供电，而无需额外的电源管理单元。

鞋子在运动和人类日常生活中发挥着重要作用。Yang 等基于 TENG 开发了连接到鞋面衬里的鞋内传感器垫，用于监测脚上侧的实时应力分布[图 9.12（d）]。该传感器垫上的每个传感器单元都是一个由活性炭/聚氨酯（AC/PU）和微球阵列电极组成的气囊 TENG[41]。每个气囊 TENG 的检测范围达到 7.27MPa，足以监测不同运动过程中的压力变化。这种多功能传感器垫可以实现传统智能鞋的许多典型功能，包括计步和人机交互。此外，它还可以显示特殊信息，包括鞋子的适用性、脚趾上的应力集中度以及运动中的舒适度。系统中的信号处理与数据传输模块采用无线电力传输的混合电源设计，能够在移动设备上实时监测与脚部相关的信息。该传感器垫为研究鞋子在长期使用过程中的脚部运动特征及舒适度提供了重要的实验平台。通过对收集到的数据进行深入分析，研究人员可以获得运动员在训练过程中的动态表现，从而为个性化训练方案的制定提供科学依据。准确监测人体步态对于健康评估至关重要。

Lin 等设计了一种基于 TENG 用于实时步态监测的智能鞋垫[图 9.12（e）][42]。弹性气室部分由一层高度可拉伸的乳胶膜构成，作为弹性室的核心组件，旨在暂时储存 TENG 所产生的空气。由于传感器完全采用弹性体进行包装和封装，因此在施加外力时，TENG 部分的空气会被挤压，进而流向设计的弹性气室部分，导致乳胶膜的膨胀。当外力释放时，空气又可顺畅地回流至凸起的 TENG 部分，从而实现两个摩擦层的有效分离。这一设计不仅有效地防止环境因素或汗水的渗透，还确保传感器在多种应用场景中的可

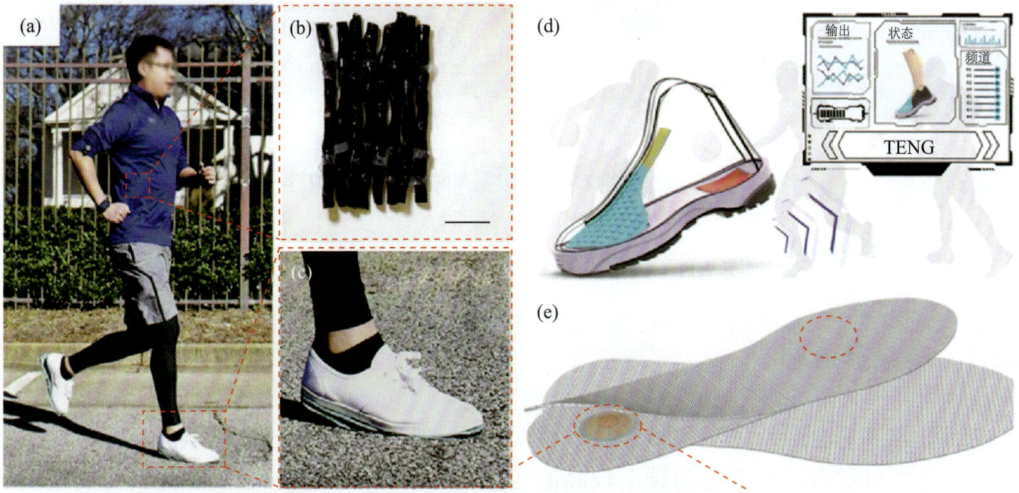

图 9.12　可集成于鞋中的 TENG。（a）TENG 编织成外套，组装在鞋底下，以驱动可穿戴电子设备；（b）TENG 管编织成纺织品的照片；（c）固定在鞋下 TENG 管的照片[40]；（d）基于物联网传感系统的动态检测应用[41]；（e）基于 TENG 的传感器集成用于步态监测的智能鞋垫[42]

靠性和耐用性。基于 TENG 的传感器能够便捷地集成到传统鞋垫中，从而实现机械触发或冲击信号的电能转换。通过对这些电信号的分析，智能鞋垫能够实时、准确地监测并区分多种步态模式，包括跳跃、踏步、行走和跑步。此外，智能鞋垫还可用于步态异常的监测，为康复评估提供重要的数据支持。这种技术的应用不仅提高了步态分析的精确性，也为运动健康管理和康复治疗提供了新的解决方案。

9.3 小　结

5G 时代的到来显著加速了体育领域的智能化与数字化发展。特别是 TENG 在体育应用中的创新，结合了物联网、云计算和大数据分析等先进数字技术，使智慧体育的实现更加新颖和富有创新性。在碳中和时代的背景下，低成本、免维护、自供电、可持续性及高灵敏度的传感器在体育监测中具有重要的战略意义。在此，我们简要探讨了基于 TENG 技术的传感器在体育器材与设施、可穿戴运动设备以及竞技体育中的多元化应用。得益于智慧体育的迅猛发展，TENG 技术在智慧体育领域展现出巨大的应用潜力。TENG 技术有望成为智慧体育器材与设施、可穿戴式运动设备以及专项训练监控的关键技术支撑。目前，TENG 在智慧体育中的应用面临诸多挑战，包括材料的稳定性和耐用性、设备设计的复杂性、能量转换效率的优化、数据采集和处理的准确性与可靠性、与现有体育设备和物联网系统的集成与兼容性、环境适应性以及生态和环境影响。这些挑战需要通过材料科学、工程设计和系统集成等多领域的协作来解决，以推动 TENG 技术在智慧体育中的广泛应用。

参 考 文 献

[1] Haight R，Haensch W，Friedman D. Solar-powering the Internet of Things[J]. Science，2016，353（6295）：124-125.

[2] Chen M，Ouyang J，Jian A，et al. Imperceptible，designable，and scalable braided electronic cord[J]. Nat Commun，2022，13（1）：7097.

[3] Marx V. The big challenges of big data[J]. Nature，2013，498（7453）：255-260.

[4] Chen M，Liu J，Li P，et al. Fabric computing：Concepts，opportunities，and challenges[J]. Innovation，2022，3（6）：100340.

[5] Lin H，Tang C. Intelligent bus operation optimization by integrating cases and data driven based on business chain and enhanced quantum genetic algorithm[J]. IEEE Trans Intell Transp Syst，2022，23（7）：9869-9882.

[6] Syu J H，Wu M E，Srivastava G，et al. An iot-based hedge system for solar power generation[J]. IEEE Internet Things J，2021，8（13）：10347-10355.

[7] Siegel J，Sarma S. A cognitive protection system for the Internet of Things[J]. IEEE Secur Priv，2019，17（3）：40-48.

[8] Ma Y，Ouyang J，Raza T，et al. Flexible all-textile dual tactile-tension sensors for monitoring athletic motion during Taekwondo[J]. Nano Energy，2021，85：105941.

[9] Yan W，Dong C，Xiang Y，et al. Thermally drawn advanced functional fibers：New frontier of flexible electronics[J]. Mater Today，2020，35：168-194.

[10] Sun F，Zhu Y，Jia C，et al. Advances in self-powered sports monitoring sensors based on triboelectric nanogenerators[J]. J Energy Chem，2023，79：477-488.

[11] Fortino G，Galzarano S，Gravina R，et al. A framework for collaborative computing and multi-sensor data fusion in body

sensor networks[J]. Inf Fusion，2015，22：50-70.

[12] Anastasova S，Crewther B，Bembnowicz P，et al. A wearable multisensing patch for continuous sweat monitoring[J]. Biosens Bioelectron，2017，93（15）：139-145.

[13] Seshadri D R，Li R T，Voos J E，et al. Wearable sensors for monitoring the physiological and biochemical profile of the athlete[J]. NPJ Digit Med，2019，2（1）：72.

[14] Vanrenterghem J，Nedergaard N J，Robinson M A，et al. Training load monitoring in team sports：A novel framework separating physiological and biomechanical load-adaptation pathways[J]. Sports Med，2017，47（11）：2135-2142.

[15] Yao S，Swetha P，Zhu Y. Nanomaterial-enabled wearable sensors for healthcare[J]. Adv Healthc Mater，2017，7（1）：1700889.

[16] Mao Y，Sun F，Zhu Y，et al. Nanogenerator-based wireless intelligent motion correction system for storing mechanical energy of human motion[J]. Sustainability，2022，14（11）：6944.

[17] Chandrashekar B N，Deng B，Smitha A S，et al. Roll-to-roll green transfer of CVD graphene onto plastic for a transparent and flexible triboelectric nanogenerator[J]. Adv Mater，2015，27（35）：5210-5216.

[18] Zhu M，Li Y，Chen G，et al. Tree-inspired design for high-efficiency water extraction[J]. Adv Mater，2017，29（44）：1704107.

[19] Wang Y，Zhu W，Deng Y，et al. Self-powered wearable pressure sensing system for continuous healthcare monitoring enabled by flexible thin-film thermoelectric generator[J]. Nano Energy，2020，73：104773.

[20] Luo J，Wang Z，Xu L，et al. Flexible and durable wood-based triboelectric nanogenerators for self-powered sensing in athletic big data analytics[J]. Nat Commun，2019，10（1）：5147.

[21] Ning C，Wei C，Sheng F，et al. Scalable one-step wet-spinning of triboelectric fibers for large-area power and sensing textiles[J]. Nano Res，2023，16（5）：7518-7526.

[22] Tan P，Han X，Zou Y，et al. Self-powered gesture recognition wristband enabled by machine learning for full keyboard and multicommand input[J]. Adv Mater，2022，34（21）：2200793.

[23] Shi Y，Wei X，Wang K，et al. Integrated all-fiber electronic skin toward self-powered sensing sports systems[J]. ACS Appl Mater Interfaces，2021，13（42）：50329-50337.

[24] Dong K，Deng J，Ding W，et al. Versatile core-sheath yarn for sustainable biomechanical energy harvesting and real-time human-interactive sensing[J]. Adv Energy Mater，2018，8（23）：1801114.

[25] Bhatia D，Jo S H，Ryu Y，et al. Wearable triboelectric nanogenerator based exercise system for upper limb rehabilitation post neurological injuries[J]. Nano Energy，2021，80：105508.

[26] Gao S，He T，Zhang Z，et al. A motion capturing and energy harvesting hybridized lower-limb system for rehabilitation and sports applications[J]. Adv Sci，2021，8（20）：2101834.

[27] Yao S，Ren P，Song R，et al. Nanomaterial-enabled flexible and stretchable sensing systems：Processing，integration，and applications[J]. Adv Mater，2020，32（15）：1902343.

[28] Zu L，Wen J，Wang S，et al. Multiangle，self-powered sensor array for monitoring head impacts[J]. Sci Adv，2023，9（20）：e5152.

[29] Lu Z，Jia C，Yang X，et al. A flexible TENG based on micro-structure film for speed skating techniques monitoring and biomechanical energy harvesting[J]. Nanomaterials，2021，12（9）：1576.

[30] Ramos Félix E，da Silva H P，Olstad B H，et al. SwimBIT：A novel approach to stroke analysis during swim training based on attitude and heading reference system（AHRS）[J]. Sports，2019，7（11）：238.

[31] Ganzevles S，Vullings R，Beek P，et al. Using tri-axial accelerometry in daily elite swim training practice[J]. Sensors，2017，17（5）：990.

[32] Monnet T，Samson M，Bernard A，et al. Measurement of three-dimensional hand kinematics during swimming with a motion capture system：A feasibility study[J]. Sport Eng，2014，17：171-181.

[33] James D，Burkett B，Thiel D. An unobtrusive swimming monitoring system for recreational and elite performance monitoring[J]. Procedia Eng，2011，13：113-119.

[34] Zou Y，Tan P，Shi B，et al. A bionic stretchable nanogenerator for underwater sensing and energy harvesting[J]. Nat Commun，

2019，10（1）：2695.

[35] Xu J，Wei X，Li R，et al. Intelligent self-powered sensor based on triboelectric nanogenerator for take-off status monitoring in the sport of triple-jumping[J]. Nano Res，2022，15（7）：6483-6489.

[36] He C，Zhu W，Gu G，et al. Integrative square-grid triboelectric nanogenerator as a vibrational energy harvester and impulsive force sensor[J]. Nano Res，2018，11（2）：1157-1164.

[37] Peng F，Liu D，Zhao W，et al. Facile fabrication of triboelectric nanogenerator based on low-cost thermoplastic polymeric fabrics for large-area energy harvesting and self-powered sensing[J]. Nano Energy，2019，65：104068.

[38] Hao Y，Wen J，Gao X，et al. Self-rebound cambered triboelectric nanogenerator array for self-powered sensing in kinematic analytics[J]. ACS Nano，2022，16（1）：1271-1279.

[39] Zhang J，Wu C，Zhou Q. Research on the folding spring triboelectric nanogenerator for rock climbing trajectory and time monitoring[J]. IEEE Access，2020，8：155086-155092.

[40] Wang J，Li S，Yi F，et al. Sustainably powering wearable electronics solely by biomechanical energy[J]. Nat Commun，2016，7：12744.

[41] Yang P，Shi Y，Li S，et al. Monitoring the degree of comfort of shoes in-motion using triboelectric pressure sensors with an ultrawide detection range[J]. ACS Nano，2022，16（3）：4654-4665.

[42] Lin Z，Wu Z，Zhang B，et al. A triboelectric nanogenerator-based smart insole for multifunctional gait monitoring[J]. Adv Mater Technol，2019，4（2）：1800360.

本章作者：孙竞波[1*]，陶光明[2,3*]，胡彬[2]，曾洪涛[1]，杨麦萍[2,3]，崔昱阳[2,3]，陈泽文[2]，刘晓娟[2,3]，张文昊[2]，魏瑜琦[2]，孙乐宁[2,3]

1. 华中科技大学体育学院

2. 华中科技大学武汉光电国家研究中心

3. 华中科技大学材料科学与工程学院材料成形与模具技术国家重点实验室

Email: sjingbo@126.com（孙竞波）；tao@hust.edu.cn（陶光明）

第 10 章

纺织基摩擦纳米发电机的应用：智能家居

摘　要

智能家居利用网络、自动化、物联网、人工智能和云计算等技术，将家居设备和服务集成，实现高效、智能的家庭管理[1]。智能家居通过数据交互与远程控制实现主动智能化，显著提高了居住生活的便捷性、安全性与舒适性，并促进了家居环境的节能减排[2]。随着人工智能等技术的进步，智能家居市场持续增长。根据 Grand View Research 网站报告，2024 年全球智能家居市场规模达 1278.0 亿美元，预计 2025～2030 年将以 27.0%的复合年增长率发展[3]。头豹研究院预测，中国智能家居市场预计 2025 年达到 3892.5 亿元，发展潜力显著[4]。

家居环境需多种传感器以构建局域连通的家庭传感网络，而传感器自身耗电。摩擦纳米发电机（TENG）可在家居环境中为众多无源的自驱动传感器供能。TENG 作为收集分布式能量的有效方式，在智能家居系统中，既能用作能量收集装置为部分组件提供自驱动能源，又能用作自供电传感器件实现长期有效运行，从而减少电子设备对传统电力供应系统的依赖，对智能家居的发展与普及有显著的推动作用[5]。自 TENG 问世后，众多科技论文展示了其在智能家居设施中的应用，如床品、地毯、门锁和控制系统等，表明 TENG 作为自供电和自驱动设备在智能家居领域具有显著的实用和商业潜力[6]。纤维纺织 TENG 技术颠覆了传统发电机的刚性和平面设计，增强了器件的制备灵活性和结构可塑性，为 TENG 在智能家居的广泛应用提供了技术支撑。图 10.1 为基于 TENG 的智能纤维与纺织于智能家居中的应用场景。

本章将主要聚焦感知和控制两大智能家居中的重要应用场景，探讨 TENG 在智能家居中的应用可行性和器件开发策略；根据家居产品分类，介绍基于 TENG 的智能纤维与纺织在智能家居中的应用实例，并总结其在智能家居中的发展前景。

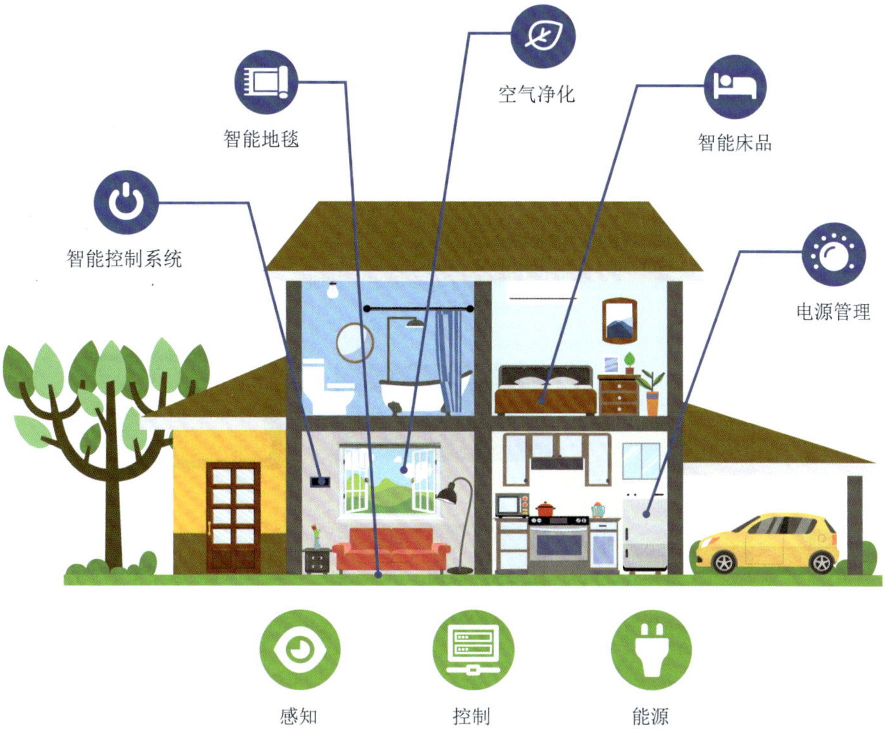

图 10.1　基于 TENG 的智能纤维与纺织于智能家居中的应用场景

10.1　地　　毯

地毯作为家纺的其中一类产品，其主要作用在于减少人类活动产生的部分噪声，收集灰尘，以及作为艺术品装饰空间。将 TENG 与地毯结合开发智能地毯，通常将器件加工成纱线，再经过编织的方法将纱线型器件织成地毯织物；或通过对整片地毯织物进行处理，制作成织物状的 TENG。结合了 TENG 的智能地毯，能够对施加在其上方的压力变化产生相应的信号响应。因此，基于 TENG 的智能地毯在兼顾传统地毯功能的同时，能够捕捉人的位置和活动信息[7-12]、判断人的状态[13, 14]、感知环境变化以及收集能源[15]，甚至可以在发生紧急情况时发挥撤离指示的功能[16]。本节将根据 TENG 在地毯中的多种应用场景，详细介绍其典型的加工方法、器件构造以及功能。

10.1.1　位置监测

基于 TENG 的智能地毯，通常遵循垂直接触分离的发电机制，因此具有压力感应的功能。当有人经过地毯时，作用在地毯上的压力变化能够使发电机器件内两个纺织基摩擦电极之间的距离发生改变，从而产生输出电压的变化。因此，基于 TENG 的智能地毯不仅可以通过电势差变化来检测地毯上是否受到压力的作用，还能根据电势差变化的幅度推测压力的大小，从而实现对施加压力的个人或物体的信息及其位置移动的准确判断。

用于智能地毯开发的 Tex-TENG 可以加工成纱线形状，纱线型的 TENG 可以灵活地与其他普通纱线结合，通过编织等传统织造方式制成一张具有压力感应功能的地毯[8]。当地毯感应到压力时产生电信号，电信号通过信号处理器和无线传输电路传输到终端（如手机、计算机），可以实时监测地毯上人的站立或走动时所施加的压力状态。该地毯的位置监测功能可以应用到防盗报警等场景中：当有人经过该地毯区域时，地毯能够产生电信号并通过蓝牙装置无线传输到手机上，手机接收到信号后会发出铃声提醒（图 10.2）。此外，该地毯可以连接外电路储能装置，收集由机械能转化成的电能，为一些小型的电子设备供电。

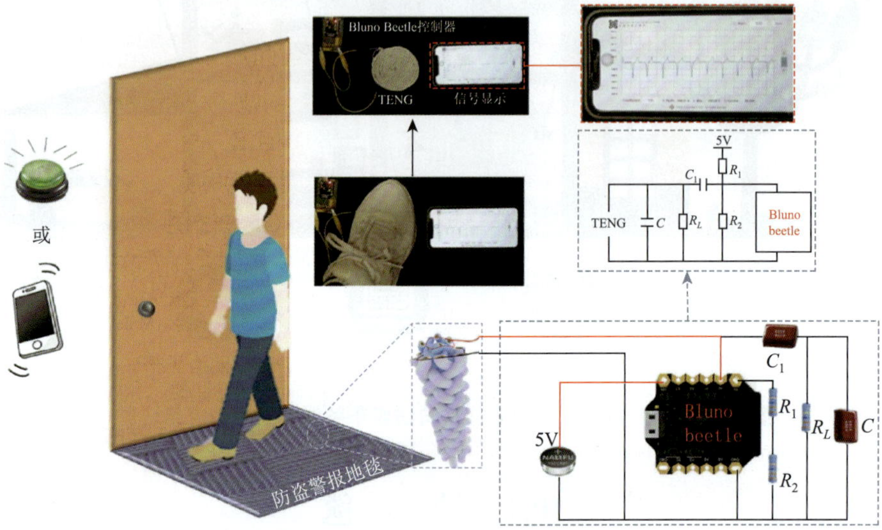

图 10.2　防盗报警地毯原理图[8]

除了通过纤维加工制成纱线结构的 TENG，再编织整片织物形成智能地毯之外，还可以对整片织物进行处理，制作基于织物结构的 TENG 智能地毯。另一款具有位置监测和门铃提醒功能的地毯便是采用此种加工方式[11]。当外部压力施加于地毯表面时，地毯内 TENG 器件两层电极之间的电势差会发生变化，与之连接的蜂鸣器将会启动，提示用户地毯上存在压力作用。这一机制不仅实现了对压力的实时监测，还具备位置识别和提醒的功能（图 10.3）。

上述两种加工方式是制作 Tex-TENG 并应用于智能地毯中最常见的方法。以纤维和纱线为基础的加工方式过程较为复杂，对功能纤维和纱线的机械强度和电性能稳定性有较高的要求，且需和常规纤维加工和纺织编织技术相兼容，但该方式在地毯应用中更加灵活，可以根据具体的应用场景编织成特定的形状、厚度以及密度，满足地毯对于人和物体在特定位置的监测和安防提醒功能。以整片织物为基础的器件制造方式使用成品的织物，在现有的织物基础上进行加工，省去了纱线编织的过程，降低了制作时对材料的要求，而且基于整片织物制备的 TENG 具有可裁剪性，局部的剪切甚至意外破损并不会影响器件的功能。但在应用中，织物基 TENG 缺乏灵活性，需要在加工之前选择好适合厚度、密度以及材质的织物基底。

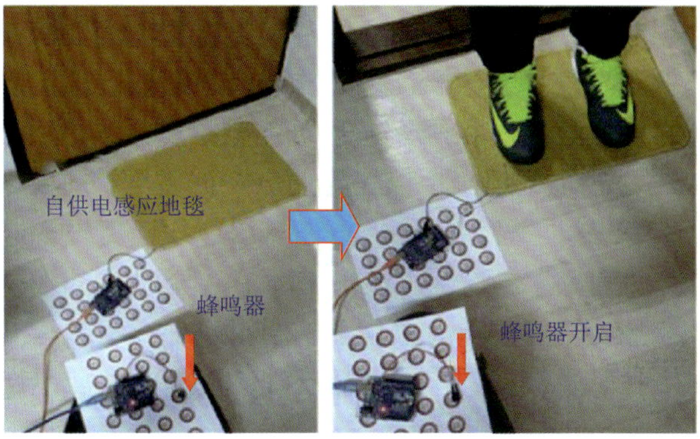

图 10.3　自供电智能感应地毯的演示照片（TENG 位于地毯下方）[11]

10.1.2　消防安全

公共场所中经常大面积使用地毯来搭配整体装修风格，同时可以提高行走舒适度和降低噪声。然而，大面积地毯的应用存在较高的消防风险，增加了空间内的火灾负荷。一旦着火，火势沿着地毯传播，存在发生轰燃的可能。火灾灾害是威胁公共安全和社会发展的常见的灾害之一，如何提高火灾逃生和救援能力仍然是一个巨大的挑战。利用 TENG 的自供电传感性能，将其与地毯织物结合，可以在引导逃生和协助消防救援中发挥巨大作用。

2020 年，王中林课题组研制了一种可以应用于消防安全领域的 Tex-TENG 智能地毯[16]。组成该 TENG 的基础是具有阻燃性的聚酰亚胺（PI）纱。利用工业纺纱机将阻燃纱线包绕在导电纱线表面，可以大批量加工具有优异阻燃性和耐洗性的 TENG 摩擦电极。该电极纱线长度不限、柔韧性好，可以满足织造（针织机、机织机等）的各种机械要求和加工条件，因此可以编织在多种智能纺织品中，用于自供电的传感系统中。以阻燃摩擦纱线作为经纱和纬纱编织出的单电极模式 TENG，可制作成用于逃生救援的智能地毯，其具有阻燃、实时路线引导、精确救援定位、降噪等功能（图 10.4）。作为

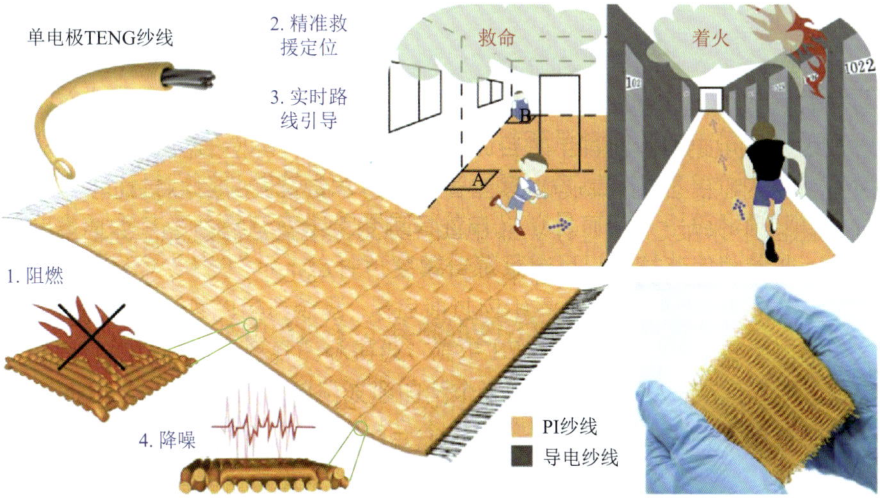

图 10.4　基于 TENG 的智能地毯示意图[16]

一个自我供电的逃生和救援系统，该智能地毯不仅可以精确定位幸存者的位置，还可以作为实时路线引导设备，指出逃生路线，帮助疏散人员在极端火灾条件下做出正确的逃生路线决策，同时及时协助消防人员在现场对受害者进行搜索和救援。

整体而言，将 Tex-TENG 应用于地毯能够进一步扩展传统地毯作为纺织品的功能。这种应用为智能家居系统提供了位置监测、方向指引、安防警报和逃生救援等功能，从而提升用户的居住体验并确保家居安全。在该应用中，除了需要考虑 Tex-TENG 对压力变化的响应能力以及在恶劣极端环境（如高温、明火条件）下的性能稳定性外，还需考虑器件的水洗性、耐用性以及加工制作的可扩展性，以满足智能地毯在实际应用场景中的需求。

10.2 床上用品

智能床上用品作为智能家居系统的一部分，可以丰富整个智能家居生态系统。通过开发智能床上用品，可以提升用户的居住体验，帮助人们管理和改善健康状况。将 Tex-TENG 集成到床品中，不仅能够采集人在睡眠时的各类睡眠信息，还能借助人工智能、云数据处理、无线通信技术等新兴科技实现对疾病早期诊断的辅助，对实现个性化医疗和远程医疗服务具有重大意义。本节将详细介绍基于 Tex-TENG 的三种智能床上用品，包括智能床单、智能枕头和智能眼罩，并展示 TENG 在床品领域的应用前景，对其功能和效果进行探讨。

10.2.1 智能床单

床单作为床上用品中不可或缺的重要组成部分，不仅能够提供保暖和舒适的睡眠环境，还具备作为睡眠信息收集载体的功能。基于纤维和纺织材料开发的 TENG 能够保持织物本身的柔软和透气等特性，并且对外界的刺激非常敏感，因此在智能床单设计领域备受青睐。这种发电机的高度可塑性和可整合性使其成为实现智能床单功能的理想选择。应用于智能床单的 Tex-TENG，通常基于接触分离模式和单电极模式。其中，接触分离模式是 TENG 系统中最常见的一种模式，具有结构简单、信号稳定和强度高等多个优点，因此在智能床单系统设计中是首选方案。两种模式均通过分布于床单各个位置的传感单元对用户的睡眠运动进行感应，以记录睡眠的位置、呼吸、心率等信号，并在必要时发出警报。Tex-TENG 的应用，使传统床单成为一种能够提供个性化的睡眠监护和健康管理的智能家居产品。

典型的基于接触分离模式的 TENG 智能床单系统如图 10.5（a）所示[17]。每个发电机元件由上下两层的镀银导电织物和夹在中间的波浪状 PET 薄膜摩擦层构成。当物体放置于该织物器件上，上下面导电织物电极和中间的 PET 薄膜发生挤压接触，从而产生摩擦电信号。将多个发电机元件有机排列在一起组成传感阵列，可以捕获更详细的压力分布信息。当受试者躺在该床单上时，系统不仅可以实时地显示受试者身体的位置、睡眠姿态和各个部位的压力分布[图 10.5（b）]，还能够实现长期的睡眠监测并生成睡眠质量报告[图 10.5（c）]。除监测睡眠，该智能床单还可用于自供电警报：当人在睡眠过程中移动到床边的 TENG 单元上时，警报信号就会产生并发送到计算机或移动终端，同时报警灯也会启动[图 10.5（d）]。此外，智能床单左上角的发电机单元可被设计成一个自供电的求助系统，按下它就可以通知家人或医生，可实现紧急求助[图 10.5（e）]。这些创新功能将为实时远程医疗服务和紧急医疗系统提供新的机遇。

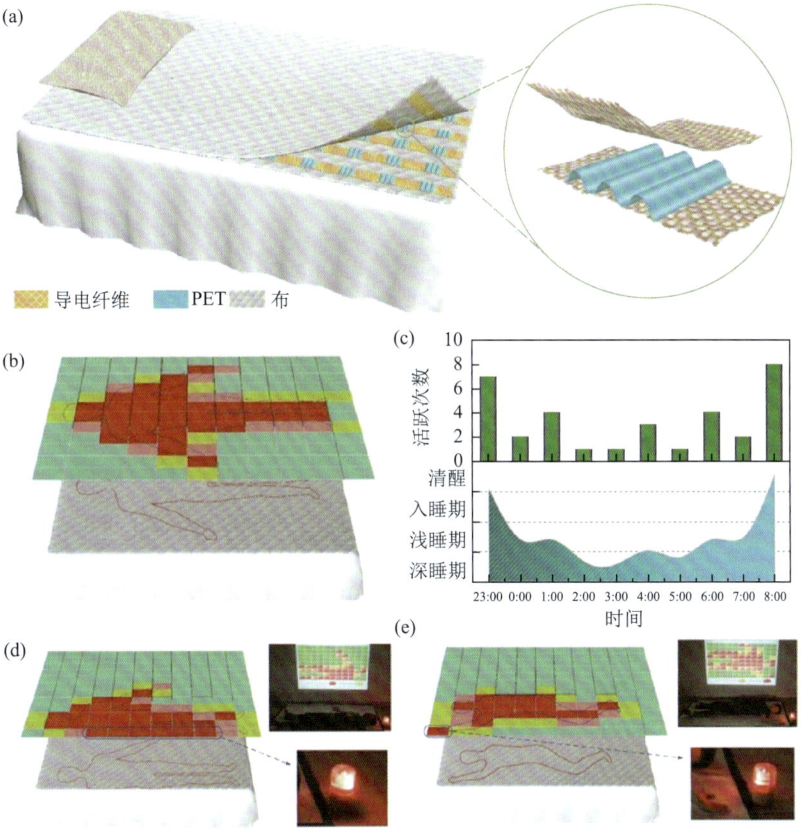

图 10.5　（a）基于接触分离模式的智能床单（左）及其织物型 TENG 单元；（b）智能床单用于感知人体睡眠姿势、位置和压力分布的用户界面图；（c）整晚睡眠期间的活跃次数的分时柱状图以及生成的睡眠质量报告；（d）睡眠者从床上跌倒时的自供电警报系统；（e）睡眠者紧急情况下启动自供电求助系统，警报灯会被激活以通知其他人[17]

10.2.2　智能枕头

枕头作为人们为了睡眠舒适而采用的床品之一，当集成睡眠监测功能时，可以用来实时监测睡眠时的头部的运动和呼吸情况，从而判断用户睡眠中的梦游行为、打鼾情况、呼吸频率、呼吸暂停等指标。这种综合监测的功能不仅可以为个人健康管理提供全面的睡眠评估，帮助人们更好地理解和管理自己的健康，还可以为医护人员对睡眠研究和睡眠障碍治疗提供有效的依据。基于织物 TENG 开发智能枕头除了考虑实现上述监测功能，还需要考虑睡眠的舒适性。在选择用于制作发电机的纤维和纺织材料时，需要满足透气性、柔软性等关键要求，以确保用户在使用智能枕头时能够获得舒适的睡眠体验。因此出现了仿羽毛和多孔结构的基于 TENG 原理的智能枕头[18]。

例如，研究者开发出如图 10.6 所示的多孔结构智能枕头系统[19]。其核心是以多孔 PDMS 为基础的单电极 TENG 压力传感器。得益于 PDMS 弹性和多孔的特性，这些发电机器件不仅具有优异的机械柔韧性和回弹性，还能提供良好的透气性，使其在保持枕头舒适度的同时赋予其传感功能。头部皮肤和 PDMS 之间的相对运动会导致 PDMS 摩擦层的压缩和释放，这种变化会引起 PDMS 内部的电荷分布改变，并产生微小电流。通过收集和放大这些微小电流，可以获得与受到的头部压力大小相关的电信号[图 10.6（a）]。

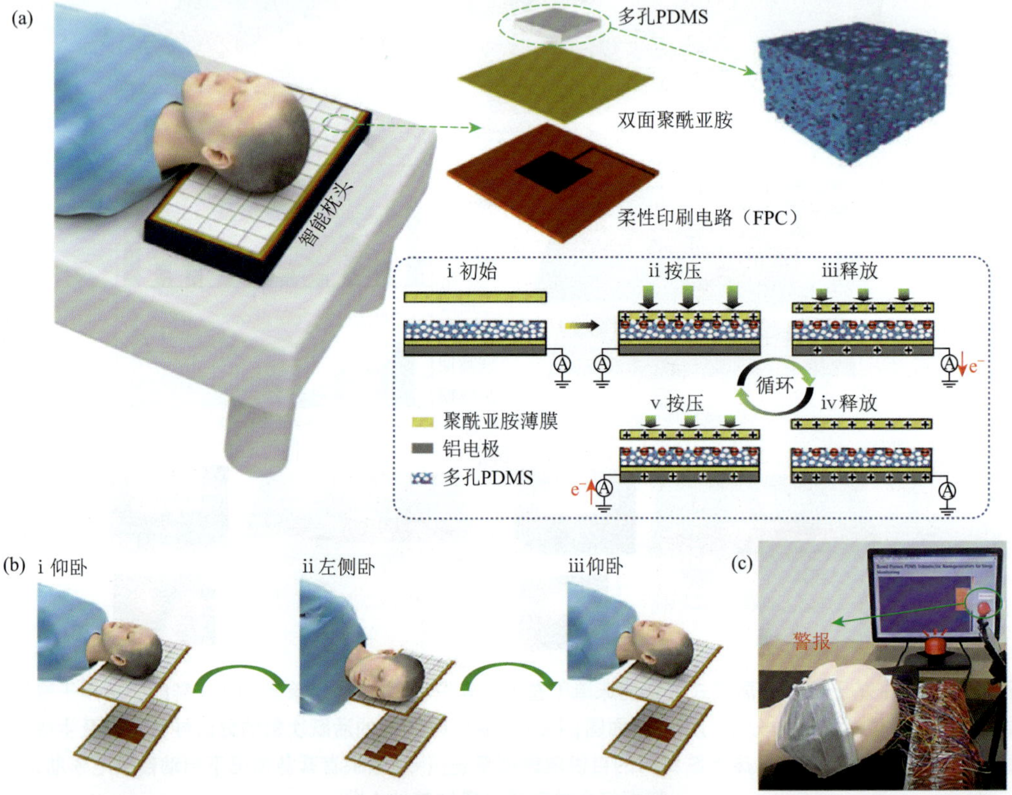

图 10.6 （a）基于多孔结构 TENG 智能枕头的结构示意图和系统工作示意图；（b）受试者从面部朝上到转向左侧再返回面部朝上状态的过程中智能枕头监测结果；（c）当头部移动到枕头边缘时触发警报系统的演示图[19]

基于此，该工作开发出一个由 60 个多孔结构 TENG 压力传感单元组成的智能枕头系统。当头部放在智能枕头上时，相应位置的传感单元就会被触发，产生输出信号，这些信号被多通道采集卡采集，然后经过处理反映在计算机程序界面上，可以实现实时的睡眠监测[图 10.6（b）]。此外，该系统还设计了坠床预警功能，如图 10.6（c）所示，当位于边缘位置的五个 TENG 压力感应单元被头部触及时，所产生的输出信号将触发报警系统，用以提醒监护人或医生调整睡姿，避免坠床危险。

10.2.3　智能眼罩

在晚上的不同阶段，人们通常会经历不同的睡眠状态，其中最重要的一种是快速眼动（rapid eye movement，REM）睡眠状态。REM 状态大约占据整个睡眠周期的 1/5。在 REM 睡眠期间，眼睛会快速、不自觉地在左右方向上移动，这与人们的梦境活动有关。通过检测睡眠期间的眼动行为，可以更准确地评估睡眠健康状况，这对睡眠相关问题的诊断和治疗非常重要。将 TENG 与眼罩结合，可以实现眨眼的检测[20]。该检测系统的核心为单电极 TENG 传感器，由既是封装层又是摩擦层的超薄 PVDF-HFP/TPU（PVDF：聚偏二氟乙烯；HFP：六氟丙烯；TPU：热塑性聚氨酯）复合薄膜以及充当电极的氯化钠导电溶液构成[图 10.7（a）]。通过使用环保且成本低的导电液体作为电极，该器件可以变得非常柔软且能够自由变形，从而能够在像人体皮肤这样的弯曲表面上实现良好的贴合效果。基于此，该传感器可以被集成于眼罩中[图 10.7（b）]，以实现对眼动的监测。如图 10.7（c）和（d）所示，传感器会随着眨眼发出信号，且信号受到眨眼幅度和频率的影响，即使眨眼的幅度较小、频率较高，也能从噪声中观察到可区分的信号[图 10.7（d）]。若将该智能眼罩与无线传感线路相结合，可将智能眼罩收集的实时信号发送到智能手机和计算机等终端上供家庭和医院使用，从而为老年人提供更便捷和全面的健康监测和医疗服务。

以纤维纱线和织物材料作为基础材料制作的 TENG 智能床上用品和睡眠用具，从睡眠需求角度考虑了用户对舒适度的需求。在器件材料和结构的选择和设计上，充分利用了家纺常用的纤维材料和纺织品结构，使得这些智能产品不仅具备对睡眠、呼吸模式、体动频率等信息的监测功能，还能够保障睡眠的舒适度和质量。将睡眠监测功能进一步地与监控警报系统结合构建智能床单系统，对提高国民的健康水平、减少潜在的健康风险以及改善睡眠障碍的诊断和治疗提供了更准确的数据支持。同时，这种创新也推动了医疗护理行业向智能化和个性化方向的发展，为人们提供更好的健康管理和护理服务。

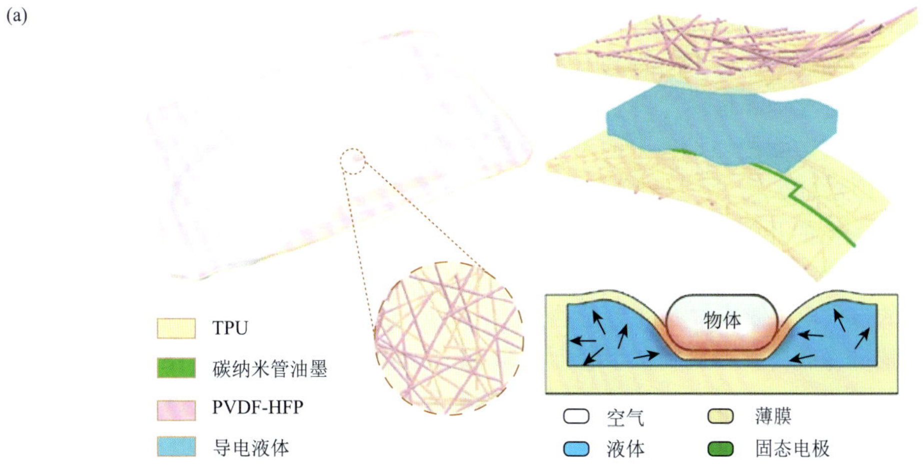

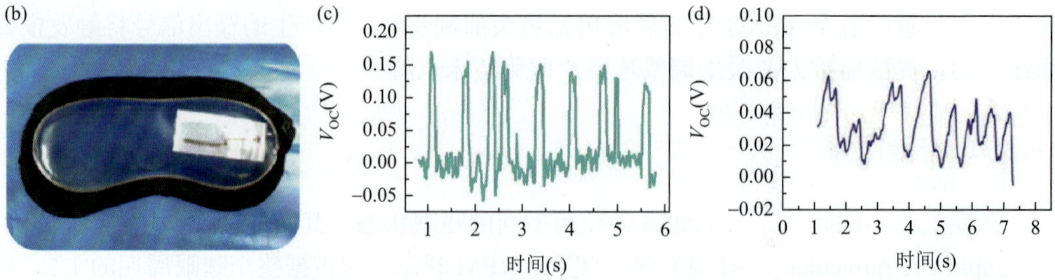

图 10.7 （a）应用于智能眼罩的 TENG 传感器结构示意图；（b）集成有 TENG 传感器的智能眼罩照片；（c，d）智能眼罩应用于眨眼幅度监测时对较大眨眼幅度（c）和微小眨眼幅度（d）的电压信号[20]

10.3 无线家居控制系统

随着物联网的发展和智能家居概念的兴起，家电也逐渐采用更智能、更便捷的控制方式。传统的大部分家电通常配备无线遥控器，放置在容易拿取的位置用于远程控制，以提供便利性。然而如今的新兴家电可通过集成信号处理和无线传输电路技术实现与互联网的连接，使得用户可以通过一个移动设备远程控制所有家电的功能。这种远程控制的方式不仅提供了便捷性，还可以节约能源和增加家居安全性。由于对家电的控制通常由用户执行，将家电控制系统与纺织品结合，可以将控制系统无缝集合到与人们直接接触的家纺产品（如沙发、抱枕、地毯等）或者日常穿着的衣物上[21-24]，使得对家电的控制更加高效便捷。本节介绍基于 TENG 的智能家居中控系统，分析其集成于纺织品中的优势，并探讨 Tex-TENG 型的家居控制系统的设计需求和发展意义。

10.3.1 遥控器

TENG 的发明为自供电遥控器提供了可能性。在 2022 年研究者提出一种基于织物 TENG 的无线遥控装置并集成在家居地毯中[图 10.8（a）][25]。其传感部分为单电极模式的 TENG，由特制的纱线编织而成。编织好后的织物基 TENG 与信号处理和信号无线传输单元连接，并与物联网技术结合，形成能够控制家电功能的智能地毯。当脚分别踩踏和离开地毯时，地毯将输出不同的电压信号[图 10.8（b）]，这些输出信号会通过信号处理和传输电路进行整理和传输，最后实现对家电开关的控制[图 10.8（c）]。将控制家电不同功能的遥控装置集成在地毯上的不同位置，可以达到一张地毯远程控制多种家电功能的目的[图 10.8（d）]。

除了控制家电的开关和功能切换这些简单操作以外，复杂、多功能的控制方式常用于娱乐式的人机交互中。为了扩展人与外部设备之间的通信，研究人员研究了一种基于 TENG 原理的自供电、低成本人机交互手套[图 10.9（a）][22]。其 TENG 传感单元由涂在手套上的一层硅橡胶薄膜和缝制在手套上涂覆 PEDOT:PSS 的织物组成[图 10.9（b）]。该工作还进一步展示了这种具有控制功能的智能手套能够实现对汽车、无人机、虚拟现实（VR）游戏控制、字母书写的精确遥控控制，且操作技术简单直观[图 10.9（c）]。这种基于 TENG 的自供电遥控系统为用户提供了更加直观和自然的控制方式，有望在汽车、无人机、虚拟现实游戏等领域推动技术的发展，同时为人机交互界面的设计提供了新的思路，促进了可穿戴技术、低功耗技术以及人机交互技术的进一步创新和改进。

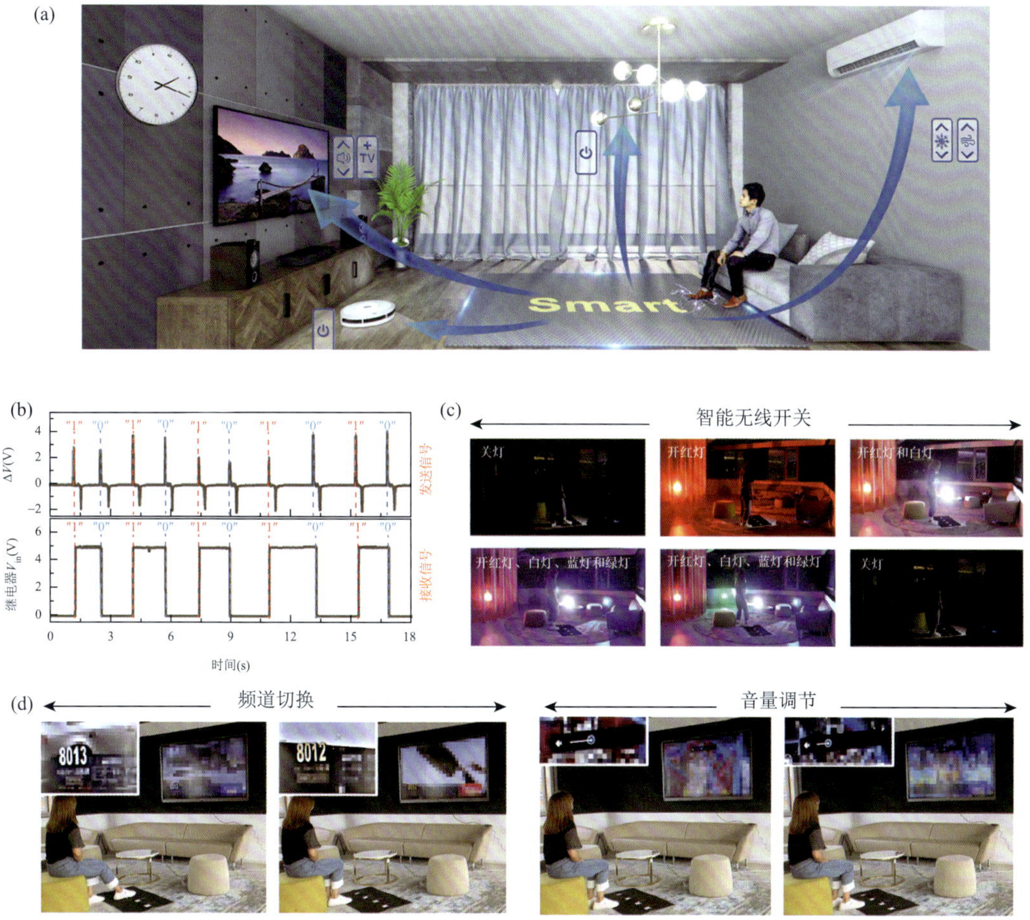

图 10.8　（a）智能地毯作为遥控装置与物联网技术结合控制智能家居的示意图；（b）基于 TENG 的智能地毯对应脚踩踏和离开时产生的信号显示，这些信号在信号采集终端内由微控制单元调制为“0”或“1”；（c）智能地毯控制家居内灯具打开或关闭的展示图；（d）智能地毯用于引导电视播放（左）和音量控制（右）的展示图[25]

10.3.2　键盘

单个传感器可以用作遥控开关，控制电子设备电源的开启或关闭。当多个传感器组合在一起时，可以形成键盘控制器，作为输入设备实现多个信号的输入。多个 Tex-TENG 组成的输入系统可以与纺织品和服装相结合，不仅可以实现对电子设备复杂功能的控制，还能保持织物的柔软、透气、舒适、稳定等优点。

例如，有研究者提出将多根单纤维结构的 TENG 器件缝制在织物上作为键盘控制器[23]，该装置可以通过与皮肤接触来收集人体机械能（如关节运动、行走、敲击等）并感知施加在纤维上的机械力变化。分别将 12 根 TENG 传感纤维缝制在衬衫的前臂位置，可制成自供电键盘，其中每条传感纤维代表键盘上的一个按键。通过与无线发射和接收器的微控制系统进行连接，用户在键盘的操作可以传输到终端，从而可以实现对各种电子设备的远程控制（图 10.10）。

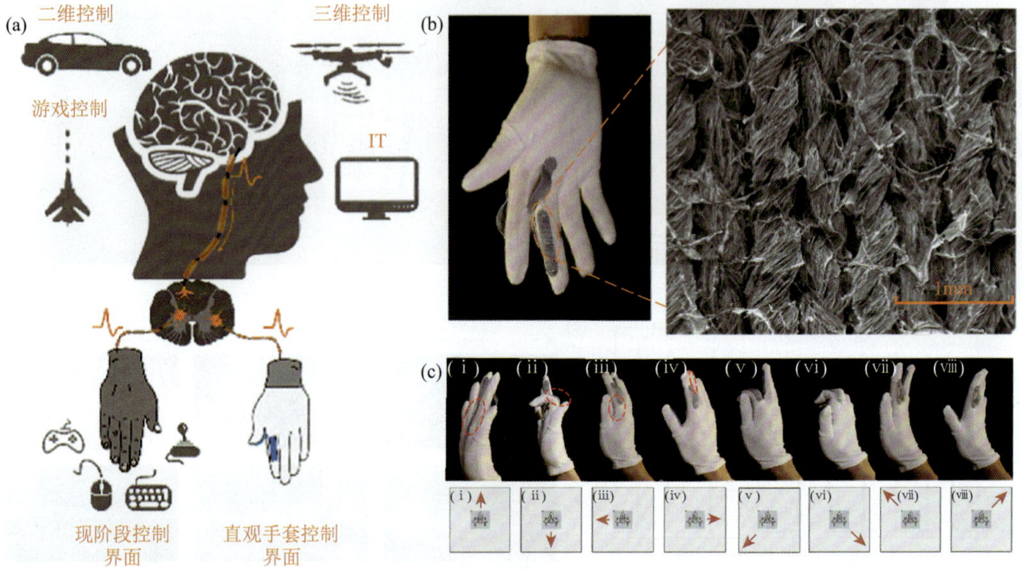

图 10.9 （a）基于 TENG 开发的智能手套用于多种机器交互时的概念示意图；（b）集成了织物基 TENG 的智能手套照片图（左）和涂覆 PEDOT:PSS 的织物扫描电镜图（右）；（c）智能手套用于控制无人机飞行的示意图[22]

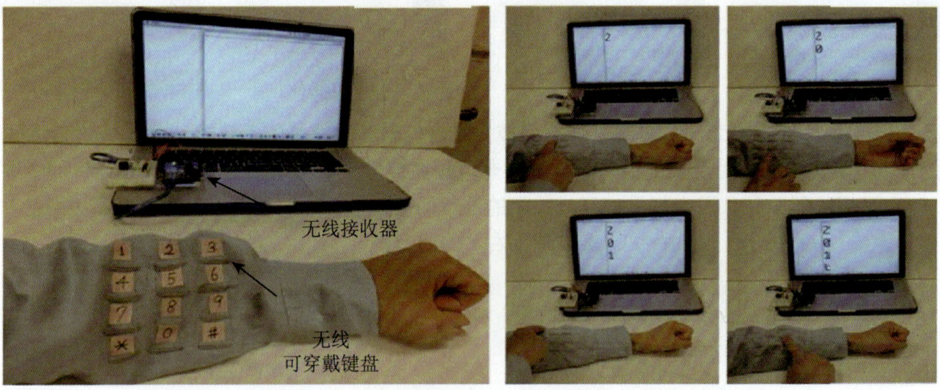

图 10.10 基于 TENG 纤维和织物的无线可穿戴键盘的演示[23]

10.3.3 声控系统

得益于纺织品轻薄多孔的结构特点，其既能对声音引起的微小震动做出响应，同时又能促进声音的传播、减少声能的损失。基于此种特性制成的 Tex-TENG 可以实现对声音能量的收集，并为相关的电子设备供电，从而形成自驱动的声控系统[26]。当外部声波触及基于此种原理的织物基自驱动声控系统[27]，器件内的导电织物会发生振动，且织物中的微孔可以促进声波的传播，减少声能损失。由此形成的声驱 TENG 织物器件，可以分别产生高达 500V 的开路电压（V_{OC}）和 124μA 的短路电流（I_{SC}）。与电源管理电路连接后，可以持续为外部电子设备供电。该 TENG 器件与温湿度仪表相连接，并与商用的物联网通信技术（TiNB-TH03）相配合，可实现对环境温度和湿度的智能监控，展示了 TENG 作为电源供应系统在室内环境监测和智能家居的应用（图 10.11）。该工作为克服传统无线通信技术传输距离短、传输不稳定和功耗高等缺点，提供了一种新颖的解决方案，在机场、高速公路和大型机械周围等嘈杂场景的声能采集和环境参数传输的脉冲输出方面具有巨大的应用前景。

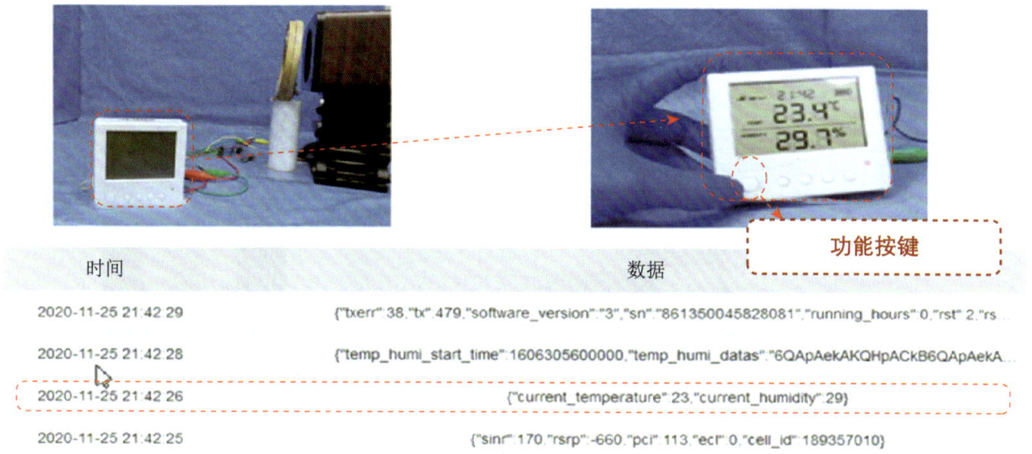

图 10.11　声驱 TENG 作为电源供应部件应用在室内温湿度监控系统的展示图[27]

相较于传统的家居控制系统，基于纤维和纺织制作的智能家居控制系统可以无缝融合各种家纺产品和衣服中，使得控制系统更加隐蔽，交互更加自然。而以 TENG 为工作模式的传感器的引入，进一步实现了控制系统的自供电特性，有利于促进绿色家居和可持续能源技术的发展。这种创新技术不仅为智能家居领域带来了更加美观、便捷和个性化的体验，也推动了智能家居技术的发展和应用。

10.4　其他应用场景

10.4.1　智能马桶

呼吸、汗液、尿液和粪便是人体系统对人类活动和外部环境的复杂产物。通过利用各种传感器，智能家居可以从这些排泄物中为个人的健康状况提供有价值的信息[28-30]。因此，智能马桶可以成为智能家居中最有效的健康监测平台，并通过分析人类排泄物获取有价值的临床信息。但通常这样智能马桶的售价十分高昂，市场需要一款价格更低的通用型智能传感系统。基于纺织品的 TENG 具有材料选择多样、织物舒适性、易于制造、自发电、成本低、可清洗等独特优势，将其作为传感器应用在马桶座圈上，可以在不影响马桶使用体验的条件下实现对用户身体健康情况的监测[31]。

研究者报道了一种搭载了用于生物识别的 TENG 力传感器阵列和用于医疗监测的商用图像传感器组成的智能马桶（图 10.12）[32]。TENG 传感器是由导电织物、丁腈、截锥体硅橡胶和导电织物组成的三明治结构，用不导电的织物封装。该织物传感器采用接触分离模式，压力刺激会诱导电荷在外电路中流动，从而将机械能转化为电能。在马桶上放置多个这样的传感器作为压力传感器阵列，可以检测不同使用者坐在马桶上时的不同压力分布和时间，并通过深度学习来提取由各个传感器响应压力和生成的电信号，以此区分和识别不同使用者使用马桶时的特征值。

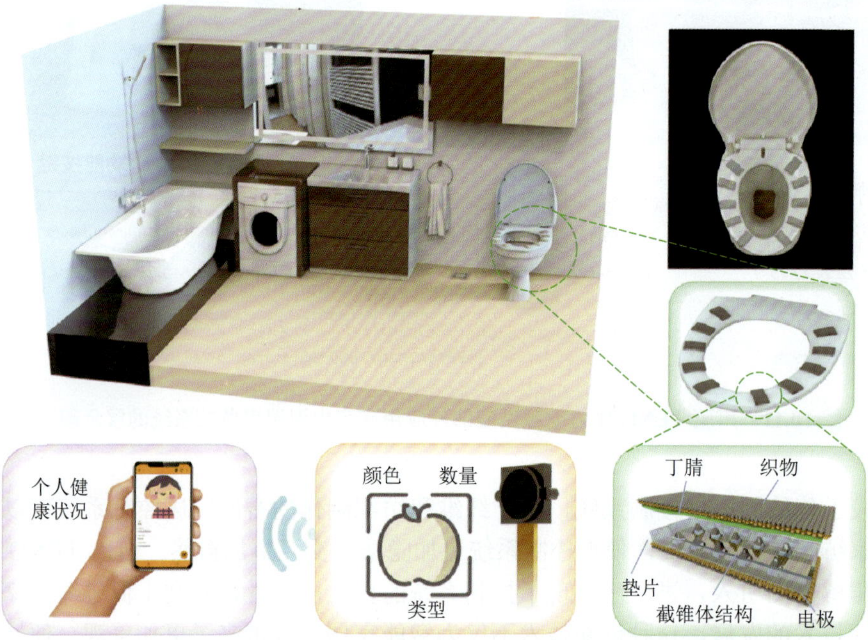

图 10.12　使用 TENG 作为压力传感器并结合图像传感器的人工智能厕所原理图[32]

该织物基 TENG 系统还进一步与图像传感器结合，可以同时捕获马桶内部的图像，通过深层分析拍摄的图像来实现尿便状态评估功能。尿液颜色的深浅和粪便的形状信息通过图像传感器收集，收集到的图像将直接传输到记录了经过训练的机器学习算法的微处理器。最后，将智能厕所系统收集到的所有用户健康状况信息上传到服务器，并显示在用户的移动设备上，进行持续地监测健康和收集有价值的临床信息。

10.4.2　空气净化

在生活环境中，挥发性有机物（VOCs）、颗粒物和病原体影响着工业生产和人们的生活。其中，被归类为严重威胁人体健康的致癌性挥发性有机物之一的甲醛（HCHO），主要来源于建筑材料、装饰材料、木制家具、香烟等，因此 VOCs 与家居生活息息相关。此外，环境中的细悬浮颗粒（$PM_{2.5}$）会对人体的皮肤、呼吸道系统、心血管系统产生一定的危害；而空气中的病原体容易引起呼吸道疾病。因此，在家居环境中引入空气净化装置对改善空气环境、保障居民身体健康均具有重要的意义。

TENG 可以与具有光催化功能的材料相结合，产生的协同作用能够促进空气中挥发性有机物和颗粒物的处理。研究者提出将该系统集成到帘布中开发集能量收集和光催化净化功能为一体的窗帘式净化系统，可以改善室内空气质量（图 10.13）[33]。在该窗帘系统中，高活性的复合光催化剂材料 g-C_3N_4/TiO_2 均匀地负载在窗帘的导电织物上，嵌在窗帘内的 TENG 所产生的强静电场能够进一步提高催化剂材料对甲醛吸附和光催化的降解效率，同时也能有效吸附 $PM_{2.5}$。在模拟室内环境中，在 90min 内该系统的甲醛去除率可达 79.2%，比不使用净化系统的结果提高了 13%。在 9L 的模拟反应室中，净化系统可以快速减少 $PM_{2.5}$，其降解时间仅为自然降解时间的 1/21。TENG 的引入，使得系统有

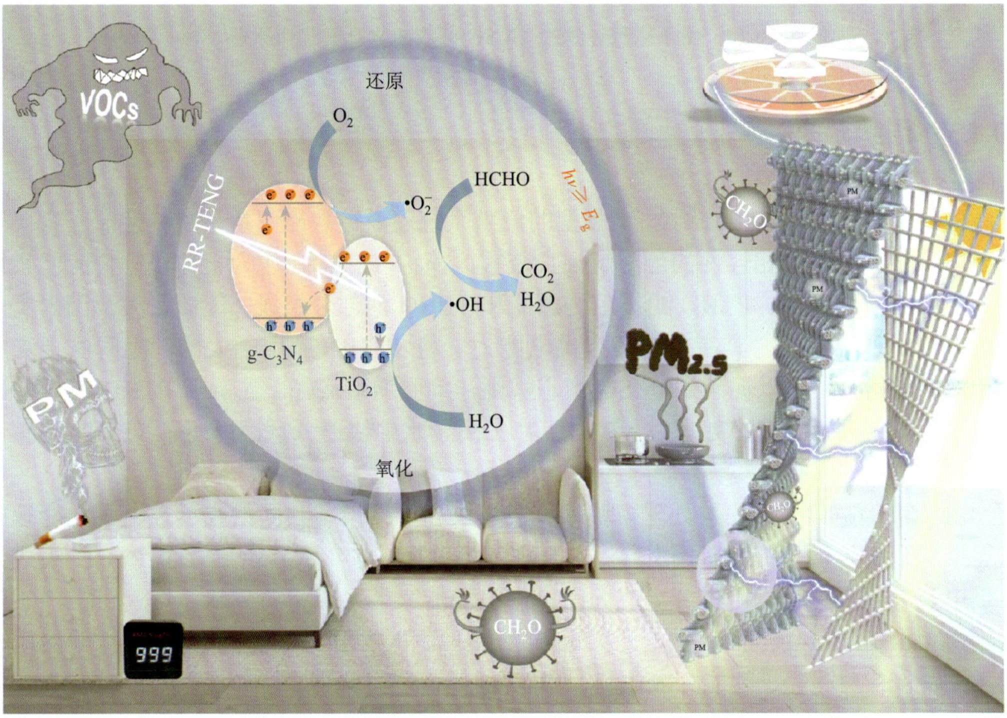

图 10.13　TENG 与光催化剂相结合形成具有空气净化功能的窗帘系统[33]

效地将动能转化为电能，从而提高了光催化剂的效率，实现了对挥发性有机物和颗粒物的高效治理，为控制室内空气污染提供了有效途径。

另外一种以新型 TENG 为基础的空气过滤器在过滤颗粒物应用中展现出卓越的性能[34]。这种基于发电机的空气过滤器使用无纺布梳理和透气黏合技术，将经纳米二氧化硅改性的聚四氟乙烯（PTFE）纤维和具有核壳结构的聚丙烯/聚乙烯（PP/PE）纤维网结合制成过滤器件。由于无纺纤维梳理过程中的摩擦起电效应，纤维网中会产生大量的正、负电荷，可以大大提高基于静电吸引的过滤器对颗粒物的去除效率（图 10.14）。发电机材料中的二氧化硅纳米颗粒和纤维的交错结构，提供了高孔隙率和三维蓬松结构，可以有效地提高摩擦效率，从而提高过滤器的效能，使空气过滤器的颗粒物去除效率达到 99.28%。

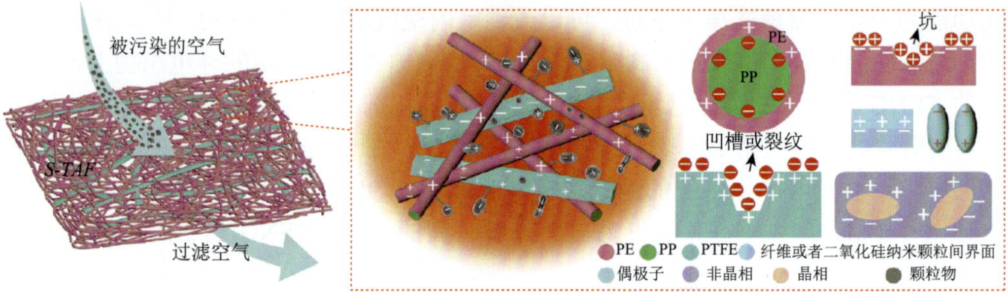

图 10.14 用于空气过滤的 TENG 纤维织物及其工作原理[34]

10.4.3 门禁系统

随着科技的发展，传统钥匙-锁类型的门禁系统逐渐被智能门禁系统替换掉。有研究者提出一种具有生物相容性的可降解混合装置，简称 PTHD，作为一种先进智能门禁系统的主要组成部分[35]。PTHD 由压阻传感器和 TENG 两部分组成，能够在大范围内实现高灵敏度的压力检测，具有显著的自供电能力。将 PTHD 应用于大鼠骨髓间质干细胞（rMSC）的培养，可以观察到 rMSC 形态规则，细胞增殖良好，显示了 PTHD 良好的生物相容性。最后，经超声处理后，PTHD 在去离子水中快速分解，证明了 PTHD 具有优异的可降解性。

由 PTHD、信号采集与处理模块、收发模块和终端设备共同组成了一个多功能智能家居控制系统。该系统包括一个自供电开关，可以报警老年人跌倒；三个 PTHD 组成的自供电开关矩阵，可以用于开启或关闭自供电智能家居系统中的风扇、灯、窗帘；三套分别由 4 个 PTHD 组成的自供电开关矩阵用于开启和关闭门禁。基于 PTHD 构建的用于老年人跌倒实时报警、智能家电控制、智能门禁管理的自供电智能家居系统（图 10.15），可为用于人类活动监测的自供电智能家居系统提供舒适环保的新思路，促进人类更安全、更方便、更持续化的生活方式。

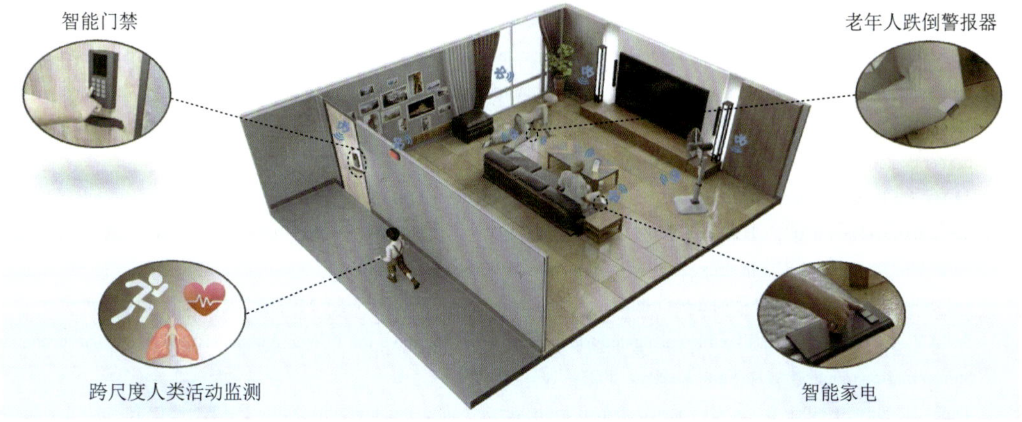

图 10.15　PTHD 的预期应用示意图[35]

10.5　小　　结

基于 TENG 的智能纤维与纺织品可以作为有效的自供电传感器件和能量收集装置应用到智能家居中，构建新型可持续化的自驱动、自供电智能传感和监测系统。本章按照细分的应用场景，系统地介绍了 Tex-TENG 在地毯、床上用品、控制系统等以及其他家居场景的应用实例。借助于这些 Tex-TENG，家居生活中出于安全考虑的位置监测、出于健康考虑的睡眠管理、排泄物分析和空气净化，以及出于方便考虑的智能无线控制等需求得到了有效的解决。这些智能纤维与纺织品不仅能够实现自供电传感，还能够通过收集能量进行能量存储，为智能家居系统其他部件提供持续的电力支持。同时，它们具有灵活性和可塑性，可以与家居环境完美融合，不影响家居装饰的美观性。通过这种创新的应用方案，智能家居系统的功能得到了大幅拓展，并为人们创造了更加便捷、舒适和健康的居家生活体验。

参考文献

[1]　Zhuang Q，Yao K，Wu M，et al. Wafer-patterned，permeable，and stretchable liquid metal microelectrodes for implantable bioelectronics with chronic biocompatibility[J]. Sci Adv，9（22）：eadg8602.

[2]　Cook D J. How smart is your home？[J]. Science，2012，335（6076）：1579-1581.

[3]　Grand View Research，Smart home market size，share & trends analysis report by products（lighting control，security & access controls），by application（new construction，retrofit），by protocols（wireless，wired），by region，and segment forecasts，2023-2030 [EB/OL]. https://www.grandviewresearch.com/industry-analysis/smart-homes-industry. [2023-04-21].

[4]　头豹，2021 年中国智能家居行业概览：产业链与趋势观察[EB/OL]. https://www.leadleo.com/report/details？id = 601f798b883bc0444553d7da. [2021-02-05].

[5]　Wci Z，Wang J，Liu Y，et al. Sustainable triboelectric materials for smart active sensing systems[J]. Adv Funct Mater，2022，32（52）：2208277.

[6]　Dong B，Shi Q，Yang Y，et al. Technology evolution from self-powered sensors to AIoT enabled smart homes[J]. Nano Energy，2021，79：105414.

[7]　Dong K，Peng X，An J，et al. Shape adaptable and highly resilient 3D braided triboelectric nanogenerators as e-textiles for

power and sensing[J]. Nat Commun，2020，11（1）：2868.

[8] Gao Y，Li Z，Xu B，et al. Scalable core-spun coating yarn-based triboelectric nanogenerators with hierarchical structure for wearable energy harvesting and sensing via continuous manufacturing[J]. Nano Energy，2022，91：106672.

[9] He E，Sun Y，Wang X，et al. 3D angle-interlock woven structural wearable triboelectric nanogenerator fabricated with silicone rubber coated graphene oxide/cotton composite yarn[J]. Compos Part B：Eng，2020，200：108244.

[10] Li M，Xu B，Li Z，et al. Toward 3D double-electrode textile triboelectric nanogenerators for wearable biomechanical energy harvesting and sensing[J]. Chem Eng J，2022，450：137491.

[11] Salauddin M，Rana S S，Sharifuzzaman M，et al. A novel MXene/Ecoflex nanocomposite-coated fabric as a highly negative and stable friction layer for high-output triboelectric nanogenerators[J]. Adv Energy Mater，2021，11（1）：2002832.

[12] So M Y，Xu B，Li Z，et al. Flexible corrugated triboelectric nanogenerators for efficient biomechanical energy harvesting and human motion monitoring[J]. Nano Energy，2023，106：108033.

[13] Jiang C，Lai C L，Xu B，et al. Fabric-rebound triboelectric nanogenerators with loops and layered structures for energy harvesting and intelligent wireless monitoring of human motions[J]. Nano Energy，2022，93：106807.

[14] Yu A，Wang W，Li Z，et al. Large-scale smart carpet for self-powered fall detection[J]. Adv Mater Technol，2020，5（2）：1900978.

[15] Zhang X S，Han M，Kim B，et al. All-in-one self-powered flexible microsystems based on triboelectric nanogenerators[J]. Nano Energy，2018，47：410-426.

[16] Ma L，Wu R，Liu S，et al. A machine-fabricated 3D honeycomb-structured flame-retardant triboelectric fabric for fire escape and rescue[J]. Adv Mater，2020，32（38）：2003897.

[17] Lin Z，Yang J，Li X，et al. Large-scale and washable smart textiles based on triboelectric nanogenerator arrays for self-powered sleeping monitoring[J]. Adv Funct Mater，2018，28（1）：1704112.

[18] Zhang N，Li Y，Xiang S，et al. Imperceptible sleep monitoring bedding for remote sleep healthcare and early disease diagnosis[J]. Nano Energy，2020，72：104664.

[19] Kou H，Wang H，Cheng R，et al. Smart pillow based on flexible and breathable triboelectric nanogenerator arrays for head movement monitoring during sleep[J]. ACS Appl Mater Interface，2022，14（20）：23998-4007.

[20] Cao R，Zhao S，Li C. Free deformable nanofibers enhanced tribo-sensors for sleep and tremor monitoring[J]. ACS Appl Electron Mater，2019，1（11）：2301-2307.

[21] Cao R，Pu X，Du X，et al. Screen-printed washable electronic textiles as self-powered touch/gesture tribo-sensors for intelligent human-machine interaction[J]. ACS Nano，2018，12（6）：5190-5196.

[22] He T，Sun Z，Shi Q，et al. Self-powered glove-based intuitive interface for diversified control applications in real/cyber space[J]. Nano Energy，2019，58：641-651.

[23] Lai Y C，Deng J，Zhang S L，et al. Single-thread-based wearable and highly stretchable triboelectric nanogenerators and their applications in cloth-based self-powered human-interactive and biomedical sensing[J]. Adv Funct Mater，2017，27（1）：1604462.

[24] Seung W，Gupta M K，Lee K Y，et al. Nanopatterned textile-based wearable triboelectric nanogenerator[J]. ACS Nano，2015，9（4）：3501-3509.

[25] Ye C，Yang S，Ren J，et al. Electroassisted core-spun triboelectric nanogenerator fabrics for intellisense and artificial intelligence perception[J]. ACS Nano，2022，16（3）：4415-4425.

[26] Wang Z，Wu Y，Jiang W，et al. A universal power management strategy based on novel sound-driven triboelectric nanogenerator and its fully self-powered wireless system applications[J]. Adv Funct Mater，2021，31（34）：2103081.

[27] Cui N，Gu L，Liu J，et al. High performance sound driven triboelectric nanogenerator for harvesting noise energy[J]. Nano Energy，2015，15：321-328.

[28] Gao S，He T，Zhang Z，et al. A motion capturing and energy harvesting hybridized lower-limb system for rehabilitation and sports applications[J]. Adv Sci，2021，8（20）：2101834.

[29] Guo X，He T，Zhang Z，et al. Artificial intelligence-enabled caregiving walking stick powered by ultra-low-frequency human motion[J]. ACS Nano，2021，15（12）：19054-19069.

[30] Wen F，Zhang Z，He T，et al. AI enabled sign language recognition and VR space bidirectional communication using triboelectric smart glove[J]. Nat Commun，2021，12：5387.

[31] Park S，Won D D，Lee B J，et al. A mountable toilet system for personalized health monitoring via the analysis of excreta[J]. Nat Biomed Eng，2020，4（6）：624-635.

[32] Zhang Z，Shi Q，He T，et al. Artificial intelligence of toilet（AI-Toilet）for an integrated health monitoring system（IHMS）using smart triboelectric pressure sensors and image sensor[J]. Nano Energy，2021，90：106517.

[33] Yang D，Liu Z，Yang P，et al. A curtain purification system based on a rabbit furbased rotating triboelectric nanogenerator for efficient photocatalytic degradation of volatile organic compounds[J]. Nanoscale，2023，15：6709.

[34] Wang Y，Zhang X，Jin X，et al. An *in situ* self-charging triboelectric air filter with high removal efficiency，ultra-low pressure drop，superior filtration stability，and robust service life[J]. Nano Energy，2023，105：108021.

[35] Zhang H，Yin F，Shang S，et al. A high-performance，biocompatible，and degradable piezoresistive-triboelectric hybrid device for cross-scale human activities monitoring and self-powered smart home system[J]. Nano Energy，2022，102：107687.

本章作者：胡又凡 [1]，甘蓝月 [1]，郑子剑 [2]，黄琪瑶 [2]，付璟璟 [2]

1.北京大学

2.香港理工大学

Email: youfanhu@pku.edu.cn （胡又凡）；zijian.zheng@polyu.edu.hk（郑子剑）

第 11 章

纺织基摩擦纳米发电机的应用：安防监测

摘　要

传统的安防监测系统通常采用有源、有线传输方式，安装和维护成本高，且系统易受到环境影响，难以实现全方位实时监测。基于纺织品的摩擦纳米发电机（TENG）具有成本低、设计灵活和自供电特性，成为理想的安防监测系统组件。通过摩擦起电和静电感应将机械能转化为电能的 Tex-TENG，是收集环境能量和实现自供电传感器的有效技术，可为无线小型电子设备或传感器节点供电。Tex-TENG 产生的电压和电流信号所蕴含的幅度、频率及周期信息都直接与器件的机械输入行为有关，通过分析电信号特征可以实现信息输入、生物识别、环境监测、预警防护等功能。本章将系统介绍 Tex-TENG 在安防监测系统如智能自供电输入键盘、路径监控系统和安防门禁系统中的应用，旨在提供更为舒适、精确、稳定的柔性安全防护系统，促进个人和家庭生命财产安全的保障。

11.1　输入键盘

随着物联网技术的快速发展，将传感器、通信模块和计算机等各种电子设备结合在可穿戴织物基材上的电子纺织品（e-textiles）受到了广泛关注。电子纺织品的早期版本始于可穿戴计算机的开发，后来扩展到可穿戴电子设备，在织物基材上安装了各种功能器件。近年来，凭借成熟的制造技术，各种电子器件，包括超级电容器、电池、生物医学设备、发光二极管甚至逻辑门，都能直接在织物和/或纤维上制造[1]。在构建电子纺织品的各种部件中，作为可穿戴设备接口的键盘，是人机交互系统中最重要的部件之一。键盘是传统且可靠的人机交互工具；自从数百年前首次发明以来，键盘几乎渗透到人们日常生活的各个角落。TENG 作为一种天然的机电转换装置，可以轻松应用于传统键盘，实现人机交互功能，同时获取打字的机械能[2]。更吸引人的是，键盘中使用 TENG 阵列的输出信号反映了打字用户的行为生物特征，即击键动态，可以用于网络安全、生物识别等应用，而无需添加额外的传感设备，从而使键盘智能化。

11.1.1　纺织基摩擦纳米发电机输入键盘的设计原则

随着柔性人机交互界面设备的发展，利用可变形导体、可拉伸传感器或柔性薄膜制备可交互输入键盘，已经取得了长足的进步。然而，聚合物基材如聚对苯二甲酸乙二醇酯（PET）、聚酰亚胺（PI）和聚二甲基硅氧烷（PDMS），在用于大多数灵活的人机交互界面设备时，存在贴合度低、人体舒适度差的缺点[3-5]。纺织品具有吸湿、柔软、透气和舒适的优点，是设计灵活的人机接口设备的理想材料，特别适用于制备具有个人医疗保健/生物医学监测或生物识别功能的可穿戴电子产品[6]。电子纺织的接口装置在设计时需要满足多种要求，如耐磨性好、使用与纺织行业兼容的材料、成本低、功耗小等[7]。之前的许多研究在全织物电阻式和电容式接口设备方面取得了长足的进展。然而，这些接口设备通常需要使用特定的工艺或材料才能正常运行。此外，在可穿戴应用中，稳定且持久的供电尤为重要，特别是可穿戴设备的静态功耗严重制约了其进一步应用[2, 8]。

Tex-TENG 是通过接触起电和静电感应效应，来收集日常生活中浪费的机械能为设备进行供电，有望打破上述技术制约、满足技术需求。Tex-TENG 输入键盘的设计如图 11.1 所示，需要满足多种条件：如耐久性好、与纺织行业兼容性好、成本低、功耗小、输出功率高等。

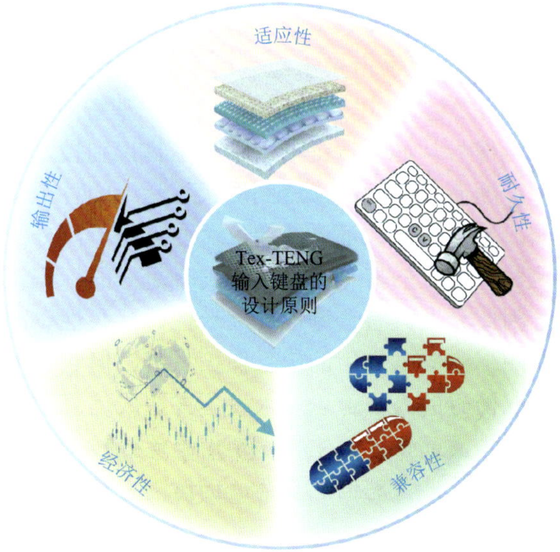

图 11.1　用于输入键盘的 Tex-TENG 设计原则

适应性：基于纺织材料的 TENG 输入键盘的最终目的是提供人机交互接口。所以应与传统的键盘有较高的适应性，使设备功能能够与纺织材料的形状适应性、柔软、透气、舒适和高耐久性等优点相结合。

耐久性：耐久性包括耐磨性、耐弯曲、拉伸性和耐敲击性，这对纺织基输入键盘的设计至关重要。目前，针对纺织基键盘的设计主要包括单电极模式、接触分离模式、水平滑动模式和独立层模式。对于单电极和接触分离模式，纺织材料会受到持续的外部敲击产生弯曲和拉伸变形，这会导致材料发生裂纹和断裂等机械损伤。在滑动和独立层模式下，纳米发电机会遭受严重的摩擦、磨损和材料黏附。这种材料的磨损和表面破坏，会导致摩擦电材料的输出性能下降，从而寿命降低并存在一定的安全隐患[9]。

兼容性：用于 TENG 的纺织材料制造工艺与传统纺织加工技术和设备的兼容性，对纺织基键盘的商业化尤为重要。纺丝、纺纱、编织、织造等成熟的纺织技术制造工艺不仅有利于兼容传统纺织机械设备，而且有望推动下一代智能能源键盘的商业化进程。

经济性：纺织品的大规模制造通常涉及成本效益。基于具有成本效益的商用织物构建 TENG 输入键盘，有利于进一步在柔性可穿戴设备领域设计更简便、实用和低成本的交互系统。

输出性：足够高的电气性有助于提高纺织基输入键盘的实用性、灵敏度以及抗串扰性。实际应用过程中产生的微弱电信号，即环境噪声，会对信号产生串扰，不利于信息的输入。通常需要设置较高的阈值电压来减少环境噪声，所以较高的电气输出性能，能有效提高交互系统的稳定性和灵敏性。

11.1.2 智能键盘

在键盘的信息输入过程中，手指敲击键盘所引起的接触分离现象，激发了人们对 Tex-TENG 用于传感应用的兴趣。如图 11.2 所示，纺织基智能键盘可以有效地利用打字动作产生具有区分度的电信号。通过按键动力学与生物识别技术的辅助，还能对不同个体的输入特征进行识别。随着信息商品渗透到现代生活中的各个角落，信息安全已成为一个严重的问题。例如，当前键盘认证系统的致命弱点是不法分子通过窃取的个人识别信息（如密码）轻易地冒充真正的持有者。由于没有更好的标识符，不能轻易地将其与计算机的持有者分开，因此开发具有普遍性、唯一性、持久性、准确性的识别键盘成为迫切需要。数字密码和图形密码是常用的信息保护手段。但它们的固定模式导致了非排他性，这意味着任何窃取密码的人都可以进入设备并造成信息泄露和其他危害。虽然电子技术的进步，指纹识别、面部识别等生物识别信息保护技术越来越普及，但是潜在的侵入风险是不可避免的。因此，考虑信息安全，仍然需要开发更加高效、安全、便捷的信息保护技术。

2015 年，王中林院士团队报道了一种自供电、非机械冲压键盘。该键盘首先通过人类手指和按键之间的接触产生刺激信号，然后将施加到键盘上的机械刺激转换为可识别

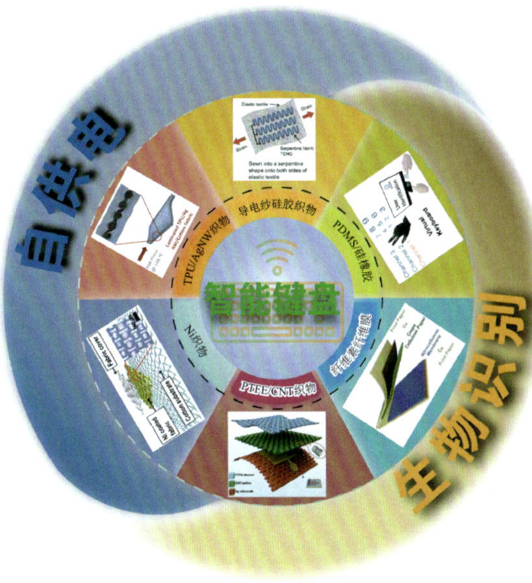

图 11.2　Tex-TENG 智能键盘[2, 10-14]

的电信号。研究证明，基于 TENG 的智能键盘在信息安全和打字能量收集方面具有可行性[15]。虽然目前与商用键盘仍存在一定距离，但是织物基 TENG 键盘具有柔性、形状适应性、可变形性、耐磨性和轻量化的优势，在键入时容易发生形变，并能将机械能转化为电信号，使其在柔性智能键盘领域具有独特优势[16]。

Yi 等通过简单有效的途径，制备了全织物基 TENG 作为自供电人机交互键盘[12]。如图 11.3 所示，独特的 TENG 编织结构，赋予编织物具有自供电能力、舒适、耐磨等性能特征。该织物基 TENG 键盘原型具有较高的拉伸性和稳定性以及高压灵敏度，能够产生电信号来检测外部按键。其终端设备显示由击键产生的电信号转换成的数字信号触发。测量系统的每个电信号输出均与单独的键盘和采集卡连接，并在电极通道处并联 80MΩ 电阻，以减少环境噪声。同时，通过预设 2V 的开启电压，确保了织物基键盘在高环境噪声下也能稳定工作。利用 Pauta 准则可分析相应的临界电压 V_{th}：

$$V_{\mathrm{th}}=\frac{1}{n}\sum_{i=1}^{n}V_{\mathrm{p}i}+\frac{3}{\sqrt{n}} \tag{11.1}$$

式中，$V_{\mathrm{p}i}$ 为第 i 个通道的峰值电压；n 为所有关键通道的数量；i 为 1～n 的整数。当键盘生成电压信号并且高于设置的阈值时，击键行为在终端设备上有效。在实际使用过程中，准确记录了每个打字行为，具有极低的延迟。

此外，该智能键盘可根据不同采集对象产生的输出电压、敲击间隔和信号波形差异，实现生物识别功能。根据敲击间隔的分析，受试者在每次击键结束时对下一次击键的反应时间也不一致，导致不同实验者对每组击键的特征频率不同[图 11.4（a）～（c）中的黑色虚线框标注]。利用三个实验者按下同一键“E”的电压信号，进一步分析不同操作对象的击键信号差异。如图 11.4（d）～（f）所示，三位实验者 Charles、Kevin 和 Jenny

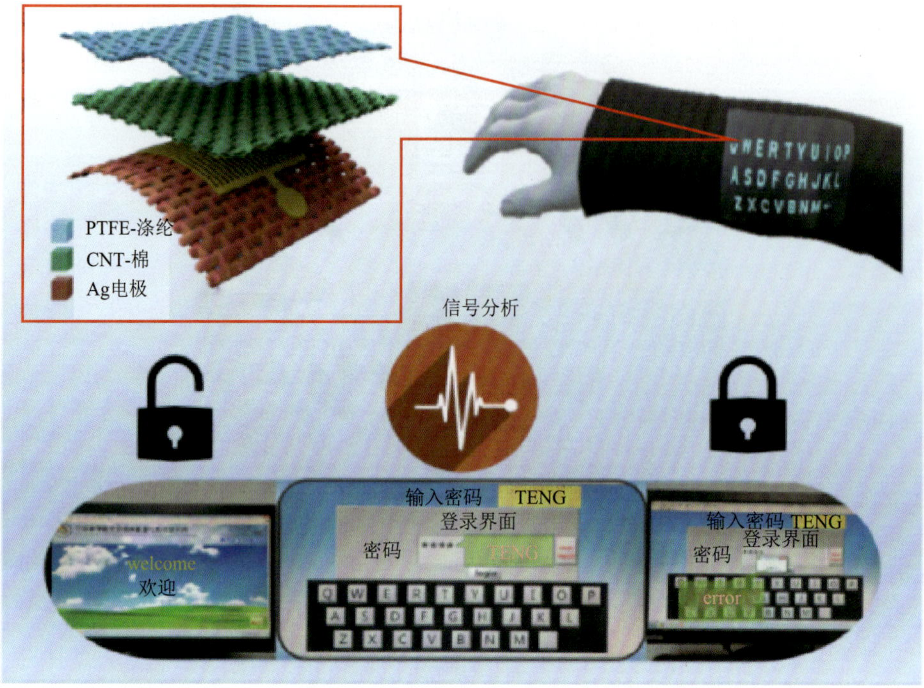

图 11.3 织物基 TENG 作为自供电人机交互键盘[12]

按下相同键位时产生的电压信号均有所不同，利用这些特征可以用作生物特征判断。信号通过处理数据后可得到三种不同的特征信号波形，如图 11.4（g）所示。可通过离散小波变换捕获时域和频域的特征信号。详细公式如下：

$$W_{j,k}(f)=\int_{-\infty}^{+\infty}\psi_{j,k}(t)f(t)\mathrm{d}t \tag{11.2}$$

$$f(t)=\psi_1(t)+\psi_2(t)+\psi_3(t)+\psi_4(t) \tag{11.3}$$

基于 Haar 小波，对原始电信号进行多分辨率变换，得到多个电压分量$\psi_1(t)$、$\psi_2(t)$、$\psi_3(t)$、$\psi_4(t)$尺度[图 11.4（h）～（i）]。j（$j=1$、2、3、4）是正整数；k 是给定范围内的变化次数；$f(t)$对应于原始状态下的电压信号；ψ_2、ψ_3、ψ_4为源电压分解后的细节分量。为了实现高度安全的生物识别安全管理，利用不同操作者之间电输出信号的差异，采用 LabVIEW 构建了安全登录系统。结果表明，即使数字密码暴露，仍然只有特定的匹配用户可以成功进入系统[图 11.4（j）]。并且，通过信号分析计算特征值并设置电压信号的匹配程度，可进一步提高该织物基键盘的生物识别能力。

为了进一步提高键入细节捕获效率，Liu 等开发了一种基于丝素蛋白的五指可穿戴无线输入 TENG 键盘[17]。该键盘在五指编码系统的基础上，创建了元音模式的数对编码表，将 26 个英文字母和其他一些必要的指令融入五指输入设备中，如图 11.5（a）所示，通过数据处理、数据编码、数据无线传输和机器学习，该丝素蛋白（SF）基环状（R）TENG（SR-TENG）键盘实现了五指输入键盘系统的通信功能。此外，如图 11.5（b）和（c）所示，通过不同用户产生信号的特征模型，此键盘系统使用支持向量机算法来识别注册者。该智能键盘的定向和编码功能相结合，为智能家居控制提供了高效的解决方案，有望在人机交互界面、商业、VR 场景等领域进行应用。

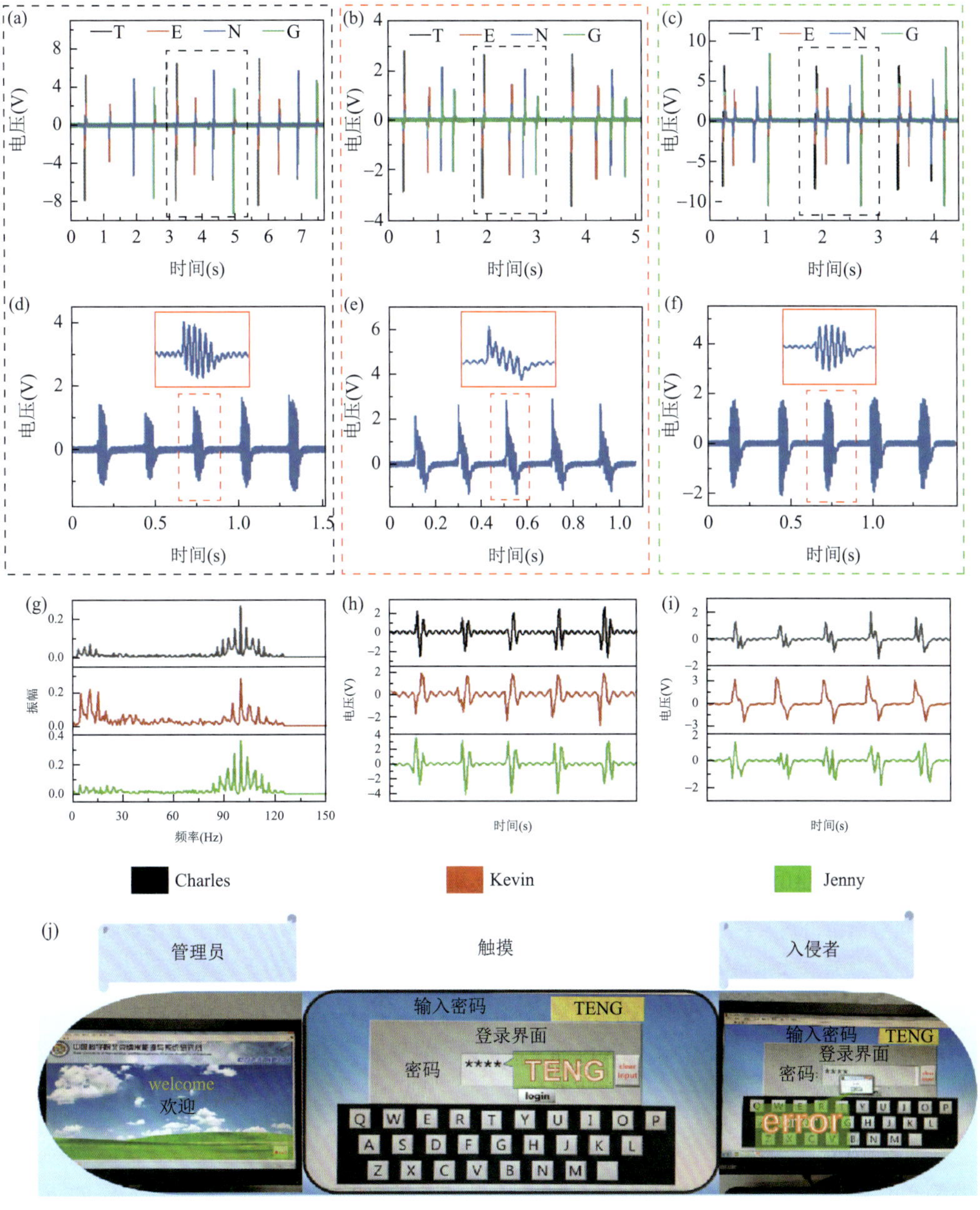

图 11.4 自供电可穿戴键盘的生物识别认证。（a～c）三名实验者输入织物基 TENG 时生成的重复电压信号；（d～f）不同实验者（Charles、Kevin 和 Jenny）按下同一按钮产生的电压信号差异；（g）通过傅里叶变换对不同物体的信号进行处理后的频谱图；（h，i）小波变换后的详细波形；（j）智能键盘具有自我防护功能，用于识别管理员和入侵者[12]

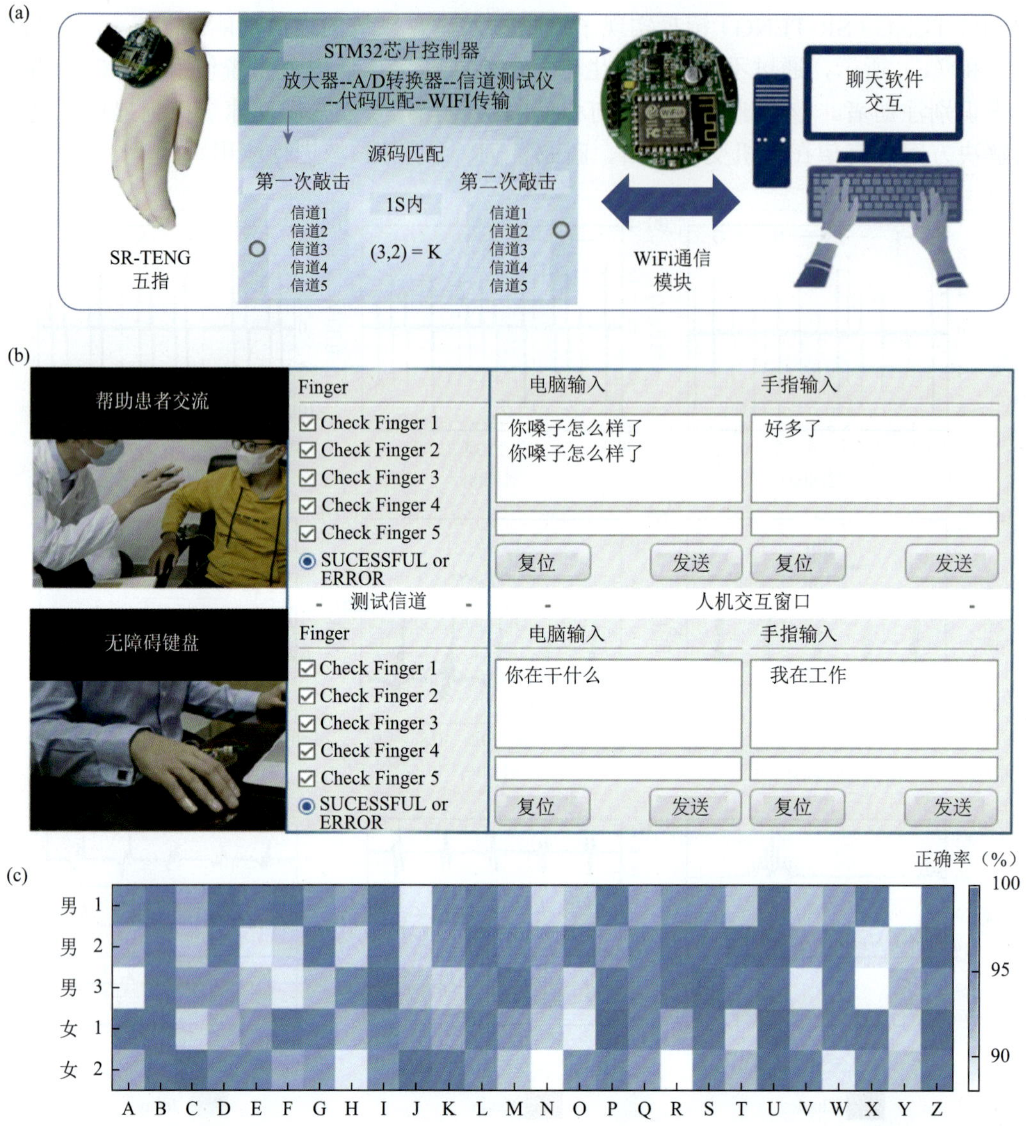

图 11.5　可穿戴键盘输入系统的编码功能。(a) 键盘系统输入流程图；(b) 应用于工作场所和医患沟通场景及无障碍聊天窗口；(c) 不同测试者敲击的 26 个字母的正确率分布[17]

11.2　路径监控

在现代信息社会中，路径安全已成为不可避免的问题，尤其是在军事和商业领域。开发简单、高效、自供电的人体路径监控系统是维护内部安全、防止外来入侵的重要保障[18]。此外，路径监测对于健康评估和早期诊断也具有重要意义。将传统纺织品与 TENG 相结合，诞生了自供电路径监测纺织品。如图 11.6 所示，这些纺织基路径监测系统可以准确识别运动方向，实现路径监测、轨迹追踪和距离检测[18-21]。

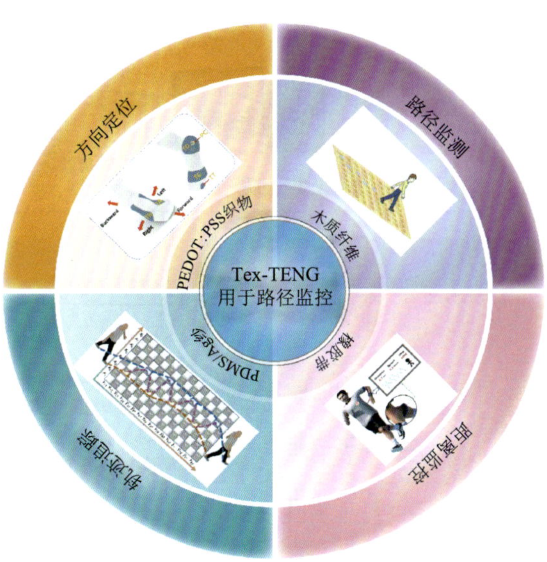

图 11.6　Tex-TENG 用于路径监控[18-21]

11.2.1　纺织基摩擦纳米发电机在路径分析中的应用

地板作为人与环境交互最为常用的界面之一，在地板中嵌入功能传感器可以获得指定的信息来跟踪移动路径并检测跌倒。Shi 等运用了一种有效且简单的方法，生产了具有优良机械和摩擦电性能的纤维素 TENG；该木质纤维素 TENG 可以轻松与地板集成，获得灵活、轻便、低成本和灵敏的自供电传感器，并用于路径监控和健康监测[19]。图 11.7（a）展示了自供电智能地板监控系统的示意图。当人们在地板上行走时，每个触摸位置对应的输出电压信号将通过多通道数据采集方法产生并收集。经过信号处理和分析，可以同时实现步态特征记录、路径跟踪、安全监控等多种功能。单元尺寸为 8cm×8cm 的 8×8 阵列纤维素 TENG，嵌入木地板表面实施路径监测，结果表明该系统能够有效监测步态行为[图 11.7（b）]。如图 11.7（c）所示，自供电智能地板监控系统界面是由实时监测图、各通道电压信号组成。图 11.7（d）显示了测试者在智能地板上行走（ i ）和跌倒（ ii ）的照片。当测试者行走在不同位置时，每个传感单元对应的电压信号都会记录下来，根据检测到的输出信号，实时跟踪结果将显示在程序界面上。图 11.7（e）展现了测试者完整的行走轨迹，所踩到的方块通过数字字符加以突出显示，以此来呈现移动的轨迹。在跌倒的情形下，人体与地板的接触面积要远大于脚步的接触面积。凭借在短时间内对触发信号的监测，自供电系统能够对跌倒事件进行检测。图 11.7（f）呈现了测试者跌倒在地板上时所记录的电压信号，能够观察到在短期内出现了多个通道的输出信号。当跌倒事件发生时，会发出警示信息。具备路径分析与安全监控功能的自供电智能地板系统，在家庭、商场、医院、健身房等场所将会具有极为实用的应用前景。

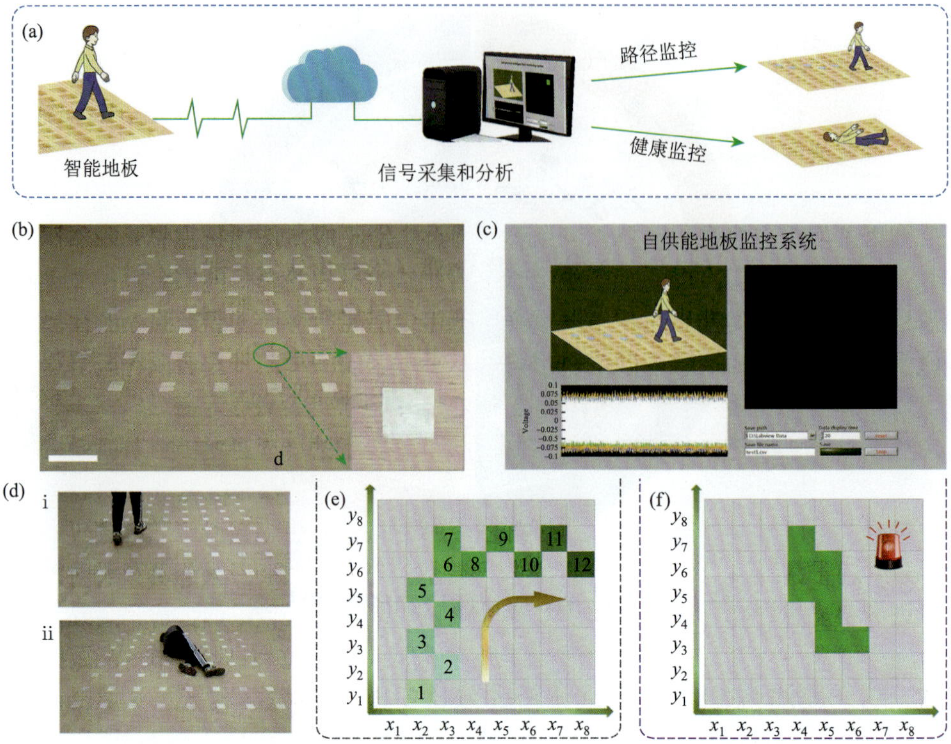

图 11.7 （a）智能地板路径监控系统示意图；（b）基于木质纤维素 TENG 的智能地板监控系统实物照片；（c）智能地板监控系统的操作界面；（d）测试者在智能地板上行走（i）和跌倒（ii）的照片；（e）测试者在智能地板上行走的路径显示；（f）跌倒时智能地板监控系统感应区域的亮点和警报[19]

11.2.2 纺织基摩擦纳米发电机在安全监控中的应用

准确监测人类步态路径对于健康评估和早期诊断至关重要。对于老年人和受伤人员的医疗保健，异常的步态路径可能是罹患疾病风险的重要预测因子。Lin 等报道了一种基于 TENG 的智能鞋垫，用于实时步态路径监测[22]。由于采用了新颖的气压驱动结构设计［图 11.8（a）和（b）］，该弹性鞋垫表现出反应时间快、耐用性高和机械性能优异。通过分析电信号，智能鞋垫可以实时准确地监测和区分各种路径模式，包括跳跃、迈步、行走和跑步。智能鞋垫还可用于监测步态异常，以进行康复评估。此外，智能鞋垫还可以在医疗保健应用中发挥另一个重要作用，如作为老年人或患者的跌倒警报系统［图 11.8（c）和（d）］。这项工作不仅为实时、长期步态路径监测开辟了新途径，也为远程临床生物运动分析的实际应用提供了新视角。

Dong 等基于三维五向编织结构，开发了一种 3D 编织 TENG 作为一种新型自供能电子纺织品，用于生物力学能量收集、压力传感和路径监控[18]。以多轴向缠绕纱作为轴向纱，PDMS 涂层能量纱作为编织纱，采用四步编织技术制备了具有高柔韧性、形状适应性、结构完整性、机洗性和优异机械稳定性等优点的三维编织 TENG 织物。基于这些优

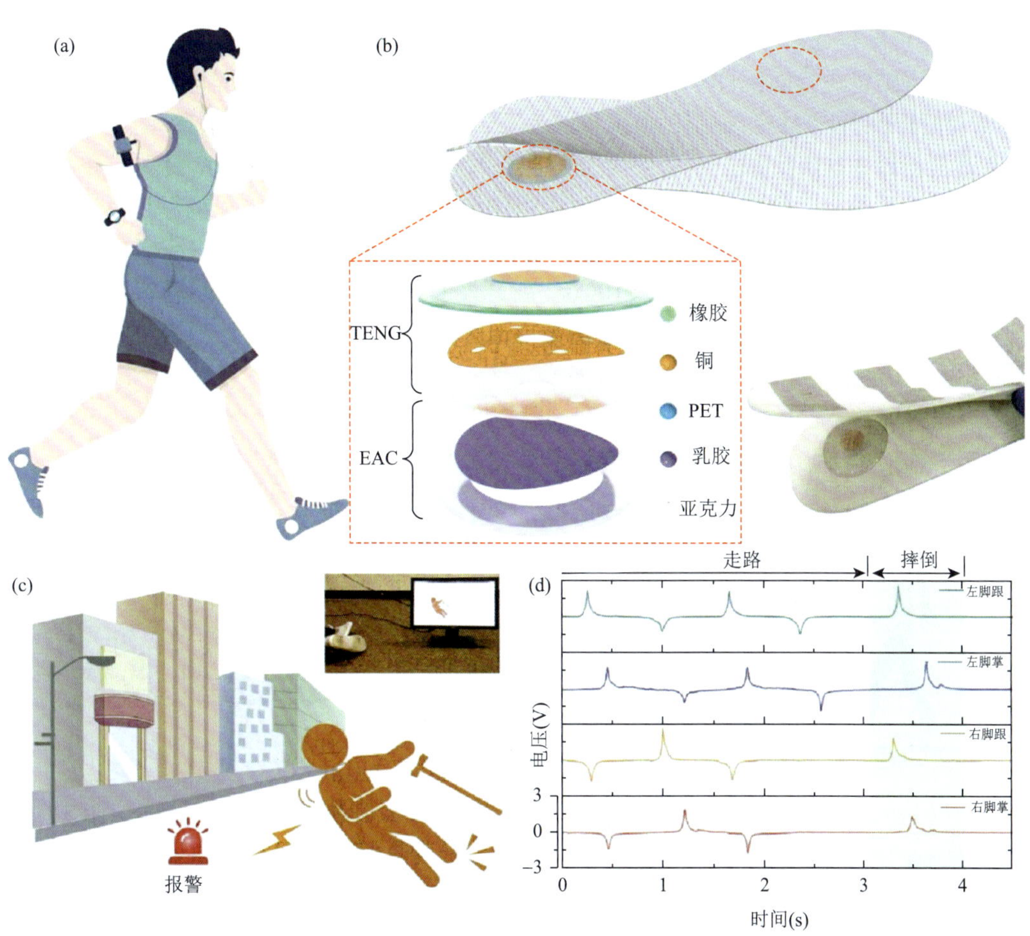

图 11.8　(a，b) 步态路径监测智能鞋垫的制备示意图；(c，d) 智能鞋垫用于跌倒警告的应用演示[22]

异的性能，设计并演示了用于人体运动监测的无线智能鞋类系统、用于安全入口的自供电路径监控和身份识别地毯。所开发的 Tex-TENG 本质上是一种高功率输出、高压灵敏度的电子纺织品，在可穿戴电源、无线运动监测和多功能人机交互界面方面具有广阔的应用前景。如图 11.9（a）所示，该系统包括自供电能量收集地毯、同步多通道采集模块、实时数据采集模块、分析和接口输出平台。智能门前放置了由 128 块大小相等的黑白格子方块组成的自供电识别地毯。根据正常脚的尺寸，每块的面积设计为 20cm×20cm。织物以马蹄形缝制在黑色块的后中心，构成 64 个相互独立的传感区域。织物的电极通过标准柔性绝缘电线与相应的采集通道连接。因此，每个感测区域都连接到其接收通道，使得它们彼此独立。开发的软件输出接口包括设定的密码路径、实时行走路径及输出信号、可切换的判断状态。实际上，界面上会显示三种状态，即密码身份正确、密码身份错误、连续输入错误密码超过 3 次则身份错误并发出警报。当访客走过地毯时，其行走轨迹将同时记录。如图 11.9（b）所示，整个人的行走路径、左脚和右脚分别用洋红色、蓝色和棕色的虚线勾勒出来。踩到的方块会用小脚符号突出显示，根据左脚和右脚的分配，分别分为蓝色和棕色。为了方便显示位置，将地毯的行和列分别标记

为 x_i 和 y_{ij}（$i=1$、2、…、8，$j=1$ 和 2）。实时行走轨迹映射在界面上[图 11.9（d）]并与设定的密码路径进行匹配[图 11.9（c）]。如果路径与设定一致，则屏幕上会显示正确的信息，并打开门[图 11.9（e）]。当报告验证不一致时，门将保持关闭状态[图 11.9（f）]。如果连续超过 3 次不一致，则会同时发出危险入侵警报[图 11.9（g）]。此外，单个传感块的连续电压信号，表现出良好的一致性和稳定性。并且，还研究了步行路径识别方面的可重复性和可靠性。结果表明，即使经过 10 次重复测试，在设定路径上仍能得到具有相同趋势的电压信号，准确度接近 100%。所开发的自供电路径监控、身份识别地毯具有识别精度高、稳定性好等优点，在未来路径监控、门禁系统、步态分析等方面具有广阔的应用前景。

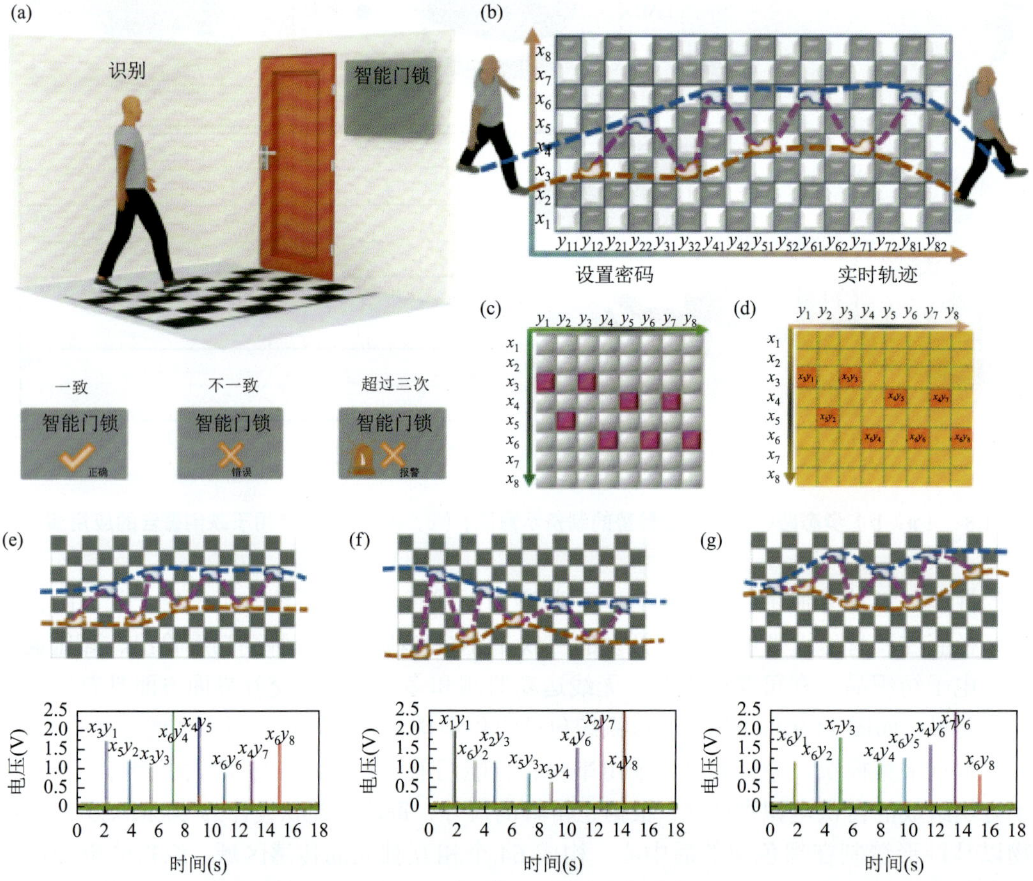

图 11.9　自供电路径监控及身份识别系统示意图。（a）屏幕上会显示“√”“×”“×伴有报警指示”三种状态；（b）身份识别地毯上人体行走轨迹示意图，洋红色、蓝色和棕色虚线分别代表整个人、左脚和右脚的行走路线，蓝色和棕色的小脚符号分别指的是左脚和右脚；（c，d）设定密码路径（c）及实时行走路径（d）示意图；（e～g）身份识别地毯上的实时行走轨迹，分别对应评价时密码正确（e）、第一次密码错误（f）、连续 3 次以上密码错误（g）的路径，64 个感应块的电压信号呈现在相应的行走轨迹下方，并且每条曲线上方标记了阶梯感应块的位置[18]

11.3 门 禁 系 统

随着信息时代的快速发展，人们生活出入的约束及日常管理对门禁系统的安全提出了挑战。当今世界的智能门禁系统已经取得了很大的进步，传统的门锁系统因缺乏安全性、便利性、智能性和免维护性，已逐步被智能门禁系统替代。事实证明，智能门禁系统在监控和私人安全等应用中非常有效。现代智能门锁依赖电池进行工作，当电量耗尽时将面临无法开启的局面。另外，智能门锁的识别方式较为单一，技术的提升使得智能门锁更易遭受攻击，从而导致其安全性能逐步削弱。Tex-TENG 具有自供能、轻量化、耐久性高等特点，适用于可穿戴式智能门禁系统（图 11.10）。更重要的是，Tex-TENG 能准确识别不同个体生物信息并成功用于提高门禁系统的安全性。如今，开发纺织基自供能个性化门禁系统受到了广泛关注。

图 11.10　Tex-TENG 在智能门禁系统中的应用[18, 23-25]

11.3.1　接触式纺织基摩擦纳米发电机智能门禁系统

目前的门禁系统不可避免地依赖电源，这极大地限制了其应用和发展。TENG 因其自供能特性，为下一代智能门禁系统带来巨大的发展潜力[26]。随着生活品质的提升，将电子设备融入柔性纺织品中，可改善人机交互界面的舒适性，但纺织技术限制了器件的结构，且大多采用垂直接触分离模式[27]。Tex-TENG 普遍采用以下方式进行制备：直接涂覆法、引入纺织品上导电材料的沉积电介质方法、编织和卷绕的纺织品制造技术。然而，涂层或沉积方法总是产生透气性差和可洗性差的问题，并且制造过程复杂[28]。

作为地球上最丰富的资源之一，天然木材具有可持续性、可再生性和生物降解性等优点。考虑到木质纤维素材料在家居纺织品中的广泛应用及其柔性的优异性能，其在家居建筑中构建自供电传感系统将具有巨大的潜力。Shi 等报道了一种有效且简单的方法，用于生产具有优良机械和摩擦电性能的木质纤维素 TENG，实现了灵活、轻便、低成本和高灵敏的自供电传感器门禁系统[19]。柔性木质纤维素 TENG 的制造过程如图 11.11（a）所示。首先，通过两步策略将天然木材转化为柔性木材，即在 NaOH 和 Na_2SO_3 的混合溶液中进行化学煮沸，然后进行热压得到木质纤维素薄膜。进一步将其与多通道数据采集系统与信号处理装置结合可得到智能门禁系统[图 11.11（b）和（c）]。当在木门表面构建并集成了 3×3 的 TENG 阵列时，可用于判别触摸的密码序列和个人特征。每个感应单元的尺寸为 2cm×2cm，相邻两个单元之间的间距为 0.5cm。对于多通道输出电压测量，采用了具有集成信号调节功能的同步数据采集卡（PXIe-4300，National Instruments）。自供电系统界面如图 11.11（c）所示，包括实时触摸面板、输入密码的排序结果以及各通道的实时电压信号。当人的手指触摸集成在木门上的 TENG 单元时，将产生电压信号，用于识别触摸密码序列和个人特征。在多次测试过程中，这些规范化的特征将用于构建用户模型和数据库，以实现身份验证和识别。以预设的数字序列“1-8-9-6-4”作为密码示例，每个信号幅度和时间间隔具有各自的特征值。只有当所有特征输入信号与预设值匹配时，门锁系统才被访问[图 11.11（d）]。若输入的数字序列存在错误，或特征值与预设值不匹配，系统将无法访问并发出警报[图 11.11（e）]。

此外，制备舒适、可定制的高性能 Tex-TENG 智能门禁系统至关重要。Zhang 等通过丝网印刷技术制备了一种用于可穿戴生物力学能量收集和智能门禁的 Tex-TENG（图 11.12）[24]。由于可定制的图案、面积、油墨材料和厚度，丝网印刷纺织品 TENG（SPT-TENG）具有优异的舒适性、拉伸性、粗糙度、渗透性、耐洗性甚至时尚性。该 SPT-TENG 还表现出高电输出性能，经证明可以为商用电容器持续充电，能用于驱动一些便携式电子产品，并可作为持续电源为智能门禁系统进行供电。

考虑到其出色的电输出性能，SPT-TENG 还能够用于自供电人机交互界面。所开发的柔性无线键盘系统（WWKS）由数字图案“1～9”的 SPT-TENG 阵列、信号处理电路和一些电子设备（计算机、电话、密码盒或智能门锁）组成[图 11.12（a）和（b）]。SPT-TENG 阵列可以充当自供电触觉传感器，将触摸信号转换为电输出信号。信号处理电路涉及四个组件：低通多通道信号采集器、测量放大器、模数转换器和数据集成器。图 11.12（c）展示了 WWKS 在工作状态下的佩戴体验：其贴肤性甚佳。通过多通道数据采集和信号处理，组件可以识别触摸顺序[图 11.12（d）]。该 WWKS 还可进一步用于访问智能门锁系统[图 11.12（e）～（g）]或在计算机上输入诸如“BMMLAB”之类的单词。鉴于 WWKS 具备独立的电力供应系统，能够切实保障个人隐私与安全。

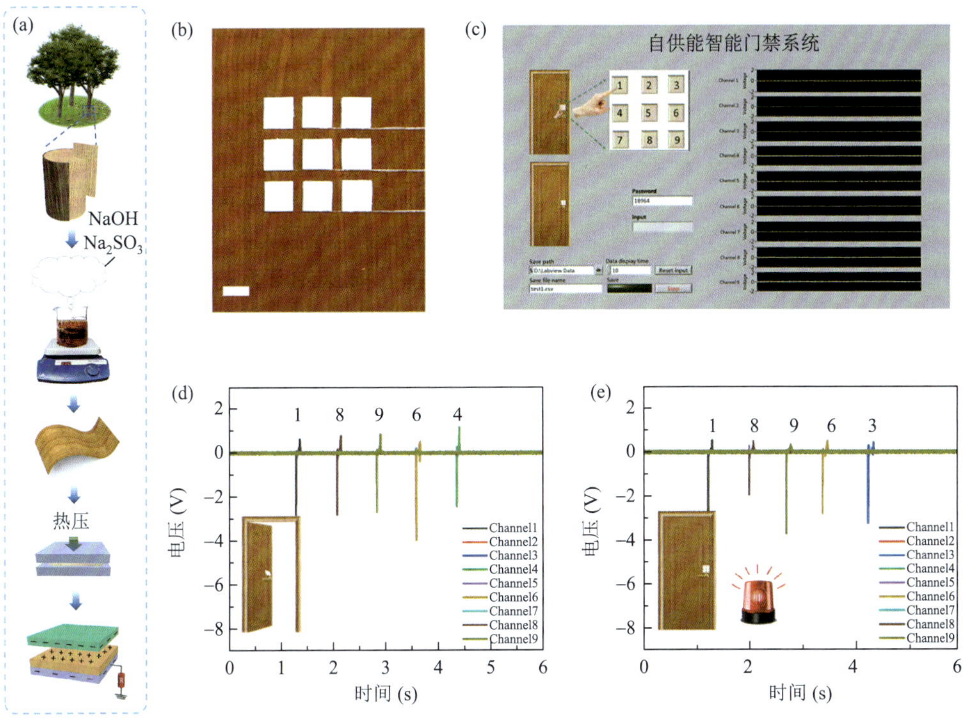

图 11.11　(a) 木质纤维素 TENG 自供电智能门禁系统示意图；(b) 基于木质纤维素 TENG 的智能门锁系统实物照片；(c) 自供能智能门锁系统的操作界面；(d) 成功解锁后，门打开；(e) 密码错误，发出警报[19]

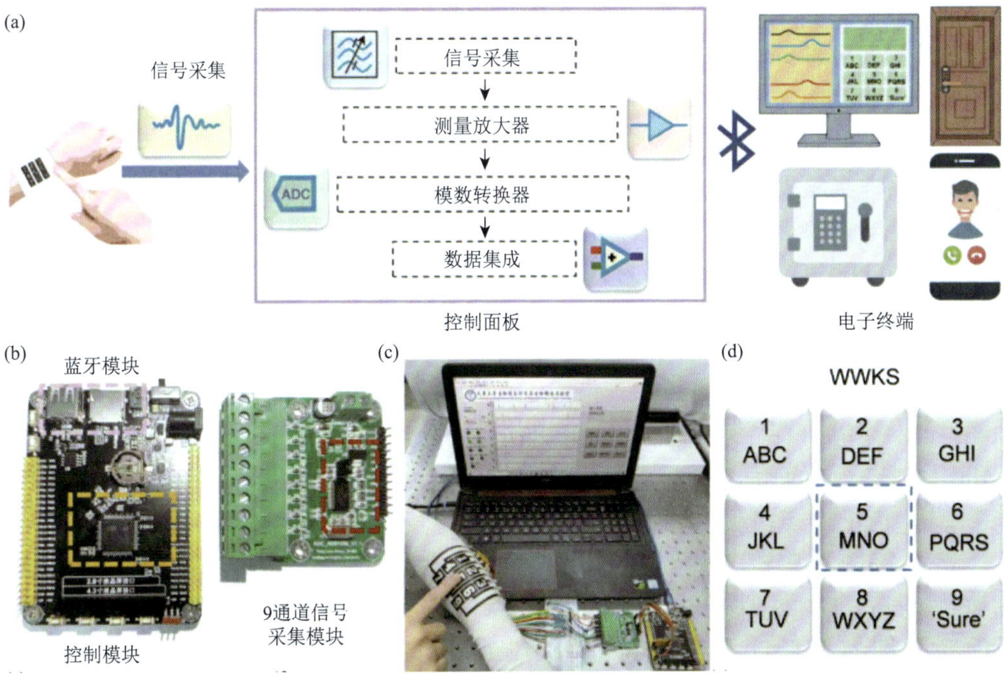

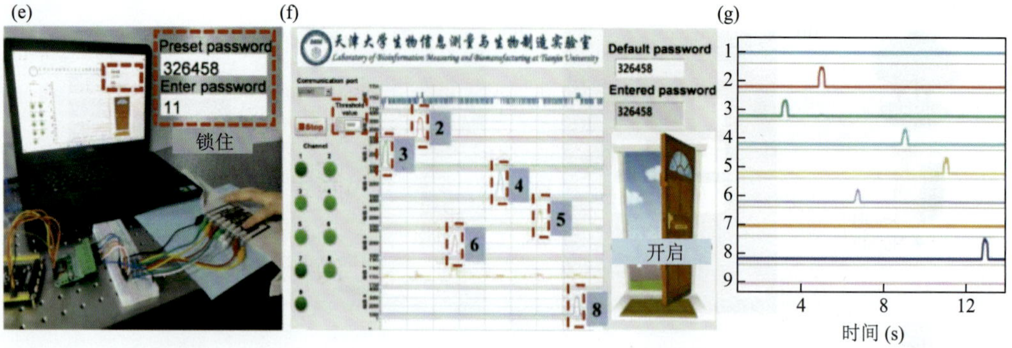

图 11.12　SPT-TENG 用于可穿戴无线键盘系统（WWKS）和门禁系统。（a）SPT-TENG 阵列用于远程无线输入的操作示意图；（b，c）电路板和 WWKS 的光学照片；（d）用输入数字或字母的工作逻辑图；（e～g）WWKS 在 LabVIEW 软件上用于访问智能门锁系统[24]

11.3.2　非接触式纺织基摩擦纳米发电机智能门禁系统

众所周知，接触分离起电是 Tex-TENG 门禁系统的典型工作机制之一，其原理是监测由两种材料之间持续接触和分离的过程中产生等量的相反电荷[29]。然而，接触分离式的门禁系统存在稳定性差的缺点，如由于连续运行引起的摩擦热和材料磨损，TENG 可靠性和鲁棒性下降，从而影响设备的寿命[30]。此外，在疾病大流行的形势下，接触式的门禁系统也会增加细菌、病毒传播的风险。因此，发展非接触式的 Tex-TENG 门禁系统将作为这些问题的解决方案。理论上，随着 TENG 的两个摩擦电材料表面之间距离增加，输出性能会降低。非接触式 TENG 因没有接触分离过程产生的摩擦电荷，则应具有卓越的电荷捕获能力来满足自供电性能，原则上可通过提升活性材料的电荷存储能力和减少表面电荷耗散以有效提高输出能力，如通过对材料介电常数调控、离子引入、多重电介质层复合、相转变和结构调控等方式优化材料，以延长电荷衰减时间并增加感应电荷，从而提高电信号的输出性能[31-33]。

为满足非接触式 TENG 的持续需求，Rana 等创制了一种可持续自供电的双层 TENG 织物，用于非接触式智能门锁[23]。首先，该 TENG 织物表面经由 MXene（$Ti_3C_2T_x$）、钴/多孔碳（Co-NPC）/Ecoflex 纳米材料、镀银导电织物复合而成。其中，MXene 具有高电负性、良好的导电性以及高电荷捕获能力，可作为电荷捕获层大幅改善电信号输出性能。Co-NPC 纳米颗粒由溶剂热碳化法制得，具有窄孔径分布、高介电常数和良好的化学稳定性等优势；其进一步与 Ecoflex 聚合物长链组装，可作为电荷产生层协同提高 TENG 织物的输出电荷密度。然后，将制备的 MXene 和 Co-NPC/Ecoflex 置于织物模板中，经过干燥、剥离最终形成双层 TENG 织物。测试结果表明，该 TENG 具有优异的位移感知性能，适用于非接触式门禁系统。

此外，不同间隔距离对该双层 TENG 电输出性能的影响较大。随着间隔距离从 2cm 增加到 20cm，TENG 的输出电压、电流密度和电荷密度均呈现衰减趋势，可能归因于电场的减弱[图 11.13（a）和（b）]。另外，根据表面感应电荷密度公式：

$$\sigma = \frac{V\varepsilon_0\varepsilon_r}{d} \tag{11.4}$$

其中，V 是 Co-NPC/Ecoflex 的表面电势；ε_0 和 ε_r 分别是空气和 Co-NPC/Ecoflex 纳米复合材料的介电常数；d 表示 Co-NPC/Ecoflex 纳米复合材料的厚度。计算可知，感应电荷量与间隔距离的平方成反比。因此，该 TENG 的输出性能强度取决于间隔距离，并且自供能位置监测性能随着间隔距离的减小而增强。同时，峰值电压与人体的间隔距离密切相关。在 2～20cm 范围内，峰值电压随间隔距离增大呈线性下降趋势，灵敏度约为 5.8V/cm，相关系数（R^2）为 0.984[图 11.13（c）]，表明该 TENG 织物适用于非接触式门禁系统。

基于这些结果，该团队开发并测试了用于密码验证的非接触式门锁系统：包括门、双层 TENG 阵列，滤波器电路和多点控制单元[图 11.13（d）]。图 11.13（e）显示了智能门锁系统的实物照片。当用户的手靠近智能门锁一定距离时，会产生对应的输出电压[图 11.13（f）]。智能门锁板的输出电压随着距离的增加而降低，但在 1cm 距离处仍可观察到高达 4.5V 的输出电压。根据四个区块的信号，设置密码“2013”，无需接触门锁板即可打开门，几秒钟后自动关闭。这种非接触式智能门禁系统在制造工业机器人、人机交互、物联网、自供电传感器、可穿戴电子设备、人工智能等领域具有广泛的应用前景。

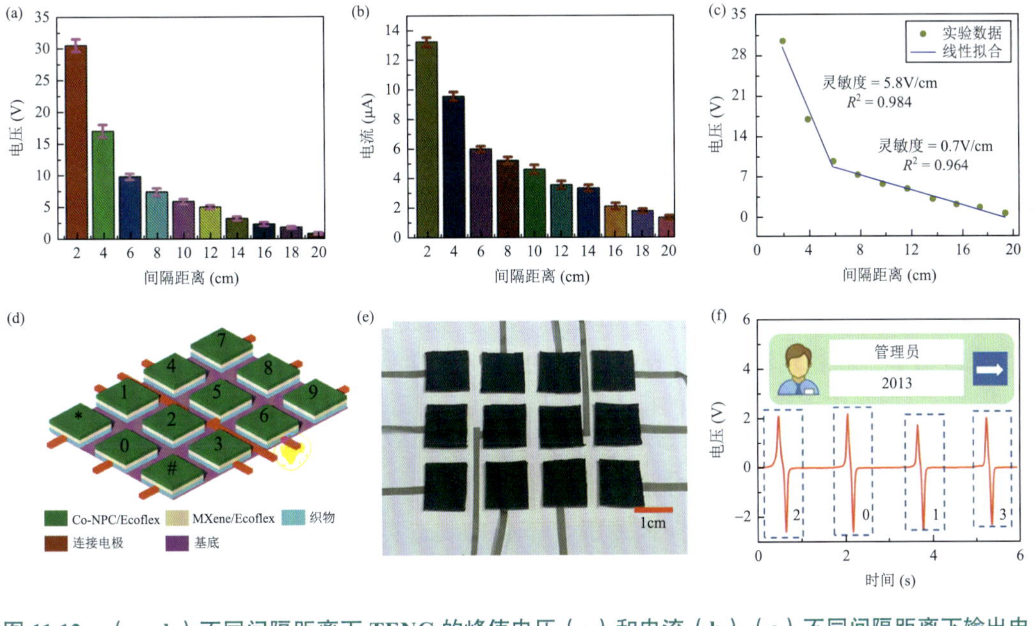

图 11.13 （a，b）不同间隔距离下 TENG 的峰值电压（a）和电流（b）；（c）不同间隔距离下输出电压和灵敏度的变化；（d）智能门锁密码认证系统示意图；（e）智能门锁密码认证系统实物图；（f）TENG 的密码验证和输出电压波形示意图[23]

11.4 小　结

本章介绍了基于纺织材料的 TENG 在安防监测中的应用。在外界机械触发下，Tex-TENG 以自供电的方式产生电学信号。利用这种电信号不仅可以用作人机交互输入接口，还可以用作路径监控和信息安全门禁系统（图 11.14）。这些工作为高功率输出和高压力敏感度的 TENG 纺织品提供了新设计理念和多个创新应用场景，助力可穿戴能量收集、自供电传感器、人机交互界面和人工智能等领域的发展进步。

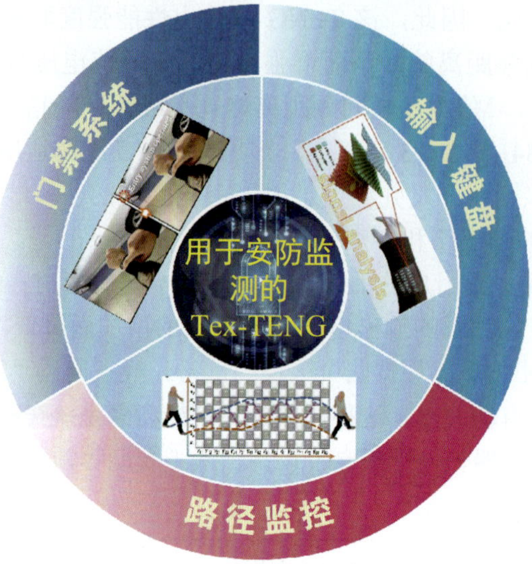

图 11.14 用于安防监测的 Tex-TENG

然而 TENG 纺织品作为安防监测，目前仍存在以下方面的局限和挑战。

（1）传感性能。安防监控 TENG 纺织品的工作机制主要依赖于静电感应和摩擦起电效应，其传感灵敏度取决于纺织品电输出性能。纺织材料具有有限的摩擦系数、较高的回潮率，一定程度上制约了其灵敏性。为了提高输出信号，可通过界面调控或表面改性，设计创新结构，并可以与其他传感技术集成开发混合传感设备。

（2）耐久性和稳定性。柔性 Tex-TENG 的耐久性和稳定性长期以来难以与刚性 TENG 相媲美，主要是由于纺织材料的模量和强度相对较低。抗拉伸干扰的 TENG 仍集中在膜状、片状器件，纤维基抗拉伸干扰压力传感器鲜有研究。潜在解决方案是利用化学改性和复合材料技术提升 Tex-TENG 的机械耐久性。

（3）环境影响。在当前安防监测用 TENG 的制造实践中，普遍采用不可降解的合成纤维作为主要材料。这种做法无疑加剧了环境污染的严重性。鉴于此，有必要强调采用天然纤维和开发可再生纤维作为 TENG 的制备材料，以减轻对生态环境的负面影响。

（4）生物相容性。安防监测用 TENG 可能会与人体紧密接触，容易引起材料物理和化学性质的改变，因此选材时，需要确保材料的接触安全性以及生物相容性。

（5）大数据分析。结合云计算技术、人工智能算法以及 TENG（新型能量收集技术）所驱动的大数据分析，有望开发出一种自动化的数据收集与分析系统，该系统不仅能够实现数据的自动处理，而且显著提升传感的精确度。在 TENG 大数据分析技术的支撑下，智能生物识别技术得以进一步发展，为那些亟需建立高安全级别身份验证系统的领域（如关键基础设施保护、国防安全等）提供了更为广泛的应用前景。

（6）系统集成。在实现不同织物传感材料与电路连接材料的批量一体化柔性集成方面，如何通过传统纺织工艺将多种功能纤维合理且有序地整合入日常纺织品，进而构建具备高舒适性的安防监测系统，仍是一项亟待解决的科研难题。

综上所述，基于织物等纤维集合体材料构建的 TENG 安全监控系统，目前正成为行业发展的前沿趋势。这一领域的发展旨在克服纺织材料在抗干扰性能上的局限性，解决柔性一体化集成工艺的挑战，以及实现生物识别、路径监控等信号的高效采集和精确解析，从而推动其在产业中的广泛应用。因此，对高性能复合纤维材料、纤维集合体传感器件、基于纺织材料的安全监控传感系统以及信号解析算法等关键领域的基础研究与产业应用研究显得尤为重要。

参考文献

[1] Dong K，Peng X，Wang Z L. Fiber/fabric-based piezoelectric and triboelectric nanogenerators for flexible/stretchable and wearable electronics and artificial intelligence[J]. Adv Mater，2020，32（5）：1902549.

[2] Jeon S B，Park S J，Kim W G，et al. Self-powered wearable keyboard with fabric based triboelectric nanogenerator[J]. Nano Energy，2018，53：596-603.

[3] Shi X，Han K，Pang Y，et al. Triboelectric nanogenerators as self-powered sensors for biometric authentication[J]. Nanoscale，2023，15（22）：9635-9651.

[4] Tang W，Fu C，Xia L，et al. Biomass-derived multifunctional 3D film framed by carbonized loofah toward flexible strain sensors and triboelectric nanogenerators[J]. Nano Energy，2023，107：108129.

[5] Fu C，Tang W，Xia L，et al. A flexible and sensitive 3D carbonized biomass fiber for hybrid strain sensing and energy harvesting[J]. Chem Eng J，2023，468：143736.

[6] Wei C，Cheng R，Ning C，et al.A self-powered body motion sensing network integrated with multiple triboelectric fabrics for biometric gait recognition and auxiliary rehabilitation training[J]. Adv Funct Mater，2023，33（35）：2303562.

[7] Zhao J，Shi Y. Boosting the durability of triboelectric nanogenerators：A critical review and prospect[J]. Adv Funct Mater，2023，33（14）：2213407.

[8] Ho D H，Han J，Huang J，et al. β-Phase-preferential blow-spun fabrics for wearable triboelectric nanogenerators and textile interactive interface[J]. Nano Energy，2020，77：105262.

[9] Lin Z，Zhang B，Zou H，et al. Rationally designed rotation triboelectric nanogenerators with much extended lifetime and durability[J]. Nano Energy，2020，68：104378.

[10] Chen S，Jiang J，Xu F，et al. Crepe cellulose paper and nitrocellulose membrane-based triboelectric nanogenerators for energy harvesting and self-powered human-machine interaction[J]. Nano Energy，2019，61：69-77.

[11] Luo Y，Wang Z，Wang J，et al. Triboelectric bending sensor based smart glove towards intuitive multi-dimensional human-machine interfaces[J]. Nano Energy，2021，89：106330.

[12] Yi J，Dong K，Shen S，et al. Fully fabric-based triboelectric nanogenerators as self-powered human-machine interactive keyboards[J]. Nano-Micro Lett，2021，13（1）：103.

[13] Lai Y C，Deng J，Zhang S L，et al. Single-thread-based wearable and highly stretchable triboelectric nanogenerators and their applications in cloth-based self-powered human-interactive and biomedical sensing[J]. Adv Funct Mater，2017，27（1）：1604462.

[14] Paosangthong W，Torah R，Beeby S. Recent progress on textile-based triboelectric nanogenerators[J]. Nano Energy，2019，55：401-423.

[15] Chen J，Zhu G，Yang J，et al. Personalized keystroke dynamics for self-powered human-machine interfacing[J]. ACS Nano，2015，9（1）：105-116.

[16] Maharjan P，Bhatta T，Park C，et al. High-performance keyboard typing motion driven hybrid nanogenerator[J]. Nano Energy，2021，88：106232.

[17] Liu J，Chen J，Dai F，et al. Wearable five-finger keyboardless input system based on silk fibroin electronic skin[J]. Nano Energy，2022，103：107764.

[18] Dong K，Peng X，An J，et al. Shape adaptable and highly resilient 3D braided triboelectric nanogenerators as e-textiles for power and sensing[J]. Nat Commun，2020，11（1）：2868.

[19] Shi X，Luo J，Luo J，et al. Flexible wood-based triboelectric self-powered smart home system[J]. ACS Nano，2022，16（2）：3341-3350.

[20] Han Y，Yi F，Jiang C，et al. Self-powered gait pattern-based identity recognition by a soft and stretchable triboelectric band[J]. Nano Energy，2019，56：516-523.

[21] Zhu M，Shi Q，He T，et al. Self-powered and self-functional cotton sock using piezoelectric and triboelectric hybrid mechanism for healthcare and sports monitoring[J]. ACS Nano，2019，13（2）：1940-1952.

[22] Lin Z，Wu Z，Zhang B，et al. A triboelectric nanogenerator-based smart insole for multifunctional gait monitoring[J]. Adv Mater Technol，2019，4（2）：1800360.

[23] Rana S M S，Zahed M A，Rahman M T，et al. Cobalt-nanoporous carbon functionalized nanocomposite-based triboelectric nanogenerator for contactless and sustainable self-powered sensor systems[J]. Adv Funct Mater，2021，31（52）：2105110.

[24] Zhang C，Zhang L，Bao B，et al. Customizing triboelectric nanogenerator on everyday clothes by screen-printing technology for biomechanical energy harvesting and human-interactive applications[J]. Adv Mater Technol，2023，8（4）：2201138.

[25] Fu C，Tang W，Miao Y，et al. Large-scalable fabrication of liquid metal-based double helix core-spun yarns for capacitive sensing，energy harvesting，and thermal management[J]. Nano Energy，2023，106：108078.

[26] Yoon J，Jeong Y，Kim H，et al. Robust and stretchable indium gallium zinc oxide-based electronic textiles formed by cilia-assisted transfer printing[J]. Nat Commun，2016，7：11477.

[27] Pu X，Song W，Liu M，et al. Wearable power-textiles by integrating fabric triboelectric nanogenerators and fiber-shaped dye-sensitized solar cells[J]. Adv Energy Mater，2016，6（20）：1601048.

[28] Lin Z，Yang J，Li X，et al. Large-scale and washable smart textiles based on triboelectric nanogenerator arrays for self-powered sleeping monitoring[J]. Adv Funct Mater，2018，28（1）：1704112.

[29] Chen J，Wang Z L. Reviving vibration energy harvesting and self-powered sensing by a triboelectric nanogenerator[J]. Joule，2017，1（3）：480-521.

[30] Lee J W，Jung S，Jo J，et al. Sustainable highly charged C_{60}-functionalized polyimide in a non-contact mode triboelectric nanogenerator[J]. Energy Environ Sci，2021，14：1004-1015.

[31] Wang Z L，Chen J，Lin L. Progress in triboelectric nanogenerators as a new energy technology and self-powered sensors[J]. Energy Environ Sci，2015，8（8）：2250-2282.

[32] Dong K，Deng J，Zi Y，et al. 3D orthogonal woven triboelectric nanogenerator for effective biomechanical energy harvesting and as self-powered active motion sensors[J]. Adv Mater，2017，29（38）：1702648.

[33] Niu S，Wang S，Lin L，et al. Theoretical study of contact-mode triboelectric nanogenerators as an effective power source[J]. Energy Environ Sci，2013，6（12）：3576-3583.

本章作者：夏治刚[1,2]，付驰宇[1,2]，唐文杨[1,2]，徐卫林[1]

1. 武汉纺织大学纺织新材料与先进加工全国重点实验室

2. 武汉纺织大学纺织科学与工程学院

Email: zhigang_xia1983@wtu.edu.cn（夏治刚）

第 12 章

纺织基摩擦纳米发电机的应用：人机交互

摘　要

在 5G 和物联网时代，人机交互（human-machine interaction，HMI）在近几年蓬勃发展，为人类提供了与数字世界更直观的互动。HMI 已经从传统的计算机外接设备（如键盘、鼠标、操纵杆）逐渐演变为更直观的界面，可以直接捕捉人类的原始信号（如语音和基本的身体动作），在电子皮肤[1-5]、柔性机器人/致动器[6-10]、虚拟现实/增强现实[11-15]等领域使用户与计算机和智能机器人之间交互更直观、更便捷。新兴的人工智能与人机交互技术，二者融合催生了智能系统的新领域，可以通过机器学习（machine learning，ML）辅助算法进行检测、分析和决策。人工智能技术不仅可以帮助传感器检测更复杂和多样化的传感器信号，还可以自动从传感器信号中提取代表数据集内部关系的特殊特征。由于 ML 强大的特征提取能力，可以利用更全面、详细的感官信息实现多种应用（如手势/姿态估计、语音识别、物体识别），服务于更先进的 HMI 界面系统。同时 TENG 提供的新型自驱动传感机制，可以实现无需外部电源供给的信号感知，为解决人机交互能源供给问题提供了无限的可能[16]。TENG 结合纺织材料本身优异的柔韧性和拉伸性，以及与各种平面、曲面和人体皮肤紧密贴合性，为制备轻薄透气的人机交互系统提供了新思路[17]。

总体而言，Tex-TENG 在制备优异灵敏度、可呼吸、柔性化、微型化人机交互领域展现出巨大的应用潜力，已成为目前科学研究的热点[18-20]。本章围绕 Tex-TENG 人机交互系统领域，主要阐述 Tex-TENG 在电子皮肤、柔性机器人/致动器、虚拟现实/增强现实等多个领域的应用，重点概述不同类型 Tex-TENG 的研究进展，以期为相关领域研究提供有益参考。

12.1 电子皮肤

电子皮肤（E-skin）是由传感阵列所组成的具有仿生物体皮肤传感功能的精密传感系统，可模拟生物体皮肤多维感知的功能，如感知外界的压力、湿度、温度，还可以感受物体的形状轮廓、表面纹理等，在人机交互、智能穿戴等领域具有广阔的应用前景[21]。电子皮肤通常由层状或楼梯状的柔性材料构成，它们能够在不断的曲折和伸缩下维持功能。电子皮肤中的传感器网络能够检测并响应外部刺激，将这些信号转换为电信号，从而实现对触摸、压力甚至化学物质的感应。然后电子皮肤能够通过人机交互界面将收集的电信号进行学习和分析，从而对外部器件进行控制[22]。纺织基电子皮肤的出现使得电子皮肤器件实现了轻薄、柔软、高贴合性和高稳定性的一体化。基于所报道的相关研究，纺织基电子皮肤可分为单纤维 TENG 电子皮肤、多纤维编织 TENG 电子皮肤和纳米纤维复合 TENG 电子皮肤。

12.1.1 单纤维纺织基摩擦纳米发电机电子皮肤

单纤维柔软且具有高自由度，很容易与纺织品进行集成。Cao 等[23]采用共轭纺纱的方法制备了由聚四氟乙烯护套包覆丝源离电纤维（SSIF）芯组成的芯鞘 TENG 纱［图 12.1（a)］。进一步将该芯鞘纱与机器学习和物联网（Internet of things，IoT）技术相结合用于感知人体运动，可对不同材料制成的球进行准确分类。基于神经网络的机器学习可以从信号中提取微小的差异和复杂的特征。通过数值优化方法，神经网络能够在训练过程中主动发现隐藏在信号中的特征，从而确定决策准则。该工作构建了递归神经网络模型，对棉花、聚乙烯、木材和金属等不同材质物体响应产生的输出电压信号进行分类和训练。使用该机器学习，经过 1000 次训练后，信号分类精度收敛到 100%。为了证明所制备材料的实用性，将芯鞘纱编织在棉手套的手指上，通过物联网技术与机器人机械手集成，使机械手能够识别不同物体的材料，并进行选择性抓取、分类等后续操作。此外，机器学习模块可以安装在个人移动终端上，以便及时使用，信号通过连接手机的蓝牙设备从芯鞘纱传输到 Android 应用程序。经过 5～6 次接触分离过程后，芯鞘纱能够准确区分不同类型的材料，并进一步将不同的材料投放到相应的篮子中。在 400 次识别和分类测试中，成功率高达 93.75%。

此外，Li 等[24]采用静电纺丝芯线技术制备了绿色环保的壳聚糖基自供电传感纤维。该壳聚糖基自供电传感纤维超轻柔韧，能够用于控制开关［图 12.1（b)］，表面可碰撞约 2500 次也不会损坏。控制传感电路由壳聚糖基自供电传感纤维、信号处理电路和智能电器组成。其中信号处理电路包括电压比较器（将放大后的信号转换为稳定的方波信号）以及微控制器（用于接收方波信号并向继电器发送命令以控制大功率电器）。当手与壳聚糖基自供电传感光纤发生接触分离时，会产生电压峰值。当电压信号值大于设定的阈值时，电压比较器产生“高电势”信号。这些信号由微控制器单元调制成“低电势”或“高电势”命令，并将“低电势”或“高电势”命令传输到继电器。接收到指令后，继电器置为“开”或“关”，相应器件接收到开或关的信号，以此完成对外部设备的控制。

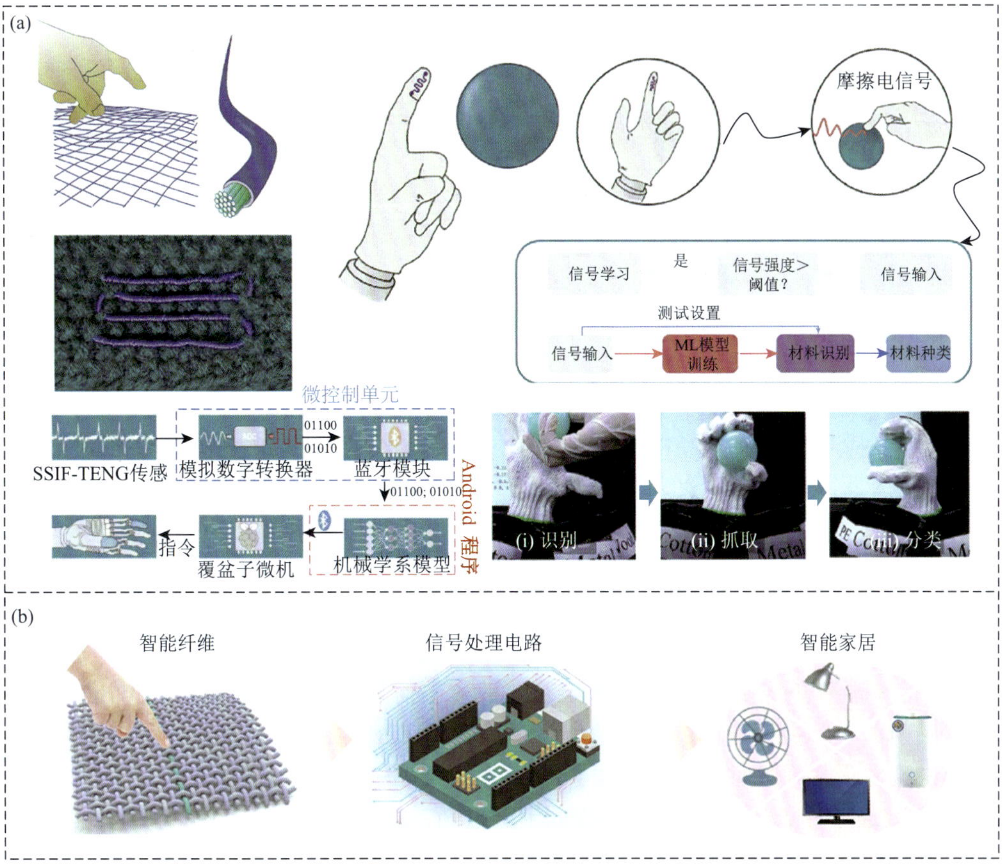

图 12.1　共轭纺丝基单纤维电子皮肤用于材料识别及电路控制。(a) 芯鞘 TENG 纱在单电极模式下的原理图及在触觉感知应用中的算法示意图，用于区分球的材质[23]；(b) 壳聚糖基自供电传感纤维用于控制不同的智能家居[24]

目前，将用于监测手段的人机交互界面变得舒适化已越来越重要。Zhou 等[25]提出了一种超软智能纤维电子皮肤［图 12.2（a）］。该电子皮肤柔软、稳定性强、耐洗性好。在定制的多通道数据采集电路的辅助下，将每个传感单元产生的信号进行记录和单独寻址，从而确保智能纺织品的最终模拟输出能够准确地表达受试者的生理信号。然后，将相应的信号适配到后续的数字转换器。之后集成的微控制器接收数字信号，并通过机载蓝牙发射器将其传输到移动终端。最后在终端上实时显示各种生理信号的图像。

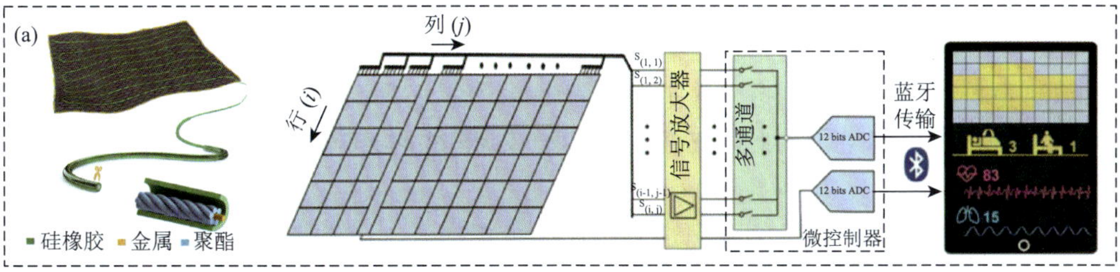

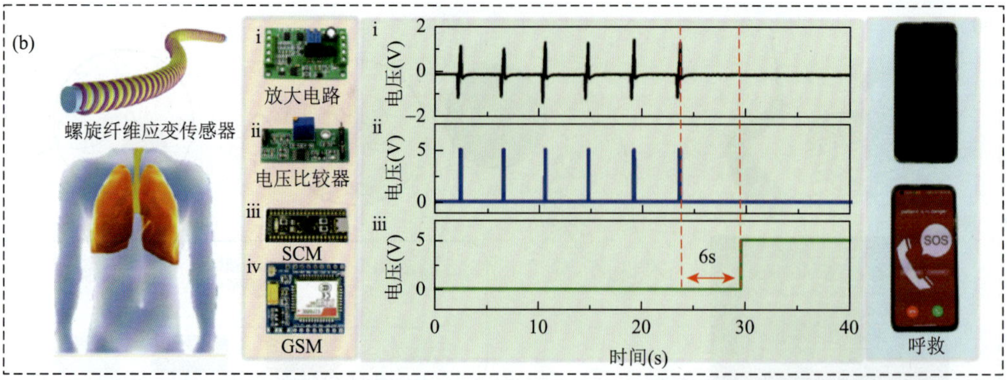

图 12.2　同轴结构单纤维电子皮肤用于信号识别及调控。(a)用于睡眠期间的全方位生理参数监测和医疗保健的单层超软智能纤维集成电子皮肤以及基于智能纤维的睡眠实时监测系统示意图[25];(b)螺旋纤维应变传感器以及其智能可穿戴式实时呼吸监测系统用于疾病预防和医疗诊断[26]

此外，Ning 等[26]研制了一种能够响应微小拉伸应变的螺旋纤维应变传感器[图 12.2(b)]。该传感器可以根据呼吸行为的变化自动呼叫预设的手机求助。传感器由基于螺旋纤维的胸带、信号处理电路、通信模块（GSM）和手机组成。该胸带可以持续实时监测人体的呼吸状态。信号处理电路包括：放大电路，放大电信号并消除部分干扰；电压比较器，将放大后的信号转换为稳定的方波信号；单片机（SCM），接收方波信号并向 GSM 发送指令。当身体正常呼吸时，该传感器会产生连续的电信号。当信号停止超过 6s 时，GSM 模块会在 SCM 的控制下自动拨打预设的手机求助。

总之，单纤维 TENG 电子皮肤已经广泛应用在人机交互中，它们可以集成在各种交互器件中，从而通过信号采集及处理，用于实时监测、物体识别或设备控制。但单根器件的局限性，可能会导致信号收集过程不稳定、收集范围有限，从而导致人机交互过程中的敏感性降低。因此，在未来还需开发新型的纤维材料以及结构来克服人机交互中的缺点。

12.1.2　多纤维编织纺织基摩擦纳米发电机电子皮肤

为了使电子皮肤适应多使用场景，在单纤维电子皮肤基础上开发了多纤维编织 TENG 电子皮肤。Fang 等[27]提出了一种可扩展、舒适、防水、机器学习辅助的纺织品摩擦电脉冲传感器，可以在出汗状态下和身体运动工件中使用［图 12.3（a)］。Tex-TENG 传感器可轻松集成可穿戴信号处理电路、蓝牙传输模块和定制手机 App，从而与互联网进行交互，进一步实现一键式数据共享。该自供电的 Tex-TENG 传感器对微弱脉冲非常敏感，能够获得良好的信号输出。将 Tex-TENG 传感器收集的数据与机器学习算法相结合，可以实现无袖带血压测量。因此，这种信号传输-处理-存储-共享的交互模式可以进行自动诊断。

目前，基于步态的人机交互识别方法存在系统复杂、成本高、影响步态自然、模型单一等缺点。Wei 等[28]开发了一种基于全纺织结构的自供电多点身体运动传感网络组成的高度集成步态识别系统［图 12.3（b）］。为了出色和准确地实现步态信号的分析及分类，在步态传感系统中引入了机器学习算法。支持向量机（support vector machine，SVM）是一种具有完善数学理论的线性分类算法，属于典型的监督学习算法。对于 5 种步态，构造了一个具有高斯核函数的多重 SVM 算法来实现准确的分类。因此，该传感网络不仅具有高压响应灵敏度，而且具有充分的柔韧性、优异的透气性和良好的透湿性。通过机器学习分析四肢摆动的周期信号和动态参数，步态识别系统对 5 种病理步态的准确率高达 96.7%。

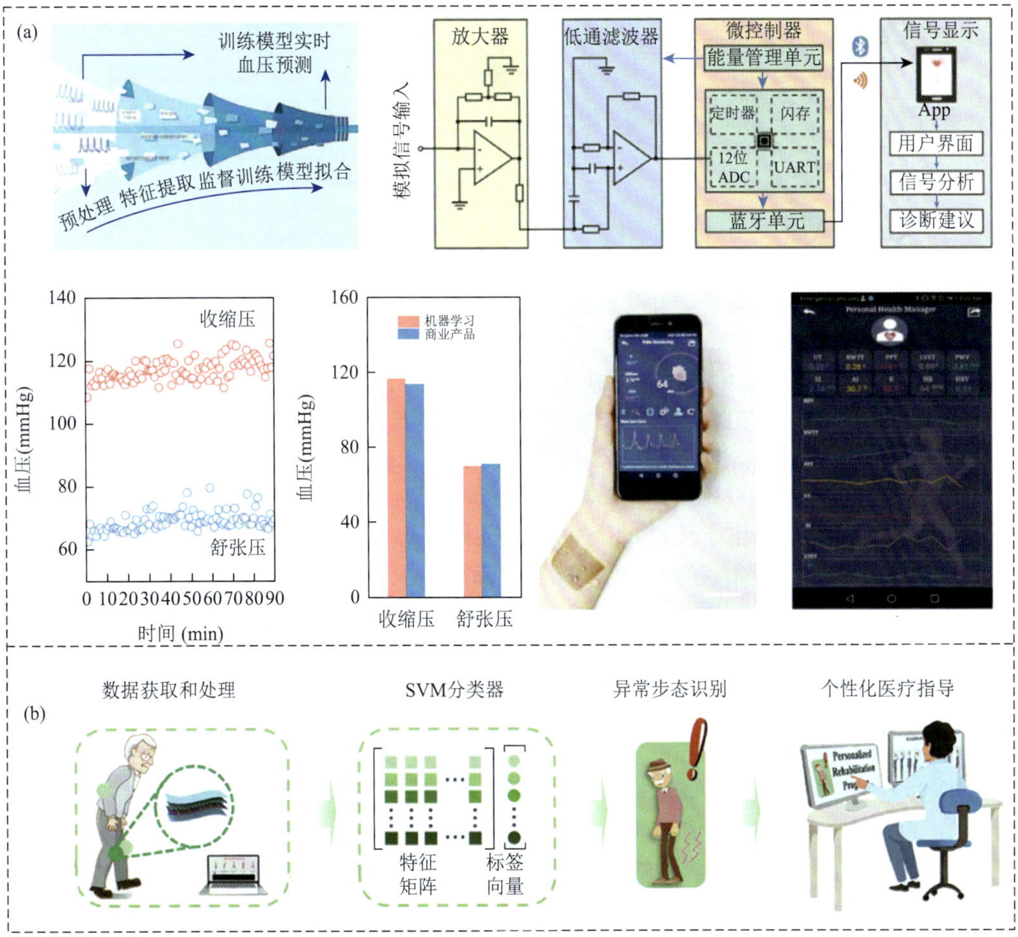

图 12.3　多层复合纤维编织织物电子皮肤用于医疗诊断。（a）人体区域网络构建的个性化心血管监测系统，基于 Tex-TENG 传感器的心血管监测系统的概念，收集到的信号可以无线传输到手机[27]；（b）基于全纺织结构的自供电多点身体运动传感网络，用于识别生物特征步态和辅助康复训练[28]

此外，多纤维编织 TENG 电子皮肤也可以通过人机交互界面控制外界设备。Salauddin 等[29]提出了一种基于双面接触的 TENG 电子皮肤［图 12.4（a）］。设计的电子皮肤防水防潮，输出稳定性能，耐用，穿着柔软、亲肤、舒适，将其与人机交互界面结合展示了基于该电子皮肤的智能家居电器控制、防盗保护、密码认证以及通过智能手机进行的物联网人体运动监控。该控制系统的电路框图由一个模数转换器、一个微控制器、一个发射器和一个接收器组成。带有腕带的嵌入式电子皮肤可以用手指触摸产生信号，通过电源管理电路无线激活家用电器。这为物联网、门防盗保护和智能安全领域的自供电系统提供了一条新途径。

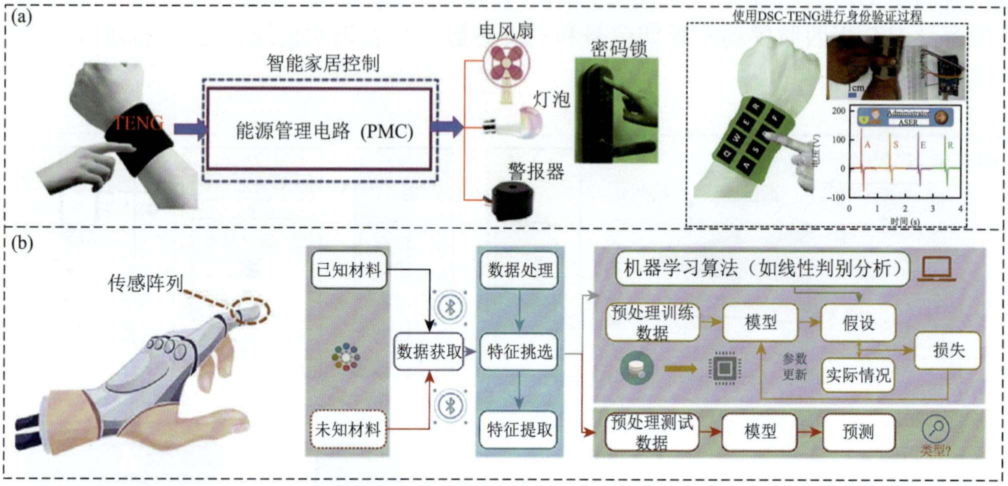

图 12.4　多模块编织 TENG 电子皮肤用于信息识别。(a) 基于双面接触式 TENG 用于智能家居电器控制、防盗保护、密码认证以及通过智能手机进行的物联网人体运动监控[29]；(b) 超越人类触觉感知的智能手指，通过集成摩擦电传感和机器学习，可以准确识别材料类型和粗糙度[30]

精准的触觉感知在电子皮肤的应用中至关重要。Qu 等[30]开发了一种超越人类触觉感知的智能手指，通过集成摩擦电传感和机器学习，可以准确识别材料类型和粗糙度［图 12.4（b)］。该手指集成了摩擦电传感阵列、数据采集与传输模块和显示模块。多通道高精度采集模块可以准确记录包含材料特性的信号。然后信号通过蓝牙传输到计算机进行机器学习。将结果通过蓝牙传输到内置微处理器后，实时显示在智能手指的计算机显示器或 OLED（有机发光二极管）屏幕上。智能手指可以集成到智能假肢或操纵器中，并识别各种纹理，如聚合物、金属和木材。构建摩擦电传感阵列可以进一步消除环境干扰，材料识别准确率高达 96.8%。

目前所报道的多纤维编织 TENG 电子皮肤都具有灵敏度高、信号收集广的优点。虽然它们可以通过编织进行多通道信号采集，但对于大量信号学习，仍然无法进行有效的识别。因此，进一步的结构或电路设计可能是多纤维编织 TENG 电子皮肤未来发展的趋势之一。

12.1.3　纳米纤维复合纺织基摩擦纳米发电机电子皮肤

纳米纤维相较于多纤维编织的电子皮肤可以做到更柔软、更轻薄，提升了对人机交互界面的贴合性。Peng 等[31]报道了基于全纳米纤维 TENG 的电子皮肤，该电子皮肤透气、可生物降解、抗菌，由银纳米线夹在聚乳酸-乙醇酸和聚乙烯醇之间制成［图 12.5（a)］。

电子皮肤具有微米到纳米的分层多孔结构，具有接触起电的高比表面积和大量的热湿传递毛细管通道，可以实现对全身生理信号和关节运动的实时、自供电监测。

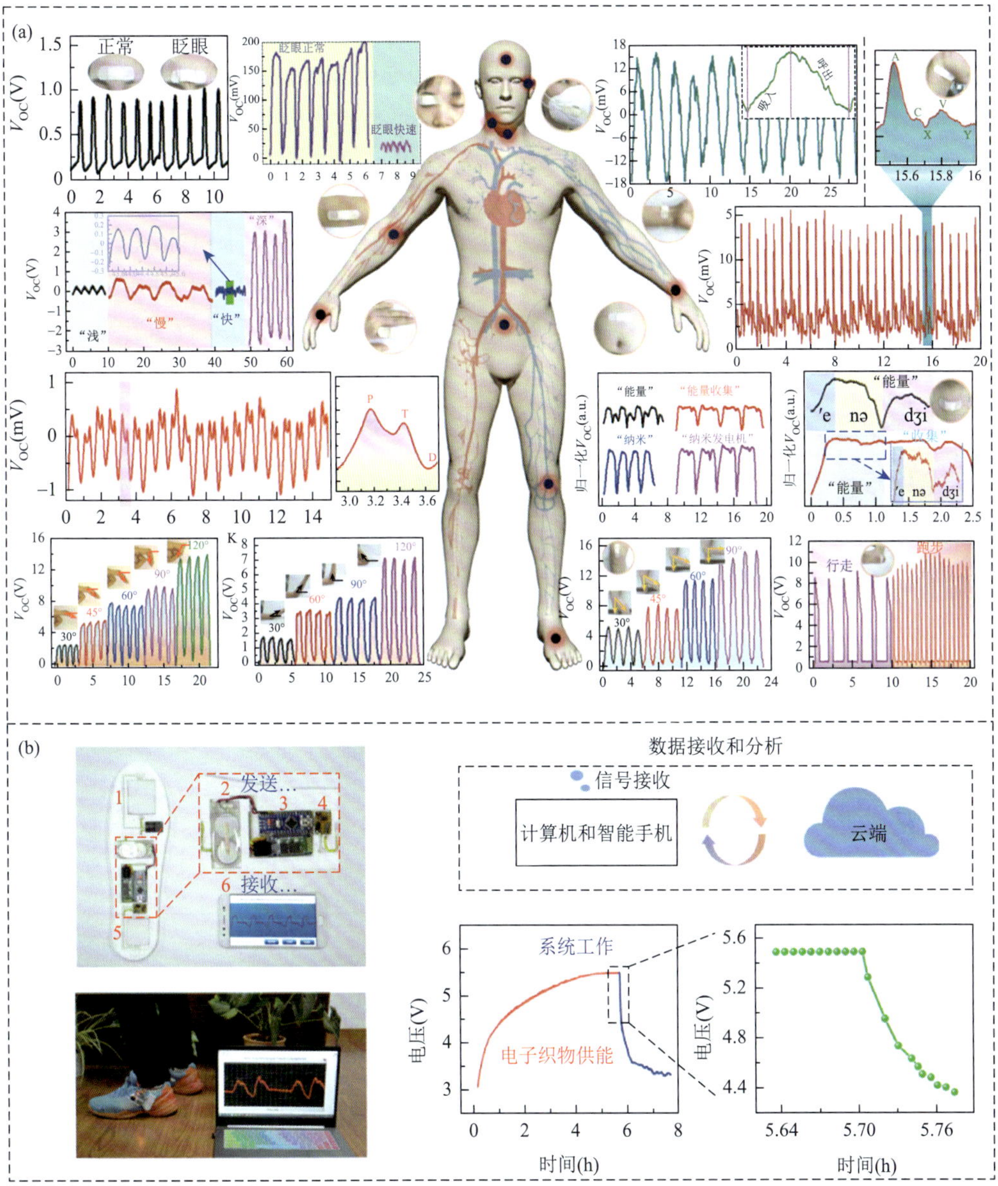

图 12.5　多层复合纳米纤维电子皮肤用于动态捕捉。(a)透气、可生物降解、抗菌、可方便保形附着于表皮的电子皮肤用于生理信号和关节运动的全身监测[31]；(b)摩擦铁电协同电子皮肤用于自充电、自感应的无线手势监测系统，捕捉人体运动时的步态[32]

随后，Yang 等[32]报道了一种具有出色热湿舒适性的全纤维摩擦铁电协同电子纺织品。电子纳米纤维材料在电子纺织品中形成层次化的网络，从而使电子纺织品具有出色的热湿舒适性［图 12.5（b）］。利用该电子纺织品，开发了一种自充电、自传感的智能鞋垫，用于监测人体在不同运动状态下的步态。自供电无线步态监测系统主要由能量采集单元、储能输出单元、信号处理与传输单元、电路校正单元、压力传感单元和数据接收与分析单元等 6 个单元组成。无线监测系统集成在 3D 打印制成的聚氨酯鞋垫中。这有望应用于足部运动矫正、实时获取运动信息以及糖尿病患者足部溃疡的预测。

此外，Zhi 等[33]设计了一种基于非均质纤维膜和导电 MXene/CNT 电喷涂层结构的仿生定向吸湿式电子皮肤。通过设计亲疏水差异明显的表面能梯度和推拉效应，成功地实现了水分的单向传递，并能自发地吸收皮肤上的汗液。该电子皮肤膜具有良好的综合压力传感性能，灵敏度高（最大灵敏度 548.09kPa^{-1}），线性范围宽，响应速度快，恢复时间短。为此进一步开发了一种连接电子皮肤的可穿戴生理监测系统［图 12.6（a）］。系统的主要组成部分包括数据采集与处理单元、无线数据传输模块等。该电路使用分频电路结构将电子皮肤的电阻转换为电压，然后通过模数转换器（ADC）将其转换为数字域。采

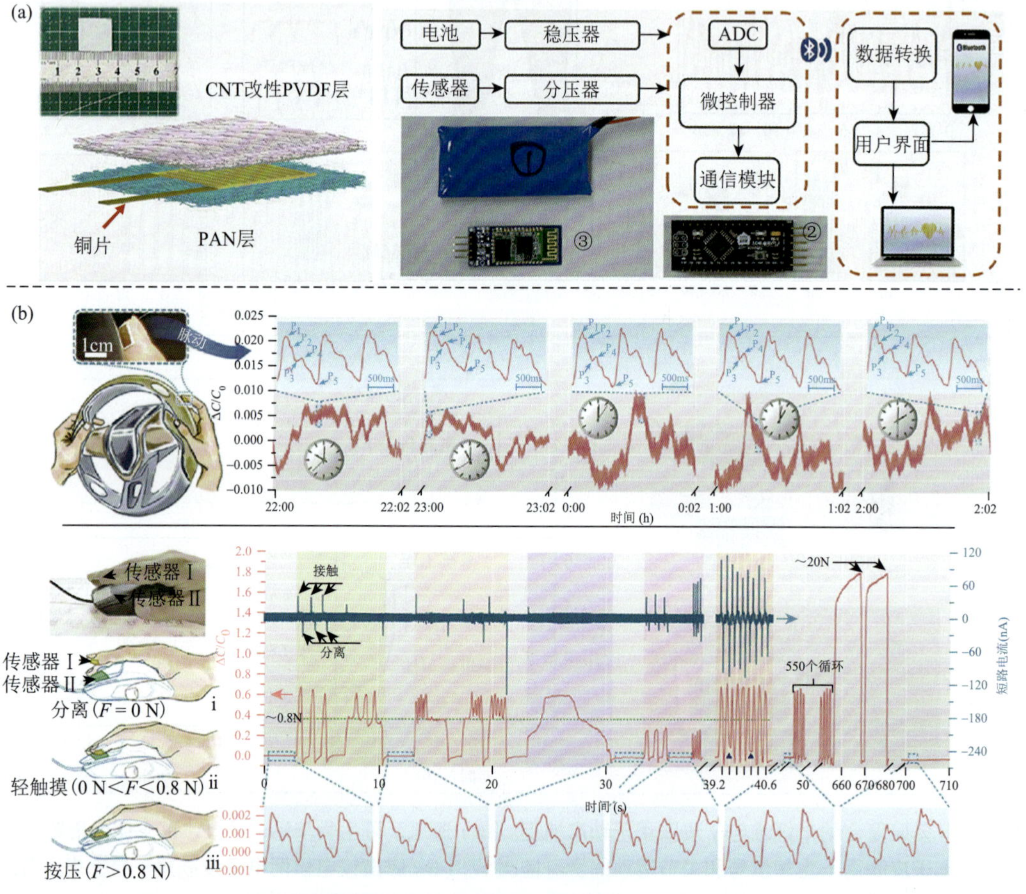

图 12.6　结构调控纳米纤维电子皮肤用于无线通信及生理感知。（a）定向吸湿式电子皮肤结构设计及信号采集与分析系统示意图，包括信号采集、处理、无线传输和移动应用[33]；（b）基于微金字塔结构的电子皮肤在健康和自然状态下手指操作监测中的优越性能，包括显示驱动程序运行状况监控的图片以及指尖脉冲波形的长时间监测，插图显示了分离状态下的指尖脉冲波形[34]

用高精度 ADC 芯片对驱动电路的模拟输出进行同步数字化处理。数字信号由微控制器处理，然后通过蓝牙模块以 100Hz 无线传输。蓝牙接收器用于将电子皮肤的数字信号转换为智能手机可分析的数据。电子皮肤通过铜带从数字间电极的两端引出，然后连接到印刷电路板上。心电信号通过在胸部放置电子皮肤来接收，之后从脉冲系统中提取产生的心电脉冲信号来监测身体健康状况。该工作制备的电子皮肤膜在具有舒适运动体验的可穿戴电子纺织品中具有很大的应用前景。

具有高性能和隐蔽性的皮肤上装置是生理信息检测、个体保护的理想选择，并且具有最小的感官干扰。Zhang 等[34]通过基于湿异质结构电射流的自组装技术，开发了多功能电纺丝微金字塔阵列电子皮肤，结合超薄、超轻、透气性结构，赋予各种皮肤上器件优异的性能和不可感知性［图 12.6（b）］。该微金字塔阵列电子皮肤凭借压电容（传感器Ⅰ）-摩擦电（传感器Ⅱ）混合传感模式，在宽频率范围内监测到手指自然操作过程十分微弱的指尖脉冲，这一信号能够用于健康诊断及判断精神或情绪状况。该传感器灵敏度高（$19kPa^{-1}$），检测限低（0.05Pa），响应超快（≤0.8ms）。此外，来自该传感器的同步信号可用于区分电子竞技选手复杂的操作细节，传感器Ⅰ和传感器Ⅱ分别连接在指尖和鼠标上。可以通过力相关相对电容变化曲线来识别触摸力的大小。据此，根据时间跨度进一步识别单次点击、多次点击、长按、无效点击。混合传感器在手指操作监测中表现出极好的指尖脉冲检测稳定性。

总之，纳米纤维复合 TENG 电子皮肤相较于单纤维和多纤维编织 TENG 电子皮肤可以做到更加轻薄、透气以及贴合皮肤。通过纺丝调控可以提高信号灵敏度，在人机交互时能输出精准的信号。但它在长期的交互时表现出的稳定性仍有待提高，未来可能需要进一步优化器件结构来提高长期交互稳定性。

12.2　柔性机器人/致动器

柔性机器人/致动器受生物运动的启发，具有出色的适应性和完成任务的准确性，是高效操作和与人类安全互动的理想选择[35]。新兴的可穿戴电子产品正追求更高的触感和皮肤亲和力，以实现安全和用户友好的人机交互[36]。纺织品具有传统的静态功能，如保暖、保护和时尚。最近，智能化纤维和织物有利于为柔性机器人和可穿戴设备提供主动刺激响应，如传感和驱动能力[37]。本节介绍纤维基、织物基柔性机器人/致动器的各种应用演示，展示其构建具有自供电潜力人机交互界面多响应平台的能力和可集成性。

12.2.1　纤维基柔性机器人/致动器

纤维基 TENG 具有高的灵活性和宽的应变范围。Yang 等[11]报道了一种可扩展的纤维电子器件，它可以在没有外部电源的情况下同时实现可视化和数字化机械刺激，称为自供电光电协同纤维传感器。随后，设计了基于该纤维传感器的人机交互手套，能够在真实场景中控制机械手［图 12.7（a）］。通过多路电荷放大、50Hz 工频陷波、信号调整、数字转换等方法将摩擦电信号转换为数字信号，然后传输到 STM32 单片机进行算法分析。之后通过无线收发模块将电压波形传输到智能手机，MCU 输出 5 个独立的数字信号用于控制机械手的各个执行机构；演示了基于该传感器和信号交互系统实时运动捕捉、机械手实时控制和手指关节应力可视化场景，表明该纤维传感器可在人机交互界面进行实际应用。

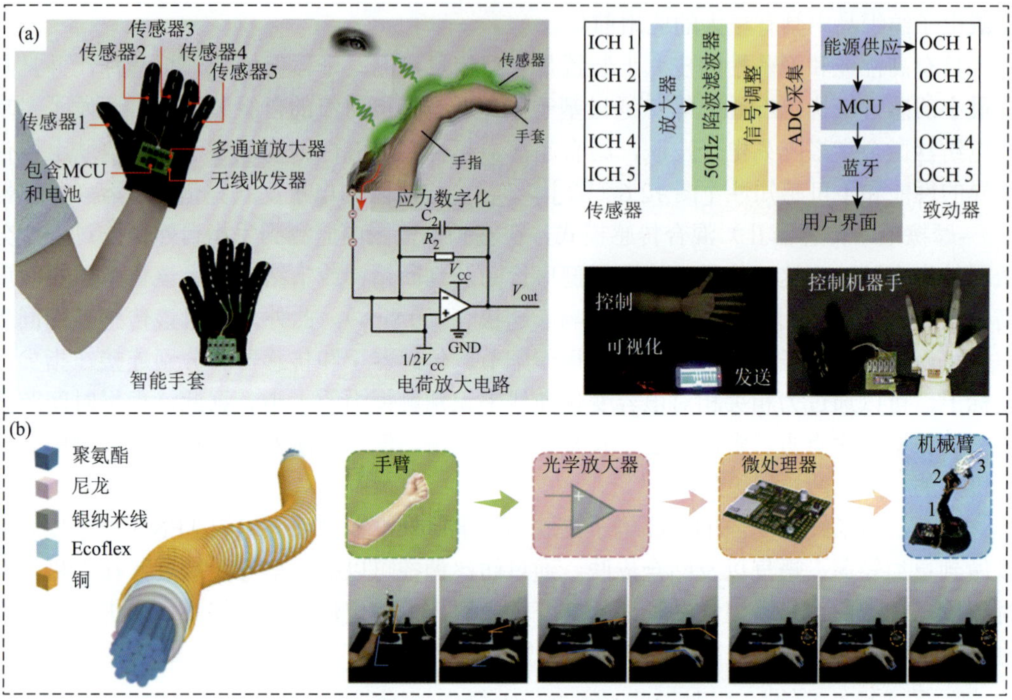

图 12.7 纤维基智能手套用于机械控制。(a) 基于自供电光电协同纤维传感器的人机交互智能手套[11]；(b) 柔性分层螺旋纱的结构设计及用于控制机械臂的移动和抓取泡沫[38]

Chen 等[38]研制了一种工作应变范围达 120%的新型柔性分层螺旋纱。该螺旋纱的组成中高拉伸性聚氨酯作为支撑芯纱，导电 PA@AgNW（尼龙@银纳米线）纱第一螺旋层作为内电极，超弹性硅橡胶作为介电层和第二铜螺旋层，具有多梯度分层结构以及弹簧状配置［图 12.7（b）］。从实际应用出发，开发了智能人机交互系统，实现对机械臂的连续实时控制。交互式机械臂的模块主要包括四部分：收集人体运动形成的能量柔性分层螺旋纱、光学放大器、微处理器和机械臂。基于该人机交互系统，在单片机的帮助下，可以识别肘部、腕部和手指的关节相关运动，将采集到的数字信号进一步转换为脉宽调制值，通过增量控制方法控制机械臂伺服相应的旋转角度。此外，设计螺旋纱的应用并不局限于机械臂，它还可以扩展到身体的其他部位，在人类难以进入的狭窄空间进行搜索和侦察。

为人机交互柔性机器人设计高效的传感器尤为关键。Jin 等[39]报道了一种基于 TENG 传感器的智能柔性机器人抓手系统，用于捕获柔性机器人抓手的连续运动和触觉信息［图 12.8（a)］。当机器人手指弯曲 30°时，会产生一个峰值来触发机器人手指向下弯曲。然后通过拇指轻拍食指产生另一个峰值用于切换机器人手指的弯曲方向。当人的手指向上弯曲 30°以使机器手指返回到原始位置时，此时第二个黑色峰值出现。同样，60°和 90°的弯曲也用 L-TENG 传感器的摩擦电输出峰数来证明，用于定义一步弯曲运动的弯曲程度。这种自供电的人机交互界面显示出其在连续人体运动监测和机器人控制方面的强大能力，因此可以用于软抓取器的实时感知。

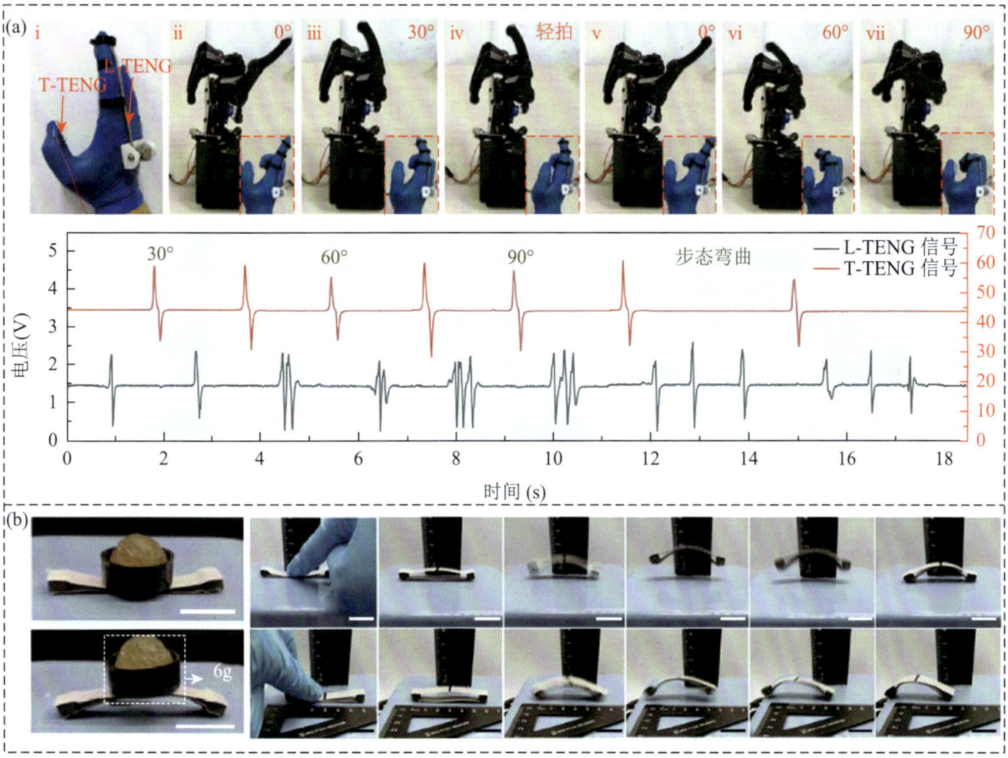

图 12.8　自驱动纤维基机器人及致动器。(a) 基于 TENG 传感器的智能柔性机器人抓手系统，实际的手势和相应的机器人手势的照片及在一步模式和步进模式下控制机器人手指弯曲不同角度的实时信号[39]，L-TENG：线性 TENG，T-TENG：触觉 TENG；(b) TENG 纳米纤维与液晶弹性体相结合的空双层结构摩擦电柔性致动器[40]

制备可以刺激变形并产生发光以及发出特殊声音的摩擦电致动器是人机交互可视化的重要方向。Zhang 等[40]将 TENG 纳米纤维与液晶弹性体相结合，制备了一种具有中空双层结构的摩擦电柔性致动器。通过按压中间的执行器，使其与加热平台紧密贴合。当热输入时，致动器层发生轻微变形并产生收缩的趋势［图 12.8（b)］。随后，内应力瞬间释放，致动器层弯曲撞击冲击层，导致致动器向上跳跃。通过将热能成功转化为机械能，该柔性致动器可以瞬间完成起吊重物、控制跳跃等任务。在液晶弹性体受热变形后，驱动摩擦层相互摩擦，进而产生电信号，这一机制赋予了材料自感知的能力，使其能够准确捕获并传递外界刺激的相关信息。电信号经电子元件处理后转化为光和声，实现高温报警。TENG 与柔性致动器的集成丰富了高仿生致动器的设计，为开发具有更多刺激响应的智能柔性执行器提供了思路。

12.2.2 织物基柔性机器人/致动器

Tex-TENG 具有更优的可穿戴性和更广泛的信号捕捉能力。如图 12.9（a）所示，Liu 等[6]提出了一种摩擦电柔性机器人系统，该系统将受爬虫启发的两种电响应材料柔性机器人与 TENG 相结合组成，柔性机器人的运动由机械能驱动。该系统中，独立式 TENG 提供两个高压输出，一个高压输出到软变形体，另一个高压输出到机器人脚部。基于爬虫运动原理的柔性机器人爬行包括两个过程［图 12.9（b）］。第一个过程类似于虫的锚推运动。在这一阶段，由输出提供的高压驱动形变和左脚移动。左脚与基材之间的附着力

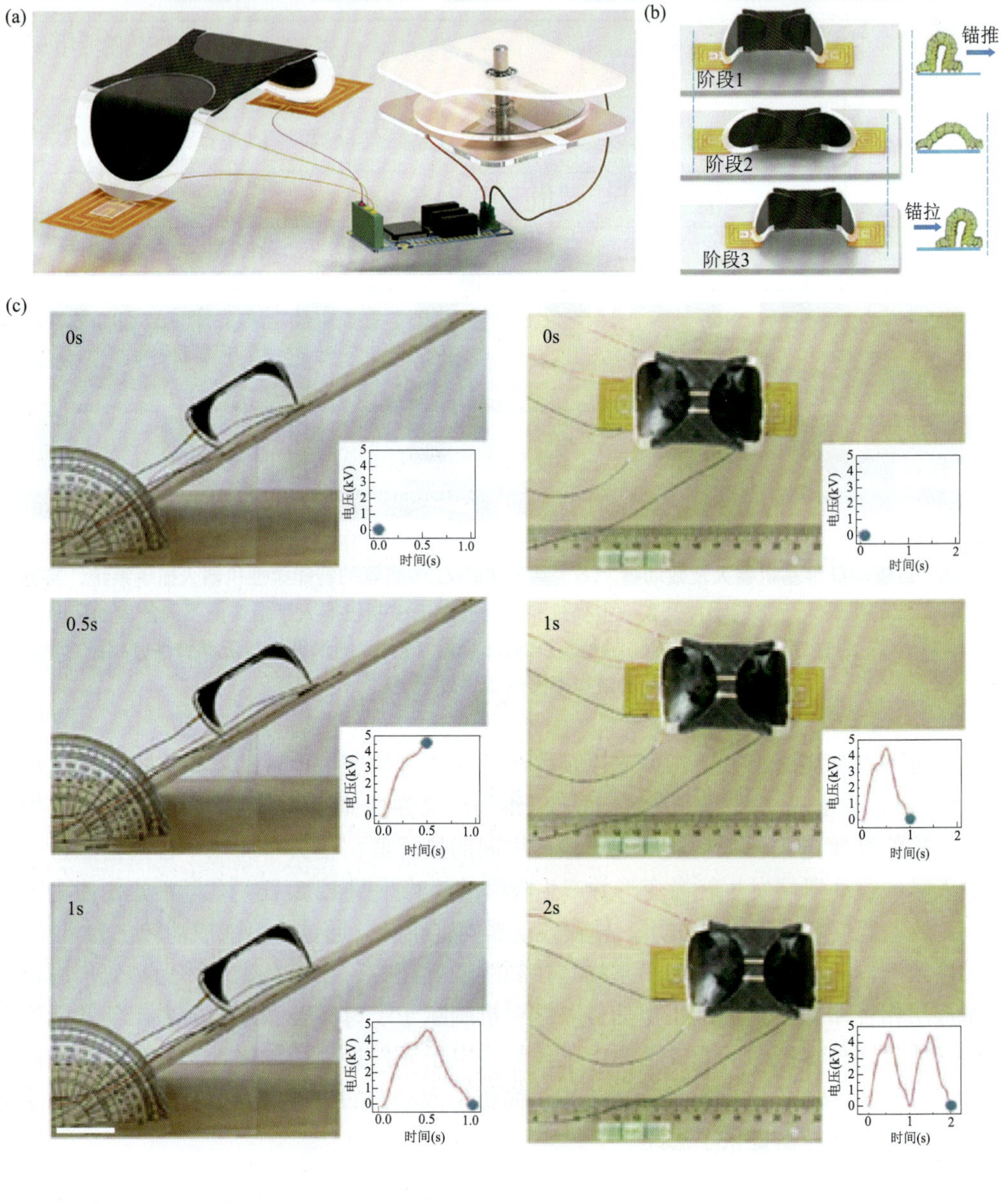

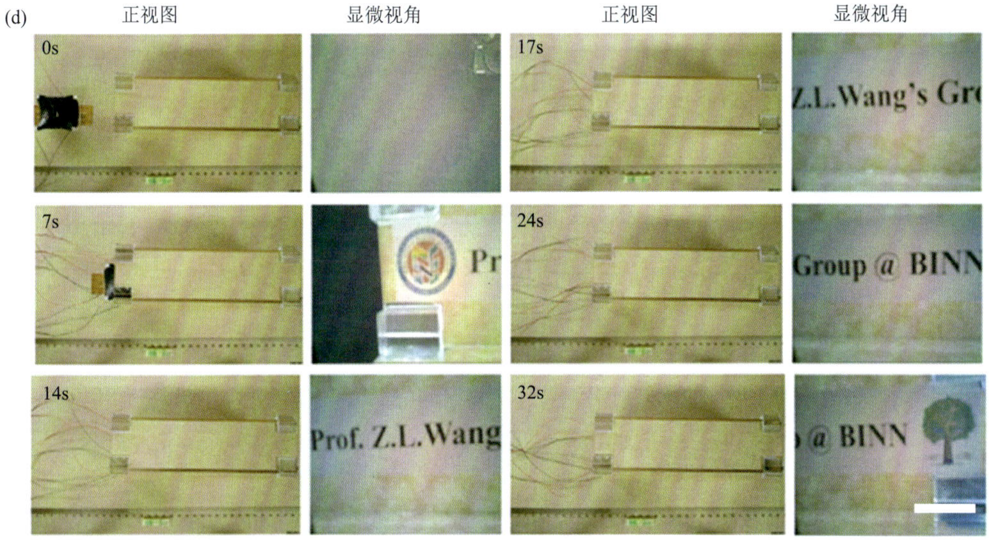

图 12.9　机械能驱动的织物基仿生摩擦电柔性机器人。(a) 由软机材料、控制模块和独立式 TENG 组成的自驱动柔性机器人系统原理图；(b) 基于爬虫运动原理的摩擦电柔性机器人爬行过程示意图；(c) 在坡度 30°的斜面和水平面上，机器人的爬升过程照片；(d) 横向隧道内机器人录像功能演示，隧道爬行和车载微摄像头记录机器人图像的过程[6]

大于右脚与基材之间的附着力。此后，形变拉长，推动右脚向前移动［图 12.9（b），阶段 1 至阶段 2］。第二个过程类似于虫的锚拉运动。在该阶段中，将输出提供的高压从左脚切换到右脚，使脚与衬底之间的附着力与阶段 1 相反，形变收缩，柔性机器人向前爬行［图 12.9（b），阶段 2 至阶段 3］。此外，该自供电柔性机器人的运动能力不受不同基材或陡坡的阻碍，能够在多种基材上爬行和爬上不同角度的斜坡。图 12.9（c）为该机器人在控制频率为 1Hz 的情况下沿 30°斜面的爬升过程。图 12.9（d）显示了机器人原型车自主爬入隧道的过程，利用车载微摄像头传输隧道上部的图像。该机器人通过长度为 200mm 的水平隧道所需时间约为 25s。

敏锐的触觉传感在精细化机器人控制中非常重要。Pang 等[41]报道了一种基于织物的多功能触觉传感器并应用于柔性机器人触觉传感［图 12.10（a）］。以指尖皮肤为灵感，设计了具有两个传感层的触觉传感器：压阻层用于模拟慢适应机械感受器和一个受指纹启发带有微细线的摩擦层来模拟快适应机械感受器。由于其精细的指纹图案和有效的感觉受体，该触觉传感器具有感知复杂和组合机械刺激的能力。基于该触觉传感装置，演示了其作为辅助机器人控制人机交互界面的应用。整个系统由机器人软爪、软臂、信号处理与传输模块、触觉传感器组成。人所执行的控制信号（如手腕弯曲、传感器按压）首先经过处理后发送到电路中 Arduino 板的模拟端口。然后，ADC 将模拟信号转换为数字值并将其传输到控制板。之后，将接收到的信号与预先设定的阈值进行比较，以确定是否以及如何激活直流电机来驱动软机械手。该纺织触觉传感器在未来可以作为一种用于控制柔性机器人完成更复杂任务的人机交互界面。

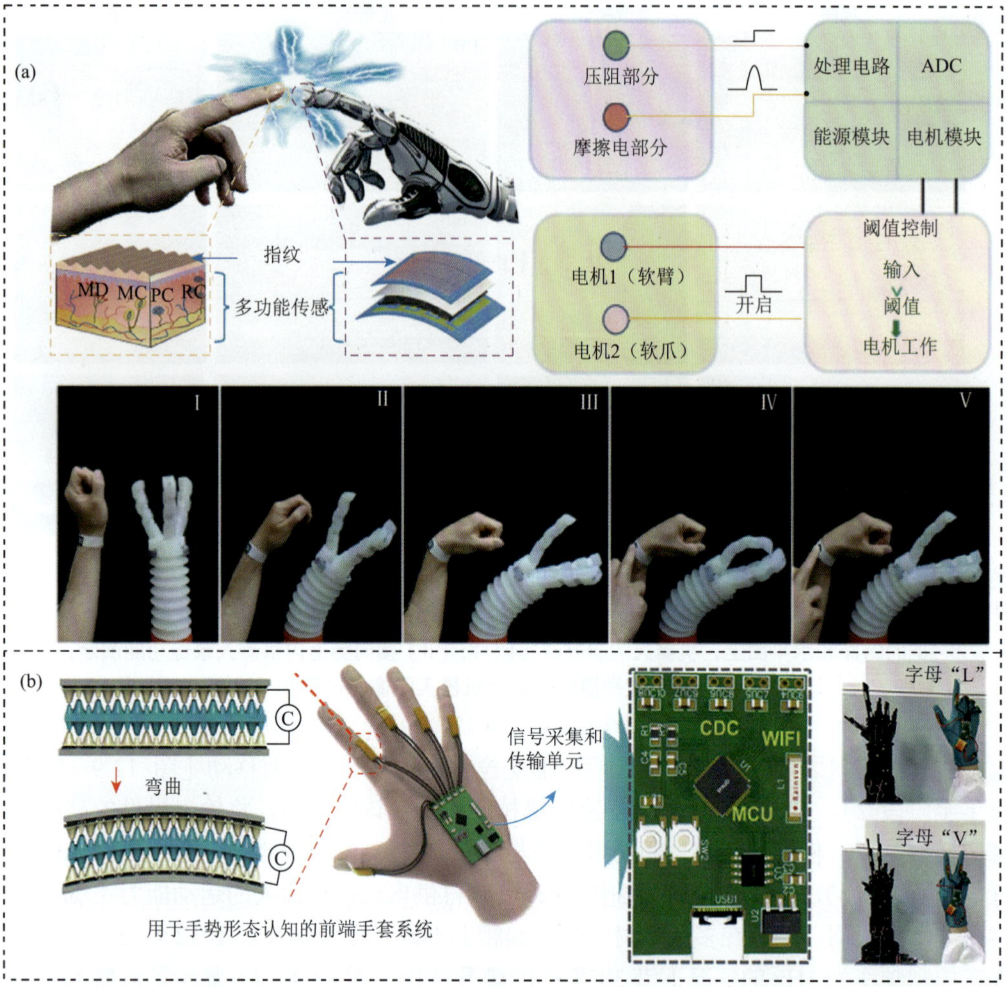

图 12.10 自供电仿生电子织物用于手势控制。(a) 皮肤启发的自供电纺织触觉传感器，用于可穿戴设备和柔性机器人的多功能传感，具有多功能触觉感知能力的仿皮肤全纺织结构触觉传感器示意图，使用触觉传感器作为人机交互界面的远程柔性机器人控制系统原理图[41]，MD：默克尔盘，MC：迈斯纳小体，PC：帕奇尼小体，RC：鲁菲尼小体；(b) 人工智能驱动的类皮肤仿生电子织物，利用该电子织物的超电容离子电子效应，实现手势形态认知手套系统[3]

Niu 等[3]提出了一种人工智能驱动的类皮肤仿生电子织物，该电子织物由人类毳毛表皮、真皮、皮下组织结构组成［图 12.10 (b)］。利用基于仿生学的摩擦电效应和超电容离子电子效应，该电子皮肤具有 8053.1kPa^{-1} 的超高灵敏度、3103.5kPa^{-1} 的线性灵敏度和小于 5.6ms 的响应/恢复时间。基于双效应结合的表皮-真皮-真皮结构仿生和五层感知实现了手势认知和机器人交互的通用智能触觉认知。将采集到的 5 通道电容信号进行滤波后，映射到相应的驱动通道，控制机械手的各个执行器以完成相应的操作。机器人手可以实时变换手势（从初始状态到手语字母“L”和“V”），标志着一种基于电子织物的创新机器人交互演示取得了显著进展。这一技术突破不仅展示了电子织物在构建智能、可穿戴机器人界面方面的潜力，而且为消防救援和军事领域执行高风险任务提供了前所未有的可能性。

总之，纤维/织物基 TENG 在作为致动器、传感器和电源在柔性机器人、穿戴技术和人机交互界面已成为当前的研究重点。未来，在柔性机器人方向提升驱动力和操控精度是紧要任务；在穿戴和人机交互界面领域，器件性能和人体舒适性提升是研究热点；此外，多模块无缝整合、触控显示、通信技术和自主响应控制是主要挑战。设想未来的纤维/织物基 TENG 有望更加高效地充当人体和环境间智能互动界面的角色，使传统纺织材料焕发新的生机。

12.3　虚拟现实/增强现实

虚拟现实（VR）和增强现实（AR）是一项革命性的技术，其目的是创造虚拟环境，使人类在物理世界中获得几乎与真实体验近似的各种感觉[42]。可穿戴式人机交互界面作为一种极具发展前景的 VR/AR 高级解决方案，通过高效的人体状态跟踪，可实现人机甚至人与人的交互。因此，广泛研究了不同类型的自供电摩擦电人机交互界面，如触摸板、腕带、袜子和手套等[43-45]。特别是 Tex-TENG 产品，具有体积小、质量轻、分辨率高的特性，可能为传统的电触觉（ET）技术提供一条不同的途径，集成在任意服装中为人们带来沉浸式体验[46]。

12.3.1　纺织基摩擦纳米发电机用于虚拟现实

IoT 技术的快速发展对人机交互提出了迫切的需求，人机交互提供了人与机器之间的关键联系。使用手套作为直观且低成本的人机交互，可以方便地跟踪人类手指的运动，从而实现人机交互的直接沟通媒介。结合多个摩擦电纺织品传感器和适当的机器学习技术，极简设计的手套具有实现复杂手势识别的潜力，可以在真实空间和虚拟空间进行综合控制。Wen 等[47]详细研究了一种易于使用的碳纳米管/热塑性弹性体涂层方法，以实现摩擦电织物的超疏水性，从而提高其性能。利用机器学习技术，通过手势实时完成各种手势识别任务，以实现高精度的 VR 控制，最大限度地减少操作过程中的汗水影响。在该工作中，制造了一个基于手套的人机交互界面，其中超疏水纺织品 TENG 传感器分布在手套的单个手指上，以演示 VR 射击游戏控制［图 12.11（a）］。每个传感器通道连接 Arduino 进行数据采集，传感器响应时间为 100ms。通过串口控制，Python 可以实时处理采集到的数据，并基于传输控制协议/互联网协议（TCP/IP）通信向 Unity 发送命令。射击游戏的控制通过 3 种不同的信号模式实现，包括抓枪、装枪和射击。通过中指、无名指和小指弯曲，使超疏水纺织品与 Ecoflex 接触，在信号模式中产生三个负峰。Unity 中的虚拟手根据该响应信号和顺序去抓取枪。随后，左手按下拇指中的传感器，触发装枪动作。最后，食指弯曲从而触发射击信号。

此外，还演示了一个基于 3 个相似投球手势识别的 VR 棒球场景。如图 12.11（b）所示，手套的摩擦电信号将由 Arduino MEGA 2560 通过 8 个放大器集成电路获得。Python 中的卷积神经网络将识别手势，并通过 TCP/IP 通信向 Unity 发出相应的命令。掌心球、

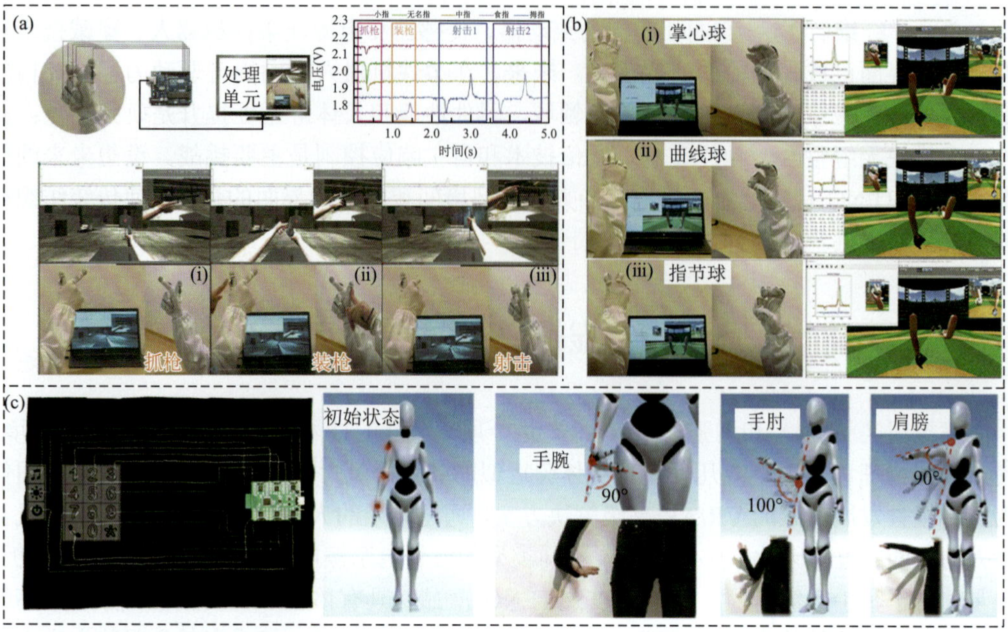

图 12.11　自供电纤维/织物 VR 界面用于沉浸式游戏体验及控制。（a）基于超疏水摩擦电织物输出信号幅度的射击游戏的控制系统原理及在 Unity 的 VR 空间中抓枪、装枪、射击的对应截图；（b）用机器学习演示棒球比赛场景的手势识别与控制，3 个手势的照片（左），以及在 Unity 中使用手势实现 VR 控制的相应截图（右）；（c）纤维状精细软自供电交互电子器件用于实时控制显示界面人物的关节运动[47]

曲线球、指节球三种投球动作的信号模式在信号外观上非常相似。经过卷积神经网络（CNN）模型的训练过程，识别准确率达到了 99.167%。经过 50 次训练后，准确率接近 98.3%。该演示展示了在虚拟空间中使用机器学习实现具有相似信号模式和实时控制高精度手势识别的可行性。

超细纤维电子器件因具备更加优异的柔软度、可缝纫性而在人机交互界面方面展现出巨大的潜力。Wang 等[48]开发了一种通用的可扩展制造工艺和纤维状精细软自供电交互电子器件，其直径仅为数十微米，连续长度为数千米。这些电子纤维以大规模制造速度（20m/min）制备，并适应现代纺织技术，包括编织、针织、机织和刺绣［图 12.11（c）］。通过在织物上刺绣集成人机交互系统，从而得到一种用于 VR 控制的电子纺织品。它可以通过人体各个部位的变化来控制显示界面人物的实时运动，如在显示界面上实时直观地控制手腕、手肘和肩膀的运动。

通过人机交互界面进行手语识别为言语障碍者提供了一种全新的交流模式。如图 12.12（a）所示，Wen 等[49]展示了一种由摩擦电传感器集成的手套，由 AI（人工智能）块和 VR 交互界面组成的手语识别和交流系统。该系统成功实现了对 50 个单词和 20 个句子的识别，并可以扩充句子库。识别结果以可理解的语音和文本形式投射到虚拟空间中，以促进手语者和非手语者之间的无障碍交流。它为语音/听力障碍患者的实际交流提供了一种很有前途的、通用的新/未见句子识别方案。用于双向远程通信的 VR 界面与用于手语识别的 AI 前端相连接，展示了未来智能手语识别和通信系统的潜在原型。该识别和通信系统由五大模块组成，包括用于手部动作捕捉的摩擦电手套、用于信号预处理的印刷电路板（PCB）、用于数据采集的 Arduino 连接 PC 的 IoT 模块、用于信号识别的基于深度学习的分析模块以及用于交互的 Unity VR 接口。识别结果将投射到网络空间，人工智能将根据识别结果发出相应的命令，并处理来自非手语者的输入，以控制基于 TCP/IP 的 VR 接口中的通信。设计了类似社交软件的 VR 界面，用于言语障碍用户与健康用户之间的交流。也就是说，通过深度学习，该系统可以识别语言障碍人士传递的手语，并将其翻译成语音和文本。然后，捕获语音和文本并发送到非手语者控制的服务器。非手语者直接输入以回应有语言障碍的用户。与人工智能相结合的 VR 交流界面，可以使语音/听力障碍人群和健康人群进行近距离甚至远程的互动，为两个人群之间的巨大互动提供了一个有前景的平台。

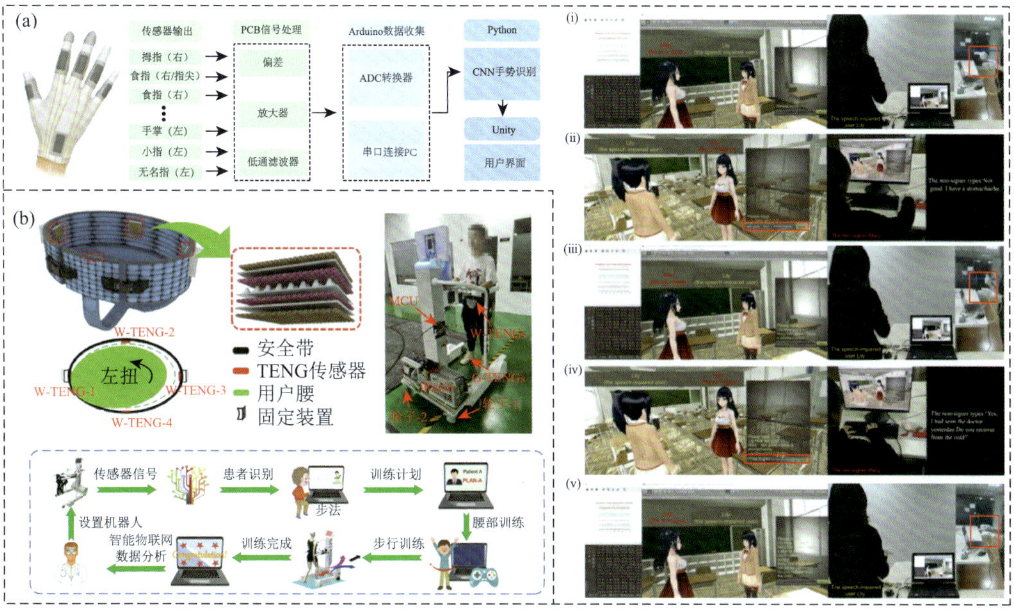

图 12.12　利用 VR 界面实现虚拟对话及强化康复。(a) 手语识别和交流系统示意图，基于手语识别与交流系统的语音障碍用户 Lily 与非手语者 Mary 在 VR 界面中的交流/对话过程[49]；(b) 通过智能安全带增强腰部康复及机器人辅助康复的摩擦电传感系统演示及康复过程示意图，游戏强化腰部训练，使用 TENG 基安全带，提高乐趣[50]

步态和腰部运动包含大量的人体信息，利用可穿戴电子设备对这些数据进行提取，并通过人机交互界面应用于医疗保健领域，这一过程是完全可行的。如图 12.12（b）所示，Zhang 等[50]提出了基于 TENG 的可穿戴设备，用于步态分析和腰部运动捕捉，以提高下肢和腰部康复的智能和效果。四个摩擦电传感器等距缝在织物带上，用于识别腰部运动，增加腰部训练的兴趣和动力。此外，也可以按照类似的方法开发 VR 增强游戏，从而提供更广泛的人机交互场景的可能性。总之，该合理有效的训练系统能够实现沉浸式下肢康复，具有患者识别、机器人辅助和游戏增强训练、远程诊断等多种功能，为基于物联网技术的智慧医疗展现出广阔的发展前景。

12.3.2 纺织基摩擦纳米发电机用于增强现实

AR 与完全沉浸在虚拟世界中的 VR 有所不同，AR 技术是一种将虚拟信息与真实世界巧妙融合的技术。AR 广泛运用多媒体、三维建模、实时跟踪及注册、智能交互、传感等多种技术手段，将计算机生成的文字、图像、三维模型、音乐、视频等虚拟信息模拟仿真后，应用到真实世界中，两种信息互为补充，从而实现对真实世界的“增强”。Wen 等[47]进一步模拟了 AR 空间中的插花过程，此过程主要基于 11 个手势进行，包括“开关”“插花（右手）”“释放（右手）”“插花（左手）”“释放（左手）”“旋转”“浇水”“修剪”“照明”“停止”“摘花”。这 11 种手势的照片如图 12.13（a）所示。经过卷积神经

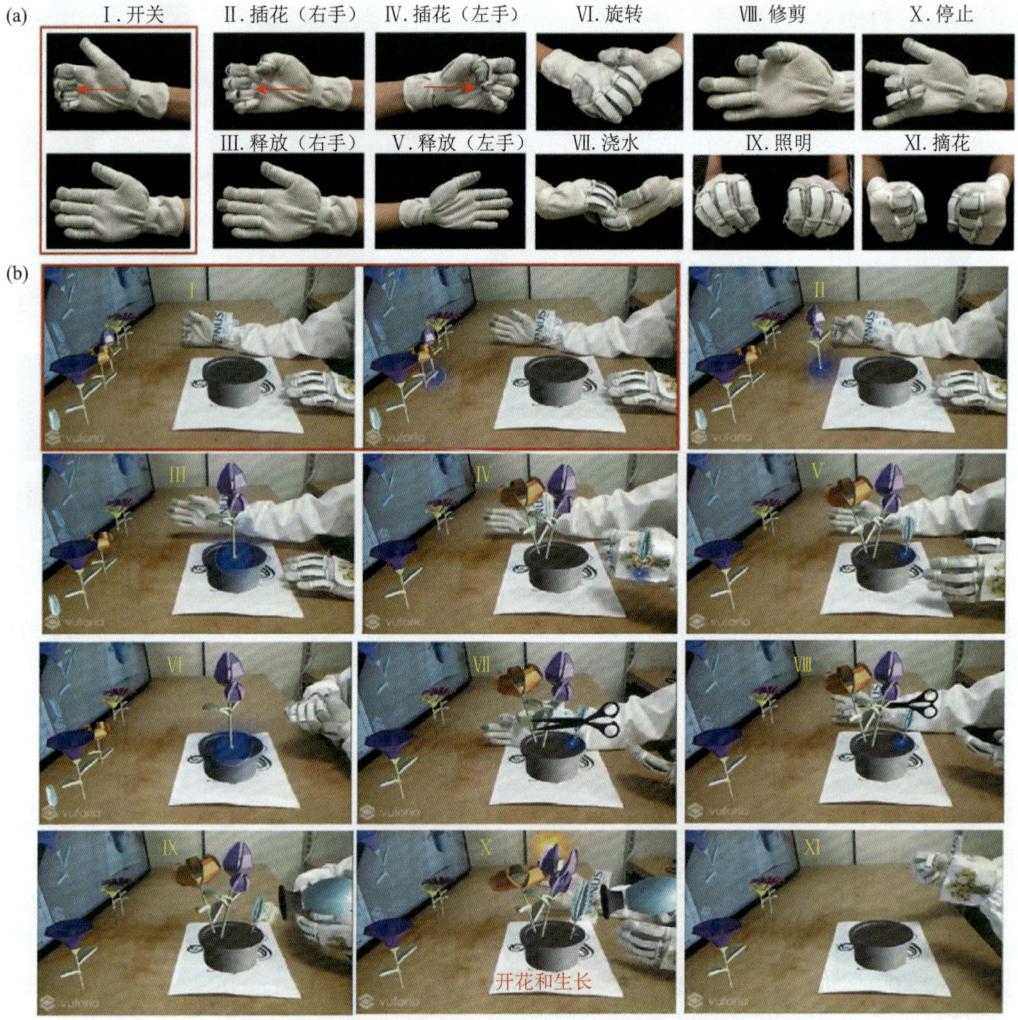

图 12.13 自供电 AR 界面的插花演示。（a）基于机器学习的复杂手势识别的插花 AR 演示的 11 个手势的照片；（b）Unity 的 AR 空间中 11 个手势对应的截图[47]

网络模型的训练过程，手势识别的平均准确率可以达到 95.23%。基于这种高度精确的识别，戴上手套的人工交互界面演示了实时 AR 插花。如图 12.13（b）所示，用户首先戴上手套在 AR 空间中切换，选择想要的一朵花，然后旋转到合适的视角，将花摘到花盆中。在修剪叶片的过程中，浇水和光照使花朵开花和生长。“停止”信号用于终止浇水和照明。最后，所有的花都被拔了出来。当用户做出这些手势时，同时控制 AR 空间中的虚拟花朵进行相应的动作。

此外，Shen 等[43]制备了一种可穿戴摩擦电织物，可通过 AR 快速跟踪书写步骤和获取字母的准确性，从而实现人机直接沟通的媒介［图 12.14（a）］。基于摩擦电织物的人机交互界面可以自动识别和纠正三个代表性字母（F、H、K），这有利于人机交互界面系统对数据的处理和分析。由于具有实时响应能力，无论用户书写何种笔画，手写信号和轨迹在时域上都表现出即时响应。通过对摩擦电织物输出的各种信息进行收集，并利用 LabVIEW 分析信号以识别和纠正字母［图 12.14（b）］。在整个过程中，随着压力的施加产生信号，并迅速执行对应的步骤，然后根据从摩擦电织物收集的信息进行识别并完成精确判断。写作结果可以实时发送回用户，允许在摩擦电织物中重写选定的信件以进行验证和修改。因此，LabVIEW 可以立即识别上述相关笔画的相应结果，以便进行修改。该人机交互界面具备智能预判功能，能够预先判断并决定下一个笔画。它巧妙地使用红色进行高亮显示，以此突出该笔画，为书法学习者提供了极佳的候选笔画练习与纠正工具。

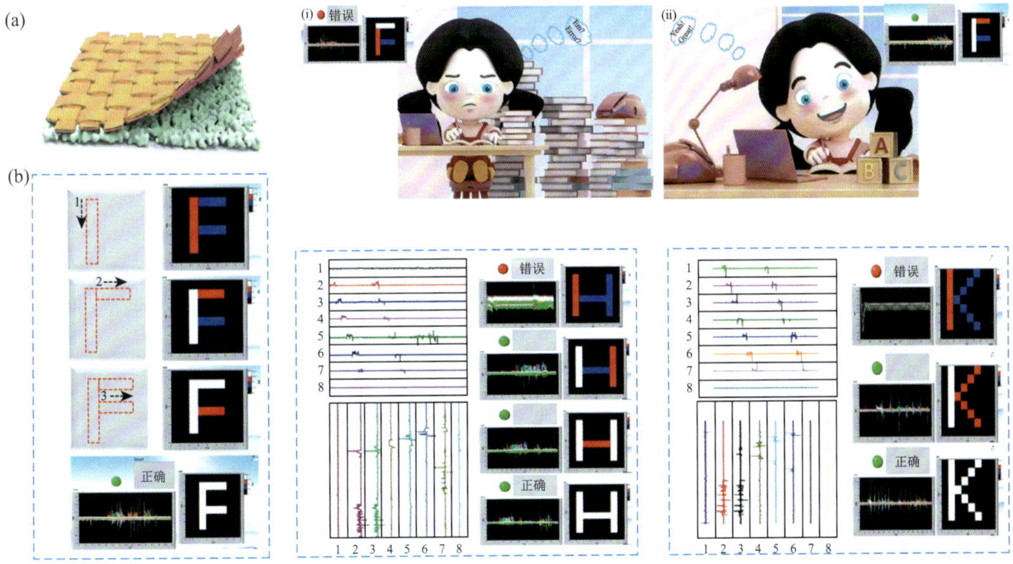

图 12.14　自供电 AR 界面的书法练习和纠正。(a) 基于可穿戴摩擦电织物人机交互界面的设计用于快速跟踪书写步骤和获取字母的准确性，从而实现人机直接沟通的媒介；(b) 字母 F、H 和 K 的书写步骤标准及基于摩擦电织物的人机交互界面识别过程示意图[43]

总之，交互式 Tex-TENG 电子设备可能会为 VR/AR 应用程序提供合适的平台，这是因为它们的出色性能以及独特的沉浸式功能，即使在高形变下也具有轻巧、方便、灵活、舒适和低电信号变化的特性。未来，人工智能技术与物联网技术的结合，将为人们带来全新的生活、工作及制造环境。然而，由于当前纺织电子技术的限制，如视听接口、ADC、无线通信模块、存储器、数据采集和处理器，VR/AR 系统不能完全在纺织结构中制造。因此，刚性微电子元件与纺织品的异构集成在未来对于完整的 VR/AR 系统会变得至关重要。

12.4 小　结

基于 Tex-TENG 的人机交互技术，材料选择广泛、结构设计多样，在 5G 时代物联网相关智能应用的建设中具有巨大的潜力，因此得到了广泛的研究。本章系统总结了 Tex-TENG 在电子皮肤、柔性机器人/致动器、虚拟现实/增强现实等领域的应用案例，以及通过机器学习方法辅助下的人工智能、物联网多学科应用场景中的进展。在机器学习的辅助下，人工智能技术的引入为物联网的发展提供了一个充满潜力的研究方向，推动了人机交互的进步与创新。

未来，人机交互技术的逐步推广将极大地改善人们的生活方式。虽然基于 Tex-TENG 的人机交互技术在过去一段时间里取得了重大进展，但在实际应用中仍存在诸如电源管理和储能、使用寿命、封装技术、大规模传感器集成等挑战需要解决。在人工智能技术的辅助下，基于 Tex-TENG 的多学科智能应用的不断研究和探索，必将为物联网时代人机和谐共存以及多场景沉浸式高效交互带来新的机遇。

参考文献

[1] Chen H，Song Y，Cheng X，et al. Self-powered electronic skin based on the triboelectric generator[J]. Nano Energy，2019，56：252-268.

[2] Xun X，Zhang Z，Zhao X，et al. Highly robust and self-powered electronic skin based on tough conductive self-healing elastomer[J]. ACS Nano，2020，14（7）：9066-9072.

[3] Niu H，Li H，Gao S，et al. Perception-to-cognition tactile sensing based on artificial-intelligence-motivated human full-skin bionic electronic skin[J]. Adv Mater，2022，34（31）：2202622.

[4] Jia C，Xia Y，Zhu Y，et al. High-brightness，high-resolution，and flexible triboelectrification-induced electroluminescence skin for real-time imaging and human-machine information interaction[J]. Adv Funct Mater，2022，32（26）：2201292.

[5] Park J，Kang D H，Chae H，et al. Frequency-selective acoustic and haptic smart skin for dual-mode dynamic/static human-machine interface[J]. Sci Adv，2022，8（12）：eabj9220.

[6] Liu Y，Chen B，Li W，et al. Bioinspired triboelectric soft robot driven by mechanical energy[J]. Adv Funct Mater，2021，31（38）：2104770.

[7] Zhu M，Sun Z，Chen T，et al. Low cost exoskeleton manipulator using bidirectional triboelectric sensors enhanced multiple degree of freedom sensory system[J]. Nat Commun，2021，12（1）：2692.

[8] Zhu D，Lu J，Zheng M，et al. Self-powered bionic antenna based on triboelectric nanogenerator for micro-robotic tactile sensing[J]. Nano Energy，2023，114：108644.

[9] Lai Y，Deng J，Liu R，et al. Actively perceiving and responsive soft robots enabled by self-powered，highly extensible，and highly sensitive triboelectric proximity- and pressure-sensing skins[J]. Adv Mater，2018，30（28）：1801114.

[10] Jin T，Sun Z，Li L，et al. Triboelectric nanogenerator sensors for soft robotics aiming at digital twin applications[J]. Nat

Commun，2020，11（1）：5381.

[11] Yang W，Gong W，Gu W，et al. Self-powered interactive fiber electronics with visual-digital synergies[J]. Adv Mater，2021，33（45）：e2104681.

[12] Shi Y，Wang F，Tian J，et al. Self-powered electro-tactile system for virtual tactile experiences[J]. Sci Adv，2021，7（6）：eabe2943.

[13] Dong B，Zhang Z，Shi Q，et al. Biometrics-protected optical communication enabled by deep learning-enhanced triboelectric/photonic synergistic interface[J]. Sci Adv，2022，8（3）：eabl9874.

[14] Zhu J，Ji S，Yu J，et al. Machine learning-augmented wearable triboelectric human-machine interface in motion identification and virtual reality[J]. Nano Energy，2022，103：107766.

[15] Zhu M，Sun Z，Zhang Z，et al. Haptic-feedback smart glove as a creative human-machine interface（HMI）for virtual/augmented reality applications[J]. Sci Adv，2020，6（19）：eaaz8693.

[16] Gao M，Wang P，Jiang L，et al. Power generation for wearable systems[J]. Energy Environ Sci，2021，14（4）：2114-2157.

[17] Chen C，Feng J，Li J，et al. Functional fiber materials to smart fiber devices[J]. Chem Rev，2022，123（2）：613-662.

[18] Ma W，Zhang Y，Pan S，et al. Smart fibers for energy conversion and storage[J]. Chem Soc Rev，2021，50（12）：7009-7061.

[19] Huang L，Lin S，Xu Z，et al. Fiber-based energy conversion devices for human-body energy harvesting[J]. Adv Mater，2020，32（5）：e1902034.

[20] Cui X，Wu H，Wang R. Fibrous triboelectric nanogenerators：Fabrication，integration，and application[J]. J Mater Chem A，2022，10（30）：15881-15905.

[21] Chen G，Li Y，Bick M，et al. Smart textiles for electricity generation[J]. Chem Rev，2020，120（8）：3668-3720.

[22] Zhang S，Bick M，Xiao X，et al. Leveraging triboelectric nanogenerators for bioengineering[J]. Matter，2021，4（3）：845-887.

[23] Cao X，Ye C，Cao L，et al. Biomimetic spun silk ionotronic fibers for intelligent discrimination of motions and tactile stimuli[J]. Adv Mater，2023，35（36）：e2300447.

[24] Li Y，Wei C，Jiang Y，et al. Continuous preparation of chitosan-based self-powered sensing fibers recycled from wasted materials for smart home applications[J]. Adv Fiber Mater，2022，4（6）：1584-1594.

[25] Zhou Z，Padgett S，Cai Z，et al. Single-layered ultra-soft washable smart textiles for all-around ballistocardiograph，respiration，and posture monitoring during sleep[J]. Biosens Bioelectron，2020，155：112064.

[26] Ning C，Cheng R，Jiang Y，et al. Helical fiber strain sensors based on triboelectric nanogenerators for self-powered human respiratory monitoring[J]. ACS Nano，2022，16（2）：2811-2821.

[27] Fang Y，Zou Y，Xu J，et al. Ambulatory cardiovascular monitoring via a machine-learning-assisted textile triboelectric sensor[J]. Adv Mater，2021，33（41）：e2104178.

[28] Wei C，Cheng R，Ning C，et al. A self-powered body motion sensing network integrated with multiple triboelectric fabrics for biometric gait recognition and auxiliary rehabilitation training[J]. Adv Funct Mater，2023，33（35）：2303562.

[29] Salauddin M，Rana S M S，Rahman M T，et al. Fabric-assisted MXene/silicone nanocomposite-based triboelectric nanogenerators for self-powered sensors and wearable electronics[J]. Adv Funct Mater，2021，32（5）：2107143.

[30] Qu X，Liu Z，Tan P，et al. Artificial tactile perception smart finger for material identification based on triboelectric sensing[J]. Sci Adv，2022，8（31）：eabq2521.

[31] Peng X，Dong K，Ye C，et al. A breathable，biodegradable，antibacterial，and self-powered electronic skin based on all-nanofiber triboelectric nanogenerators[J]. Sci Adv，2020，6（26）：eaba9624.

[32] Yang W，Gong W，Hou C，et al. All-fiber tribo-ferroelectric synergistic electronics with high thermal-moisture stability and comfortability[J]. Nat Commun，2019，10（1）：5541.

[33] Zhi C，Shi S，Zhang S，et al. Bioinspired all-fibrous directional moisture-wicking electronic skins for biomechanical energy harvesting and all-range health sensing[J]. Nano-Micro Lett，2023，15（1）：60.

[34] Zhang J H，Li Z，Xu J，et al. Versatile self-assembled electrospun micropyramid arrays for high-performance on-skin devices with minimal sensory interference[J]. Nat Commun，2022，13（1）：5839.

[35] Jing J，Wang S，Zhang Z，et al. Progress on flexible tactile sensors in robotic applications on objects properties recognition，manipulation and human-machine interactions[J]. Soft Sci，2023，3（1）：8.

[36] Zeng K，Shi X，Tang C，et al. Design，fabrication and assembly considerations for electronic systems made of fibre devices[J]. Nat Rev Mater，2023，8（8）：552-561.

[37] Xiong J，Chen J，Lee P S. Functional fibers and fabrics for soft robotics，wearables，and human-robot interface[J]. Adv Mater，2021，33（19）：e2002640.

[38] Chen J，Wen X，Liu X，et al. Flexible hierarchical helical yarn with broad strain range for self-powered motion signal monitoring and human-machine interactive[J]. Nano Energy，2021，80：105446.

[39] Jin T，Sun Z，Li L，et al. Triboelectric nanogenerator sensors for soft robotics aiming at digital twin applications[J]. Nat Commun，2020，11（1）：5381.

[40] Zhang Z，Yuan W. Highly biomimetic triboelectric-generating soft actuator with a hollow bilayer structure for sensing，temperature-sensitive switching and high-temperature alarm[J]. Compos Sci Technol，2023，242：110185.

[41] Pang Y，Xu X，Chen S，et al. Skin-inspired textile-based tactile sensors enable multifunctional sensing of wearables and soft robots[J]. Nano Energy，2022，96：107137.

[42] Zhang Q，Xin C，Shen F，et al. Human body IoT systems based on the triboelectrification effect：Energy harvesting，sensing，interfacing and communication[J]. Energy Environ Sci，2022，15（9）：3688-3721.

[43] Shen S，Yi J，Sun Z，et al. Human machine interface with wearable electronics using biodegradable triboelectric films for calligraphy practice and correction[J]. Nano-Micro Lett，2022，14（1）：225.

[44] Zhang J，Hu S，Shi Z，et al. Eco-friendly and recyclable all cellulose triboelectric nanogenerator and self-powered interactive interface[J]. Nano Energy，2021，89，106354.

[45] Lee Y，Lim S，Song W J，et al. Triboresistive touch sensing：Grid-free touch-point recognition based on monolayered ionic power generators[J]. Adv Mater，2022，34（19）：e2108586.

[46] Yang Y，Guo X，Zhu M，et al. Triboelectric nanogenerator enabled wearable sensors and electronics for sustainable internet of things integrated green earth[J]. Adv Energy Mater，2022，13（1）：2203040.

[47] Wen F，Sun Z，He T，et al. Machine learning glove using self-powered conductive superhydrophobic triboelectric textile for gesture recognition in VR/AR applications[J]. Adv Sci，2020，7（14）：2000261.

[48] Wang J，Yang W，Liu Z，et al. Ultra-fine self-powered interactive fiber electronics for smart clothing[J]. Nano Energy，2023，107：108171.

[49] Wen F，Zhang Z，He T，et al. AI enabled sign language recognition and VR space bidirectional communication using triboelectric smart glove[J]. Nat Commun，2021，12（1）：5378.

[50] Zhang Q，Jin T，Cai J，et al. Wearable triboelectric sensors enabled gait analysis and waist motion capture for IoT-based smart healthcare applications[J]. Adv Sci，2021，9（4）：2103694.

本章作者：孙周权，侯成义，王宏志

东华大学材料科学与工程学院，纤维材料改性国家重点实验室

Email: hcy@dhu.edu.cn（侯成义）

第 13 章

纺织基摩擦纳米发电机的应用：生物医学

摘　要

纺织品在生物医学领域的应用源远流长，其历史可追溯至数千年前。早在古埃及文明时期，人们便巧妙地利用天然黏合的亚麻纱作为缝合伤口的材料，为伤口的及时愈合提供了有力支持。随着医学与纺织技术的不断进步，以及电子设备的微型化趋势，纺织品在维护人体健康、缓解疾病痛苦、提升医疗品质等方面扮演着愈发重要的角色。值得一提的是，Tex-TENG 作为一种前沿技术，能够巧妙地集成于穿戴纺织品中，通过收集人体运动产生的能量，为医疗器件提供持续、稳定的电能供应。这一技术的出现，不仅拓宽了纺织品的应用领域，更为生物医学领域带来了革命性的变革。本章将深入探讨 Tex-TENG 在植入式传感监测与电刺激治疗两大领域的实际应用。通过详细介绍其工作原理、技术特点以及实际案例，展现这一技术在生物医学领域中的广阔前景与无限可能。

13.1　植入式传感监测

植入式医疗传感器技术是一种将微型传感器植入到病患体内的技术。这些传感器可以连续测定体内某些随时间变化的重要生理或病理参数，并将这些重要数据传输给医生，以便监测患者的健康状况。然而，有限的电池容量是大多数植入式医疗传感器所面临的最大挑战。值得庆幸的是，人体内有大量的能量可以用来驱动植入式医疗电子设备，如呼吸运动、肌肉拉伸收缩和心脏跳动产生的机械能。植入式 TENG 可将上述机械能转换为电能，不仅具备传感和供电双重功能，而且具有生物安全性的优势，目前已应用于韧带拉伸应变和心血管监测等领域[1-3]。

13.1.1 韧带拉伸应变监测

人体中的软组织如肌肉、肌腱和韧带等，在剧烈的户外活动中很容易受伤。若缺乏对这些损伤的有效监测，身体功能可能会受损。因此，连续监测人体肌肉和韧带的压力和应变等物理特性的传感器非常重要。目前，肌肉和韧带损伤的程度可以在医院使用成像和光谱学技术进行评估。近年来，成功开发出许多柔性植入式医疗设备，用于快速诊断和持续监测人体肌肉和韧带的物理特性，提供相关疾病的重要医学信息。

Sheng 等开发了一种基于纤维 TENG 的有机凝胶/硅橡胶纤维螺旋传感器。该器件能够植入髌骨韧带，精准捕获韧带运动信息，评估肌肉或韧带的损伤情况［图 13.1（a）］[4]。这种纤维 TENG 传感器的电极采用电导率高、制备速度快的有机凝胶纤维，同时保持良好的透明性（>95%）、高拉伸性（600%）以及长达 6 个月以上的稳定性。研究团队进一步探究了纤维 TENG 的生物相容性。图 13.1（b）显示在传感器上用 FDA（乙二酸荧光素）染色 1 天和 7 天后的活心肌细胞的荧光图像。心肌细胞黏附在传感器表面，有良好的增殖倾向，验证了纤维 TENG 具有良好的细胞相容性。此外，研究团队还进一步采用代谢 CCK-8 法测定传感器存在时心肌细胞的增殖情况，并与对照组进行比较。实验结果表明，心肌细胞在传感器表面持续增殖，证明纤维 TENG 无细胞毒性，适合作为植入式传感器使用［图 13.1（c）］。最后，将传感器嵌入猪肉中用于体外实验。如图 13.1（d）～（f）所示，传感器展现出稳定的传感性能，输出信号随植入深度增加而增强，验证了其作为植入式传感器的可行性。

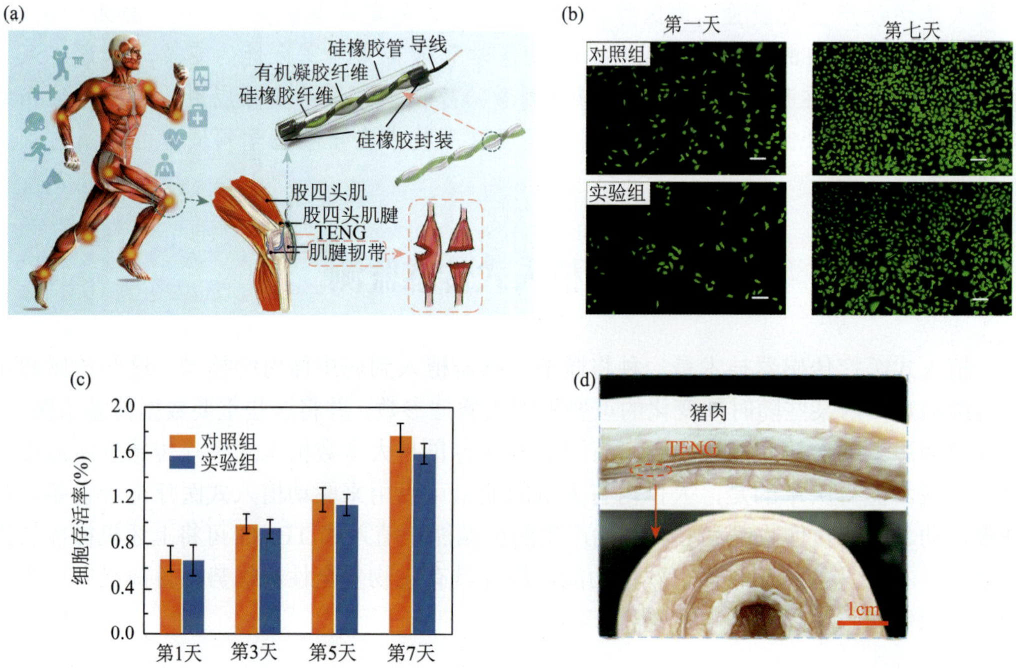

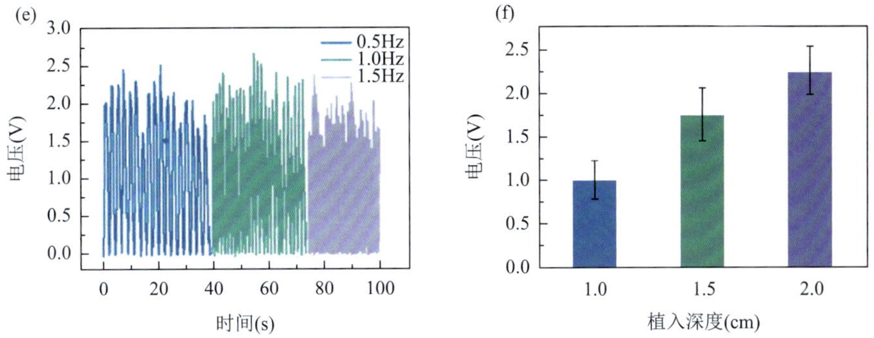

图 13.1　纤维 TENG 的结构和体外生物相容性实验。（a）在人体中应用纤维 TENG 植入物的概念；（b）心肌细胞的荧光图像（比例尺：100μm）；（c）实验组和对照组心肌细胞在 7 天内的增殖情况；（d）纤维 TENG 放置在一块猪肉中；（e）嵌入猪肉的纤维 TENG 在不同频率反复弯曲和拉伸下的输出；（f）纤维 TENG 在猪肉中不同植入深度下的输出对比[4]

为了进一步验证纤维 TENG 在可植入性应用中的潜力，将其植入并缝合于兔膝关节髌骨韧带［图 13.2（a）～（c）］。与体外演示类似，在兔腿的弯曲和拉伸过程中，连续测量传感器的输出，用于实时监测韧带的拉伸和压力。图 13.2（d）和（e）展示了传感器在不同拉伸和弯曲频率及不同弯曲角度下的输出电信号。因此，可以根据纤维 TENG 的输出性能信号来评估韧带损伤的程度。如图 13.2（f）所示，植入 7 天后，纤维 TENG 的电输出与初始的电输出相似，表明该传感器具有较好的稳定性。此外，研究团队对传感器在体内的长期监测和生物相容性进行了评估。如图 13.2（g）、（h）所示，与对照组相比，植入 4 周后实验组表面周围组织炎症细胞浸润较轻，纤维囊更薄。同时，CD68 在实验组的表达水平也低于对照组［图 13.2（i）和（j）］，进一步证明传感器良好的生物相容性。

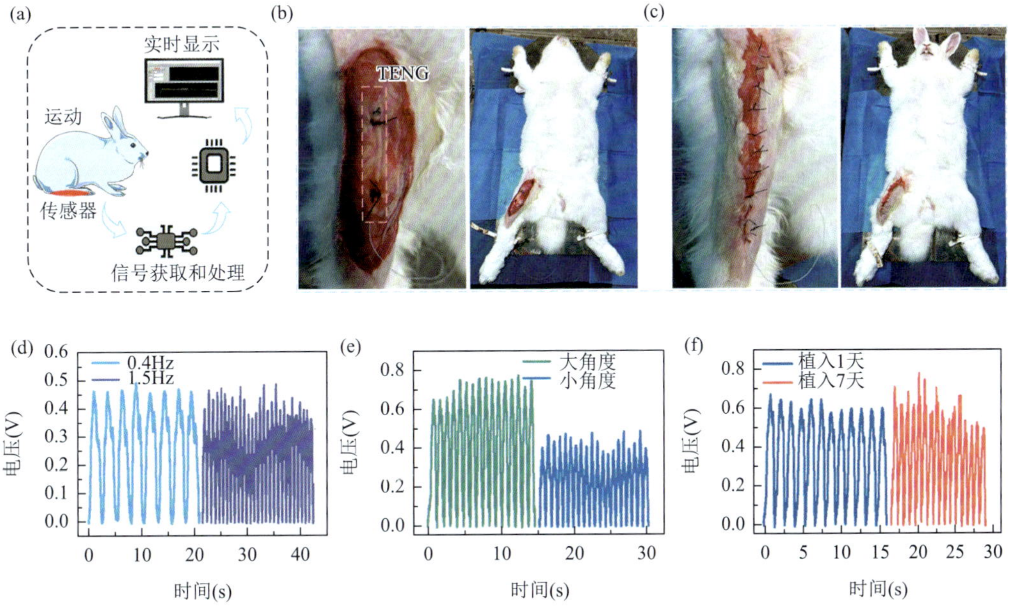

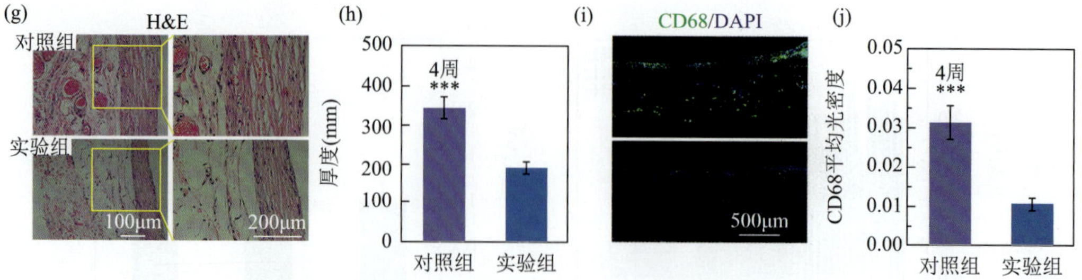

图 13.2 纤维 TENG 在体内的应用演示。（a）植入兔子体内传感器的应变监测数据采集和处理流程图；（b，c）植入兔子膝关节髌骨韧带的纤维 TENG 的照片（b）和缝合后的照片（c）；（d）植入兔腿内的纤维 TENG 在不同频率（0.4Hz 和 1.5Hz）的弯曲和拉伸周期下的输出；（e）植入兔腿内的纤维 TENG 在不同弯曲角度的弯曲频率和拉伸周期下的输出比较；（f）植入纤维 TENG 7 天后的稳定性；（g，h）植入兔子体内 4 周后的生物组织的 H&E 染色的照片（g）和定量分析（h）；（i，j）植入兔子体内 4 周后的生物组织的照片（i）和免疫荧光分析的定量数据（j）[4]

综上所述，基于 TENG 的有机凝胶/硅橡胶纤维螺旋传感器，可用于自驱动和可缝合的植入韧带应变监测。该传感器具有高稳定性和超拉伸性。纤维 TENG 成功植入兔膝关节髌骨韧带，实时监测膝关节韧带拉伸和肌肉应力，为肌肉和韧带损伤的实时诊断提供解决方案。

13.1.2 心血管监测

植入式心血管监测技术是一种可以植入人体的微型电子设备，可以对人体中心脏的振动和血液的运输等进行自动、长期的监测。这些传感器可以在手术过程中轻松放置，记录和传输医学监测数据，帮助医生准确了解患者的心脏及血管情况，对患者进行无缝的个性化护理。但传统监测设备常因体积大、依赖外接电源及烦琐的数据传输流程而受限，且其接线可能增加患者感染风险，给治疗过程带来隐患。

2021 年，Ouyang 等设计了一种基于聚乳酸/壳聚糖的 TENG［图 13.3（a）］，作为可植入式器件用于血管术后监测[5]。这款装置采用具有纳米结构表面的聚乳酸/壳聚糖薄膜作为摩擦层，同时外部封装防止液体侵蚀。值得一提的是，该装置在体内会最终降解为对有机生物体无害的成分，确保了生物安全性［图 13.3（b）］。研究人员通过生物力学测试系统验证其感知能力，传感器置于小鼠腹腔皮下，与商用力传感器同步监测胸腔呼吸过程，产生电压信号，其灵敏度与商业装置相近［图 13.3（c）和（d）］。除此之外，还对大型哺乳动物进行体内实验，摩擦电传感器附着在血管壁上，而商业传感器通过针尖和导管与血管内部进行通信［图 13.3（e）］。为了证实摩擦电传感器监测异常血管闭塞事件的能力，研究人员将气球植入血管用于构建血管闭塞模型。当气囊充气时，血管阻塞，血压迅速下降，然后在气囊放气后血压恢复［图 13.3（f）］。摩擦电传感器能够出色地监测出血管异常所产生的异常信号，如心律失常和异常血管闭塞，这对心血管手术的预后显示出巨大的潜力。

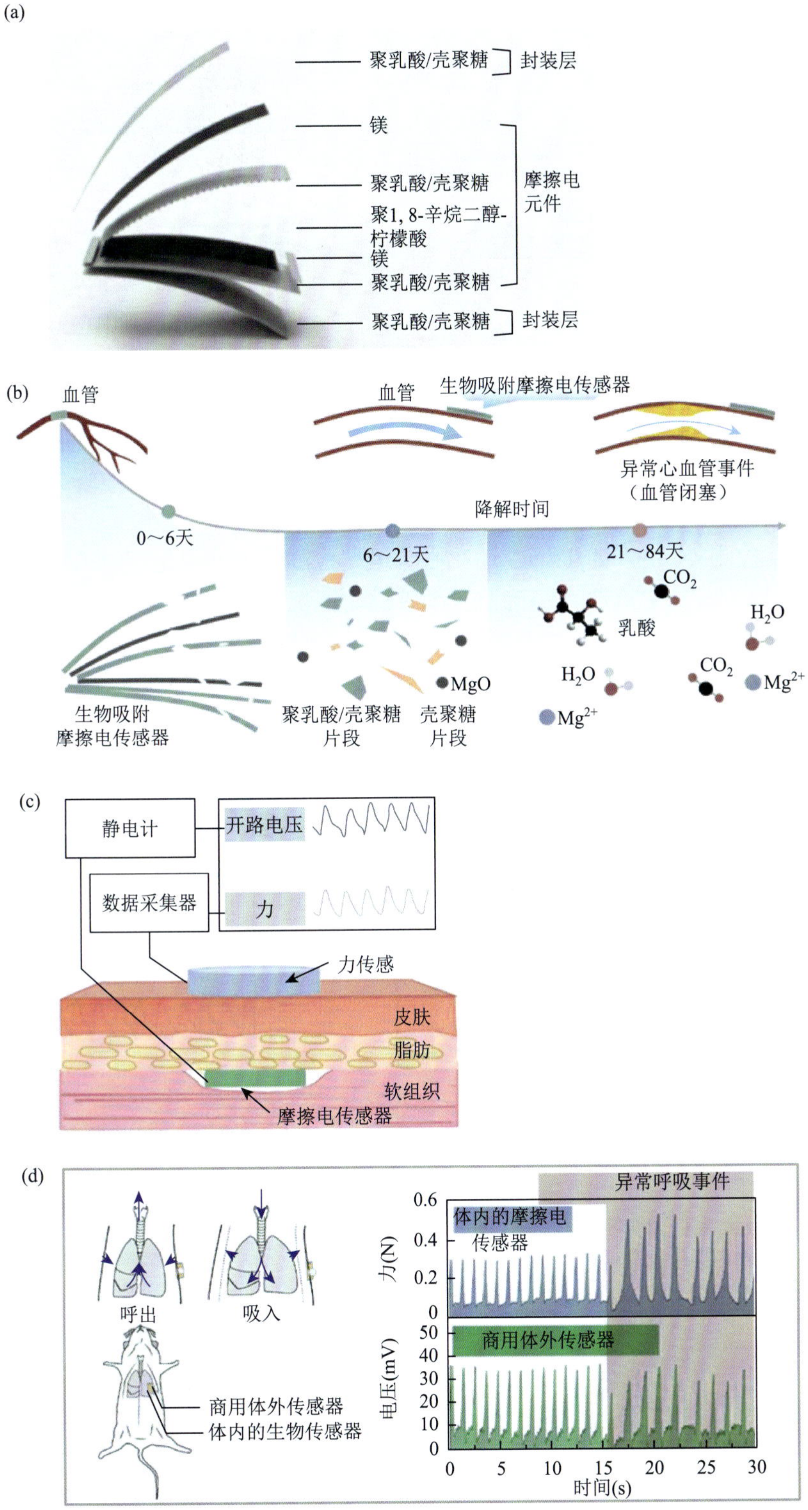

(a)
聚乳酸/壳聚糖
封装层
镁
聚乳酸/壳聚糖
摩擦电元件
聚1, 8-辛烷二醇-柠檬酸
镁
聚乳酸/壳聚糖
聚乳酸/壳聚糖
封装层
(b)
血管
血管
生物吸附摩擦电传感器
异常心血管事件（血管闭塞）
降解时间
0～6天
6～21天
21～84天
CO_2
乳酸
H_2O
MgO
H_2O
CO_2
Mg^{2+}
Mg^{2+}
生物吸附摩擦电传感器
聚乳酸/壳聚糖片段
壳聚糖片段
(c)
静电计
开路电压
数据采集器
力
力传感
皮肤
脂肪
软组织
摩擦电传感器
(d)
呼出
吸入
商用体外传感器
体内的生物传感器
异常呼吸事件
体内的摩擦电传感器
力(N)
0.6
0.4
0.2
0
商用体外传感器
电压(mV)
50
40
30
20
10
0
0
5
10
15
20
25
30
时间(s)

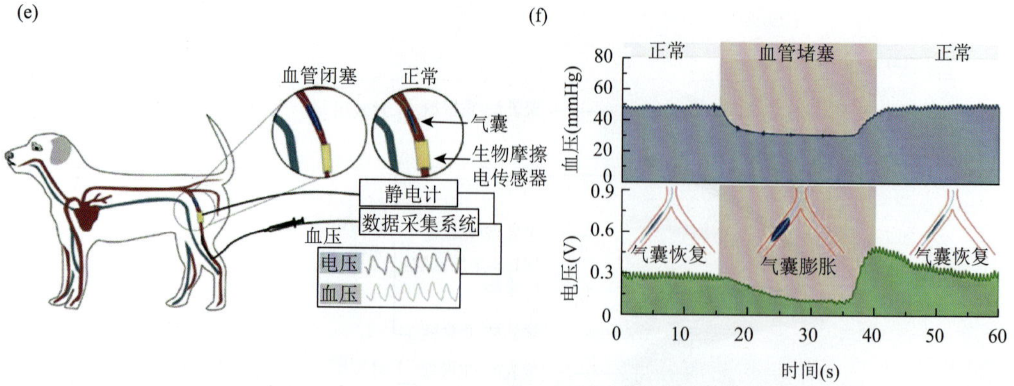

图 13.3　摩擦电传感器在血管监测中的应用。(a)摩擦电传感器结构示意图；(b)摩擦电传感器在生物降解时间图；(c)生物力学测试系统示意图；(d)小鼠体内腹腔内植入摩擦电传感器和商用体外传感器监测示意图及监测异常呼吸信号图；(e)大型哺乳动物(狗)体内实验电表征及生理信号监测示意图；(f)大型哺乳动物异常血管闭塞事件监测信号[5]

除了血管检测外，植入式 TENG 还在心脏运动检测领域展现出广泛的应用前景。Zhao 等研制的新型植入式 TENG[6]可精确监测心脏跳动情况［图 13.4（a）］。图 13.4（b）显示，当 TENG 置于心脏前壁时，其输出电压与心电图紧密相关，峰值与心电图 R 波同步，心率检测准确率高达 99.73%。放大观察图 13.4（c）可见，心电图 R 波代表心脏收缩起

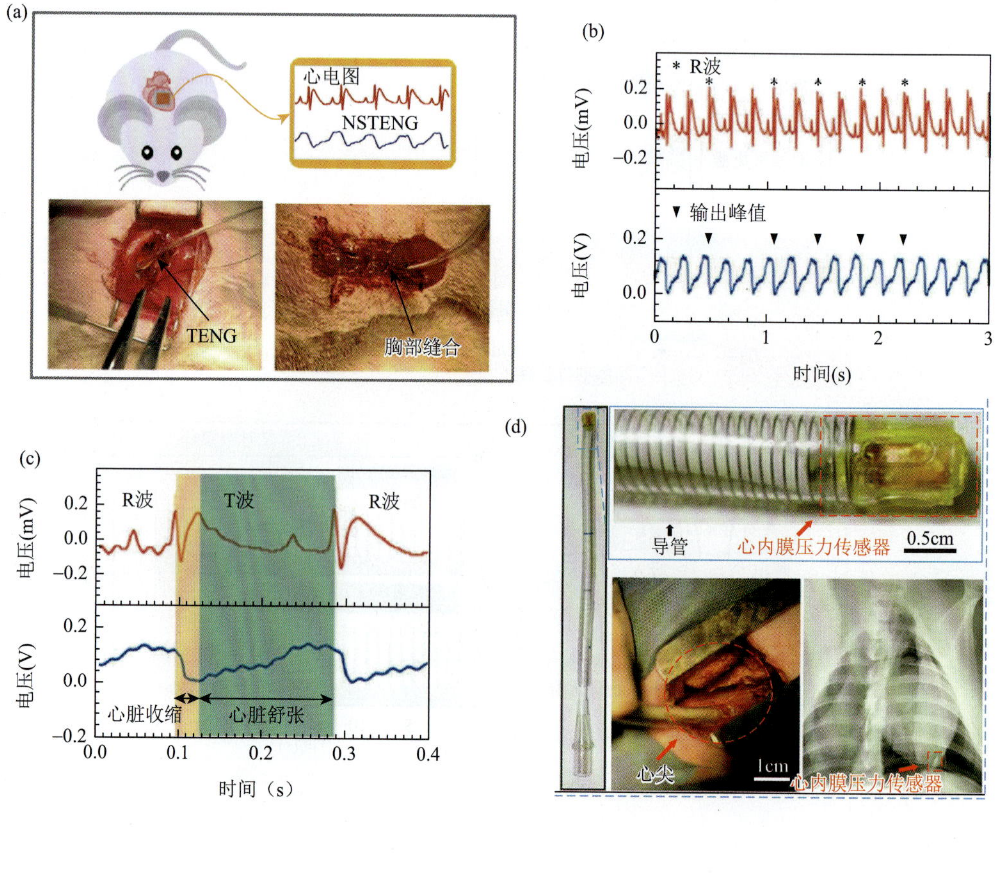

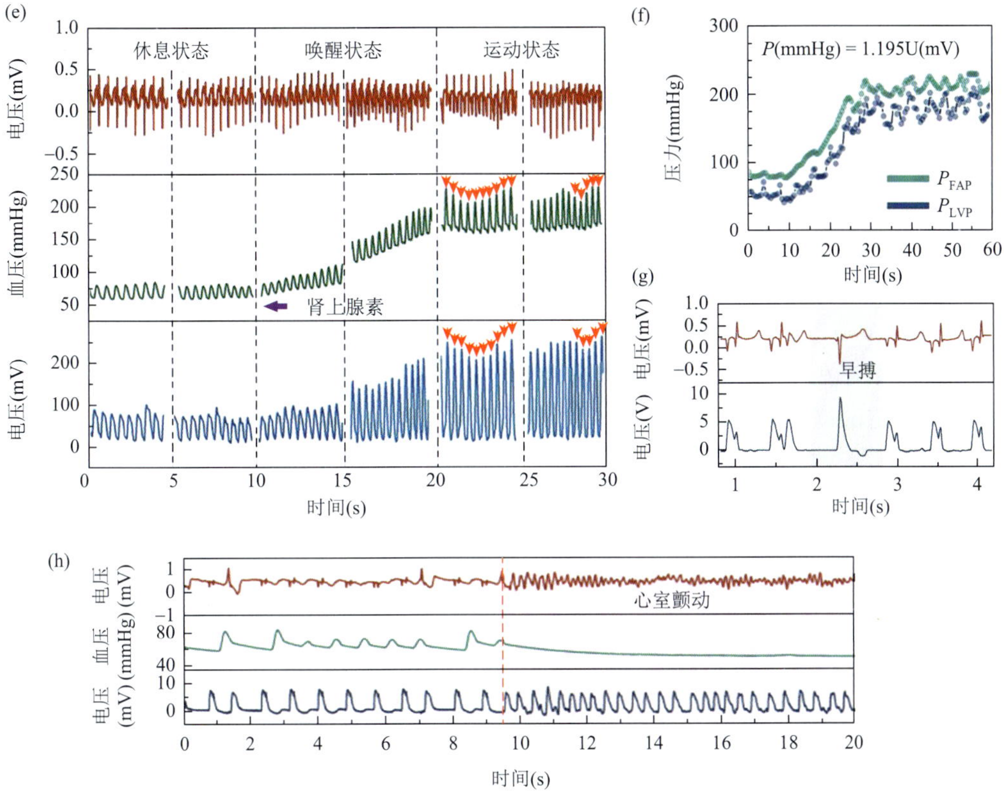

图 13.4　植入式 TENG 传感器用于心脏监测。（a）TENG 植入大鼠心包示意图及缝合手术照片；（b）植入心脏前壁 TENG 的电压输出曲线及相应的心电图；（c）心脏前壁 TENG 输出电压及相应放大心电图，黄色区域表示收缩期，绿色区域表示舒张期[6]；（d）传感器器件照片、植入猪体内照片及 CT；（e）实验体不同状态下的心电图、股动脉压、传感器信号比较及输出对应点；（f）由股动脉压和传感器得出的压力峰值之间的实时比较；（g）代表性心电图及传感器电压显示心室早搏；（h）当心室颤动发生时，观察到频率加快的传感器信号波形[7]

始，T 波代表收缩结束。心脏快速收缩时，TENG 迅速膨胀；舒张期则逐渐受心脏压缩。R 波出现与输出电压骤降吻合，电压最低点代表收缩期结束。随后，TENG 电压逐渐上升，与心电图中的 T 波相对应，代表着心脏舒张的开始。

此外，Liu 等报道了一种基于 TENG 的小型化、柔性、自供电心内膜压力传感器[7]，巧妙融入外科导管，成功植入成年约克郡猪左心室，精准监听心脏功能［图 13.4（d）］。实验体在不同生理状态下，心电图、股动脉压与传感器信号如图 13.4（e）所示。传感器实时监测心内压，对高压力测量效果卓越。实验中使用肾上腺素增强心脏功能，股动脉压与传感器峰值随之升高。图 13.4（f）显示，传感器测量左室压变化与股动脉压吻合，证明其作为心内膜压力传感器的可行性与稳定性。此外，研究还探讨了传感器监测左心室压变化检测心律失常的可行性。图 13.4（g）显示，使用起搏器刺激心室引起早搏，传感器输出电压升高，与心电图异位 R 波对应，证明传感器能准确捕捉早搏。而在发生室颤时，传感器输出的初始规则波形在节律和振幅上变成完全无序，频率明显加快［图 13.4（h）］。

这一发现充分展示了传感器在监测心脏运动方面的高灵敏度，以及在提醒致命性心律失常方面的巨大潜力。

总而言之，得益于 TENG 的高灵敏度，其在心血管监测方面有着较为突出的进展。尽管各种监测传感器在功率输出、生物相容性和材料稳定性方面仍需进一步改进，但是这些自供电设备在心脏病的早期诊断和治疗中非常有用。

13.2 电刺激治疗

电刺激治疗在医学上是一种广泛应用的治疗手段，它利用电流作为刺激源，通过对患者身体特定部位施加电流，以达到治疗疾病、缓解症状或促进康复的目的[8-12]。电刺激治疗目前用于多种不同的领域，包括疼痛管理、神经系统疾病治疗、康复和肌肉功能的恢复等。但是，目前用于电刺激的电源往往体积庞大，稳定性差，维护成本较高且使用寿命有限，严重限制了其广泛使用。织物基 TENG 兼具纺织品的透气性、可洗性、柔韧性和 TENG 的高效率、成本低、制备简单等优点，已广泛应用在电刺激治疗领域[13-16]。

13.2.1 肿瘤治疗

近十几年来，恶性肿瘤的发病率和死亡率呈上升趋势，已成为全球第二大死因。目前，临床上主要采用手术、化疗、放疗和靶向治疗等手段来对抗这一顽疾。然而，这些治疗方法在实际应用中却受到诸多限制，如严格的适应证和禁忌证要求，以及药物可能带来的毒副作用等，使得治疗效果往往不尽如人意。近年来，通过电刺激直接杀伤肿瘤细胞并增强免疫治疗的方法，逐渐受到医学界的关注。它具有消融时间短、无热沉积效应、实时监测、组织选择性等诸多优点，同时也避免了治疗过程中对血管、神经等重要结构造成不可逆损伤的风险。这种无药物恶性肿瘤治疗技术在医疗领域具有广阔的应用前景[17-19]。

Li 等报道了一种名为“摩擦电免疫疗法”的无药物肿瘤治疗系统[20]，通过使用织物直流 TENG 产生的脉冲电流直接损伤肿瘤细胞并募集免疫细胞［图 13.5（a）］。该系统核心部件包括滑动模式的织物直流 TENG 与电刺激针，前者以不导电尼龙纱布为基底，导电尼龙纱线编织其中，构成织物基 TENG。如图 13.5（b）所示，为了研究该系统对肿瘤细胞的抑制杀伤作用，将织物直流 TENG 的两个电极与盛有细胞悬液的电穿孔杯紧密连接，并施以连续的电刺激，且刺激时长各有不同。随着电刺激时间的延长，肿瘤细胞的存活率逐渐下降，10min 电刺激后细胞存活率下降至 54.77%［图 13.5（c）］。进一步固定刺激时间为 10min，观察不同培养时间下的细胞存活率，发现存活率持续降低，表明细胞死亡在刺激后仍有延续［图 13.5（d）］。细胞中 F-肌动蛋白染色实验显示，电刺激处理的细胞肌动蛋白丝降解，荧光减弱，证明电刺激对细胞骨架有显著破坏作用［图 13.5（e）］。

电刺激肿瘤细胞可以介导免疫原性细胞死亡，诱导肿瘤细胞释放大量的肿瘤相关抗原和损伤相关模式分子。如图 13.5（f）所示，电刺激诱导 4T1 细胞表面显示强绿色荧光，

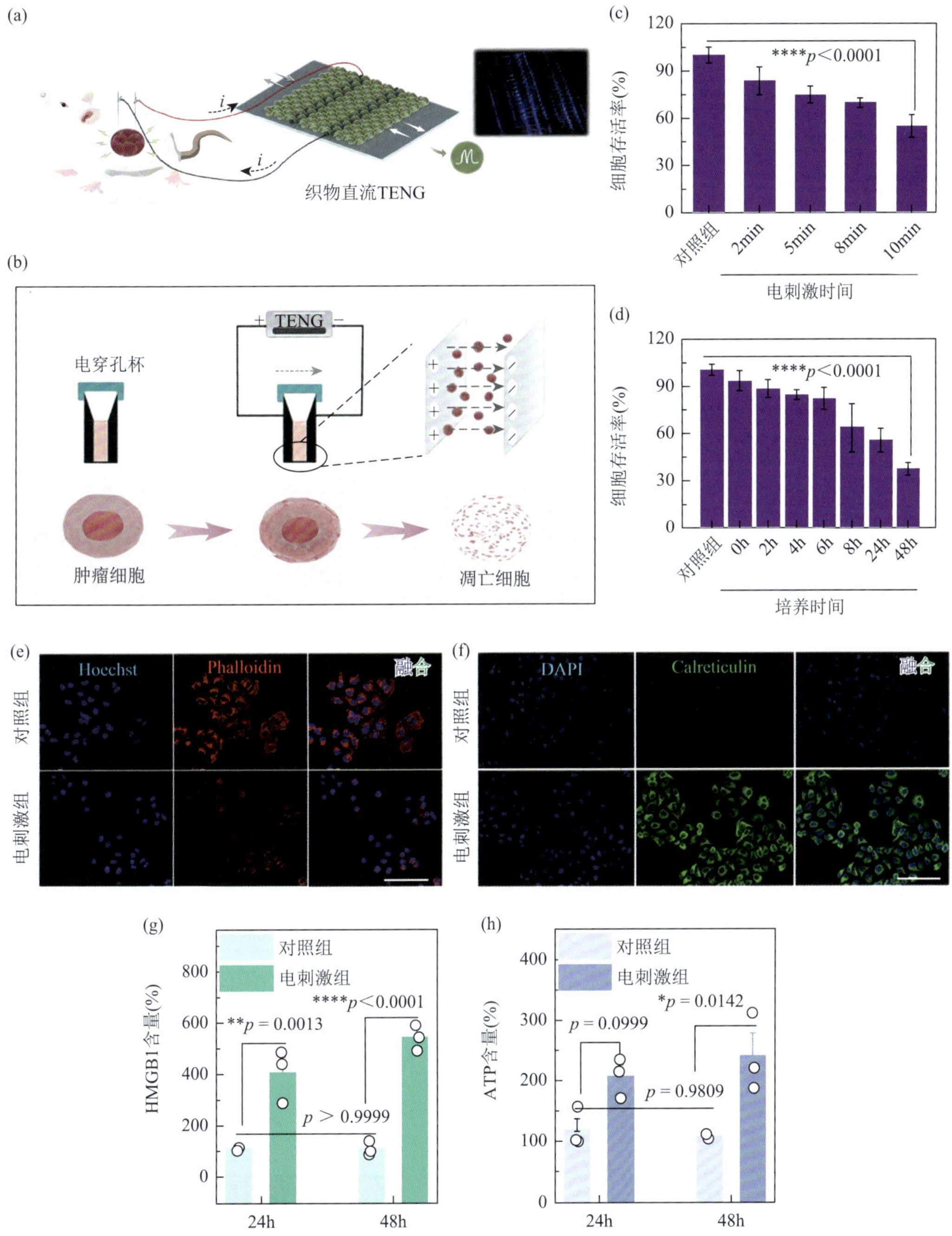

图 13.5　织物直流 TENG 的原理图及其驱动的电刺激诱导的免疫原性细胞死亡。（a）“摩擦电免疫治疗”系统和织物直流 TENG 示意图；（b）使用电穿孔杯实现 4T1 细胞电刺激的示意图；（c）4T1 细胞在不同电刺激时间下培养 24h 后的细胞存活率；（d）4T1 细胞电刺激 10min 后，不同培养时间的细胞存活率；（e）4T1 细胞中 F-肌动蛋白染色（红色）荧光显微镜图像，细胞核用 Hoechst 33342 标记（比例尺为 100nm）；（f）4T1 细胞在电刺激下表达的钙网蛋白的荧光显微镜图像（比例尺为 100nm）；（g，h）释放到 4T1 细胞外环境中的高迁移率族蛋白 B1（HMGB1）（g）和 ATP（h）含量直方图[20]

激活抗原提呈细胞吞噬死亡的癌细胞和碎片。此外，电刺激也会诱导肿瘤细胞从其细胞核释放 HMGB1 和 ATP。如图 13.5（g）和（h）所示，相较于对照组，电刺激组细胞外的 HMGB1 和 ATP 含量更高，向外界释放一个“找到我”信号，吸引并刺激树突状细胞的成熟。这些结果表明，由织物直流 TENG 驱动的脉冲电刺激可以有效地触发大量免疫原性细胞死亡。

最后，研究人员对摩擦电免疫治疗的体内抗肿瘤效果进行了深入研究。如图 13.6（a）所示，每 2 天给予 10min 电刺激，治疗 14 天后评估效果。相较于对照组，电刺激组肿瘤生长受到显著抑制，体积与质量均明显减少［图 13.6（b）～（d）］。小鼠生存曲线显示，电刺激治疗可以抑制肿瘤生长，延长了小鼠的寿命［图 13.6（e）］。为深入了解治疗效果，研究人员将肿瘤组织分为消融、过渡和非消融区［图 13.6（f）］。H&E 染色显示，消融区细胞严重受损，与非消融区形成鲜明对比［图 13.6（g）］。进一步的组织学分析证实，电刺激诱导了明显的肿瘤细胞凋亡和生长抑制［图 13.6（h）］。同时，治疗后小鼠肝肾功能正常，表明该疗法具有良好的生物安全性［图 13.6（i）］。这些数据证实了织物直流 TENG 驱动的摩擦电免疫治疗具有良好的肿瘤抑制能力，是一项极具潜力的无药物肿瘤消融技术，特别是对不可切除的原发性病变，其治疗前景尤为突出。

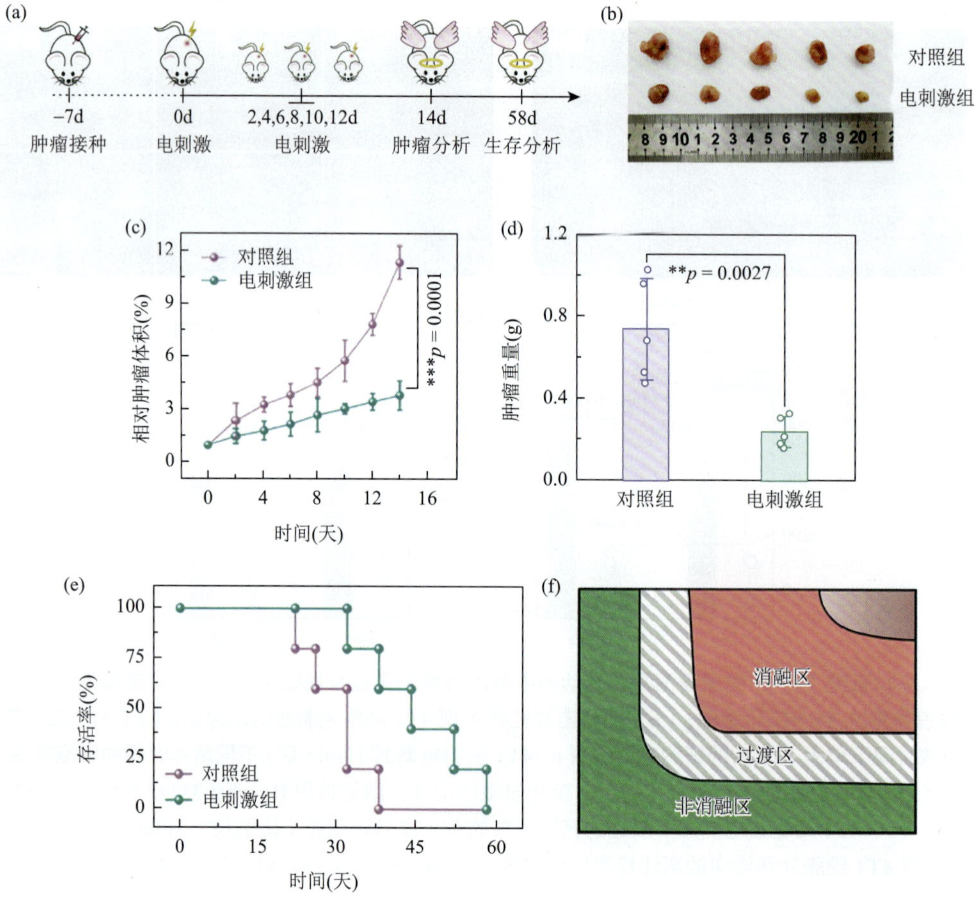

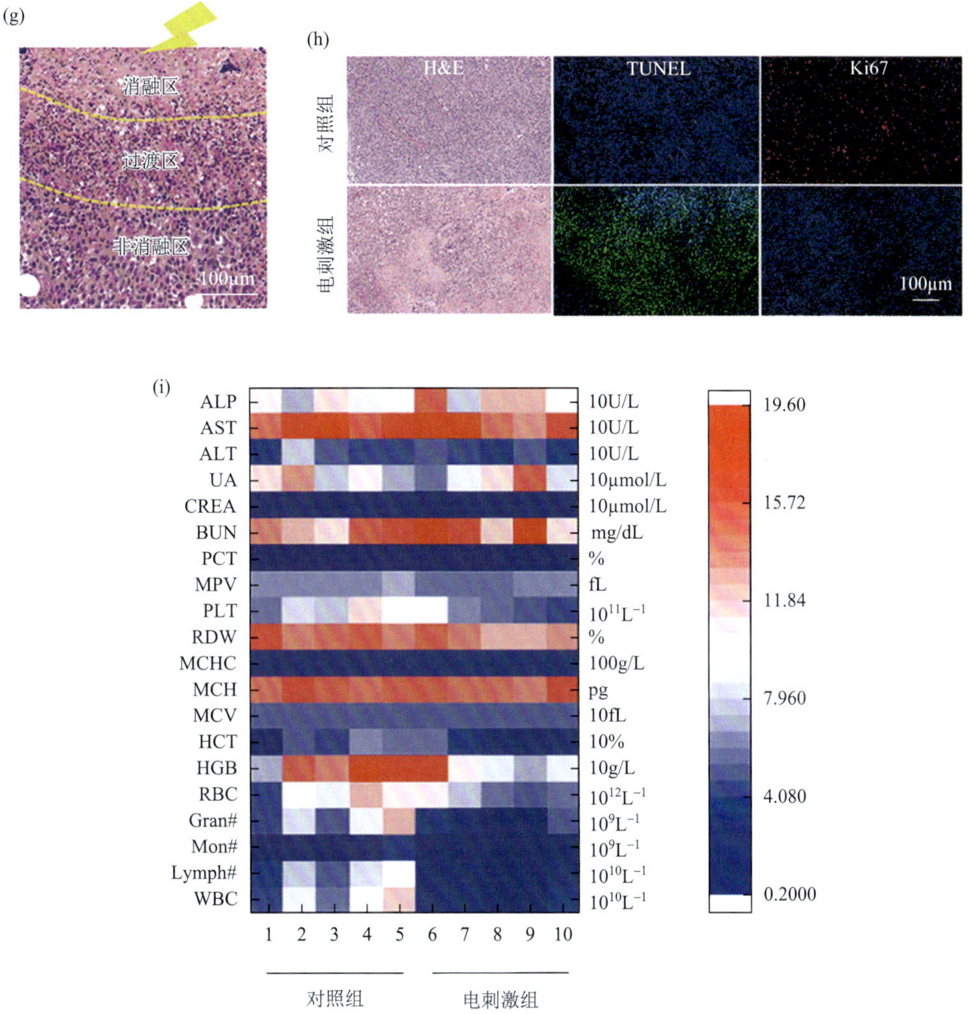

图 13.6　摩擦电免疫治疗的体内抗肿瘤治疗性能。（a）实验方案的示意图；（b）小鼠个体肿瘤照片；（c）肿瘤生长曲线；（d）肿瘤重量直方图；（e）对照组和电刺激组小鼠生存曲线（58 天内）；（f）肿瘤组织中的消融区示意图；（g）电刺激 48h 后肿瘤组织的代表性 H&E 染色图像；（h）肿瘤消融区 H&E、TUNEL、Ki67 染色的代表性显微镜图像；（i）治疗 14 天后，单个小鼠的血液学分析和血清生化分析的热图[20]

综上所述，基于织物直流 TENG 产生的脉冲直流电，开发了一种无药物肿瘤治疗策略，实现直接损伤肿瘤细胞和招募免疫细胞。电刺激可促进 4T1 细胞的免疫原性细胞死亡，释放与损伤相关的模式分子，吸引树突状细胞聚集在肿瘤中，并向 T 细胞呈现暴露的丰富抗原，激活 T 细胞介导的适应性免疫反应，进一步抑制肿瘤生长。重要的是，在电刺激过程中，不会损伤血管等重要生物组织结构，允许细胞因子通过血液供应积累到肿瘤部位，显著抑制 4T1 实体瘤的生长，有效延长生存时间。本研究对于临床上不可切除的原发灶肿瘤治疗来说至关重要，也为小型化可穿戴肿瘤治疗系统提供了一种高效、经济、安全的解决方案。

13.2.2 药物传递

在过去的几十年里，药物传递技术取得了显著的进步，提高了药物治疗的有效性和安全性。药物传递系统的改进推动了现代医疗的进一步发展，但也存在药物控释能力较弱、生产成本较高、药物材料具有毒性、药物释放系统能源供给短缺等问题。正是在这样的背景下，TENG 技术的出现为药物传递领域带来了全新的可能性。TENG 所产生的电信号，可以作为一种外源性刺激，实现药物的按需、可控释放，为药物治疗提供了更为精准、个性化的选择。

经皮给药系统是一种通过皮肤吸收药物，进而进入血液循环实现疾病治疗或预防的方法。与口服给药和皮下注射等方法相比，经皮给药系统具有许多优势，如无创、无痛、方便、廉价以及可自行管理。在所有经皮给药方法中，微/纳米针技术无疑是一个强有力的候选。近年来，研究者们结合微/纳米针与 TENG，实现了无痛且高效的给药。2018 年，Bok 等创新性地提出了自供电给药装置，该装置集成了 TENG 与可溶性微针，微针贴片含有药物分子，TENG 则负责提供电泳所需的电刺激［图 13.7（a）］[21]。当载药的微针到达角质层时，它们会分解并释放药物，同时 TENG 产生的电刺激可扰动皮肤脂质层，增强药物渗透。研究人员以猪皮肤为对象，验证了微针的穿透能力，微针可轻松穿透皮肤，形成微小孔洞，证明了其出色的机械性能［图 13.7（b）］。在体外药物释放实验中，有 TENG 装置的释放量是无此装置的 4 倍多，表明 TENG 电刺激能显著提高药物释放效率，为药物传递提供高效可靠的方案［图 13.7（c）］。

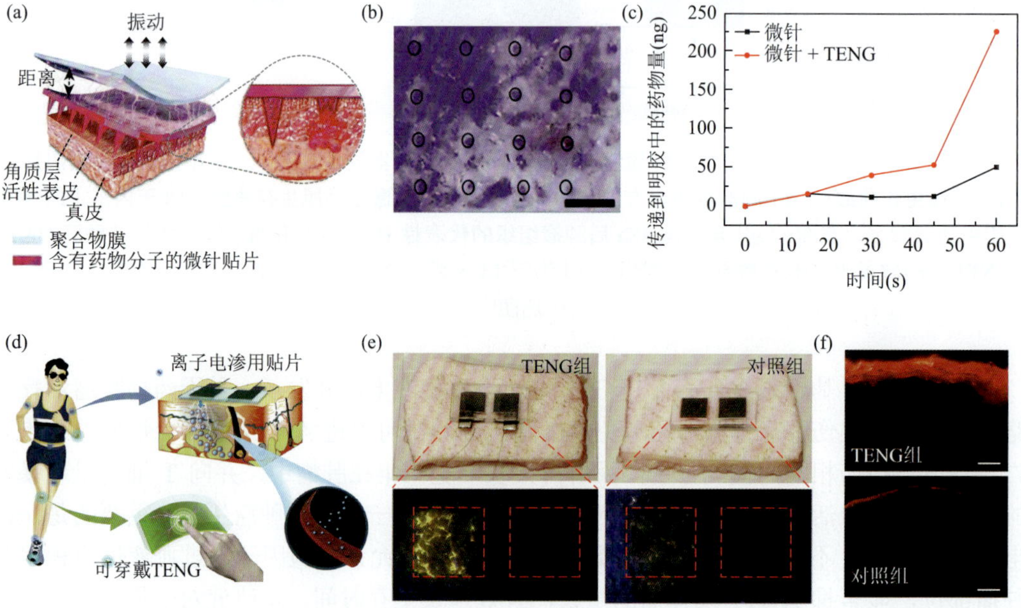

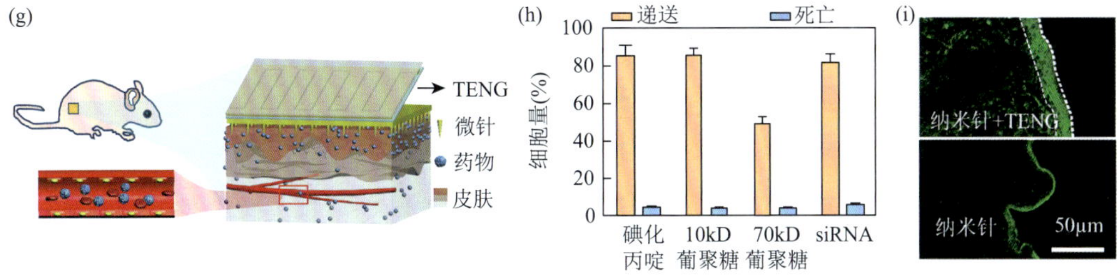

图 13.7　摩擦电驱动药物释放。(a) 垂直振动产生的摩擦电与皮肤中含有药物分子的鲑鱼 DNA 微针的耦合；(b) 皮肤微针贴片的体外植入实验，去除贴片后，微针穿透痕迹清晰；(c) 微针和微针-TENG 作用下进入明胶的药物量[21]；(d) 自供电离子电泳药物传递系统原理图；(e) 含罗丹明 6G 的水凝胶药物贴片在皮肤上的照片以及荧光图像；(f) TENG 组和对照组的荧光横断面组织学图像[22]；(g) 摩擦电诱导的体内电穿孔系统的示意图；(h) MCF-7 的定量递送效率和细胞活力，碘化丙啶、葡聚糖和 siRNA 实现高效递送小分子、蛋白、siRNA 等外源物质至多种细胞中；(i) 纳米针阵列 + TENG 和纳米针阵列处理后异硫氰酸盐标记的右旋糖酐递送组织切片的荧光图像[23]

离子导入技术因能够增强皮肤渗透性并有效传递亲水或带电药物而备受青睐。该技术通过施加小电压和恒定电流，成功将带电药物导入皮肤内层。离子导入的主要优势在于，其给药率可以通过灵活调控参数和通电时间来实现精准控制。Wu 等开发了一种基于可穿戴 TENG 的离子电渗经皮给药系统[22]，该系统能够收集生物机械运动产生的能量，用以驱动和调节药物的经皮释放过程，进而实现闭环运动检测与治疗一体化［图 13.7（d）］。为了全面评估基于 TENG 的离子透皮贴片的透皮性能，研究人员特别选取了罗丹明 6G 作为模型药物，并将其负载于水凝胶药物贴片中，随后应用于猪皮肤。荧光图像［图 13.7（e）］清晰地显示，相较于对照组，从基于 TENG 的贴片传输至皮肤的罗丹明 6G 呈现出更为明显的荧光强度。此外，横断面组织学图像［图 13.7（f）］进一步证实，基于 TENG 的贴片能够将更多的罗丹明 6G 有效注入皮肤深层。

电穿孔法是利用外加电脉冲改变细胞膜结构，从而增加细胞膜的通透性，增加大分子物质的吸收，但高电压和热量易导致细胞不可逆损伤。因此，开发温和可控的电穿孔方法至关重要。近期，Liu 等巧妙地将 TENG 与硅纳米针阵列电极相结合，设计出一种体内、外电穿孔药物递送的新方法，不仅提升药物递送效率，还减少细胞损伤，为高效药物递送开辟了新的途径[23]。硅纳米针电极紧密贴合在小鼠皮肤上，通过精细调控纳米针的高度、直径和间隔，能够最大限度地减少对细胞的物理损伤［图 13.7（g）］。该集成系统降低电穿孔损伤，调控质膜流动性，促进分子内流，实现高效递送小分子、蛋白质、siRNA 等外源物质至多种细胞中，传递效率高达 90%，细胞存活率超过 94%［图 13.7（h）］。为了评价体内电穿孔药物传递，将一个矩形的独立层模式 TENG 附着在人前臂皮肤上，将带纳米针的经皮贴片放置在裸鼠背侧皮肤上，通过手指摩擦或手拍打提供动力。如图 13.7（i）所示，该装置提供的异硫氰酸盐标记的右旋糖酐可以穿透皮肤，深度约为 23μm，远超纳米针本身高度（超 3 倍），实现了高渗透深度和效率的自控药物释放。

综上所述，TENG 与药物传递系统结合，作为一种新兴技术，实现药物的按需和可控释放。该技术可将不同类型的大分子引入各种类型的细胞，具有较高的传递效率，并且在施加电压时对细胞的损伤最小。尽管仍有一些挑战有待解决，但随着 TENG 技术的快速发展，这种技术有望成为一种新的用药选择，为个性化医疗保健带来更多的可能性。

13.2.3 微生物阻断

随着社会经济和现代科技的快速发展，人与人的接触变得越来越频繁。由病原体引起的众多传染病很容易通过空气在人与人之间进行传播，这将严重危害人类的健康。为防止病原体在空气中传播，我们通常采用佩戴口罩等传统方法，但其具有长期佩戴松弛、佩戴不舒服和无法覆盖全部皮肤等缺点[24]。抗菌纺织品可以利用织物上的功能性纳米材料来有效地预防微生物，但制作成本高昂、在自然界中无法充分降解以及存在释放毒性物质等潜在风险。因此，目前迫切需要开发高效的微生物阻断技术，以阻断空气的病原体，特别是在流行性疾病暴发期间。

通常，水溶液或气溶胶颗粒中的细菌和病毒表面带有负电。如果使功能性织物的表面显示出稳定的负电荷，织物和微生物之间的静电斥力可实现微生物的阻断和预防。基于此原理，Suh 等开发了一种新型的微生物阻断织物，可以从人体运动中收集动能来自供电微生物阻断[25]。如图 13.8（a）所示，该系统主要包括两层平行放置的具有相反摩擦电性能的织物组成。在人体运动的过程中，两层织物之间不断接触分离，最后导致外层织物表面积累大量的负摩擦电荷。微生物气溶胶显示净负电荷，可能是由于其表面存在大量等电点较低的化合物，如细菌磷脂膜或病毒蛋白衣壳［图 13.8（b）］。

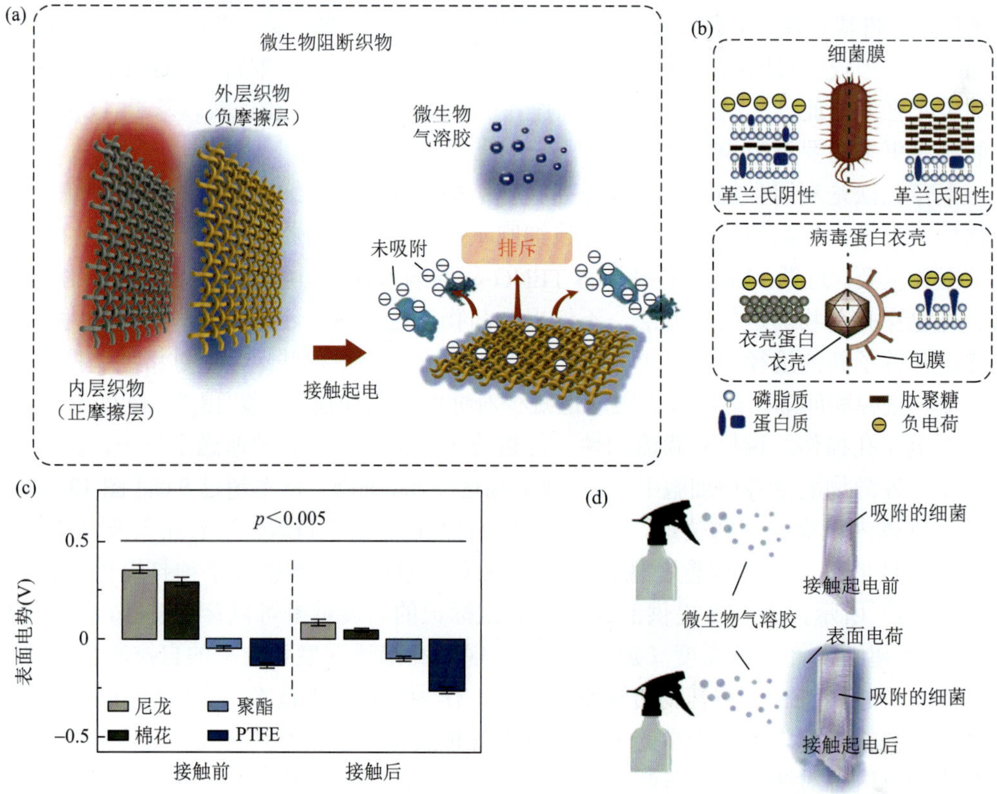

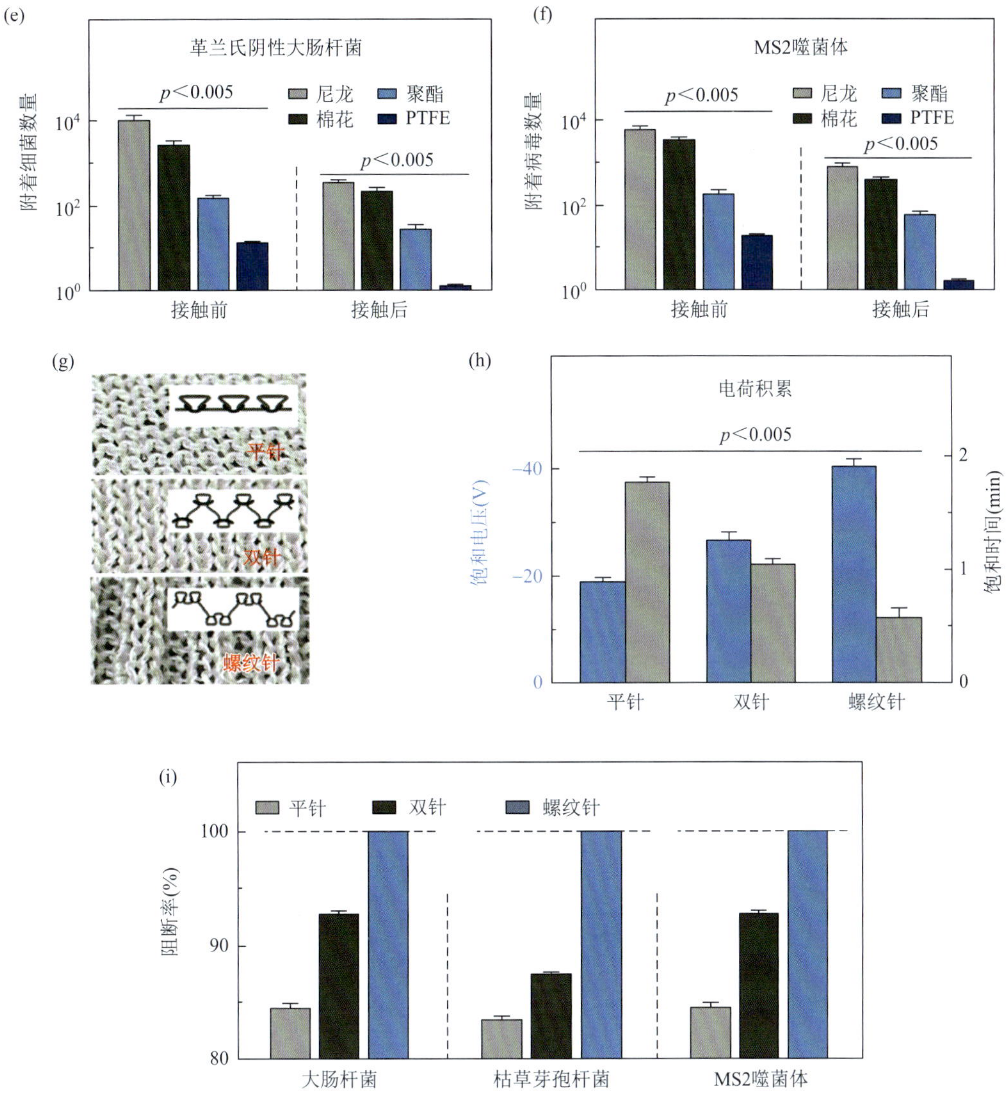

图 13.8　用于微生物阻断的摩擦起电诱导的功能性纺织品。（a）摩擦起电诱导的微生物阻断纺织品示意图；（b）携带表面负性电荷的微生物（细菌和病毒）的外部结构示意图；（c）各种织物接触三聚氰胺甲醛膜前后表面电势定量统计；（d）织物的微生物阻断性能示意图；（e，f）使用各种外层织物的微生物阻断织物对细菌（大肠杆菌）（e）和病毒（MS2 噬菌体）（f）的微生物附着数量；（g）平针、双针和螺纹针织物的图片；（h）针织结构对织物表面负电荷积累的影响；（i）微生物阻断织物在未接地情况下的微生物阻断性能[25]

微生物阻断织物主要依赖静电斥力阻隔微生物，外层织物的摩擦起电性能对阻隔效率至关重要。研究团队选用多种外层织物与正摩擦材料三聚氰胺甲醛膜摩擦后，用开尔文探针力显微镜测量其表面电势［图 13.8（c）］。结果显示，摩擦后织物表面电势均下降，且聚四氟乙烯负电势最强。为了评估系统的微生物阻断性能，研究团队将含有被测微生物的气溶胶喷洒到织物上，并测量附着细菌或病毒数量［图 13.8（d）］。如图 13.8（e）和（f）

所示，随着各种纺织品负电势的增加，微生物阻隔效率也有所提高。以上结果表明，微生物阻断织物系统能够在接触起电后实现高效的微生物阻断。在上述研究的基础上，研究团队进一步探讨了聚四氟乙烯纺织品针织结构对微生物阻隔的效应。采用传统纺织方法，制备了平针、双针和螺纹针织物［图 13.8（g）］。螺纹针织物因更大的拉伸性和接触面积，较其他两种结构能产生更多摩擦电荷，最快在 40s 内达到 39V 的电压［图 13.8（h）］。经周期性释放和拉伸后，螺纹针织物实现完全微生物阻断，无大肠杆菌、枯草芽孢杆菌和 MS2 噬菌体存活于织物上［图 13.8（i）］。这一发现为微生物阻断织物的设计和应用提供了新思路。

综上所述，本节介绍了一种有效的微生物阻断方法，使用具有相反摩擦电特性的双层织物，通过收集人体运动的动能来诱导摩擦电荷，实现对细菌和病毒的高通量、低耐药性和广泛适用的微生物阻断。鉴于这些优点，摩擦起电诱导的微生物阻断方法可以克服传统的空气中病原体保护方法的局限性，并可能为控制疾病暴发提供一种可行的替代方法。

13.2.4 组织再生

1. 伤口愈合

皮肤损伤在生活中难以避免，长期不愈的伤口易引发感染，给患者带来身心痛苦并加重社会经济负担。创面愈合涉及细胞迁移、增殖等复杂生物学过程。尽管现代医学提供了多种治疗方法，但多数属被动式，鲜少探讨内源性细胞行为的调控。研究表明，内源性生物电场在伤口愈合中扮演重要角色，不仅引导细胞迁移，还参与干细胞再生调节。基于这一认识，电刺激成为促进伤口愈合的有效方法[26]。

Jeong 等报道了一种可穿戴的离子 TENG 贴片，用于促进伤口愈合[27]。如图 13.9（a）所示，离子 TENG 贴片主要由完全可拉伸的织物 TENG、离子导线和离子贴片组成，后者直接放置在皮肤的伤口上，并作为一个电极。离子 TENG 引起暂时的电荷分离，致使贴片和伤口区域之间产生电势差，从而刺激伤口愈合［图 13.9（b）］。图 13.9（c）展示了实际制作的织物离子 TENG 和离子纤维的光学照片。离子纤维由内层的有机凝胶和外层的弹性微管结构组成，可以编织在一起，形成一个类似于缎面织物的单一实体。图 13.9（d）、（e）显示，离子 TENG 电刺激能显著促进正常和糖尿病成纤维细胞的迁移。进一步研究发现，离子 TENG 电刺激能提高成纤维细胞生长因子、血管内皮生长因子和表皮生长因子的含量，有助于增强血管生成和加速伤口愈合过程中的再上皮化［图 13.9（f）～（h）］。

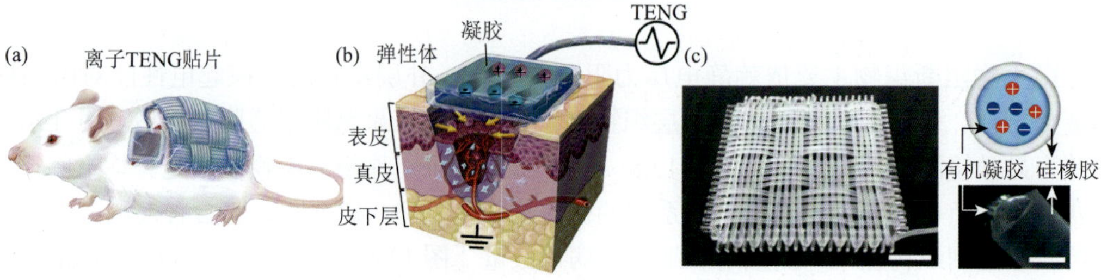

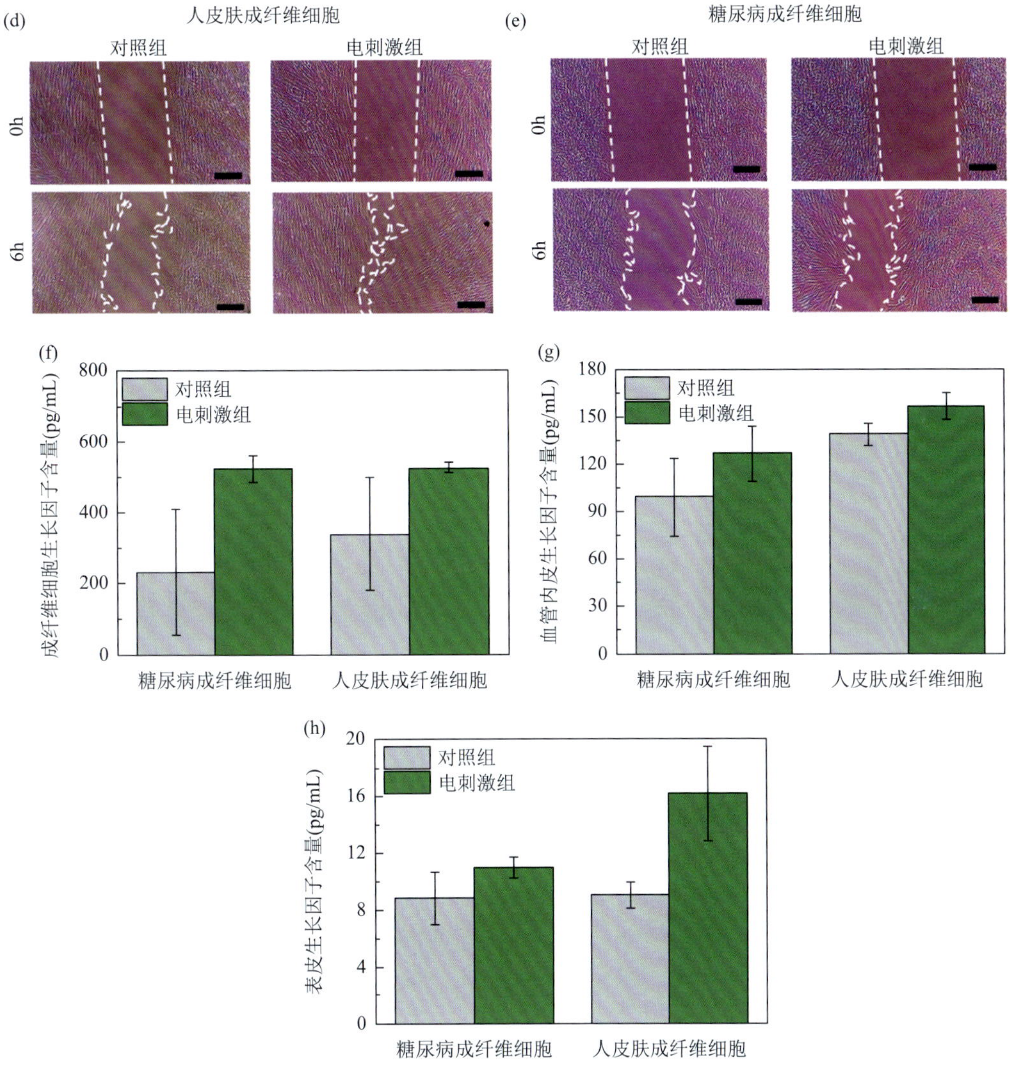

图 13.9　离子 TENG 贴片及其潜在的伤口愈合应用。（a）基于摩擦电的加速伤口愈合的 TENG 贴片示意图；（b）TENG 贴片电场驱动下，生物分子分泌和新皮肤组织形成加速伤口愈合的示意图；（c）离子织物的光学图像（比例尺为 1cm。插图：离子织物横截面示意图和纤维放大图）；（d，e）人皮肤真皮成纤维细胞（d）和糖尿病成纤维细胞（e）在经过 6h 离子 TENG 电刺激后的细胞迁移图像（比例尺为 200μm）；经过离子 TENG 贴片电刺激后糖尿病成纤维细胞和人皮肤真皮成纤维细胞的基因表达：（f）成纤维细胞生长因子、（g）血管内皮生长因子和（h）表皮生长因子[27]

另外，研究团队利用小鼠模型，对离子 TENG 电刺激治疗系统在伤口愈合方面的效果进行了深入验证。实验中，他们将离子贴片轻轻覆盖在小鼠背部伤口上，创建了一个垂直于伤口的电场。根据护理方式的不同，将小鼠分为三组：凝胶-TENG 组接受定期电刺激，凝胶组仅使用离子贴片，而对照组则无任何处理。通过观察伤口的闭合进展，研究者发现：仅三天后，凝胶-TENG 组小鼠的伤口便迅速愈合，这一速度远超对照组和凝胶组。两周后，凝胶-TENG 组伤口缩小至约 5%，相比凝胶组的 10%和对照组的 20%，愈合效果更为显著［图 13.10（b）］。研究团队通过组织学分析深入验证了离子 TENG 电刺激在组织再生中的积极作用。H&E 染色显示，对照组伤口干燥结痂（F/C），新生真皮（N/D）未完全覆盖；凝胶组虽有所改善，但再生表皮（N/E）仍较薄。而凝胶-TENG 组则表现出显著优势，其再生表皮厚度和真皮中胶原蛋白密度均优于其他两组［图 13.10（c）］。胶原蛋白密度的提升对维持组织弹性和生物物理连续性至关重要[28]。如图 13.10（d）所示，凝胶-TENG 组再生胶原蛋白密度显著高于对照组和凝胶组。糖尿病患者通常胶原合成受损，伤口愈合延迟。因此，离子 TENG 电刺激对于糖尿病患者伤口愈合有重要意义。

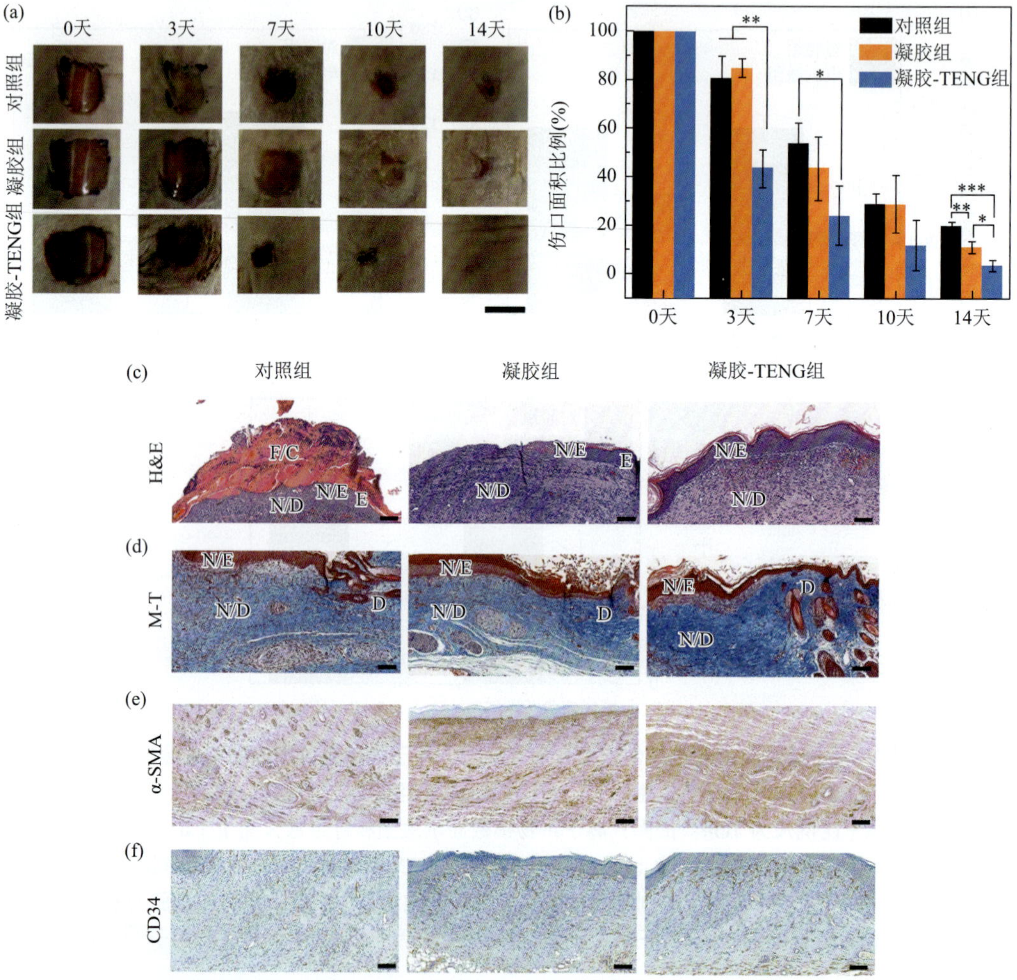

图 13.10　小鼠全层伤口模型进行体内伤口愈合实验及伤口区域的组织学分析和免疫组化分析。（a）不同时间不同处理的皮肤伤口面积照片；（b）不同时间不同处理的皮肤伤口剩余面积统计图；（c）不同处理方式下缺损区域内再生组织的 H&E 染色图像（比例尺为 200μm）；（d）Masson 三色染色图像显示不同处理方式下真皮中再生的胶原蛋白（比例尺为 200μm）（F/C：纤维蛋白凝块，E：表皮层，D：真皮层，N/E：新形成的表皮层，N/D：新形成的真皮层）；（e，f）在对照组、凝胶组和凝胶-TENG 组治疗 14 天后，α-SMA（褐色）（e）和 CD34（褐色）（f）的免疫染色图像（比例尺为 100μm）[27]

此外，电刺激也可以通过刺激成纤维细胞主动分化为肌成纤维细胞来促进伤口闭合[29]。如图 13.10（e）所示，与其他两组相比，离子 TENG 电刺激后，新形成的真皮细胞中 α 平滑肌肌动蛋白（α-SMA）的表达水平更高，进一步推动伤口闭合。最后，免疫组化染色揭示，凝胶-TENG 组 CD34 表达显著，证明电刺激能有效促进血管形成，预防过度纤维化，为伤口愈合提供全面支持［图 13.10（f）］。

综上所述，本节介绍了一种可穿戴的离子 TENG 贴片，可以加速和平衡伤口愈合。用弹性膜封装的生物相容性离子贴片既作为伤口敷料又作为电极，并提供直接应用于伤口的均匀对称的电场。通过体外和体内实验验证了离子 TENG 对伤口愈合的电刺激作用。随着可伸缩和生物相容性电疗平台的出现，预计该系统将对其他疾病的有效治疗系统产生巨大影响，如瘢痕疙瘩、脱发或其他慢性疾病。

2. 毛发再生

脱发是一种常见且令人痛苦的症状，一直困扰着人类，在现代社会，由于环境污染、压力和工作生活平衡不佳，脱发患者的数量日益增加。目前，已有许多研究致力于通过各种药物和非药物方法治疗脱发，以期望达到头发再生效果。无论是植发、药物治疗，还是注射毛囊刺激物，都不能使毛囊再生，也不能长出新头发。电刺激法是通过温和的电刺激促进毛囊的增殖，调节毛发生长因子的分泌，并最终促进头发的再生[30]。尽管最先进的体外处理设备已经缩小了尺寸，以适应可穿戴设备，但整个系统仍然体积庞大且受电池容量和输出电流限制不便日常处理。

美国威斯康星大学王旭东等开发了一种通用的可通过机械运动驱动头发再生的电刺激装置[31]。研究人员将大鼠背部的毛发剃光，把电刺激装置贴到大鼠背部。大鼠随机运动产生的电脉冲可传输到固定的敷料垫，并向暴露的皮肤提供交替的电场，以刺激头发再生。通过深入研究与比较，发现摩擦电刺激在促进毛发再生方面的效果显著，相较于传统的米诺地尔、维生素 D_3 和生理盐水等毛发再生药物，其效果更胜一筹［图 13.11（a）］。经过三周的研究，摩擦电刺激是最有效的治疗方法，因为其处理区域显示出最长和最致密

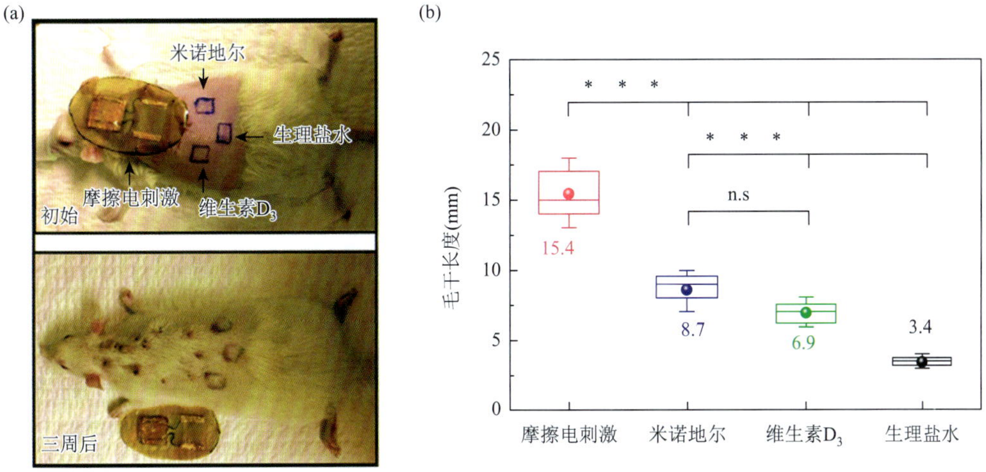

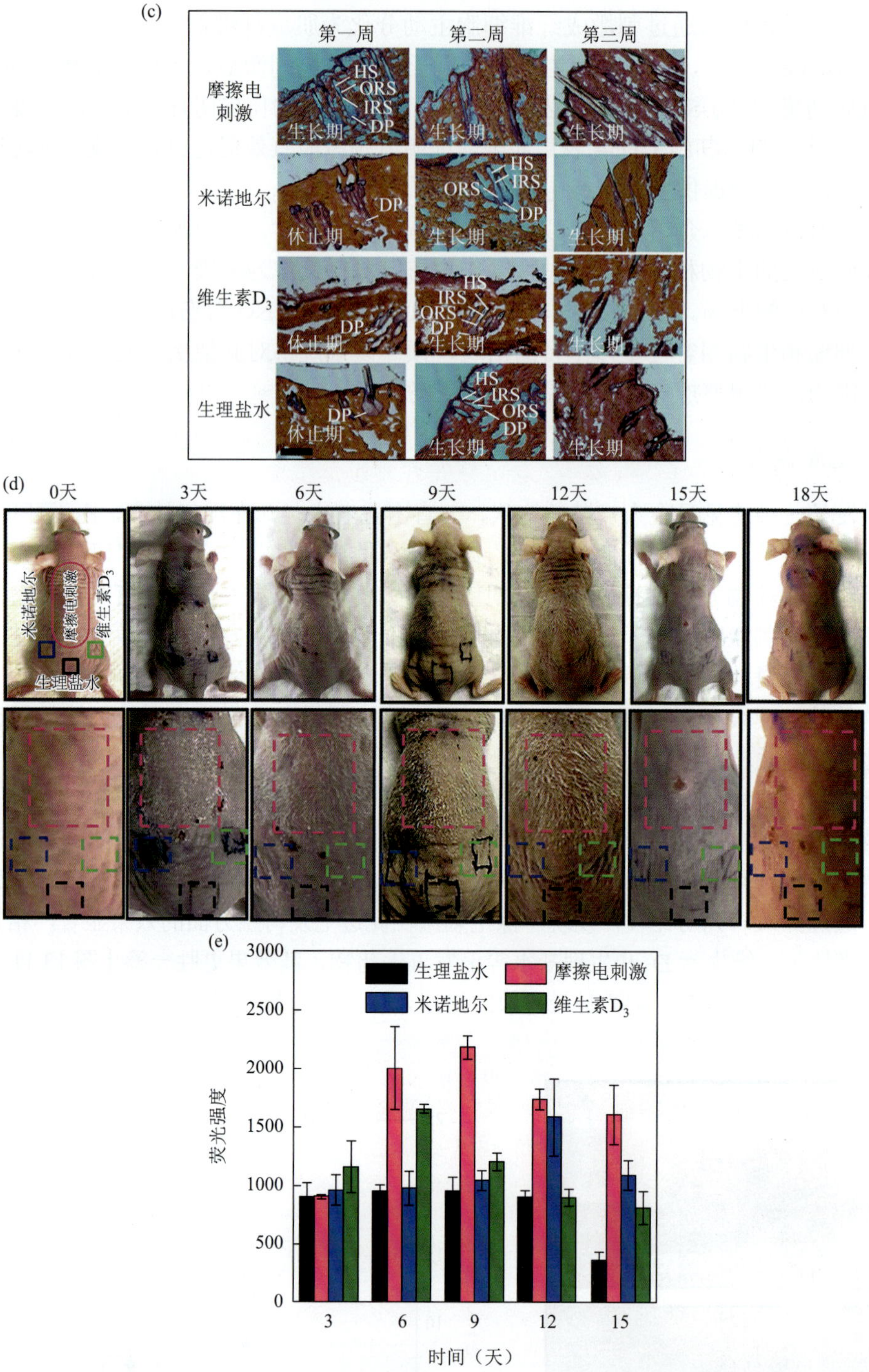

图 13.11　摩擦电刺激促进毛发生长。（a）摩擦电刺激、米诺地尔、维生素 D_3 和生理盐水影响下毛发再生的比较（上图：剃毛大鼠；下图：治疗 3 周后）；（b）4 个实验组大鼠的最终毛干长度；（c）不同处理方法和时间下表皮的 H&E 染色（比例尺为 200μm）；（d）不同治疗时间下裸鼠的光学图像；（e）角质化细胞生长因子定量表达的荧光强度[31]

的毛发［图 13.11（b）］。为了更加深入地了解摩擦电刺激对毛囊生长周期的影响，研究人员采用 H&E 染色技术对大鼠的皮肤进行详细观察。如图 13.11（c）所示，与对照组相比，摩擦电刺激作用下的毛囊在第一周从休止期转变为生长期，显示出其强大的促生长潜力。相比之下，其他对照组的毛囊则依旧维持在休止期，未见明显生长迹象。

在成功验证了摩擦电刺激对头发生长的促进作用后，研究人员进一步探索其在头发角蛋白紊乱大鼠模型中的应用潜力。头发角蛋白紊乱是一种遗传性病症，因生长因子的缺乏导致头发无法穿透表皮层。如图 13.11（d）所示，摩擦电刺激显著缩短了整个头发生长周期，从休止期起始，第三天便顺利过渡至生长期，并持续至第十二天，其间头发持续处于活跃的生长阶段。最终，在第十五天观察到头发自然回归至休止期，完成了一个完整的生长周期。此外，研究人员还深入研究了摩擦电刺激与毛发生长过程中至关重要的角质化细胞生长因子之间的关系。如图 13.11（e）所示，相较于对照组，接受摩擦电刺激的实验区域角质化细胞生长因子水平在整个测试期间均保持高位。作为毛囊正常发育和分化的关键内源性生长因子，角质化细胞生长因子能够刺激毛囊和皮脂腺内的角质形成细胞，从而有效消除遗传性角蛋白疾病的影响。因此，摩擦电刺激不仅能够促使头发成功穿透表皮，实现有效的毛发再生，而且在裸鼠皮肤上可见到更为浓密健康的毛发。这一发现为摩擦电刺激在头发角蛋白紊乱等毛发相关疾病的治疗中提供了广阔的应用前景。

综上所述，本节介绍了一种基于 TENG 头发再生的电刺激装置，该设备可通过随机的身体运动有效地促进头发再生。尽管在此研究中使用了大鼠和裸鼠模型，但是在这种电刺激下该研究成为评估人类毛囊产生效果的有价值的一步。期望它能够迅速发展成为一种实用且简便的解决方案，以解决全世界数十亿人遭受的脱发问题。

13.2.5　生理功能康复

1. 神经肌肉刺激

运动神经系统疾病，如脊髓损伤、中风、多发性硬化症等，可导致肌肉功能丧失，甚至部分身体部位失去控制，进而极大地降低了患者的生活质量。神经肌肉电刺激疗法作为一种康复和治疗策略，是应用低频脉冲电流对机体的肌肉、神经进行刺激而使其功能修复的技术，具有治疗方便、易操作、无创等优点[32, 33]。神经肌肉电刺激疗法在临床上已有百余年的应用历史，近年来，在神经肌肉骨骼疾病的康复过程中，其应用更是呈现出显著的增长趋势。特别值得一提的是，由于 TENG 的输出能够直接刺激神经肌肉，因此 TENG 作为神经肌肉刺激器展现出良好的应用前景与可行性。

He 等首次开发了一种织物基 TENG 的电刺激系统，可以直接刺激大鼠的肌肉和神经[34]。织物基 TENG 采用两个导电织物电极制备，一个导电织物表面覆盖一层丁腈橡胶薄膜作为正摩擦层，另一个导电织物表面覆盖一层硅橡胶作为负摩擦电材料。刺激肌肉所需的阈值电流非常高，这对于普通的织物基 TENG 来说是一个巨大的挑战。针对这一难题，研究人员将织物基 TENG 与一个高压二极管和一个开关并联，显著提高发电机输出电流。

为了测试织物基 TENG 对体内肌肉的刺激能力，选择胫骨前肌和腓肠肌进行演示，它们分别控制着大鼠大腿的前伸和后伸［图 13.12（a)］。在每一块肌肉中植入一对不锈钢丝电极，使电流从织物基 TENG 流向肌肉。每一对不锈钢丝电极都连接着一个单独的开关，因此可以通过改变开关来手动控制电流流向。在测试中，将大鼠麻醉并固定在台子上，大腿自由悬挂。如图 13.12（b）、（c）所示，通过改变开关，织物基 TENG 产生的电流可以刺激胫骨前肌或腓肠肌，使大鼠大腿向前或向后运动。随后，他们研究了织物基 TENG 输出电流与肌肉刺激力输出的关系。将大鼠大腿通过一根细线连接在一个测力计上，并通过改变织物基 TENG 的面积控制输出电流的大小。结果表明，随着刺激电流的增加，力输出也不断增加。刺激电流与肌肉力的线性相关简化了刺激电流的控制，TENG 神经肌肉刺激为未来的假体控制提供了可能。此外，研究人员还测试了织物基 TENG 对神经的刺激能力。不同于肌肉刺激，神经的尺寸大小比肌肉要小得多，因此电场可能更容易扩散而影响整个神经。为了便于操作，选择了较粗大的坐骨神经进行电刺激研究。植入过程如图 13.12（d）、（e）所示，两个不锈钢丝电极绑在坐骨神经上，与织物基 TENG 形成一个闭环。为了研究电刺激效果与刺激电流之间的关系，采用不同层数和面积的织物基 TENG。如图 13.12（f）所示，对于较大面积的织物基 TENG（4cm×4cm），即使是单层都可以诱导力的输出，而较小面积的织物基 TENG 则需要叠加更多层才能成功刺激坐骨神经。

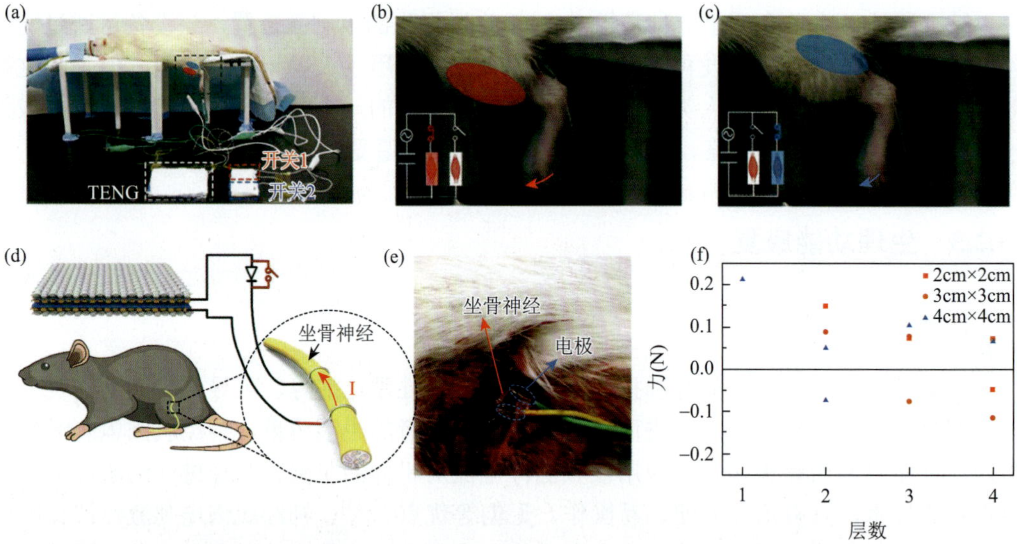

图 13.12 织物基 TENG 直接刺激肌肉和神经。（a）大鼠胫骨前肌和腓肠肌刺激的实验设置图像；（b）胫骨前肌受到刺激时大鼠腿部运动的图像；（c）刺激胫骨腓肠肌时大鼠腿部运动的图像；（d）大鼠坐骨神经刺激测试设置的图像；（e）与刺激电极连接的坐骨神经的照片；（f）不同面积和层数的织物基 TENG 刺激腿部运动时力的分布[34]

与传统的直接肌肉刺激的摩擦电装置相比，该工作中的织物基 TENG 具有高的脉冲电流输出，且不需要复杂的电极设计。此外，织物基 TENG 选用柔软和舒适的织物材料制成，在可穿戴医疗康复领域具有广阔的前景。

2. 自供电心脏起搏器

心脏起搏器，用于治疗心脏节律失常，其工作原理在于通过电刺激恢复心脏正常节律。它由发电器与导线构成，当心脏节律异常时，发电器发送电信号刺激心脏肌肉，促使其恢复规律跳动。植入过程需手术进行，医生在胸部皮下安置发电器，并经静脉植入导线，对心脏实施电刺激。传统起搏器依赖电池供电，因寿命限制需定期手术更换，既增加经济负担，又给患者带来痛苦与风险。

2014 年，Zheng 等报道了首个基于植入式 TENG（iTENG）的自供电起搏器[35]，在活体动物中实现生物力学能量收集，并通过将收集到的能量存储在电容器中成功驱动起搏器［图 13.13（a）］。植入式 TENG 尺寸仅为 12mm×12mm×0.7mm，金字塔阵列 PDMS 和铝箔作为摩擦对，金箔和铝箔作为电极。如图 13.13（b）所示，将 TENG 植入大鼠左

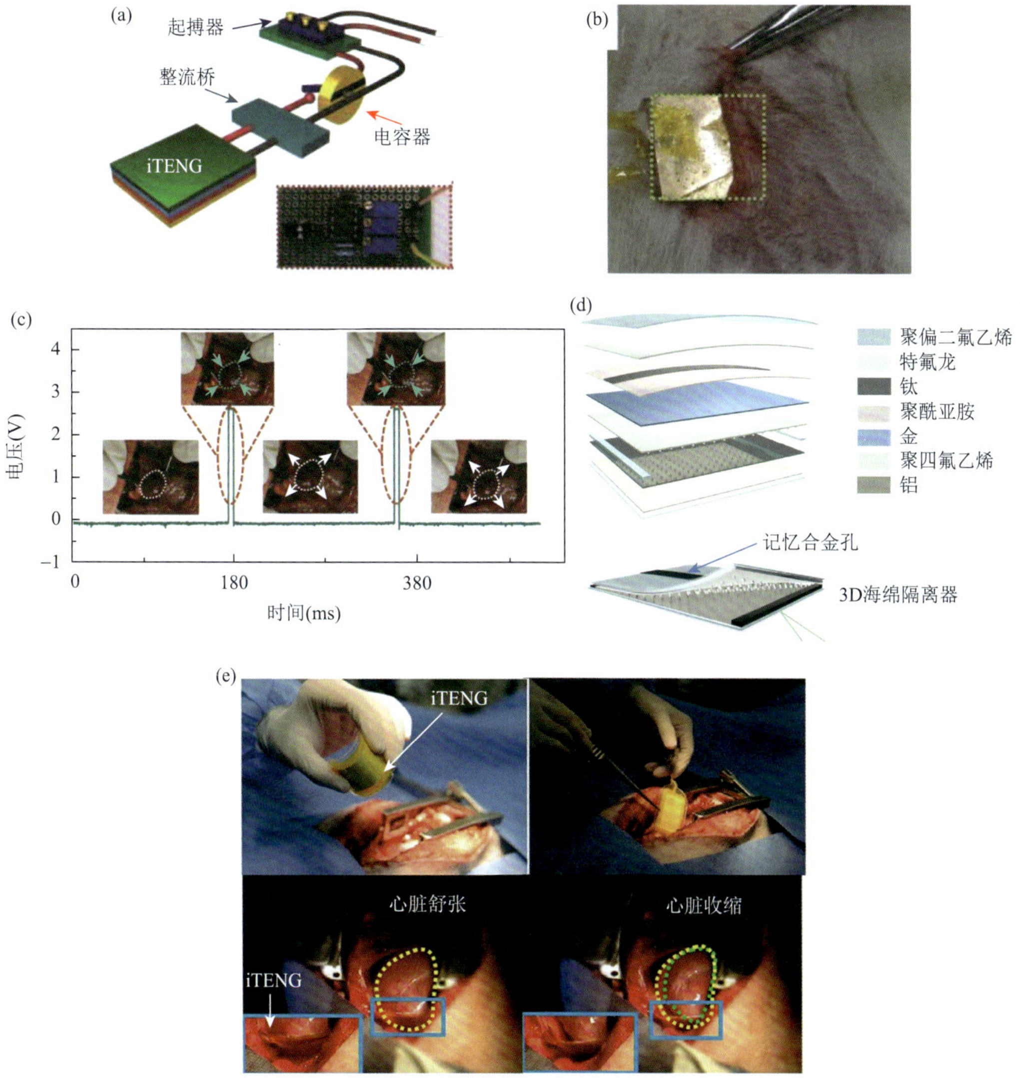

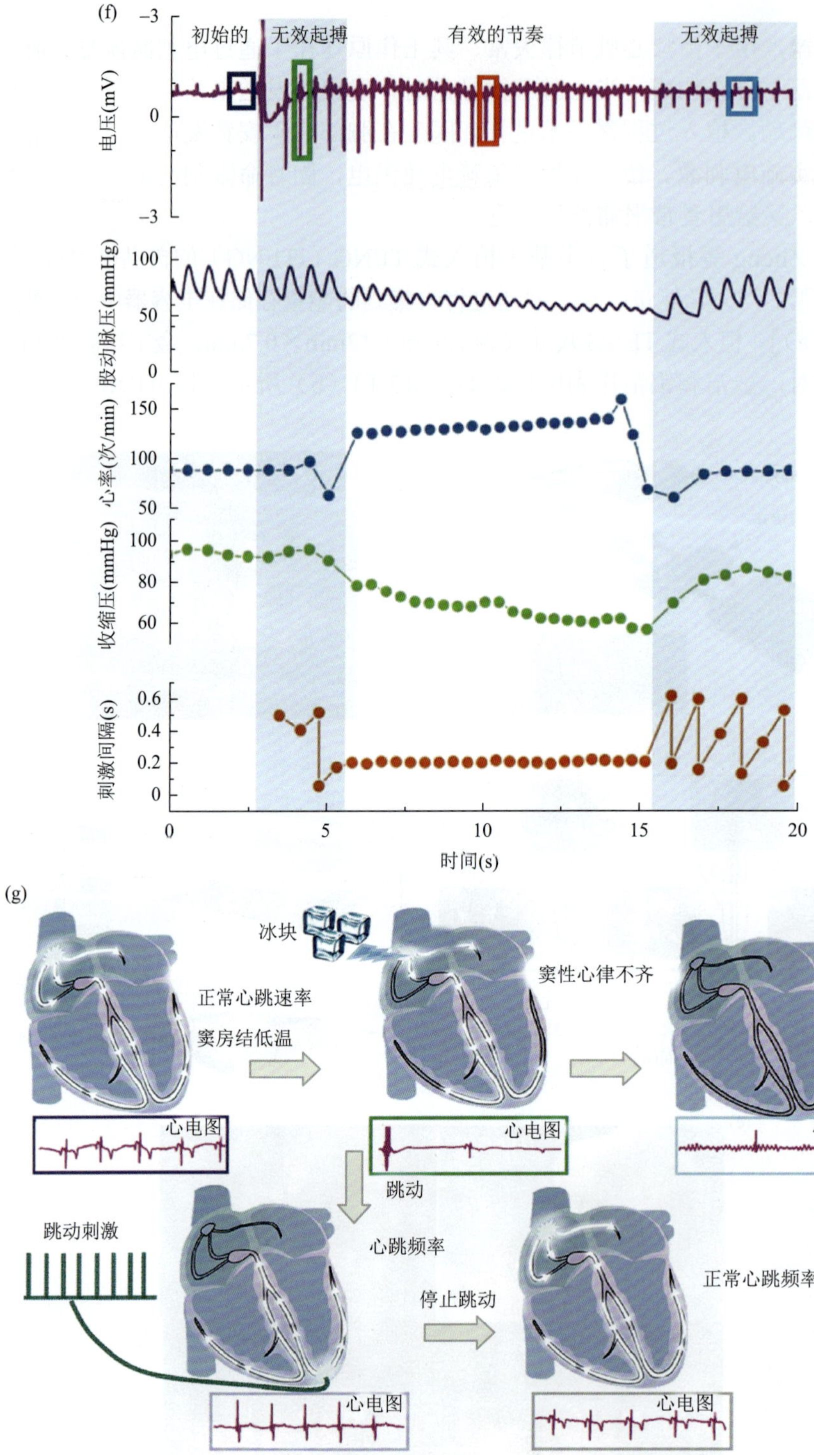
(f)
初始的
无效起搏
有效的节奏
无效起搏
电压(mV)
股动脉压(mmHg)
心率(次/min)
收缩压(mmHg)
刺激间隔(s)
时间(s)
(g)
冰块
正常心跳速率
窦房结低温
窦性心律不齐
窦性停搏
心电图
跳动
跳动刺激
心跳频率
停止跳动
正常心跳频率

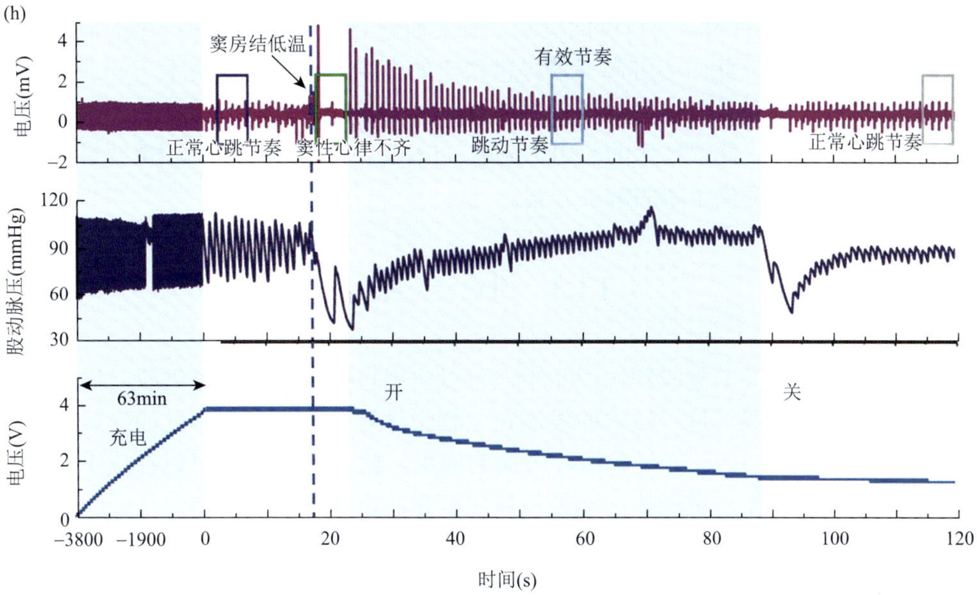

图 13.13　植入式自供电心脏起搏器。(a)自供电起搏器的结构和照片；(b)植入大鼠胸部皮肤下的 TENG 照片；(c)通过自供电心脏起搏器刺激大鼠的心脏（插图：由自供电心脏起搏器调节的大鼠的心跳的照片）[35]；(d)植入式 TENG 结构示意图；(e)动物实验中的 TENG 植入过程以及由心脏舒张期和收缩期驱动过程；(f)共生心脏起搏器系统工作时的心电图、股动脉压（FAP）、心率（HR）和收缩压（sBP）、刺激和 R 波间隔期；(g)共生心脏起搏器系统纠正心律失常的示意图；(h)纠正心律失常实验中动物模型的心电图、股动脉压力和电容器电压[36]

胸皮下，获取其呼吸产生的生物力学能量，功率密度高达 8.44mW/m^2。收集的电能储存在一个电容器中，电容器成功地为原型起搏器供电以调节大鼠的心率［图 13.13（c)］。根据理论计算，大鼠每呼吸 5 次，通过可植入 TENG 收集的能量即可成功驱动心脏起搏器工作 1 次。如果用到人体，仅通过呼吸就能够连续驱动心脏起搏器，使其正常工作。

随后，在 2019 年，Ouyang 等报道了一种基于 TENG 的植入式共生起搏器[36]。共生起搏器由 TENG、电源管理单元和起搏器组成。TENG 采用纳米聚四氟乙烯和铝为摩擦起电层，弹性海绵作为间隔层，记忆合金带作为骨架层，柔性特氟龙薄膜和 PDMS 层作为封装层［图 13.13（d)］。研究人员将共生起搏器植入成年猪的心脏进行体内研究，心脏的收缩和舒张导致 TENG 周期性接触分离［图 13.13（e)］。在猪体内植入后，TENG 输出电压和电流可达 65.2V 和 0.5μA，每个心脏周期产生的能量为 0.495μJ，大于心内膜起搏所需的 0.377μJ。如图 13.13（f）所示，在一个大型动物模型中，共生心脏起搏器系统工作时，心脏出现了典型心电图模式以及心率和股动脉压等。此外，为了证明共生心脏起搏器系统纠正心律失常的能力，研究人员对由窦房结低温引起的窦性心律失常的动物模型进行了起搏治疗［图 13.13（g)］。用冰块造成窦房结低温，然后观察到典型的心律失常心电图。当打开共生心脏起搏器系统时，窦性心律失常转化为起搏节律，心率保持在 68 次/min，血压开始恢复到之前的水平。这一结果证实了共生心脏起搏器系统成功纠正了窦性心律失常，防止了病情进一步恶化［图 13.13（h)］。

综上所述，采用 TENG 的自供能机制，有效捕获心脏搏动过程中产生的能量，并将其储存于电容器中，以此向心脏起搏器提供稳定的电源。这一创新技术巧妙地克服了传统心脏起搏器在电池更换时需进行手术的弊端，不仅显著降低了患者接受手术的风险，而且节约了医疗成本。此项技术的应用标志着 TENG 在医学领域的一项重要进展，为心脏起搏器的能源供应提供了新的解决方案。

13.3 小 结

通过将摩擦发电技术集成到纺织品中，可以实现自给自足的能源供应，摆脱对传统电池和外部电源的依赖，这一技术的发展在生物医学领域掀起了革命性的变革浪潮。本章系统地描述了 Tex-TENG 在生物医疗方面的应用。植入式 TENG 可以在皮下区域、器官表面和心脏腔内工作，实现体内韧带拉伸应变和心血管的实时监测，帮助医生准确了解患者的韧带及心血管情况，对患者进行无缝的个性化护理。另外，TENG 产生的电信号可直接作用于生物细胞、神经、组织和器官等，实现高效的电刺激治疗。经过多年的发展，Tex-TENG 在生物医疗领域的相关研究已经逐渐从探索阶段过渡到应用改进阶段。在这一领域的应用也经历了从简单到多重、从新颖到实用的转变。然而，在 Tex-TENG 的生物医疗器件商业化之前，它仍然面临着诸多挑战。

首先，纺织基摩擦材料的使用可能会引发生物相容性问题，特别是植入式器件。因此，在 Tex-TENG 的设计和制备过程中，需要考虑纺织材料对人体的生物相容性，并采取相应的措施确保其安全性。其次，电刺激治疗需要稳定、精确、高度可控的刺激信号。Tex-TENG 经常因器官或人体运动而产生不规则和不可控的信号，这不仅影响电刺激治疗的有效性，还可能对周围的组织或器官产生潜在的影响。通过集成储能单元和脉冲发生器形成混合系统，将是实现稳定、可控刺激的有效解决方案。最后，对于可植入式设备，Tex-TENG 的结构设计应进一步小型化并实现功能集成。根据组织或器官的大小，器件应高度集成和小型化，以与组织或器官的植入部位相匹配，实现监测、信息反馈和治疗，同时降低感染、损伤及其对患者日常生活的影响。综上所述，Tex-TENG 在生物医疗方面的应用面临着多方面的挑战，需要通过跨学科合作和持续创新来解决这些难题，推动其在生物医疗领域的应用和发展。

参 考 文 献

[1] Hinchet R，Yoon H J，Ryu H，et al. Transcutaneous ultrasound energy harvesting using capacitive triboelectric technology[J]. Science，2019，365（6452）：491-494.

[2] Li Z，Zheng Q，Wang Z L，et al. Nanogenerator-based self-powered sensors for wearable and implantable electronics[J]. Research，2020，2020：8710686.

[3] Liu Z，Li H，Shi B，et al. Wearable and implantable triboelectric nanogenerators[J]. Adv Funct Mater，2019，29（20）：1808820.

[4] Sheng F，Zhang B，Zhang Y，et al. Ultrastretchable organogel/silicone fiber-helical sensors for self-powered implantable ligament strain monitoring[J]. ACS Nano，2022，16（7）：10958-10967.

[5] Ouyang H，Li Z，Gu M，et al. A bioresorbable dynamic pressure sensor for cardiovascular postoperative care[J]. Adv Mater，

2021，33（39）：2102302.

[6] Zhao D，Zhuo J，Chen Z，et al. Eco-friendly *in-situ* gap generation of no-spacer triboelectric nanogenerator for monitoring cardiovascular activities[J]. Nano Energy，2021，90：106580.

[7] Liu Z，Ma Y，Ouyang H，et al. Transcatheter self-powered ultrasensitive endocardial pressure sensor[J]. Adv Funct Mater，2018，29（3）：1807560.

[8] Rattay F. The basic mechanism for the electrical stimulation of the nervous system[J]. Neuroscience，1999，89（2）：335-346.

[9] Conta G，Libanori A，Tat T，et al. Triboelectric nanogenerators for therapeutic electrical stimulation[J]. Adv Mater，2021，33（26）：2007502.

[10] Parvez Mahmud M A，Huda N，Farjana S H，et al. Recent advances in nanogenerator-driven self-powered implantable biomedical devices[J]. Adv Energy Mater，2018，8（2）：1701210.

[11] Wang W，Sun W，Du Y，et al. Triboelectric nanogenerators-based therapeutic electrical stimulation on skin：From fundamentals to advanced applications[J]. ACS Nano，2023，17（11）：9793-9825.

[12] Zhang W，Li G，Wang B，et al. Triboelectric nanogenerators for cellular bioelectrical stimulation[J]. Adv Funct Mater，2022，32（34）：2203029.

[13] Libanori A，Chen G，Zhao X，et al. Smart textiles for personalized healthcare[J]. Nat Electron，2022，5（3）：142-156.

[14] Tat T，Chen G，Zhao X，et al. Smart textiles for healthcare and sustainability[J]. ACS Nano，2022，16（9）：13301-13313.

[15] Dong K，Peng X，Wang Z L. Fiber/fabric-based piezoelectric and triboelectric nanogenerators for flexible/stretchable and wearable electronics and artificial intelligence[J]. Adv Mater，2020，32（5）：1902549.

[16] Pang Y，Xu X，Chen S，et al. Skin-inspired textile-based tactile sensors enable multifunctional sensing of wearables and soft robots[J]. Nano Energy，2022，96：107131.

[17] Chu B，Qin X，Zhu Q，et al. Triboelectric current stimulation alleviates in vitro cell migration and *in vivo* tumor metastasis[J]. Nano Energy，2022，100：107471.

[18] Zhao S，Mehta A S，Zhao M. Biomedical applications of electrical stimulation[J]. Cell Mol Life Sci，2020，77（14）：2681-2699.

[19] Das R，Langou S，Le T T，et al. Electrical stimulation for immune modulation in cancer treatments[J]. Front Bioeng Biotech，2022，9：795300.

[20] Li H，Chen C，Wang Z，et al. Triboelectric immunotherapy using electrostatic-breakdown induced direct-current[J]. Mater Today，2023，64：40-51.

[21] Bok M，Lee Y，Park D，et al. Microneedles integrated with a triboelectric nanogenerator：an electrically active drug delivery system[J]. Nanoscale，2018，10（28）：13502-13510.

[22] Wu C，Jiang P，Li W，et al. Self-powered iontophoretic transdermal drug delivery system driven and regulated by biomechanical motions[J]. Adv Funct Mater，2019，30（3）：1907378.

[23] Liu Z，Nie J，Miao B，et al. Self-powered intracellular drug delivery by a biomechanical energy-driven triboelectric nanogenerator[J]. Adv Mater，2019，31（12）：1807795.

[24] Port J R，Yinda C K，Avanzato V A，et al. Increased small particle aerosol transmission of B.1.1.7 compared with SARS-CoV-2 lineage A *in vivo*[J]. Nat Microbiol，2022，7（2）：213-223.

[25] Suh I Y，Kim Y J，Zhao P，et al. Self-powered microbial blocking textile driven by triboelectric charges[J]. Nano Energy，2023，110：108343.

[26] Luo R，Dai J，Zhang J，et al. Accelerated skin wound healing by electrical stimulation[J]. Adv Healthcare Mater，2021，10（16）：2100557.

[27] Jeong S H，Lee Y，Lee M G，et al. Accelerated wound healing with an ionic patch assisted by a triboelectric nanogenerator[J]. Nano Energy，2021，79：105463.

[28] Uitto J. Connective tissue biochemistry of the aging dermis：Age-related alterations in collagen and elastin[J]. Dermatologic Clinics，1986，4（3）：433-446.

[29] Rouabhia M，Park H，Meng S，et al. Electrical stimulation promotes wound healing by enhancing dermal fibroblast activity and promoting myofibroblast transdifferentiation[J]. PLoS One，2013，8（8）：e71660.

[30] Benjamin B，Ziginskas D，Harman J，et al. Pulsed electrostatic fields（ETG）to reduce hair loss in women undergoing chemotherapy for breast carcinoma：A pilot study[J]. Psycho-Oncology，2002，11（3）：244-248.

[31] Yao G，Jiang D，Li J，et al. Self-activated electrical stimulation for effective hair regeneration via a wearable omnidirectional pulse generator[J]. ACS Nano，2019，13（11）：12345-12356.

[32] Spector P，Laufer Y，Elboim Gabyzon M，et al. Neuromuscular electrical stimulation therapy to restore quadriceps muscle function in patients after orthopaedic surgery：A novel structured approach[J]. J Bone Joint Surg，2016，98（23）：2017-2024.

[33] Wang J，Wang H，Thakor N V，et al.Self-powered direct muscle stimulation using a triboelectric nanogenerator（TENG）integrated with a flexible multiple-channel intramuscular electrode[J]. ACS Nano，2019，13（3）：3589-3599.

[34] He T，Wang H，Wang J，et al. Self-sustainable wearable textile nano-energy nano-system（NENS）for next-generation healthcare applications[J]. Adv Sci，2019，6（24）：1901437.

[35] Zheng Q，Shi B，Fan F，et al. In vivo powering of pacemaker by breathing-driven implanted triboelectric nanogenerator[J]. Adv Mater，2014，26（33）：5851-5856.

[36] Ouyang H，Liu Z，Li N，et al. Symbiotic cardiac pacemaker[J]. Nat Commun，2019，10（1）：1821.

本章作者：逄尧堃，隋坤艳

青岛大学材料科学与工程学院

Email: pangyaokun@qdu.edu.cn（逄尧堃）

第 14 章

纺织基摩擦纳米发电机的前景与挑战

摘　要

纺织基摩擦纳米发电机（Tex-TENG）作为一种智能可穿戴电子设备，独特之处在于其具备柔性、可穿戴、透气透湿、结构灵活、适形性强、取材广泛、成本低廉等优势，使其在安全防护、应急供电、健康医疗和人机交互等领域具有广泛的应用前景。Tex-TENG不仅能够在人体运动监测、机械能收集、睡眠监测、生理信号监测、智慧体育等场景中率先实现应用，而且在这些领域中展现了显著的潜力。然而，Tex-TENG 的进一步深入研究和商业化应用仍面临着诸多问题和挑战。首先，Tex-TENG 在多模态传感器的灵敏度、稳定性以及能量输出效率等方面仍需进一步提升。其次，人体运动监测和生理信号监测等复杂场景下的服用性、精准性和安全性仍是亟待解决的问题。此外，Tex-TENG 的大规模制备、成本效益以及与传统纺织品相兼容的工艺等方面也需要深入研究。本章对 Tex-TENG 未来的发展前景和潜在挑战进行系统分析和全面总结，详细阐述当前面临的技术难题。尽管面对众多挑战，我们坚信通过持续的创新、提升材料性能以及优化制备工艺，有望克服目前的技术障碍，进一步拓展 Tex-TENG 在更广泛市场应用领域的前景，从而为人民群众带来切实的福祉。

14.1　发展前景

作为新兴的智能化纺织技术，凭借着成本低廉、透气性强、舒适度高、结构灵活、机械坚固、适合大规模生产等优点，Tex-TENG 领域的相关研究和市场需求呈现快速发展趋势。根据图 14.1 中数据报告显示，从 2014 年开始到 2022 年，关于关键词“Tex-TENG”“智能服装”“电子纺织品”“可穿戴纤维”“可穿戴纺织品”的论文数量和专利数量呈现井喷式上升，说明 Tex-TENG 及相关可穿戴电子设备领域正进入一个高速发展的阶段。预计未来的几年内，随着研究人员的不断加入和市场需求的增加，该领域依然会保持较快的增长速率。

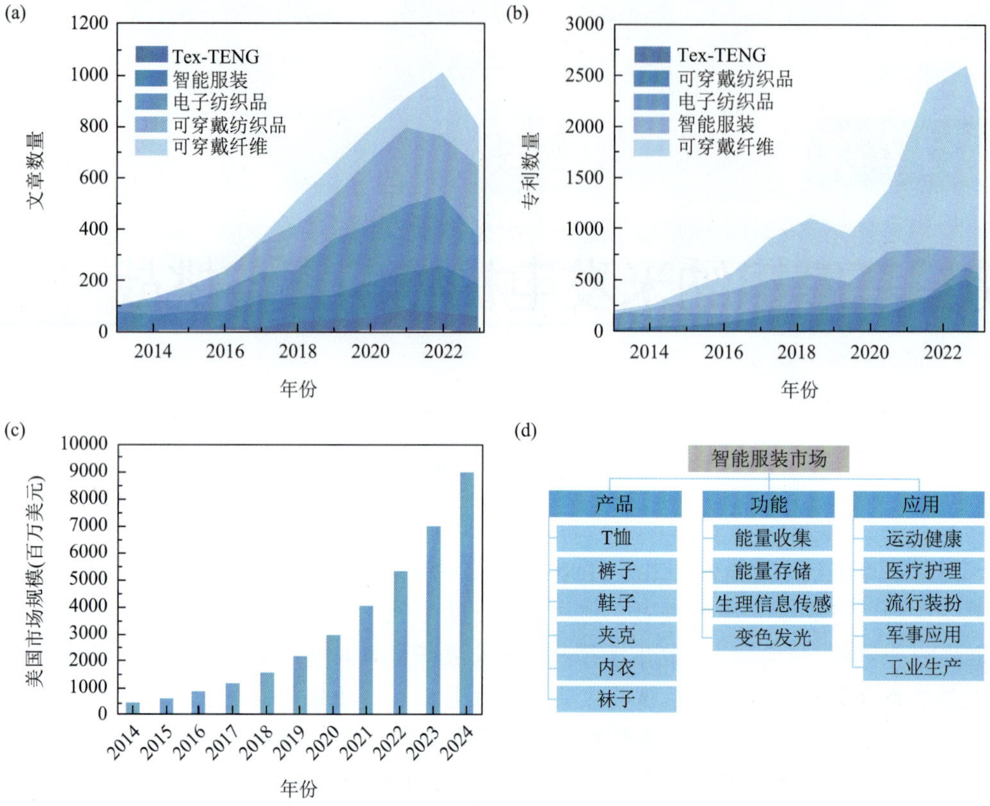

图 14.1 Tex-TENG 的发展现状。(a) 每年针对不同主题发表的论文数量(来源：Web of Science 数据库)；(b) 每年针对不同主题注册的专利数量(来源：Derwent Innovations Index 数据库)；(c) 美国智能服装市场价值预测(改编自 Ameri Research Inc. 报告)；(d) 智能服装市场详细分类

如图 14.1(c)所示，从市场规模来看，根据美国智能服装市场总结的一份报告，美国智能服装市场规模从 2014 年的 5 亿美元增长到 2022 年的逾 55 亿美元，根据报告推测，2025 年市场规模将突破百亿美元大关，消费者群体持续扩大，这一趋势充分印证了智能纺织品及相关可穿戴设备领域的蓬勃发展态势[1]。

不仅如此，智能服装产业所涉及的产业与应用也包罗万象。如图 14.1(d)所示，其产品形态涵盖裤装、袜类等多样化载体，功能集成度持续提升，不仅包括能量收集与存储模块，也包括生理信号传感与变色发光。这种技术融合推动了智能服装在行为监测、健康呵护、军事应用等领域的广泛应用。

14.1.1 可穿戴电子设备

多功能智能电子设备正快速地改变着传统的交互方式，人工智能技术也正在迅猛地影响着当今社会的方方面面[2-5]。集成了高灵敏度传感器、精密数据采集与调理电路、数据分析算法和通信模块的可穿戴电子设备，如心电贴[6, 7]、智能手环[8, 9]、机械外骨骼[10, 11]等，该技术能够有效应用于人体健康监测、健康管理以及辅助人类行为等领域。其便捷易携带与智能信息化的特点，能使用户在不受空间和时间限制的情况下更加灵活且广泛地进行使用[12-14]。

将 Tex-TENG 等电子设备无缝集成至服装，制备具有功能性、灵活性、智能化与信息化等特点的可穿戴电子设备[13]。如图 14.2 所示，由于 Tex-TENG 高灵活性的特点，针对不同的应用场景和需求，可以选择多种适当的材料与传感器。Tex-TENG 的可穿戴电子设备可以广泛地用于运动识别与追踪[15]、健康管理与医疗[16]、智能家居与出行[17]、虚拟现实与增强[18]、农业、工业与生产[19]、安全防护与监测[20]等领域。伴随着自供电技术的突破与材料科学的发展，新型 Tex-TENG 的可穿戴电子设备势必将为下一代可穿戴智能设备带来新的活力和更多的应用领域。例如，在军事领域[21]中，Tex-TENG 可以与军用单兵作战服集成，其所蕴含的自供电技术大幅地增强了军事行动中单兵作战的作战续航能力与野战环境适应能力，尤其是在紧急情况下，有利于加快军事人员与辅助人员对其身体状态与精神状态的判断；在教育领域[22]中，相比于传统无互动式的教学方式，集成了 Tex-TENG 的新型可穿戴电子设备可以搭建师生之间互动的桥梁，通过视觉、听觉、触觉的加强与身体行动的辅助，大幅地增强了老师的教学质量与学生的教学体验和认知；在医学领域[16]中，新型 Tex-TENG 可以与医疗电子设备集成，全天候地收集患者的呼吸、心跳、脉搏、行为习惯等生理特征，从而辅助医护人员更好地了解与护理患者，同时，集成了 Tex-TENG 的医用可穿戴电子设备相比于传统医院监测设备，具有成本低、体积小和易便携的优势，这为居家医学监测领域提供了新的思路。

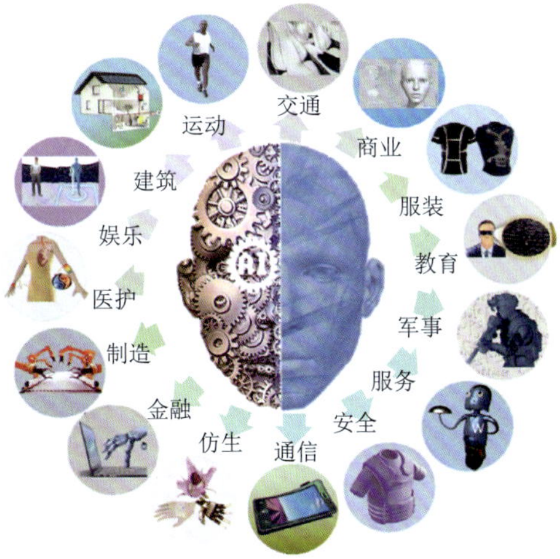

图 14.2　Tex-TENG 在可穿戴电子设备及人工智能领域的广泛应用

智能电子纺织品正引领一场 AI 领域巨大的革命，而 AI 技术与自供电技术的发展也催生了新一代的 Tex-TENG 智能系统[21, 23-25]。Tex-TENG 可以应用于与 AI 相关的诸多领域，如图 14.2 所示，如身份识别、线上教育、军事装备、安全防卫、通信交流、健康医疗、虚拟娱乐及体育运动领域等[23, 26-28]。基于敏感地区、军事区域的安全防卫系统，Tex-TENG 可以应用于自供电传感器与无线通信设备，通过 AI 技术实时分析指定区域的人员动向，并进行实时预警[29]；基于人类独特生理特征的身份识别系统，通过 Tex-TENG 采集脸部表情、声音、心跳、脉搏、行为习惯等生理特征，形成属于每个人特有的身份密码，用于保护用户隐私安全。为了增强现实真实性与竞争互动性，通过 Tex-TENG 电子设备的传感功能与信息交互，采集用户实时指令与行为动作，使 AR/VR 游戏、线上教育、体育训练更具有体感真实性，极大地增加了用户身临其境的参与感[30]。除此之外，电子皮肤、动态捕捉技术、柔性机器人等 Tex-TENG 广泛应用于人机交互领域，用于帮助用户更好地参与到智能社会中。

从结果上看，用于可穿戴领域和 AI 领域的 Tex-TENG 取得了一些令人满意的成果，相关产品已经大量制备并广泛报道，并快速地改变着我们的生活，引领当今人类社会的生活走向更信息化、智能化、人性化的发展方向。

14.1.2 个性化健康医疗

个性化健康医疗的核心理念是预防和治疗，通过长期的健康监测，个体可以观察自身的生理指标、行为习惯和生活环境等方面的变化，并及时采取措施进行干预和调整。长期以来，传统的医疗监测与诊疗模式由于治疗滞后性、被动性、数据不连续以及价格昂贵而广为人们诟病。在此背景下，随着传感器技术与物联网、人工智能、第五代通信技术等数据科学技术的发展，可以实现长时程连续化健康监测与实时评估的个性化健康医疗应运而生。

将纤维或织物结构的传感器、信号处理电路、诊疗元件与供电系统集成到日用纺织品中，使得织物可以实时监测人的生化指标与生理状态，从而为长期临床监测提供数据，进而实现早期干预与辅助治疗[31]。图 14.3 为 Tex-TENG 与传统服装的结合来实现物联网

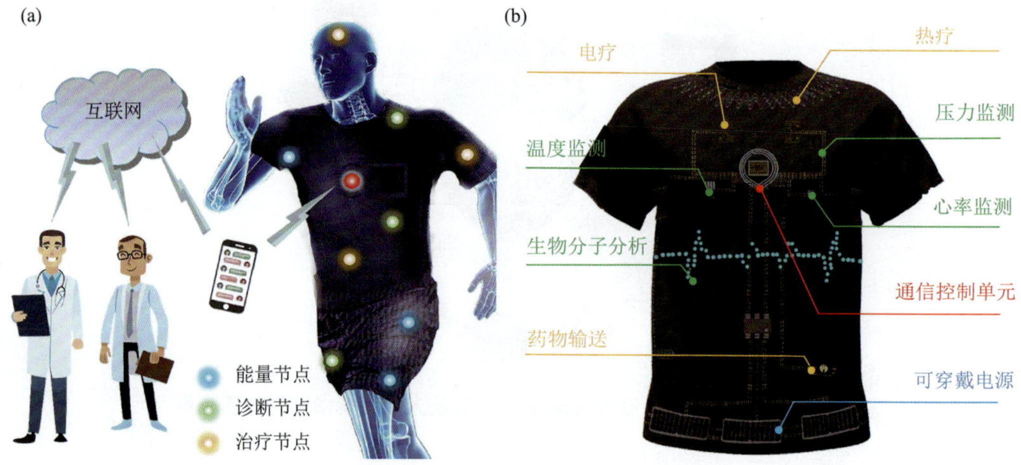

图 14.3 Tex-TENG 应用于个性化健康医疗领域。（a）集成智能监测与治疗节点的电子纺织品；（b）电子纺织品的多种功能单元

时代的个性化健康医疗。Tex-TENG 的良好柔性在精准监测的同时还具备舒适的穿着体验。因此，Tex-TENG 在个性化健康医疗中至少能够发挥以下方面的作用。

健康监测传感器：基于力学、声学、电化学原理的 Tex-TENG 可以实现人体生理参数监测、运动追踪、睡眠监测和体外环境的监测等[32]，如心跳、脉搏等力学信号可以通过力学传感器转换为电信号输出。这些信号的采集能够为健康监测提供扎实的基础。

姿态监测传感器：Tex-TENG 能够与纺织品紧密结合，以分布式的形式存在于人体服装各处，作为人体姿态感知器。在大数据和算法的支持下，这种感知器能够在术后为患者、老年人和长期卧床患者等群体将要出现意外风险或已经受伤时发送警报，以避免意外带来的伤害进一步扩大。

能源捕获收集器：捕获能量对于 Tex-TENG 来说是最基础的功能。柔性的 TENG 能够有效地与身体部位贴合。例如，布置在关节部位的机械能捕获元件可以将人体运动能转化为电能储存起来[33, 34]。此外，织物的褶皱、悬垂都能够为 TENG 提供更大的能源捕获面积。捕获的能量能够用于驱动电子器件工作，如为智能药物泵、药物贴、假肢、义眼、助听器等提供电源。不仅如此，自身整合的能量捕获体系能够省去充电带来的困扰，同时也可以使服装设计更加整体和美观。

健康干预执行器：Tex-TENG 组件与物联网等技术的结合使得电子纺织品不仅能够实时监测个体的生理指标（如心率、血压、体温等），还可以将这些数据传输到数据采集设备或云端服务器进行分析和处理[35]，实现对人体的健康干预。另外，Tex-TENG 可以作为药物释放与电刺激治疗的执行组件，通过微处理器的控制能够按需为患者提供治疗，这有助于人体快速恢复，维持身体健康良好的状态。

这些从不同个体采集而来的监测数据能够为个性化医疗带来质的提升。在云平台的帮助下，数据可以实时传输到医疗机构或医生端，进而实现远程监护和医疗的目的。这样不仅可以减少患者的就医负担，也能够让专业医生及时提供指导和紧急处理，提高了医生和患者之间的沟通效率，促进了医疗信息的共享和交流，加快了病例分享和医学研究的进程。这些个体的生理参数、健康数据可以为医生提供客观的健康状态评估，同时也为个体在家庭环境中进行自我监测和管理[36]。另外，个性化健康医疗系统能够有效跟踪个体的日常运动量、睡眠质量和人体周围环境等信息，帮助个体了解自身的运动状况和生活习惯，以便做出相应的调整和改善[31, 37]。总的来说，个性化健康医疗可以实时监测人体多种生化指标，并通过数据分析提供个性化的健康诊断和建议。这对于慢性病管理、健康监护和早期疾病筛查具有重要意义。

14.1.3 多模态组合与系统集成

相比于单一、分散的电子设备，高集成度、一体化的电子设备具有轻量化、可靠性强、设计简单、兼容性高及成本低等优势，能够有效满足用户个性化需求。服装是人体的第二皮肤，具有保护人体、适应环境的作用，因此，服装和自供电传感器、无线通信技术、蓝牙技术、云端服务器相互结合而成的纺织基智能电子设备最终将成为我们日常服装中不可或缺的一部分[38, 39]。

高集成度的纺织基智能电子设备的制备所需材料种类繁多，赋予其良好的生物相容性、生物可降解性、透气/湿性、舒适性、环境稳定性以及优异的自供电传感性能[40-42]。以生物医学应用为例，如图 14.4（a）所示，日常所穿的服装可以无缝集成各种纺织基自供电传感器，从而采集人体中不同的生理信号，包括电疗装置、温度监测、心率监测、能量收集、光疗设备、药物输送、压力监测、生物分子分析及热疗装置等[43-46]。这种多模态的组合与系统集成的负载电子设备能够根据人类个体的需求制定出适合个体健康状况的全天候监测、预警、治疗系统；如图 14.4（b）和（c）所示，基于高集成度纺织基智能电子设备的自主医疗健康系统，可以集信号采集、数据处理、无线传输于一体，实现对人类各项生理数据的实时监测，并利用自供电技术为蓝牙设备供能，随后通过蓝牙技术实时传递给用户端，同时数据上传至云端服务器，这有利于用户远程了解患者治疗进展和治疗反馈等临床数据。除了医学应用以外，高集成度的纺织基智能电子设备还可以安全地、精确地应用于多个领域，如线上教育、军事应用、智能织物、通信交流、虚拟娱乐及体育运动领域等。借助该项技术，高集成度、个性化的纺织基智能服务系统有望通过实时监测、广泛监测、深度监测的方式促进辅助系统的发展，并将在不久的未来展现出更为广泛且具有重要价值的应用潜力。

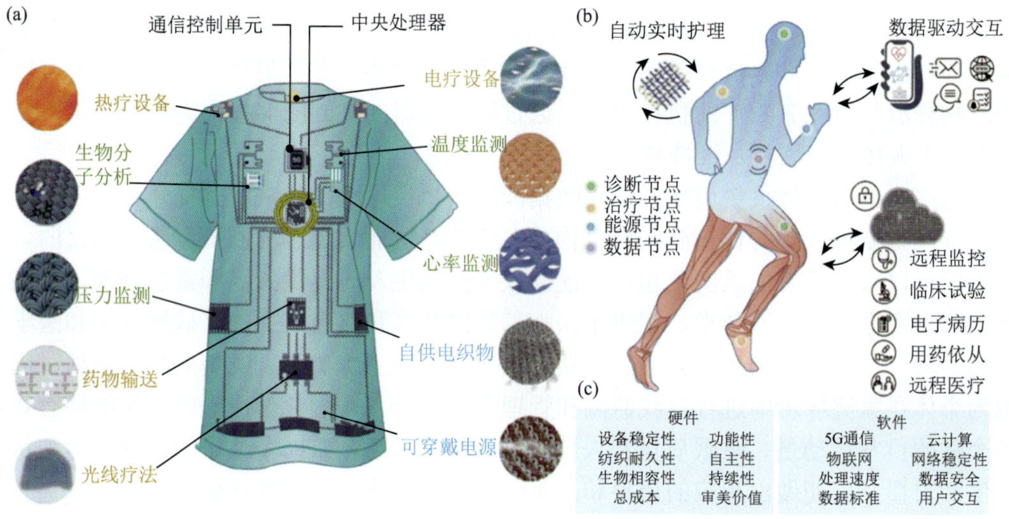

图 14.4 多模态、高集成的电子纺织品的应用、集成及软硬件。（a）多模态、高集成的电子纺织品中的通信、处理、传感器设备；（b）多模态、高集成的电子纺织品在实际应用中的后端云端平台处理与实时分析展示；（c）电子纺织品在集成中所需的软件与硬件

14.2 潜在挑战

尽管 Tex-TENG 在过去几十年中取得了丰硕的成果和进展，但从材料发现和开发到设备和系统集成的历程仍处于早期阶段。为了进一步推动这一领域的发展与实际应用，未来亟需应对多个潜在挑战，主要包括电子纺织品的普遍发展瓶颈和 Tex-TENG 的自身发展问题。其中包括确保整体器件或系统的稳定性，解决与生物相容性和可持续性相关的问题，寻找高效的可穿戴电源解决方案，以及实现大规模制造等。

14.2.1　电子纺织品的普遍发展瓶颈

电子纺织品兼具电子产品的智能化与纺织品的舒适性，不仅具有自主能量收集和自供电传感的能力，而且保持了原有的可穿戴性和理想的舒适性。通过采用无负担、自给自足的可穿戴智能系统，用户可以实现对电能的便捷获取和高效利用，从而在多个领域中展现出广泛的应用前景。尽管电子纺织品已经逐渐渗透到人们的日常生活中，但在其服用性能、安全性能、稳定性能以及系统集成等方面仍然存在一系列挑战（图 14.5）。为深入理解这些问题，并为其进一步发展提供有效的指导，本节对电子纺织品面临的挑战和可能的解决方案进行全面而系统的论述和总结，涵盖对其服用性能、安全性能、稳定性能以及系统集成等多个方面的深入分析。

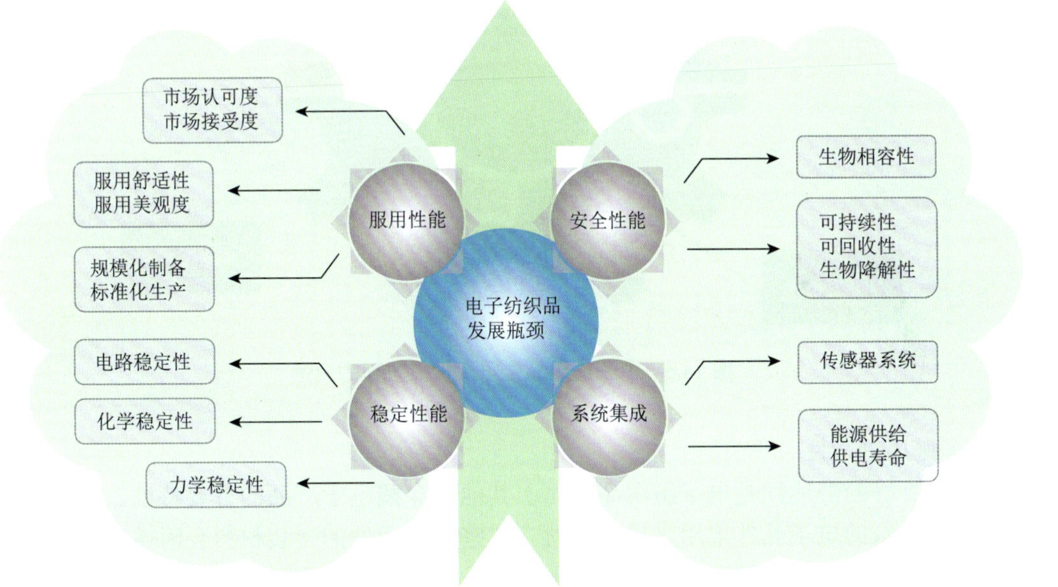

图 14.5　现阶段电子纺织品在发展应用中的主要瓶颈问题

在当前的基础上，对电子纺织品的未来发展进行了前瞻性的展望。通过对其剩余挑战和潜在解决方案的综合考察，我们有信心认为未来的电子纺织品将能够突破目前所面临的瓶颈，推动其真正应用的关键过程。这一进程不仅需要不断的技术创新，也需要在产业链的各个环节中建立更为紧密的协作机制，以确保电子纺织品能够更加完美地融入人们的日常生活，为社会带来更为智能、舒适的体验。

1. 服用性能

电子纺织品的服用性能是评估其在日常穿戴中表现的关键方面，包括舒适性、美观度、规模化制备、市场认可度和接受度等因素（图 14.6）。首先，舒适性是电子纺织品服用性能的核心指标之一。产品的材料选择、纺织结构以及集成电子元件的设计都必须在不影响穿戴者舒适感的前提下进行。特别是在直接接触皮肤的区域，必须保证材料的透气性、吸湿性和柔软性，以防止不适感或过敏反应。其次，美观度在其设计和外观方面扮演着至关重要的角色。材质的选择需要综合考虑舒适性、柔软性和耐久性，以确保用户在穿戴时感受到高品质的外观和手感。规模化制备是确保产品在市场上可大规模生产和推广的关键步骤。这就需要研究者深入研究生产工艺，提高生产效率和降低制造成本。最后，市场认可度是指用户在穿戴和携带智能纺织品时的方便程度，产品的价格必须在合理范围内，并与其功能和品质相匹配，以确保广泛的市场接受度。

图 14.6　电子纺织品在服用性能方面的瓶颈

1）服用舒适性

保持良好的舒适性是电子纺织品相比于其他可穿戴电子产品的首要特性。从材料选择看，大多数的电子元件采用半导体材料。这些电子元件的封装材料会阻碍空气和水蒸气的通过，导致透气透湿性下降，这种现象会妨碍穿戴者体内热量和汗液的有效排出，从而引发闷热感及皮肤瘙痒等皮肤炎症。除了透气透湿性外，厚度和重量也会影响穿戴者的舒适感。通常情况下，电子纺织品越厚，重量越大，透气透湿性越差。因此在设计和制造电子纺织品时，必须考虑其服用舒适性以满足使用需求[31, 37, 47]。

2）美观度

美观度在产品设计和市场营销中扮演着重要角色，它不仅直接影响用户接受度，还对产品的市场竞争力和销售表现产生深远影响。在电子纺织品的开发过程中，理论设计的美观度与实际制造的差异，材料选择与性能之间的平衡，以及工艺和制造技术的限制是电子纺织品在美观度方面的发展中面临的重要问题。在理论设计中，通常可将美观度设计成较高的水平。然而，在实际制造过程中，实现美观度面临着复杂性和成本因素的挑战，同时还存在可制备性以及纳米材料与纺织品相容性等问题。此外，材料选择与性能之间的平衡也是重要的考虑因素。为了实现电子纺织品的美观度，需要确保材料的均匀分布和表面结构的可控性。然而，这些制造技术可能受到工艺复杂性、设备条件和成本等因素的制约。在实际制造中寻找适当的工艺和技术解决方案以克服这些限制，成为实现美观度的关键。

3）规模化制备

电子纺织品的规模化制备是其商业应用的基本前提之一。尽管已经有了很多努力来促进连续、稳定化生产，但大多数电子纺织品仍然是手工制作的。虽然纺织品可以达到很高的生产速度，但电子纺织品的制造会受到增加功能技术和成本的限制。熔融、凝胶、溶液或干纤维挤出等方法适合规模化生产，但当前研究人员更倾向于静电纺丝，在这个过程中，方法自动化可以提高生产速度，如机器人流程化、3D 打印机等高科技可能支持大批量定制制造，却始终无法达到目前纺织制造商的产量。由于纤维的曲面结构、高纵横比、纤维覆盖面积有限，功能材料在其表面覆盖相当困难。另外，功能材料和纺织基材之间的界面结合较弱，表面绝缘层的开裂或分层以及纤维的断裂都很容易导致电子纺织品发生开路和短路故障。尽管多层堆叠结构的电子纺织品具有原型快速成型、接触面积大、输出效率高等优点，但其结构复杂，穿戴性差，难以成为未来电子纺织品的主流。即便某些电子纺织品结构具有良好的耐磨性，但大多数功能纤维与目前成熟的纺织制造工艺不兼容。现有功能性纤维的直径通常大于现代织布机的最大纱线交叉口径，需要重新设计和制造新机器，从而大幅增加了电子纺织品大规模制备的投入成本，并且化学处理的电子纺织品表现出脆性和较硬的纹理，在大织机张力下容易断裂[48]。此外，电子纺织品的结构复杂多样，部分产品还需要特殊的结构设计，这使得其制备工艺高度复杂，导致其制备复杂和高成本。因此，在电子纺织品蓬勃发展并广泛应用的道路上，规模化制备中所面临的瓶颈问题亟需有效的解决方案。

4）市场认可度和接受度

随着电子纺织品技术日益成熟，公众期望其能够在多种场合和广泛人群中得到应用。对于大多数人而言，纺织品一直被认为是一种消耗品，但随着智能技术的发展，人们的意识形态逐渐向耐用消费品转变[49]。特别是在生物医药和体育运动检测方面，科学家希望将电子纺织品用于检测和诊断日常健康活动，实现远程监控，这些电子纺织品还可以用于体育赛事精准判断运动员肢体活动路线或康复训练。越来越多的研究成果也向我们展示了可行性，但电子设备的可实用性、性价比和安全性是消费者最为关心的。对于很多老人而言，带电设备在日常穿戴中的使用存在一定的安全隐患，同时电子设备的耐久性严重影响了其性价比。智能化产品的复杂工艺和成分使得价格必然高于普通纺织品，中低收入人群将难以承受，如果容易损坏或耐久性不足，频繁更换将进一步降低其经济价值，消费者将不愿意选择其替代传统的医疗方式，这些因素是电子纺织品市场发展过程中必须深思熟虑的重要考量[50, 51]。另外，所有拟商业化的纺织品必须符合纺织品标准。而电子纺织品同样需要建立准确的标准来评估其性能和实用性，这不仅有助于设计师和制造商深入了解用户反馈，还能为更好的设计、创新、营销和其他服务提供重要支持。

2. 安全性能

电子纺织品的可持续性和生物相容性在保障用户身体健康和安全方面具有至关重要的作用，尤其是考虑到这类产品与电子元件直接接触人体皮肤。可持续性是指产品在整个生命周期内，包括生产、使用和废弃阶段，都能够最大限度地降低对环境的负面影响，同时符合社会和经济的可持续发展需求。如图 14.7 所示，选择环保、可再生、可降解的纺织材料成为实现可持续性的首要考虑因素。生物相容性则着眼于产品与人体组织和生理环境之间的良好相容性，以确保佩戴者在使用过程中不会发生过敏反应或其他不适。在这一层面，选择对皮肤友好、无刺激性、无致敏物质的纺织材料是确保生物相容性的基础。通过合理的材料选择和工艺设计，能够确保电子纺织品与人体皮肤之间的交互过程安全可靠。

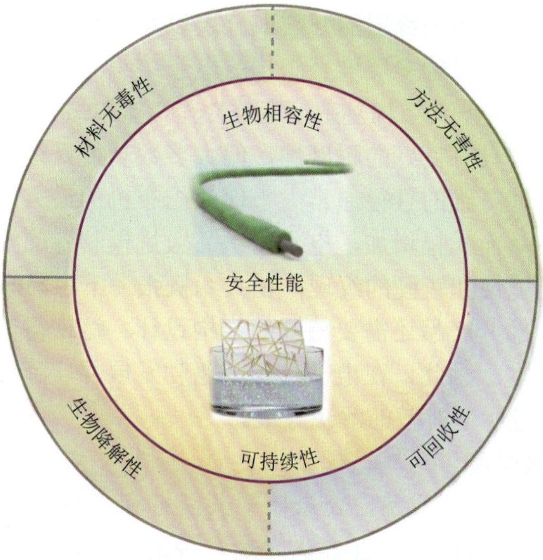

图 14.7 电子纺织品在安全性能方面的瓶颈

1）可持续性

可持续性是多方面的概念，涉及环保材料更好的利用，开发耐用、可回收、可生物降解的产品，采用低碳排放的制造过程，以及利用可再生资源等方面[52]。虽然大多数的纺织材料都可回收，但将一些电子元件整合到这些现有的纺织品中会导致产品的回收处理变得复杂。通常情况下，电子纺织品是将各种非纺织材料组成的部件与织物进行集成。由于这些非纺织材料的化学和物理性质各不相同，将它们从电子纺织品中完全拆解出来进行特定的回收处理非常困难。此外，电子纺织品的制造通常会使用多种材料，其中一些电子器件中含有重金属和有机化合物，会对环境造成潜在的危害[53]。创新的可持续技术对于开发环境友好型电子材料至关重要。需要特别关注实现电子性能、机械性能和对环境影响之间的平衡。电子纺织品在可持续性方面面临着生物降解性和可回收性等诸多挑战[54]，解决这些瓶颈需要研究人员共同努力，探索在新型材料、改进器件结构以及优化制备工艺等方面的方案。通过克服这些挑战，电子纺织品在可持续能源领域的应用和发展将得到更大的推动。

2）生物相容性

电子纺织品需要长时间与人体皮肤或组织直接接触，因此生物相容性是电子纺织品投入生产与应用所必须面临的挑战之一。生物相容性是医学和生物工程领域中非常重要的性质，是指材料与生物体接触时，不引起明显的排斥反应或有害影响的程度[55, 56]。意味着这些材料对人体几乎没有潜在的毒副作用或致敏反应。电子织物主要制备成衣物、床单、贴片等形态，与人体的皮肤接触时间较长，因此必须具备良好的生物相容性。此外，还需要考虑纺织品应用于人体内部的情况，因此生物毒性也是需要考虑的因素。为了提高电子纺织品的生物相容性，最直接简单的方法是选择生物相容的材料。在过去二十年里，研究人员开发了多种生物相容性材料，并成功将其整合到电子纺织品的制造中，推动了可穿戴技术的进步[57, 58]。虽然常规纺织材料通常认为与人体皮肤相容，但导电材料和电子材料的添加可能会引入毒性和生物安全问题。一些导电材料，如镍，在长期直接接触皮肤时可能刺激皮肤引发过敏反应。此外，电极和器件制造过程中使用的有机溶剂残余物也可能对人体健康构成毒性风险。因此，在电子纺织品的生产过程中，必须综合考虑材料选择、器件结构设计以及处理方法，以最大限度地减少对人体健康的潜在有害影响。针对电子纺织品的生物相容性问题，引入本质无毒和安全的材料进行封装是一种有效的解决方案。这种封装方法可以有效地避免有害成分与人体直接接触，从而提高电子纺织品的生物相容性[58, 59]。来自生物体的生物质材料和生物可降解材料的研究仍处于初期阶段，这些材料具有天然的生物相容性，减少对环境的污染，具有良好的可持续性。生物质材料和生物可降解材料在电子纺织品领域的应用潜力巨大，可以为医疗监测、敏感皮肤护理等领域提供安全可靠的策略[60, 61]。

3. 稳定性能

稳定性能是器件在现实环境中能否正常使用的根本因素。电子纺织品在日常穿戴过程中面临机械损伤、化学污染和电路干扰等问题，会对其使用寿命和输出性能造成严重影响。如图 14.8 所示，电子元件部分的电路稳定性、纺织品的化学稳定性以及整个器件

图 14.8　电子纺织品在稳定性方面的瓶颈

的力学稳定性是电子纺织品稳定性能需要主要探讨的三个方面，也是电子纺织品更好地投入实际生产使用的努力方向。

1）电路稳定性

在电子纺织品的发展过程中，电路稳定性问题始终是我们需要重点关注的方面。电子纺织品在穿着过程中可能会遭受拉伸，尤其是在运动状态下，如果材料柔韧性差或强度低，就可能发生撕裂或拉伸损坏。电子纺织品需要适应人体的运动，因此在穿戴过程中会经历多次折叠和弯曲。这种机械应力可能导致电子元件、导线及电路板接口等薄弱部位的断裂或损坏问题，为此研究人员应根据外部机械应力方向与大小进行电路优化设计，通过应力分散机制结合局部防护措施（如添加缓冲衬垫或采用特殊结构设计）来提高整体机械可靠性。此外，研究人员正在致力于开发基于自修复材料的电子纺织品[62]，这类材料能够自发修复划痕和撕裂损伤，从而显著延长电子纺织品的服役寿命并降低维护需求。环境因素（如温湿度变化、电磁干扰等）同样会影响电路稳定性。在实际应用中，电子纺织品常需接触汗液、雨水等液体介质。若防水性能不足，液体渗透可能导致电子元件不可逆损坏。为此，通常采用防水涂层、密封结构设计或选用防水电缆/连接器等策略来确保电路可靠性[63]。温度稳定性是电子纺织品设计中的另一个潜在的问题，温度的变化可能导致电子纺织品输出信号的漂移，在设计中通常采用集成温度传感器和温度补偿电路，以确保电路在不同温度下的正常运行。不同材料在温度变化时会膨胀和收缩，这可能导致电子纺织品的组件之间的连接松动或断裂，研究人员通常选用具有一定温度抗性材料和封装设计，以减轻温度变化的影响。电气干扰也是设计电子纺织品过程中不能忽视的重要因素。电子纺织品中集成了传感器、导电线路和微控制芯片，这些电子元件在日常生活中可能受到手机、通信塔等外部环境电磁辐射源的影响。因此，在电子纺织品的设计中还应考虑是否需要添加电磁屏蔽材料，以防止外部电磁辐射对内部电子元件的干扰，进一步提升信号的稳定性。

2）化学稳定性

良好的化学稳定性对于电子纺织品的长期运行至关重要，它代表了材料抵抗各种介质侵蚀的能力，包括酸、碱、盐、水、有机溶剂等，实际应用中电子纺织品将长期暴露在环境中，化学腐蚀会严重影响其使用寿命。因此，考虑优异性能的同时，电子纺织品的抗油、抗污、耐化学性能也成为人们关注的重要问题。

电子纺织品在纤维织物的基础上加入导电线和电子器件，其化学稳定性也会发生一些改变。通用的纤维织物具有多样的化学稳定性。不管是传统服饰还是电子纺织品都不能避免洗涤过程，洗涤过程难免会有洗涤剂和其他衣物的参与，能否在洗衣机、烘干机等工作环境下保留电路、电解质织物等材料的原始性能面临巨大的挑战。金属纳米线和金属纤维显示出足够的柔韧性和柔软性，更适合用于轻量的多孔电子纺织品，但容易受到高湿度下酸碱腐蚀和电化学腐蚀的影响，导致其电气和机械性能的恶化[64]。除金属以外，聚合物或其共聚物也常应用于纤维制造，聚合物基压电材料由于优异的柔性、良好的机械性能、易于加工和高化学稳定性而广泛用于能量收集[65]。但其缺点也较为明显，价格较高，制造成本也随之升高，制造工艺较复杂，可塑性较差，最重要的很多聚合物及其共聚物具有较高的摩擦系数，在某些情况下容易产生静电并吸附灰尘等污染物，实际应用困难。

改变电子纺织品内部结构材料对改善其化学稳定性卓有成效，但材料本身物化性能存在上限，因此表面包装也是电子纺织品避免化学损伤和保持良好耐化学性的有效策略之一[66]。例如，使用碳材料混合、表面钝化和使用惰性涂层等后精加工处理，能够保护器件中的金属免受氧化和腐蚀。

3）力学稳定性

电子纺织品主要用于可穿戴，需要具有普通织物的各种力学性能，包括柔韧性、拉伸性、一定的机械性和耐磨性等。然而，大多数柔性聚合物在强机械力作用下容易断裂，而金属丝或金属箔则因过于刚性，难以满足电子纺织品所需的力学性能[48]。又由于人体运动的多样性，对电子纺织品所造成的机械变形也相当复杂，需要其具备良好的拉伸性和一定的柔韧性，以适应由人体运动引起的各种机械变形，避免部分电子器件的损坏，确保整个电子纺织品的完整性，从而使得电子纺织品正常运行各项性能。然而大多数具有良好柔性的电子纺织品材料的断裂强度低、拉伸和回缩性能差，其所形成的纺织品在外力作用下很容易发生纤维断裂，使电子纺织品的部分组成发生损坏，对其工作稳定性产生影响。由于人体长期形成的动作习惯，不可避免地会产生大量重复性的动作。这些动作对运动部位的电子纺织品提出更高的耐磨性能要求。然而，当前市场上的材料技术尚无法完全满足这一高标准的需求，导致电子纺织品的耐用性成为一个亟待解决的难题。

4. 系统集成

如图 14.9 所示，电子纺织品的系统集成是指将电子元件和电路等技术组件融合于纺织品中，构建协调、无缝且高效运行的整体系统，以最大化产品的性能和功能。这种集成系统不仅扩展了电子纺织品的应用领域，更为用户提供了更全面、个性化的穿戴体验。系统集成也将电力供应作为重点考量因素，为此，特别引入了可穿戴电源解决方案，包括柔性的电池和可充电电池等新型电源技术。同时，通过设计精巧的电源管理系统，以

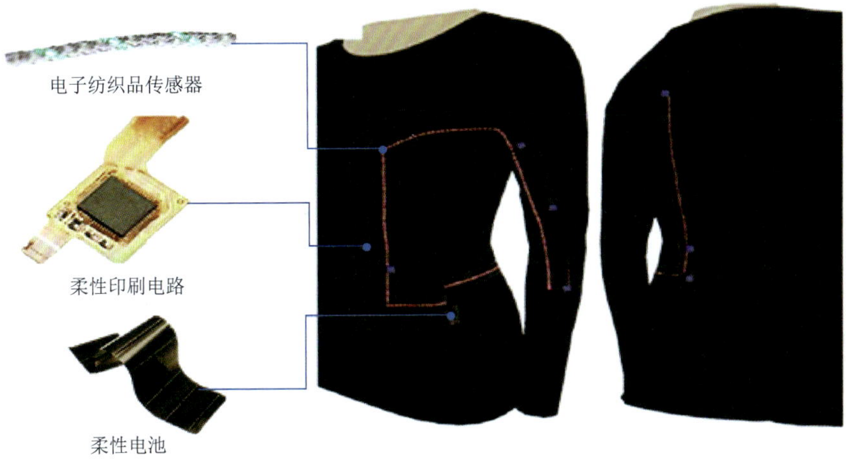

图 14.9 电子纺织品在系统集成方面的瓶颈

确保电子纺织品在使用过程中具备足够的续航能力和可靠的电力供应。这不仅增加了产品的可用性，也提高了用户对智能穿戴设备的信赖度和满意度。

总的来说，电子纺织品的系统集成旨在通过高度技术化的手段，将纺织品与先进的电子技术有机结合，创造出在功能、性能和使用体验方面达到卓越水平的智能穿戴产品。

1）多模态传感器

电子纺织品通常由微型传感器、微型处理器、执行器、可携带微型电池组成，用来实现信号收集、处理、分析、传输和可视化的功能。其中传感技术是电子纺织品系统正常运转的基础。

传感器按大类可以分为物理、电化学和生物传感器。物理传感器通常使用电阻、电容、电感、电流或光线反射波等参量监测脉搏、呼吸、温度、心电图等特定的物理量或环境参数[67]。电化学传感器和生物传感器通常用于检测血糖、汗液中离子浓度或抗原浓度[32, 35, 68]。电子纺织品中集成多种传感器可以高效全面地监测人体生理指标与健康状况，但这也对数据采集与处理电路提出更高的要求，需要开发与各种传感器匹配的数据采集电路，这极大地提高了电子纺织品的技术壁垒[69]。多个传感器的集成意味着数据流的加大，这就要求处理器具有更强大的数据处理能力，数据传输方式具有更大的带宽。随着技术的不断进步和创新，电子纺织品中传感器的功能和性能仍需不断提升。

另外，集成多模态传感器的电子纺织品也应该具有更充足的供能系统，开发有效的电源管理技术，以确保传感器的长时间运行。

2）供电方式

电子纺织品的广泛应用亟需可靠的电源供应，但在实际应用中，我们面临诸多挑战。其中，电子纺织品的功率需求范围广泛，从几微瓦（μW）到几十毫瓦（mW）不等，用于驱动内嵌的传感器、发光二极管、通信模块等电子元件。然而，传统的电池类型，如锂电池，存在一些固有的限制，影响电子纺织品的性能和可靠性。一是传统电池的寿命有限，通常在几百到几千次充放电循环后会出现性能下降的问题，这对嵌入式电池的产品来说尤其具有挑战性；二是电池的尺寸和质量，传统电池通常具有较为坚硬的结构，无法满足柔性电子纺织品在频繁弯曲和伸展条件下的应用需求。因此，为了应对这些挑战，研究人员和工程师仍在积极探索各种技术和解决方案，以寻求在电池寿命和充电问题上找到关键的平衡点。研究人员积极地将现有的供电方式与电子纺织品相结合，如柔性锂离子电池、超级电容器和柔性太阳能电池等。然而，柔性电池技术也面临着新的挑战，因为它们需要与电子纺织品的柔性和耐用性相匹配。这可能需要为柔性电池设计特定的保护层，以确保在清洗和维护电子纺织品时不会损坏电池。此外，由于纤维电池或电容器尺寸较小，能量密度低，电池的容量有限，难以提供持久的电源供应。电子纺织品还可以利用环境中的能量来供电。太阳能电池、热电发电[70]和振动能量收集技术等环境能量收集技术将不断创新和改进，以提供更可靠的能源来源[71]。随着无线充电技术的广泛应用，电子纺织品可以通过无线充电或远程供电方式获得电能。未来我们期待更小型、更轻量、更高容量的可穿戴电池出现，以精确匹配电子纺织品对电能的需求。

14.2.2　纺织基摩擦纳米发电机的自身发展问题

Tex-TENG 是一种将电子器件集成于聚合物纺织材料中的创新装置，基于静电感应和接触起电的原理，能够有效地将机械能、生物能等环境能量转化为可利用的电能。作为一种前沿的能源采集器件，Tex-TENG 展现出巨大的应用潜力。例如，设计为可穿戴传感器的 Tex-TENG 可以应用于医疗监测、体育运动检测等领域。目前，为了了解器件工作机制及优化材料的选择和改性过程，科研人员对聚合物纺织材料的电荷转移机制进行了研究，并在此基础上，对聚合物纤维材料的选择标准也有了新的认识，其中孔洞纺织作为一种应用广泛的纺织方法，其结构的影响得到了广泛关注。尽管 Tex-TENG 的研究在实验阶段已经取得了一些进展，但如图 14.10 所示，其大规模应用仍面临诸多困难，尤其在电学输出性能、传感性能、电路管理及发电方式与人体运动协调性几个方面，这决定了器件能否满足实际应用的需求。为了后续投入生产使用，Tex-TENG 有必要具备特定的性能评价标准，这也正是其应用受限的主要原因之一。经过系统分析与探讨针对性解决方案，我们坚信 Tex-TENG 的自身发展问题能够在未来研究中得以有效地解决。

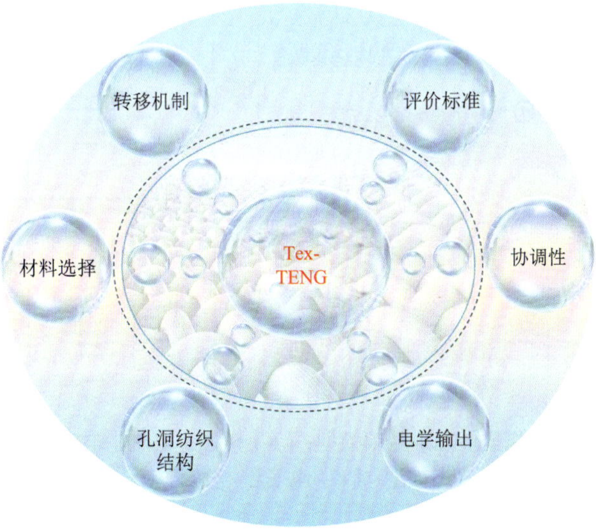

图 14.10　Tex-TENG 的自身发展问题

1. 聚合物纺织材料的电荷转移机制

与常规材料的 TENG 相同，Tex-TENG 也具有四种基本工作模式，其本质均是不同材料间的接触起电现象与静电感应效应的耦合。接触起电又称摩擦起电、摩擦带电，是一种普遍存在的物理现象，但对于其电荷产生与转移时的微观机制一直没有定论。目前主流的理论认为接触起电的主要过程是电子转移，而不是离子迁移[72, 73]。材料接触起电后由于存在势垒，电荷受到限域，起初这种基于半导体能带结构理论的表面态模型只能用来解释金属-绝缘体体系或绝缘体-绝缘体体系的接触起电机制[74]。为了扩大接触起电机制的普适性，研究人员根据原子或分子轨道模型提出了基于电子云相互作用的电子云势阱模型[75]。对于 Tex-TENG 的电荷产生和转移机制，以 CS 模式为例建立了多个层次的相关理论模型，如基础模型［图 14.11（a）］、表面态模型［图 14.11（c）］和电子云-势阱模型［图 14.11（d）］[76]。图 14.11（a）是典型 CS-TENG 的电荷产生和转移过程。上、下织物电介质层之间的接触分离过程通过外部负载会产生瞬时交变电流，即 Tex-TENG 作用过程中的电输出信号特性，包括图 14.11（b）中示出的开路电压（V_{OC}）、短路电流（I_{SC}）和短路电荷转移（Q_{SC}）。在原子或分子尺度上，基于表面态模型与电子云-势阱模型也可以描述出织物层间的 CS-TENG 的接触起电行为。

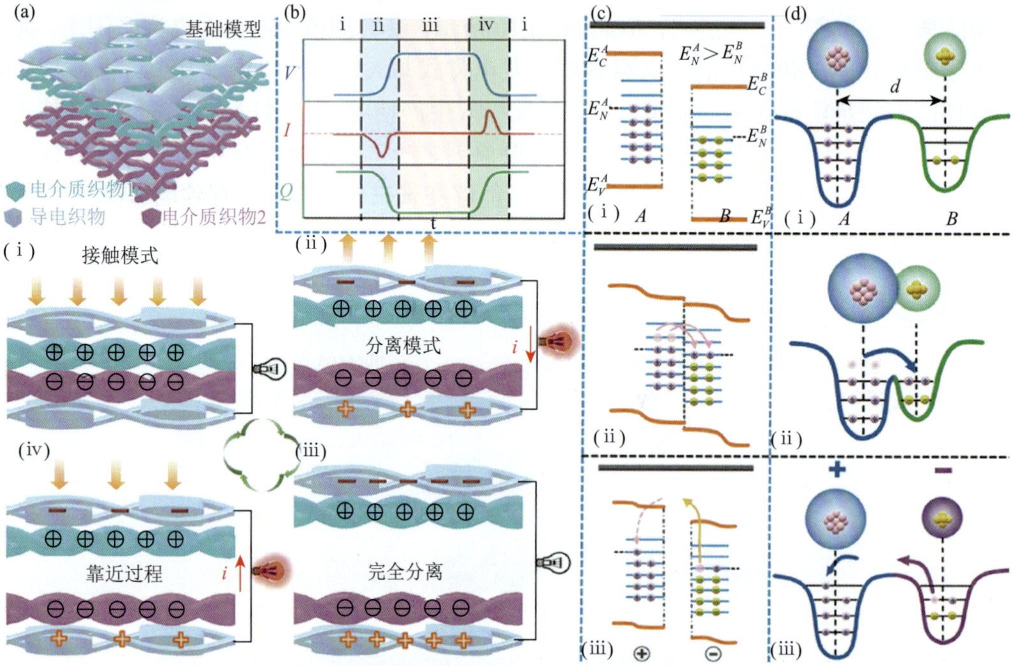

图 14.11 Tex-TENG 的理论模型。(a) 基础模型；(b) 电压、电流、电荷量输出特性曲线；(c) 表面态模型；(d) 电子云-势阱模型

上述理论模型是基于常规 TENG 的接触起电机制所建立的，但对于 Tex-TENG 这种复杂作用机制的电子器件不能充分解释其工作原理。由于 Tex-TENG 的构造更为复杂，纤维表面从点到线到面的接触起电过程、多维织物结构、不同材质纤维表面纹理等都会对常规理论模型提出挑战，因此急需建立一种适用于 Tex-TENG 接触起电过程的理论模型。

2. 聚合物纤维材料的选择标准

材料选择对 Tex-TENG 的性能起着至关重要的作用，因此需要综合考虑机械性能、环境适应性、可持续性、导电性、高性能需求和生产可行性。早期的 Tex-TENG 根据摩擦起电序列选择材料[77]。两种材料在摩擦起电序列中相距越远，电子转移的趋势就越大，但这种选择标准只是单一材料之间的对比，无法满足现在结构和组成更为复杂 Tex-TENG 的需求，现在以材料本身的电荷密度为依据来选择材料[78]，但这种选择标准仍然停留在对材料的表面研究，没有对其本质进行探讨，因为大多数材料都具有特殊结构的复合材料。其表面形貌、结构层次、不同材料之间的化学反应和物理交联都会对 Tex-TENG 的整体性能产生影响，这就需要研究人员对复合材料的结晶度、极化、偶极矩等性质进行更加深入的研究，然而，目前尚未出现相关的选择标准，对材料自身性质进行深入研究并制定适应现有的 Tex-TENG 的材料选择标准迫在眉睫。总的来说，Tex-TENG 的材料选择是一个复杂而多方面的问题，需要平衡多个材料的性能要素，来满足 Tex-TENG 的各种应用需求。

3. 孔洞纺织结构的影响

孔洞纺织结构是在保持材料的基本性质的同时，在纺织结构中引入孔洞，使得材料具有更大的表面积和更好的灵活性。这种结构正在广泛应用于 TENG 中。然而，目前的相关研究还面临一些问题和挑战。强度和耐久性、变形和伸缩特性以及破裂和损伤是孔洞纺织结构在 Tex-TENG 中面临的关键问题[79]。首先，孔洞的引入会导致纺织材料强度下降，使其更容易受到损伤和磨损，这也对器件的可靠性和使用寿命产生影响。这些方面的研究对于提高材料的机械稳定性具有重要意义。其次，变形和伸缩特性是孔洞纺织结构面临的另一个重要难题。由于孔洞结构的存在，纺织材料在受力时可能会发生变形和伸缩，这种变形和伸缩会导致摩擦面的改变，从而影响 Tex-TENG 的发电效果。为了解决上述问题，需要在设计阶段优化纺织结构的形状和孔洞分布，选择具有良好伸缩性能的纺织材料，并结合适当的应力分析和模拟方法。

4. 电学输出性能

1）输出性能

相比于常规结构 TENG 高达几千伏的开路电压，Tex-TENG 的输出性能会大打折扣。通常情况下，Tex-TENG 可以产生几百毫伏（mV）到几百伏（V）的开路电压，这一范围受到材料特性、摩擦表面属性以及机械振动频率和振幅等多种因素的影响。其电流输出通常较低，常在微安（μA）以下。因此，输出功率一般在微瓦（μW）到毫瓦（mW）之间。这意味着 Tex-TENG 输出功率有限，只有小部分机械能能够转化为电能。低的输出功率严重地限制了其在微纳能源领域中的应用。通过开发新材料、优化改进摩擦表面、应用智能电子电路以及调整机械激励频率等方法，研究人员正在逐步提高 Tex-TENG 的输出性能，从而使其更适用于各种应用领域。寻找更高效、更耐用的 Tex-TENG 材料，从而提高电荷生成效率。摩擦表面的优化改进也是提升整体性能的关键环节。通过优化纤维的排列方式或增加纤维的数量，可以增加 Tex-TENG 中两种材料的有效接触面积，从而提高 Tex-TENG 的输出性能。尽管 Tex-TENG 在能量转换方面具有潜力，但在实际应用中，各个模块间匹配问题也是其关键挑战之一。由于 Tex-TENG 在不同条件下产生不同的电压、电流输出，因此电路必须能够管理这些电压、电流变化，以确保稳定的电能输出。关键策略涉及使用功率转换器，此类设备能够将 TENG 的输出电压和电流转换为适合存储或供电的电压和电流水平。这种转换有助于提高能量传输的效率，确保 TENG 可以与各种外部设备协调工作。通过巧妙的电路设计和功率转换技术的应用可以有效地解决各模块匹配问题，确保 TENG 能够稳定、高效地传输电能，以满足各种应用的需求。这些方法不仅提高了能源转换效率，还确保了 TENG 在不同场景下的灵活性和适应性，以发挥最佳性能。

2）传感性能

Tex-TENG 在传感性能方面仍然存在一些问题，如基线漂移、灵敏度差、高精度采集电路的开发等[76]。基线漂移是 Tex-TENG 中常见的问题之一。基线是指在没有外部激励或应变作用下检测到的电压或电荷信号。然而，由于 TENG 的特性和环境变化的影响，基线信号可能会发生漂移，这可能会导致信号的失真和误判。为了解决基线漂移问题，急需一种可以实时跟踪和校正基线信号变化趋势的基线校正技术，这也对算法和处理器提出更高的要求。Tex-TENG 还可以与机器学习、人工智能和信号处理等前沿技术结合，实时监测、分析和校正基线漂移，以提高系统的稳定性和准确性。此外，研究人员还需进一步优化纤维结构，提升材料的稳定性，以减少基线漂移的发生，并提高 Tex-TENG 的灵敏度[80]。Tex-TENG 的电信号有着高电压、低电流和高阻抗的特性，这就导致无法与常规数据采集电路相匹配，需要在 Tex-TENG 和电子器件之间提供适当的接口和转换电路，以确保信号的传输和处理的兼容性[81, 82]。一种常见的解决方案是使用前置放大器来放大 Tex-TENG 的输出信号。前置放大器可以将微弱的信号扩大到适合电子器件处理的范围。此外，还可以使用信号放大器、滤波器和模数转换器等电路对 Tex-TENG 的输出信号进行进一步处理和转换。这些电子器件的选择和设计要根据具体的应用需求来确定，以确保信号的可靠性和适配性。标准化的数据采集接口和协议有助于不同设备之间的互操作性和数据的可靠处理。Tex-TENG 的输出信号可能包含噪声和干扰，需要进行算法处理和优化。这不仅包括噪声滤波和信号增强等常见的信号处理技术，还可能涉及特定的算法和模型的开发。例如，可以使用机器学习和模式识别技术来对 Tex-TENG 的信号进行分析和解码，以提取有用信息并进行后续的数据处理和应用[59]。

总的来说，通过应用漂移校正技术、优化材料设计和加入适当的电子器件，可以提高 Tex-TENG 的稳定性和性能，在信号放大和转换、数据采集接口和协议、算法处理与优化多方面进行处理和改进，能够更好地满足实际应用的需求。

3）电路管理

Tex-TENG 固有的交流输出特点，与普通电子设备直流的输入要求不匹配，需要功率转换器对其进行整流和稳压处理，以适应电子设备的工作要求。为了提高 Tex-TENG 的能量利用效率，开发设计高效的电源管理十分必要，可以帮助优化能量收集和储存系统，确保将收集到的能量高效地转化和存储，以满足可穿戴设备、智能纺织品等电子设备的能量需求。虽然已经开发了许多电源管理技术来实现电压匹配，如交流整流-变压器技术[83]、优化变压器线圈比[80]、通用电源管理电路[84]、电感-电容振荡[85]、无电感电源管理技术[86]和开关电容变换器[87]等，但管理电路造成的功率损耗仍然不可避免。

对于 Tex-TENG，开发一种高转化、低功耗的和舒适的电源管理电路仍存在诸多挑战。

在 Tex-TENG 的电源管理中，由于对电子元器件尺寸的限制，如电源管理芯片、电容器等，集成性、紧凑性和灵活性方面仍存在一定的困难。另外，通常 Tex-TENG 产生的电量较小，这对电源管理电路高效性和低功耗提出更高的要求，以避免能量浪费并满足电子器件的供能需求。如何合理布局和设计将多个 Tex-TENG 和电源管理电路间有序、有效、适应人体的连接，以构建穿戴式能源收集网络，也是一项重要挑战。其连接和维护都存在困难。总之，Tex-TENG 的电源管理还具有广阔的优化空间，需要研发新的电源管理策略，以提高 Tex-TENG 的能量转换效率、稳定性、集成性和舒适性。

5. 发电方式与人体运动的协调性

Tex-TENG 的发电依赖于人体运动，发电方式与人体运动的协调性问题也是影响 TENG 输出的重要因素。首先，人体运动方式多样，如行走、跑步、跳动等。不同的运动方式会导致 Tex-TENG 受到摩擦力的速度和大小不同，进而影响发电的效果和输出功率。人体运动的频率和强度也时常会发生变化，如不同的活动强度、运动速度和运动节奏都会对 Tex-TENG 的发电效果和输出功率产生影响，这可能导致能量损失或发电过程的不稳定。其次，人体的不同部位，如胳膊和腿的形状、尺寸和运动方式不同，所适用的发电方式也会有所不同，如脚部可能更适合 CS-TENG，而肩颈、胳膊等部位更适合 LS-TENG。这给 Tex-TENG 的整体设计增加了难度，需要结合人体工学原理，设计结构合理、舒适的 Tex-TENG。最后，即使对于一个身体部位，它也可能存在多种运动形式，一种发电方式只能收集其特定方向的运动能量。Tex-TENG 在设计时无法充分匹配人体运动的自由度和广泛性，其灵活性有限，难以适应不同姿势和运动方式下的机械变形，进而制约了能量收集效率的进一步提升。

Tex-TENG 的应用终端是人体，不仅需要具有高度适应性来满足人体多样复杂的运动和外界环境的变化，还需要在日常穿戴中提供一定的舒适性和满足感。针对 Tex-TENG 和人体运动间存在的协调性问题可以考虑以下解决方案。首先可以改进 Tex-TENG 的结构设计，使其能够适应不同的运动方式和运动频率。例如，对纳米纤维的排列方式和布局进行优化，增加与皮肤接触的表面积，提高摩擦能量转换的效率。其次是穿戴位置选择，确保 Tex-TENG 的穿戴位置合理，与人体运动的部位相对应。采用合适的黏附方式固定发电装置，防止其在运动过程中脱落。另外，可以对人体运动进行监测，通过内置传感器和电子设备，进行实时监测和调整运动对 Tex-TENG 的影响，以保证发电效果的稳定性和一致性。最后，Tex-TENG 还能够与人体的穿戴设备相结合，以实现与人体运动的高度协调性。例如，将 Tex-TENG 集成到可穿戴设备（如服装、手环等）中，使其与人体运动同步，提供持续稳定的能量供应。

6. 性能评价标准

纺织品的测试标准已由几个国际公认的机构提出，如 ISO（国际标准化组织）、ASTM（美国材料与试验学会）和 AATCC（美国纺织化学师与印染师协会）。研究者已经提出了一些可能的品质因数（FOM）和标准来评估 TENG 的整体性能，包括开路电压、短路电流、短路转移电荷、能量转换效率、功率密度、机械耐久性、稳定性和可靠性、可制备性和成本等[88, 89]。虽然已有一些常见的标准用于评价 Tex-TENG 的性能，但由于工作环境、接触面积、施加载荷、材料改性、电极连接方式、工作方式等的不同，比较不同 Tex-TENG 的性能变得困难。目前对 Tex-TENG 的性能评价标准尚未达成共识，不同研究团队或机构可能使用不同的指标或测试方法进行评估，导致结果的可比性较差。此外，Tex-TENG 的性能不仅涉及织物本身的结构和材料特性，还包括 TENG 的电输出性能，但目前仍缺乏综合考虑二者性能的 Tex-TENG 性能评价标准。

不同研究团队关注的重点不同，有些主要关注电能输出的电压和电流，而有些则更关注功率密度和能量转换效率，缺乏统一的评估指标，使得不同研究成果之间难以进行准确的比较和综合评估。由于 Tex-TENG 的输出影响因素较多，如测试的作用力、频率、角度等都会影响其输出，测试条件的不同导致评价结果的可比性受到影响，甚至不同数据处理方法和分析方法也会对结果造成影响，使比较结果具有一定的主观性。Tex-TENG 的性能大多数是在实验室环境下测定的，这与真实使用环境中的性能存在差异，因为实际应用中会受到更复杂的力学、湿度和温度等因素的影响，所以如何模拟真实的使用环境是一项难题。纳米发电机在受到不同程度的摩擦和压力时是否能够长时间保持稳定的发电性能，以及其耐久性是否能够满足实际需求，仍需进一步研究和评估。总之，Tex-TENG 的性能评价标准还需要进一步完善，在学术界、产业界和标准化组织之间进行广泛的讨论和合作，建立通用的评估指标体系和标准测试条件，以确保对 Tex-TENG 性能评价的一致性和可比性。

14.3 小 结

Tex-TENG 由于无需外接电源和优越的柔性，已在智能可穿戴等领域取得广泛应用。同时，该领域对于 Tex-TENG 的材料选择、结构、制备以及应用进行了系统而深入的研究。本章从优异的可穿戴电子设备、个性化健康监测以及多模态组合与系统集成三个方面全面总结了 Tex-TENG 在可穿戴领域日益重要的作用。然而，在实际应用中，现有的 Tex-TENG 仍存在诸多不足之处。因此，本章还全面概述了电子纺织品发展中普遍的瓶颈，如舒适性、美观度、市场认可度、安全性、稳定性、电学输出性、大规模制备能力以及发电方式是否符合人体工学等。通过对这些潜在问题的及时、全面的讨论和总结，我们相信随着测量平台的精确性提升、新计算软件的引入、信号处理模块集成度的提高以及更兼容的编织技术等关键科技领域的进步，当前的重大挑战和不可逾越的瓶颈都将得到有效的解决。

参考文献

[1] Wang L，Fu X，He J，et al. Application challenges in fiber and textile electronics[J]. Adv Mater，2020，32（5）：e1901971.

[2] Moor M，Banerjee O，Abad Z S H，et al. Foundation models for generalist medical artificial intelligence[J]. Nature，2023，616（7956）：259-265.

[3] Vinuesa R，Azizpour H，Leite I，et al. The role of artificial intelligence in achieving the sustainable development goals[J]. Nat Commun，2020，11（1）：233.

[4] Verma H，Chauhan N，Awasthi L K. A comprehensive review of 'Internet of Healthcare Things'：Networking aspects，technologies，services，applications，challenges，and security concerns[J]. Comput Sci Rev，2023，50：100591.
[5] Chataut R，Phoummalayvane A，Akl R. Unleashing the power of IoT：A comprehensive review of IoT applications and future prospects in healthcare，agriculture，smart homes，smart cities，and industry 4.0[J]. Sensors，2023，23（16）：7194.
[6] Boszko M，Osak G，Żurawska N，et al. Assessment of a new KoMaWo electrode-patch configuration accuracy and review of the literature[J]. J Electrocardiol，2022，75：82-87.
[7] Li T，Liang B，Ye Z，et al. An integrated and conductive hydrogel-paper patch for simultaneous sensing of chemical-electrophysiological signals[J]. Biosens Bioelectron，2022，198：113855.
[8] Xu L，Zhou C，Ling Y，et al. Effects of short-termunsupervisedexercise，based on smart bracelet monitoring，on body composition in patients recovering from breast cancer[J]. Integr Cancer Ther，2021，20：15347354211040780.
[9] Long Z，Ouyang J，Ye J. Construction of a ceramic appearance design system based on technology for internet of things[J]. Comput Intell Neurosci，2022，2022：1-12.
[10] Siviy C，Baker L M，Quinlivan B T，et al. Opportunities and challenges in the development of exoskeletons for locomotor assistance[J]. Nat Biomed Eng，2022，7（4）：456-472.
[11] Tang X，Wang X，Ji X，et al. A wearable lower limb exoskeleton：Reducing the energy cost of human movement[J]. Micromachines，2022，13（6）：900.
[12] Shi C，Zou Z，Lei Z，et al. Heterogeneous integration of rigid，soft，and liquid materials for self-healable，recyclable，and reconfigurable wearable electronics[J]. Sci Adv，2020，6（45）：eabd0202.
[13] Joo H，Lee Y，Kim J，et al. Soft implantable drug delivery device integrated wirelessly with wearable devices to treat fatal seizures[J]. Sci Adv，2021，7（1）：eabd4639.
[14] Sim K，Rao Z，Zou Z，et al. Metal oxide semiconductor nanomembrane-based soft unnoticeable multifunctional electronics for wearable human-machine interfaces[J]. Sci Adv，2019，5（8）：eaav9653.
[15] Yuan W，Zhang C，Zhang B，et al. Wearable，breathable and waterproof triboelectric nanogenerators for harvesting human motion and raindrop energy[J]. Adv Mater Technol，2021，7（6）：2101139.
[16] Ma X，Wu X，Cao S，et al. Stretchable and skin-attachable electronic device for remotely controlled wearable cancer therapy[J]. Adv Sci，2023，10（10）：2205343.
[17] Wei S，Wu Z. The Application of wearable sensors and machine learning algorithms in rehabilitation training：A systematic review[J]. Sensors，2023，23（18）：7667.
[18] Kim H，Kwon Y T，Lim H R，et al. Recent advances in wearable sensors and integrated functional devices for virtual and augmented reality applications[J]. Adv Funct Mater，2021，31（39）：2005692.
[19] Di Tocco J，Lo Presti D，Massaroni C，et al. Plant-wear：A multi-sensor plant wearable platform for growth and microclimate monitoring[J]. Sensors，2023，23（1）：549.
[20] Wen X，Wang G，Chen Y，et al. Quantum solution for secure information transmission of wearable devices[J]. Int J Distrib Sens Netw，2018，14（5）：1550147718779678.
[21] Shi H，Zhao H，Liu Y，et al. Systematic analysis of a military wearable device based on a multi-level fusion framework：Research directions[J]. Sensors，2019，19（12）：2651.
[22] Kan C W，Lam Y L. Future trend in wearable electronics in the textile industry[J]. Appl Sci，2021，11（9）：3914.
[23] Nahavandi D，Alizadehsani R，Khosravi A，et al. Application of artificial intelligence in wearable devices：Opportunities and challenges[J]. Comput Meth Prog Biomed，2022，213：106541.
[24] Chidambaram S，Maheswaran Y，Patel K，et al. Using artificial intelligence-enhanced sensing and wearable technology in sports medicine and performance optimisation[J]. Sensors，2022，22（18）：6920.
[25] Abd-Alrazaq A，AlSaad R，Shuweihdi F，et al. Systematic review and meta-analysis of performance of wearable artificial intelligence in detecting and predicting depression[J]. NPJ Digital Med，2023，6（1）：84.
[26] Yu K-H，Beam A L，Kohane I S. Artificial intelligence in healthcare[J]. Nat Biomed Eng，2018，2（10）：719-731.

[27] Ji Y，Gu R，Yang Z，et al. Artificial intelligence-driven autonomous optical networks：3S architecture and key technologies[J]. Sci China Inf Sci，2020，63（6）：160301.

[28] Lee G S，Kim J G，Kim J T，et al. 2D materials beyond post-AI Era：Smart fibers，soft robotics and single atom catalysts[J]. Adv Mater，2024，36（11）：2307689.

[29] Choudhry N A，Arnold L，Rasheed A，et al. Textronics—A review of textile-based wearable electronics[J]. Adv Eng Mater，2021，23（12）：2100469.

[30] Ma S，Wang X，Li P，et al. Optical micro/nano fibers enabled smart textiles for human-machine interface[J]. Adv Fiber Mater，2022，4（5）：1108-1117.

[31] Peng X，Dong K，Ye C，et al. A breathable，biodegradable，antibacterial，and self-powered electronic skin based on all-nanofiber triboelectric nanogenerators[J]. Sci Adv，2020，6（26）：eaba9624.

[32] Hong Y J，Lee H，Kim J，et al. Multifunctional wearable system that integrates sweat-based sensing and vital-sign monitoring to estimate pre-/post-exercise glucose levels[J]. Adv Funct Mater，2018，28（47）：1805754.

[33] Xiong Y，Luo L，Yang J，et al. Scalable spinning，winding，and knitting graphene textile TENG for energy harvesting and human motion recognition[J]. Nano Energy，2023，107：108137.

[34] Liu F，Feng Y，Qi Y，et al. Self-powered wireless body area network for multi-joint movements monitoring based on contact-separation direct current triboelectric nanogenerators[J]. InfoMat，2023，5（8）：e12428.

[35] Li S，Wang H，Ma W，et al. Monitoring blood pressure and cardiac function without positioning via a deep learning-assisted strain sensor array[J]. Sci Adv，2023，9（32）：eadh0615.

[36] Dong J，Peng Y，Zhang Y，et al. Superelastic radiative cooling metafabric for comfortable epidermal electrophysiological monitoring[J]. Nano-Micro Lett，2023，15（1）：181.

[37] Wei C H，Cheng R W，Ning C，et al. A self-powered body motion sensing network integrated with multiple triboelectric fabrics for biometric gait recognition and auxiliary rehabilitation training[J]. Adv Funct Mater，2023，33（35）：2303562.

[38] Wu Y，Mechael S S，Carmichael T B. Wearable E-textiles using a textile-centric design approach[J]. Acc Chem Res，2021，54（21）：4051-4064.

[39] Simegnaw A A，Malengier B，Rotich G，et al. Review on the integration of microelectronics for e-textile[J]. Materials，2021，14（17）：5113.

[40] Veske P，Bossuyt F，Vanfleteren J. Testing for wearability and reliability of TPU lamination method in e-textiles[J]. Sensors，2021，22（1）：156.

[41] Tseghai G B，Malengier B，Fante K A，et al. Integration of conductive materials with textile structures，an overview[J]. Sensors，2020，20（23）：6910.

[42] Repon M R，Islam T，Islam T，et al. Cleaner pathway for developing bioactive textile materials using natural dyes：A review[J]. Environ Sci Pollut Res，2023，30（17）：48793-48823.

[43] Ismar E，Kurşun Bahadir S，Kalaoglu F，et al. Futuristic clothes：Electronic textiles and wearable technologies[J]. Glob Chall，2020，4（7）：1900092.

[44] Ruckdashel R R，Khadse N，Park J H. Smart E-textiles：Overview of components and outlook[J]. Sensors，2022，22（16）：6055.

[45] Chen G，Xiao X，Zhao X，et al. Electronic textiles for wearable point-of-care systems[J]. Chem Rev，2022，122（3）：3259-3291.

[46] Fu C，Xia Z，Hurren C，et al. Textiles in soft robots：Current progress and future trends[J]. Biosens Bioelectron，2022，196：113690.

[47] Wu R，Ma L，Liu S，et al. Fibrous inductance strain sensors for passive inductance textile sensing[J]. Mater Today Phys，2020，15：100243.

[48] Dong K，Peng X，Wang Z L. Fiber/fabric-based piezoelectric and triboelectric nanogenerators for flexible/stretchable and wearable electronics and artificial intelligence[J]. Adv Mater，2020，32（5）：e1902549.

[49] Meena J S，Choi S B，Jung S-B，et al. Electronic textiles：New age of wearable technology for healthcare and fitness solutions[J]. Mater Today Bio，2023，19：100565.

[50] Ruckdashel R R，Venkataraman D，Park J H. Smart textiles：A toolkit to fashion the future[J]. J Appl Phys，2021，129（13）：130903.

[51] Adamu B F，Gao J. Comfort related woven fabric transmission properties made of cotton and nylon[J]. Fashion Text，2022，9（1）：8.

[52] Dulal M，Afroj S，Ahn J，et al. Toward sustainable wearable electronic textiles[J]. ACS Nano，2022，16（12）：19755-19788.

[53] Ojstrsek A，Jug L，Plohl O. A review of electro conductive textiles utilizing the dip-coating technique：Their functionality，durability and sustainability[J]. Polymers（Basel），2022，14（21）：4713.

[54] Veske P，Ilén E. Review of the end-of-life solutions in electronics-based smart textiles[J]. J Text Inst，2020，112（9）：1500-1513.

[55] Lee S，Shi Q，Lee C. From flexible electronics technology in the era of IoT and artificial intelligence toward future implanted body sensor networks[J]. APL Mater，2019，7（3）：031302.

[56] Lei D，Wu J，Zi Y，et al. Self-powered sterilization system for wearable devices based on biocompatible materials and triboelectric nanogenerator[J]. ACS Appl Electron Mater，2023，5（5）：2819-2828.

[57] Hu Z，Liang Y，Fan S，et al. Flexible neural interface from non-transient silkfibroin with outstanding conformality，biocompatibility，and bioelectric conductivity[J]. Adv Mater，2024，36（46）：2410007.

[58] Jeong S Y，Shim H R，Na Y，et al. Foldable and washable textile-based OLEDs with a multi-functional near-room-temperature encapsulation layer for smart e-textiles[J]. NPJ Flexible Electron，2021，5（1）：15.

[59] Bai Z，Zhang Z，Li J，et al. Textile-based triboelectric nanogenerators with high-performance via optimized functional elastomer composited tribomaterials as wearable power source[J]. Nano Energy，2019，65：104012.

[60] Peng X，Dong K，Zhang Y，et al. Sweat-permeable，biodegradable，transparent and self-powered chitosan-based electronic skin with ultrathin elastic gold nanofibers[J]. Adv Funct Mater，2022，32（20）：2112241.

[61] Graham S A，Patnam H，Manchi P，et al. Biocompatible electrospun fibers-based triboelectric nanogenerators for energy harvesting and healthcare monitoring[J]. Nano Energy，2022，100：107455.

[62] Ma Y，Zou Y，Zhang Z，et al. Luminescent and hydrophobic textile coatings with recyclability and self-healing capability against both chemical and physical damage[J]. Cellulose，2019，27（1）：561-573.

[63] Shuai L，Guo Z H，Zhang P，et al. Stretchable，self-healing，conductive hydrogel fibers for strain sensing and triboelectric energy-harvesting smart textiles[J]. Nano Energy，2020，78：105389.

[64] Wang D，Zhang Y，Lu X，et al. Chemical formation of soft metal electrodes for flexible and wearable electronics[J]. Chem Soc Rev，2018，47（12）：4611-4641.

[65] Yan J，Liu M，Jeong Y G，et al. Performance enhancements in poly (vinylidene fluoride)-based piezoelectric nanogenerators for efficient energy harvesting[J]. Nano Energy，2019，56：662-692.

[66] Al-Qahtani S D，Alkhamis K，Alfi A A，et al. Simple preparation of multifunctional luminescent textile for smart packaging[J]. ACS Omega，2022，7（23）：19454-19464.

[67] Tang M，Park J S，Wang Z，et al. Integration of Ⅲ-Ⅴ lasers on Si for Si photonics[J]. Prog Quantum Electron，2019，66：1-18.

[68] Li L，Sheng S，Liu Y，et al. Automatic and continuous blood pressure monitoring via an optical-fiber-sensor-assisted smartwatch[J]. PhotoniX，2023，4（1）：21.

[69] Wei Y，Chen S，Yuan X，et al. Multiscale wrinkled microstructures for piezoresistive fibers[J]. Adv Funct Mater，2016，26（28）：5078-5085.

[70] Sun T，Zhou B，Zheng Q，et al. Stretchable fabric generates electric power from woven thermoelectric fibers[J]. Nat Commun，2020，11（1）：572.

[71] Hashemi S A，Ramakrishna S，Aberle A G. Recent progress in flexible-wearable solar cells for self-powered electronic

devices[J]. Energy Environ Sci，2020，13（3）：685-743.
[72] Xu C，Zhang B B，Wang A C，et al. Contact-electrification between two identical materials：Curvature effect[J]. ACS Nano，2019，13（2）：2034-2041.
[73] Lin S，Xu L，Xu C，et al. Electron transfer in nanoscale contact electrification：Effect of temperature in the metal-dielectric case[J]. Adv Mater，2019，31（17）：1808197.
[74] Xu C，Zi Y，Wang A C，et al. On the electron-transfer mechanism in the contact-electrification effect[J]. Adv Mater，2018，30（15）：1706790.
[75] Xu C，Wang A C，Zou H，et al. Raising the working temperature of a triboelectric nanogenerator by quenching down electron thermionic emission in contact-electrification[J]. Adv Mater，2018，30（38）：1803968.
[76] Dong K，Hu Y F，Yang J，et al. Smart textile triboelectric nanogenerators：Current status and perspectives[J]. MRS Bull，2021，46（6）：512-521.
[77] Chen A，Zhang C，Zhu G，et al. Polymer materials for high-performance triboelectric nanogenerators[J]. Adv Sci，2020，7（14）：2000186.
[78] Wang Y，Jin X，Wang W，et al. Efficient triboelectric nanogenerator（TENG）output management for improving charge density and reducing charge loss[J]. ACS Appl Electron Mater，2021，3（2）：532-549.
[79] Somkuwar V U，Pragya A，Kumar B. Structurally engineered textile-based triboelectric nanogenerator for energy harvesting application[J]. J Mater Sci，2020，55（12）：5177-5189.
[80] Pu X，Liu M，Li L，et al. Efficient charging of Li-ion batteries with pulsed output current of triboelectric nanogenerators[J]. Adv Sci，2016，3（1）：1500255.
[81] Yin P，Tang L，Li Z，et al. Circuit representation，experiment and analysis of parallel-cell triboelectric nanogenerator[J]. Energy Convers Manage，2023，278：116741.
[82] He T，Wang H，Wang J，et al. Self-sustainable wearable textile nano-energy nano-system（NENS）for next-generation healthcare applications[J]. Adv Sci，2019，6（24）：1901437.
[83] Zhu G，Chen J，Zhang T，et al. Radial-arrayed rotary electrification for high performance triboelectric generator[J]. Nat Commun，2014，5（1）：3426.
[84] Niu S，Wang X，Yi F，et al. A universal self-charging system driven by random biomechanical energy for sustainable operation of mobile electronics[J]. Nat Commun，2015，6（1）：8975.
[85] Cheng X，Miao L，Song Y，et al. High efficiency power management and charge boosting strategy for a triboelectric nanogenerator[J]. Nano Energy，2017，38：438-446.
[86] Zi Y，Wang J，Wang S，et al. Effective energy storage from a triboelectric nanogenerator[J]. Nat Commun，2016，7（1）：10987.
[87] Liu W，Wang Z，Wang G，et al. Switched-capacitor-convertors based on fractal design for output power management of triboelectric nanogenerator[J]. Nat Commun，2020，11（1）：1883.
[88] Li X，Xu G，Xia X，et al. Standardization of triboelectric nanogenerators：Progress and perspectives[J]. Nano Energy，2019，56：40-55.
[89] Shao J，Willatzen M，Jiang T，et al. Quantifying the power output and structural figure-of-merits of triboelectric nanogenerators in a charging system starting from the Maxwell's displacement current[J]. Nano Energy，2019，59：380-389.

本章作者：董凯[1,2*]，王中林[1,2*]
1. 中国科学院北京纳米能源与系统研究所
2. 中国科学院大学纳米科学与工程学院
Email: dongkai@binn.cas.cn（董凯）；zlwang@binn.cas.cn（王中林）